The 쉬운

제11판

소방학개론

전국소방대학연구소(조동훈)

화수목

Check Point!

본서의 개정된 법령 날짜

1편 소방공무원 관계 법령은 2025년 12월 31일까지 변경으로 수정함.

1편 재난 및 안전관리 기본법은 2025년 12월 30일까지의 법으로 수정됨.

(긴급구조현장지휘규칙은 2025년 7월 1일까지의 법령으로 수정됨)

3편 화재조사 및 보고규정은 2023년 3월 08일까지 변경 법령으로 수정됨.

3편 119구조구급에 관한 법률은 2025년 9월 23일까지 변경 법으로 수정됨.

4편 화재안전기준은 2025년 12월 31일까지의 변경된 법령에 의하여 수정됨.

"개론(槪論)"이란 전체에 대한 대강의 논술을 말한다.
소방학개론은 소방의 모든 이론을 체계적인 틀로서 중요부분을 모두 조합하는 학문이라 할 수 있다. 우리나라 소방학개론은 소방이 먼저 발달한 미국, 영국, 일본의 내용을 바탕으로 구성하고 있고, 때로는 올바르지 않게 번역되어 그 학문이 저자마다 불일치하게 이해되는 경우도 있었다.

이에 본서는 소방의 학문이 정립되지 못하는 점까지 충분히 고려하여, 그 기준을 세워 개념 위주로 집필하였으며, 중요한 내용을 단축기억(암기)하는데 비교 기억법인 '연상기억법'과 이미지 기억법인 '영상기억법'을 제시하였다.
또한 그 동안 대학교재를 포함하여 소방서적을 약 200번을 출간하면서 약 1,000여 권 가까이 필자의 소방 수집 서적을 참고하였고 가장 설득력 있는 이론으로 집필하였다.

본서(本書)는 소방학의 중요한 이론을 파트별로 나누어 The 쉬운 이론을 구성하였고, 소방인으로서 알아야 할 필수적인 내용과 소방공무원 시험, 소방설비(산업)기사 시험 등의 기출문제를 중심으로 약 420페이지로 함축하였다. 그리고 소방학에 처음 입문한 학생들도 쉽게 학습할 수 있도록 사진, 그림, 도해, 표 등을 최대한 활용하였다.

- 본서는 결론을 먼저 토출하고 이해로 풀어가는 가능한 연역법 구성형식으로 편집하였으며, 이론 중 먼저 구성되지 않는 결론과 주요 내용은 반복학습으로 박스처리 형태로 편집하였다.

본서를 학습함에 있어 수시로 변경되는 법령에 유의해야 하며, 학습 중 변경된 소방법령이나 오타를 포함한 이론에 대한 의문사항이 있으면 아래로 연락을 바랍니다.
감사드립니다.

■ 필자 메일: jodh119@hanmail.net

■ 사이트
- 홈페이지: jodh.co.kr
- 카페: 완전정복소방학교119(완소119)
- 카페주소: http://cafe.daum.net/goto119

편저자 올림

CONTENTS | 차 례

제1편 소방조직 및 재난관리

제2편 공학론

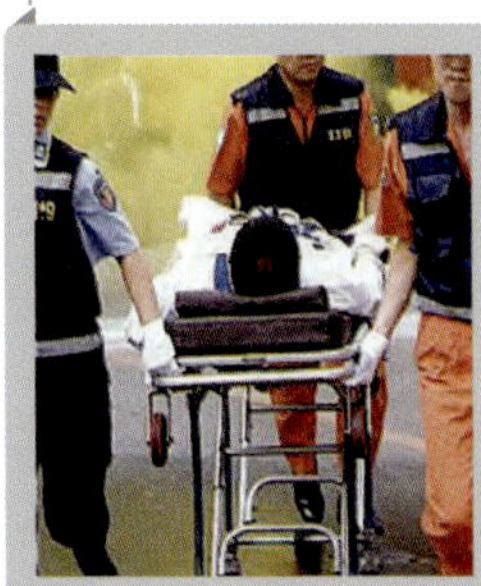

제3편 화재조사, 구조·구급

제4편 시설이론

소 · 방 · 학 · 개 · 론

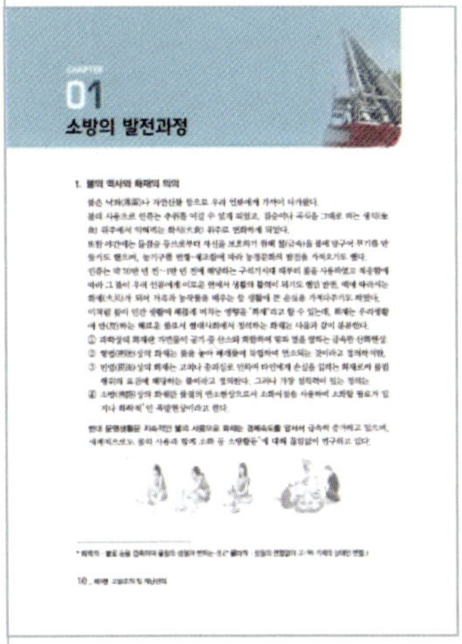

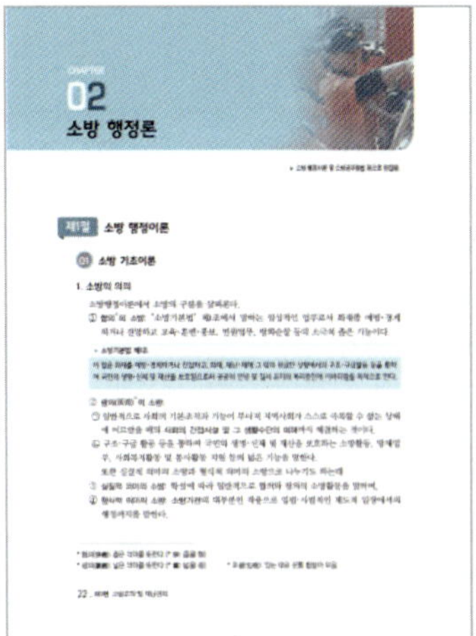

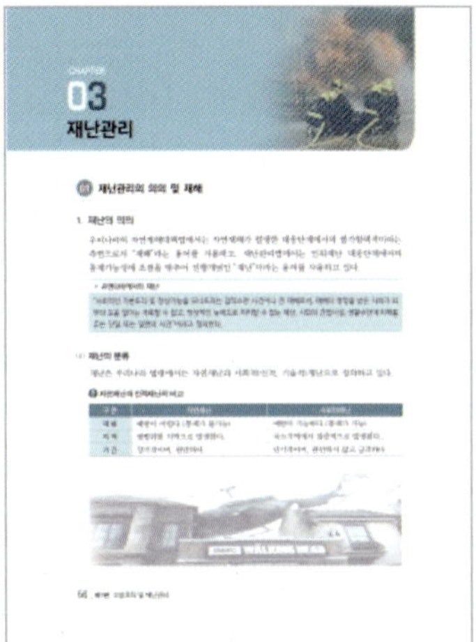

P/A/R/T

01

소방조직 및 재난관리

CHAPTER

01 소방의 발전과정

1. 불의 역사와 화재의 의의

불은 낙뢰(落雷)나 자연산불 등으로 우리 인류에게 가까이 다가왔다.

불의 사용으로 인류는 추위를 이길 수 있게 되었고, 짐승이나 곡식을 그대로 먹는 생식(生食) 위주에서 익혀먹는 화식(火食) 위주로 변화하게 되었다.

또한 야간에는 들짐승 등으로부터 자신을 보호하기 위해 철(금속)을 불에 달구어 무기를 만들기도 했으며, 농기구를 변형·제조함에 따라 농경문화의 발전을 가져오기도 했다.

인류는 약 70만 년 전~1만 년 전에 해당하는 구석기시대 때부터 불을 사용하였고 적응함에 따라 그 불이 우리 인류에게 이로운 면에서 생활의 활력이 되기도 했던 반면, 때에 따라서는 화재(火災)가 되어 가옥과 농작물을 태우는 등 생활에 큰 손실을 가져다주기도 하였다.

이처럼 불이 인간 생활에 해롭게 미치는 영향을 "화재"라고 할 수 있는데, 화재는 우리생활에 반(反)하는 해로운 불로서 현대사회에서 정의하는 화재는 다음과 같이 분류한다.

① 과학상의 화재란 가연물이 공기 중 산소와 화합하여 빛과 열을 발하는 급속한 산화현상.

② 형법(刑法)상의 화재는 불을 놓아 매개물에 독립하여 연소되는 것이라고 정의하지만,

③ 민법(民法)상의 화재는 고의나 중과실로 인하여 타인에게 손실을 입히는 화재로써 불법행위의 요건에 해당하는 불이라고 정의한다. 그러나 가장 설득력이 있는 정의는

④ 소방(消防)상의 화재란 물질의 연소현상으로서 소화시설을 사용하여 소화할 필요가 있거나 화학적*인 폭발현상이라고 한다.

현대 문명생활은 지속적인 불의 사용으로 화재는 경제속도를 앞서서 급속히 증가하고 있으며, 세계적으로도 불의 사용과 함께 소화 등 소방활동*에 대해 끊임없이 연구하고 있다.

---

* 화학적 : 불꽃 등을 접촉하여 물질의 성질이 변하는 것.(* 물리적 : 성질의 변함없이 고·액·기체의 상태만 변함.)

2. 우리나라 소방의 발전과정

(1) 삼국시대

삼국시대는 농업, 어업 및 수공업의 의류 생산까지 발달되었고, 대형 목조 건축물이 축조되면서 인가(人家)가 밀접해 있어서 불이 나게 되면 화재가 그 나라의 사회적인 재앙으로까지 등장하게 되었으며 금화의식이 생겨났다. (* 국가적으로 관심사였던 시기)

삼국사기에는 화재에 대해 다음과 같이 기록했다.

① 신라시대: 금성 서문에 화재가 발생하여 민가 100여 동이 소실됐다.

② 진평왕시대: 영흥사에 화재가 발생해서 왕이 이재민을 위문·구제했다.

(2) 통일신라시대(고대사)

통일신라에 들어와서는 도시의 번창과 작은 건축물과 인구밀집으로 인한 실화(失火) 등으로 화재가 빈번하였으며 금화의식을 가졌다. (* 삼국시대보다 화재가 증가)

① 문무왕시대: 경주 영화사에 화재가 세 번 발생하였으나 별도의 소방조직이 없어서 군과 민*이 진화를 담당했다.

② 헌강왕시대: 사회가 안정되어 경주가 번창하자 지붕을 기와로 하고, 나무 대신 숯을 사용하여 밥을 지었다고 기록되어 있다.

(3) 고려시대(918～1392) (중세사)

시대의 발달과 함께 통일신라보다 화재가 더 많이 발생하게 되었다. 인구도 증가하고 도읍지 개성은 지역이 협소했고, 잦은 전란(戰亂)으로 인해 크고 작은 화재가 발생하였다.

금화제도 시작시기이다. (* 삼국·통일신라시대 이후 인구가 증가하면서 화재발생도 증가)

① 조선시대(금화제도 정착시기)와 다르게 정부에 별도의 금화조직은 없었으나 각 관아별로 금화업무를 담당하였고, 개인적으로도 화적민 등을 대비하여 가옥에 금화관리(보초)를 두었다.

② 화약 사용량이 많아져 **화통도감***을 신설하여 관리했으며, 소방을 소재라고 하였다.

③ 문종시대: 양곡 윤여창(창고)에 화재가 발생한 후 창름(쌀창고)와 부고(창고) 등에 금화관리를 두었다.

④ 국가에서는 방화(放火)*자에 대한 처벌을 강화하였으며, 나라에서는 초가를 기와지붕으로 개선하도록 권장하였다.

---

* 군과 민: 군대와 백성.
* 도감: 관청을 말함
* 방화(防火): 불이 나지 않도록 미리 막음.(막을 防)
* 방화(放火): 사람이 고의로 불을 냄.(놓을 放)
* 화통도감: 최무선의 건의로 고려시대 후기에 화약 및 화기(火器)의 제조를 맡아보던 임시 관청.
* 세계최초의 소방대는 B.C. 17년 로마제국 초대황제 아우구스투스(줄리어스시저의 양자)에 의해 조직됨

(4) 조선시대 [1] – 초창기(1392~1592)

우리나라 소방의 효시는 조선시대 세종 8년 1426에 생겨난 금화도감이라 할 수 있다.
금화제도 정착시기이다.

① 세종 8년(1426년): 나라에서 금화조직*을 설치하였다.

㉠ 세종 8년 2월 :
병조*에 금화도감*을 설치했다. 한국 최초의 소방(금화)관서이다.

- 금화도감의 구성: 제조 7명, 부사 6명, 판관 6명, 사 5명

㉡ 세종 8년 6월 :
분란*으로 인해 금화도감과 성문도감*을 병합하여 수성금화도감으로 재편성 하였다. 이후 수성은 공조*로, 금화는 한성부*로 사무가 이관되며 멸화군, 수성금화사 등으로 그 명칭이 변천된다.

- **수성금화도감:** 길·다리·성을 수리, 도랑·하천(천거)*을 소통하고, 화재를 금하였다.

② 5가 작통제: 화적민*을 대비하여 민가에 다섯 집마다(5가*) 1통으로 묶어서 우물을 파고 물통을 준비하였다.
세종 13년에는 각 통에 소방종사자 증표로 금화패를 발급하였다.

금화패

③ 화재가 발생하면 의금부*에서 종을 치고 병조에서 군인을 보내 화재 진화를 감독하였으며 한성부에서는 각 관아의 노비를 관리하였으며 행순(순찰)제도와 방화법령이 있었다.

④ 경국대전을 편찬하여 금화법령*을 기록하고 금화에 대한 골격을 갖추게 되었다.

(5) 조선시대 후기 [2] – 갑오경장(1637~1910)

1894년 갑오경장을 계기로 일본은 소방사무를 보는 포도청을 없애고 기존의 업무를 경찰사무에 병합하여 경무청을 설치하게 하였다.

① 경종 때 수총기*를 청나라를 통하여 처음으로 궁정(宮廷)소방대에 구비되었다.

② 경무청 세칙에서"수화소방(水火消防)은 난파선 및 출화, 홍수(洪水) 등에 계(係)하는 구호에 관한 사항"이라고 제정을 하였으며, 그 문장 중에 "소방"이라는 용어를 처음 사용하였다.

수총기

③ 내무부 지방국에서 소방과 경찰을 관장하였다.

④ 화재보험제도가 최초로 실시되고, 공설·사설 소화전이 설치되었다.

---

* 금화: 병조, 의금부, 형조, 한성부, 수성금화사 및 5부의 숙직관원이 화재를 단속함.
* 분란: 어수선함
* 금화도감: 현, 소방본부
* 병조: 병사조직(현, 국방부)
* 금화조직: 현, 소방대
* 천거(川渠): 물이 있는 내
* 성문도감: 성을 지키는 관청
* 공조: 공사조직(현, 국토교통부)
* 한성부: 현, 서울시청
* 화적민: 불 지르는 강도
* 5가: 다섯 집마다
* 금화법령: 현, 소방법령
* 의금부: 현, 법무부
* 수총기: 조선시대 사용했던 피스톤식 펌프로서 네델란드에서 만들어짐.(일본에서는 완용펌프라 했다.)

(6) 일제강점기(1910~1945)

일제강점기 시대의 국내 소방을 살펴보면 일본 국내의 민간 소방 조직체를 모방했던 **소방조**였으며 이와 더불어 경무부 소속의 **상비소방수제도**가 있었다.

① 1912년 순종 때 궁정소방대에서 스웨덴산 동력 휘발유펌프 1대를 외국에서 구입하였다.

② 1915년 지방청년을 중심으로 민간소방대를 조직하였다.

③ 1925년(일제 14년) 경성(現: 종로)에 **우리나라 최초의 소방서**가 설치되었다.
(이후 39년 부산·평양, 41년 청진, 44년 용산·인천·함흥, 45년 성동 순이다).

④ 일본에서 119 라는 숫자를 도입하여 우리나라에 긴급출동 119 전화기를 설치하였으며, 국내에서는 현재까지 이 숫자를 사용하고 있다.

(7) 미군정 자치소방체제 – 과도기(1945~1948)

2차 세계 대전 이후 미군정(미국 군사정부)의 신탁통치를 받았으며 소방을 경찰에서 분리하여 **최초로 독립된 자치적 소방제도**가 시행되었다.

한편 소방서의 증설은 일제강점기 말기까지 북한의 3서를 제외한 경성, 용산, 성동, 인천, 부산 5개에서 미군정의 자치 소방체제로 전환된 이후, **50여 개의 소방서로 증설**되는 등 소방의 많은 발달을 가져왔다.

① 1945년 미군정이 조선총독부를 인수하고, 1946년 소방행정은 경찰행정에서 분리되었다.

② 중앙: 1946년 **중앙소방위원회설치**(* 1947년 중앙소방청 설치)

③ 지방: 도 – 소방위원회, 지방소방청, 시·읍·면 – 소방부(소방서 증설)

④ 소방서: 남한에 5개의 소방서가 설치되어 있었는데, 50여 개로 증설되었다.

(8) 대한민국 정부수립 이후 국가소방체제 [1] – 초창기(1948~1970)

미국 군사정권으로부터 이양받은 우리나라는 이승만 초대 대통령의 "대한민국" 정부수립과 동시에, 미군정 때 경찰에서 분리했던 "독립된 자치소방제도"를 폐지하였고, 다시 경찰행정과 병합하여 전국의 모든 **시·군**까지 일원적(일괄적)으로 관리하는 **국가소방체제**로 전환했으며, 경찰에서 소방을 관장하였다. 신분도 경찰공무원법을 적용하였다.

① 기구: 중앙 – 내무부 **치안국 소방과**

   ㉠ 1948년 8월 정부수립 후 소방청을 비롯한 자치소방기구가 다시 경찰에 인수되었다.

   ㉡ 1948년 11월 내무부 직제에 따라 중앙소방조직의 소방업무는 내무부 치안국 소방과에서 관장하고 각 시·도의 소방업무는 경찰국 소방과에서 관장했다.

② 법제: 1958년 3월 11일 **소방법**이 제정·공포되었다.

③ 직제: 지방세법을 개정하여 소방시설 설치 및 운영에 소요되는 경비를 소방의 혜택을 받는 자에게 부과하는 조세인 소방공동시설세가 신설되었다.

⑼ 정부수립 이후 국가·자치소방체제 [2] – 발전기(1970~1992)

1970년 8월 내무부*의 국가소방체제를 폐지하고 지방자치 단체에 소방 사무를 이양했다. 1972년 서울특별시와 부산광역시에 첫 소방본부를 설치하고, 그 2곳에 자치소방체제*를 유지하였으며, 기타 시·도는 정부수립 이후처럼 국가소방체제*를 유지하는 이원적 소방행정체제(서울·부산: 자치적 운영. / 나머지 시·도: 국가가 관할함)가 시행되었다.

① 체제: 국가소방체제와 자치소방체제

㉠ 국가소방 행정조직

시·도 소방서: 소방업무는 내무부 경찰국 소방과에서 운영, 시장·군수가 지휘 및 감독.

㉡ 자치소방 행정조직

1972년 서울특별시(5월 31일), 부산광역시(6월 1일)에 각각 첫 소방본부를 설치한 뒤 시장이 총괄·지휘하였으며, 지방자치 조례*를 만들어 소방업무를 수행했다.

② 구조 및 법제

㉠ 1975년 내무부 민방위본부를 창설하고 민방위본부 소방국에서 소방을 관장했다.

㉡ 1978년 3월에 소방공무원법을 제정 후 시행했다.(* 1977년 12월 31일 제정)

㉢ 1978년 소방공무원 교육 양성으로 중앙소방학교를 설치하고 직제를 제정·공포하였으며 소방교육이 체계화되었다. 1978년 경기도 수원에 설치된 중앙소방학교는 이후 1986년 충남 천안으로 이전하였다.

⑽ 광역체제 정착기 [1] – 시·도 자치 소방(1992~2014)

1992년 1월 소방행정은 광역(중심)자치체제로 바뀌었으며 4월에 전국 지방자치단체인 시·도에 소방본부를 모두 설치했다.

① 체제: 시·도 책임으로 일원화 – 시·도(광역*)자치 소방본부 행정체제를 확립하였다. 국가와 지방으로 이원화된 소방 조직체를 광역자치 소방체제로 통일하였고, 1992년을 기점으로 소방사무의 책임을 시·군(市·君)에서 시·도(市·道)로 완전히 전환하였다.

② 기구: 1992년 전국에 시·도 소방본부를 설치하고, 시·군에는 소방서를 설치하였으며 하부조직으로는 소방파출소* 및 구조·구급대를 편성하여 운영하였다. 1995년에는 행정자치부 민방위 재난*통제본부를 설치했다.

③ 신분 등: 1995년 소방본부장, 중앙학교장은 제외하고 대부분의 소방공무원은 지방직으로 전환되었고 소방공동시설세도 시·군세에서 도세로 전환되었다.

---

* 국가소방체제: 국가가 시·군까지 모든 소방행정을 관리하는 체제를 말함.　* 소방파출소: 119 안전센터
* 자치소방체제: 국가행정을 떠나 지방자치단체에서 각 시·도별로 소방행정을 관리하는 체제를 말함.
* 내무부: 현, 행정안전부를 말한다.　* 조례: 지방자치단체(지·자·체)의 자주법을 말함.
* 광역: 넓은 구역의 광역시를 말함　* 사상: 사망과 부상　* 재난: 화재를 포함한 지진, 홍수, 낙뢰 등 약 35종

⑾ 광역체제 정착기 [2] – 소방청 시대(2014~2020)

2003년 2월 18일에 일어난 대구 지하철 화재는 사상*자가 약 350명(사망자: 192명, 부상자: 148명, 실종: 6명)이 발생한 사건으로서, 1971년 12월 25일(크리스마스날)에 발생한 서울 대연각호텔 가스폭발 사고의 사상자 약 231명(사망자: 163명, 부상자: 63명, 실종: 7명)보다 더 많은 사상자가 발생한 우리나라에서 가장 큰 사건이다.

① 2003년 2월 18일. 대구 지하철 방화*사건을 계기로 정부는 앞으로의 재난 예방을 위해 그 해 3월 "국가재난관리시스템 기획단"을 구성하여 출범하였고, 같은 해인
② 2003년 5월 29일. 1년 후 시행계획으로 소방법을 세분화하여"소방기본법부터 ~ 위험물안전관리법"까지 4분법으로 재 제정·공포하였다. 그로부터 1년 뒤인
③ 2004년 3월 11일. 국회를 통과하여 "재난 및 안전관리 기본법"을 공포하였다. 또한
④ 2004년 5월. 소방방재청을 설립하고 소방업무, 민방위 재난·재해업무까지 관장하였다. 이후 세월호 침몰사건으로 인하여
⑤ 2014년 11월 19일. 국민안전처를 개설하였으나 정부에서는 소방과 재난을 분리하여
⑥ 2017년 7월, 소방청을 개설, 화재·위험물사고·다중밀집 대형화재를 담당하고 있다.

⑿ 국가직 소방행정

2020년 4월 1일, 소방행정을 국가직으로 전환하고 더불어 시·도 협력체제를 갖고 있다.

– 아래 지도는 본 이론 (8), (9), (10)에 대한 내용이다.

(8) 국가소방(1948년) 일원적 행정 | (9) 국가 + 자치(1972년) 이원적 행정 | (10) 시 · 도 자치 (1992년~2020)

시·도는 특별시, 광역시, 특별자치시, 도, 특별자치도를 말하며, 시·군·구는 일반시, 군, 구를 뜻한다.

* 시·도: 서울특별시, 부산·인천·대구·광주·대전·울산광역시, 세종특별자치시 및 경기도·경남·경북·충남·충북·전남, 전북특별자치도·강원특별자치도·제주특별자치도의 17곳.(1특별시, 6광역시, 1특별자치시, 3특별자치도, 6도)

| Reference | 소방역사 연대표

▶ 본문은 가장 기본적인 소방역사 연대표 분류이다.

중세사

1. 1426년: 세종 8년. 금화도감 설치(최초의 소방관서)
2. 1894년: 조선시대 후기. 갑오경장 이후 1895년에 "소방"용어 최초 사용
3. 1925년: 일제강점기. 최초로 경성(종로)소방서 생김
   (* 39년 부산·평양, 41년 청진, 44년 용산·인천·함흥, 45년 성동)
4. 1945년: 미군정기. 경찰에서 독립된 최초의 자치소방 실시

현대사

5. 1948년: 정부수립. 독립된 최초의 자치소방에서 경찰에 예속, 국가소방체제로 다시 전환
   (* 중앙: 내무부 치안국 소방과 / 지방: 경찰국 소방과)
6. 1958년: 소방법 제정(3/11일)
7. 1972년: 국가와 자치소방체제. (서울, 부산에 첫 소방본부창설, 이원적 소방행정)
8. 1975년: 내무부 민방위본부 소방국 설치 (두 번째 본부창설)
9. 1978년: 3월 소방공무원법 제정 후 시행. 중앙소방학교설립(수원 → 천안 이전)
10. 1992년: 시·도 광역자치소방체제 확립(광역 행정). 전국 시·도에 모두 소방본부 설치

초현대사

11. 2003년: 2/18 대구 지하철 방화(放火)사건 발생
12. 2003년: 5/29일 소방법을 폐지하고 이를 세분화하여 소방관계법규(4분법)로 개편
    (* 2021 11/1일 소방관계법규를 다시 정리 후 더욱 세분화하여 개정 및 재 제정)
13. 2004년: "재난 및 안전관리 기본법" 제정 후 시행. (3/11 제정.)
14. 2004년: 5월 소방방재청 설립(6/1 개청식)(노무현 정부)
15. 2014년: 11월 국민안전처 설립(박근혜 정부)
16. 2017년: 07월 소방청 설립(문재인 정부)
17. 2020년: 04월 국가직소방(시·도 협력체제)

----*

※ **단축기억법**(학습과 시험에서 주요부분만 기재)

1.3번: 만500년/ 3.4번: 20년 / 5.6번: 10년 / 6.9번: 20년 / 7.10번: 20년 / 14.15번: 10년차

| 역사 | OX 개념

01 조선시대는 금화제도 시작시기라고 할 수 있다. ( )

금화제도 시작시기는 고려시대이다. 조선시대는 금화제도 정착시기라고 할 수 있다.

02 금화도감은 조선시대 세종 때 생겼으며 소방관서 또는 금화관서라고도 한다. ( )

1426년 세종 때 병조에 금화도감이 설립되었다. (* 금화도감 = 소방관서 = 금화관서)

03 5가작통제도 시행과 수총기 사용은 조선시대이다. ( )

조선시대 5가작통제도가 시행되고 경종 때 수총기를 사용하였다.

04 "소방"이라는 용어를 조선시대 갑오경장 이전부터 사용하였다. ( )

"소방"이라는 용어를 갑오경장 이후(1895년) 처음 사용하였다.

05 1925년(일제 14년) 경성(現: 종로)에 우리나라의 최초 소방관서를 설치하였다. ( )

1925년(일제 14년) 경성(現: 종로)에 우리나라의 최초 소방서를 설치하였다.

06 최초 소방관서는 최초 소방서의 약 500년 전이다. ( )

최초소방관서 금화도감은 1426년 최초소방서(1925년)의 500년 전이다.

07 1958년 3월 11일 소방기본법이 제정 · 공포되었다. ( )

1958년 3월 11일 소방법이 제정·공포되었다. 2003년 5월 소방기본법이 제정 · 공포되었다.

- ① 삼국시대 방화의식 싹틈 ⋯→ ② 통일신라 방화의식을 가짐 ⋯→ ③ 고려시대 금화제도 시작 ⋯→ ④ 조선시대 금화도감(최초 소방관서)⋯→ 수성금화도감 ⋯→ ⑤ 일제강점기(상비소방수) ⋯→ 1925년 최초 소방서⋯→ ⑥ 미군정시대 최초 독립된 자치소방 ⋯→ ⑦ 정부수립 이후 일원적 국가소방(+ 1958년 소방법 제정)⋯→ ⑧ 1972년 국가·자치 이원적소방⋯→ ⑨ 1992년 광역시 중심 시·도 자치소방 ⋯→ 2004년 소방방재청⋯→ 2014년 국민안전처⋯→ 2017년 소방청 ⋯→ ⑩ 2020년 국가직소방(시·도 협력체제).

Ans. 01. (X) 02. (O) 03. (O) 04. (X) 05. (X) 06. (O) 07. (X) 08. (O)

08 미군정 자치소방체제에 독립된 자치소방을 확립하고 소방위원회가 설치되었다. (　)

☻ 1946년 중앙소방위원회가 설치되었다.

09 1975년 내무부 민방위본부를 창설하여 민방위본부 소방국에서 소방을 관장하였다. (　)

☻ 1975년 내무부 민방위본부를 창설하여 민방위본부 소방국에서 소방을 관장(관리)하였다.

10 1992년 서울특별시와 부산직할시에 첫 소방본부를 설치하여 이원적 소방행정체제를 유지하게 되었다. (　)

☻ 1972년 서울특별시와 부산직할시에 각각 첫 소방본부를 설치하여 이원적 소방행정체제를 유지하게 되었다.

11 1992년에 시·도자치 소방본부의 행정체제를 확립하고, 소방사무의 책임을 시· 군에서 시·도로 모두 전환하였다. (　)

☻ 1992년 광역(중심)자치체제로 돌입, 시·군에서 시·도로 모두 전환하였으며 1992년 전국 시·도에 소방본부를 설치하였다.

12 2003년 대구 방화사건을 계기로 2004년 5월 소방방재청이 설립되었다. (　)

☻ 2004년 소방방재청을 설립하여 소방업무뿐만 아니라 재난통합관리체제를 수용하였다.

13 2014년 11월에 국민안전처가 설립되었으나 2017년 07월 "소방청" 으로 바뀌며 소방청은 화재사고·위험물사고·다중밀집시설 대형화재를 담당하고, 지진, 낙뢰 등 나머지 재난은 행정안전부 등 "재난 및 사고유형별 재난관리주관기관" 이 담당하고 있다. (　)

☻ 2014년 11월 국민안전처 개설, 2017년 7월 소방청 개설 등, 상기 설명은 옳은 내용이다.

Ans. 08. (O) 09. (O) 10. (X) 11. (O) 12. (O) 13. (O)

| 역사 | 주요문제

기출 소방공무원 기출(이하 생략)

01 우리나라에서 최초로 "소방"이란 용어를 사용하기 시작한 시대는?

① 조선시대 초기　② 갑오개혁 이후
③ 일제 시대　④ 미군정 시대

해설 경무청 세칙에서 "수화소방(水火消防)은 난파선 및 출화, 홍수(洪水) 등에 계(係)하는 구호에 관한 사항"이라고 정하여 "소방"이라는 용어를 갑오개혁 이후에(1895년) 처음 사용하였다. 답 ②

기출

02 다음 중 우리나라에서 처음으로 독립된 자치소방체제가 성립되었던 시기는?

① 1945 ~ 1948년　② 1948 ~ 1970년
③ 1971 ~ 1992년　④ 1992 ~ 2003년

해설 우리나라에서 소방을 경찰에서 분리하여 최초로 독립된 자치소방체제가 성립된 시기는 2차 세계 대전이 끝난 후 미군정 시대인 1945~1948년이다. 답 ①

기출

03 다음 중 우리나라에 최초로 설치된 소방조직은 무엇인가?

① 한성도감　② 금화도감
③ 멸화도감　④ 소방도감

해설 세종 8년 병조에 금화도감을 설치하였다. 한국 최초의 소방(금화)관서이다. 답 ②

기출

04 다음 중 소방의 발전 과정을 순서대로 나열한 것으로 옳은 것은?

> 가. 소방법 제정
> 나. 소방청 개청
> 다. 시·도 광역자치 소방체제 개편
> 라. 소방위원회

① 가-나-다-라　② 가-다-나-라
③ 라-다-가-나　④ 라-가-다-나

해설 우리나라 소방의 변천과정 순서: 라. 소방위원회(1946년) - 가. 소방법 제정(1958년) - 다. 시·도 광역자치소방체제 개편(1992년) - 나. 소방청 개청(2017년) 답 ④

기출

05 다음 중 우리나라의 소방역사에 대한 설명으로 <u>틀린</u> 것은?

① 세종 8년 금화도감을 병조에 설치하였다.
② 1948년 독립된 소방자치체제가 확립되고 전국 시 · 도에 소방본부를 설치하였다.
③ 2004년 소방방재청을 설립하여 소방업무뿐만 아니라 민방위 재난 · 재해업무 등까지 관장하는 재난통합관리체제를 수용하였다.
④ 1972년 우리나라 서울과 부산에 소방본부를 설치하여 자치소방체제를 유지하고 기타 시 · 도는 국가소방체제를 유지하는 이원적 소방행정체제를 시행하게 되었다.

해설 우리나라는 1992년 4월 광역자치제제로 돌입, 전국 시 · 도에 소방본부를 설치하였다. 답 ②

기출

06 수성금화도감, 금화도감, 금화제도, 상비소방수제도 시대 순서로 옳은 것은?

① 금화제도 – 금화도감 – 수성금화도감 – 상비소방수제도
② 금화도감 – 금화제도 – 수성금화도감 – 상비소방수제도
③ 금화제도 – 금화도감 – 상비소방수제도 – 수성금화도감
④ 금화도감 – 수성금화도감 – 금화제도 – 상비소방수제도

해설 금화제도 시작(고려시대) – 금화도감(조선시대 세종8년 2월) – 수성금화도감(조선시대 세종8년 6월) – 상비소방수제도(일제강점기 경무부소속) 순서이다.
답 ①

■ 소방의 용어 변천

고려시대에는 소재(消災), 조선시대에는 금화(禁火), 조선시대 갑오경장 이후부터 지금까지 소방이라고 칭하고 있다. 그 외 잠정적으로 구화(救火)·멸화(滅火)·비화(備火)라는 용어가 사용되었는데, 구화는 불로부터 인명·재산을 구하는 것, 멸화는 불을 끄는 것, 비화는 화재에 대비하는 것을 뜻한다.

※ 본 기출문제는 소방공무원 시험 등에 기출되었으나 인쇄일 기준, 개정된 법령으로 수정하여 편집함.

• REFERENCE

☎ 하버드 대학교 도서관에 붙어있는 "名文 30訓" 중에서~

01. 지금 잠을 자면 꿈을 꾸지만 지금 공부하면 꿈을 이룬다.
  ♪ Sleep now, you will be dreaming, Study now, you will be achieving your dream.
02. 내가 헛되이 보낸 오늘은 어제 죽은 이가 갈망하던 내일이다.
  ♪Today that you wasted is the tomorrow that a dying person wished to live.
03. 늦었다고 생각했을 때가 가장 빠른 때이다.
  ♪When you think you are slow, you are faster than ever.
04. 오늘 할 일을 내일로 미루지 마라. ♪ Don't postpone today's work to tomorrow.
05. 공부할 때의 고통은 잠깐이지만 못 배운 고통은 평생이다.
  ♪The pain of study is only for a moment,but the pain of not having studied is forever.
06. 공부는 시간이 부족한 것이 아니라 노력이 부족한 것이다. ♪In study, it's not the lack of time, but lack of effort.
07. 행복은 성적순이 아닐지 몰라도 성공은 성적순이다.
  ♪Happiness is not proportional to the academic achievement, but sucess is.
08. 공부가 인생의 전부는 아니다. 그러나 인생의 전부도 아닌 공부 하나도 정복하지 못한다면 과연 무슨 일을 할 수 있겠는가.
09. 피할 수 없는 고통은 즐겨라. ♪You might as well enjoy the pain that you can not avoid.
10. 남보다 더 일찍 더 부지런히 노력해야 성공을 맛 볼 수 있다.
  ♪To taste success, you shall be earlier and more diligent.
11. 성공은 아무나 하는 것이 아니다. 철저한 자기 관리와 노력에서 비롯된다.
12. 시간은 멈추지 않고 간다. ♪The time never stops.
13. 지금 흘린 침은 내일 흘릴 눈물이 된다.
14. 개같이 공부해서 정승같이 놀자. ♪Study like a dog and play like a premier.
15. 최고를 추구하라. 최대한 노력하라. 최초에는 최고를 위한 최대의 노력을 위해 기도하라.
16. 미래에 투자하는 사람은 현실에 충실한 사람이다.
  ♪A person who invest in tomorrow, is the person who is faithful to today.
17. 학벌이 돈이다. ♪The academic clique is money itself.
18. 오늘 보낸 하루는 내일 다시 돌아오지 않는다. ♪Today never returns again tomorrow.
19. 지금 이 순간 적들의 책장은 넘어가고 있다.
20. 고통이 없으면 얻는 것도 없다. ♪No pains No gains.
21. 꿈이 바로 앞에 있는데 당신은 왜 팔을 뻗지 않는가.
22. 눈이 감긴다면, 미래를 향한 눈도 감긴다.
  ♪If you close your eyes to the present, the eyes for the future close as well.
23. 졸지 말고 자라. ♪Sleep instead of dozing.
24. 성적은 투자한 시간의 절대량에 비례한다.
25. 가장 위대한 일은 남들이 자고 있을 때 이뤄진다.
26. 지금 헛되이 보내는 이 시간이 시험을 코앞에 둔 시점에서 얼마나 절실하게 느껴지겠는가.
27. 불가능이란 노력하지 않는 자의 변명이다.
28. 노력의 대가는 이유 없이 사라지지 않는다. 오늘 걷지 않으면 내일은 뛰어야 한다.

– 이하 생략(짝수 홀수 페이지를 맞추기 위해 삽입됨) –

CHAPTER

02 소방 행정론

▶ 소방 행정이론 및 소방공무원법 등으로 편집됨.

제1절 소방 행정이론

01 소방 기초이론

1. 소방의 의의

소방행정이론에서 소방의 구분을 살펴본다.

① 협의*의 소방: "소방기본법" 제1조에서 말하는 일상적인 업무로서 화재를 예방·경계하거나 진압하고 교육·훈련·홍보, 민원업무, 방화순찰 등의 소극적 좁은 기능이다.

▸ 소방기본법 제1조

이 법은 화재를 예방·경계하거나 진압하고, 화재, 재난·재해 그 밖의 위급한 상황에서의 구조·구급활동 등을 통하여 국민의 생명·신체 및 재산을 보호함으로써 공공의 안녕 및 질서 유지와 복리증진에 이바지함을 목적으로 한다.

② 광의(廣義)*의 소방:

㉠ 일반적으로 사회의 기본조직과 기능이 무너져 지역사회가 스스로 극복할 수 없는 상태에 이르렀을 때의 사회의 간접시설 및 그 생활수단의 피해까지 해결하는 것이다.

㉡ 구조·구급 활동 등을 통하여 국민의 생명·신체 및 재산을 보호하는 소방활동, 방재업무, 사회복지활동 및 봉사활동 지원 등의 넓은 기능을 말한다.

또한 실질적 의미의 소방과 형식적 의미의 소방으로 나누기도 하는데

③ 실질적 의미의 소방: 학설에 따라 일반적으로 협의와 광의의 소방활동을 말하며,

④ 형식적 의미의 소방: 소방기관의 대부분인 작용으로 입법·사법적인 제도적 입장에서의 행정까지를 말한다.

---

* 협의(狹義): 좁은 의미를 뜻한다.(* 狹: 좁을 협)

* 광의(廣義): 넓은 의미를 뜻한다.(* 廣: 넓을 광)

* 포괄(包括): 있는 대로 온통 휩쓸어 모음

2. 소방의 임무

소방의 임무는 기본적 임무와 파생적 임무로 나눈다.

소방의 기본적 임무는 소방기본법의 본디 목적으로, 소방의 파생적 임무는 기본적 임무에서 파생(派生)된 봉사와 구조대·구급대 운영으로 생각할 수 있다.

(1) 소방의 기본적 임무

① 기본적으로 소방의 목적을 지키는 것이다.

② 정부의 기능 중 질서기능에 속하며 보안(안녕·질서 보존) 기능을 담당한다.

③ 화재를 예방·경계하여 국민의 복리증진에 이바지하며 안전한 생활을 보장한다.

④ 화재를 진압하여 국민의 생명 및 신체를 보호하고 재산 손실을 방지한다.

(2) 소방의 파생적 임무

① 정부의 기능 중 봉사기능에 속하며, 권력이 없는 직접서비스 기능이다.

② 구조대 및 구급대 등의 서비스를 통하여 국민의 건강을 지키고 안전한 생활을 보장한다.

봉사에서 상대적 봉사란 직접 혜택을 받는 사람을 중심으로 하는 구조 · 구급 등과 같은 봉사를 말하며, 포괄적 봉사란 일반적으로 소방기본법의 목적상 소극적인 기능의 혜택을 모두가 받는 봉사를 말한다.

3. 소방행정의 특수성

소방행정의 특수성은 넓은 의미로서 법제적 특성, 조직적 특성, 업무적 특성으로 구분한다. 이 중 업무적 특성은 긴급성, 계층성, 규제성, 전문성, 신속·대응성, 위험성, 현장성, 결과성, 가외성 등으로 구분한다. 여기서 가외성이란 소방조직이나 체제 또는 장비의 기본요소 이 외에 초과 또는 잉여분, 혹은 중첩성 내지 중복성을 말한다.

01 예제 다음 중 소방행정의 특수성에서 업무적 특성으로 가장 옳지 않은 것은?

① 긴급성 ② 계층성 ③ 독립성
④ 신속성 ⑤ 전문성

해설 소방행정의 업무적 특성에 독립성은 해당되지 않는다. 업무적 특성에 긴급성, 계층성, 규제성, 전문성, 신속 · 대응성, 위험성, 현장성, 결과성, 가외성이 있다 (그 외, 학설에 따라 대기성, 일체성, 경계성, 비지속성, 공익과 윤리성 등도 있다).

답 ③

4. 공무원 이론

(1) 용어의 뜻

국가공무원 및 지방공무원법에서 사용되고 있는 용어의 뜻은 다음과 같다.

① 직위(職位): 1명의 공무원에게 부여하는 직무와 책임. 예 소방서장

② 직급(職級): 직무의 종류·곤란성과 책임도가 상당히 유사한 직위의 군. 예 소방공무원 계급

③ 직무등급: 직무의 곤란성과 책임도가 상당히 유사한 직위의 군. 예 고위공무원 계급개념

④ 정급(定級): 직위를 직급 또는 직무등급에 배정하는 것. 예 소방서장을 소방정에 배정

⑤ 강임(降任): 같은 직렬 내에서 하위의 직급 또는 직위에 임명되는 일을 말한다.
(* 즉, 소방공무원의 동종의 직무 내에서 하위의 직위에 임명하는 것을 말한다.)

⑥ 전보(轉補): 같은 직급 내에서의 보직* 변경 등 고위공무원단 직위간의 보직변경.
(* 즉, 소방공무원의 동일 직위 및 자격 내에서의 근무기관이나 부서를 달리하는 임용.)

⑦ 전직(轉職): 직렬을 달리하는 임명을 말한다. 예 경찰공무원 → 소방공무원

⑧ 직류(職類): 같은 직렬 내에서 담당분야가 같은 직무의 군.

⑨ 직렬(職列): 유사한 직무와 책임과 곤란성 정도가 다른 직급의 군. 예 소방직렬, 행정직렬 등

⑩ 직군(職群): 직무의 성질이 유사한 직렬의 군. 예 행정직군·기술직군
(* 직위 < 직류 < 직렬 < 직군 순)

> ③ **직무등급**은 최근 우리나라에 계급이 전면 폐지된 외무공무원과 2006년 7월에 도입된 고위 공무원단에 적용되었다. 예 외무공무원의 경우 직위를 모두 14개의 직무등급으로 구분하고 있고, 또한 고위 공무원단도 가, 나 2개의 직무등급으로 운영되고 있다. 상위 직급의 이동을 승진(昇進)이라하며, 상위 직무등급으로의 이동을 승격(昇格)이라고 이해한다.
>
> ⑧ 직류는 같은 직렬 내에서 업무의 담당분야가 같으면서 각각 세분화된 그 업무의 분류를 말한다. 예를 들어 같은 부서에서 담당자인 9급 공무원이 하는 일은 같은 담당업무지만 상급자인 7급 공무원이 하는 일은 그 업무의 세분화된 분류를 가리킨다고 할 수 있다.

	행정 직렬	세무 직렬
5급	◇◆○	▲○○○○○
6급	◇◆○○○	▲○○○○
7급	◇◆○○○	▲○○○
8급	◇◆○○○	▲○○
9급	◇◆○○○○	▲○○○

행정직군

전산 직렬	기계 직렬
X○○○○○	☆○○○○○
X○○○○	☆○○○
X○○○	☆○○○
X○○	☆○○
X○○○	☆○○○

기술직군

---

* 보직(補職): 어떤 직무의 담당을 명함. 또는 그 직책.
* 직급(職級): 소방공무원법령에서는 계급을 말한다.

(2) 경력직 공무원

경력직공무원은 실적과 자격에 따라 임용되며, 신분을 보장받고 평생 동안(근무기간을 정하여 임용하는 공무원의 경우에는 그 기간 동안 = 정년퇴직) 공무원으로 근무가 예정된 공무원을 말한다.

① 일반직공무원: 기술·연구·행정과 같은 일반 업무를 담당하며 직군·직렬별로 분류한다.

② 특정직공무원: 담당업무가 특수해서 자격·신분보장·복무 등 특별법이 우선 적용되는 공무원
예 소방공무원, 법관, 검사, 외무공무원, 경찰공무원, 교육공무원, 군인, 군무원, 헌법재판소 헌법연구관, 국가정보원의 직원 및 특수 분야의 업무를 담당하는 공무원.

(3) 특수경력직 공무원

경력직공무원 외의 공무원을 말한다.

① 정무직 공무원: 선거로 취임하거나 임명할 때 국회의 동의가 필요한 공무원 및 고도의 정책결정 업무를 담당하거나 이러한 업무를 보조하는 공무원으로서 법률이나 대통령령에서 정무직(政務職)으로 지정하는 공무원 예 국무총리, 국회의원, 감사원장 등

② 별정직 공무원: 비서관·비서 등 보좌업무 등을 수행하거나 특정한 업무 수행을 위하여 법령에서 별정직(別定職)으로 지정하는 공무원 예 비서관, 비서, 국회수석 전문의원, 시·도 선거관리위원회 상임위원, 국무위원, 처장, 각부 장관, 대사, 공사 등

(*^^ 정부조직법 제34조 ⑦, ⑧항에 의하여 소방에 관한 사무를 관장하기 위하여 행정안전부장관 소속으로 소방청을 둔다. 소방청에 청장 1명과 차장 1명을 두되, 청장 및 차장은 소방공무원으로 보한다.)

▸ 직위해제 사유

국가공무원은 법 제73조에 따라 다음과 같은 경우 직위가 해제된다.

① 직무수행 능력이 부족하거나 근무성적이 극히 나쁜 자
② 파면·해임·강등·정직에 해당하는 징계 의결이 요구 중인 자(* 중징계에 해당하는 자)
③ 형사 사건으로 기소된 자(약식명령이 청구된 자는 제외.)
④ 고위공무원단에 속하는 일반직공무원으로서 적격심사를 요구받은 자

▸ 국가공무원법 및 지방공무원법상의 의무

국가공무원 및 공무원법상의 의무 또는 4대 금지의무 등을 알아본다.

① 성실의 의무	② 복종의 의무	③ 비밀엄수의 의무
④ 품위유지의 의무	⑤ 청렴의 의무	⑥ 친절·공정의 의무
⑦ 정치운동의 금지 의무	⑧ 취임 시 (복무)선서 의무	⑨ 직장 이탈 금지의무
⑩ 영리 업무 및 겸직 금지 의무	⑪ 집단 행위의 금지 의무	⑫ 종교중립의 의무

⑬ 공무원이 외국정부로부터 영예 또는 증여를 받을 경우에는 대통령의 허가를 받아야 한다.

02 소방 조직이론

1. 조직의 의의

① 조직이란 일정한 환경 내에서 공동의 특정한 목표를 달성하기 위해 의도적으로 체계화된 구조에 따라 구성원의 상호작용을 통해 외부환경에 적응하는 사회적 집단체제이다.

② 목표가 없는 조직은 존재할 수 없고 체계적이지 않은 군중집단은 조직이 아니며 인간이 없는 집단은 조직이 아니다. 즉, 조직은 목표를 위해 구성원이 뭉쳐 있는 유기체*이다.

③ 소방조직은 화재를 포함한 각종 사고로부터 국민의 생명과 신체 및 재산을 보호함으로써 공공의 안녕 및 질서 유지와 복리증진에 이바지함을 목적으로 하는 공익조직이다.
예 화재예방, 화재진압, 구조 · 구급활동, 그 밖의 행정업무 등.

▸ 조직

① 조직은 반드시 **목표**가 있어야 한다.
② 일정한 규모의 구성원이 있어야 한다.
③ 일정한 체계를 갖추고 있어야 한다.
④ 조직은 유기체이므로 끊임없이 환경과 교류하며 주변 환경에 적응해야 한다.
⑤ 소방조직은 군, 경찰 등과 같이 계급체계를 기초로 한 **준군사적** 지휘, 명령체계를 가진다.

2. 소방조직의 기본원리

소방조직은 각종 재난으로부터 국민의 생명·신체·재산을 보호하는 공익조직이다.

구분	내 용
① 분업의 원리	한 부서나 한 사람이 하나의 주 업무를 맡는 것으로 소방에서 가장 중요하다.
② 명령 통일 원리	한 조직체가 한 사람의 상급자에게 명령을 받고 보고하는 원리이다.
③ 조정의 원리	전문·분업화 되어있는 개인, 조직을 통합·행동을 통일시키는 업무조정원리이다.
④ 계층제의 원리	소방, 군·경찰 등의 조직에서 상하층의 계층제를 형성하는 원리이다.
⑤ 통솔범위 원리	적정수의 부하나 하부조직을 가진다.(평상시: 7~12명, 비상시: 3~4명이 적당)
⑥ 계선의 원리	특정 사안의 의사결정 과정은 개인의 의견이 참여되지만, 결정을 내리는 것은 소속기관장이 한다.(* 계선: 계층조직의 집행, 운영, 권한의 측면)
⑦ 부분화 원리	업무분화 확대되어 갈등을 줄여서 목적이나 기능에 맞게 조직을 개편하는 것.

▸ The쉬운 개념

① 한가지 전문기능업무 ② 팀장에게 지시받고 보고 ③ 목표달성을 위해 모든 분업 조직을 통합한다.
④ 소방 · 군 · 경찰 조직은 계층이 존재 ⑤ 적정수 부하를 필요로. ⑥ 개인은 참여만 결정은 팀장이..
(* ① 분업 · 전문화, 기능의 원리라고도 한다.)

3. 소방행정조직

우리나라의 소방조직은 1992~2020년 3월까지 **광역(시·도 중심)자치** 소방체제이다. 현, **국가소방조직으로** 소방청이 있으며 소방청은 시·도소방조직을 지원한다.

(1) 중앙(국가)소방조직

소방청 소속기관은 국가에서 주관하며 행정안전부 소속의 외청으로 "소방청과 그 소속기관 직제"에서 다음과 같이 분류한다.

① 소방청 조직으로
- ㉠ 소방정책국
- ㉡ 119구조구급국
- ㉢ 운영지원과를 둔다.

② 소방청장 소속으로
- ㉠ 중앙소방학교
- ㉡ 중앙119구조본부를 둔다.

③ 소방청장 소속 책임운영기관으로
- ㉠ 국립소방연구원을 둔다.

(2) 시·도 소방조직

소방청을 중심으로 각 시·도마다 소방조직이 운영되고 있다.

① **시·도 행정기구:** 소방서, 지방소방학교, 서울종합방재센터, 시·도의 소방본부 등
(*^^ 시·도의 소방학교: 서울, 경기, 충남, 경북, 광주, 부산, 강원, 인천에 두고 있다.)

중앙조직과 시·도조직의 비교

중앙 조직	소방정책국, 119구조구급국, 운영지원과(중앙소방학교, 중앙119구조본부)
시[illegible] 조직	시·도의 소방본부, 소방서, 지방소방학교, 서울종합방재센터 등

중앙119구조본부는 소방청장 소속기관이며, 119구조대는 소방서에 설치된 기관이다.

02 예제 다음 중 시·도 조직으로 옳지 않은 것은?

① 소방서　② 지방소방학교
③ 서울종합방재센터　④ 119구조구급국

해설 시·도 조직: 소방서, 지방소방학교, 서울종합방재센터, 시·도의 소방본부(*소지서씨)　**답** ④

(3) 간접적 소방조직

직접적 소방조직은 소방정책국, 119구조구급국, 운영지원과이며 소방청 소속은 중앙소방학교, 중앙119구조본부가 된다. 간접적 소방조직은 다음과 같다.

① 한국소방안전원(안전원)

소방기술과 안전관리기술의 향상 및 홍보, 그 밖에 교육·훈련 등 행정기관이 위탁하는 업무를 수행하고 소방업계의 건전한 발전과 소방관계 종사자의 기술향상을 위하여 소방청의 인가* 기관으로 설립되었다. 민법 중 **재단법인***에 관한 규정을 준용한다.

(* 시·도마다 있으며 주로 소방기술자 교육과 소방안전관리자, 위험물안전관리자 시험을 담당함.)

② 한국소방산업기술원(기술원)

소방산업의 진흥과 발전을 효율적으로 지원하기 위하여 설립되었으며 민법 중 **재단법인***에 관한 규정을 준용한다.

(* 경기도 용인에 있으며 주로 소방용품 조사·연구 및 위험물탱크 안전성능시험 업무를 담당함.)

③ 소방산업공제조합(공제조합)

"소방산업진흥에 관한 법률"의 설립근거에 따라 조합원에게 필요한 보증과 자금의 융자 및 공제사업 등을 함으로써 조합원의 자주적인 경제활동과 경제적 지위의 향상을 도모하며 소방산업의 건전한 발전에 이바지함을 목적으로 소방청의 인가기관으로 설립되었다.

④ 대한소방공제회(공제회)

소방공무원의 효율적인 공제제도를 확립·운영하고, 직무수행 중 사망하거나 상이*를 입은 사람에 대한 지원 사업을 함으로써 생활 안정과 복지 증진을 목적으로 하는 복지기관이다.

간접적 국가조직의 비교

한국소방안전원	한국소방산업기술원	소방산업공제조합	대한소방공제회
민법 중 재단법인. 소방청의 인가.	민법 중 재단법인.	소방청의 인가.	복지기관.
소방기술자의 교육 및 소방안전관리자·위험물안전관리자 시험 등.	소방용품 조사·연구, 위험물 탱크안전성능 업무 등.	보증, 자금융자 및 공제사업 등.	직무수행 중 사망, 상이 등에 대한 지원 사업.

---

* 유기체: 많은 부분이 일정한 목적 아래 통일·조직되어 그 각 부분과 전체가 필연 관계를 가지는 조직체.
* 인가(認可): 제3자의 행위를 보충하여 법률상 효력을 부여하는 일을 말함.
* 상이(傷痍): 사람의 신체에 대한 부상을 말한다.
* 재단법인(財團法人): 일정한 목적에 바쳐진 재산. 즉, 재단이 그 실체를 이루고 있는 법인으로서 사단법인에 비해 설립자의 의사에 의하여 타율적으로 구속되는 점이 강하다. / 비영리 법인으로 그 구성요소가 재단(재산)이다.

(4) 소방민간조직

의용소방대, 자체소방대, 위험물안전관리자, 소방안전관리자, 소방안전관리보조자, 자위소방대 외에도 민간소방 조직에는 민간민방위대 등이 있다.

1. 의용소방대(義勇消防隊)

소방본부장, 소방서장(즉, 소방관을 지칭함.)의 소방업무를 **보조**하게 하기 위하여 시·도 및 시·읍·면에 두며, 그 지역의 희망 주민으로 구성하여 **비상근**(화재발생 등 필요시에만 출근)으로 근무하는 민간조직의 소방대원을 말한다.(* 비용을 지급 받음= 무보수 봉사단체가 아님)

2. 자체소방대(自體消防隊)

화재발생 시 소방대원이 도착하기 전에 화재를 진압하는 민간소방대를 말한다.
제4류 위험물(휘발유 등 인화성액체)에 있어서 **지정수량 3,000배** 이상을 저장·취급하는 제조소 또는 일반취급소 등에 설치한다. (예 화재발생 시 정유공장 등에서 불 끄는 겸직된 직원)

설치조건: 제4류 위험물을 취급하는 시정수량 **3천배 이상의 제조소 또는 일반취급소 등.**

3. 위험물안전관리자, 소방안전관리자, 자위소방대

① 위험물안전관리자란 제4류 위험물의 지정수량 이상인 "위험물제조소등"의 화재를 상시 방어하기 위한(예 주유소) 사람이다.(* ①② 자격증 있음)

② 소방안전관리자는 소방시설이 설치되어 있는 특정소방대상물 중 소방안전관리대상물에 상시 소방안전관리를 하는(예 일반건축물 혹은 가스충전소) 사람이다.

③ 자위소방대란 화재 시 소방대원이 도착하기 전에 피난유도 및 초기소화 등 재난을 대비하여 일정 규모 이상의 소방대상물에 상시 근무하는 사람(예 겸직된 일반업무 직원)이다.

소방안전관리자의 방재실

▸ 민간조직의 분류 비교

- **의용소방대**: 소방의 요청에 의하여 필요시 화재현장 등에서 소방활동을 보조하기위한 주민들.
- **위험물안전관리자**: 인화성 액체를 취급하는 주유소 등에서 평상시 위험물의 안전관리하는 사람.
- **소방안전관리자**: 옥내소화전이 설치된 건물, 자동차가스충전소 등에 평상시 안전관리하는 사람.
- **자위소방대**: 일반공장 등의 화재 시 소방대 도착 전. 소방활동(소화, 피난유도 등)을 하는 직원
- **자체소방대**: 정유공장 등의 화재 시 소방대 도착 전. 소방활동(소화, 피난유도 등)을 하는 직원

03 소방 행정구성

1. 행정행위

행정행위는 행정청(예 관청)이 행정객체(예 국민)에 대하여 법률에 의한 어떠한 행위이다. 다음은 행정행위를 소방활동과 연관하여 비교 요약한 것이다.

<table>
<tr><td rowspan="9">법률적 행위</td><td rowspan="8">명령적 행위</td><td rowspan="4">하 명</td><td>작위하명</td><td>소방활동종사명령, 화재예방조치명령, 피난명령, 화재안전조치명령, 각종자료 제출명령 등</td></tr>
<tr><td>부작위하명</td><td>화기취급금지, 소방용수시설의 불법사용금지, 소방대상물사용금지, 소방시설공사의 정지 등</td></tr>
<tr><td>수인하명</td><td>행정대집행의 집행, 강제처분, 소방대의 긴급통행 등</td></tr>
<tr><td>급부하명</td><td>각종 인·허가의 수수료 납부 통지, 소방활동종사명령 등</td></tr>
<tr><td rowspan="3">허 가</td><td>대인허가</td><td>소방설비 기사 등</td></tr>
<tr><td>대물허가</td><td>위험물제조소 허가 등</td></tr>
<tr><td>혼합허가</td><td>소방시설 공사업(인적과 장비)</td></tr>
<tr><td>면 제</td><td colspan="2">소방시설의 설치면제 등</td></tr>
<tr><td colspan="2">형성적 행위</td><td colspan="2">특허, 인가, 대리</td></tr>
<tr><td rowspan="4">준법률적 행위</td><td colspan="2">공 증</td><td colspan="2">소방안전관리자 자격수첩 교부 등</td></tr>
<tr><td colspan="2">통 지</td><td colspan="2">화재안전조사 시 사전에 관계인에게 서면으로 통지하는 행위 등</td></tr>
<tr><td colspan="2">수 리</td><td colspan="2">허가 서류를 받아서 처리하는 것 등</td></tr>
<tr><td colspan="2">확 인</td><td colspan="2">소방용품 등의 검정, 소방공무원의 합격자 결정 등</td></tr>
</table>

예제 02 다음의 행정행위 중에서 수인하명으로 옳은 것은?

① 소방자동차의 긴급통행 ② 강제피난 명령
③ 화재안전조치명령 ④ 소방용수시설 불법사용금지

해설 수인하명은 소속행정청에 의한 어떠한 실력행사를 감수하고 이에 저항하지 않을 의무를 명하는 행위로서 소방자동차의 긴급통행이 이에 해당된다.

답 ①

---

* 작위하명: "하도록"의 명령적 성격 등을 말한다.
* 부작위하명: 금지, 정지 등 "하지않도록"의 명령적 성격 등을 말한다.
* 수인하명: 저항하지 않을 의무를 명하는 행위를 말한다.
* 급부하명: 금품 · 노력의 대가 등의 명령적 성격 등을 말한다.

▸ 하명은 두문자로 작부수급을 말하며, 준법률적 행위는 공통수확(* 공통수학)을 말한다.

2. 행정강제

사람의 신체(예 징역)나 재산(예 압류)에 실력을 행사할 수 있으며 법 규정에 의해 발생한 의무의 이행이나 행정상 필요 상태를 강제적으로 실현하는 수단으로써 다음과 같이 정리한다.

직접적 강제수단	행정상 강제집행	대집행	계고 – 통지 – 실행 – 징수
		집행벌	현재의 "이행강제금"을 말함.
		직접강제	위험물 조치명령
		강제징수	독촉 – 압류 – 매각 및 환가처분 – 청산
	행정상 즉시강제	대인적강제	소방활동종사명령, 피난명령
		대물적강제	위험물 조치명령, 강제처분
		대가택강제	화재안전조사, 위험물제조소등 검사
간접적 강제수단	행정벌	행정형벌	징역, 벌금, 과료 등(▸ 형법에서 다루는 벌)
		행정질서벌	과태료(▸ 공법상 지나치게 게으른 의무위반자)
	신종수단 (의무, 이행확보)	공급거부	전기, 수도, 가스의 공급중단
		위반사실의 공표	체납자, 불량식품의 공표(예 신문에 공표)
		관허사업제한	위법 건축물 등(예 무허가 건축물 철거)
		과징금, 가산세, 부당이득세	

즉시강제와 행정상 강제집행인 직접강제를 조금 더 구체적으로 알아본다.

즉시강제와 직접강제

즉시강제	개념	예 상황이 급하거나, 벌금 등을 부과할 소유자가 없을 때의 상황을 말한다.
	내용	긴박한 상황이거나 미리 의무를 명할 시간적 여유가 없을 때 또는 그 성질상 미리 의무를 명하여서는 그 목적을 달성하기 곤란할 때에 해당되며, 선행되는 의무자가 없거나 의무자체를 가지지 않는다. 즉, 의무 불이행을 전제로 하지 않는다. 벌칙 없음
직접강제	개념	예 상황이 덜 급하거나, 벌금 등을 부과할 소유자가 있을 때의 상황을 말한다.
	내용	법률 근거 하에서 행정법상 의무(작위, 부작위, 수인, 급부)의 불이행이 있는 경우에 행정상 최후의 수단이다. 선행되는 의무의 존재와 불이행을 전제로 한다. 벌칙 있음

행정이론 용어

행정행위	행정관청의 공무원이 법의 테두리 안에서 국민에게 하는 행위이다.
행정강제	행정작용 중 강제성을 가지는 행위이다.(예 징역, 압류)
행정지도	행정행위 중 강제성 없이 부탁하는 권고행위이다.
행정구제	권리침해의 이전과 이후, 행정작용의 시정 등을 요구하는 절차이다.
행정책임	공무원이 행동해야 할 기본적인 의무이며 책임을 말한다.

| 행정론과 조직 | OX 개념

01 소방의 파생적 임무란 구조대 및 구급대 등 서비스를 통하여 국민의 건강과 안전생활을 보장하는 정부의 기능 가운데 봉사기능이며, 권력이 없는 직접서비스 기능이다. ( )

☻ 소방의 파생적 임무란 구조대 및 구급대의 서비스 등 권력이 없는 직접서비스 기능이며 봉사기능에 속한다.

02 소방행정의 업무적 특성은 능률성, 위해성, 완전성, 특이성, 임시성, 독립성 등이 있다. ( )

☻ 소방행정의 업무적 특성은 긴급성, 계층성, 규제성, 전문성, 신속 · 대응성, 위험성, 현장성, 결과성, 가외성 등이 있다. (* 설문은 오답 유형 암기 순이며 해설 내용은 정답의 암기 순이다)

03 조직이란 목표가 없어도 일정한 규모의 구성원과 일정한 체계를 갖추고 있어야 한다. 조직은 유기체이므로 끊임없이 환경과 교류하며 주변 환경에 적응해야 한다. 또한 소방조직은 군, 경찰 등과 같이 계급체계를 기초로 한 준군사적 지휘, 명령체계를 가진다. ( )

☻ 조직이란 반드시 목표가 있어야 한다.

04 한국소방안전원(안전원)는 본원은 서울, 지원은 시·도마다 있으며 주로 소방기술자 교육과 소방안전관리자, 위험물안전관리자 시험을 담당한다. ( )

☻ 한국소방안전원(안전원)는 간접적 국가조직으로서 본원은 서울, 지원은 시·도마다 있으며 주로 소방기술자 교육과 소방안전관리자, 위험물안전관리자 시험을 담당한다.

05 한국소방산업기술원(기술원)는 간접적 국가조직으로서 경기도 용인에 있으며 주로 소방용품 조사 · 연구 및 위험물탱크 안전성능시험 업무를 담당한다. ( )

☻ 한국소방산업기술원(기술원)는 간접적 국가조직으로서 경기도 용인에 있으며, 주로 소방용품 조사 · 연구 및 위험물탱크 안전성능시험 업무를 담당한다.

06 소방공무원은 특수경력직 공무원 중에서 특정직이다. ( )

☻ 소방공무원은 경력직공무원 중에서 특별법에 적용을 받는 특정직이다.

Ans. 01. (O) 02. (X) 03. (X) 04. (O) 05. (O) 06. (X)

07 **시·도 행정기구는 시·도의 소방본부, 소방서, 지방소방학교, 서울종합방재센터가 있다. ( )**

시·도행정기구는 소방서, 지방소방학교, 서울종합방재센터, 시·도의 소방본부가 있다

08 **소방공무원법에서 전보(轉補)란 소방공무원의 동일 직위 및 자격 내에서의 근무기관이나 부서를 달리하는 임용을 말한다. ( )**

소방공무원의 동일 직위 및 자격 내에서의 근무기관이나 부서를 달리하는 임용을 말한다. 즉 같은 직급 내에서 보직변경 등 고위공무원단 직위간의 보직변경을 말한다.

09 **국가공무원법에서 전보(轉補)란 같은 직렬 내에서 보직변경이다. ( )**

전보(轉補): 같은 직급 내에서 보직변경 등 고위공무원단 직위간의 보직변경에 해당된다.

10 **소방공무원법에서 강임(降任)이란 소방공무원의 동종의 직무 내에서 하위의 직위에 임명하는 것을 말한다. ( )**

소방공무원의 동종의 직무 내에서 하위의 직위에 임명하는 것을 말한다. 즉 같은 직렬 내에서 하위의 직급 또는 직위에 임명되는 일을 말한다.

11 **전직이란 직렬을 달리하는 임명을 말한다. ( )**

전직이란 경찰직 등에서 소방직 등으로 직렬을 달리하는 임명을 말한다.

12 **국가공무원법상의 의무는 성실의 의무, 복종의 의무, 비밀엄수의 의무, 품위유지의 의무, 청렴의 의무, 친절공정의 의무 등이 있다. ( )**

국가공무원법상의 의무는 성실의 의무, 복종의 의무, 비밀엄수의 의무, 품위유지의 의무, 청렴의 의무, 친절공정의 의무 등이 있다.

13 **행정행위란 행정관청의 공무원이 법의 테두리 안에서 국민에게 하는 행위이다. 행정강제란 행정행위 중 사람의 신체나 재산에 대하여 강제성을 가지는 행위이다. ( )**

행정행위란 행정관청의 공무원이 법의 테두리 안에서 국민에게 하는 행위이다. 행정강제란 행정행위 중 사람의 신체나 재산에 대하여 강제성을 가지는 행위이다.

Ans. 07. (O) 08. (O) 09. (X) 10. (O) 11. (O) 12. (O) 13. (O)

| 소방 행정조직 | 주요문제

기출

01 다음 중 빈칸에 들어갈 말로 알맞은 것은?

> 소방관서는 전통적으로 [ ] 형식으로 조직되어 있다. 이것은 소방조직이 다른 조직에 비하여 순응적 조직문화를 가지고 있다는 것을 의미하지만 반대로 자발적이고 상향적 혁신의 장애가 될 수 있다는 것을 의미한다.

① 준군사적 ② 일방행정적
③ 사기업적 ④ 수평적

해설 소방조직은 군, 경찰 등과 같이 계급체계를 기초로 한 지휘, 명령체계를 가지고 있다. 소방관서는 전통적으로 준군사적 형식으로 조직되어 있다.

답 ①

기출

02 다음 중 간접적 소방행정기관에 대한 설명으로 틀린 것은?

① 한국소방안전원의 설립은 법인으로 하며 민법 가운데 재단법인의 규정을 준용한다.
② 한국소방산업기술원은 법인으로 하되 민법 가운데 사단법인에 관한 규정을 준용한다.
③ 소방산업공제조합은 조합원에게 필요한 보증과 자금융자 및 공제사업 등을 함으로써 소방산업의 건전한 발전에 이바지함을 목적으로 소방청 인가기관으로 설립되었다.
④ 소방공무원에 대한 효율적인 공제제도를 확립·운영하고, 직무수행 중 사망하거나 상이(傷痍)를 입은 사람에 대한 지원 사업을 함으로써 이들의 생활 안정과 복지 증진에 이바지함을 목적으로 하여 대한소방공제회를 설립하였다.

해설 한국소방산업기술원은 소방산업의 진흥·발전을 효율적으로 지원하기 위하여 설립하며, 기술원은 법인으로 하되 민법 가운데 재단법인에 관한 규정을 준용한다.

답 ②

기출

03 현재 우리나라 소방의 운영체제와 구성원 등에 대한 설명 중 틀린 것은?

① 소방대는 소방공무원, 의무소방원, 의용소방대원으로 구성되어있다.
② 소방본부장은 소방서장을 지휘·감독을 한다.
③ 소방방재청은 2004년에 개청되었다.
④ 소방청 개설은 2014년이다.

해설 소방청 개설은 2017년이다.

답 ④

제2절 소방공무원법 등

▶ 소방공무원 관계법령은 2025년 12월 31일까지 개정으로 수정함.

01 소방공무원

1. 소방공무원

(1) 소방공무원법 목적 (법 제1조)

이 법은 소방공무원의 책임 및 직무의 중요성과 신분 및 근무조건의 특수성에 비추어 그 임용·교육훈련·복무·신분보장 등에 관하여 국가공무원법에 대한 특례를 규정하는 것을 목적으로 한다.

▸ 소방공무원의 법률 적용

소방공무원법은 1977년 12월 31일 제정 이후, 1978년 3월에 시행되었다.
현재 우리나라 소방공무원은 소방청, 중앙소방학교, 중앙119구조대 등을 비롯하여 각 17개 시·도 지자체까지 약 7만 명이 있다. / 2020년 4월부터 소방공무원은 국가에서 경비를 부담하는 국가직이다.
(과거에 국가직 소방공무원은 국가공무원법, 지방직 소방공무원은 지방공무원법 등을 적용받았지만 1978년 소방공무원법 시행 이후 현재까지 모든 소방공무원은 "소방공무원법" 의 적용을 받고 있다.)

(2) 정 의 (영 제2조)

소방공무원 임용령*에서 사용하는 용어의 정의는 다음과 같다.

① 임용: 신규채용·강임*·휴직·강등*·정직*·직위해제·해임·승진·전보*·파견·복직·면직·파면을 말한다.

② 복직: 휴직·직위해제 또는 정직(강등에 따른 정직을 포함) 중에 있는 소방공무원을 직위에 복귀시키는 것을 말한다. (* 강등에는 3月의 정직(停職)이 있다.)

③ 소방기관: 소방청, 국립소방연구원, 시·도와 중앙소방학교, 중앙119구조본부, 지방소방학교, 소방서 및 서울종합방재센터를 말한다.

④ 필수보직기간: 다른 직위로 전보되기 전까지 현 직위에서 근무하여야 하는 최소기간을 말한다.

---

* 강임(降任): 동종의 직무 내에서 하위의 계급이나 직책에 임명하는 것. 징계 아님. (예 부서가 소멸되었을 경우 등)
* 전보: 소방공무원의 동일 직위 및 자격 내에서 근무기관이나 부서를 달리하는 임용.(보직을 전환하는 것.)
* 임용령: 대통령령으로 정한 소방공무원법의 하위법령을 말한다.(소방관계법규에서는"시행령" " 영" 이라고 함.)
* 강등(降等): 중징계의 하나로 하위의 계급에 임명되고 3개월간 직무가 정지되며 그 기간 중 보수의 전액을 감함.
* 정직(停職): 중징계의 하나로 일정기간 동안 직무를 정지시킨다. (* 파면, 해임, 강등, 정직 4가지는 중징계임.)

(3) 계급 구분

소방공무원은 특별한 실적, 시험 등(학력은 관계없음)과 같은 자격에 의해 임용되고 대한민국 국민에게 신분이 보장되며 평생토록 근무할 것이 예정된 경력직 중 특정직으로서 계급의 구분은 다음과 같다.

소방공무원의 계급 (법 제3조)

소방공무원 (11단계)	소방총감, 소방정감, 소방감, 소방준감, 소방정, 소방령, 소방경, 소방위, 소방장, 소방교, 소방사

※ 소방사~소방장까지 비간부, 소방위~소방정까지 간부, 소방준감~소방총감까지를 초간부라 한다.

(4) 정 년

소방공무원의 연령정년이란 만 60세까지만 근무하는 것을 말하며, 계급정년이란 해당계급에 정해진 기간 동안만 근무하는 것을 말한다.

즉, 계급정년이란 계급에 따라 정해진 기간이 지난 경우 승진 또는 퇴직하는 것을 말한다.

① 소방공무원의 연령정년과 계급정년은 다음과 같다. (법 제25조)

소방공무원의 정년*

연령정년	• 소방공무원: (만) 60세	
계급정년 (퇴직까지의 정년)	• 소방감: 4년 • 소방정: 11년	• 소방준감: 6년 • 소방령: 14년

(*^^ 계급정년이 없는 직급: 소방총감, 소방정감 및 소방경 이하.)

② 제①항의 계급정년을 산정할 때에는 근속 여부와 관계없이 그 계급에 상응하는 계급으로 근무한 연수를 포함한다.

③ 소방청장은 전시·사변 기타 이에 준하는 비상사태 하에서는 2년의 범위 안에서 계급정년을 연장할 수 있다.

④ 소방공무원은 그 정년이 되는 날이 1월에서 6월 사이에 있는 경우에는 6월 30일에, 7월에서 12월 사이에 있는 경우에는 12월 31일에 각각 당연히 퇴직된다.

Check Point!

계급!

▸ 계급학습: 사, 교, 장, / 위, 경, 령, 정, / 준감, 감, 정감, 총감
(* 연상기억: 사교장에 갔더니 위경련이 正(바르게) 나았다)

---

* 정년: 정해진 년수
* 시보(試補): 수습기간. (즉, 정식으로 임명되기까지 그 일에 실제로 종사하며 연습하는 일이나 그 직책.)

(5) 대한민국 소방공무원의 계급구조

※ 계급의 ( )내의 숫자는 최저 승진 소요연수를 말함.

소방공무원		급수
직급	직위	
소방총감	소방청장	차관급
소방정감	소방청 차장 서울 · 경기· 부산 재난본부장	1급
소방감	소방정책국장, 119구조구급국장 중앙소방학교장, 중앙119구조본부장, 기획조정관, 강원· 인천 · 충남 · 경북 · 경남 · 전남소방본부장.	2급
소방준감	서울 · 경기 시·도소방학교장 대구 · 광주 · 대전 · 울산 · 도 소방본부장 등	3급
소방정(4)	소방서장 소방본부 과장(서울 · 부산 · 경기 제외) 중앙소방학교 과장, 시·도의 지방소방학교장 등	4급
소방령(3)	소방본부 팀장, 소방서 과장 등	5급
소방경(3)	소방서계장, 구조구급대장 119안전센터장(팀장) 등	6급
소방위(2)	구조구급대장, 119안전센터장, 119안전센터 부센터장 등	6급
소방장(2)	119안전센터 반장 등	7급
소방교(1)	대원, 반장	8급
소방사(1)	대원, (9급 신입 경력직 공무원 중 특정직공무원에 해당한다.)	9급
소방사시보	시험 합격 후, 수습기간으로 신규임용예정자.(소방학교 교육생)	·

* 참고: 지방자치단체에 두는 소방공무원의 정원에 관한 규정 별표2

▸ 소방공무원의 제반사항

- 소방사 임용시험에 합격한 자는 6월 동안 "소방사 시보"로 교육 · 훈련 후 소방사가 될 수 있다.
- 소방간부후보 선발시험에 합격한 자는 1년 동안 "소방위 시보"로 근무 후 소방위가 될 수 있다.
- 초간부는 주로 부장급과 국장급으로 구성되며 그 하위가 소방서장급이 된다 (* 부장 > 서장 순)

* 간부직급 4단계 중 소방영(영웅?) 이상과 소방경(사람?) 이하를 기준으로 이 법 적용이 달라진다.

02 소방 임용

1. 소방임용

소방공무원 임용령에서 “임용”의 종류 13가지 중 신규채용의 관련 내용을 알아본다.

(1) 시험실시기관 (법 제11조)

신규채용시험, 승진시험, 소방간부후보생 선발시험은 **소방청장**이 실시한다.
소방청장은 시·도지사 또는 소방청 소속기관의 장에게 위임할 수 있다.

① 시험실시권 (영 제34조)

㉠ 소방청장은 시·도 소속의 소방경 이하를 신규채용하는 경우 시·도지사에게 위임할 수 있다.

㉡ 시·도지사는 시·도 소속의 소방경 이하를 신규채용하는 경우 시험문제 출제를 소방청장에게 의뢰할 수 있다.

▸ 시험실시 부연설명

㉠ 소방청장은 시·도 소속의 소방경 이하 신규채용 ···› 시·도지사에게 위임
- 매년 3~4월 중앙소방학교에서 실시하는 소방공무원 공개채용시험 등을 말함.

㉡ 시·도지사는 시·도 소속의 소방경 이하를 신규채용하는 경우 시험문제 출제를 소방청장에게 의뢰할 수 있다. (영 제34조)
- 매년 3~4월 소방청 소속 중앙소방학교에서 실시하는 소방공무원 임용 공개채용시험이나 매년 9~11월 등에 실시하는 소방공무원 승진시험 등을 말함

② 공개경쟁채용시험의 공고

공개경쟁채용시험의 공고는 다음과 같다. (영 제35조)

㉠ 시험 실시기관 또는 시험 실시권자는 소방공무원 공개경쟁채용시험을 실시하고자 할 때 제반 사항을 시험실시 20일 전까지 공고해야 한다.
(다만, 시험일정 등 미리 공고할 필요 시 시험실시 90일 전까지 공고한다.)

㉡ 규정한 공고내용을 변경하고자 할 때에는 시험실시 7일 전까지 공고해야 한다.

- 시험실시 20일(필요시 90일) 전까지 공고, / 변경하고자 할 때에는 시험실시 7일 전까지.

※ 소방공무원법은 일반적으로 소방기관(청·국·시·중·중·지·소·서)에서 하는 일이 그 내용에 소개되며,
직급이 혼동될 때 소방령(소방영웅) 이상과, 소방경(소방사람) 이하로 생각하여 구분하면 The 쉽다.

(2) 신규채용 제도

① 신규채용 (법 제7조)

다음의 경우 경력경쟁채용시험을 실시하여 소방공무원을 신규채용할 수 있다.

㉠ 국가 및 지방공무원법의 사유로 인해 직위가 없어지거나 과원(過員)이 되어 퇴직하거나, 장기요양 중 휴직기간의 종료로 인해 퇴직한 소방공무원을 퇴직한 날로부터 3년 이내에 퇴직할 당시의 계급 또는 그에 상응하는 계급의 소방공무원으로 재임용하는 경우.

㉡ 공개경쟁채용시험으로 임용하는 것이 부적당한 경우 중 임용 예정 직무와 관련된 자격증 소지자를 임용하는 경우.(* 구급 등 2년 이상 자격을 요함)

㉢ 임용 예정직과 비슷한 근무 실적 또는 연구 실적이 있거나 소방에 관한 전문기술교육을 받은 사람을 임용하는 경우.(* 소방관련학과 졸업자를 말함)

㉣ 5급 공무원의 공개경쟁채용시험이나 사법시험 또는 변호사 시험에 합격한 자를 소방령 이하로 임용하는 경우.

㉤ 외국어에 능통한 사람을 임용하는 경우.

㉥ 경찰공무원을 그 계급과 비슷한 소방공무원으로 임용하는 경우.

㉦ 의용소방대원을 소방사 계급의 소방공무원으로 임용하는 경우.

(3) 필기시험 (영 제44조)

소방공무원 공개경쟁채용시험의 필기시험과목은 소방공무원 임용령 별표 3과 같고, 소방공무원 경력경쟁채용시험등의 필기시험과목은 별표 5와 같다. 다만, 별표 3, 5의 시험과목 중 다음 각 호의 시험과목은 해당 호에서 정하는 시험으로 대체한다.

① 필수과목 중 영어 과목: 별표 6에서 정한 영어능력검정시험

② 필수과목 중 한국사 과목: 별표 9에서 정한 한국사능력검정시험

▸ 임용령

소방공무원 임용령에서 신규소방관을 경력경쟁채용등을 할 때는 다음과 같다. (영 제15조)

- 종전의 재직기관에서 **감봉 이상**의 징계처분을 받은 자는 경력경쟁채용등을 할 수 없다.
- 외국어를 잘하는 자의 경력경쟁채용은 소방위 이하에 한한다.
- 경위 이하의 경찰공무원으로서 최근 **5년** 이내에 화재감식이나 범죄수사 경력이 2년 이상인 사람.
- 의용소방대원을 소방사로 임용하는 경우는 **5년** 이상 근무하고 있는 사람에 한한다.

2. 모집

소방공무원 신규채용시험 종류는 **공개경쟁채용시험**, **공개경쟁선발시험**(소방간부후보시험), 경력경쟁채용(소방학과, 응급구조학과, 의무소방원 등)시험이 있다.

(1) 응시연령 및 신체조건 등 (영 제43조)

① 소방간부후보생 선발시험에 응시할 수 있는 자의 연령은 18세 이상 40세 이하로 한다.
② 시험에 응시하는 자는 제1종 운전면허 중 대형면허 또는 보통면허를 소지해야 한다.

응시연령(임용령 별표2)

계급별	공개경쟁채용시험	경력경쟁채용시험등
소방령 이상	18세 이상~40세 이하	18세 이상~45세 이하
소방경·소방위		18세 이상~40세 이하(사업·운송용조종사 또는 항공·항공공장정비사는 18세 이상~45세 이하)
소방장·소방교		18세 이상~40세 이하
소방사	18세 이상~40세 이하	18세 이상~40세 이하(* 의무소방원: 18세~30세)

③ 전역예정자가 응시할 수 있는 시험 기간의 계산방법은 전역예정일 전 6월의 기간 계산방법은 최종시험 시행예정일부터 계산한다.

▸ **제대군인지원 응시 상한 연령 연장기간** (제대군인 지원에 관한 법률 시행령 제19조)

- 1년 미만의 복무기간을 마치고 전역한 제대군인: 1세
- 1년 이상 2년 미만의 복무기간을 마치고 전역한 제대군인: 2세
- 2년 이상의 복무기간을 마치고 전역한 제대군인: 3세(즉, 최대 만 43세까지 응시할 수 있다.)

신체조건(임용령 시행규칙 별표1)

부분별	합 격 기 준
체 격	시험실시권자가 지정한 기관에서 실시한 소방공무원 채용시험 신체검사의 결과 건강상태가 양호하고, 직무에 적합한 신체를 가져야 한다.
시 력	두 눈의 시력(교정시력을 포함 한다)이 각각 0.8 이상이어야 한다.
색 신	색맹 또는 적색약(약도를 제외한다)이 아니어야 한다.
청 력	두 귀의 청력(교정청력을 포함)이 각각 40데시벨(db) 이하의 소리를 들을 수 있어야 한다.
혈 압	고혈압(수축기 혈압이 145㎜Hg를 초과하거나, 확장기 혈압이 90㎜Hg를 초과하는 것) 또는 저혈압(수축기 혈압이 90㎜Hg 미만이거나, 확장기 혈압이 60㎜Hg 미만)이 아니어야 한다.
운동신경	운동신경이 발달하고 신경 및 신체에 각종 질환의 후유증으로 인한 기능상 장애가 없어야 한다.

(3) 시험의 합격결정

소방공무원 시험의 합격결정에서의 내용은 다음과 같다. (영 제46조)

① 소방공무원 **공개경쟁채용시험 및 소방간부후보생 선발시험**의 합격자 결정에서

㉠ 필기시험 : 영어과목과 한국사과목을 제외한 나머지 과목에서 각 과목 40% 이상을 득점하고, 전 과목 총점의 60% 이상을 득점한 사람 중에서 선발예정 인원의 3배수의 범위 내에서 고득점자 순으로 결정.

㉡ 체력시험 : 전 종목 총점의 50% 이상 득점한 사람.

㉢ 신체검사 : 신체조건과 건강상태에 적합한 사람.

(4) 동점자의 합격결정(임용시험)

공개경쟁채용· 경쟁채용시험 및 소방간부후보생 선발시험의 합격자 결정 시 선발예정인원을 초과하여 동점자가 있을 때에는 그 선발예정인원에도 불구하고 **모두 합격자**로 한다. 이 경우 동점자 결정은 총득점에 의하되, 소수점 이하 둘째자리까지 계산한다. (영 제47조)

모두 합격자라는 뜻은 1차 필기시험부터 체력 및 최종 면접시험까지를 말한다.

(5) 신규채용방법

임용권자는 채용후보자명부의 **등재순위**에 따라 임용하여야 한다. 다만, 다음에 해당하는 경우에는 그 순위에도 불구하고 임용할 수 있다. (영 제19조)

① 임용예정기관에 근무하고 있는 소방공무원 외의 공무원을 소방공무원으로 임용하는 경우.

② 6개월 이상 소방공무원으로 근무 경력이 있거나 임용 예정직위에 관련된 특별한 자격이 있는 사람을 임용하는 경우.(*^^ 인사교류가 되지 않아 소방직에서 6개월 이상 근무 후 다시 시험 합격자.)

③ 도서·벽지·군사분계선 지역 등 특수지역 근무희망자를 배치하기 위하여 임용하는 경우.
(* 예 연천(경기도), 연평도(인천), 울릉도(경북) 등 일반인 기피지역의 희망자를 말한다.)

④ 채용후보자의 피 부양가족이 거주하고 있는 지역에 근무할 채용후보자를 임용하는 경우.

⑤ 소방공무원의 직무수행 관련한 실무수습 중 사망한 시보임용예정자를 소급하여 임용하는 경우.

(6) 채용후보자의 자격상실 (영 제21조)

① 채용후보자가 임용 또는 임용제청에 불응한 때

② 채용후보자가 받아야 할 교육훈련에 불응한 때

③ 채용후보자의 교육훈련성적이 졸업요건을 갖추지 못한 경우.

④ 교육훈련 중 질병·병역복무 또는 그 밖에 교육훈련을 계속할 수 없는 불가피한 사정 외의 사유로 퇴학처분을 받은 경우 및 중징계 사유나 경징계를 2회 이상 저지른 경우

3. 소방선발

1) 임 용*

(1) 임용권자

소방공무원법과 관련된 그 임용(任用)권자는 다음과 같다. (법 제6조)

① 소방총감은 대통령이 임용한다.

㉠ 소방령 이상의 소방공무원은 소방청장의 제청으로 국무총리를 거쳐 대통령이 임용한다. (다만 소방총감은 대통령이 임명한다.)

㉡ 소방경 이하는 소방청장이 임용한다.

▸ 소방공무원 임용의 구분

㉠ **소방령 이상:** 소방청장의 제청으로 국무총리를 거쳐 대통령이 임용한다.
(* 다만 소방총감은 대통령이 임명한다)

㉡ **소방경 이하:** 소방청장이 임용.
(※ **소방령 이상 소방준감 이하:** 정직·복직·직위해제·전보·휴직·강등은 소방청장이 행한다.)

▸ 참고: 임용권자와 위임 (영 제3조)

- **임용권자:** 대통령, 소방청장이 된다.
- **대통령:** 임용권의 일부를 소방청장 또는 시·도지사에게 위임할 수 있다.
- **소방청장:** 임용권의 일부를 소방청소속기관장 또는 시·도지사 에게 위임할 수 있다.
(* 소방청 소속기관장: 중앙소방학교, 중앙119구조본부)
- **시도지사:** 위임받은 임용권의 일부를 그 소속기관장에게 다시 위임할 수 있다.
(* 그 소속기관장: 지방소방학교장, 서울종합방재센터장, 소방서장 등)

(2) 임용의 유예

임용권자 또는 임용 제청권자는 채용후보자명부의 유효기간의 범위 안에서 기간을 정하여 임용 또는 임용제청을 유예(연장)할 수 있다. (영 제20조)

① 학업의 지속
② 6월 이상의 장기요양을 요하는 질병이 있는 경우
③ 병역의무복무를 위하여 징집 또는 소집되는 경우
④ 임신하거나 출산한 경우
⑤ 그 밖에 임용 또는 임용제청의 유예가 부득이하다고 인정되는 경우

---

* 임용: 신규채용·강임·휴직·강등·정직·직위해제·해임·승진·전보·파견·복직·면직·파면 13가지를 말한다.

2) 임용의 제반사항

(1) 임용후보자 명부

시험 실시기관의 장은 시험합격자의 명단을 임용권자에게 송부하여야 한다. (법 제13조)

① 임용권자는 신규채용시험(소방간부후보생 시험 포함)과 승진시험에 합격한 사람을 성적순으로 각각 명부에 등재하여야 한다.

② 상기 규정에 따른 명부의 유효기간은 2년의 범위에서 대통령령으로 정한다. (다만, 임용권자는 필요시 1년의 범위에서 그 기간을 연장할 수 있다.)

(2) 시보(試補)임용

시보란 수습기간부터 정식 임명되기까지 그 일에 실제로 종사하는 직책이다. (법 제10조)

① 소방공무원을 신규 채용하는 경우 소방장 이하(비 간부급을 말함.)는 6월, 소방위 이상(간부급)은 1년 동안 시보로 임용한다.

② 휴직기간·직위해제기간 및 징계에 의한 정직 또는 감봉처분을 받은 기간은 시보임용기간에 포함하지 않는다.

③ 소방공무원으로서 임용되기 전에 받은 교육훈련기간은 시보임용기간에 포함한다.

(3) 시보임용 소방공무원

① 임용권자 또는 임용제청권자는 시보임용 소방공무원이 다음에 해당하여 정규 소방공무원으로 임용함이 부적당하다고 인정되는 경우에는 면직을 시킬 수 있다. (영 제22조)

㉠ 교육·훈련 과정의 졸업요건을 갖추지 못한 경우나 퇴교처분을 받은 경우

㉡ 중징계 사유에 해당하는 경우나 경징계 사유가 2회 이상 저지른 경우

㉢ 근무성적, 교육·훈련 성적이 매우 불량하여 성실한 근무가 어렵다고 인정되는 경우

㉣ 소방공무원으로서 품위를 크게 손상하는 행위로써 직무를 수행하기 곤란한 경우 등

(4) 채용후보자 명부의 작성

임용시험의 최종 합격 이후 채용후보자명부에 관한 사항은 다음과 같다. (규칙 제30조)

① 채용후보자명부는 임용예정계급별로 작성하되 임용적격자만을 등재한다.

② 임용권자(임용 제청권자 포함)는 채용후보자명부의 등재여부를 본인에게 알려야 한다.

③ 명부는 시험성적순위로 작성하되, 성적이 같을 경우 다음 순위에 따라 작성하여야 한다.

㉠ 취업보호 대상자

㉡ 필기시험 성적이 우수한 자

㉢ 연령이 많은 사람

(5) 임용시기

① 소방공무원은 임용장 또는 임용통지서에 기재된 일자의 날짜로 본다. (영 제4조)

② 사망으로 인한 면직은 사망한 다음 날에 면직*된 것으로 본다.

③ 임용일자는 그 임용장 또는 임용통지서가 피임용자에게 송달되는 기간 및 사무인계에 필요한 기간을 참작하여 정하여야 한다.

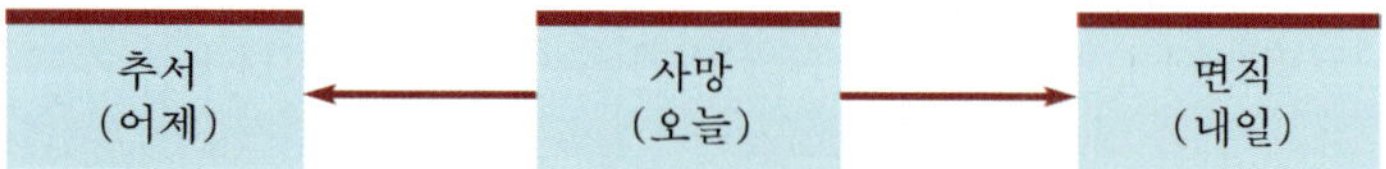

▸ 임용은 다음에 따른 일자에 임용한다. (영 제5조)

① 재직 중 순직한 사람을 특별승진임용하는 경우 : 사망일의 전날

② 퇴직 후 사망한 경우 특별승진임용하는 경우 : 퇴직일의 전날

③ 휴직 후 복귀하지 않는 경우 등 직권면직*시키는 경우: 휴직기간 만료일이나 휴직사유 소멸일

④ 시보임용예정자가 소방공무원의 직무수행과 관련한 실무수습 중 사망한 경우: 사망일의 전날

(* 기타 명예퇴직 등에 관해서는 생략한다.)

▸ 승진, 승격, 추서의 용어

- **승진**: 직급(직무의 종류 · 곤란성과 책임도가 상당히 유사한 직위의 군)이 오름. 즉, 계급 오름
- **승격**: 직무등급(직무의 곤란성과 책임도가 상당히 유사한 직위의 군)이 오름. 즉, 등급 오름
- **추서**(追敍): 사망 후 계급이 오름. 즉, 순직한 사람의 계급을 높여줌.

▸ 용어

직권면직이란?

임용권자의 일방적 의사와 직권에 의해 행하여지는 면직(免職)행위를 말한다.

공무원 자신의 의사와는 상관없이 국가의 일방적 의사에 따라 공무원을 그 직위나 직무에서 물러나게 하는 일을 말하며 신체나 정신에 이상이 있을 경우, 근무 성적이 아주 나쁠 경우, 직제나 정원이 개폐되거나 예산이 감소될 경우, 장기 요양 뒤에도 직무를 감당할 수 없을 경우에 가능하다.

그러나 근무 성적의 불량 및 대기명령 기간 중의 직권면직 경우에는 동의를 얻어야 한다.

쉽게 이해하기 위해서 직권면직은 사실상 해고(解雇)와 같은 의미이다.

---

* 공적: 공로 실적을 말함.

* 추서: 사망한 자를 사망 당시의 직급보다 상위직급으로 임용한 것을 말함.

* 면직: 공무원의 직위 또는 직급을 소멸시키는 것으로서 의원면직(사직), 징계면직(파면), 직권면직이 있다.

3) 공무원의 임용 결격사유 (국가공무원법 제33조)

공무원(모든 직렬) 임용의 결격사유란 자격이 결여되는 경우로서 아래의 ①번의 피성년후견인은 (국가·지방)공무원법을 비롯, 국내의 어느 법에서도 결격사유가 해당될 수 있다.

① 피성년후견인*
② 파산선고*를 받고 복권되지 아니한 자
③ 금고* 이상의 형을 받고 그 집행이 종료되거나 그 집행을 받지 않기로 확정된 후 5년이 지나지 아니한 자. 예 교도소를 출감하거나 면제된 날로부터 5년
④ 금고 이상의 형을 받고 그 집행유예의 기간이 완료된 날로부터 2년이 지나지 아니한 자
⑤ 금고 이상의 형의 선고유예를 받은 경우에 그 선고유예기간 중에 있는 자
⑥ 법원의 판결 또는 다른 법률에 따라 자격이 상실되거나 또는 정지된 자
⑦ 공무원으로 재직기간 중 그 직무와 관련하여 형법에 규정된 죄를 범한 자로서 300만 원 이상의 벌금형을 선고받고 그 형이 확정된 후 2년이 지나지 아니한 자
⑧ 성범죄자 등으로서 100만 원 이상 벌금형을 받고 그 형이 확정된 후 3년이 미경과한 자
⑨ 미성년자에게 성폭력범죄, 아동·청소년대상 성범죄자로서 파면·해임되거나 형 또는 치료감호가 확정, 벌금 이하의 형을 선고받고 확정된 날부터 20년이 지나지 아니한 사람 등
⑩ 징계에 의하여 파면 처분을 받은 때로부터 5년이 경과하지 아니한 자
⑪ 징계에 의하여 해임 처분을 받은 때로부터 3년이 경과하지 아니한 자

4) 부정행위자에 대한 조치 (영 제51조)

① 소방공무원 채용시험 또는 소방간부후보생 선발시험에서 부정행위를 한 응시자의 경우 시험을 정지나 무효로 하거나 합격을 취소하고, 5년간 응시자격을 정지한다.
  ㉠ 다른 수험생의 답안지를 보거나 본인의 답안지를 보여주는 행위
  ㉡ 대리 시험을 의뢰하거나 대리로 시험에 응시하는 행위
  ㉢ 통신기기 등을 이용하여 해당 시험 내용에 관하여 다른 사람과 의사소통하는 행위
  ㉣ 부정한 자료를 가지고 있거나 이용하는 행위 등
② 다음에 해당하는 행위를 한 사람에 대해서는 그 시험을 정지하거나 무효로 한다.
  ㉠ 시험 시작 전에 시험문제를 열람 또는 시험 시작 전·후에 답안지를 작성하는 행위
  ㉡ 허용되지 아니한 통신기기 또는 전자계산기기를 가지고 있는 행위 등
③ 시험 실시권자는 부정행위를 한 응시자의 명단을 관보에 실어야 한다.

---

* 피성년후견인: 법률상의 무능력자로서 성년의 후견인이 필요한 사람을 말한다. (* 구어: 금치산자)
* 파산자(破產者): 파산 선고를 받은 사람 (* 돈을 갚을 능력이 없다고 법원에 파산신청을 한 채무자)
* 금고: 노동을 하지 않는 감옥살이 (* 금고 이상이란 금고, 징역, 사형을 말한다.)
* 선고유예: 선고를 유예하는 것(기간이 끝나면 소멸됨). * 법의 경중: 기소유예 < 선고유예 < 집행유예.
* 집행유예: 유죄 판결 뒤 일정기간 집행을 유예하는 것. 그 기간 동안 범죄가 있으면 유예가 취소됨.

03 소방인사 등

1. 인 사

인사에 대한 제반 사항은 다음과 같다.

(1) 소방공무원 인사위원회의 설치 등

소방공무원 인사위원회에 관해서는 다음과 같다. (법 제4조, 영 8조)

① 소방공무원 인사위원회는 **소방청**에 둔다.

② 단, 시·도가 임용권을 행사하는 경우에는 시·도에 둔다.

③ 소방청 인사위원장은 **소방청차장**, 시·도 인사위원장은 소방본부장이 된다.

- 인사위원회는 위원장을 포함한 5명 이상 7명 이하로 구성한다. (영 제8조)

(2) 인사위원회의 기능

소방공무원 인사위원회의 기능에 관해서는 다음과 같다. (법 제5조)

① 소방공무원의 인사행정에 대한 방침과 기준 및 기본계획

② 소방공무원의 인사에 관한 법령의 제정·개정 또는 폐지에 관한 사항

③ 그 밖에 소방청장과 시·도지사가 해당 인사위원회의 회의에 부치는 사항

(3) 인사기록 및 징계 등 처분기록의 말소

인사기록 관리자는 징계처분을 받은 소방공무원이 다음에 해당하는 때에는 해당 소방공무원의 인사기록카드에 등재된 징계처분의 기록을 **말소**하여야 한다. (규칙 제14조의2)

▸ **징계 처분기록의 말소**

㉠ 징계처분의 집행이 종료된 날로부터 다음의 기간이 경과한 때

ⓐ 강등: 9년 ⓑ 정직: 7년 ⓒ 감봉: 5년 ⓓ 견책: 3년

㉡ 소청심사위원회나 법원에서 징계처분의 **무효 또는 취소나 판결이** 확정된 때

㉢ 징계처분에 대한 **일반사면**이 있을 때.

■ 세계의 긴급 전화

- 중국, 일본: 119
- 런던, 홍콩: 999
- 프랑스: 18
- 미국, 영국, 캐나다: 911
- 뉴질랜드: 111
- 호주, 코펜하겐: 000
- 독 일: 112
- 덴마크, 이탈리아: 112
- 브라질: 190
- 자메이카: 119
- 그리스: 100
- 폴란드: 997

2. 보직관리

임용권자 또는 임용제청권자는 법령에서 따로 정하거나 소속 소방공무원을 하나의 직위에 임용해야 한다.(영 제25조)

(1) 초임 소방공무원의 보직

① 소방간부후보생을 소방위로 임용할 때에는 최하급 소방기관에 보직하여야 한다.

② 신규채용에 의하여 **소방사**로 임용된 자는 **최하급 소방기관**에 보직하여야 한다.
(단, 자격증소지자·교육과정이수자를 관련부서에 보직하는 경우는 예외.) (영 제26조)

③ "최하급소방기관"이란 소방청, 국립소방연구원, 시·도의 소방본부, 중앙소방학교, 중앙119구조본부, 지방소방학교, 서울종합방재센터를 제외한 곳을 말한다.(칙 제19조)

> 소방사로 임용된 자는 최하급 소방기관의 외근부서에 보직한다.
> (* 최하급소방기관이란 소방서, 119안전센터, 119지역대 등을 말한다.)

▸ **소방공무원법상의 의무** (법 제21~23조)

> 소방공무원법상의 의무는 아래와 같다.
> ① 거짓보고 등의 금지
> ② 지휘권 남용 등의 금지
> ③ 복제(제복착용)의 의무
> (①, ② 위반시 5년 이하의 징역 또는 금고에 처한다.)

(2) 심사청구

처분사유 설명서를 받은 **소방공무원**이 처분에 불복(예징계)이 있을 경우 소청심사위원회에 그에 대한 심사를 청구할 수 있다.(법 제26조)

(3) 고충심사위원회

소방공무원의 인사상담(예 발령) 및 고충(예 외상스트레스증후군= 트라우마)을 심사하기 위하여 **소방청, 시·도, 대통령령**으로 정하는 소방기관에 **소방공무원 고충심사위원회**를 둔다.

심사청구 및 고충심사 (법 제26~27조)

구 분	심사청구	고충심사
취 지	처분에 불복이 있을 때(30일 이내 청구)	인사상담 및 고충을 심사하기 위하여
심 사	소청심사위원회	중앙고충심사위원회
비 고	변호사를 선임할 수 있다.	소방청, 시·도 등에 설치

3. 승진

"소방공무원 승진임용 규정"에서의 승진의 제반사항은 다음과 같다.

(1) 승진임용의 구분

승진임용의 구분은 다음과 같이 분류한다. (승진임용 규정 제3조)

승진임용의 종류: ① 시험승진임용 ② 심사승진임용 ③ 특별승진임용(예: 사망)

(2) 승진심사위원회

승진심사위원회는 다음과 같다. (법 제16조)

① 중앙승진심사위원회는 **소방청**에 둔다.
② 보통승진심사위원회는 **소방청**, 대통령령으로 정하는 소속기관(중앙소방학교, 중앙119구조본부, 국립소방연구원) 및 시·도에 둔다.
③ 승진심사위원회는 규정에 따라 작성된 계급별 승진심사대상자명부의 선순위자 순으로 승진 임용하려는 결원의 **5배수**의 범위 안에서 승진후보자를 심사·선발한다.

(3) 승진임용의 제한

다음에 해당하는 소방공무원은 승진임용을 할 수 없다. (승진임용 규정 제6조)

① 징계처분 요구, 징계의결 요구, 징계처분·직위해제·**휴직**·시보임용기간 중에 있는 사람.
② 신임교육과정을 졸업하지 못한 사람, 관리역량교육과정을 수료하지 못한 사람
③ 소방정책관리자교육과정을 수료하지 못한 사람
④ 징계처분의 집행이 끝난 날로부터 다음에 해당하는 기간이 경과하지 않은 사람.

㉠ 견책 – 6개월 ㉡ 감봉 – 12개월 ㉢ 강등 · 정직 – 18개월
(* 단, 소극행정, 음주운전, 성폭력, 성희롱, 성매매 등의 징계처분은 각각 6월을 더한 기간을 적용.)

(4) 특별유공자의 특별승진

① 소방공무원으로서 순직(殉職)한 자는 1계급 특별승진을 시킬 수 있다.
② 소방위 이하의 소방공무원으로서 모든 소방공무원의 귀감이 되는 공을 세우고 순직(직무 중 사망)한 자에 대해서는 2계급 특별승진을 시킬 수 있다. (법 제17조)

▸ **특별승진 대상자** (* 승진임용 규정 제38조)

① 청렴과 봉사정신으로 직무에 정려하여 다른 공무원의 귀감이 되는 공적이 있는 사람
② 직무 수행능력이 탁월하여 소방행정발전에 지대한 공헌실적이 있다고 인정하는 사람 등.

(5) 근속승진

소방공무원은 소방사에서 소방경까지 근속승진임용을 할 수 있다. 하위직 공무원 중 승진 최저연수를 초과하여 장기간 근무한 자에게 승진의 기회를 확대한다는 취지이다.
이로써 사기를 높임과 동시에 직무수행의 효율성을 재고시키기 위하여 상위직급의 정원에 관계없이 승진 임용하는 제도이다.

▸ 근속승진 (법 제15조)

승진후보자명부의 작성단위기관별로 운영하되, 상위계급으로 근속승진 임용을 할 수 있다.

㉠ 소방위로서 8년 이상 재직하고 있는 자. (위 ···› 경)
㉡ 소방장으로서 6년 6개월 이상 재직하고 있는 자. (장 ···› 위)
㉢ 소방교로서 5년 이상 재직하고 있는 자. (교 ···› 장)
㉣ 소방사로서 4년 이상 재직하고 있는 자. (사 ···› 교)

(6) 승진의 요건과 제한 (승진임용규정 제5조, 규칙 제3조)

소방공무원은 승진하기 위하여 다음의 기간 이상을 해당 계급에서 재직해야 한다.

① 승진 최저근무 연수의 규정: 시험승진은 제1차 시험일의 전일, 심사승진은 승진심사를 실시하는 전일을, 특별승진은 승진임용예정일을 기준으로 각각 계산한다. (칙 제3조)
② 승진 최저근무연수에서 휴직·직위해제·징계처분·승진임용 제한기간은 산입하지 않는다.

▸ 승진소요 최저 근무연수 (승진임용규정 제5조)

㉠ 소방정(정 ···› 준감): 3년
㉡ 소방령(영 ···› 정): 2년
㉢ 소방경(경 ···› 영): 2년
㉣ 소방위(위 ···› 경): 1년
㉤ 소방장(장 ···› 위): 1년
㉥ 소방교(교 ···› 장): 1년
㉦ 소방사(사 ···› 교): 1년

- 하위계급부터 11, 11, 22, 3

(7) 동점자의 순위(승진) (승진임용규정 제12조)

승진대상자 명부의 총평점점이 같은 경우 다음의 순서에 따라 선순위자를 결정한다.
아래 순서에도 결정되지 않는 경우 승진대상자명부 작성권자가 우선 순위자를 결정한다.

① 근무성적 평점점이 높은 사람
② 해당 계급에서 장기근무한 사람
③ 바로 하위계급에서 장기근무한 사람
④ 소방공무원으로 장기근무한 사람

4. 징계

(1) 징계의 구분

① 징계의 사유

공무원이 다음 각 호의 어느 하나에 해당하면 징계 의결을 요구하여야 하고 그 징계 의결의 결과에 따라 징계처분을 하여야 한다. (국가공무원법 제78조)

㉠ 법에 따른 명령을 위반한 경우

㉡ 직무상 의무를 위반하거나 직무를 태만히 한 때

㉢ 직무 내·외를 불문하고 그 체면 또는 위신을 손상시키는 행위를 한 때

② 징계의 종류 (징계령 제1조의2)

징계의 종류는 징계양정의 경중에 따라 다음과 같이 분류한다.

㉠ 중징계: 파면(罷免)·해임(解任)·강등(降等)·정직(停職)이 있다.

㉡ 경징계: 감봉(減俸)·견책(譴責)이 있다.

상기 외 신분의 배제여부에 따라 다음과 같이 분류한다.

- 배제징계: 공무원의 신분을 배제하는 징계이다.(예 파면·해임)
- 교정징계: 공무원의 신분은 보유하나 신분적 이익 일부를 제한하는 징계이다.
  (예 강등·정직·감봉·견책)

※ 해임은 3년간, 파면은 5년간 공무원의 임용자격을 제한하는 배제징계에 해당한다.

훈계, 시정, 권고, 경고, 계고, 엄중주의 등은 문책 교정수단으로 견책과 유사하나 징계가 아니다.

징계의 구분 (규칙 제14조의2, 국가공무원법 제80조 등)

	종류	신분 등의 처분	기타 내용	비고
중징계	파 면	• 5년간 공무원 신분 박탈	• 5년간 공무원 임용의 결격사유	배제 징계
	해 임	• 3년간 공무원 신분 박탈	• 3년간 〃	
	강 등	• 바로 하위계급으로 임명 • 승진제한(처분기간+18월)	• 3개월간 직무정지(보수의 전액 감.) (*9년 후 기록말소)	교정 징계
	정 직	• 승진제한(처분기간+18월)	• 1~3개월간 직무정지(보수의 전액 감.) (*7년 후 기록말소)	
경징계	감 봉	• 승진제한(처분기간+12월)	•1~3월 보수의 1/3 감.(*5년 후 기록말소)	
	견 책	• 승진제한(처분기간+6월)	· (*3년 후 기록말소)	

(*^^ 강등과 정직은 중징계 중에서 교정징계에 해당한다.)

(2) **징계위원회**

징계위원회의 설치기관은 다음과 같다. (법 제28조)

① 소방준감 이상의 징계 의결은 **국무총리** 소속으로 설치된 **징계위원회**에서 행한다.

② 소방정 이하의 소방공무원은 소방청 및 대통령령으로 정하는 기관에 징계위원회를 둔다

③ 시 · 도지사가 임용권을 행사하는 소방공무원에 대한 징계의결을 하기 위하여 시 · 도 및 대통령령으로 정하는 소방기관에 징계위원회를 둔다.

(3) **징계위원회의 구성**

징계위원회의 구성은 다음과 같다. (징계령 제4조)

① 소방청 소속(소방정 이하) 및 지방소방학교장(소방정) 징계위원회는 위원장을 포함하여 17명 이상~33명 이내의 위원으로 구성한다.

② 시·도 및 중앙소방학교, 중앙119구조본부, 국립소방연구원, 지방소방학교, 서울종합방재센터, 소방서, 119특수대응단, 소방체험관에 설치된 징계위원회는 위원장 포함하여 9~15명으로 구성한다.

③ 징계위원회 민간위원 위촉은 아래와 같다.

> ① 소방청 및 시·도에 설치된 징계위원회는 다음의 민간위원을 위촉한다.
> - 법관, 검사, 변호사로 10년 이상 근무한 사람
> - 대학에서 법률학·행정학, 소방 관련 학문을 담당하는 부교수 이상
> - 소방공무원으로 소방정 이상으로 근무하고 퇴직하고 3년이 경과한 사람 등
>
> ___*
>
> ② ①항 외 징계위원회는 다음의 민간위원으로 구성한다.
> - 법관, 검사, 변호사로 5년 이상 근무한 사람
> - 대학에서 법률학·행정학 또는 소방 관련 학문을 담당하는 조교수 이상
> - 소방공무원으로 20년 이상 근속하고 퇴직퇴직하고 3년이 경과한 사람 등

④ 소방공무원 징계령에 따라 징계위원회의 회의는 공개하지 않는다. (징계령 제8조)

⑤ 징계위원회는 위원 과반수(과반수가 3명 미만인 경우에는 3명 이상)의 출석으로 개의(開議)하고 출석위원 과반수의 찬성으로 의결한다. (징계령 제14조)

| 소방공무원법 | OX 개념

01 소방공무원의 직급은 10단계로 구분한다. (   )

☺ 소방공무원의 직급은 11단계로 구분한다. (* 소방사시보는 정식공무원이 아니므로 제외)

02 서울시 재난 소방본부장은 소방정감이고 부산·경기·인천·전남·경북 소방본부장은 소방감이다. (   )

☺ 서울본부장, 경기소방 1본부장, 부산본부장은 소방정감이며, ·강원, 인천, 경북, 경남, 전남· 충남 소방본부장은 소방감이다.(* 경기도는 인구가 제일 많은 시·도로서 소방정감인 1본부장과 소방준감인 소방 2본부장까지 2명이 있다.)

03 소방위는 연령정년이 있고, 계급정년은 없다. (   )

☺ 소방위는 연령정년이 있고, 계급정년은 없다.

04 소방경 이상의 소방공무원은 소방청장의 제청으로 국무총리를 거쳐 대통령이 임용한다. (   )

☺ 소방령 이상의 소방공무원은 소방청장의 제청으로 국무총리를 거쳐 대통령이 임용한다. (* 청제국거대) / 소방경 이하의 소방공무원은 소방청장이 임용한다.

05 소방공무원 중에서 소방본부장은 대통령이 임용한다. (   )

☺ 소방본부장은 전국 모두 소방령 이상 계급으로서 대통령이 임용한다.( )
(* 소방본부장 직급은 시·도에 따라 소방준감, 소방감, 소방정감이다)

06 임신을 한 경우나 결혼을 한 경우에는 신규임용의 유예대상에 해당한다. (   )

☺ 임신하거나 출산한 경우에 해당한다. (* 참고로 출산은 미룰 수 없으나 결혼을 미룰 수 있으니 유예대상이 아니라고 이해한다.)

07 금고 이상의 형을 받고 그 집행이 종료되거나 그 집행을 받지 않기로 확정된 후 2년이 경과되지 않은 자는 모든 직렬의 공무원 결격사유이다.

☺ 2년이 경과되지 않은 자가 아니고 5년이 경과되지 않은 자에 해당한다.

Ans. 01. (X) 02. (X) 03. (O) 04. (X) 05. (O) 06. (X) 07. (X)

08 승진소요 최저근무연수에는 소방사: 1년, 소방위: 2년, 소방정: 4년에 해당된다. (　)

㉠ 소방정: 3년 / ㉡ 소방령: 2년 / ㉢ 소방경: 2년 / ㉣ 소방위: 1년 /
㉤ 소방장: 1년 / ㉥ 소방교: 1년 / ㉦ 소방사: 1년 (▶ 하위계급부터 11 11 22 3)

09 승진소요 최저근무연수에 휴직이나 징계처분은 승진임용의 제한기간에 산입한다. (　)

징계처분·직위해제·휴직·시보임용기간 중에 있는 사람은 승진임용을 할 수 없다. 승진임용의 제한기간을 산입하지 아니하는 징계 중 견책은 6개월, 감봉은 12개월, 강등 및 정직은 18개월이며 단, 소극행정, 음주운전, 성희롱, 성폭행, 성매매 등의 경우는 각각 6월을 더한다.

㉠ 견책 - 6개월	㉡ 감봉 - 12개월	㉢ 강등·정직 - 18개월

10 중징계는 파면·해임·강임·정직이 있고, 경징계는 감봉·견책이 있다. (　)

중징계는 파면·해임·강등·정직이 있고, 경징계는 감봉·견책이 있다.
(※ **참고**: 징계의 학습은 중요하다 파 해 강 정, 감 견으로 학습법도 좋지만 연상기억법으로 자음을 따서 부분적으로 변경하여 ㅍ·ㅎ·ㄱ·ㅈ,ㄱ·ㄱ = "포항가자 고고" 로 기억한다)

11 해임의 징계처분을 받을 때로부터 5년을 미경과한 자는 임용 결격사유에 해당된다. (　)

파면: 5년, 해임: 3년이다. 모두 중징계로서 공무원의 배제징계에 해당된다. (▶ 연상: 해삼파오)

12 강등은 1계급 아래로 직급을 내리고 3개월 이상 직무가 정지된다. (　)

강등은 중징계로서 1계급 아래로 직급을 내리고 3개월간 직무가 정지된다.
※ 참고: 강등은 1계급 아래로 직급을 내리고(고위공무원단에 속하는 공무원은 3급으로, 연구관 및 지도관은 연구사 및 지도사로 한다) 고위공무원신분은 보유하나 3개월간 직무에 종사하지 못하며 그 기간 중 보수의 전액을 감한다.

■ 119구조대 및 중앙119구조대 등

119구조대는 "88서울 올림픽" 을 앞두고 1988년 8월 9개대가 설치되었으며, 중앙119구조대는 성수대교 붕괴사고나 삼풍백화점과 같은 대형참사 대응 등을 위하여 1995년 12월 발대하였다.
또한 1997년 8월 15일에는 중앙119구조대의 비상조직으로 국제구조대를 발족하게 되었다.

Ans. 08. (X) 09. (X) 10. (X) 11. (X) 12. (X)

| 소방공무원법 | 주요문제

기출

01 소방공무원의 계급 순서(상→하)로 가장 옳은 것은?

① 소방총감 - 소방정감 - 소방준감 - 소방감
② 소방총감 - 소방감 - 소방준감 - 소방정감
③ 소방총감 - 소방준감 - 소방정감 - 소방감
④ 소방정감 - 소방감 - 소방준감 - 소방정

해설 소방총감 - 소방정감 - 소방감 - 소방준감 - 소방정 순이다. 답 ④

기출

02 소방공무원 임용령에서 정의하는 소방기관으로 옳은 것은?

① 119 안전센터
② 광역시
③ 광역시 본부
④ 소방정대

해설 소방공무원의 임용령에서 정의하는 소방기관은 소방청 국립소방연구원, 시·도와 중앙소방학교·중앙119구조본부 ·지방소방학교·소방서 및 서울종합방재센터를 말한다. (* 광역시는 시·도에 해당된다.) 답 ②

기출

03 다음 중 소방조직에 관한 설명으로 잘못된 것은?

① 소방공무원은 직 공무원이다.
② 소방공무원은 별정직 공무원이다.
③ 소방공무원의 소방령 이상 소방감 이하의 직급은 계급정년과 연령정년이 있다.
④ 과거 소방공무원에 있어서 국가직은 국가공무원법을 적용받았고 지방직은 지방공무원법을 적용받았지만 1978년 소방공무원법 시행 이후 현재까지 소방공무원법을 적용받는다.

해설 소방공무원은 직공무원 중 특정직 공무원이다. 답 ②

기출
04 **다음 중 소방공무원의 임용령에서 말하는 소방기관으로 옳지 않은 것은?**

① 소방청, 소방본부, 소방서, 119안전센터
② 소방청, 중앙소방학교
③ 시·도와 중앙소방학교·중앙119구조본부
④ 소방서, 서울종합방재센터, 국립소방연구원

해설 소방공무원 임용령상의 소방기관: 소방청, 국립소방연구원, 시·도와 중앙소방학교, 중앙119구조본부 지방소방학교, 소방서 및 서울종합방재센터를 말한다. (* 소방본부는 소방기본법 제2조에 의해 '부서'로서, 기관에 해당되지 않는다.)

답 ①

기출
05 **소방공무원법의 목적에서 그 특례가 아닌 것은?**

① 임용 ② 복무
③ 보수 ④ 신분보장

해설 소방공무원법의 목적에서 특례의 규정은 임용·교육훈련·복무·신분보장 등이 있다.

답 ③

소방공무원법 목적: 이 법은 소방공무원의 책임 및 직무의 중요성과 신분 및 근무소건의 특수성에 비추어 그 임용·교육훈련·복무·신분보장 등에 관하여 국가공무원법에 대한 특례를 규정하는 것을 목적으로 한다. (* 특례: 특별한 예를 말함.)

세계의 소방관(Fire fighter)

범죄와 싸우는 경찰은 생명을 지키는 치안이고
화마(火魔)와 싸우는 소방은 생명을 구하는 영웅이다.
그들이 이 세상에 태어날 때 분명 어떠한 사명을 가지고
태어났을 것인데.
그렇지 그 사명(使命)!
그들은 그 훌륭한 사명으로 "Frist in, Last out!"
그 큰 보람과 함께 같은 하늘아래서 이 세상을 참되게 멋지게 살아가고 있다.

CHAPTER

03 재난관리

01 재난관리의 의의 및 재해

1. 재난의 의의

우리나라의 자연재해대책법에서는 자연재해가 발생한 대응단계에서의 불가항력적이라는 측면으로서 "재해"라는 용어를 사용하고, 재난관리법에서는 인위재난 대응단계에서의 통제가능성에 초점을 맞추어 진행개념인 "재난"이라는 용어를 사용하고 있다.

▸ 유엔(UN)에서의 재난

"사회적인 기본조직 및 정상기능을 무너뜨리는 갑작스런 사건이나 큰 재해로서, 재해의 영향을 받은 사회가 외부의 도움 없이는 극복할 수 없고, 정상적인 능력으로 처리할 수 없는 재산, 사회의 간접시설, 생활수단에 피해를 주는 단일 또는 일련의 사건"이라고 정의한다.

(1) 재난의 분류

재난은 우리나라 법령에서는 자연재난과 사회적(인적, 기술적)재난으로 정의하고 있다.

자연재난과 인적재난의 비교

구 분	자연재난	사회적재난
예 방	예방이 어렵다.(통제가 불가능)	예방이 가능하다.(통제가 가능)
지 역	광범위한 지역으로 발생한다.	국소지역에서 집중적으로 발생된다.
기 간	장기적이며, 완만하다.	단기적이며, 완만하지 않고 급격하다.

2. 재해 예방

재해란 재난으로 입은 피해로서 먼저 하인리히 재해 예방에 대해 알아본다.

(1) 재해 예방의 4원칙

재해* 예방의 4원칙은 다음과 같다.

① 예방 가능의 원칙
천재지변은 막을 수 없지만, 인위적(사회) 재난은 예방이 가능하다는 원칙

② 손실 우연의 원칙
사고의 결과로 생긴 재해손실은 사고 당시의 조건에 따라 우연적으로 발생한다는 원칙

③ 원인 연계의 원칙
사고발생에는 반드시 원인이 있고 대부분 복합적으로 연계된다는 원칙

④ 대책 선정의 원칙
사고의 원인이나 불안전요소가 발견되면 반드시 대책을 선정해야 한다는 원칙.

– 대책이란 기술적 대책, 교육적 대책, 관리적 대책이 있으며, 여기서 관리적 대책이란 기준설정, 규정준수, 전 작업자의 기준 이해, 관리자 솔선수범, 동기부여 등이 있다.

(2) 사고 예방대책의 기본원리 5단계

재해의 예방대책실행을 위한 사고예방의 기본원리 5단계는 다음과 같다.

① 안전조직(조직체계 확립)
경영자의 안전관리 목표설정, 안전관리자선임 등 가장 기본이 되는 활동은 조직 구성이다.

② 사실의 발견(현황파악)
사고 및 활동기록의 검토, 안전점검 및 검사·사고조사 등 불안전 요인을 발견한다.

③ 분석평가(원인규명)
각종사고의 원인 및 분석 등을 통하여 사고의 직·간접적인 원인을 찾아낸다.

④ 시정방법의 선정(대책선정)
기술적·제도적 개선, 배치조정, 안전운동의 전개 등 효과적인 개선방법을 모색한다.

⑤ 시정책의 적용(목표달성)
하베이가 주장했던 안전의 3대요소인 3E의 기술(Engineer), 교육(Education), 관리, 시행(Enforcement)을 완성화 한다.
이 외에 3S의 표준화(Standardization), 전문화(Specialization), 단순화(Simplication) 및 3S에 총합화(Synthesization)까지의 4S로써 시정책에 적용이 있다.

► (1)(2): 예손원대 안사분시시(* 예방, 손실은 원대한데 안사면 시시하다.)

3. 위험예지훈련

위험예지훈련은 특정한 현장상황을 설정하여 작업 중에 발견할 수 있는 위험 요인을 발견·파악하고, 그 대책을 강구하며 사전에 위험 요인을 단시간에 제거할 수 있도록 하는 훈련이다. 이 훈련은 소집단의 팀원이 전원 참여하여 직장이나 작업 상황 속에서 잠재하는 위험한 요인을 토의하고(그림으로 그려낸 시트 등을 사용.) 행동에 앞서 해결하며 습관화하는 훈련이다. 위험예지훈련은 다음의 4단계를 거쳐서 순서에 따라 행한다.

① 위험사실 파악(현상파악)
본질추구단계로서 사전에 그림을 통하여 잠재적인 위험요인을 발견한다.

② 위험원인 조사(본질추구)
그 중 중요하다고 생각되는 위험을 파악하고 O표를 붙인다.

③ 대책강구(대책수립)
O표를 해결하기 위해 어떻게 하면 좋을지 대책을 강구한다.

④ 행동계획 결정(목표달성)
대책 중 중심적인 항목에 ※표를 붙여 그것을 실천하기 위한 목표를 수립한다.

위험예지훈련은 모임을 중요시 하고 브레인스토밍(Brain Storming) 토론방식을 사용하여 편안한 분위기에서 행하며, 전원이 적극적이고 자유롭게 발언한다.
상대방의 발언에 대해 논의하지 않으며 비판을 삼가도록 한다. 또한 타인의 이야기를 잘 듣고 서로 자신의 생각을 높이도록 하며 회의의 내용은 질보다는 양을 중요시한다.

▸ 위험예지훈련

① 편안한 분위기에서 행한다.
② 전원이 자유롭게 행한다.
③ 상대방의 발언에 대해 비판은 하지 않으며 논의도 하지 않는다.
④ 사고는 우연히 일어날 수 있으므로 질보다는 많은 양의 토의를 중요시한다.(많은 발표)
(* 그림을 통해 위험요인을 사전에 파악 – 조사 – 대책강구 – 행동계획을 결정한다.)

위험예지훈련 시트 작성의 유의점

① 시트는 대원의 친숙도가 큰 상황(예 사고 사례나 신체 훈련의 상황 등)으로부터 선정하는 방법이 부드럽게 진행이 된다.
② 한 장의 시트에 여러 가지 상황을 기입하지 말 것.
③ 아주 자세한 부분까지 그려 넣지 말 것.
④ 어두운 분위기가 아닌 밝은 분위기로 그려진 것이 좋다.
⑤ 간단한 조사, 잘못된 조사가 되어서는 안 되기 때문에 고의로 제작한 도해가 아닐 것.
⑥ 도해의 상황이 광범위한 활동 등에 미치는 경우에는 그 가운데의 특정 부분에 한정하여 실시하는 것도 하나의 방법이다.

4. 재해의 분류

(1) 존스(David K. C Jones)의 재해분류

존스의 재해분류는 재난의 발생원인과 재해현상에 따라 크게 자연 재해, 준자연 재해, 인위재해로 분류한다. 자연 재해는 다시 지구물리학적 재해와 생물학적 재해로 나누며, 지구물리학적 재해는 다시 지질학적, 지형학적, 기상학적 재해로 분류하고 있다.

Jones의 재해분류

<table>
<tr><th colspan="6">재 해</th></tr>
<tr><th colspan="4">자연재해</th><th rowspan="2">준자연재해</th><th rowspan="2">인위재해</th></tr>
<tr><th colspan="3">지구물리학적 재해</th><th>생물학적 재해</th></tr>
<tr><td>지질학적 재해</td><td>지형학적 재해</td><td>기상학적 재해</td><td rowspan="2">세균질병, 유독식물, 유독동물</td><td rowspan="2">스모그현상, 온난화현상, 사막화현상, 염수화현상, 눈사태, 산성화, 홍수, 토양 침식 등</td><td rowspan="2">공해, 광화학연무, 폭동, 교통사고, 폭발사고, 태업, 전쟁 등</td></tr>
<tr><td>지진, 화산, 쓰나미 등</td><td>산사태, 염수토양 등</td><td>안개, 눈, 해일, 번개, 토네이도, 폭풍, 태풍, 가뭄, 이상기온 등</td></tr>
</table>

(2) 아네스(Br. J. Anesth)의 재해분류

아네스는 재해를 인위재해와 자연재해로 구분한 뒤 자연재해를 기후성 재해와 지진성 재해로 분류하고, 인위 재해를 고의성 유무에 따라 사고성 재해와 계획적 재해로 분류하고 있다.

Anesth의 재해분류

대분류	세분류	재해의 종류
자연재해	기후성 재해	태풍
	지진성 재해	지진, 화산폭발, 해일
인위재해	사고성 재해	• 화재사고 • 교통사고(자동차, 철도, 항공, 선박사고) • 생물학적 재해(박테리아, 바이러스, 독혈증) • 화학적 재해(부식성물질, 유독물질) • 산업사고(건축물 붕괴) • 폭발사고(갱도, 가스, 화학, 폭발물) • 방사능재해
	계획적 재해	테러, 폭동, 전쟁

▸ (1)(2): (존스) 자지생, 지지지기, 지화쓰 / (아네스) 자기지 인사계

(3) 하인리히의 도미노 이론(최초의 도미노이론)

미국의 보험사 손실통제 부서에 근무했던 하인리히는 재해의 발생을 항상 사고요인의 연쇄반응 결과로 발생한다는 연쇄성 이론을 제시했다. 또한 사고발생은 항상 불안전한 행동과 상태로부터 기인하며, 재해를 수반하는 사고의 대부분은 방지할 수 있다고 했다.
즉, 제3요소인 **불안전 행동 및 불안전 상태**(직접적 원인)를 제거하면 재해는 예방이 된다는 이론이며, 1(중상): 29(경상): 300(무상해 사고)로 통계했다.

하인리히의 사고발생 연쇄성이론

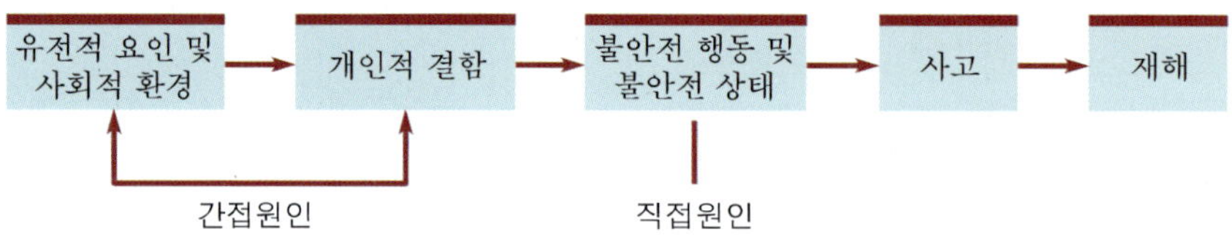

① 유전적요인 및 사회적 환경(제1단계)
   ㉠ 무모, 완고, 탐욕 등 바람직하지 못한 성격은 유전적 가능성.
   ㉡ 부적절한 환경은 성격이상을 야기하고 교육을 방해하며 인적결함의 원인이 된다.
② 개인적 결함(제2단계)
   ㉠ 무모함·신경질·흥분성·안전수단의 무지 등 선천적, 후천적인 인적결함은 불안전한 행동을 유발한다.
   ㉡ 기계적, 물리적인 위험성의 존재에 따른 인적결함.
③ 불안전 행동 및 불안전 상태(제3단계) – 직접원인
   ㉠ 안전장치 기능을 제거하거나 위험한 기계설비에 접근하는 등의 불안전한 행동.
   ㉡ 부적당한 방호상태, 불충분한 조명 등 불안전 상태는 직접적 사고의 원인이다.
④ 사고(제4단계)
   ㉠ 불안전한 행동이나 상태가 진행되어 작업능률 저하.
   ㉡ 직접·간접적인 인명피해와 재산손실을 가져옴.
⑤ 재해(제5단계) – 상해
   ㉠ 직접적인 사고로 발생하는 재해.(상해.)
   ㉡ 사고발생의 최종결과로 인적, 물적 손실을 가져옴.

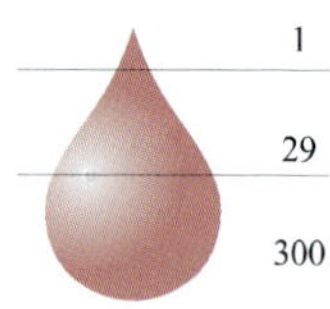

하인리히 사고법칙

▸ 하인리히 법칙

하인리히는 대형사고 1건이 발생하기 전에 관련된 소형사고가 29회 발생하고, 이 소형사고 이전에 같은 원인의 사소한 징후들이 300회 나타난다고 했다. 예 세월호 사건

(4) **프랭크 버드**(개선된 최신의 도미노이론)

버드는 손실제어요인이 연쇄반응의 결과이며 이로 인해 재해가 발생한다는 연쇄성이론(Domino's Theory)을 제시하였다. 재해는 불안전한 행동 및 상태로서 하인리히의 연쇄이론에서도 가장 중요한 대책사항으로 취급된 직접적인 원인(징후)이다. 그러나 버드(Bird)는 직접원인을 제거하는 것만으로는 재해는 다시 발생한다고 주장하였다. 따라서 버드는 직접원인의 배경인 기본원인(4M)을 반드시 제거해야만 재해를 예방할 수 있다고 강조했다.

4M: Man(인간적요인), Media(작업적요인), Machine(기계 · 설비적요인), Management(관리적요인)

미국 보험회사에 근무했던 버드는 17만 5천여 건의 사고를 분석한 결과, 1(중상 또는 폐질) : 10(경상) : 30(무상해사고, 물리적 손실) : 600(무상해, 무사고 고장, 위험순간)의 비율로 사고가 발생한다는 법칙을 발표하였다.

버드(Frank Bird)의 연쇄성이론

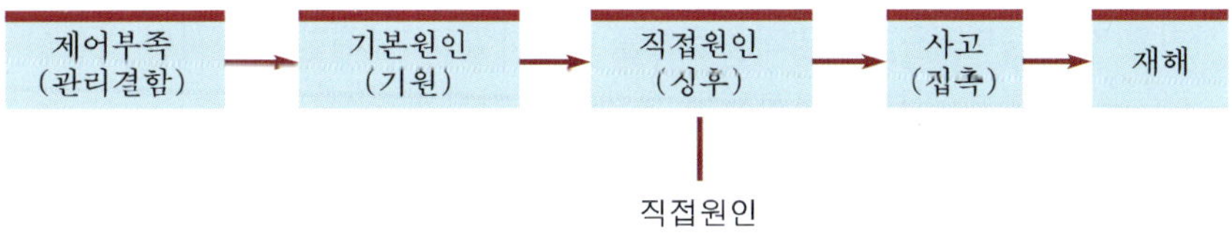

① **제어의 부족 – 관리(1단계)**: 연쇄성 재해에서 가장 중요한 것은 미리 안전관리자가 확립된 상태에서 전문 안전관리의 원리를 충분히 이해하고 이를 행하는 것이다.

② **기본원인 – 기원(2단계)**: 재해나 사고 발생 시 기본적인 배후 원인이 되는 것으로는 개인의 제반요인 및 작업상의 요인 등이 있다.

㉠ 개인적요인: 지식 및 기능의 부족, 부적당한 동기부여, 육체적 · 정신적 문제 등

㉡ 작업상요인: 기계설비의 결함, 부적당한 기기의 사용방법 · 작업 기준 · 작업체제 등

③ **직접원인 – 징후(3단계)**: **불안전한 행동 또는 불안전한 상태**로서 하인리히의 연쇄이론에서도 **가장 중요한 대책사항**으로 취급되었다.

④ **사고 – 접촉(4단계)**: 사고란 육체적 손상, 상해, 재해 손실의 결과로 바람직하지 못한 사상을 말하며, 접촉단계에 해당된다. (*^^ 사고는 4번째에 해당한다.)

⑤ **상해 – 손실(5단계)**: 재해연쇄 요인에서 상해라는 말은 작업 장소에서 발생하는 신경적, 정신적 또는 육체적인 영향인 외상적 상해와 질병 등의 육체적 손상을 포함한다.

그 외 아담스, 웨버, 자베타키스 등의 도미노이론이 있다.

▸ **버드의 재해순서**

- 제어부족 – 기본원인 – 직접원인 – 사고
- 관리결함 – 기원(기본원인) – 징후 – 접촉 – 손실

02 재난관리의 방식

- 분산관리방식 ⇨ 통합관리방식으로의 전환 -

재난을 종합적으로 관리하기 위한 종합재난관리(CEM)는 1981년 위태이커에 의해 개발되었고, 미국 연방비상관리청(FEMA)에 의해 제도화되었다.
현대사회의 재난은 기술적 요인과 관련된 인위재난이 빈발하고 있다는 점이 그 특징이다. 이에 따라 재난관리방식은 크게 분산관리방식과 통합관리방식의 형태로 분류하고 있다.

1. 분산관리방식

재난관리 중 분산관리방식은 지진, 수해, 유독물, 풍수해, 설해, 화재 등 다양한 재난의 종류에 상응하여 소관부처별로 업무가 나뉘고 대응방식의 차이가 있다고 강조한다. 즉, 재난의 종류별로 계획이 마련되며 대응 책임기관도 각각 다르게 배정되었다. 이러한 관리방식은 재난 시 유사기관 간의 중복대응과 과잉대응 문제를 야기하였고, 난해한 계획서의 비현실성과 다수기관 간의 조정, 통제에 대해 반복되는 문제를 야기하게 되었다.

2. 통합관리방식(IEMS, Integrated Emergency Management System)

FEMA의 창설을 이론적 근거로 통합관리방식은 모든 재난은 피해범위, 대응자원, 대응방식이 유사하다는 이론을 제시한다. 즉, 재난 시 유사한 자원동원 체계와 자원유형이 필요하다.
재난관리의 통합성이란 재해발생의 대응이나 긴급대응에 있어 각 부서가 내린 결론이 다르다 하더라도 획일화된 결론으로 종합적인 활동을 해야 한다는 뜻이며, 재난정보를 통합적으로 관리하여 전체적인 대응활동을 조정·통제하는데 의의를 둔다는 점이다.

▸ 분산관리방식과 통합관리방식 차이점

- **분산관리방식:** 재난의 종류는 지진, 화재 등 30가지 이상이 있는데, 대응방식에 차이가 있기 때문에 재난의 종류별로 계획을 마련하여 대응 책임기관을 각각 배정한다는 방식이다.
- **통합관리방식:** 재난의 전체 과정인 예방(완화) – 대비 – 대응 – 복구활동을 종합적으로 관리 한다는 의미이며, 모든 재난은 피해범위, 대응자원, 대응방식이 유사하다는 방식이다.

(1) 통합관리방식(IEMS) – 제도적 관점

퀘렌탤리는 분산관리를 ⇨ 통합관리로 전환해야 한다고 다음과 같이 당위성을 제시했다.

① 재난의 개념변화
② 재난대응의 유사성
③ 재난계획내용의 유사성
④ 대응자원의 공통성

03 재난관리의 단계

1. 재난관리단계별 내용

생애주기(Life－Cycle)에 따라 재난을 예방 및 완화, 준비, 대응, 복구단계로 분류한다.

예방 · 완화 (평상시) → 대비 · 계획 (징후) → 재 난 (사건) → 대응 (직후) → 복구 (활동)

(1) **예방 및 완화단계** – (평상시)

평상시 재난을 사전에 예방하고, 재난발생 가능성과 피해를 최소화하기 위한 단계이다.

- 활동: 재난취약시설에 대한 일제점검, 정부합동 안전점검, 재난안전분야 종사자 교육, 위험지도 작성, 국가핵심기반의 지정·관리, 특정관리대상시설 등의 지정 및 관리, 위험예지훈련, 재난방지시설 관리, 안전기준 설정, 건축·소방법규의 마련, 방풍림 조성, 수해상습지구설정 및 방지공사 등(예 점검, 작성, 교육, 법규제정)

(2) **대비(준비)계획단계** – (재난 징후)

재난발생 확률이 높아진 경우, 재난 후 대응을 위한 준비단계이다.

- 활동: 비상방송시스템 구축(긴급통신수단 구축), 재난현장 긴급통신수단 마련, 국가재난관리기준의 제정·운용, 재난안전통신망의 구축·운영, 자원관리시스템 구축, 매뉴얼 작성 · 운용, 재난대비 비상계획과 훈련, 협조체제의 구축.(예 구축, 운용, 대비훈련)

(3) **대응단계** – (재난 직후)

재난사태 선포(행정안전부장관) 후 재해확산 방지, 복구를 위하여 수습의 시작 단계이다.

- 활동: 재난관리계획 실행, 재해대책본부 활동 개시, 긴급대피계획 실천, 긴급의약품조달, 생필품 공급, 피난처 제공, 이재민의 수용 및 보호·후송, 수색 및 구조, 비상방송 시스템 가동, 위험구역의 설정, 종합계획의 수립, 응원, 재난 예보·경보체계 구축·운영, 동원명령, 대피명령, 강제대피조치, 통행제한, 응원, 응급부담.(예 가동, 설정, 수습시작)

(4) **복구단계** – (안정 후)

지원을 위한 특별재난사태 선포(대통령) 후, 어느 정도 안정 후 취하는 활동단계이다.

- 활동: 재해로 인한 피해지역의 원상 및 개량복구시켜 이재민을 지원하는 활동이다.

특별재난지역 선포 및 지원, 피해조사, 복구계획 수립·시행, 국고보조 등(예 지원, 조사)

| 재해 | 주요문제

기출

01 다음 중 재난의 분류방법으로 옳지 않은 것은?

① 생물학적 재해
② 자연재난
③ 인적재난
④ 사회재난

해설 자연재난, 사회재난은 재난 및 안전관리 기본법상의 분류(* 인적재난: 학설에 따라서 재난의 분류)이며, 생물학적 재해는 아네스가 분류하는 재해의 분류이다.

답 ①

기출

02 재해의 분류에서 자연 재해에서는 기후성 재해, 지진성 재해로 분류하며 인위 재해는 사고성 재난과 계획성 재난으로 분류되는 것으로서 현재 세계 각국에서 이와 같이 사용하는 재해분류는 무엇을 근거로 하는가?

① 존스의 분류
② 아네스의 분류
③ 소방법
④ 재난 및 안전관리 기본법

해설 아네스(Br. J. Anesth)는 자연재해를 기후성 재해와 지진성 재해로 구분했으며, 인위재해를 고의성 유무에 따라 사고성 재해와 계획성 재해로 분류했다.(* 존스(David K. Jones)는 재해분류를 재해의 발생원인과 발생현상에 따라 크게 자연재해, 준자연재해, 인위재해로 삼등분했다).

답 ②

기출

03 하인리히의 도미노 이론 중 2단계, 1단계의 원인 내용순서를 옳게 배열한 것은?

① 개인적 결함 – 유전적 요인 및 사회적 환경
② 유전적 요인 및 사회적 환경 – 개인적 결함
③ 개인적 결함 – 불안전 행동 및 불안전 상태
④ 불안전 행동 및 불안전 상태 – 개인적 결함

해설 하인리히의 도미노 이론 내용의 순서는 유전적 요인 및 사회적 환경 → 개인적 결함 → 불안전행동 및 상태 – 사고 – 재해의 단계이다. 2단계, 1단계의 순은 개인적 결함 – 유전적 요인 및 사회적 환경에 해당한다.

답 ①

■ 가십(Reference) : 대한민국의 119 전화와 미국의 911 소방관

■ 대한민국 긴급전화.

우리나라의 119 유래는 안타깝게도 일제 치하 시절 소방행정의 도입과 함께 시작되었다.

일제강점기 때 사용해오던 국민학교 용어를 "초등학교"로 바꾸고 좌측통행을 "우측통행"으로 바꾸고 일본과 한국만 사용하던 문화재청을 "국가유산청"으로 사용하는 현 시점에서 119도 333 혹은 999로 바꾸면 더 좋을 수 있다. 노인이 야밤에 긴급하게 신고할 때도, 3자 혹은 9자를 한 번만 찾아서 같은 번호를 3번 눌렀을 때 지금의 다른 번호를 누르는 실수가 줄어들기 때문이다.

하나의 예로 999는 구조에 9, 구급에 9, "구" 해달라는 9의 의미로서 처음에는 999를 119와 병용하여 사용하다가 점차 999로 변경하는 것이 좋지 않을까 생각이 된다. 국민청원 참여가 필요하다.

80억이 넘는 인구와 약 200개국의 지구촌 국가에서 경제대국 10위권 대에 들어 있는 나라!

대한민국 소방도 선진 문화를 창조해 나가는 나라의 위상과 자존심으로 평가되어야 한다.

이제 소방청도 알아야 한다. 대한민국 소방관은 일제하고 관계없는 영웅 소방관이라는 것을...

미국의 소방관(Fire fighter of America)

미국의 인기 드라마 'sex and the city'에서 여성 뉴요커들이 젊은 소방관에 열광하는 모습을 보여주었듯이 실제로 미국 소방관의 인기는 대단하다.

이들이 섹시함의 대명사가 된 가장 큰 이유는 무엇일까? 물론 지금까지 쌓아온 그간의 업적과 언론이 만든 영웅화가 한몫을 했겠지만, 본질적으로는 그들이 육체적, 지적, 금전적으로 매력적이기 때문이다.

매년 지원자 60% 이상이 탈락하는 악명 높은 미국 소방관의 채용 시스템과 국가에서 제공하는 혜택이 그들을 섹시하게 만든다. 각 지역에 따라 차이는 있지만 미국에서 소방관이 되려면 기본적으로 6개 시험에 통과해야만 한다.

먼저 기본적인 신원조사부터 시작해 화재 진압과 구조, 구급 업무에 적합한지 신체능력 검사가 실시된다. 체지방률부터 시작해 시력과 흡연 여부까지 정해진 기준에 맞아야 하고 그 외 기초체력 검사를 통과해야만 한다. 적당한 몸매와 기본적인 체력이 없는 한 소방관이 될 수 없다.

또한 일반적인 수학부터 시작해 삶의 경험과 견해를 측정하는 문항까지 단순 암기식 시험이 아닌 개인의 자질을 파악할 수 있는 제대로 된 필기시험을 치른다.

그 뒤에 시행되는 면접을 통해 채용 지원자의 개인 이력과 실제적인 문제해결 능력, 대인관계, 팀워크, 규정에 대한 적응성과 의사소통 기술을 평가하며 담당 의사에 의해 수행되는 의학검사 패스도 필수다. 모든 시험에 통과하면 소방관으로 소방학교에 입학한다.

임시 훈련직으로서 고용은 6개월로 기간이 한정돼 있으며 중간에 탈락하는 비율이 평균 60%에 달한다고 한다. 이렇게 어려운 시험을 통과한 소방관에게는 다양한 혜택이 주어진다.

주기적으로 조정되기는 하지만 일반적으로 각 주마다 다르지만 초봉은 3~8만 달러 안팎이며, 30일 정도의 휴가 보상비와 가족 건강 및 치과보험 등을 제공받는다. 마지막으로 그들의 안락한 노후를 위해 정년퇴직 바로 전 급여 수준과 비슷한 정도(약 80%)의 연금을 국가가 제공해준다. 한국에서도 현재 100개 이상으로 고등학교 및 대학교 소방학과가 계속늘어나고 소방관의 급료도 초봉(연봉) 3천만 원이 넘는다.

| 재난법령 이전에 예습하는 | 재난법령의 구성

소방법령과 재난법령 체제의 비교

1. 소방법령(시 · 도 협력체제)

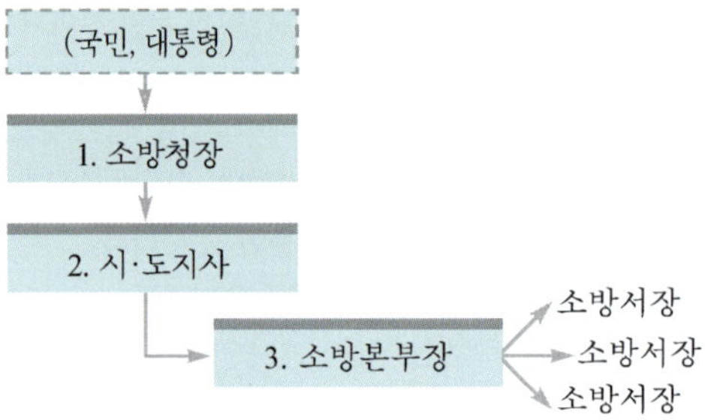

2. 재난법령 주요 인물(국가 + 시 · 도 협력체제)

① 대통령 ⋯› 특별재난선포권자(※ 1가지 업무)

② 국무총리 ⋯› 중앙(안전관리)위원장, 국가안전관리기본계획수립(※ 2가지 업무)

③ 행정안전부장관 ⋯› 재난안전상황실 운영, 중앙대책본부장, 재난선포권자 등(※ 다수 업무)

④ 시·도지사 ⋯› 재난안전상황실 운영 등(평상시 시·도 책임자)

⑤ 시·군·구청장 ⋯› 재난안전상황실 운영 등(평상시 시·군·구 책임자)

⑥ 소방청장 ⋯› 중앙긴급구조통제단장

⑦ 소방본부장 ⋯› 시·도 긴급구조통제단장

⑧ 소방서장 ⋯› 시·군·구 긴급구조통제단장

상기 외 소방청차장, 행안부 재난본부장, 외교부장관, 원자력위원장, 중앙방사능본부장 등

국가행정 + 자치행정

※ 재난법령은 "국가"와 "지방자치"를 함께하는 행정체제이다.

| 재난 및 안전관리 기본법 | 핵심 도해

1. 중앙안전관리위원회 (법9조)

- ■ 위원장: 국무총리
  (* 간사: 행정안전부장관)

- 기능: 심의기관.(예 재난 혹은 특별재난 등을 회의.)
- 소속: 안전정책조정위원장: 행정안전부장관
  └ (* 심의 안건을 미리서 검토.)

⬇

2. 중앙재난안전대책본부 (법14조)

- ■ 본부장: 행정안전부장관

- 기능: 대응·복구(수습) 등을 총괄조정하는 곳
  (* 해외재난: 외교부장관이 권한을 행사)
- 본부차장: 행정안전부 재난본부장
- 구성: 총괄조정관, 통제관, 담당관.

⬇

3. 긴급구조통제단 (법49~50조)

- ■ 중앙통제단: 소방청장
- ■ 지역통제단:
  시·도: 소방본부장
  시·군·구: 소방서장

- 기능: 사건의 지휘, 현장에서 통제
- 구성: 대응계획부·현장지휘대·자원지원부

- 同인물: 중앙재난안전대책본부장= 중앙대책본부장= 행정안전부장관= 안전정책조정위원장

■ 재난사태선포- 법 제36, 60조

① 재난사태심의: 중앙위원회 ⇄ ② 재난선포권자: 행정안전부장관 ⇄ ③ 특별재난 선포권자: (중앙대책본부장 선포건의) 대통령이 선포

04 재난 및 안전관리 기본법

▸ 2025년 12월 30일까지 개정된 법령으로 수정됨.

1장 총 칙

1. 목 적 (법 제1조)

이 법은 각종 재난으로부터 국토를 보존하고 국민의 생명, 신체 및 재산을 보호하기 위하여 국가와 지방자치단체의 재난 및 안전관리체제를 확립하고 재난의 예방, 대비, 대응, 복구와 안전문화 활동, 그 밖의 재난 및 안전관리에 필요한 사항을 규정함을 목적으로 한다.

2. 기본이념 (법 제2조)

이 법은 재난을 예방하고 재난이 발생한 경우 그 피해를 최소화하여 일상으로 회복할 수 있도록 지원하는 것이 국가와 지방자치단체의 기본적 의무임을 확인하고, 모든 국민과 국가·지방자치단체가 국민의 생명 및 신체의 안전과 재산보호에 관련된 행위를 하는 때에는 안전을 우선적으로 고려하여 국민이 재난으로부터 안전한 사회에서 생활할 수 있도록 함을 기본이념으로 한다.

3. 정의 (법 제3조)

① 재난이란 국민의 생명·신체·재산과 국가에 피해를 주거나 줄 수 있는 것이다.

> ㉠ **자연재난:**
> 황사, 해일, 태풍, 풍랑, 홍수, 대설, 낙뢰, 지진, 가뭄, 조류대발생, 조수, 강풍, 호우, 화산활동, 한파, 폭염, 자연우주물체의 추락 · 충돌, 그 밖에 이에 준하는 자연현상으로 발생하는 재해.
>
> ㉡ **사회재난:** 화재, 붕괴, 폭발 및 교통사고(항공사고 · 해상사고 포함), 화생방사고, 환경오염사고, 다중운집인파사고 등으로 발생하는 대통령령으로 정하는 피해와 국가핵심기반의 마비, 감염병, 가축전염병확산, 미세먼지, 인공우주물체의 추락 · 충돌 등으로 인한 피해.

② 해외재난: 대한민국의 범위 밖에서 대한민국 국민의 생명 · 신체 및 재산에 피해를 주거나 줄 수 있는 재난으로 정부차원에서 대처할 필요가 있는 재난을 말한다.

③ 재난관리: 재난의 예방, 대비, 대응 및 복구를 위한 모든 활동을 말한다.

④ 재난관리주관기관: 재난이나 그 밖의 각종 사고에 대해 그 유형별로 예방·대비·대응 및 복구 등의 업무를 주관하여 수행하기 위한 대통령령으로 정하는 관계 중앙행정기관을 말한다.

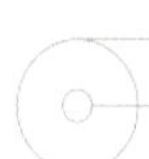

⑤ 재난관리책임기관: 중앙행정기관, 지방자치단체, 지방행정기관 · 공공기관 · 공공단체(공공기관 및 공공단체의 지부 등 지방조직 포함.) 및 재난관리 대상이 되는 중요시설의 관리기관 등으로서 대통령령으로 정하는 기관을 말한다.

(* 예 주관기관: 보건복지부, 소방청, 행정안전부, 해양경찰청 등 / 책임기관: 교육청, 교육지원청)

⑥ 긴급구조기관: 소방청, 소방본부, 소방서를 말한다.(다만, 해양에서 발생한 재난의 경우에는 해양경찰청, 지방해양경찰청, 해양경찰서)를 말한다.

⑦ 긴급구조지원기관: 긴급구조에 필요한 인력·시설 및 장비, 운영체계 등 긴급구조능력을 보유한 기관이나 단체로서 대통령령으로 정하는 기관 또는 단체를 말한다.

⑧ 긴급구조: 재난의 발생 우려가 있거나 재난 발생 시 국민의 생명·신체·재산을 보호하기 위해 긴급구조기관과 긴급구조지원기관이 하는 인명구조, 응급처치 등 모든 긴급조치.

⑨ 재난관리정보: 재난상황정보, 동원가능자원정보, 지리정보, 시설물정보를 말한다.

⑩ 안전관리: 재난, 각종 사고로부터 사람의 생명·신체·재산의 안전확보를 위한 모든 활동.

⑪ 안전기준: 각종 시설 및 물질 등의 제작, 유지관리 과정에서 안전을 확보하도록 적용하여야 할 기술적 기준을 체계화한 것을 말한다.

⑫ 안전문화활동: 안전교육, 안전훈련, 홍보, 사고, 예방 신고 장려 등을 통하여 안전에 관한 가치와 인식을 높이고 안전을 생활화하도록 하는 등 재난, 각종 사고로부터 안전한 사회를 만들어가기 위한 활동을 말한다.〈2025. 1. 7 개정〉

⑬ 안전취약계층: 어린이, 노인, 장애인, 저소득층 등 신체적 · 사회적 · 경제적 요인으로 인하여 재난에 취약한 사람을 말한다.

⑭ 국가재난관리기준: 모든 유형의 재난에 공통적으로 활용할 수 있도록 재난관리의 전 과정을 통일적으로 단순화·체계화한 것으로서 행정안전부장관이 고시한 것을 말한다.

⑮ 재난안전의무보험: 재난이나 그 밖의 각종 사고로 사람의 생명 · 신체, 재산에 피해가 발생한 경우 그 피해를 보상하기 위한 가입을 강제하는 보험 또는 공제(共濟)를 말한다.

⑯ 재난안전통신망: 재난관리책임기관·긴급구조기관·긴급구조지원기관이 재난관리업무에 이용하거나 재난현장에서의 통합지휘에 활용하기 위해 구축·운영하는 무선통신망.

⑰ 국가핵심기반: 에너지, 교통수송, 정보통신, 보건의료 등 국가경제, 국민의 안전·건강 및 정부의 핵심기능에 중대한 영향을 미칠 수 있는 시설, 정보기술시스템 및 자산 등.

⑱ 재난안전데이터: 정보처리능력을 갖춘 장치를 통하여 생성 또는 처리가 가능한 형태로 존재하는 재난 및 안전관리에 관한 정형 또는 비정형의 모든 자료를 말한다.

▸ **긴급구조지원기관 (영 제4조) –대통령령**

1. 교육부, 과학기술정보통신부, 국방부, 산업통상부, 보건복지부, 기후에너지환경부, 국토교통부, 해양수산부, 방송미디어통신위원회, 경찰청, 기상청, 산림청, 대한적십자사, 종합병원, 응급의료기관, 응급의료정보센터, 구급차 등의 운용자, 전국재해구호협회 등.

▸ **긴급구조지원기관 (규칙 별표 1) – 행정안전부령**

유역환경청, 지방환경청, 지방국토관리청, 지방항공청, 보건소, 지하철공사 및 도시철도공사, 한국가스공사, 한국가스안전공사, 한국농촌공사, 한국전기안전공사, 한국전력공사, 대한석탄공사, 한국광물자원공사, 한국수자원공사, 한국도로공사, 한국공항공사, 항만공사, 한국원자력안전기술원 및 한국원자력의학원, 국립공원관리공단, 전기통신사업법에 따른 기간통신사업자로서 소방청장이 고시하는 기간통신사업자 등

2장 안전관리기구 및 기능

1. 중앙(안전관리)위원회 (법 제9조)

재난 및 안전관리에 관한 사항을 심의하기 위하여 국무총리 소속으로 중앙안전관리위원회(이하 "중앙위원회")를 둔다. 중앙위원회의 위원장은 국무총리가 되고, 위원은 대통령령으로 정하는 중앙행정기관 또는 관계기관·단체의 장이 된다.

(1) 중앙위원회 위원장: 국무총리 (* 간사 – 행정안전부장관)

(2) 임무: 재난 및 안전관리에 관한 중요정책의 사항과 재난선포 등의 사항을 심사·토의한다.

-----*

(3) 심의사항

① 재난 및 안전관리에 관한 중요 정책의 사항
② 국가안전관리기본계획에 관한 사항
③ 재난 및 안전관리 사업 관련 중기사업계획서, 투자우선순위 의견, 예산요구서의 사항
④ 중앙행정기관의 장이 수립・시행하는 계획, 점검·검사, 교육·훈련, 평가 등 재난 및 안전관리업무의 조정에 관한 사항
⑤ 안전기준관리에 관한 사항
⑥ 재난사태의 선포에 관한 사항
⑦ 특별재난지역의 선포에 관한 사항
⑧ 재난이나 그 밖의 각종 사고가 발생하거나 발생할 우려가 있는 경우 이를 수습하기 위한 관계 기관 간 협력에 관한 중요 사항
⑨ 재난안전의무보험의 관리・운용 등에 관한 사항
⑩ 중앙행정기관장이 시행하는 대통령령으로 정하는 재난 및 사고의 예방사업 추진사항
⑪ 「재난안전산업 진흥법」 제5조에 따른 기본계획에 관한 사항
⑫ 그 밖에 위원장이 회의에 부치는 사항

(4) 중앙위원회의 구성과 운영 등에 관하여 필요한 사항은 대통령령으로 정한다.

▸ 중앙 안전관리위원회의 위원 (영 제6조)

중앙 안전관리위원회(이하 "중앙위원회")의 위원은 다음에 해당하는 사람이 된다.

① 재정경제부장관, 교육부장관, 과학기술정보통신부장관, 외교부장관, 통일부장관, 법무부장관, 국방부장관, 행정안전부장관, 문화체육관광부장관, 농림축산식품부장관, 산업통상부장관, 보건복지부장관, 기후에너지환경부장관, 고용노동부장관, 성평등가족부장관 및 국토교통부장관, 해양수산부장관 및 중소벤처기업부장관 및 기획예산처장관.
② 국가정보원장, 방송미디어통신위원회 위원장, 국무조정실장, 식품의약품안전처장, 금융위원회위원장. 원자력안전위원회 위원장,
③ 경찰청장, 소방청장, 국가유산청장, 산림청장, 질병관리청장, 기상청장, 해양경찰청장.
④ 중앙안전관리위원회(이하 "중앙위원회" 라 한다)의 위원장이 지정하는 기관 및 단체의 장.

2. 안전정책조정위원회 (법 제10조)

중앙위원회에 토의할 안건을 미리 검토하고, 다음 각 호의 사무를 수행하기 위하여 중앙위원회에 안전정책조정위원회(이하 "조정위원회")를 둔다.

(1) 조정위원장: 행정안전부장관 (* 간사 — 행정안전부 재난본부장)

① 중앙위원회 심의사항 (좌측p 법 제9조의3 심의사항 중 ④, ⑤, ⑧, ⑨, ⑩의 사전조정)

② 국가안전관리기본계획의 소관업무에 관한 집행계획의 심의

③ 국가핵심기반의 지정에 관한 사항의 심의

④ 재난 및 안전관리기술 종합계획의 심의

⑤ 그 밖에 중앙위원회가 위임한 사항

▸ 실무위원회의 구성·운영 등 (영 제10조)

조정위원회에 두는 실무위원회의 구성 및 실무위원장은 다음과 같다.

1. 조정위원회에 두는 실무위원회는 위원장 1명 포함 50명 내외의 위원으로 구성한다.
2. 실무위원회는 다음 각 호의 사항을 심의한다.
   ① 재난 및 안전관리를 위하여 관계 중앙행정기관의 장이 수립하는 대책에 관하여 협의·조정이 필요한 사항
   ② 재난 발생 시 관계 중앙행정기관의 장이 수행하는 재난의 수습에 관하여 협의·조정이 필요한 사항
   ③ 그 밖에 실무위원회의 위원장("실무위원장")이 회의에 부치는 사항
3. 실무위원회 위원장은 행정안전부 재난본부장이 된다.
4. 실무위원회의 회의는 위원 5명 이상의 요청이 있거나 실무위원장이 필요하다고 인정하는 경우에 실무위원장이 소집한다.
5. 실무회의는 실무위원장이 회의마다 지정하는 25명 내외의 위원으로 구성한다.
6. 실무회의는 과반수의 출석으로 개의(開議)하고, 출석위원 과반수의 찬성으로 의결한다.
7. 실무위원회의 구성 및 운영에 필요한 사항은 행정안전부장관이 정한다.

▸ 중앙위원회 → 조정위원회 → 실무위원회

• [법 9조] 중앙위원회: 국무총리(심의기관) ···▸ 중요정책사항 심사·토의. (예) 재난·특별재난 선포)
  └▸ [법 10조] 조정위원회: 행정안전부장관 ···▸ 중앙위원회 심의 안건을 미리서 검토하는 곳.
    └▸ [영 10조] 실무위원회: 재난본부장 ···▸ 중앙행정기관장이 실무를 협의·조정하는 곳.

3. 지역위원회 (법 제11조)

지역별 재난 및 안전관리에 관한 다음 각 호의 사항을 심의·조정하기 위하여 시·도 (안전관리)위원회와 시·군·구 (안전관리)위원회를 둔다. 지역위원회는 시·도 위원회와 시·군·구 위원회의 회의에 부칠 안건을 검토하고, 재난 및 안전관리에 관한 관계 기관 간의 협의·조정 등을 위하여 안전정책실무조정위원회를 둘 수 있다.

① 해당지역에 대한 재난 및 안전관리정책에 관한 사항
② 시·도 및 시·군·구의 안전관리계획에 관한 사항
③ 재난사태의 선포에 관한 사항(시군구위원회는 제외한다)
④ 해당 지역의 재난관리책임기관이 수행하는 재난 및 안전관리업무의 추진에 관한 사항
⑤ 재난 등이 발생하거나 발생 우려가 있을 때 수습하기 위한 관계 기관 간 협력에 관한 사항

▸ 지역위원회 (법 제11조) 및 지역재난안전대책본부 (법 제16조)

지역재난안전대책본부에 있어서 해당 책임자는 곧 시·도는 시·도지사이며, 시·군·구는 시·군·구청장이다.(* 평상시 그들이 책임자이기 때문이다) 그러나 "사건, 지휘, 현장, 통제"의 문장 이론은 시·도는 소방본부장, 시·군·구는 소방서장이 책임자가 된다.(*그 이유는 시·도에는 소방본부가 있고 시·군·구에는 소방서가 있으며 재난 시 그들의 장이 "사건·지휘·현장·통제"의 책임자이기 때문이다.)

4. 재난방송협의회 (법 제12조)

재난에 관한 예보·경보·통지나 응급조치 및 재난관리를 위한 재난방송이 원활히 수행될 수 있도록 중앙위원회에 중앙재난방송협의회를 두어야 한다.

① 중앙위원회에 두는 재난방송협의회는 위원장 1명, 부위원장 1명, 위원 25명 이내로 구성

5. 중앙민관협력위원회의 기능 등(법·영 제12조의3)

조정위원회 위원장(행정안전부장관)은 민간 협력관계를 원활히 하기 위하여 중앙안전관리민관협력위원회를 구성·운영할 수 있다.

(1) 기능

① 재난 및 안전관리 민관협력활동에 관한 협의
② 재난 및 안전관리 민관협력활동사업의 효율적 운영방안의 협의
③ 평상시 재난 및 안전관리 위험요소 및 취약시설의 모니터링·제보
④ 재난시 인적·물적 자원 동원, 인명구조·피해복구 활동 참여, 피해주민 지원서비스 협의

(2) 구성: 공동위원장(행정안전부 재난본부장 포함) 2명을 포함하여 35명 이내의 위원

(3) 당연직 위원

행정안전부(안전예방정책실장, 사회재난실장, 자연재난실장, 재난복구지원국장)

(4) 민간위원: 임기는 2년으로 하며 재난 및 안전관리 분야의 ① 기관· 협회 등에 소속된 민간단체 대표 ② 재난 및 안전관리 전문가 ③ 학식과 경험이 풍부한 사람

6. 중앙(재난안전)대책본부 등 (법 제14조)

대규모 재난을 총괄·조정하고 필요한 조치를 하기 위하여 **행정안전부**에 중앙대책본부를 둔다.

(1) **구성** : 중앙대책본부장은 **행정안전부장관**으로 한다.

(2) **임무** : 대규모재난의 대응, 복구(이하 수습) 등을 총괄·조정하고 회의를 소집한다.

① 해외 재난의 경우에는 **외교부장관**이, 방사능재난의 경우에는 **중앙방사능방재대책본부의 장**이 각각 중앙대책본부장의 권한을 행사한다.

(*^^ •해외재난: 외교부장관 / •방사능재난: 중앙방사능방재대책본부장)

② 다음의 효과적인 수습을 위해 국무총리가 중앙재난안전대책본부장의 권한을 행사할 수 있다. 이 경우 행안부장관, 외교부장관(해외재난에 한정), 원자력안전위원장(방사능재난에 한정)이 차장이 된다.

㉠ 국무총리가 범정부적 차원의 통합 대응이 필요하다고 인정하는 경우

㉡ 행정안전부장관이 국무총리에게 건의하는 경우

㉢ 수습본부장 요청으로 또는 직접 행안부장관이 국무총리에게 건의하는 경우

③ 또한 국무총리가 필요하다고 인정하여 지명하는 중앙행정기관의 장은 행정안전부장관, 외교부장관(해외재난) 또는 원자력안전위원회 위원장(방사능 재난)과 공동으로 차장이 된다.

▸ **중앙대책본부의 구성 등** (영 제15조)

차장과 총괄조정관, 특별대응단장등, 대변인·통제관·부대변인, 담당관을 행정안전부장관이 지명 혹은 위촉한다. (* 그러나 해외재난의 경우 외교부장관이 지명 혹은 위촉한다.)

▸ **중앙대책본부회의의 심의·협의 사항** (영 제17조)

① 재난예방대책에 관한 사항
② 재난응급대책에 관한 사항
③ 국고지원 및 예비비 사용에 관한 사항
④ 그 밖에 중앙대책본부장이 회의에 부치는 사항

7. 중앙 및 지역사고수습본부 (법 제15조의2)

재난관리주관기관의 장은 재난이 발생하거나 발생할 우려가 있는 경우 재난상황을 효율적으로 관리하고 재난을 수습하기 위해 중앙사고 수습본부를 신속하게 설치·운영해야 한다.

(* 수습본부장은 각 부서인 해당 재난관리주관기관의 장이 된다.)

① 수습본부장은 필요한 범위에서 시·도지사 및 시장·군수·구청장(법 16조의 시·도 및 시·군·구 대책본부가 운영되는 경우 해당본부장)을 지휘할 수 있다.

▸ 재난 및 그 밖의 각종 사고유형별 재난관리주관기관(영 별표1의3)

1. 자연재난 유형별 재난관리주관기관
 ① 과학기술정보통신부 우주항공청: 우주전파재난, 자연우주물체추락·충돌로 인한 재해,
 ② 행정안전부: 풍수해(조수 제외)·지진·화산·낙뢰·가뭄·폭염 및 한파로 인해 발생하는 재해,
 ③ 기후에너지환경부: 황사. 하천·호소 등의 조류대 발생으로 인해 발생하는 재해,
 ④ 해양수산부: 적조현상, 해파리의 대량발생 등 수산양식물 및 어업용 피해 / 풍수해 중 조수
 ⑤ 산림청: 산사태로 인해 발생하는 재해 ⑥ , ⑦ 중앙행정기관: 생략
 ----*

2. 사회재난 유형별 재난관리주관기관
 ① 과학기술정보통신부: 방송통신재난(자연재난은 제외), 연구실사고. 전파의 혼신(한정한다)
 ② 과학기술정보통신부 우주항공청: 인공우주물체의 추락 · 충돌 등으로 인해 발생하는 피해
 ③ 교육부: 교육시설의 화재 · 붕괴 · 폭발 · 다중운집인파사고 등 / 어린이집의 화재 등 피해
 ④ 외교부: 해외재난.
 ⑤ 법무부: 교정·갱생보호시설·치료감호·난민지원시설, 소년(분류심사)원, 외국인보호소
 ⑥ 국방부: 국방 · 군사시설의 화재 등으로 인해 발생하는 대규모 피해
 ⑦ 행정안전부(중앙행정기관): 승강기 사고 등(이하 생략)
 ⑧ 행정안전부 경찰청: 도로, 광장 및 공원의 다중운집인파사고로 인해 발생하는 대규모 피해
 ⑨ 행정안전부 소방청: 소방대상물의 화재, 위험물의 누출 · 화재 · 폭발 등 피해
 ⑩ 문화체육관광부: 야영장·공연장 화재, 유기시설(기구)사고, 체육시설 피해 - 이하 생략-

8. 지역재난안전 대책본부 (법 제16조)

해당 구역에 발생한 재난의 수습 등에 관한 사항을 총괄· 조정하고 그에 따른 조치를 한다.
 ① 지역 재난안전대책본부장: 시·도는 시·도지사가, 시·군·구는 시장, 군수, 구청장이 된다.
 ② 회의: 재난에 따른 피해지원, 자체 재난복구계획, 재난응급대책, 재난예방대책 등.

9. 재난안전상황실 (법 제18조)

행정안전부장관, 시·도지사, 시장·군수·구청장 등은 재난정보의 수집·전파, 상황관리, 재난발생 시 초동조치 및 지휘 등의 업무를 위하여 상시 재난안전상황실을 설치·운영한다.
 ① 행정안전부장관: 중앙재난안전상황실 운영자
 ② 시·도지사: 시·도 재난안전상황실 운영자
 ③ 시장·군수·구청장: 시·군·구 재난안전상황실 운영자
 (* ④ 중앙행정기관 ⑤ 재난관리책임기관)

▸ 재난안전상황실 설치 · 운영자(상시 필수)

① 행정안전부장관 ② 시·도지사 ③ 시장, 군수, 구청장. (*^^ 만약 재난이 발생한다면 ③의 시장, 군수, 구청장은 → 시·도지사, 행정안전부장관 및 발생된 재난의 담당 재난관리주관기관장에게 지체 없이 각각 보고한다. - 법 20조 참고)

10. 재난상황의 보고 (법 제20조)

① 시장·군수·구청장, 소방서장, 해양경찰서장, 재난관리책임기관의 장 또는 국가핵심기반 관리기관의 장은 ➠ 그 관할구역, 소관 업무 또는 시설에서 재난이 발생하거나 발생할 우려가 있으면 즉시, 응급조치 및 수습현황에 대해서는 지체 없이 ➠ 각각 행정안전부장관, 관계 재난관리주관기관의 장 및 시·도지사에게 보고하거나 통보하여야 한다. (이 경우 관계 재난관리주관기관의 장 및 시·도지사는 보고받은 사항을 확인·종합하여 행정안전부장관에게 통보하여야 한다.)

② 또한 시장·군수·구청장, 소방서장, 해양경찰청장, 재난관리책임기관의 장 또는 국가핵심기반 관리기반의 장은 ➠ 재난이 발생한 경우 또는 재난 발생을 신고받거나 통보받은 경우에는 즉시 ➠ 관계 재난관리책임기관의 장에게 통보하여야 한다.

㉠ 보고사항: 시장, 군수, 구청장 등 → 행정안전부장관, 재난관리주관기관장, 시·도지사.

㉡ 해외재난 시: 재외공관의 장 → 외교부장관에게 보고한다.

▸ 해외재난 상황의 보고 및 관리 (법 제21조)

해외재난 시: 재외공관의 장으로부터 보고 받은 외교부장관은 행정안전부장관 및 관계 중앙행정기관의 장과 협의하여 해외재난국민의 보호방안을 마련하여 시행하여야 한다.

재난안전상황실 설치·운영 및 보고·통보 단계

① 재난안전상황실 설치 · 운영자: 행정안전부장관, 시 · 도지사, 시 · 군 · 구청장

⇄

② 재난 시 보고 단계: 시 · 군 · 구청장 등 ⇨ 시 · 도지사, 행정안전부장관, 재난관리주관기관장

▸ 재난상황의 보고 (영 제24조)

1. 법 제20조에 따른 재난상황의 보고 및 통보에는 다음 각 호의 사항이 포함되어야 한다
   - ① 재난 발생의 일시·장소와 재난의 원인
   - ② 재난으로 인한 피해내용
   - ③ 응급조치 사항
   - ④ 대응 및 복구활동 사항
   - ⑤ 향후 조치계획,
   - ⑥ 그 밖에 해당 재난을 수습할 책임이 있는 중앙행정기관의 장이 정하는 사항

2. 시·도지사는 법제20조제1항에 따라 보고받은 사항이 다음 각 호의 어느 하나에 해당되는 경우에는 이를 종합하여 행정안전부장관 및 재난관리주관기관의 장에게 통보하여야 한다.
   - ① 재난이 2개 이상의 시·군·구에 걸쳐 발생한 경우
   - ② 그 밖에 재난의 신속한 수습을 위하여 중앙대책본부장 또는 재난관리주관기관의 장의 지휘·통제나 다른 시·도의 협력이 필요하다고 인정되는 재난.

▸ 재난상황의 보고 등 (규칙 제5조)

법 제20조 제1항에 따라 "재난상황보고자"가 서면, 팩스, 전화 등 보고하는 재난상황은 다음과 같다.
① 최초보고(서면, 팩스, 전화, 재난안전통신망)
② 중간보고(수시로)
③ 최종보고(재난 수습 후)
재난상황의 보고자는 재난기간 중 1일 2회 이상 보고하여야 한다.

▸ 재난상황의 직접보고 (규칙 제5조의2)

영 제24조 제2항에 따라 "재난상황보고자"가 하는 재난의 종류와 규모는 다음과 같다.
① 영 별표 1의3(재난 및 그 밖의 각종 사고 유형별 재난관리주관기관)에 따른 재난
② 「접경지역 지원 특별법」 제2조제1호에 따른 접경지역에 있는 하천의 급격한 수량 증가나 제방의 붕괴 등을 일으켜 인명 또는 재산에 피해를 줄 수 있는 댐의 방류
③ 단일 사고로서 3명 이상의 사망(화재 또는 교통사고의 경우에는 5명 이상의 사망을 말한다.) 또는 20명 이상의 부상과 관련된 재난 등

3장 안전관리 계획

1. 국가안전관리 기본계획의 수립 등 (법 제22조)

(1) 국무총리: 국가안전관리기본계획을 5년마다 수립한다.

국무총리 → 행정안전부장관으로 하여금 국가안전관리기본계획의 수립지침을 작성 후 → 관계 중앙행정기관장에게 통보 → 관계 중앙행정기관장은 그 소관 계획 작성 후 → 행정안전부장관에게 제출한다.

(2) 기본계획의 내용:

국가안전관리기본계획에는 다음 각 호의 사항이 포함되어야 한다.
① 재난 및 안전관리의 중장기 목표 및 기본방향
② 재난 및 안전관리 현황 및 여건 변화, 전망에 관한 사항
③ 재난 및 안전관리를 위한 법령제도 마련 등 재난 및 안전관리체계 확립에 관한 사항
④ 재난의 예방 · 대비 · 대응 및 복구에 필요한 기반 조성에 관한 사항
⑤ 그 밖에 재난 및 안전관리에 관한 사항으로서 대통령령으로 정하는 사항.

▸ 국민 안전의 날 및 안전점검의 날 등 (법 66조의3 및 영 제73의4조)

① 국민안전의 날은 매년 4월 16일
② 안전점검의 날은 매월 4일
③ 방재의 날은 매년 5월 25일로 한다.

4장 재난의 예방

1. 재난예방을 위한 긴급안전조치 (법 제31조)

행정안전부장관, 재난관리책임기관의 장은 (긴급)안전점검 결과 재난의 발생 위험이 높다고 인정되는 시설, 지역 등에 대하여 관계인에게 다음의 안전조치를 할 것을 명할 수 있다.

① 정밀안전진단의 실시(시설만 해당.)

② 보수(補修) 또는 보강 등 정비.

③ 재난을 발생시킬 수 있는 위험 요인의 제거.

2. 정부합동 안전 점검 (법 제32조)

행정안전부장관은 재난관리책임기관의 재난 및 안전관리 실태를 점검하기 위하여 정부합동안전점검단(이하"정부합동점검단"이라 한다)을 편성하여 안전 점검을 실시할 수 있다.

▸ 특정관리대상지역의 안전등급 및 안전점검 등 (영 제34조의2)

① A등급: 우수 / B등급: 양호 / C등급: 보통 / D등급: 미흡 / E등급: 불량.
안전등급 분류 후 A·B·C등급: 반기별 1회, D등급: 월 1회, E등급: 월 2회 이상 정기안전점검을 한다.

▸ 재난안전분야 종사자 교육 종류 등 (규칙 제6조의2)

① **관리자 전문교육 대상자** : (7시간) 이상
❶재난 및 안전관리 업무담당 부서장 ❷시·도 및 시·군·구 부단체장 ❸ 안전책임관

② **실무자 전문교육**: (14시간) 이상
재난관리책임기관에서 재난 및 안전관리업무를 담당하는 부서의 공무원이나 직원

③ **교육의 대상자**: 6개월 이내에 신규교육, 이후 매 2년마다 정기교육을 받아야 한다.

5장 재난의 대비

1. 재난분야의 위기관리 매뉴얼 작성·운용(법 제34조의5)

재난관리책임기관의 장은 재난을 효율적으로 관리하기 위해 재난유형에 따라 다음 각 호의 위기관리 매뉴얼을 작성·운용해야 한다.

① 위기관리 표준매뉴얼: 국가적 관리가 필요한 재난에 대하여 재난관리 체계와 관계 기관의 임무와 역할을 규정한 문서.

② 위기대응 실무매뉴얼: 위기관리 표준매뉴얼의 기능과 역할에 따라 실제 재난 발생 시 대응할 때 필요한 조치사항 및 절차를 규정한 문서.

③ 현장조치 행동매뉴얼: 재난현장에서 직접적으로 임무를 수행하는 기관의 조치 행동 절차를 구체적으로 수록한 문서.

6장 재난의 대응

1. 재난사태 선포 (법 제36조)

재난사태 선포에 대하여 다음과 같다.

(1) 선포권자: 행정안전부장관은 중앙안전관리위원회 심의를 거쳐 재난사태를 선포할 수 있다. (단, 긴급 시에는 중앙안전관리위원회 심의를 생략할 수 있다.)

(2) 행정안전부장관은 긴급 시 재난사태를 선포한 경우에는 지체 없이 중앙위원회의 승인을 받아야 하고, 승인을 받지 못하면 선포된 재난사태를 즉시 해제하여야 한다.

(3) 행정안전부장관·지방자치단체장은 재난 선포된 지역에 대해 다음의 조치를 할 수 있다.

① 해당 지역에 대한 여행 등 이동 자제 권고.

② 해당 지역에 있는 행정기관 소속공무원의 비상소집.

③ 재난경보의 발령, 인력·장비 및 물자의 동원, 위험구역 설정, 대피명령, 응급지원 등 이 법에 따른 응급조치.

④ 휴업명령 및 휴원·휴교 처분의 요청. 그 밖에 재난예방에 필요한 조치.

▸ **재난선포의 비교**

재난에 따라 그 선포권자가 달라질 수 있다.

- **재난인 경우:** ① 중앙안전관리위원회 심의를 거쳐 행정안전부장관이 선포할 수 있다.
  ② 시도위원회 심의를 거쳐 시도지사가 선포할 수 있다.(즉시 행안부장관에게 통보)
- **특별재난인 경우:** 중앙안전관리위원회 심의를 거쳐 중앙대책본부장의 건의로 대통령이 선포한다.
  (* 재난: 행정안전부장관이 선포한다. * 특별재난: 대통령이 선포한다.)

2. 응급조치 (법 제37조)

지역통제단장과 시장·군수·구청장은 재난이 발생할 우려가 있거나 재난이 발생하였을 때에는 즉시 재난대응활동계획 및 위기관리 매뉴얼 등에서 정하는 바에 따라 수방(水防)·진화·구조 및 구난(救難) 등 다음의 응급조치를 해야 한다.

단, 지역통제단장의 경우에는 제③호 중 진화에 관한 응급조치와 ④⑤호의 응급조치만 한다.

① 경보의 발령 또는 전달이나 피난의 권고 또는 지시

② 재난예방을 위한 안전조치 및 제31조의 조치(3가지)

③ 진화·수방·지진방재, 그 밖의 응급조치와 구호

④ 긴급수송 및 구조 수단의 확보

⑤ 현장지휘 통신체계의 확보

⑥ 피해시설의 응급복구 및 방역과 방범, 그 밖의 질서 유지

⑦ 급수 수단의 확보, 긴급피난처 및 구호품의 확보 등

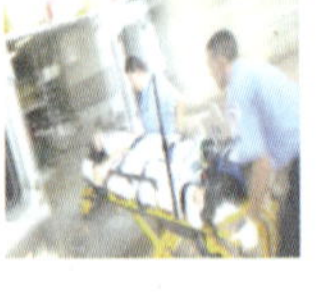

3. 중앙(긴급구조) 통제단 (법 제49조)

긴급구조에 관한 사항을 총괄·조정, 긴급구조 기관 및 긴급구조지원기관이 하는 긴급구조 활동의 역할 분담과 지휘·통제를 위해 행정안전부에 중앙긴급구조 통제단을 둔다.

① 중앙통제단장: 소방청장이 된다.
② 중앙통제부단장: 소방청 차장이 된다.

4. 지역(긴급구조) 통제단 (법 제50조)

① 시·도 긴급구조 통제단장: 소방본부장
② 시·군·구 긴급구조 통제단장: 소방서장

시·도에는 소방본부장이 있고 시·군·구에는 소방서장이 있으므로 재난 시 이들이 통제단장이 된다.

▸ 중앙 통제단의 기능 및 중앙지역·통제단의 구성 (영 제54조 및 제55조)

① 중앙통제단장의 기능(영 제54조)
㉠ 긴급구조활동의 지휘·통제
㉡ 긴급구조대응계획의 집행
㉢ 긴급구조지원기관간의 역할분담 등 긴급구조를 위한 현장활동계획의 수립
㉣ 국가 긴급구조대책의 총괄·조정

② 중앙지역·통제단의 구성(영 제55조)
중앙·지역통제단에는 대응계획부·현장지휘부 · 자원지원부를 둔다.

5. 긴급구조 현장지휘 (법 제52조)

재난현장에서는 시·군·구 긴급구조통제단장이 긴급구조활동을 지휘한다.

① 재난현장에서 인명의 탐색·구조
② 긴급구조기관 및 긴급구조지원기관의 인력·장비의 배치와 운용
③ 추가 재난의 방지를 위한 응급조치 및 사상자의 응급처치·의료기관으로의 이송
④ 긴급구조지원기관 및 자원봉사자 등에 대한 임무의 부여
⑤ 긴급구조에 필요한 물자의 관리 및 현장접근 통제, 현장 주변의 교통정리 등

6. 항공기 등 조난사고 시의 긴급구조 등 (법 제57조)

① 소방청장: 항공기 조난사고가 발생할 경우 항공기 수색과 인명구조를 위해 항공기 수색·구조계획을 수립·시행해야 한다.

② 국방부장관: 항공기나 선박 조난사고 발생 시
㉠ 탐색구조본부를 설치·운영
㉡ 탐색구조부대를 지정·출동대기 유지
㉢ 조난 항공기에 관련된 정보제공 등의 조치를 취해야 한다.

▸ 긴급구조 대응 계획의 수립 (영 제63조)

긴급구조기관의 장이 수립하는 긴급구조대응계획은 ① 기본계획 ② 기능별 긴급구조대응계획 ③ 재난유형별 긴급구조대응계획으로 구분하되, 구분된 계획에 포함되어야 하는 사항은 다음과 같다.

1. 기본계획
   ① 긴급구조 대응계획의 **목적** 및 적용범위
   ② 긴급구조 대응계획의 **기본방침**과 절차
   ③ 긴급구조 대응계획의 **운영책임**에 관한 사항

2. 기능별 긴급구조 대응계획

① 비상경고	**긴급대피**, 상황전파, 비상연락 등에 관한 사항
② 긴급오염통제	오염 노출 통제, **긴급감염병방제** 등 재난현장의 공중보건에 관한 사항
③ 응급의료	대량 사상자가 발생 시 응급의료서비스 제공에 관한 사항
④ 현장통제	재난현장의 접근 통제 및 치안 유지 등에 관한 사항
⑤ 지휘통제	긴급구조체제 및 중앙통제단과 지역통제단의 운영체계 등에 관한 사항
⑥ 대중정보	주민보호차원 비상방송시스템 가동, 긴급공공정보 및 재난상황 등 정보통제사항
⑦ 피해상황분석	재난현장의 상황 및 피해정보의 수집 · 분석 · 보고에 관한 사항
⑧ 구조진압	인명 수색 및 구조, 화재진압 등에 관한 사항
⑨ 긴급복구	긴급구조차량 접근 도로의 복구 등에 관한 사항
⑩ 긴급구호	긴급구조요원 및 긴급대피 수용주민에 대한 위기 상담, 임시 의식주 제공 등
⑪ 재난통신	긴급구조기관 및 긴급구조지원기관 간 정보 통신체계 운영 등의 사항

3. 재난 유형별 긴급구조 대응계획
   ① 재난 발생 단계별 주요 긴급구조 대응활동사항
   ② 주요 재난유형별 대응 매뉴얼에 관한 사항
   ③ 비상경고 방송메시지의 작성 등에 관한 사항

▸ 긴급구조현장지휘대 구성운영 (영 제65조)

긴급구조현장지휘대의 구성은 다음과 같다.

① 안전담당요원　　② 현장지휘요원
③ 자원지원요원　　④ 구급지원요원
⑤ 통신지원요원　　⑥ 상황조사요원으로 나눈다.

1. 설치기준
   ① 소방서 현장 지휘대: 소방서별로 현장지휘대를 설치 · 운영한다.
   ② 소방본부현장 지휘대: 소방본부별로 현장지휘대를 설치 · 운영한다.
   ③ 방면*현장 지휘대: 2~4개 이하의 소방서별로 소방본부장이 1개씩 설치 · 운영한다.
   ④ 권역*현장 지휘대: 2~4개 이하의 소방본부별로 소방청장이 1개씩 설치 · 운영한다.

* 방면: 어떤 방향의 지방(시 · 군 · 구를 말함)　　* 권역: 구역의 전부(시 · 도를 말함)

7장 재난의 복구

1. 특별재난지역의 선포건의 (법 제60조)

중앙대책본부장(행정안전부장관)은 특별조치가 필요하거나 지역대책본부장의 요청이 타당할 경우 중앙위원회의 심의를 거쳐 대통령에게 특별재난 선포를 건의할 수 있다.

(1) 선포건의: 중앙대책본부장은 중앙위원회 심의를 거쳐 대통령에게 선포를 건의할 수 있다.

(2) 대통령령으로 재난의 규모를 정할 때에는 다음 각 호의 사항을 고려하여야 한다.

① 인명 또는 재산의 피해 정도

② 재난지역 관할 지방자치단체의 재정 능력

③ 재난으로 피해를 입은 구역의 범위

2. 특별재난지역에 대한 지원 (법 제61조)

국가 또는 지방자치단체는 응급대책, 재난구호 및 복구에 필요한 행정·재정·금융·의료상의 특별지원을 할 수 있다.

▸ 특별재난의 범위 및 선포 등 (영 제69조)

① 자연재난으로서 국고 지원 대상 피해 기준금액의 2.5배를 초과하는 피해가 발생한 재난

② 자연재난으로서 국고 지원 대상에 해당하는 시 · 군 · 구의 관할 읍 · 면 · 동에 따른 국고 지원 대상 피해 기준금액의 4분의 1을 초과하는 피해가 발생한 재난

▸ 특별재난지역에 대한 지원 (영 제70조)

① 국고의 추가지원, 인력 및 장비의 지원, 의료·방역·방제(防除) 및 쓰레기 수거 활동 등

② 의연금품의 지원 및 농·어업인의 영농·영어·시설·운전자금 및 중소기업의 시설, 운전자금의 우선융자, 상환 유예·기한연기 및 그 이자의 감면과 중소기업에 대한 특례보증 등의 지원 등

3. 재난지역에 대한 국고보조 등의 지원 (법 제66조)

국가 또는 지방자치단체는 주민의 생계안정을 위하여 다음의 지원을 할 수 있다.

① 사망자·실종자·부상자 등 피해주민에 대한 구호,

② 주거용 건축물의 복구비 지원

③ 고등학생의 학자금 면제 및 주거용 건축물의 복구비 지원

④ 자금 융자, 보증, 상환기한 연기, 그 이자의 감면 등 관계법령에서 정하는 금융지원

⑤ 세입자 보조 등 생계안정 지원 및 소상공인에 대한 지원

⑥ 국세·지방세, 건강보험·연금보험료, 통신·전기요금 등 경감 또는 납부유예 등 간접지원

⑦ 주 생계수단인 농업·어업·임업·염생산업(鹽生産業)에 피해를 입은 경우 복구 지원

⑧ 공공시설 피해에 대한 복구사업비 지원

⑨ 그 밖의 중앙대책본부에서 결정한 사항

4. 재난관리기금의 적립 (법 제67조)

매년도 최저적립금액은 최근 3년 동안 지방세법에 의한 보통세의 수입결산액 중 평균액이 1/100(1%)에 해당하는 금액으로 한다.

5. 재난 및 안전관리기술개발 종합계획의 수립 등 (법 제71조의2)

행정안전부장관은 재난 및 안전관리의 과학기술 진흥을 위하여 5년마다 재난 및 안전관리기술개발 종합계획(개발계획)을 수립한다.

------*

8장 법령별 재난단계 분류

"재난 및 안전관리 기본법"에서의 예방, 대비, 대응, 복구의 분류는 다음과 같다.

1. 예방단계(평상시):

정부합동 안전점검, 국가핵심기반의 지정 및 관리, 특정관리대상시설 등의 지정 및 관리, 재난방지시설의 관리, 재난안전분야 종사자 교육, 지방자치단체에 대한 지원, 안전관리전문기관에 대한 자료요구, 재난관리체계 등에 대한 평가, 재난관리 실태 공시 등.

2. 대비단계(재난징후):

재난관리자원의 비축·관리, 재난현장 긴급통신수단의 마련, 국가재난관리기준의 제정·운용, 재난안전통신망의 구축·운영, 기능별 재난대응 활동계획의 작성·활용, 재난분야 위기관리 매뉴얼 작성·운용, 다중이용시설 등의 위기상황 매뉴얼 작성·관리 및 훈련, 안전기준의 등록 및 심의 등.

3. 대응단계(재난직후):

위험구역의 설정, 위기경보의 발령, 재난사태 선포, 각종 응급조치, 재난 예보·경보체계 구축·운영, 종합계획의 수립, 동원명령, 대피명령, 강제대피조치, 통행제한, 응원, 응급부담, 긴급구조, 긴급구조 현장지휘, 긴급구조활동에 대한 평가, 긴급구조대응계획의 수립, 재난대비능력 보강, 긴급구조지원기관의 능력에 대한 평가 등.

4. 복구단계(지원 등):

특별재난지역 선포 및 지원, 피해조사 및 복구계획, 재난피해 신고 및 조사, 비용 부담의 원칙, 응급지원에 필요한 비용, 치료 및 손실보상, 재난지역에 대한 국고보조 등의 지원 등.

05 책임별 각종권한

"재난 및 안전관리 기본법"에서 책임별 각종 권한은 다음과 같다.

국무총리	중앙위원회 위원장
행정안전부장관	중앙대책본부장
소방본부장	시·도 통제단장
소방서장	시·군·구 통제단장

<table>
<tr><td>중앙
위원장</td><td>국무총리</td><td colspan="2">중앙통제단장</td><td>소방청장</td></tr>
<tr><td rowspan="2">중앙대책
본부장</td><td rowspan="2">행정안전
부장관</td><td rowspan="2">지
역</td><td>시·도</td><td>소방본부장</td></tr>
<tr><td>시·군·구</td><td>소방서장</td></tr>
</table>

책임별	각종 권한
대통령	– 특별재난지역 선포권자(법 60조)
국무총리	① 중앙(안전관리)위원회 위원장(법 9조) ② 국가안전관리 기본계획수립(5년 마다)(영 26조)
행정안전부장관	① 재난선포권자(법 36조) ② 중앙(재난안전)대책 본부장(법 14조) ③ 안전정책조정위원장(법 10조) 및 중앙위원회 간사(법 9조) ④ 재난안전상황실 및 대체상황실 설치·운영자(법 18조) ⑤ 안전관리민관협력위원회 구성자(법 12조의2) ⑥ 정부합동안전점검단 실시권자(법 32조) ⑦ 재난 및 안전관리 개발계획을 수립(법 71조의2) 기타 법 제31조, 제34조의8, 제58조, 제69조, 71조의2 등 다수업무
행정안전부 재난담당본부장	① 안전정책조정위원장 간사위원(법 10조) ② 실무위원회 위원장(영 10조) ③ 중앙대책본부 차장(영 15조) ④ 중앙민관협력위원회 공동위원장(영 12조3)
소방청장	① 중앙(긴급구조)통제단장(법 49조) • 항공기 등 조난사고 계획수립·시행자(법 57조) • (긴급구조) 권역현장지휘대 설치·운영(영 65조)
소방청 차장	– 중앙(긴급구조)통제 부단장(영 55조)
시·도지사	– 시·도 책임자(=지역대책 본부장, 지역위원장) – ① 재난안전상황실 설치·운영(대체상황실 설치·운영)(법 18조) ② 긴급 시 시·도 재난사태 선포(법 36조)
시장·군수·구청장	– 시·군·구 책임자(=지역대책 본부장, 지역위원장) – ① 재난안전상황실 설치·운영(대체상황실 설치·운영)(법 18조)
소방본부장(지역)	① 시·도 긴급구조 통제단장(법 50조) ② 긴급구조지휘대 구성·운영(방면현장 지휘대장)(법 65조)
소방서장	① 시·군·구 긴급구조 통제단장(법 50조)

06 긴급구조 대응활동 및 현장지휘에 관한 규칙(긴급구조현장지휘규칙)

▶ "재난 및 안전관리 기본법" 관계법령임.

1. 용어의 뜻 (법 제2조)

① 긴급구조관련기관이란 재난 및 안전관리 기본법에 의한 긴급구조기관, 긴급구조지원기관, 현장에 참여하는 자원봉사기관 및 단체를 말한다.

② 기관별지휘소란 재난현장에 출동하는 긴급구조관련기관별로 소속 직원을 지휘·조정·통제하는 장소 또는 지휘차량·선박·항공기 등을 말한다

③ 현장지휘소란 중앙긴급구조통제단장, 시·도 또는 시·군·구긴급구조통제단장이 재난현장에서 기관별지휘소를 총괄하여 지휘·조정 또는 통제하는 등의 재난현장지휘를 효과적으로 수행하기 위하여 설치·운영하는 장소, 지휘차량·선박·항공기 등을 말한다.

④ 현장지휘관이란 중앙긴급구조통제단장(중앙통제단장), 시·도 또는 시·군·구긴급구조통제단장(시도 및 시군구통제단장), 소방관서선착대장, 긴급구조현장지휘대장을 말한다.

⑤ 재난대응구역이란 대규모의 재난이 발생하여 시·도 긴급구조통제단장의 지휘통제가 마비되었을 때 시·군·구 긴급구조통제단장이 관할구역 안에서 자체적으로 재난에 대응하기 위하여 설정하는 구역을 말한다.

2. 표준지휘조직도 【별표1】

현장지휘관

대응계획부 | 현장지휘부 | 자원지원부

부서	임무
대응계획부	① 긴급구조기관과 긴급구조지원기관 · 유관기관 등에 대한 통합 지휘 · 조정 ② 재난상황정보의 수집 · 분석 및 상황예측 ③ 현장활동계획의 수립 및 배포 ④ 대중정보, 대중매체 홍보에 관한 사항 ⑤ 유관기관과 연락 · 보고에 관한 사항
현장지휘부	① 진압 · 구조 · 응급의료 등에 대한 현장활동계획의 이행 ② 헬기 등을 이용한 진압 · 구조 · 응급의료 및 운항 통제, 비상헬기장 관리 등 ③ 재난현장 등에 대한 경찰관서의 현장 통제 활동 관련 지휘 조정 · 통제 및 대피계획 지원 등 ④ 현장활동 요원들의 안전수칙 수립 및 교육 ⑤ 자원대기소 운영 및 교대조 관리
자원지원부	① 대응자원 현황을 대응계획부에 제공하고, 대응계획부의 현장활동계획에 따라 자원의 배분 및 배치 ② 현장활동에 필요한 자원의 동원 및 관리 ③ 긴급구조지원기관 · 지방자치단체 등의 긴급복구 및 오염방제 활동에 대한 지원 등

4. 긴급구조현장지휘대의 구성 및 기능 (법 제16조)

통제단을 설치·운영하는 경우의 부서 배치는 다음과 같다.

① 안전관리요원: 현장지휘부
② 현장지휘요원: 현장지휘부
③ 구급지휘요원: 현장지휘부
④ 통신지휘요원: 현장지휘부
⑤ 상황조사요원: 대응계획부
⑥ 자원지원요원: 자원지원부

5. 현장응급의료소의 설치 등 (법 제20조)

현장응급의료소(의료소)* 와 관련된 사항은 다음과 같다.

① 통제단장은 재난현장에 출동한 응급의료관련자원을 총괄·지휘·조정·통제하고, 사상자를 분류·처치 또는 이송하기 위하여 사상자의 수에 따라 재난현장에 적정한 현장응급의료소를 설치·운영하여야 한다. (*^^ 통제단장: 청·본·서장)
② 현장응급의료소장은 의료소가 설치된 지역을 관할하는 보건소장이 된다.
(*^^ 보건소장이 현장에 도착전에는 권역·지역응급의료센터장, 응급의료정보센터장이 대행)
③ **의료소에는 소장 1인과 분류반·응급처치반 및 이송반을 둔다.**
④ **의료소장은 통제단장의 지휘를 받아 의료소의 전반적인 운영에 관하여 지휘·감독한다.**
⑤ 분류반·응급처치반·이송반의 반장은 의료소 요원 중에서 의료소장이 임명한다.
⑥ 현장응급의료소에는 응급의학 전문의를 포함한 의사 3명, 간호사 또는 1급응급구조사 4명 및 지원요원 1명 이상으로 편성한다.

현장응급의료소 조직체계

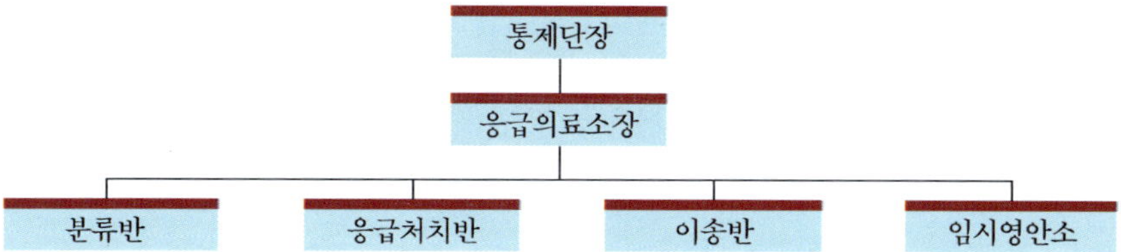

- 통제단잔이란? 중앙통제단장, 지역통제단장(시·도 또는 시·군·구 긴급구조통제단장)을 말하며
- 현장지휘관이란? 중앙통제단장, 지역통제단장(시도긴급구조통제단장, 시군구긴급구조통제단장), 각 통제단장의 사전명령에 따라 현장지휘를 하는 소방관서 선착대의 장을 말한다.

---

* 현장응급 의료소: 재난현장에서 임시 사용을 위한 천막 응급 의료소 및 응급처치를 위한 구급차 등을 말함.

| 재해 · 재난 | OX 개념

01 사고예방의 원리 5단계는 ① 불안전조직(조직체계 확립), ② 사실의 발견(현황파악), ③ 분석평가(원인규명), ④ 시정방법의 선정(대책선정), ⑤ 시정책의 적용(목표달성)이 있다. (   )

① 불안전조직(조직체계 확립)(x) → ① 안전조직(조직체계 확립)

02 하인리히 도미노이론에서 2단계는 '사회적 환경'이다. (   )

하인리히 도미노이론에서 2단계는 개인적 결함이다.

03 개선된 최초의 도미노이론은 Frank Bird 이론이다. (   )

최초의 도미노이론- 하인리히 도미노 이론 / 개선된 최신의 도미노이론- Frank Bird이론에 해당된다.
(* 하인리히··· 버드 : 하버드)

04 프랭크 버드의 재해의 분류는 유전적요인 및 사회적 환경－개인적 결함－불안전 행동 및 불안전 상태－사고이며, 하인리히는 제어부족－기본원인－직접원인－사고 순이다. (   )

하인리히의 분류는 유전적요인 및 사회적 환경 - 개인적 결함 - 불안전 행동 및 불안전 상태 - 사고 - 재해 순이며, 프랭크 버드는 제어부족 - 기본원인 - 직접원인 - 사고 - 상해 순이다.
- 하인리히: 1유, 2개, 3불, 4사(유괴를 불사하고) / • 버드: 1제, 2기, 3직, 4사(제기랄 직사했네)

05 재난관리단계별 내용은 예방 및 완화단계 → 대비(준비계획단계) → 재난 → 대응(직후) → 복구(활동) 이다. (   )

재난관리단계는 재난의 예방, 대비, 대응 및 복구를 위한 모든 활동을 말한다.

06 사회재난에는 에너지, 통신, 교통, 교통사고, 환경오염, 금융, 의료, 수도 등 국가기반 체계마비와 감염병, 가축전염병 확산, 미세먼지 등이 있다. (   )

에너지, 교통수송, 정보통신, 보건의료 등 국가핵심기반마비와 감염병, 가축전염병 확산, 미세먼지 등이 있다. 또한 설명문의 환경오염은 환경의 오염일 뿐이지 재난의 분류에 해당하지 않는다. '환경오염사고' 는 재난의 분류에 해당한다.

Ans. 01. (X) 02. (X) 03. (X) 04. (X) 05. (O) 06. (X)

07 긴급구조지원기관에는 소방청, 소방본부 및 소방서 등이 있다. (   )

☺ 설명문은 긴급구조지원기관이 아니고 긴급구조기관에 관한 설명이다.

08 방사능재난의 경우 권한을 행사할 수 있는 사람은 원자력안전위원회 상임위원이다. (   )

☺ 방사능재난의 경우에는 중앙방사능방재대책본부의 장이 중앙대책본부장의 권한을 행사한다.

09 재난안전상황실 설치·운영자는 행정안전부장관, 시·도지사, 시장·군수·구청장이다. (   )

☺ 재난안전상황실 필수적 설치·운영자는 행정안전부장관, 시·도지사, 시장, 군수, 구청장이다.

10 중앙통제단장은 소방청장, 시·도 긴급구조통제단장은 소방서장이 된다. (   )

☺ 중앙통제단장은 소방청장. 시·도 통제단장은 소방본부장, 시·군·구 통제단장은 소방서장이다

11 모든 재난은 행정안전부장관이 선포한다. (   )

☺ 재난은 행정안전부장관이, 특별재난은 대통령이 선포한다.

12 재난선포권자에는 행정안전부장관, 대통령 2사람이 있다. (   )

☺ 재난선포권자는 1사람이며, 대통령은 특별재난선포권자에 해당한다.

13 재난 및 안전관리 기본법에서 중앙재난안전대책본부의 심의를 거쳐 중앙대책본부장은 대통령에게 특별재난지역의 선포를 건의할 수 있다. (   )

☺ 중앙(안전관리)위원회의 심의를 거쳐 중앙대책본부장은 대통령에게 특별재난지역의 선포를 건의할 수 있다.

14 국가 또는 지방자치단체는 응급대책, 재난구호 및 복구에 필요한 행정·재정·금융·의료상의 특별지원을 할 수 있다. (   )

☺ 행정·재정·금융·의료상의 특별지원을 할 수 있다. ▸ 행재금의(* ㅎㅈㄱㅇ 하자구요, 호주가요)

Ans. 07. (X) 08. (X) 09. (O) 10. (X) 11. (X) 12. (X) 13. (X) 14. (O)

| 재난법 | 주요문제

기출

01 재난이 발생하여 현장을 통제해야 할 경우 긴급구조기관으로 옳지 않은 것은?

① 소방청 ② 해양경찰서
③ 경찰청 ④ 소방서

해설 긴급구조기관에 경찰청은 해당하지 않는다. 답 ③
[참고]
긴급구조기관 - 소방청, 소방본부, 소방서(해양재난시 해양경찰청, 지방해양경찰청, 해양경찰서)를 말한다.(재난 및 안전관리 기본법 제3조)

기출

02 긴급구조통제단 구성 및 운영할 수 있는 자로 옳은 것은?

① 소방서장, 소방본부장, 행정안전부장관
② 소방서장, 소방본부장, 소방청장
③ 시·군·구청장, 시·도지사, 행정안전부장관
④ 시·군·구청장, 시·도지사, 국무총리

해설 중앙통제단장은 소방청장이 된다. 지역통제단장에 있어서는 시·도 긴급구조통제단장은 소방본부장이 되며 시·군·구 긴급구조통제단장은 소방서장이 된다.(재난 및 안전관리 기본법 제49조~ 50조)
답 ②

기출

03 효율적인 재난관리체계를 위해 법으로 규정한 것으로서 옳지 않은 것은?

① 재난안전상황실은 소방본부에 설치할 수 없다.
② 긴급 재난 시 소방청장은 중앙통제단장이 된다.
③ 중앙대책본부장은 대통령에게 특별재난선포를 건의 할 수 있다.
④ 재난사태가 일어났을 때 중앙안전관리위원장이 재난지역을 선포할 수 있다.

해설 재난사태가 일어났을 때 행정안전부장관이 재난지역을 선포할 수 있다. (재난 및 안전관리 기본법 제36조) 답 ④

기출 소방간부후보 기출

04 재난으로 인한 피해를 최소화하기 위하여 재해의 예방, 대비, 대응, 복구에 관한 정책의 개발과 집행과정을 총칭하는 것은 무엇인가?

① 재난관리 ② 위험관리
③ 안전관리 ④ 재난관리정보
⑤ 국가재난관리

해설 재난관리란 재난의 예방, 대비, 대응 및 복구를 위한 모든 활동을 말한다.
답 ①

기출

05 행정안전부장관 · 지방자치단체의장이 재난선포지역에 할 수 있는 조치가 아닌 것은?

① 재난경보의 발령, 인력 · 장비 및 물자의 동원, 위험구역 설정, 대피명령, 응급지원 등 응급조치
② 재난 발생한 지역의 행정기관에 근무하는 공무원을 비상소집 한다.
③ 재난이 확산되지 않도록 재난예방에 필요한 조치를 한다.
④ 재난이 발생한 지역에 가서 여행하는 것을 금지 한다.

해설 행정안전부장관·지방자치단체의 장이 재난사태가 선포된 지역에 할 수 있는 조치는 해당 지역에 대한 여행 등 이동 자제 권고에 해당한다. (재난 및 안전관리 기본법 제36조) 답 ④

기출

06 다음 중 재난에 관한 내용으로 옳지 않은 것은?

① 매월 4일은 안전점검의 날이다.
② 긴급구조기관은 소방청, 소방본부, 소방서 등이다.
③ 국가안전관리기본계획수립은 행정안전부장관이 5년마다 수립한다.
④ 중앙통제단장은 소방청장이다.

해설 국가안전관리기본계획수립은 국무총리가 5년마다 수립한다. (재난 및 안전관리 기본법 시행령 제26조) 답 ③

기출 소방간부후보 기출

07 재난 및 안전관리 기본법에서 정의하는 재난으로 틀린 것은?

① 사회재난 – 화재, 붕괴, 폭발, 교통사고(항공사고, 해상사고), 화생방사고, 환경오염사고 등.
② 자연재난 – 태풍, 홍수, 호우, 강풍, 풍랑, 해일, 대설, 한파, 낙뢰, 가뭄, 폭염, 지진, 황사, 조류대발생, 조수, 화산활동, 소행성·유성체 등 자연우주물체의 추락·충돌 등.
③ 자연재난 – 에너지, 교통수송, 정보통신, 보건의료 등 국가핵심기반 마비와 감염병 및 가축전염병 확산, 미세먼지 등.
④ 해외재난 – 대한민국 영역 밖에서 정부차원의 대처가 필요한 재난.
⑤ 재난관리 – 재난의 예방, 대비, 대응 및 복구를 위한 모든 활동.

해설 사회재난 – 에너지, 교통수송, 정보통신, 보건의료 등 국가핵심기반마비와 감염병, 가축전염병 확산, 미세먼지 등. (재난법 제3조) 답 ③

자연재난	사회재난
황사, 해일, 태풍, 풍랑, 홍수, 대설, 낙뢰, 지진, 가뭄, 조류대발생, 조수, 강풍, 호우, 화산활동, 한파, 폭염, 소행성·유성체 등 자연우주물체의 추락·충돌 등(* 암기 순)	화재, 붕괴, 폭발, 교통사고(항공사고, 해상사고 포함), 화생방사고. 환경오염사고, 국가핵심기반마비(에너지, 교통수송, 정보통신, 보건의료), 감염병, 가축전염병확산,미세먼지.

► '자연재난' 단축기억: 황해태풍 홍대 낙지가 조조강 호화 한폭 우주(* 연상: 황해에 태풍 불어 홍대 낙지가 조조강을 건너서 호화스런 한폭의 우주 세계로) / ► '사회재난' 단축기억: 화붕폭 5사고+국가(에교정보)가 감미.

| 한눈 목차 | 주요 내용

- **1 소방의 발전과정** (소방역사)
  - (1) 삼국시대 (2) 통일신라시대 (3) 고려시대
  - (4) 조선시대1 → 세종8년 병조에 금화도감(최초 소방관서)
  - (5) 조선시대2 → "소방" 용어 처음 사용(갑오경장 이후)
  - (6) 일제강점기 → 1925년 (경성) 최초 소방서
  - (7) 미군정시기 → 최초 독립된 자치소방
  - (8) 정부수립 이후(국가 소방)1 → 1958년 소방법 제정
  - (9) 정부수립 이후(국가+자치)2 → 이원적 소방
  - (10) 시도자치소방1 → 1992~2020년 광역체제정착기
  - (11) 시도자치소방2 - 소방방재청→ 국민안전처→ 소방청

- **2 소방행정**
  - 1 소방조직 — • 소방행정의 특수성 - 긴계규전신위헌결가
  - 2 소방행정이론
    - (1) 행정행위 - 작위·부작위·수인·급부하명
    - (2) 행정강제 - 직접강제 / 즉시강제(O)
    - (3) 행정지도 - 권고행위
  - 3 민간조직 — • 의용소방대 → 그 지역 주민, 비상근, 65세, 지방조직

- **3 소방공무원**
  - 1 소방공무원
    - (1) 소방공무원법 목적
    - (2) 임용령 용어 : 임용/복직/필수보직기관/소방기관(청국시중중지소서)
    - (3) 계급 : 사·교·장 / 위·경·령·정 / 준감·감·정감·총감(청장)
  - 2 소방임용
    - (1) 시험실시(시험실시권, 신규채용)
    - (2) 소방모집(시험실시기관, 부정행위자)
    - (3) 소방선발(임용권자)
      - ① 소방령 이상 → 대통령
      - ② 소방경 이하 → 소방청장
      - ③ 위임 시 → 시·도지사
  - 3 소방인사 및 승진 — (1) 인사위원회 / (2) 보직관리 / (3) 승진 → (최저근무: 1111223)
  - 4 징계 및 평정
    - (1) 중징계(파면·해임·강등·정직)
    - (2) 경징계(감봉·견책)

- **4 재 난**
  - 1 재해의 분류 — • 존스와 아네스 / • 하인리히(유·개·불안) 및 프랭크버드(제·기·직·사)
  - 2 재난관리 — • 예방(위험지도작성, 점검) / • 대비(구축) / • 대응(가동) / • 복구(지원)
  - 3 용어의 뜻 — • 자연재난 / 사회재난 / 긴급구조기관(청·본·서, 해·지·해) 등
  - 4 중앙안전관리위원회(심의기관) — • 국무총리 → 조정위원회(행장관) → 실무위원회(재난본부장)
  - 5 중앙재난안전대책본부 (수습기관) – • 행정안전부장관 / 해외(외교부장관) / 방사능(〃 대책본부장)
  - 6 긴급구조통제단장
    - (1) 중앙 통제단장 - 소방청장
    - (2) 지역 통제단장 - 소방본부장 / 소방서장
  - ❶ 재난의 책임별 분류
    - ① 대통령→ 특별재난 선포자
    - ② 국무총리→ 중앙위원장
    - ③ 행장관→ 재난상황실+다수업무
    - ④ 시·도지사→ 재난상황실운영자
    - ⑤ 시·군·구청장→ 〃
    - ⑥ 소방청장→ 중앙긴급통제단장
    - ⑦ 소방본부장→ 시·도 통제단장
    - ⑧ 소방서장→ 시·군·구 통제단장
  - ❷ 긴급구조현장 지휘 규칙
    - (1) 통제단
    - (2) 긴급구조지휘대
    - (3) 현장응급의료소

| 1편 학습 | 소방조직, 재난관리 이야기

1편 소방조직, 재난의 분석

제1장 "소방의 발전과정"은 한국사 한 부분의 소방역사로서 소방학 시작 이론이다.

제2장 "소방행정론" 제1절 소방행정이론은 기본 이론으로 소방행정의 특수성, 소방조직, 공무원 용어, 민간조직 등 심화이론은 요하지 않는다.

제2절 "소방공무원법"은 소방관 승진시험의 한 과목이지만 고등학교 또는 대학교 소방학과나 예비소방관들에게는 소방관의 임용이나 징계 등 쉬운 부분에서 기초적 법령을 알리는 이론이다.

제3장 "재난관리"에서 중요한 "재난 및 안전관리 기본법"의 기본적인 이론을 중심으로, 재난의 용어와 중앙안전관리위원회(중앙위원회), 중앙재난안전대책본부(중앙재난대책본부), 긴급구조통제단의 3파트의 구성과 예방, 대비, 대응, 복구의 이론으로 법령이 나누어져 있다. 본서는 약 20페이지의 기초적인 이론 으로 편집되어 있다. (* p66~67의 구성을 먼저 이해하도록 한다)

소 · 방 · 학 · 개 · 론

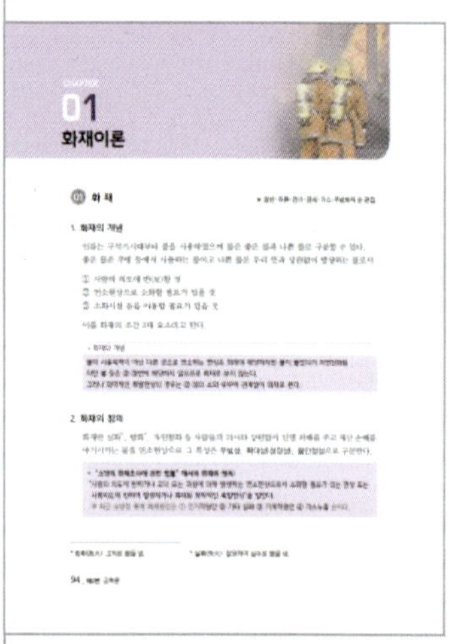
CHAPTER
01
화재이론

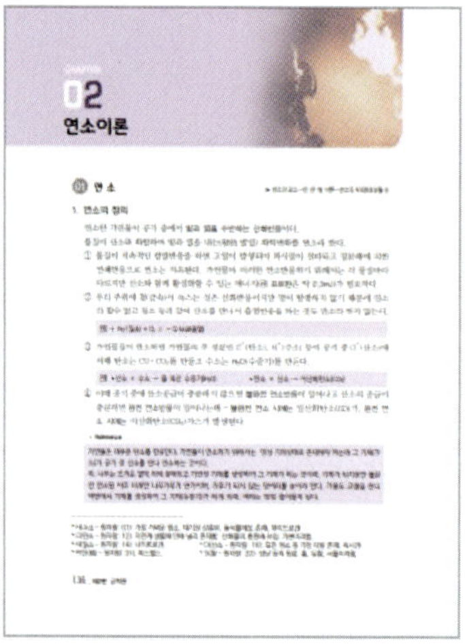
CHAPTER
02
연소이론

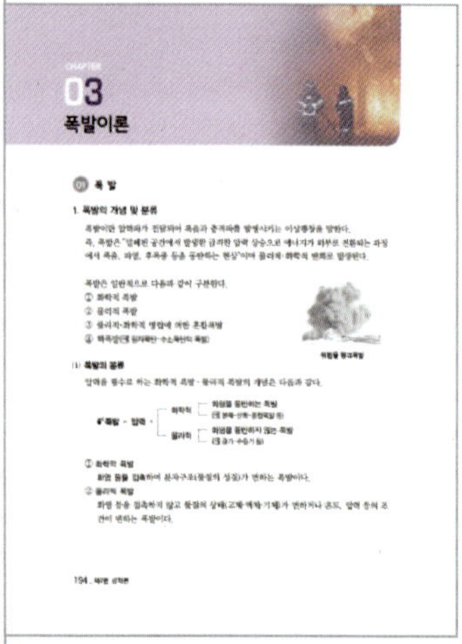
CHAPTER
03
폭발이론

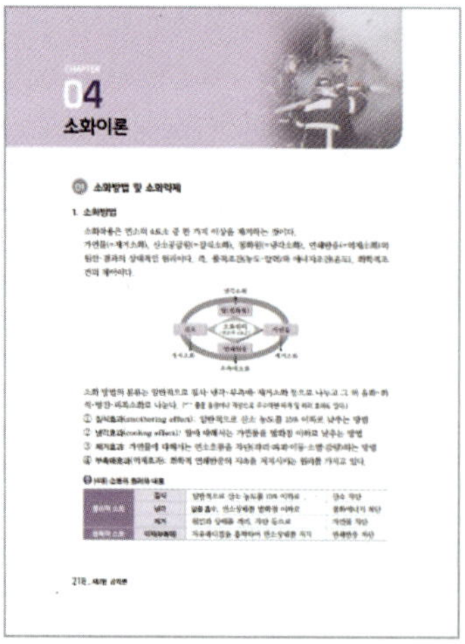
CHAPTER
04
소화이론

P/A/R/T

02

공학론

CHAPTER 01 화재이론

CHAPTER 02 연소이론

CHAPTER 03 폭발이론

CHAPTER 04 소화이론

CHAPTER

01 화재이론

01 화 재

▶ 일반·유류·전기·금속·가스·주방화재 순 편집.

1. 화재의 개념

인류는 구석기시대부터 불을 사용하였으며 불은 좋은 불과 나쁜 불로 구분할 수 있다. 좋은 불은 주방 등에서 사용하는 불이고 나쁜 불은 우리 뜻과 상관없이 발생하는 불로서

① 사람의 의도에 반(反)할 것
② 연소현상으로 소화할 필요가 있을 것
③ 소화시설 등을 이용할 필요가 있을 것

이를 화재의 조건 3대 요소라고 한다.

▸ 화재의 개념

불의 사용목적이 아닌 다른 곳으로 연소하는 현상은 화재에 해당하지만 불이 붙었다가 자연진화된 약한 불 등은 ② ③번에 해당하지 않으므로 화재로 보지 않는다.
그러나 화학적인 폭발현상의 경우는 ② ③의 소화 유무에 관계없이 화재로 본다.

2. 화재의 정의

화재란 실화*, 방화*, 자연발화 등 사람들의 의사와 상관없이 인명 피해를 주고 재산 손해를 야기시키는 물질 연소현상으로 그 특성은 **우발성, 확대성(성장성), 불안정성**으로 구분한다.

- **"소방의 화재조사에 관한 법률" 에서의 화재의 정의:**

"사람의 의도에 반하거나 고의 또는 과실에 의해 발생하는 연소현상으로서 소화할 필요가 있는 현상 또는 사람의도에 반하여 발생하거나 확대된 화학적인 폭발현상"을 말한다.

※ 최근 소방청 통계 화재원인은 ① 전기적원인 ② 기타 실화 ③ 기계적원인 ④ 가스누출 순이다.

---

* 방화(放火): 고의로 불을 냄.
* 실화(失火): 잘못하여 실수로 불을 냄.

02 화재의 분류

화재의 분류는 "처종에 의한 화재"(예 건축물, 임야)와 "급수에 따른 화재" 등이 있다.
급수에 따른 화재는 물질의 **종류**와 **성상**(性狀)*에 따라 정한다.
급수는 나라별로 차이가 있지만, **한국**에서는 B급을 E급과 같이 묶어 "유류 및 가스화재"로 분류하고 있으며, 세계적으로는 다음과 같이 분류하고 있다.

급수에 따른 화재의 분류

급 수	종 류	표시색상	내 용
A급	일반화재	백 색	목재, 섬유, 고무, 합성수지 등
B급	유류화재	황 색	제4류 위험물, 기름성분(예 휘발유, 고체파라핀)
C급	전기화재	청 색	전기가 통하는 상태에서 전기설비의 화재
D급	금속화재	무 색	칼륨, 나트륨, 마그네슘 등의 가연성 금속분* 화재
E급	가스화재	황 색	LNG*, LPG*, 도시가스* 등의 화재(※ 국내: B급)
K급	주방화재	무 색	주방(K)에서 동식물유를 취급하는 조리기구에서의 화재

▸ 보충

- A급: 황(S) 성분 등으로 재를 남기며, B급은 재를 남기지 않는다.
- B급: 석유, 타르, 그리스, 솔벤트, 래커(퍼티), 송진, 고무풀 등 오일성분.
- C급: 전기다리미 창고의 불은 A급, 전기다리미질을 하다 불나면 C급화재.
- D급: 가연성 가스 발생 등으로 물로 끌수 없고 모래, **팽창질석 등으로 끈다.**
- E급: 국내에서는 B급으로도 본다.(* 소화적응 표시색상도 B급, E급은 같다.)
- K급: 식용유 요리 중 휴식 약 10분 정도면 식용유는 365℃ 되며 저절로 발화된다.

소화기 적응성에 대한 색상 (*^^ 소화기구 및 자동소화장치 화재안전기준 101 참고)

1. 일반 화재용은 백색의 원형 안에 흑색문자로 "A(일반)"
2. 유류 화재용은 황색의 원형 안에 흑색문자로 "B(유류)"
3. 전기 화재용은 청색의 원형 안에 백색문자로 "C(전기)"

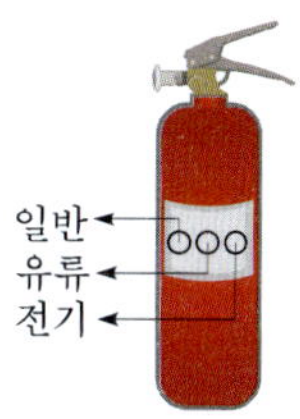

* 성상: 사물의 성질과 상태. * 금속분: 금속가루. * 유류(油類): 기름종류의 총칭
* LNG(액화천연가스): 석유가 들어있는 지층에서 나온 공기보다 가벼운 가스. 메탄이 주성분.
* LPG(액화석유가스): 석유성분 속의 탄화수소가스를 압축・냉각하여 액화시킴. 프로판, 부탄이 주성분.
* 도시가스: 가스관을 부설하여 연료용으로 공급되는 가스. 주로 메탄이 주성분으로 이용되고 있다.

1. 일반화재(A급)의 성상*

1) 실내 화재

일반화재는 A급 화재로서 실내화재를 학습한다.
이론에서는 실외화재(예 쓰레기불) 등은 다루지 않는다.
즉, 일반적인 화재 등의 특징과 또한 비정상적인 현상들에 대한 이론을 학습을 하도록 한다.
일반(A급)화재는 유류(B급)화재와 달리 탄소, 수소 외의 황 등의 물질이 있어 연소 후에는 대부분 재를 남긴다.
화재는 발화기* → 성장기 → (롤오버* → 플래시오버*) → 최성기 → 감쇠기 순으로 진행된다.

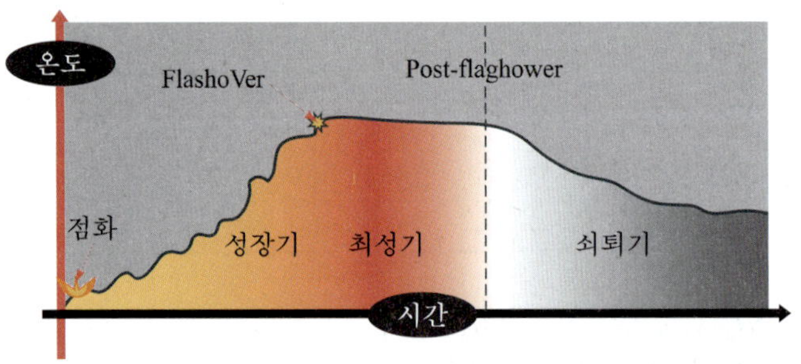

실내화재의 진행단계

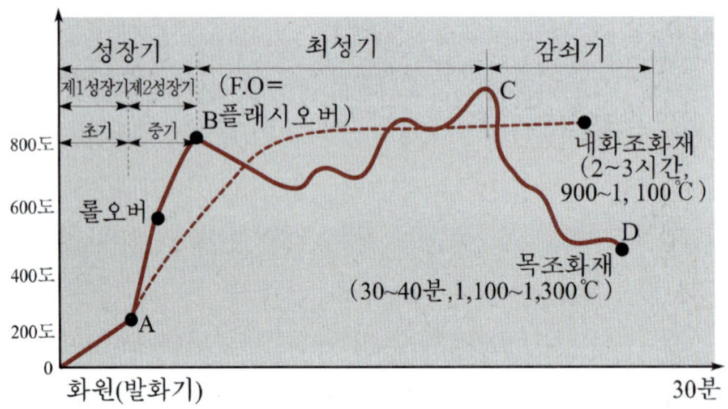

실내화재의 상태도

---

* 발화기: 불이 난 시기(화원에 해당됨)
* 내화조: 철근콘크리트 등 화재에 견딜 수 있는 구조. 내화구조
* 롤오버: 화재 중기에 적은양의 가스가 천장을 구르면서 (불길과 함께) 밖으로 빠져나가는 현상.
* 플래시오버(F.O): 화재 생성물인 연소가스, 불꽃, 열, 연기 중 열이 천장에서부터 반사되어, 바닥의 가연물을 뜨겁게 분해시키면 그 분해된 가스가 불이 붙어 카메라 플래시를 터트리는 것처럼 불길이 실내를 전체를 순식간에 덮는 현상.

실내화재의 단계를 살펴보면 다음과 같다.

① 화원(O)

가연물이 공기 중 산소와 반응하여 빛과 열을 내는 초기 시작의 단계이다.

② 성장기(O~B)

㉠ 1성장기(O~A): 초기 발화기 단계이며 화염이 크지 않고 백색 연기가 나온다.

> 연기: 백색(초기의 발화 단계) → 흑색(플래시오버가 일어나는 중기) → 백색(말기)

㉡ 2성장기(A~B): 중기상태이다.

ⓐ 롤오버 및 F.O 발생시기이며 개구부에 진한 흑색 연기가 분출한다.

ⓑ 연기의 속도는 3~4m/s로 빨라지며 화재의 상황변화가 다양하다.

ⓒ 플래시오버(순간 연소)가 발생할 수 있는 최성기 직전의 상태이다.

ⓓ 화염이 순간적으로 번지는 F.O가 발생하면 바로 최성기가 된다.

③ 최성기(B~C)

F.O 현상이 진행되면 실내의 연기 양은 적어지고 화염의 분출은 강해지며 온도가 최고에 이르러 천장, 유리 등이 녹고 무너져 내려앉는 단계이다.

이후 산소가 소진되고 다량의 불완전가스가 발생하며 창문 등으로 물질이 흘러내린다.

㉠ F.O 직후로서, 가장 격렬한 시기이며 다량의 연소가스와 복사열을 생성한다.

㉡ 발산되는 연소가스와 열은 구획실 환기(배연)구의 수와 크기에 영향을 미친다.

㉢ 구획실 연소는 산소 공급이 잘 되지 않아 다량의 불완전 연소가스가 생성된다.

㉣ 불완전 연소가스는 주위 공간이나 구획실로 흘러가서 산소를 만나면 발화된다.

㉤ 최성기는 산소가 매우 적지만 찬공기 공급이 없어도 실온도가 높아 불꽃연소이다.

④ 감퇴기(C~D)

화세(화재의 세력)가 부분적으로 소멸되고, 연기 발생도 거의 정지단계이다.

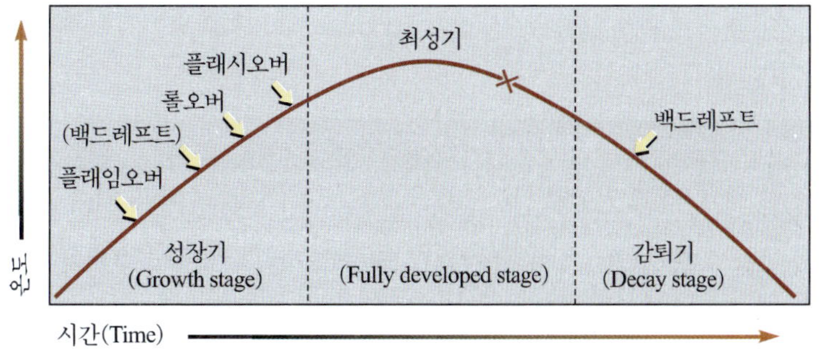

이상현상의 단계별 분류

(1) 관련 용어

플래시오버 외 실내 화재의 관련 용어를 살펴보면 다음과 같다.

① 훈소(Smoldering) : 주로 화재 초기 거의 밀폐된 구조의 산소가 부족한 상태에서 가연성 고체에서 분해하며 일어나는 그을름의 불씨연소를 말한다.

▸ 훈소

㉠ 고체의 가연물이 불꽃 없이 약한 불기운이나 열기만으로 타 들어가는 연소현상이다.
㉡ 연소에 필요한 산소공급이 불충분해서 연소가 느리게 진행되거나 거의 정지 상태로 가연물이 응축*의 액체미립자인 분해생성물만 생성하는 것 등을 말한다.
㉢ 외부에서 공기가 갑자기 유입되면 급격한 연소가 일어날 수 있는 상태이며 실내 화재 시 플래시오버로 진행될 수 있고 백드래프트 전 단계 연소를 나타내기도 한다.

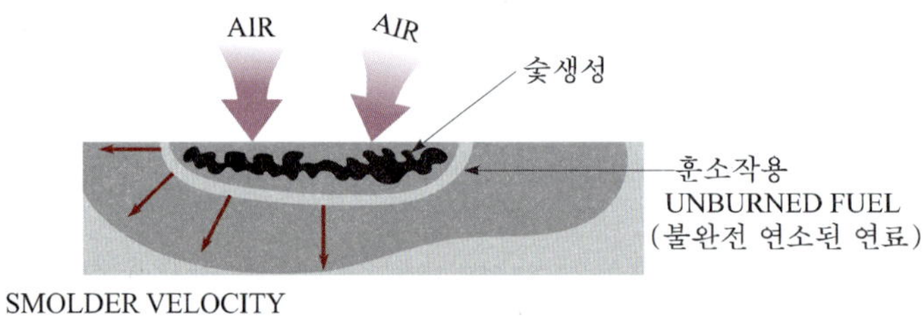

훈소의 진행

② 플레임 오버(Flame over) : 주로 롤오버 이전에 복도 등에서 벽, 바닥 표면의 가연물에 화염이 급속히 확산되는 현상을 말한다.

③ 롤오버(Roll over) : 롤오버는 플래시오버 전 단계로 화재 초기에 발생된 뜨거운 가연성 가스가 천장 부근에 축적되어 있다가 화재 중기에 이르면 실내 공기의 압력차이로 가연성 가스가 천장을 산발적으로 구르다가 화재가 발생하지 않은 복도 쪽으로 빠르게 굴러가는 현상이다. 즉 실내 상층부 천장쪽의 높은 압력이 복도 등의 낮은 압력쪽으로 이동과 발화현상이다.

롤오버와 플래시오버의 비교

구 분	롤오버(R/O) ↝	플래시오버(F/O) ↷
복사열	상대적으로 약하다.	열(* 주원인: 복사열)이 강하다
확산매개	상층의 초고온 증기(가연성 가스)의 발화.	복사열이 천장에 반사되어 가연물이 분해.
확대영역	화염 선단*부분이 주변공간으로 확대된다.	분해된 가스가 갑자기 실내 전체로 확대.
실내현상	가스가 천장을 구르며 밖으로 빠져나감.	전실, 모든 가연물의 순간적 동시 발화.

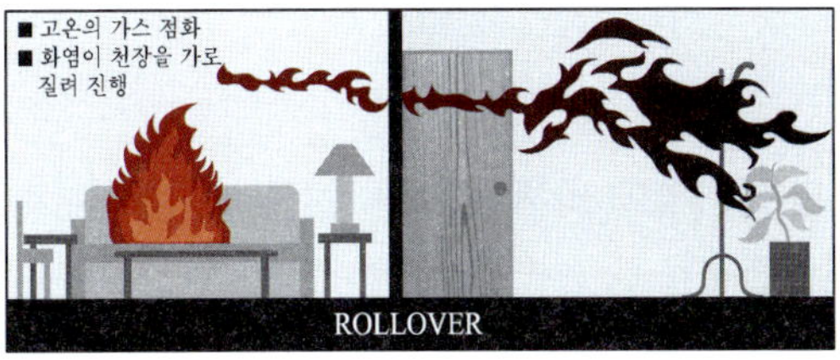

롤오버의 상태도

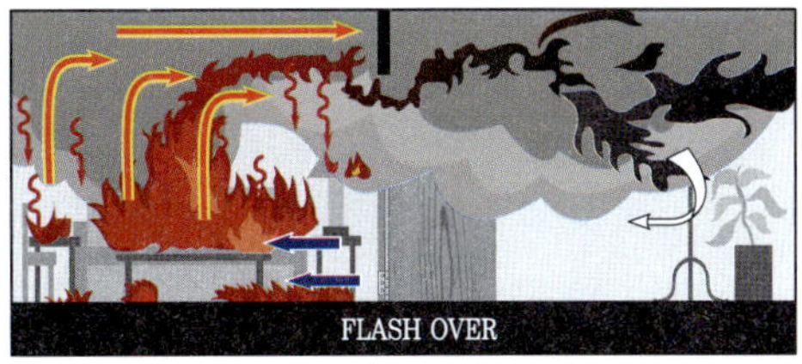

플래시오버의 상태도

④ 화재플럼(Flre plume) : 화재 초기의 부력에 의한 화염 기둥의 열기류이다.

⑤ 천장제트흐름(Ceiling jet flow) : 화재플럼의 부력으로 발생하며 고온의 연소생성물이 상승하여 천장면 아래 얇은 층을 형성하는 비교적 빠른(jet) 속도의 가스 흐름이다.

▸ 천장제트흐름(Ceiling jet flow)

㉠ 화재초기 화재플럼의 부력으로 천장면을 급히 오른다.(* 연기는 단층을 형성)
㉡ 영향조건은 화원의 위치, 화원의 크기, 화원에서 천장높이의 영향을 받는다.
㉢ 스프링클러 헤드나 화재 감지기는 이 현상 영향 유효범위 내에서 설치한다.

(2) 화재진행에 영향을 미치는 요인들

화재가 처음 발화해서 마지막 시기로 쇠퇴할 때까지 실내 구획실* 화재의 성상(성질과 상태)과 진행단계에 몇 가지 요인들이 영향을 미친다.

화재가 진행되기 위해서는, 발화기가 지난 뒤에 연소가 지속될 수 있도록 충분한 공기(산소)가 있어야 한다.

화재진행에 영향을 미치는 요인들은 다음과 같다.

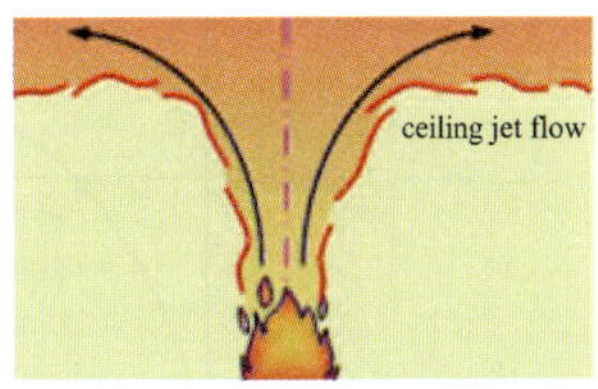

① 배연구(환기구)의 크기, 개수 및 위치
② 구획실의 크기
③ 구획실을 둘러싸고 있는 물질들의 열 특성
④ 구획실의 천장 높이
⑤ 최초 발화되는 가연물의 크기, 합성물 및 위치
⑥ 추가적 가연물의 이용가능성 및 위치

구획실 크기, 형태, 천장높이는 많은 양의 뜨거운 가스층이 형성될 수 있는지 결정한다.

---

* 응축: 기체 → 액체(연소 시 불꽃이 없는 불완전한 불씨연소에서 온도가 높지 않아 저온으로 액화되는 현상)
* 선단: 앞쪽 끝부분 , 어느 한부분   * 구획실: 막혀있는 폐쇄된 공간(* 산소는 존재)
* 플래임오버 및 롤오버는 화염이 아직 불이 붙지 않은 가스층을 통과하거나 수평이동 현상이다.

(3) 플래시오버(flash over)

① 정의 및 진행과정

실내 화재 시 천장에서 반사되는 고온의 복사열에 의해 바닥의 모든 가연물이 분해되면서 많은 가연성 가스 발생과 동시에 실 전체가 순간 연소가 확대되는 현상이다.

즉, 천장에 복사된 열과 가스가 축적되면 ㉠ **복사열이 주 원인**이 되어 어느 순간 바닥면 위에 실내장식물의 분해된 가연성 가스와 공기 중 산소가 혼합해서 일시에 화염이 확대되는 ㉡ **순간적인 연소확대현상 또는 폭발적인 착화현상**이라 한다.

- 이러한 비정상연소인 F.O(플래시오버)는 실의 내장재 및 물품 등이 화염이 옮겨 붙고 그 불길이 성장하면서 실내의 일정 공간 안에 가연성 가스가 축적되었을 때 그 가스와 함께 폭발적으로 전실(실내 전체)이 불꽃에 휩싸이는 화재로써 주로 고층건축물에서 발생된다.
- 이는 거의 밀폐된 상태에서 실내 전체로 출화한 ㉢ **전실화재**로서 ㉣ **자유연소**(불꽃연소) **상태에서 천장류 등 복사열과 함께 화재가 확대되어 실내가 화염에 휩싸인다.**
  또한 ㉤ **성장기에서 최성기로 변화하는** 플래시오버(성장기 → F.O → 최성기)는 일반적으로 목조건축물은 빠르면 출화 후 5분, 내화조 건축물은 15분이면 발생될 수 있으며 ㉥ 연소는 「가연재료 → 난연재료 → 준불연재료」의 순으로 발생한다. ㉦ **연기층 가스 온도는** 약 500℃~600℃(목조화재 800℃~900℃)가 된다.

> 화재 시 위로 복사된 열이 천장에서 반사 → 바닥의 물품이 분해되면서 가연성 가스 발생 → 그 가스와 함께 전실이 화염에 휩싸이는 순발연소이며, 폭발은 아니다.
> (*^^ 결과는 바닥 가연물의 분해된 가스확산 화재, 원인은 천장에서 반사된 복사열.)

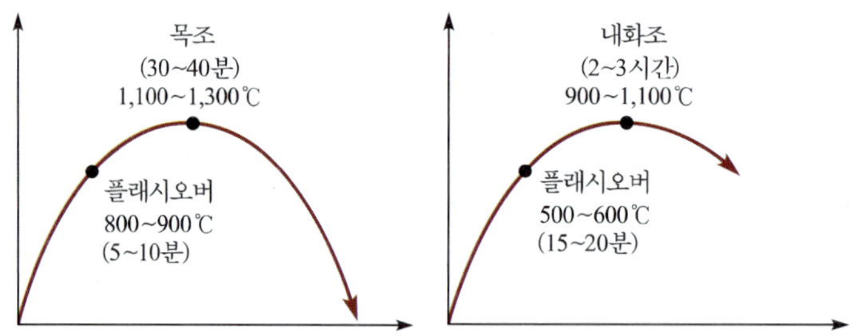

플래시오버 온도와 최성기 온도

▸ **F.O 진행과정**

> ㉠ 화재 초기에 국부적으로 열분해된 가연성 가스가 천장 근처에 모인다.
> ㉡ 축적된 복사열을 천장에서 바닥 가연물에 전달(↷↓), 가연성 가스를 더욱 생성한다.
> ㉢ 어느 순간 갑자기 착화현상과 함께 전실에 화염이 휩싸인다.(국부화재⋯› 전실화재)
> ※ 화재⋯› 열분해 ⋯› 천장축적⋯› 복사열 ⋯› F/O (* F/O 직전은 자유연소, F/O 직후는 최성기)

② F.O의 징후

F.O 현상이란 복사나 대류 또는 이 두 가지의 결합에 의해 발화되는 것을 말하며, 실내 전체와 가연물이 발화온도까지 가열되어 실내가 순간적으로 화재로 뒤덮인 현상이며 그 징후(직전)는 다음과 같다.

㉠ 실내가 자유(불꽃)연소의 단계와 과도하게 열이 축적되어 있는 경우

㉡ 뜨거운 열기가 느껴지면서 농연(두텁고 진한 연기)이 아래로 쌓이는 경우

㉢ 열기 때문에 소방대원이 낮은 자세로 진입할 수밖에 없는 경우

③ F.O 현상의 영향조건

㉠ 화원의 크기: 화원이 크면 화재발생 시간과 진행속도가 빠르다.

㉡ 내장재의 종류: 실내부에 수납된 가연물의 성질과 양을 말하며 벽재료보다 천장재료가 발생 시간에 더 큰 영향을 미친다.

㉢ 개구부의 조건: 개구부*가 크면 발생이 빠르다.(시기·조건에 따라서 다를 수 있다.)

▸ 개구율에 따른 F.O

개구율이 1/3~1/2 이면 F/O가 가장 빠르고, 개구율이 1/16에 미치지 못하면 F/O가 발생되지 않는다.

④ F.O 방지대책

㉠ 개구부를 적당히 제한하는 방법(개구부가 크거나 너무 작을 때)

㉡ 가연물의 양을 제한

㉢ 화원을 억제

㉣ 내장재*(천장 등) 불연화 등이 있다.

(*^^ ㉠ 개구부가 너무 크면 열 손실되며, 너무 작으면 산소 부족으로 F/O가 불가능하다.)

⑤ F.O 전이의 지연대책

실내 공간 전체에 F.O의 전이를 지연시키거나 저지하기 위한 방법은 다음과 같다.

㉠ 배연 지연법(환기로 열을 외부로 방출)

㉡ 냉각 지연법(방수로 열을 흡수하여 열을 감소)

㉢ 공기차단 지연법(공기감소로 연소속도를 저지시켜 열을 낮춤)

플래시오버의 원리

* 개구부: 통풍·채광·환기·출입구(문틈x). * 내장재: 실내장식물과 마감 재료 * 전이: 옮김 * 전실: 실내전체

(4) 연료지배형 화재 및 환기지배형 화재

구획된 건물(compartment)의 화재현상에 따라 연료지배형 화재와 환기지배형 화재로 나눈다.

일반적으로 F.O 이전의 화재는 연료지배 화재라고 하며 F.O 이후는 환기지배 화재라고 한다.

① 연료지배형 화재(환기 양호)

화재 초기에는 화세가 약하기 때문에 상대적으로 산소공급이 원활하여 실내 가연물에 의해 지배되는 연료지배형의 연소형태를 갖는다.

② 환기지배형 화재(환기 불량) (* 환기가 잘되고 안되고가 아닌, 잘 되지 않는 것을 뜻한다.)

F.O(Flash Over)에 이르면 실내온도가 급격히 상승하여 가연물의 분해 속도가 촉진되고 화세가 더욱 강해지면서 산소량이 급격히 적어지게 된다. 이때 환기가 잘 되지 않아 연료지배형 화재에서 환기지배형 화재로 바뀐다.

연료지배형과 환기지배형화재의 비교

구 분	연료지배형 화재(환기정상)	환기지배형 화재(환기비정상)
① 지배요인	환기가 정상인 상태에서 연료를 비교함. (* 환기정상인 이론을 말한다.)	연료가 정상인 상태에서 환기 잘 안됨. (* 환기비정상인 이론을 말한다.)
② 발생장소	개방된 공간(목조건물, 큰 창문)	밀폐된 공간(내화구조, 지하층·무창층)
③ 산소량	상대적으로 산소공급 원활함	화세가 강하여 산소가 소진되어 부족함
④ 발생시기	F/O 이전, 성장기(온도가 낮다)	F/O 이후, 최성기(온도가 높다)
⑤ 화재가혹도	작다(내부 신선한 공기 존재), 자유연소	크다(내부 다량의 가스 존재), B/D주의
⑥ 연소속도, 연소시간	연소속도는 빠르고 연소시간은 짧다. (* 환기가 잘 된다. 예 불꽃연소)	연소속도는 느리고 연소시간은 길다. (* 환기가 잘 되지 않는다. 예 불씨연소)
⑦ $A\sqrt{H}$	환기요소($A\sqrt{H}$)에 지배를 받지 않음	환기요소($A\sqrt{H}$)에 지배를 받음
⑧ $A\sqrt{H}$ 식	• $A\sqrt{H}$(환기요소) 내용과 인자관계. - 개구부가 크면 불이 빨리 타서 지속시간이 짧다. - 개구부가 작으면 지속시간은 길다. * 용어: 루트(= 제곱근) • 온도인자: $\frac{A\sqrt{H}}{At}$ A: 개구부 면적 H: 개구부 높이 At: 실내의 전표면적 • 지속시간인자(F): $\frac{A_F}{A\sqrt{H}}$ (* 바닥환기) A_F: 바닥면적	
⑨ 환기관계	$A\sqrt{H}$는 개구부 면적에 비례하고 개구부 높이의 루트(제곱근)에 비례한다.	
⑩ 환기요소	$A\sqrt{H}$는 환기요소가 크면 온도에 비례하고 지속시간에 반비례한다.	

■ 환기요소 $A\sqrt{H}$ = 개구부 면적에는 정비례하나, 높이는 조금 영향이 있으니 루트 비례한다.

02 예제 **다음 중 구획된 건물에서 발생한 일반적인 화재현상으로 가장 옳지 않은 것은?**

① 연료지배형 화재는 환기지배형 화재보다 연소생성가스가 더 적다.
② 연료지배형 화재는 환기지배형 화재보다 폭발성과 역화현상이 작다.
③ 환기지배형 화재는 연료지배형 화재보다 연소가스가 더 많이 생성된다.
④ 환기지배형 화재는 실의 공기부족으로 화염이 외부로 분출되지 않는다.

해설 환기지배형 화재는 환기요소에 영향을 받아 실의 공기부족으로 화염이 외부로 분출한다. 답 ④

03 예제 **연료지배형화재와 환기지배형화재에 대한 일반적인 설명으로 옳지 않은 것은?**

① 연료지배형화재는 큰 창문이나 개방된 공간으로 공기공급이 원활한 화재이다.
② 환기지배형화재는 불완전연소가 심하고 지하층이나 무창층에서 발생하기 쉽다.
③ 화재 시 연료지배형화재 - 열대류 - 열복사 - 환기지배형화재 순으로 변화된다.
④ F/O 이전에는 환기지배형화재, F/O 이후에는 연료지배형화재의 형태를 갖는다.

해설 플래시오버 이전에는 연료지배형화재가, 이후에는 환기지배형화재가 지배적이다. 답 ④
➲ 연료지배형 화재 ➟ F.O ➟ 환기지배형 화재→ 감쇠기(연료지배형화재로 다시 전환)

04 예제 **환기지배형 화재가 발생하면 발생된 열량은 구획된 거실의 재료에 따른 차이는 거의 없고 공기의 유입량에 비례한다. 환기지배형 화재가 발생했을 때 온도인자에 대한 환기 매개변수의 설명으로 옳은 것은?** 소방간부후보

① 개구부 면적에 비례하고 개구부 높이의 평방근에 비례한다.
② 개구부 면적의 평방근에 비례하고 개구부 높이에 반비례한다.
③ 개구부 면적의 제곱에 비례하고 개구부 높이의 제곱에 반비례한다.
④ 개구부 면적에 반비례하고 개구부 높이의 평방근에 반비례한다.
⑤ 개구부 면적에 비례하고 개구부 높이의 제곱에 반비례한다.

해설 개구부 면적에 비례하고 개구부 높이의 평방근(제곱근)에 비례한다. 답 ①
※ 온도인자: $\frac{A\sqrt{H}}{At}$ (A: 개구부 면적, H: 개구부 높이, At: 실내 전표면적)

(5) **목조건축물**(예 한옥건물, 통나무집)

① 목재의 성분

목재를 구성하는 주성분은 셀룰로오즈*·리그닌[C6H10O5X]*등으로서 탄소(C), 수소(H), 산소(O)가 지속적인 연소를 일으켜 화재를 발생한다. 그러므로 목재가 탈 때는 일산화탄소(CO), 이산화탄소(CO_2), 수증기(H_2O)가 생성되고 적은 양의 질소(N), 인(P), 유황(S), 수소, 아세틸렌, **시안화수소**(HCN) 등의 인체에 해로운 유독성 가스도 생성하게 된다.

② 목재의 연소

나무류는 가열이 되면 수분을 잃어서 탄화되다가 일정한 온도 이상이 되면 발화되어 연소가 시작된다. 목재는 금속에 비해서 **열전도율이 낮아** 빨리 연소된다.

열전도율이란 물체 내에서 열이 전도하는 정도를 나타내는 수치, 즉 물체에 흡수된 열이 그 물체의 내부를 흘러가는 정도를 나타내는 것을 말한다.

예를 들어 작고 얇은 가연물이 두텁고 큰 가연물보다 더 잘 탈 수 있는 이유는 물질을 작게 부수면 공기(산소)와 접촉하는 표면적은 커지고 입자표면의 열 방출은 작아서 열전도가 낮기 때문이다. (*^^ 열전도도가 낮다 = 열이 잘 이동하지 않고 한 곳에 축적되기 쉽다.)

목재 표면의 연소흔은 균열흔, **훈소흔**(燻燒痕) 등이 있고, 목재의 연소에 영향을 주는 인자는 목재의 비표면적*, 수분 함유량, 공기와의 접촉(산소공급), 온도, 비열 등이며 연소상태는 다음과 같다.

목재 형태에 따른 연소 상태

구분	빠르다	느리다
크기	작고 얇은 것	두텁고 큰 것
모양	각(角)이 있는 것	둥근 것
표면	거친 것	매끄러운 것
색상	흑색(본디 흑색의 나무)	백색

목재는 수분 함유량이 15% 초과하게 되면 고온에 장시간 접촉해도 착화가 잘 안 된다. 그러나 반 이상의 수분을 함유한 목재라도 이미 연소되고 있는 부분의 목재로부터 활성화에너지를 공급받으면 내부에 산소가 포함되어 있으므로 연소가 계속 진행될 수 있다. 진행단계는 「**물질 내 수분 → 수분증발 → 열분해 → 연소**」의 단계로 이루어진다.

> 목재의 진행단계: 물질 내 수분 → 수분 증발 → 열분해 → 발생된 가연성 가스 연소.

---

* 셀룰로오즈(cellulose): 식물세포막 및 섬유소의 주성분. 목화는 95%, 나무는 45% 정도를 포함함. 섬유소

* 리그닌: 식물의 도관 섬유 등 세포막에 쌓이는 물질

* 비표면적: 비교한 표면적

목재의 구체적 연소단계

목재가열 → 수분증발 (기화) 100~160℃ → 목재분해 200~270℃ → 탄화종료 (무염착화) 300℃~350℃ → 목재의 연소 (발염착화) 410℃~480℃

(* 100℃에서 기화되고, 약 300℃에서 탄화 · 기체를 생성하며, 그 기체가 약 400℃에서 불꽃연소를 한다.)

③ 목조건축물의 특성

일반 목조건축물의 지붕 속, 천장, 벽 등에 불이 착화한 후 최성기까지 도달하는데 소요되는 시간은 재질과 풍속에 따라 다르지만 거의 무풍상태에서 5~15분 정도, 맹화*에서 연소 낙하까지는 6~19분이 소요된다. 화재의 진행시간은 30~40분 정도이고 최성기 때 온도가 최고점에 이르는데 약 1,100~1,300℃ 로 내화구조 화재에 비해 고온 단기형이다.

▸ 목조건축물 화재

1. 발화에서 최성기까지의 소요시간: 5~15분
2. 최성기에서 연소낙하까지 소요시간: 6~19분

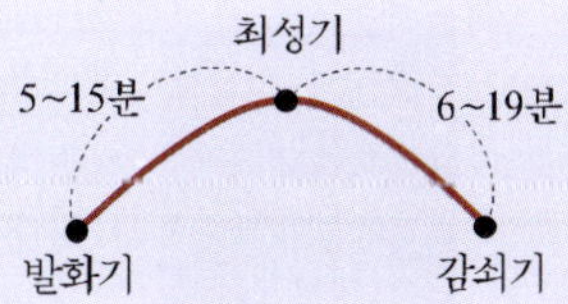

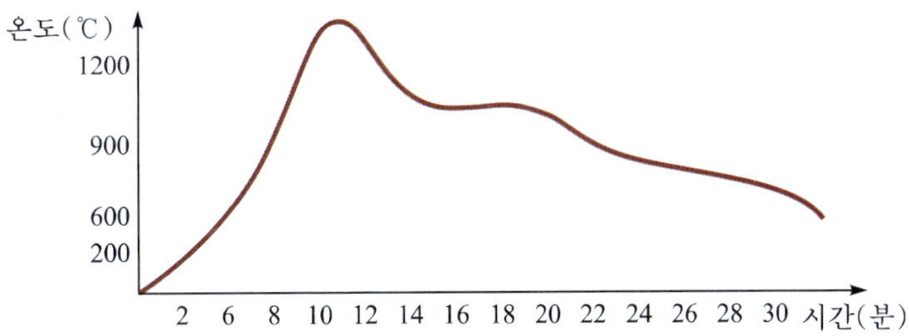

목조건축물의 온도와 시간표준곡선

목조건축물과 내화구조건축물의 상대적 비교특성

종류 \ 구분	최고온도	진행시간	특징(비교)
목재구조(목조)	1100~1300℃	30~40분	고온 단기형
내화구조(내화조)	900~1100℃	2~3시간	저온 장기형

특징 중 내화조건축물은 900~1,100℃ 로서 그 진행과정은 "고온장기"에 해당하지만.
목조건축물에 비교해서는 (200℃ 낮은) "저온 장기형"에 해당된다.

* 맹화: 맹렬하게 붙는 불로서 화재의 최성기에 해당됨.

④ 목조건축물의 화재진행 과정

화재 발화(출화)를 기준으로 화재전기를 초기화재, 화재후기를 본격화재라 한다. 그 기준으로 한 목조건축물의 진행과정은 다음과 같다.

목조건축물의 화재진행 과정

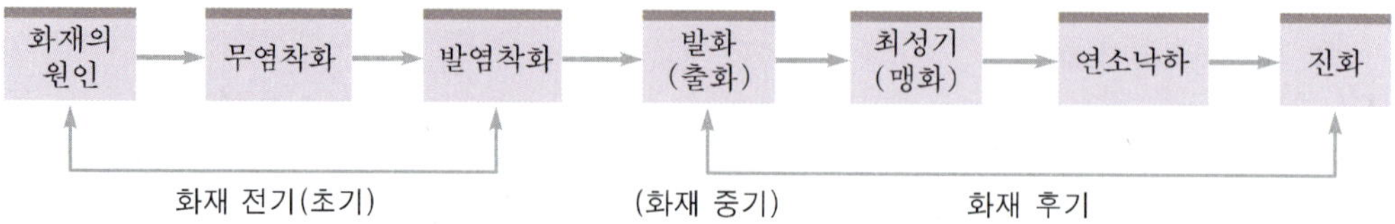

화재원인 → 무염착화* → 발염착화* → 발화 → 최성기 → 진화 순

목조건축물의 화재상황

구분	내용
무염착화	불꽃은 없지만, 바람이나 공기가 주어질 때 언제든지 불꽃을 발할 수 있는 단계.
화재출화	• 천장까지 불이 번져 연기가 「백색 → 흑색」으로 변하며 개구부로 분출된다. • 실내온도가 800~900℃ 정도로 F.O 현상이 나타난다.
최성기	• 복사열이 발생하여 실내 최고온도가 약 1300℃ 정도가 된다. • 유리가 녹고 천장, 대들보 등이 내려앉는 단계로서 가장 격렬한 시기이다.

⑤ 목조건축물 화재의 발화

목조건축물 화재의 발화에 대한 내용은 다음과 같다.

㉠ 화재 실내의 환기상태에 따라서 실내 가연물의 양, 공기 공급 상태, 가연물의 연소특성에 따라 연료지배화재로 되어 연소속도가 빨라진다.(* 연료지배화재: 큰 창문, 개방된 공간, 상대적으로 산소공급 원활함.)

㉡ 목조건물의 화재발화의 현상은 처음에는 백색 연기가 창, 환기구 등으로 분출되면서 옥내에서 불이 타는 소리가 나지만, 옮겨붙는 가연물에 의해 연기량이 많아지면서, 지붕과 처마 등에서 연기가 새어나오다가 결국에는 화염이 외부로 분출된다.

㉢ 목재 가옥의 기둥, 벽 등은 발화부를 중심으로 도괴하는 경향이 있으므로 이곳을 발화부로 추정하는 것을 도괴방향법이라 하는데 잔화 정리 시 도괴*된 건물 밑까지 방수하여 불씨가 남지 않도록 한다.

화재 시 가연성 재료는 3~4분, 난연성 재료는 5~6분, 준불연성 재료는 7~8분이면 타게 된다.

---

* 무염착화: 가연물이 재로 덮인 숯불모양으로 불꽃 없이 착화하는 현상.
* 발염착화: 무염착화에서 가연물에 불꽃이 발생되면서 착화하는 현상.
* 도괴: 무너짐

⑥ 목조건축물 구조상 화재 출화

목조건축물 구조상 화재의 출화는 화염이 개구부를 통하여 외부로 분출된 상태의 화재로서 구조상으로 옥내출화와 옥외출화로 구분되기도 한다.

목조건축물 구조상 화재 출화

옥내출화	• 가옥구조에서 천장면에 또는 천장 속, 벽 속에 발염착화 시 • 불연벽체나 불연천장인 경우의 실내에서는 그 뒷면판에 발염착화 시
옥외출화	• 창, 출입구 등에 발염착화 시 • 외부 벽, 추녀 밑에서 발염착화 시(목재 가옥)

⑦ 탄화심도

화재 시 열을 공급 받고 있는 나무와 같은 물체가 시간이 지속됨에 따라 물질 속 깊은 부분까지 연소될 때, 그 나무에서 가스가 빠져나온 구멍이나 갈라진 틈사이의 깊이를 말한다. 즉, 탄화심도란 목재표면이 "귀갑상(거북이등 모양)"으로 탄화된 깊이를 말한다.

▸ 발화부 원인 추정의 5원칙

① 원칙 1: 발화건물의 기둥, 벽, 건자재 등은 발화부를 중심으로 도괴하는 경향이 있다.
② 원칙 2: 화염은 수직의 가연물을 따라 상승하고 측면과 하부는 연소속도가 완만하다.
③ 원칙 3: 탄화심도는 발화부에 가까울수록 깊어지는 경향이 있다.
④ 원칙 4: 목재의 연소흔에서 표면의 균열흔은 발화부에 가까울수록 뜨거워서 잘고 가늘어지는 경향이 있다. 이러한 균열흔은 다음과 같은 3가지 유형의 형태로 구분할 수 있다.

완소흔(700~800℃)	목재표면은 거북이등 모양	나무형태는 3·4각형 형성
강소흔(900℃)	요철(凹凸)형으로 갈라짐	홈이 깊고 만두모양 형성
열소흔(1,100℃)	홈이 가장 깊고 반월형 모양	대규모 건물화재에서 발생

⑤ 원칙 5: 발열체가 목재면에 밀착되었을 경우 발열체 표면의 목재면에 훈소흔이 남으며 발화부 부근의 훈소흔은 발화부위인 경우가 있다.

목재의 흔 비교

훈소흔	목재표면에 발열체가 밀착되었을 때 그 밀착부 위의 목재표면에 생기는 연소흔적이다. 훈소흔은 시간이 경과하면 직경과 깊이가 변하면서 탄화된다.
균열흔	목재표면이 고온의 화염을 받아 연소될 때 표면으로 분출되는 흔적이 되는 흔으로 완소흔(700℃~800℃ 3·4각형태) – 강소흔(900℃ 요철형태) – 열소흔(1100℃ 환형형태) 순으로 변한다.

(6) 내화구조건축물(예 철근콘크리트집)

① 내화구조 건축물의 정의

건축물의 내화구조(耐火構造)*란 화재에 견딜 수 있는 성능을 가진 구조로서 철근콘크리트조, 연와조*, 석조 등 화재 발생 시 쉽게 연소하지 않고 구조물의 변형이 크지 않는 것으로 내장재*가 전소*하더라도 수리하여 재사용할 수 있는 구조로 된 건축물을 말한다. 예 학교, 학원, 빌딩

② 내화구조 건축물의 특성

화재 시 내화구조 건축물은 목조건물과 달리 공기유통이 크게 변하지 않는다.

화재 진행시간은 약 2~3시간이며 화재진행 후 1시간 쯤 온도는 약 900~950℃ 정도이고 최성기 때 온도는 약 900℃~1,100℃이다. 내화구조 화재는 비록 목조건물 화재보다 200℃ 정도 낮지만 화재의 진행시간이 길다는 특징이 있다.

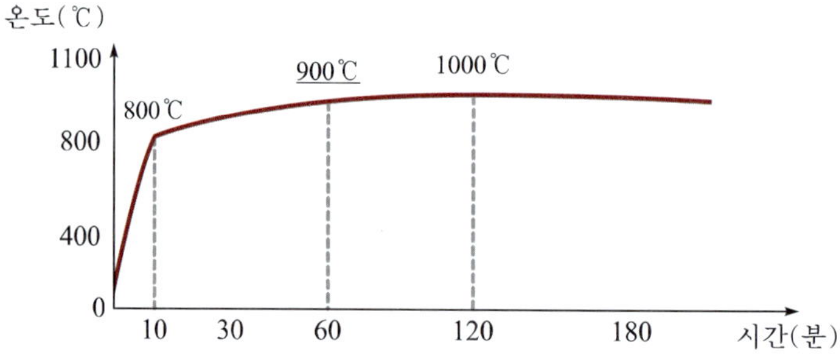

내화구조건축물 온도와 시간표준곡선

③ 내화구조 건축물의 화재 진행과정

㉠ 진행과정 : 내화구조 건축물의 진행과정은 목조건축물과 같이 「화원(발화기) → 성장기 → 최성기 → 감쇠기」으로 구분한다. 화재 초기는 산소공급이 불충분해서 연소가 활발하지 못하고 온도가 낮기 때문에 화재 진행 시간이 길다.

㉡ 중기 : 화재발생 후 중기(성장기)에 이르면 실내 온도가 급격히 상승하여 700℃~800℃에 도달하고 연기는 백색에서 흑색으로 변하며 건물 전체에 불길이 번지는 시기이다. 이 시기는 농연과 열기가 건물 상층부로 도달해 국부적으로 개구부에서 화염이 분출된다.

---

* 내화구조: 화재에 대한 내력이 있는 구조(* 耐: 견딜 내).
* 연와: 적벽돌
* 전소: 입체면적으로 70% 이상 타거나, 혹은 재사용할 수 없는 정도의 소실.
* 내장재: 실내장식물
* 표면적: 겉면의 면적. 그 표면을 평면상에 펼친 전개도의 면적(예 구획실: 앞·뒤·좌·우·상·하)

최고 성장기인 최성기에 이르면 천장의 회반죽이나 콘크리트가 무너져 내리는 시기이다. 최성기 때 온도를 열전대[*]로 측정하면 1,000℃ 전후가 된다.
내화구조, 방화구조, 목재구조의 연소속도를 알아보면 내화구조(1) < 방화구조(3) < 목재구조(6) 순으로 나타내고 있다.

열전대

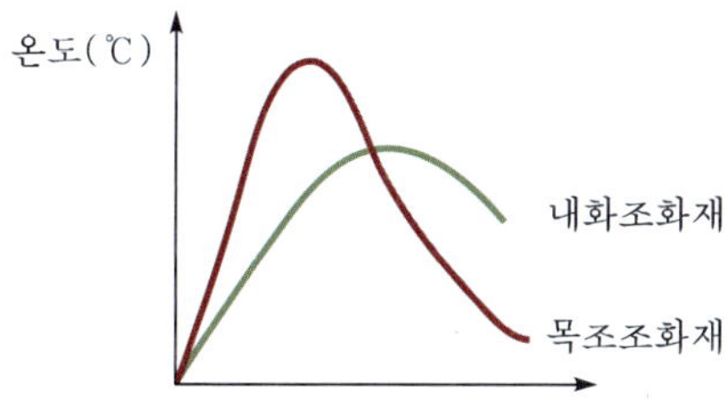

내화구조 건축물과 목조 건축물의 비교

내화구조건축물의 화재 진행

조 기	나랑의 백색 연기 발생, 연소기 원만함.
성장기	흑색 연기 및 화염 등이 분출, 실내 전체가 순간적으로 화염에 휩싸이는 현상
최성기	천장 등의 구조물 재료(콘크리트, 회반죽 등)가 붕괴 → 콘크리트 폭열현상
감쇠기	흑색 연기가 차츰 백색으로 변하면서 화세가 점점 약해지는 시기

(*^^ 본서 화재이론은 A·B·C·D·E급·K급 및 기타 화재로 구성되어 있다. 여기서 A급(일반)화재는 실외화재는 다루지 않고 실내화재만을 정리하며 일반화재에서는 실내화재의 성상인 F.O가 주 이론이 되며 그 외 그 대상물에서 목재구조 화재 및 내화구조 화재 부분의 학습이 요구된다.) - 또한 본서는 자격 수험생을 위하여 암기가 필요한 단어는 그 단어의 순서를 변경·편집하였다.

목재의 연소과정

목재의 연소는 일반적으로 100℃ 이상이면 목재가 가열되고 온도가 높아짐에 따라 가스의 발생이 왕성해지며 240~270℃ 수준에 달할 때 불을 가까이하면 나무에서 발생하고 있는 가스에 불이 붙고 부스러기 나무는 200℃ 수준에서 불이 붙는다. 이것이 바로 인화점이다. 그 후 계속 가열하면 300℃ 범위에서 불꽃 없는 무염착화가 일어나고 약 400℃ 이상에 도달하면 불꽃이 발생하는데 이때 온도가 나무의 발화온도이다. 발화 이후 계속되는 연소로 약 500℃ 수준이 되면 숯이 되는데 참고로 숯의 착화온도는 300~340℃ 부터 해당된다.
또한 나무는 타면서 발열 표면에 흔적이 생기는데 훈소흔은 5~6시간 경과하면 직경 15cm, 깊이 10cm 정도로 탄화된다. (* 본 수치는 나무에 따라 차이는 있지만 일반적인 실험과정으로 표기한 것이다.)

* 열전대: 2개의 금속을 조합하여 화재 부위온도 측정에 쓰임.

(7) 섬유 화재

① 섬유류 화재의 연소

A급 화재 중 섬유화재의 모직물*, 견직물*등에서 연소 시 발생되는 가스는 CO, CO_2와 NO, HCN(시안화수소), NH_3(암모니아) 등으로 질소를 포함한 가스이다. 면의 착화점은 400℃인데 비해 모의 착화점은 600℃이다. 화재 시 성상은 면(綿)은 식물성 섬유로 주 성분이 셀룰로오즈로서 연소되기 쉽고 연소 속도가 빠르며 모(毛)에 비해 소화도 어렵다.

② 섬유류 화재의 특성

종 류	발화(℃)	연소 특성
면(綿, cotton)	400	식물성 섬유로서 연소시키기 쉽고 연소속도가 빠르다.
나일론	425	지속적인 연소가 어렵고 용융하여 망울이 됨(용융점은 160~260℃)
아세테이트	475	불꽃을 일으키기 전에 연소하여 용융* 됨(용융점은 300~350℃)
폴리에스테르	485	쉽게 연소되고 256~292℃ 연화*하여 망울됨.
모(毛, wool)	600	동물성 섬유로서 연소시키기 어렵고 연소속도가 느리다.

(8) 플라스틱 화재

① 플라스틱 화재 연소

플라스틱화재에서 생성되는 가스는 다음과 같다.

종 류	생성가스
모든 플라스틱	CO, CO_2
폴리염화비닐(PVC)	HCl(염화수소)
폴리우레탄, 질소함유 플라스틱	NO, NO_2, HCN(시안화수소), NH_3(암모니아)

플라스틱 화재 시 CO, CO_2를 비롯하여 폴리우레탄, 질소함유 플라스틱이 탈 때는 시안화수소(HCN), NH_3(암모니아) 등 질소계통의 생성가스가 생성되며, 폴리염화비닐이 탈 때는 염소계통의 염화수소(HCl) 또는 극히 소량의 포스겐($COCL_2$)등이 생성된다.

② 플라스틱 화재 성상

플라스틱은 현재 약 40종 가까이 있으며 생활 주변에서 흔히 볼 수 있다. 가열하면 열에 연화하여 변형하는 열가소성과 가열해도 변형하지 않는 열경화성으로 분류된다.

㉠ 열가소성(熱可塑性): 폴리염화비닐(PVC), 폴리에틸렌, 폴리스틸렌, 폴리프로필렌

㉡ 열경화성(熱硬化性): 페놀수지, 에폭시수지, 멜라민수지, 규소수지, 요소수지

---

* 면직물: 솜을 짜서 만든 무명실로 짠 천. 식물성섬유(cotton)
* 모직물: 짐승의 털로 짠 천. 동물성섬유(wool)
* 용융(鎔融): 고체가 열에 녹아 액체로 되는 것
* 고분자: 분자량이 10,000 이상인 유기화합물
* 견직물: 누에고치에서 뽑아낸 실로 짠 천(silk)
* 연화(軟化): 단단한 물질이 부드럽게 변화되는 것.
* 상온: 평상의 온도.(* 고온: 높은 온도)

2. 유류화재(B급)의 성상

1) 유류저장탱크의 화재 등

가연성 유류는 대부분 수분을 함유하지 않기 때문에 인화점이 낮으며 가연성 액체에 열이 가해져 발생된 가연성 기체가 공기 중 산소와 혼합하여 연소범위 안에서 점화원 등과 접촉하면 빨리 인화된다. 그리하여 유류는 일반적으로 가연성이라기보다 "인화물"이라고 한다. 앞에서 언급했지만 소방학에서 배우는 학문은 원리와 특성에 대한 이론을 비롯하여 대부분 비정상적인 현상에 대하여 학습하고 있다. 일반화재의 플래시오버 등을 비롯하여 유류화재에서도 비정상적인 이론을 학습하기로 하며, 유류화재 화재 성상은 유류 저장탱크의 비수용성(예 에멀션) 이상현상으로 원인에 따라서 나타나는 현상도 각각 다르다.
그 종류로는 보일오버, 슬롭오버, 후로스오버, 오일오버, 링파이어 등이 있다.

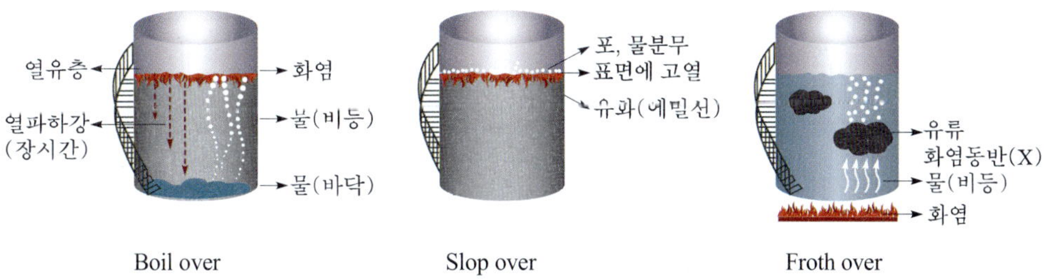

유류탱크 이상현상

각종 유류탱크의 이상 현상 용어

구분	내용
보일오버	탱크 내 표면에 불이 붙어서, 뜨거운 열유층이 형성되고 그 열파가 장시간에 거쳐 바닥까지 전달되면 바닥의 물이 기름보다 먼저 보일되어 상부 기름을 오버시키는 현상.
슬롭오버	탱크 내 유면이 100℃ 이상에서 유류표면에 소화용수가 유입되면 그 표면(액면)에서 접촉되어 물이 급비등하며 수증기의 팽창으로 유류를 탱크 외부로 분출시키는 현상. (예 가정에서 식용유에 튀김을 넣을 때 튀는 현상과도 같다.)
푸로스오버	탱크 내 물과 기름이 섞이지 않고 함께 있는 상태에서 화재 등 탱크 외부의 열에 의해 탱크 내 유류 표면 아래에서 먼저 물이 끓게 되어 거품과 함께 넘치는 물리적 현상. - 탱크 내에는 화염을 동반(수반)하지 않고 탱크벽에서 열을 가하는 상태이다. - (예 도로포장 하는 아스팔트차의 끓는 물탱크에 기름 덩어리를 녹이다 넘치는 현상.)
핵심키워드	보일: 장시간, 바닥 / 슬롭: 표면한정 / 프로스오버: 표면아래, 물리적, 화염 무동반

* 한계산소지수(LOI): 연소를 계속 유지시킬 수 있는 산소의 최저 체적농도로서 플라스틱 연소시험 방법으로 쓰임.

(1) 보일오버(Boil over) 현상

보일오버 현상의 제반사항을 알아본다.

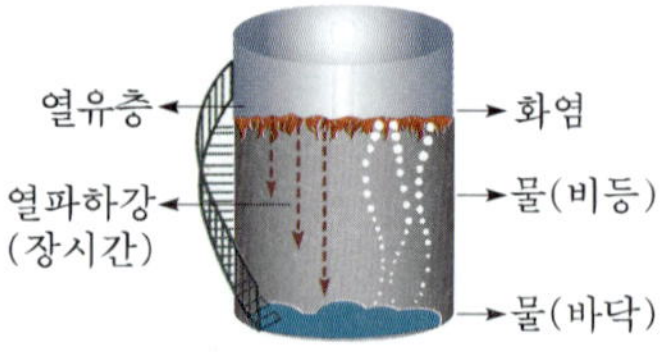

Boil over

① 유류 저장탱크 바닥에 찌꺼기 등과 함께 물이 존재할 때 화재가 발생하면 유류액면 (위쪽)에서 형성된 고열파가 바닥에 점차적으로 전달되어 **바닥의 물이 끓어** 오르면서 유류가 넘친다.

그 결과 저장탱크 바닥의 저부에서부터 상부 표면까지 기포(거품)상태로 분출한다.

② 원인은 장시간 큰 탱크(100만ℓ 기준)에서 화재가 진행되면 휘발성이 많은 유류는 액면에서 증발연소 하고 탱크 상부에 열이 고온층을 이루는데 이 층을 열유층이라 한다. 이 열유층이 점차 휘발성이 적고 점성*과 불순물이 많은 유류성분의 탱크바닥에 도달하면서 물과 기름이 섞이지 않는 에멀션현상을 가지고 수증기로 변하면서 급격한 부피팽창(약 1,700배)을 한다. 그 결과 내부에 저장된 원유와 함께 탱크 외부로 비산*하면서 분출하는데 이를 보일오버 현상이라 한다.

③ **방지대책**은 바닥의 물을 배출하여 수층의 형성을 방지하거나, 비등석, 모래를 탱크 내부로 던져서 물이 끓기 전에 비등석 등이 기포를 막아 갑작스러운 물의 비등을 억제한다.

Boil over현상은 원어 그대로 끓어서 넘친다는 개념으로서 다음과 같이 정리한다.

㉠ **중질유** 탱크에서 화재가 **장시간** 발생할 때 갑자기 유류가 탱크 밖으로 분출되는 현상.

㉡ **탱크바닥**에 물과 기름이 에멀션으로 존재할 때 물이 갑자기 비등하여 분출되는 현상.

㉢ 유류 탱크의 화재 시 액면에 열유층*이 생성되어 이 열이 서서히 탱크바닥으로 도달했을 때 물과 기름의 **에멀션***이 부피팽창을 하면서 기화되고 탱크 내의 유류가 갑자기 밖으로 분출하여 화재를 확대시키는 현상.

이러한 보일오버(B.O) 현상이 일어나기 위한 조건은 다음과 같다.

ⓐ 뚜껑(지붕)이 없는 개방된 탱크에 화재가 **장시간** 진행해야 한다.

ⓑ 외부에서 수분이 침투되거나 탱크바닥에 수분을 함유한 찌꺼기가 있어야 한다.

ⓒ **여러 종류의 비점**을 가진 불균일한 **고점도** 유류로 거품을 형성할 수 있어야 한다.

▸ **B.O 조건**

ⓐ 뚜껑이 없다.　　ⓑ 바닥에 물이 있다.　　ⓒ 불균일한 비점의 유류일수록.

▸ **보일오버 현상(Boil-over) 개념**

비점이 불균일한 중질유 등의 탱크 바닥에 찌꺼기와 함께 있는 물이 끓어(Boil) 수분의 급격한 부피팽창에 의하여 기름을 탱크 외부로 넘치게(over)하는 현상이다.

---

* 에멀션: 섞이지 않는 액체 혼합물(예 기름과 물이 섞이지 않고 함께 접촉하는 상태. 유화.)
* 비산: 날아 흩어짐.　* over flow 현상: 넘쳐 흐르는 현상　* 열유층: 열이 있는 층　* 점성: 끈끈한 성질

(2) 슬롭오버(Slop over) 현상

중질유 유류저장탱크가 고열에 의하여 유류의 표면 온도가 물의 비등점 이상으로 올라가게 된다. 이때 소화용수인 물분무나 포(Foam) 소화약제를 사용하면 뜨거운 표면에서 물은 수증기가 되면서 유류가 급격한 부피팽창을 하여 탱크 외부로 분출(Slop)하는 현상이다.

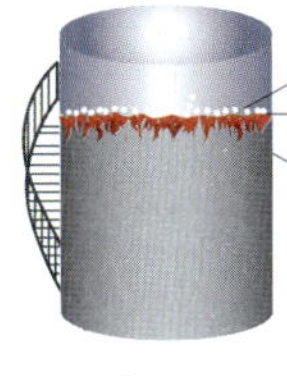

slop over

즉 물보다 비등점이 높은 점성을 가진 유류에 물이 접촉될 때 유류 표면 온도에 의해 물이 수증기가 되어 팽창·비등함에 따라 유류를 외부로 비산시키는 현상으로 유류표면으로 한정되어 보일오버보다 격렬하지는 않으며 이는 직접적 화재발생요인이 아닐 수 있다.

① 고열의 유류 표면에 물이 들어갈 때 발생하는 over flow* 현상

② 탱크 내 유류 표면온도가 100℃ 이상일 때 소화용수를 주수하면 수증기로 변하거나 부피팽창으로 인해 유류를 외부로 비산시켜 탱크 밖까지 화재를 확대시키는 현상

▸ 슬롭오버 현상(스로프오버, Slop-over) 개념

중질유(중유 등)탱크 내 유류 액표면에 100℃ 이상 고열이 있는 상태에서 물이 주성분인 물분무나 포를 방사하면, 물과 기름이 섞이지 않고, 끓는 기름 온도에 의하여 물이 유류 표면에서 튀면서(Slop) 수증기화되이, 갑작스러운 부피 팽창으로 유류가 탱크 밖으로 비산·분출(over)되는 현상이다.

(3) 푸로스오버(froth over) 현상

중유 등은 휘발성이 작아 고온에서도 끈끈한 점성을 유지할 수 있다.

푸로스오버는 이러한 기름이 넘쳐 흐르는(over flow) 단순한 물리적 작용으로, 대부분 물이 든 탱크에 점성이 큰 아스팔트를 넣을 때 발생하며 탱크 안은 화염을 동반(수반)하지 않는다.

① 고점도 유류표면 아래에서 물이 끓을 때 화재를 수반하지 않고 유류가 넘치는 현상.

② 고점도 유류저장탱크 속에 물이 함께 있는 상태에서 화재 발생 시 탱크벽이 뜨거운 열에 의하여 물이 수증기화 되면서 탱크 내 일부 내용물을 넘치게 하는 현상이다.

Froth over(탱크 내 화재아님)

▸ 푸(후)로스오버 현상(Froth-over)의 개념(* 탱크 내부 화재가 아님)

탱크 내 물과 기름이 함께 있을 때 고열에 의해 넘치는 현상으로 탱크 안은 화재를 수반하지 않는다. (탱크 밖에서 열에 의해 탱크 내 기름만 끓지 않고 기름과 물이 약간 혼합된 상태에서 함께 끓는다.)

예1 물이 끓고 있는데 기름이 섞이니까 거품을 일으키면서 넘치는 현상이다.

예2 물이 어느 정도 채워진 탱크차에 뜨거운 아스팔트가 들어갈 때, 탱크판에 들어있는 물이 아스팔트와 접촉해서 끓게 된다. 이때 아스팔트와 물이 섞여 혼합 거품(froth)을 생성하게 되고 이것이 팽창하여 분출(over)하는 현상이다.

(4) 링파이어(Ring fire, 윤화)

유류저장 탱크 화재로 불꽃이 치솟는 유류표면에 포 소화약제를 방출하면 탱크 윗면의 중앙부분은 질식으로 불이 꺼지지만 탱크 벽면은 포가 뜨거운 열에 의해 깨지게 되는데, 이때 증발된 유류가스가 발포되어 있는 거품층을 뚫고 상승하면서 그 벽면은 위에서 보면 귀걸이의 링처럼 환상(環狀)으로 불길이 남아서 지속되는 현상이다.

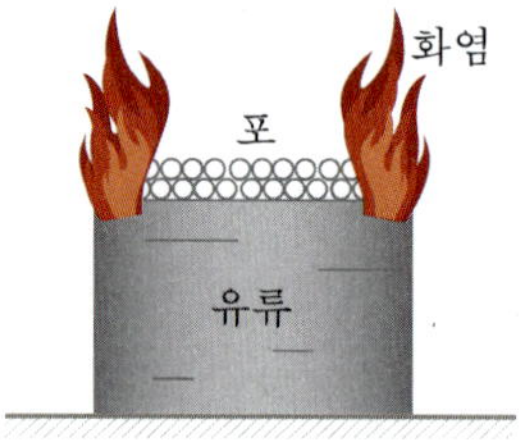

▶ 링파이어(Ring fire)와 비교한 또 다른 파이어

※ 링파이어: 유류표면에 물분무나 포를 방사하면, 포 등이 탱크 원형의 뜨거운 벽면에 부딪치면서 탱크 벽면측은 포가 소멸(깨짐)되면서 산소차단이 되지 못하여 불길(fire)이 귀고리(Ring)처럼 둥그렇게 남아있는 상태이다.
※ 풀파이어(Pool fire): 가연성 액체 또는 인화성 액체가 저장탱크 또는 웅덩이에서 일정한 액면이 대기 중에 노출되어 열에 의해 불이 붙는 액면화재를 말한다.
※ 제트파이어(jet fire): 고압의 LPG가 누출 시 주위의 점화원에 의하여 불기둥을 형성하는 화재이다.
(* 화재의 직경은 작으나 풀파이어보다 길이는 길며, 플래시파이어보다 고압이다.)
※ 플래시파이어(Flash fire): LPG 누출 시 점화원에 의해 화재가 발생된 현상. 강도가 약하다.
(*^^ 제트파이어, 플래시파이어는 유류화재가 아닌 가스화재 현상이다.)

(5) 오일오버(Oil over)

탱크 내의 유류가 50% 이하로 저장된 경우 화재로 인한 내부 압력상승으로 인한 탱크 파열현상으로 가장 격렬하다 할 수 있다. (*^^ 가스폭발인 블래비현상과 유사하나 유류폭발이라는 차이이다.)

• 유류탱크 이상현상에서 격렬함의 일반적인 비교 : 오일오버 > 보일오버 > 슬롭 및 프로스오버

A급화재와 B급화재 각종(오버) 이상 현상의 비교

종 류	대상물	화재동반	발생점	원 리
플래시오버	일반화재	○	가연물의 열의 축적	순간적인 연소의 확대 현상
롤오버	〃	○	실 가연물(가스축적)	F·O 전, 가스가 천장을 구르는 현상
보일오버	유류화재	○	탱크 내 유류 바닥	수증기에 의해 기름이 비산하는 현상
슬롭오버	유류현상	×(○)	탱크 내 유류 표면	〃
푸로스오버	〃	×	탱크 내 유류표면아래	물의 증발로 기름의 거품을 밀어냄
오일오버	〃	×	탱크 내(50%)의 공간	열의 가열로 인한 폭발현상

• 보일(Boil): 끓다 • 슬롭(Slop): 튀기다 • 푸로스(Froth): 거품, 엎지름 • 링(Ring): 고리

2) 원유의 분별 증류

원유란 유정에서 뽑아 올려 푸른빛이 도는 검은색의 액체이다. 원유는 끓는점이 다른 액체 혼합물이므로 분별 증류하여 각 성분의 물질로 분리한다. 우선 물과 염기의 수용액으로 씻어 냄새의 원인이 되는 물질을 제거하고 가열 가마에서 약 350℃로 가열하여 증기로 만들어 증류탑으로 보낸다. 증류탑에서는 연속적으로 분별 증류가 이루어지는데 상부쪽일수록 끓는 점이 낮은 휘발유 성분이 먼저 분리되고, 하부쪽으로 갈수록 끓는점이 높은 등유, 경유, 중유 순으로 분리된다. 또한 석유류는 인화점에 따라 분류하는데 인화점은 다음과 같다.

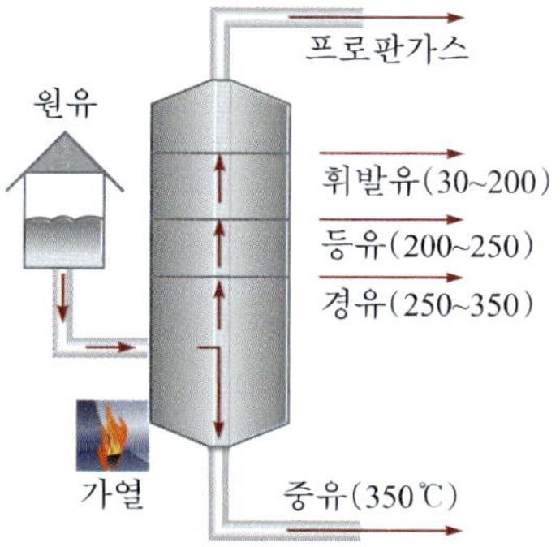

원유분별과 비등점

인화점에 따라 분류하는 석유류

구분 \ 내용	인화점	지정품목	용 도
제1석유류	21℃ 미만	아세톤, 휘발유	승용차(휘발유), 화공약품원료 등
제2석유류	21℃이상~70℃미만	등유, 경유	가정보일러(등유), 승합차(경유)
제3석유류	70℃이상~200℃미만	중유, 클레오소오트	디젤기관 · 대형보일러(중유)
제4석유류	200℃이상~250℃미만	기어유, 실린더유	각종 기계, 실린더 등

- 지정품목: 1석유류에는 인화점이 21℃ 미만에 있는 수많은 유류가 있지만 너무 많은 종류가 집합되어 있어 흔히 사용하는 아세톤(-18℃), 휘발유(-43~20℃)를 지정하여 그 기준을 정한다.

1석 2석 3석 4석유류
21 → 70 → 200 → 250℃

- 연상기억: 휘날리도록 달리는 승용차에 넣는 것이 휘발유, 가볍게 달리는 승합차에 넣는 경유, 등불 켤 때 쓰이는 것이 등유, 무거운 디젤기관에 넣는 것이 중유이다. (* 휘발유= 가솔린)

▸ **원유의 분별 증류 순**

휘발유 성분이 먼저 분리되고 하부쪽으로 갈수록 끓는점이 높은 등유 → 경유 → 중유 순으로 분리된다.

3. 전기화재(C급)의 성상

전기가 통하지 않은 전기용품 적재 창고 등에서 발화한다는 의미가 아니고 그 원인이 합선, 누전, 정전기 등 **통전 중**(= 전기가 통하고 있는 상태에서)인 전기장판, 전열기, 코드접촉부 등 전기기계·기구가 점화원 기능을 하는 화재의 분류이다. 즉, 일반 주택에서 누전 등으로 불이 나면 전기화재이며 일반화재는 아니다.

(1) 전기화재의 발생 원인

① 단락(합선)에 의한 발화

두 개의 전선이 서로 접촉되어 전류가 흐르는 현상이다. 예를 들어 적열된 주위에 있는 가연성 물질에 접촉된다든지 단락점에서 발생한 스파크에 의해 발화하는 경우 등이다. 전기화재의 원인 중 단락은 매년 통계의 약 70% 를 차지하며 발생빈도가 가장 높다.

② 누전에 의한 발화

전류가 전선이나 기구에서 절연불량 등의 원인으로 건물 내 금속도체를 따라 흐르는 현상이다. 지붕의 철판, 물받이통 등의 누전점과 수도관, 전선관 등의 접지점과 함석간판, 철판이음새 등에서 누설전류 발열량이 누적되어 주위 가연성 물질을 발화시키는 것이다.

③ 과전류(과부하*)에 의한 발화

전력 소비기구가 많아 일정용량 이상 전류가 흐르면 과전류가 된다. 예를 들면 전기히터, 에어컨 등 전기소모량이 많은 부하(負荷)*를 동시에 사용함으로써 과전류(過電流)가 흘러 발화된 경우를 말한다.

④ 정전기(static electricity)에 의한 발화

이동하지 않고 정지된 상태의 전하*를 정전기라 한다. 정전기는 평상시 움직이지 않는 약한 전기지만 양전하(+), 음전하(−)의 전기를 띠며 주로 건조하고 압력이 높을 때 부도체 마찰 등으로 발생한다. 그러나 **부도체* 마찰** 등으로 축적된 정전기가 일시에 방전될 경우, 비교적 약한 전압이라서 주위에 있는 **고체는 발화가 잘 안되지만** 가연성 기체나 가연성 분진은 발화될 수 있다.

※ 여기서 전기량을 $Q = CV$ 라 할 때 정전기 축적에너지(W)는 다음과 같다.

㉠ 정전기에너지: $W = \frac{1}{2}CV^2 = \frac{1}{2}QV = \frac{Q^2}{2C}$

(W: 정전기에너지, C: 정전(전기)용량,* V: 방전전압, Q: 전기량)[14]

---

* 전하: 정전기의 양　　* 부도체: 전기가 통하지 않는 물질　　* 정전용량: 전하를 축적할 수 있는 능력
* 부하(負荷): 전력을 소비하는 전기기계·기구　　* 과부하(過負荷): 지나치게 많은 부하(전기기계·기구)

ⓛ 정전기 발생

ⓐ 전기 부도체인 위험물, 섬유류, PVC film 등의 취급 시 마찰로 발생된다.

ⓑ 자동차의 장기간 주행 시 와류가 형성되어 비전도성 유체마찰이 클 때 발생된다.

ⓒ 옥외탱크에 석유류 주입 시 또는 유류 등 비전도성 유체의 유속이 클 때 발생된다.

> 정전기는 전기가 통하지 않는 부도체* 마찰로 어떤 물질, 어느 곳에서도 생길 수 있다.

ⓒ 정전기 발생 억제대책: 유속을 제한하고 이물질을 제거하며 유체의 분출을 방지한다.

ⓔ 정전기 발화과정: 전하 발생 → 전하 축적 → 방전 → 발화 순이다.

ⓜ 정전기 발생방지 방법

ⓐ 접지* 시설(도체*를 사용)을 하는 방법

ⓑ 공기를 이온화하는 방법

ⓒ 상대습도를 70% 이상으로 높이는 방법이 있다.

정전기와의 비교

구 분	정전기	분진폭발	자연발화
발 생	습기가 없을 때	습기가 없을 때	습기가 있을 때
방 지	상대 습도 70% 이상	옥외로 배출	습기가 높은 것을 피함
개 념	부도체(유류 등)마찰 시	가연성 미분	고온 다습(후텁지근)

※ 정전기는 지구에도, 공기 중에도, 사람 몸에도 존재하며, 주로 부도체의 마찰로 생긴다.

▸ 수분과의 함수 관계

자연발화는 후텁지근한 밀폐된 공간에서 자기 자신의 열의 축적으로 일어나는 현상인데 주위에 습기가 있어야 열 전달이 잘된다. / 물은 액체로서 **100℃**만 되어도 끓는 물질이여서 "비열과 증발 잠열이 크다"고 한다. (목욕탕 내 열탕의 뜨거운 물 온도는 **45℃** 이하이며,) 물은 **상온의 20℃** 전후만 되어도 따뜻해 물질 내 열전달이 용이하다. / 물질 내에서 수분이 서서히 열전달을 증가시키면서 그 축적된 열이 발화점 이상이면 불이 붙게 된다. 이러한 현상을 자연발화라고 한다. 즉, 자연발화는 물질 주위의 수분이 촉진제가 된다. 반면, 분진폭발과 정전기는 물질 내에 습기가 없어야 한다. 그 이유는 자연발화하고 다르게 밀폐된 공간이 아니고 주로 개방된 자유공간에서 불이 붙게 되는데, 습기가 있으면 불활성 가스의 역할이 되기 때문이다. / 자연발화처럼 물질 내에서 서서히 열을 축적·증가 시키는 것이 아니라 수분을 없애고 물질이 건조해야 한다.

다시 말하여, 개방된 공간에서 분진폭발은 티끌 자체에 습기가 없으면 불이 빨리 붙게 되고, 정전기는 수분이 없는 건조한 겨울철에(특히 사람은 건성인 사람일수록) 잘 발생된다.
(* 사람은 심장박동 등 활동을 위하여 심장동맥에서 전기를 생산하고 있다.)

---

* 피뢰: 낙뢰(벼락)　　* 접지(接地): 전기 기기와 땅 사이를 도선으로 연결하는 일. 어스(earth).
* 도체: 전기가 통하는 물체를 말함. 전도체의 준말. 도체를 사용하여 접지(지구하고 접함)시설을 한다.
* 반도체: 전기가 반만 통하는 물질로서 셀렌, 실리콘, 게르마늄 등.　* 부도체: 전기가 통하지 않는 물질

⑤ 전기 저항열에 의한 발화

전기 저항열의 이론은 다음과 같다.

㉠ 전구는 저항*이 큰 텅스텐*을 필라멘트로 하여 진공 혹은 내부의 산소를 제거하고 비가연성 기체인 질소, 아르곤 등을 봉입하여 필라멘트에서 발생되는 열을 이용한 원리이다.

㉡ 이러한 열은 기전력*에 의한 도체의 저항열인데 백열전구에서 열이 발생되는 것은 저항발열이며 저항인자에 의하여 발생되는 전기적인 열이 점화원의 기능을 할 수 있다.

㉢ 저항체 R에 과전류 I가 흐르면 열이 발생하는데 **전선의 굵기는 열에 반비례**하며 이것은 곧 **전류의 발열작용**이라 하고 이 열을 **줄열**이라 한다.

전선의 굵기와 열: 전선의 굵기는 열에 반비례한다.

⑥ 유도열과 유전열에 의한 발화

㉠ **유도열**(유도가열, 유도발열): 도체(전선) 주위에서 변화하는 **자장**이 존재하거나 도체가 자장 사이를 통과하여 전위차가 발생하고 전류의 흐름이 일어나 도체의 저항에 의하여 열이 발생하는 가열이다.

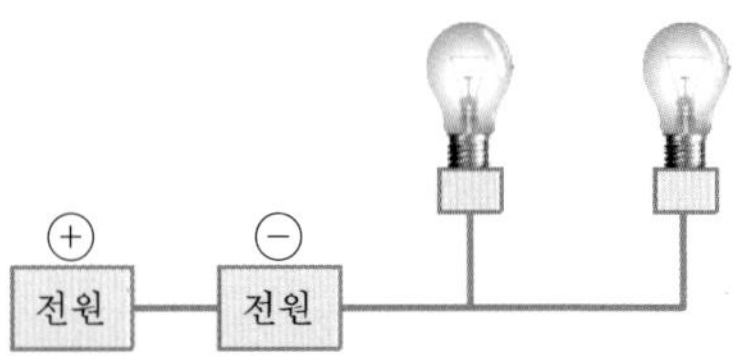

㉡ **유전열**(유전가열, 절연체열): 유전체*란 부도체(전선의 피복 등)의 절연물질에 전류가 흐르는 것인데 이 전류를 **누설전류**라 하며 이러한 누설전류에 의한 가열, 전선피복의 파괴 등 전기**절연불량**에 의한 발열을 말한다.

이외 아크발열(전기불꽃), 낙뢰, 지락, 접속부 과열, 열적경과 등을 들 수 있다.

그 까닭은? (정전기 방지대책 – 상대습도를 70% 이상으로 한다.)

정전기 현상은 전하(전기가 모임)가 많은 곳에서 적은 곳으로 흐르면서 두 물체의 전하가 동등하게 되는 현상이다. 이때 전하량 차이가 많이 나면 한꺼번에 너무 많은 전하가 흐르게 되어 찌릿하는 전기적 충격을 받을 수 있다. 대기가 건조할 때에는 자유전자가 잘 돌아다니지 못하고 축적되는데, 물은 극성을 가지고 있어서 가만히 있는 전자들을 이동시키는 특징이 있다. 그래서 습도가 높으면(예 가습기를 동작시키면) 축적되어있는 자유전자를 이동시킬 수 있으므로 정전기 발생을 줄일 수 있다. 정전기는 최대 25,000v 까지 생성될 수 있으며 사람 몸에서도 활동을 위해 0.02v~0.3v가 발생하여 흐르고 있다.

---

* 저항(Resistance): 전류의 흐름을 방해하는 작용의 요소. 단위는 [Ω].
* 텅스텐: 회백색의 굳고 질긴 금속. 원자번호 74
* 기전력: 전류를 흐르게 하는 능력
* 유전체: 전도체 사이에 절연물이 있고 양자사이의 전기작용을 매개한다고 볼 때 이것을 유전체라 함.

전기적 점화원의 구분(전기화재 발생원인)

구 분	내 용
단락열	합선의 전기적 의미의 열을 말한다.
과전류	허용전류*를 초과한 전류현상을 말한다.
누 전	전류가 누설됨(누설전류 발열량이 누적되어 가연성 기체를 발화한다.)
낙 뢰	하늘에서 구름에 축적된 번개의 전하가 방전되는 현상. 벼락이 떨어짐.
정전기	마찰에 의해 외부로 나타나는 외부적인 열 (예 마찰전기)
유도열	도체* 주위의 자장 변화에 의해 전류의 흐름에 대한 저항열
유전열	완벽한 절연능력을 갖추지 못해 발생된다. (예 누설전류)
아크열	접점이 느슨하여 전류가 단절될 때 발생한다. 전기스파크. Arc, 전호열
저항열	전기에너지가 열에너지로 변하면서 나타남 (예 전구, 전기장판 등)
지 락	전선 등이 땅에 떨어져 흐르는 고장 전류(* 저용량은 누전, 고용량은 지락)

4. 기타 전기이론

(1) 전선의 구비조건

① 도전율*이 클 것　② 기계적 강도가 클 것
③ 가격이 쌀 것　④ 비중이 작을 것(가벼울 것)
⑤ 내구성*이 좋을 것

(2) 비상전원

평상시에 사용하는 상용전원이 아닌 비상전원의 분류는 다음과 같다.
① 축전지설비: 배터리 설비를 말한다.
② 자가발전설비: 발전기 설비를 말한다.
③ 전기저장장치: 외부 전기에너지를 저장 후 사용한다.
④ 비상전원수전설비: 타 발전소의 전력을 예비로 갖추는 수전설비.

소방설비용 비상전원 용량 [이상]

설비의 명칭	비상전원	설비의 명칭	비상전원
자동화재탐지설비, 비상경보	10분	유도등 및 비상조명등에 있어서 지하층 무창층으로서 지하역사・지하상가・도소매시장・여객자동차터미널 및 고층건축물	60분
옥내소화전, 물분무등, 유도등, 제연설비 등	20분		
무선통신보조설비 증폭기	30분		

* 허용전류: 전선에 안전하게 흘릴 수 있는 최대전류.
* 내구성(耐久性): 오래 견디는 성질.
* 도전율(導電率): 전기 전도율
* 도체(導體): 전기가 통하는 물체. 전도체의 준말

(3) 접 지(earth)

지구는 큰 대지로서 전기를 가지고 있어 벼락이나 가정에서 누전되는 전기를 흡수할 수 있다. 땅(지구)하고 접하는 접지공사 종류에 의한 접지저항 측정값과 제반사항은 다음과 같다.

접지공사 종류	접지저항 측정값	사용 전압	사용 목적
제3종 접지공사	100[Ω] 이하	400v 미만	기기보호

(*^^ 우리나라 가정은 220v, 공장은 주로 380v로서, 400v 미만은 제3종접지를 한다.)

(4) 충전방식

축전지에 충전하는 충전방식은 일반적으로 5가지로 구분한다.

① 세류충전: 사용부하에 대한 자기 방전량을 베터리에 수시로 조금씩 충전하는 방식.
② 균등충전: 정해진 기간, 표준시간으로 충전하는 방식.
③ 부동충전: 충전기가 하기 어려운 일시적인 대전류 부하는 축전지로 하여금 충전하는 방식.
④ 보통충전: 필요할 때마다 표준시간을 충전하는 방식.
⑤ 급속충전방식: 보통충전의 2배 정도 빠르게 하는 방식.

금속(D급)화재 이야기

금속(철분, 알루미늄, 마그네슘 등)이 불에 탄다니! 이해가 안 간다?
그러나 대부분의 금속가루는 연소열이 크고 조건만 갖추면 발화할 가능성이 크다.
덩어리 금속은 연소하기 어렵지만 금속가공 시 축적되는 열에 의해 표면에 붙어 있는 금속분(금속 가루)에 의한다든지, 미세한 가루상태나 섬유질모양이 되어 많은 양이 모이게 되고 주위 공기가 단열효과를 주는 동시에 산소와의 접촉 면적이 커서 발열이 높아지면 결국은 자연발화하거나 연소하게 된다.
이들은 보온성과 대전성(帶電性)이 증가할수록, 그러나 비열이 작을수록(적은 열로도 온도가 쉽게 상승.), 전기전도율이 작을수록 정전기가 축적되어 화재위험성이 증가한다. 이들은 대부분 물과 반응하여 수소, 아세틸렌 등 가연성가스를 발생하거나 타 화학물질과 반응하는 활성금속이다.

금속분+물 = 폭발

나트륨+물= 폭발

5. 금속화재(D급)의 성상

(1) 금속화재의 원인

대부분의 금속가루는 연소열이 크다든지 어떠한 조건만 갖추면 발화될 가능성이 크다. 금속이 가연물 주위로 연소하기 쉬운 이유는 이온화 경향도 있지만 일반적으로 열전도도가 커서 열의 방출이 쉽기 때문이다. 덩어리모양의 괴상(塊狀)은 연소하기 어렵지만 섬유질 모양, 가루형태로 많은 양이 모여 있으면 주변 공기가 단열효과와 산소와의 접촉하는 표면적을 크게하여 발열이 높아진다. 즉 금속분은 작은 열로도 고온 열 형성이 가능하며 스스로 자연발화하거나 접촉하고 있는 가연물을 연소시킬 수 있다.

가연성금속 가연물의 예

(2) 금속화재의 현황

금속화재 현황에 대하여 살펴보기로 한다.

① 금속은 제2류 위험물인 철분, 마그네슘, 금속분류(아연, 알루미늄 등)와 제3류 위험물인 칼륨, 나트륨, 알킬알루미늄과 알킬리튬*, 알칼리금속류(세슘, 리튬 등)를 말한다.

② 대부분의 금속분은 물과 반응하여 수소, 아세틸렌, 에탄 등 가연성 가스를 발생하거나 다른 화학물질과 잘 반응하여 연소가 가능한 활성금속들이다.

> 금속화재 시 수분과의 접촉은 일반적으로 가연성가스(수소 등)를 발생하므로 피하여야 하며 물이 주체로 된 소화약제의 물소화, 물분무소화, 포말(포)소화 등은 절대 사용될 수 없다.

대표적인 물질로는 칼륨, 나트륨, 알킬알루미늄으로서 그 원인과 소화는 다음과 같다.

금속화재 원인과 소화

원 인	제3류 위험물인 (금속)칼륨, (금속)나트륨, (금속)리튬* 등이 물, CO_2 와 접촉하면 위험한데 그 이유는 격렬히 반응하여 발열하며 가연성 수소가스를 발생하기 때문이다.
소 화	알킬알루미늄 등과 같이 공기와 접촉하여 자연발화되는 것도 있고 칼륨, 나트륨 등은 물과 반응하면 폭발적인 반응을 하기 때문에 금속화재에 사용할 수 있는 소화약제는 화재초기에는 팽창질석, 팽창진주암 또는 마른모래, 건조분말, 금속화재용분말소화기 등을 사용하고 본격화재가 진행되면 주변연소를 방지하고 자연 진화하도록 내버려둔다.

* 칼륨, 나트륨, 알킬알루미늄, 알킬리튬: 위험물안전관리법상 제3류 위험물의 자연발화성 물질 및 금수성 물질로서 모두 물보다 가벼운 금속이다.
* 리튬: 알칼리금속 중 하나로서 금속 중 가장 가벼움.
* 팽창질석: 질석을 1000℃ 이상에서 팽창시켜 만든 것
* 팽창진주암: 진주처럼 빛을 내는 팽창암

6. 가스화재(E급, B급)의 성상

(1) 연소상태에 따른 분류

가스화재는 대부분 연료용 가스(휴대용 가스버너)에 의해서 발생된다. 일반적인 학설에 의하여 가스화재를 연소상태에 의하여 분류하면 다음과 같다.

① 가연성 가스

수소(H_2), 아세틸렌(C_2H_2), 일산화탄소(CO), 암모니아(NH_3), 시안화수소, 메탄, 에탄, 부탄, 프로필렌, 부타디엔, 에틸렌 등 폭발한계값이 큰 것을 말한다.

> 가연성가스: "고압가스안전관리법" 에서는 (수소, CO, 아세틸렌, 암모니아, 아크릴로니트릴 등) 암모니아 등 몇 가지를 제외하고 일반적으로 폭발하한값이 10% 이하 또는 폭발한계의 상한값과 하한값의 차가 20% 이상인 것을 말한다.

② 조연성 가스(지연성가스*)

산소, 염소(Cl_2), 불소 등 자신은 연소하지 않으나 다른 물질의 연소를 도와주는 가스이다.

③ 불연성 가스

이산화탄소(CO_2), 질소(N_2), 아르곤(Ar), 네온(Ne), 헬륨(He), 오산화인(P_2O_5), 삼산화황(SO_3), 프레온 등과 같이 산소와 반응하지 않거나 반응한다 하더라도 산화흡열반응하는 가스를 말한다.

(2) 저장상태 등에 따른 분류

저장상태에 따라 분류하면 다음과 같다.

① 액화가스

CO_2, LNG, LPG 등과 같이 분자 간 인력이 커서 상온 또는 저온의 고압에서 액화시킨 것으로 용기 내에서 액체와 기체의 평형상태로 존재한다.

(*^^ 온도 상승: 액체⋯▸ 기체로, 압력상승: 기체⋯▸ 액체로 ∴ 압력 하강: 액체⋯▸ 기체로 된다.)

② 압축가스

산소, 수소, 질소, 아르곤, 헬륨 등과 같이 분자 간 인력(引力)이 적어 고압에서 쉽게 액화되지 못하고 용기에 저장되는 기체를 말한다.

③ 용해가스

아세틸렌과 같이 압축하면 분해폭발하기 쉽기 때문에 용제*에 용해* 시켜 저장 취급하는 가스를 말한다.

---

* 지연성 가스: 연소를 지원해 주는 가스
* 용제(溶劑): 물질을 녹이는 데 쓰는 액체.
* 용해: 고·액·기체의 물질이 다른 액체 속에 녹아 혼합되는 일.(* 융해: 고체가 열에 의해 액체로 되는 일)
* D.M.F(dimethylformamid): 디메틸포름아미드. 제2석유류에 해당한다.

㉠ 아세틸렌의 특성

아세틸렌은 연소범위 2.5%~81%의 무색의 독성가스로서 인화되기 쉽고 압력을 가하면 분해(또한 폭발)하며 아세톤 등에 용해되기 쉬운 특성을 가지고 있으며 탄화칼슘(카바이트)과 물의 합성으로 생성되기도 한다.

㉡ 아세틸렌(C_2H_2)의 저장방법

고압 용기에 구멍이 많은 규조토, 목탄(숯), 석면 등 다공(多孔)성 물질을 넣고 제1석유류 아세톤이나 제2석유류인 D.M.F*의 용제*로 녹여서(용해) 저장한다.

㉢ 아세틸렌의 취급관리

함부로 방치하면 낙하, 전도되어 위험하며 고압이나 고압가스로 충전하면 폭발 가능성이 있다. 동(Cu), 은(Ag), 마그네슘(Mg), 수은(Hg)과 접촉하면 폭발성 화합물인 금속 아세틸라이트를 생성할 수도 있으며 아세틸렌가스가 누출되어 연소 시에는 모래, CO_2, 분말소화기 및 물분무 등으로 질식소화를 한다.

▸ 아세틸렌(acetylene)

① 기체로 압축시키면 폭발 가능성이 높다.
② 산소가 없어도 분해 시 열팽창되고 생성되는 압력상승으로 폭발성을 갖는 가스이다.
③ 용제인 아세톤에 용해한 뒤 목탄, 석면 등과 같은 다공성 물질에 충전하여 보관·운반한다.
④ 연소 시 모래 등으로 덮거나 이산화탄소, 분말소화기를 이용하여 질식소화를 한다.
(* 제1석유류 아세톤 등의 액체에 녹여서 저장하기 때문에 물로 소화할 수 없다.)
⑤ 아세틸렌은 물과 탄화칼슘과의 반응, 전기 아크를 이용한 탄화수소의 분해, 공기나 산소에 의한 메탄의 불완전연소 등의 3가지 방법으로 얻어진다.

고압가스의 분류 요점

연소성에 따른 분류	가연성가스	프로판, 아세틸렌, 수소 등이 산소와 화합 시 연소하는 가스
	조연성가스	산소(공기), 염소, 불소 등 가연성 가스의 연소를 돕는 가스
	불연성가스	질소, 탄산가스, 아르곤, 네온 등과 같이 연소하지 않는 가스
저장성에 따른 분류	압축가스	수소, 산소, 질소 등 기체 상태로 압축한 가스
	액화가스	암모니아, 염소, 탄산가스, 프로판 등 압축하여 고압용기에 저장된 가스
	용해가스	아세틸렌(다공질에 아세톤을 침윤시킨 후 저장하는 가스)
독성에 따른 분류	독성가스	염소, 암모니아, 아크로레인, 포스겐, CO와 같이 유해한 가스
	비독성가스	산소, 수소, 질소 등 인체에 유해하지 않은 가스

▸ 독성가스

"고압가스안전관리법" 에서는 아크로레인, 포스겐, 염화수소, 황화수소, 암모니아, CO 등 흰쥐를 대상으로 실험하여 허용농도가 5,000ppm 이하인 가스를 독성가스라고 규정한다.

(3) 가스화재 관리 등

LNG(엘엔지)는 지하 가스암층의 가스 유전과 원유를 생산할 때 나오는 가스에 함유된 성분인 메탄과 에탄 등을 압축·액화 분리하여 제조한 것이다.

LPG(엘피지)는 원유에 함유된 가스 중 탄화수소가스를 압축, 액화 분리하여 제조한 것이다.

① LNG(액화 천연가스) 및 도시가스

LNG 및 도시가스는 무색, 무취로서 주성분이 메탄(CH_4)* 으로서 공기보다 2배 가벼운 물질이다. 누설되면 공기보다 가벼워 천장으로 올라간다. LPG에 비해 착화온도(하한계)가 높아 폭발성이 적고, 액화와 운반이 쉽고 액화 과정에서 황과 수분을 빼서 청정연료이다.

② LPG(액화 석유가스)

LPG는 프로판 및 부탄이 주성분으로서 기체시 공기보다 1.5배~2배 무거운 무색, 무취이다. 누설 시 바닥으로 체류하며 LNG보다 쉽게 연소, 폭발하는 위험성을 가지고 있다. 그 특성은 물에는 녹지 않으나 휘발유 등 유기용매에 용해되고 천연고무를 잘 녹인다.

▸ 액화석유가스(LPG)의 일반적 성질

① 주성분은 프로판(C_3H_8), 부탄(C_4H_{10})	② 무색, 무취, 무미, 무독성이다.
③ 기화 시 공기보다 1.5배~2배 무겁다.	④ 액화 시 250배로 축소되며 물보다 2배 가볍다.
⑤ 쉽게 연소 · 폭발할 수 있다.	⑥ 휘발유 등 유기용매에 잘 용해된다.

③ 가스누설경보기 탐지부를 설치 시 다음과 같다.

㉠ LNG와 도시가스: 천장으로부터 하방 30cm(직선거리 8m) 이내에 설치.

㉡ LPG: 지면으로부터 상방 30cm(연소기 중심으로부터 직선거리 4m) 이내에 설치.

(*^^알파벳 순서로 N자보다 P자가 늦게 오니 LNG보다 LPG가 무겁다고 기억하면 쉽다.)

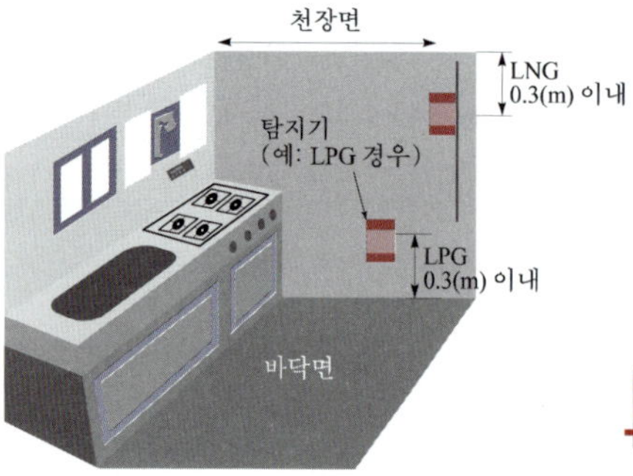

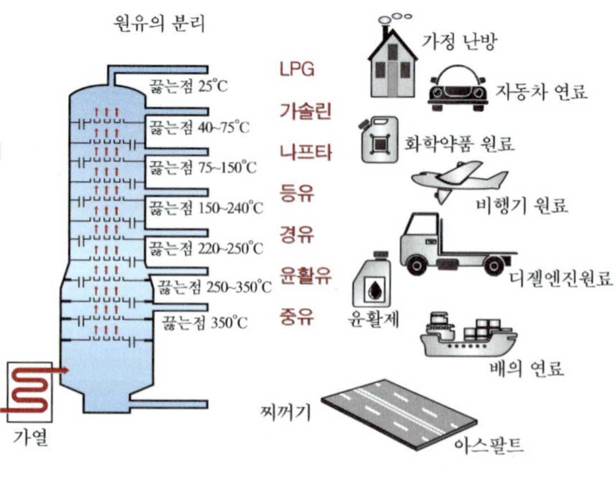

④ 가스 누출 시 환기팬, 배기팬의 전기 스위치 등을 동작시킬 때 전기스파크를 일으켜서 폭발할 수 있으니 절대 동작시키지 않는다.
⑤ LNG 누출 시 창문 등을 열고 신문 등으로 휘저어 배출하도록 한다.
LNG 등에는 메르캡탄의 부취제(인공향료)가 첨가되어 있어 누출되면 냄새로 확인된다.
LPG가 누출되면 먼저 밸브를 잠그고 바닥에 깔려 있는 가스를 신문이나 빗자루로 쓸고 물을 분사시켜 분산시키거나 가스용기에 물을 뿌려 파열되지 않도록 한다.
⑥ LNG 성분은 메탄 90%(그 외 에탄 8.5%, 프로판 2%) 정도이다. LPG 성분은 프로판(C3H_8)이 약 70%, 부탄(C_4H10)이 약 20% (그 외 프로필렌, 에탄, 에틸렌) 들어있다.
⑦ LPG를 저장을 할 때 저장용기 내용적의 85% 초과해서 저장하여서는 안 된다.
동일한 온도 하에서 액체의 종류가 같다면 그 양에 관계없이 증기압력은 일정하다.
즉, 용기 안의 LPG 압력은 탱크 안에 남아있는 잔존량에 관계없이 일정하다.
⑧ LNG는 −162℃에서 1/600로 체적을 압축한 무색의 투명한 초저온 액체로 선박 등을 통하여 수입되고 사용되는 용도는 도시가스, 발전용 등의 대형가스기관, 식품의 냉장 냉동 등이 있으며, 버스 연료와 도시가스 연료로 주로 사용하고 있다.
⑨ LNG 및 LPG는 액화 시 물보다 2배 가볍다.
⑩ 가스화재 시 물로 저장탱크 외벽의 온도를 냉각해야하며 화점에 물을 주수할 경우 체류된 누출가스로 인해 대형폭발로 이어질 수 있다.

LNG와 LPG의 일반적 특성의 비교

구 분	LNG(액화천연가스)	LPG(액화석유가스)
주성분(약 90%)	메탄(CH_4)	프로판(C_3H_8), 부탄(C_4H_{10})
비중(공기와 비교)	공기보다 2배 가볍다.	공기보다 1.5~2배 무겁다.
가스누설탐지부	천장면에서 30cm	바닥면에서 30cm

LNG(Liquefied Natural Gas)와 LPG(Liquefied Petroleum Gas)의 세부적 특성이다.

LNG	LPG
천연가스 주성분은 80%~85%가 메탄가스이다. 공기보다 가벼워서 누출 시 대기 중으로 상승하고 발화온도는 약 600℃로 LPG보다 안전하다. - 연소온도는 약 2천℃로서 대기압 초저온에서 액화가 되며 액화 과정에서 분진, 황, 습기 등을 제거하여 청정연료로 사용된다. 첨가물을 추가하여 도시가스용으로도 사용된다. * LNG와 도시가스는 모두 메탄이 주 원료이다. (*액화점 메탄: −162℃, 액화가 LPG보다 어렵다)	LNG보다 더 위험하다. 연소온도 대략 2천℃가 넘는다. LPG는 상온(常溫)에서 기체로 존재하지만, 용기내 압력을 6~7kg/㎠ 으로 가압하면 쉽게 액화된다. 이러한 부탄과 프로판을 액화시키면 부탄은 1/225, 프로판은 1/250로 체적이 축소되므로 상온에서 저장보관이 쉽다. 프로판이 부탄보다 압이 더 크다. 또한 내용적 85% 초과 저장하면 안 된다.(폭발위험) (*액화점은 프로판: 약 −45℃, 부탄: 약 −0.5℃).

• 공통점: 무색·무취·무미·무독성, 액화 시 비중 약 0.5(물보다 약 2배 가볍다.)

(4) 가스연소의 이상 현상

가스 버너 등의 연소 시 산소가 부족하면 황염이 발생하고 정해진 연소속도보다 가스분출속도에 따라 리프팅과 백파이어가 나타나며, 리프팅보다 가스 분출속도와 연소속도 편차가 더 클 경우 블로우오프가 된다. 그 내용은 다음과 같다.

① 리프팅(lifting, 선화, 부상화염)

연소되는 속도보다 가스 분출속도가 클 때 불꽃이 노즐에서 떨어져서 연소하는 현상이다.

예 노즐 분출 구멍이 막혀서 내부압력의 증가로 갑자기 가스 분출속도가 커진 경우.

② 백파이어(back fire, 역화) – 리프팅의 반대현상

연소속도보다 가스 분출속도가 적을 때 불꽃이 내부로 전파되는 현상이다. 버너의 과열, 노즐의 부식으로 분출 구멍이 커진 경우로 역화, 라이팅백, 플래시백이라고도 한다.

예 혼합 가스량이 적을 때, 노즐 구경이 막혀 가스량이 정상보다 작거나 가스 압력이 낮아질 때. 버너가 과열·노즐을 통과하는 가스가 적을 때 등 선화가 아닌 다양한 반응의 현상이다.

③ 블로우* 오프(blow off)

선화상태일 때 주위에 공기유통이 심하여 불꽃이 노즐에서 떨어진 후 꺼져버리는 현상.

④ 황염(Yellow tip)

1차 공기(산소)가 부족할 때 불꽃 끝이 황적색이 되어 미연소상태로 적열되는 현상.

정상연소와 비정상가스 연소의 불꽃상태

비교 ① 리프팅: 가스(분출속도)가 많을 때. ② 백파이어: 가스(분출속도)가 적을 때.

(5) 가스저장용기(공업용)

가스가 충전된 용기의 주위온도는 40℃가 초과되면 액상 열팽창하여 폭발위험이 있으므로 항상 40℃ 이하로 유지하고 직사광선, 습기, 눈, 비를 피한다.

(*^^ 우리나라 최고온도는 약 40℃ 이다. 그 환경의 특성을 이용하여 40℃ 이하로 저장하고 있다.)

가연성 및 독성가스 저장용기의 색상은'녹색 = 산소, 청색 = 이산화탄소, 회색=질소, 수소 = 주황, 황색 = 아세틸렌, 백색 = 암모니아, 갈색 = 염소, 회색 = 기타 가스'로 표시된다.

---

* 메탄(CH4): 가장 가벼운 무색, 무취의 기체. 늪에서 식물질 등이 썩어 발생.
* 블로우(blow): 불다.

7. 주방화재(K급)의 성상

K급 화재란? 키친(Kitchen)의 첫 자를 따서 지었으며 B급 화재와 다른 분류의 화재로서, 식용유, 식물성 또는 동물성 유지 등 조리용 튀김 기름에서 발생되는 화재를 말한다.
가정집 화재는 조리 중 조리기구이거나 난방기구가 1위를 차지한다.
주방화재(K급)의 대표적인 식용유 화재는 B급화재와 달리

① 발화점과 인화점의 차이가 적고

② 발화점(288~385℃)이 비점 이하이어서 화재가 발생하면,

③ 소화하여도 재 발화하는 특수한 화재형태로서 화염을 제거해도 식용유의 온도가 발화점 이하로 내려가지 않으면 즉시 재 발화할 수 있다.

*^^ 국제표준화기구인 ISO는 F급화재로 분류한다.

④ 소화방법은 다음과 같다.

㉠ K급소화기(강화액소화기)
강화액소화약제를 무상으로 방사시 질식·냉각·억제작용에 의하여 재발화는 방지된다.

㉡ 제1종분말(중탄산나트륨)
중탄산나트륨(베이킹 소다)을 방사하면 금속비누가 생성되고, 이 금속비누가 비누화 작용*의 비누거품을 형성하여 질식작용에 의하여 재발화는 방지된다.

▸ 주방화재 소화방법

- 소화방법은 "K급 강화액 소화기" 외 뚜껑, 담요, 마요네즈로 산소를 차단하는 질식소화와 야채(배추), 베이킹소다, 소금, 상온의 식용유를 넣어서 열을 흡수하는 냉각소화가 있다.
  (* 마요네즈를 넣으면 기름 액면에 막을 형성하여 산소(공기)를 차딘하는 질식효과를 갖는다)
- 질식소화: 뚜껑, 담요(모포), 마요네즈(* 마요네즈 뿌리면 기름 위에 떠서 산소 차단).
- 냉각소화: 야채, 소금, 소다, 상온의 식용유.(* 배추 등 넣으면 기름을 흡수, 온도를 낮춘다.)

(* 자연발화: 건성유* 〉 반건성유 〉 불건성유의 순으로 자연발화의 위험성이 크다)

유류화재와 주방화재의 비교

구 분	유류화재(B급)	식용유화재(K급)
끓는점	발화점이 끓는점보다 높다	발화점이 끓는점보다 낮다
재발화	잘 안됨	잘됨
소화방법	질식소화(=산소차단으로 화염을 제거)	질식소화+냉각소화(=열 흡수)

* 비누화작용: 지방을 가수 분해 하여 거품을 생성하는 비누를 만드는 화학 변화. 감화(鹼化). * 비점: 끓는점
* 건성유: 빨리 건조되는 기름. 아마인유, 들기름, (오)동유, 정어리, 해바라기유 등.
* 반건성유: 참기름, 콩기름, 옥수수, 채종유 등 * 불건성유: 땅콩유, 올리브, 피마자, 동백유, 돼지·쇠기름.

03 화재용어 등

1. 화재하중(Fire Load, 화재규모)

화재하중이란 가연성 건축구조재와 수용물의 양으로서 화재 시 예상 가능한 최대 가연물의 양을 뜻하며, 목재 단위면적당 가연물의 발열량 및 화재의 위험성을 나타낸다.
즉, "불이 나면 도대체 그 규모가 얼마나 클까?"의 개념으로 도입되었으며 화재실 면적에 대한 실내장식물의 위험도를 나타낸다. 이는 내장재 발열량이 클수록 화재하중이 크며 내장재가 불연화가 화재하중이 감소되며 화재하중의 활용범위는 다음과 같다.
① 발열량, 위험도, 화재규모(주수시간)를 추정할 수 있다.
② 건물의 내화설계(붕괴 등 고려)기준, 가열온도 척도로 활용.

$$\text{화재하중}(q) = \frac{\sum(G_t H_t)}{HA} = \frac{\sum Qt}{4{,}500A}\ [kg/m^2]$$

G_t: 각 가연물의 양[kg], H_t: 단위발열량[kcal/kg], Qt: 가연물의 전체 발열량[kcal]
H: 목재단위발열량[4500kcal/kg], A: 화재실 바닥면적[m^2], Σ: 합(合)

▸ 화재하중의 The쉬운 개념

- 필자의 식: 내장재의 총 발열량(kcal) / 목재 발열량(kcal/kg) x 화재실 바닥면적(m²)
- 연상기억: 가연물의 양 x 단위 발열량 / 나무 발열량 x 화재실 바닥면적 ▸ 양발/나무바닥

각종 재료의 단위발열량[kcal/kg]

재 료	발열량	재 료	발열량
종이	4,000	고무	9,000
염화비닐	4,100	휘발유	10,000
목재	4,500	폴리에틸렌	10,400

대표적인 재료의 단위 발열량은 염화비닐 → 목재 → 고무 → 휘발유 등의 순이다.
(*^^ 목재 4,500Kcal/kg? = 나무 1kg이 탈 때 4,500Kcal의 열량이 생긴다는 뜻이다.)

2. 화재강도(intensity of fire)

화재강도란 단위시간당 축적되는 열의 값을 말한다.
가연물의 비표면적이 크면 연소가 잘되고 가연물의 연소열량이 클수록 화재강도는 증가한다.
화재강도가 증가하는 조건은 화재 시 산소공급, 화재실의 벽, 천장, 바닥 등의 단열성, 가연물의 배열상태, 화재실의 구조, 가연물의 발열량, 가연물의 비표면적 등이다.

3. 화재가혹도(화재심도, Severity of fire)

화재 시 건물 내 수용재산 및 건물 자체에 손상이 생기는 정도를 말하며 최고온도에서 연소시간이 지속될수록 화재가혹도는 커진다. 하지만 화재하중과 화재강도를 작게 하면 화재가혹도는 낮아진다. 이는 최성기의 개념으로 최고온도×지속시간을 화재가혹도로 나타낼 수 있다. 또한 화재가혹도에 영향을 주는 요인(要因)으로는 연소하는 물질의 연소속도, 연소열량, 개구부의 위치 및 크기, 가연물의 배열상태, 화재하중 등이 있다.

▸ 화재가혹도

- 최고온도(질적 개념) × 지속시간(양적 개념)을 화재 가혹도라 한다.
  이는 화재의 양을 반영하는 화재하중 + 화재의 질을 반영하는 화재강도의 개념으로 정리된다.

▸ 각 화재 현상의 비교

- 화재하중: 각 내장재의 발열량과 양(kg) / 목재발열량을 기준으로 화재실 바닥면적(m^2)
- 화재강도: 열의 값 / 단위시간 (* 화재가 얼마나 강하느냐? 표면적, 열량 등에 따라..)
- 화재가혹도: 연소 지속시간 × 최고온도 (* 화재가 얼마나 가혹하느냐, 최성기의 지속개념)

※ 화재하중 값: 창고(200~1천) 〉 서고(도서관) > 점포(백화점) > (공동)주택 > 사무실

4. 임야(산림)화재

화재의 분류는 크게 "급수 화재"와 "처종 화재"로 분류한다. 급수화재는 A·B·C·D·K급 등의 화재를 말하고 처종화재는 임야화재, 건축 · 구조물, 자동차·철도차량, 선박·항공기, 위험물·가스제조소 등을 말한다. 여기서 임야화재는 일반적으로 수간화, 수관화, 지표화, 지중화까지 나누며, 그 외 학설에 따라 불똥이 날아가 번지는 비산화(飛散火)가 있다.

① 수간화(樹幹火): 굵은 수목이 타는 것.
② 수관화(樹冠火): 나무 가지나 무성한 잎만 타는 것.
③ 지표화(地表火): 산림의 지면에 떨어진 낙엽, 가지 등이 연소하는 것.
④ 지중화(地中火): 땅속에 썩은 나무의 유기질층, 니탄층, 갈탄층, 아탄층 등이 산소가 어느 정도 존재하는, 깊지 않은 땅속에서 타는 것으로 주로 북아프리카에서 볼 수 있으며 적설 하에서도 연소는 진행되며 화재 시 진화가 어렵다.

| 화재 | OX 개념

01 전기화재 - C급- 황색에 해당한다. (　)

☻ 전기화재 – C급– 청색에 해당한다　(▸ 전기가 통해 식겁(C급)해서 파랗게 질림!)

02 플래시오버는 천장면의 복사열에 의하여 바닥면 위의 가연물이 분해하여 가연성 증기가 착화하여 순간적으로 연소가 확대되어 실내가 화염이 덮이게 되는 현상이다. (　)

☻ 상기 설문은 옳은 내용이다. 내화조 플래시오버의 연기층 가스온도는 약 500℃~600℃이다.

03 플래시오버현상 직전은 자유연소상태이며, 복사열이 주원인이고, 폭풍 혹은 충격파가 없다. (　)

☻ 상기 설문은 옳은 내용이다. 플래시오버현상은 충격(폭발)파가 없다. (* 백드래프트는 불완전 훈소상태로서 주로 말기에 일어난다. 산소가 주원인이고, 폭풍 혹은 충격파를 동반한다.)

04 목조건물의 화재출화의 일반적 현장은 처음에는 흑색 연기가 창, 환기구 등으로 분출된다. (　)

☻ 연기는 처음에는 백색에서 나중에는 흑색으로 변한다. (* 국어사전 순)

05 B급 화재는 물로써 전혀 소화할 수 없다. (　)

☻ 알코올의 희석소화와 물분무의 분무상의 질식소화가 있다.

06 Boil over 현상원인은 여러 종류의 비점을 가진 불균일한 또한 거품을 형성하는 고점도 성질의 유류에서 발생한다. (　)

☻ 보일오버는 중질유 등의 탱크 바닥에 찌꺼기와 함께 있는 바닥에 물이 끓어 급격한 부피팽창에 의해 기름을 탱크 외부로 넘치게 하는 현상이다.

07 정전기 발생 방지 방법에는 상대습도를 70% 이하로 높이는 방법 등이 사용된다. (　)

☻ 정전기 발생방지 방법에는 상대습도를 70% 이상으로 높이는 방법 등이 사용된다.

Ans. 01. (X)　02. (O)　03. (O)　04. (X)　05. (X)　06. (O)　07. (X)

08 **금속화재 시 수분과의 접촉은 항상 수소가스를 발생한다. ( )**

☺ 금속화재 시 수분과의 접촉은 일반적으로 가연성가스(주로 수소)가 발생한다.

09 **메탄은 무색으로 악취가 있으며 가벼워서 항상 뜰 수밖에 없다. ( )**

☺ 메탄은 무색, 무취이며 일반적으로 공기보다 가볍지만 습기가 많으면 가라앉기도 한다.
(이 문제는 중요하자 않지만 "소방공학에서는 꼭 예외사항"이 있을 수 있다는 개념을 전달한다.)

10 **역화는 연소속도보다 가스 분출속도가 적을 때 불꽃이 내부로 전파되며 버너의 과열, 노즐의 부식으로 구멍이 커진 경우로 선화에 비해서 다양한 현상이 나타난다.**

☺ 백파이어(역화)는 리프팅(선화)에 비해 다양한 반응이 일어나는 현상으로 옳은 설명이다.

11 **가로 x 세로 x 높이 = 5m x 6m x 3m인 실내에 750kcal/kg의 발열량을 갖는 탄소분 7,500kg이 적재되어 있는 경우 예상 화재하중의 식은? ( )**

☺ $q = \frac{\sum(G_t H_t)}{HA} = \frac{\sum Qt}{4{,}500A} = \frac{7{,}500 \times 750}{4{,}500 \times 5 \times 6} = 41.67\,\mathrm{Kg/m^2}$ ※ 목재: 4,500[kcal/kg]

* 화재하중의 개념: (지구상에서 가연물을 비교하는 대표적인)목재 발열량을 기준으로 화재실 바닥면적에 대한, 그 실 내장재의 모든 가연물의 양과 각 단위 발열량의 위험성을 묻는 것이다.

12 **환기지배형화재의 온도인자는 개구부 면적에 비례하고 개구부 높이의 평방근에 반비례한다. ( )**

☺ 환기지배형화재의 온도인자는 개구부 면적에 비례하고 개구부 높이의 제곱근에 비례한다.
※ 참고: 온도인자: $\frac{A\sqrt{H}}{At}$ (A: 개구부 면적, H: 개구부 높이, At: 실내의 전표면적)

13 **LPG 누출 시에는 인공향료로서 냄새를 확인할 수 있다. ( )**

☺ LPG 누출 시에는 인공향료로서 냄새를 확인할 수 있다.
※ 인공향료- LNG: 등: 부틸 메르캅탄(TBM), 양파 썩는 냄새, / LPG 등: THT, 석탄가스 냄새 남.

[* 참고: 가스누설탐지부는 공기보다 무거운 가스를 사용하는 경우에는 가스연소기의 중심으로부터 직선거리 4m 이내, 공기보다 가벼운 가스를 사용하는 경우에는 8m 이내에 설치해야 한다.]

Ans. 08. (X) 09. (X) 10. (O) 11. (O) 12. (O) 13. (O)

| 화재 | 주요문제

기출

01 화재의 구분에 따른 표시색상으로 옳지 않은 것은?

① A – 일반화재(백색) ② B – 유류화재(황색)
③ C – 전기화재(청색) ④ D – 가스화재(무색)

해설 D- 금속화재(무색)에 해당한다. 가스화재는 황색이다.

답 ④

기출

02 화재구역 내 전표면이 불로 뒤덮이는 전이현상으로서 천장면에서부터 시작된 복사열이 원인이 되는 현상으로 옳은 것은?

① Flash over ② Roll over
③ Boil over ④ Slop over

해설 설문에서 말하는 현상으로 옳은 것은 Flash over 현상이다. 답 ①

기출

03 다음의 설명 중 옳은 것은?

① 원유를 분별증류하면 끓는점이 높은 휘발유 성분이 먼저 분리되고 하부쪽으로 갈수록 끓는점이 낮은 등유, 경유, 중유 순으로 분리된다.
② 슬롭오버는 탱크 벽면이 가열된 상태에서 포를 방출하는 경우 가열된 벽면에서 포가 열화되어 증발된 유류가스가 발포된 포를 뚫고 상승되어 유류가스에서 불이 붙는 다.
③ 보일오버는 서로 다른 원유가 섞여있거나 중질유 탱크에서 오랜시간 연소하다가 탱크바닥 내 잔존기름이 물의 비등으로 탱크 밖으로 분출하는 현상이다.
④ 후로스오버는 유류 액표면 온도가 물의 비점 이상으로 상승되고 소화용수 등이 뜨거운 액표면에 유입되게 되면 물이 수증기화 되면서 갑작스러운 부피 팽창에 의해 유류가 탱크 외부로 분출되는 현상이다.

해설 ③번이 옳다. 답 ③

① 원유를 분별증류하면 끓는점이 낮은 휘발유 성분이 먼저 분리되고 하부쪽으로 갈수록 끓는점이 높은 등유, 경유, 중유 순으로 분리된다.
② 링파이어는 탱크의 벽면이 가열된 상태에서 포를 방출하는 경우 가열된 벽면에서 포가 열화되어 안정성이 저하된 상태에서 증발된 유류가스가 발포되어 있는 거품층을 뚫고 상승되어 유류가스에서 불이 붙는 현상이다.
④ 슬롭오버는 유류 액표면 온도가 물의 비점 이상으로 상승되고 소화용수 등이 뜨거운 액표면에 유입되게 되면 물이 수증기화 되면서 갑작스러운 부피 팽창에 의해 유류가 탱크 외부로 분출되는 현상이다.

주요 이상현상의 보일오버와 슬롭오버의 비교

구 분	보일오버	슬롭오버
탱크바닥	바닥에 물이 존재	바닥에 물이 존재하지 않음
화재발생	액면(표면)에 화재가 발생	화재발생 요인이 아닐 수 있다.
발생지점	기름이 끓기 전 바닥에 물이 먼저 끓음	물이 투입되어 튀는 100℃ 이상 표면의 고열
공통점	다성분 중질유의 유류현상으로 표면에 열류층과 함께 에멀션 현상의 거품이 형성된다.	

기출 소방간부후보 시험 기출

04 다음 중 정전기의 발생을 방지하는 방법이 아닌 것은?

① 공기를 이온화 한다.
② 상대습도를 70% 이상으로 높인다.
③ 접지시설을 한다.
④ 도체를 사용한다.
⑤ 피뢰설비를 한다.

해설 피뢰설비는 낙뢰 방지법에 해당한다.(위험물안전관리법 시행규칙 별표4 참고)
답 ⑤

기출

05 다음은 플래시오버에 대한 설명이다. 이 중에서 가장 틀린 것은?

① 플래시오버는 화염이 실내 전체에 확대되는 현상이다.
② 플래시오버는 실내장식물의 영향을 많이 받는다.
③ 밀폐된 실내에서 출화한 전실화재로서 실내가 고온이다.
④ 일반적으로 건축물의 개구부가 작을수록 실내의 온도가 높고 화력이 강하다.

해설 개구부가 클수록 공기(산소)가 풍부하여 온도가 높고 화세(불의 기운)가 강하다.
답 ④

기출

06 플래시오버에 대한 영향조건으로 가장 틀린 것은?

① 화원의 크기 ② 내장재
③ 개구부의 조건 ④ 개구부의 위치

해설 개구부의 조건이며 개구부의 위치는 아니다.
답 ④
* 화원 크기, 내장재, 개구부 조건
▸ 화내개(F/O 영향조건 모르면 화내게)

▸ 개구부의 조건에서 개구율에 따른 F.O 해설

개구부가 너무 크면 열손실이 되거나 정상 연소되어 F/O가 일어날 수 없으며, 개구율이 1/3~1/2이면 F/O가 가장 빠르고, 개구율이 1/16 보다 미치지 못하면 일반적으로 F/O가 발생되지 못한다.

- 개구율이란 환기구 면적을 제외한 실내 표면적에 대한 개구부의 면적이다.
  표면적이란 겉으로 나타나거나 눈에 띄는 면적인데 일반실로 말하자면 앞뒤좌우상하를 말한다.
- 여기서 개구율 계산은 환기구(개방된 출입문과 창문 등) 면적을 제외한 바닥, 벽, 천장을 포함하는 구획실의 총 표면적을 분모로 두고, 실 총 개구부를 분자에 놓고 x100을 하면 된다. 개구율 구하는 식이 미·영·일 등의 서적에도 아직 없어서 기호가 없는 식으로 필자가 쉽게 만든다면 아래와 같다.

• 개구율 : $\frac{\text{개구부 면적}}{\text{환기구를 제외한 표면적}} \times 100$

- 연료지배형: 큰 환기가 F/O 억제가능, 환기지배형: 부적절 환기로 복사피드백 증가로 빠를 수 있다.
- 결론: F/O는 B/D에 비해 빈번하다지만 개구부가 어느 정도 있어도 화재시는 불길로 환기가 잘 되지않으니 미국 실험을 계산해볼 때 개구부가 6면 중 1면 가까이 차지하고 조건이 맞아야 일어날 수 있다!

| 이야기로 학습하는 | 연소이론 예습

① **연소의 정의란? 빛과 발열을 수반하는 산화반응이다.**
공기 중에는 산소가 21% 존재한다. 사람은 산소가 없으면 질식하여 생명을 유지하지 못한다. 사람과 마찬가지로 **연소반응**도 공기 중에 산소가 16%~21% 정도 있어야 가연물(연소가 가능한 물질)과 점화원(불씨)이 만나서 연소될 수 있다. 그러나 공기 중에 산소가 15% 이하가 되면 연소가 불가능하다. / **산화**란 물질이 산소와 화합하는 것을 말한다. 쉬운 예로 사과를 깎아 공기 중에 놓아두면 색깔이 변하는 현상이나 못이 녹슬어서 푸르게 변하는 현상을 들 수 있다. 하지만 발열이 없어 연소라 할 수 없으며 연소는 산화반응과 발열반응이 동시에 일어나야 한다.
또한 질소 등과 같이 산소와 만나서 흡열 반응하는 것도 연소반응이라 할 수 없다.

② 연소는 **화학반응의 변화이**다.
화학변화란 물질을 구성하는 분자구조가 변하는 현상이다.
예 화학변화: 나무가 타서 숯, 종이가 타서 재가 되는 것 → 분자(물질) 구조(성질)가 변하는 것.
예 물리변화: 물이 열을 흡수해서 수증기가 되는 것은 상태 변화지만 H2O의 성질은 그대로인 것.

③ 유기물은 지구상에 350만 개 이상 존재한다.
유기물은 탄소(C)를 포함하고 있으며 연소가 가능한 물질이다.
지구에 흔히 존재하는 탄소(C), 산소(O), 수소(H)의 연소반응 정리는 다음과 같다.

- C + O = CO → 일산화탄소
  (무색·무취로서 공기보다 가벼운 유독성의 가연성 물질로 더 산화가 가능한 불완전 연소상태)
- CO + O = CO_2 → 이산화탄소
  (무색·무취로서 공기보다 무거운 무독성 비가연성 물질로 최종 산화물인 완전연소상태)

어떤 물질이 연소하면 일반적으로 **탄소와** 산소가 화합하여 CO(**가연성 물질**), 산소와 더 이상 화합하지 않는 최종 산화물인 CO_2(**비가연성 물질**)를 생성하며 **수소**는 산소와 화합하여 **수증기**(H_2O)를 만들어 낸다. 이 3가지는 가연물이 연소할 때 기본적으로 생성되는 화학적 물질들이며 여기서 CO(**일산화탄소**)만 **가연성 물질**이 된다. 이 외에 가연물이 연소할 때 황(S), 인(P), 질소(N) 등이 생성되는데, 이처럼 물질 내 포함하고 있는 원자에 따라 생성되는 물질이 조금씩 다를 수 있다.

④ **연소 시 생성되는 물질은 연소가스, 불꽃, 열, 연기** 등이다.
이 중 연소가스(독성가스)는 인체에 큰 장애를 주고, 연기는 피난에 큰 장애를 준다.
독성가스의 종류에 대해 이야기를 하자면. **아크로레인**(석유제품, 유지류 등이 탈 때), **포스겐**(PVC, 수지류 등이 탈 때 소량생성: 독일군의 유태인 학살에 쓰임)등의 맹독성 가스가 있으며, 그 외 **염화수소**(전선피복이 탈 때 생성되는 금속에 대한 부식성 가스), **털·고무·나무 등**이 탈 때 생성되는 **아황산가스**(완전연소)와 **황화수소**(불완전연소, 달걀 썩는 냄새) 및 **시안화수소**(청산가스. 직물류 등이 탈 때), **암모니아**(온도를 낮추는 **냉동시설의 냉매**로 사용), 또한 가연물이 탈 때 항상 발생되며 흡입 시 피 속에 있는 **헤모글로빈**과 결합하여 인체에 산소공급을 차단시켜 질식 사망하게 하는 독성가스(허용농도 50ppm)인 **일산화탄소** 등이 존재하고 있다.

| 이야기로 학습하는 | 연소이론 예습

⑤ **연소의 3요소란? 가연물, 산소공급원, 점화원**이다.
여기서 산소공급원이란 **산소** 외에도 **조연성 물질**(연소를 보조하는 물질)인 불소, 염소, 오존, 할로겐 원소 등과 **제1류 위험물, 제5류 위험물, 제6류 위험물**과 **같이** 물질 내에 산소를 포함하고 있는 물질 등이 있다. 하지만 **제1류 위험물과 제6류위험물**은 물질 내 **산소는 포함**하고 있으나 자신은 **불연성**으로 **가열(화기), 충격(마찰)**등으로 산소를 내주어 다른 물질의 연소를 돕는 위험물이지만, **제5류 위험물**은 공기 중 산소가 없어도 **물질** 자체에 포함하고 있는 **산소**와 반응하여 스스로 셀프연소 및 폭발이 가능하다.

⑥ 지속적인 연소를 하기 위해서는 **연소의 3요소 및 연쇄반응**이 일어나야 한다.
가연물에 산소와 점화원이 공급되어 잠시 불이 붙는다. 이 점을 **인화점**이라고 한다.
그러나 불이 붙었다 꺼질 수 있지만 인화점 이후 10℃(약 5초) 이상 상승하면 불은 꺼지지 않는다. 이 점을 **연소점**이라 한다. 즉, 지속적인 연소를 위해서는 **연쇄반응**이 필요하다. 연소의 3요소까지의 온도는 불이 붙었으니 인화점, 연소의 4요소까지의 온도는 불이 꺼지지 않으니 연소점(물질에 연소가 지속될 수 있는 최저온도)에 해당된다.
그리고 자연발화는 고온·다습한 밀폐된 공간(산소 존재)에 열을 전달해 주는 촉매 역할을 하는 습기가 있으면 잘 발생하고, 물질 내부에 열전도도와 활성화에너지가 작을수록 발화하기 쉽다.

⑦ "**열전도도**"란 물질 내부에 열이 흘러가는 정도를 말하는데, 열이 늦게 흘러갈수록 물질 내부에 열이 분산되지 않고 한 곳에 모여서 고온을 형성하며 이때 가연물이 인화점 이상이 되면 순간적으로 점화 연소할 수 있다. / "**활성화 에너지**"란 가연물이 처음 연소할 때 필요한 열에너지로서 물질이 연소 시 작은 열에너지로 연소가 가능할수록, 즉 점화에너지가 작게 필요할수록 곧 위험한 물질이 된다. 그러므로 **가연물의 구비조건**은 열전도도와 활성화에너지가 "작을수록" 이 된다.

⑧ 연소의 온도는 **인화점** < **연소점** < **발화점** 순으로 발화점이 가장 높다.
가연물의 특성은 물질에 따라 차이가 있지만, 상대적으로 "**작을수록**" 위험한 조건들로는

- **인화점·착화점**(가연물이 낮은 온도에서 연소될수록 위험! 휘발유가 경유보다 위험하다.)
- **점성**(끈적끈적하지 않을수록! 즉, 물질 내 어떤 이물질이 적으면 순수하니 더 위험하다.)
- **비점**(비등점), **융점**(녹는점), **증발열(증발잠열)**, **비중**(즉, 점성이 작을수록 물질 내 어떤 이물질이 적기 때문에 물질이 가볍고 빨리 끓으며 빨리 녹는다.)
- 표면장력은 표면으로 끌어당기는 힘으로 표면장력이 작다는 뜻은 점성이 작다는 뜻과 같다.
  - 휘발유 방울이 등유, 경유, 중유 방울보다 표면장력이 더 작다. ∴ 휘발유가 더 순수하다
- LOI(한계산소지수를 말하며 작은 산소로 불이 붙는 물질이 위험하다!)
  - 산소가 16%와 21% 중에서 16%만 가지고도 연소된다면 그 물질이 더 위험하다
- **활성화에너지**(처음 착화될 때의 최소 점화에너지! 즉, 작은 불씨로도 착화되면 위험하다.)
- **비열**(물질 내부에 비교한 작은 열로, 고온을 형성하여 착화된 물질이 더 위험하다.)
- **열전도율**(물질 내부에 열이 천천히 흐를수록 열 축적이 잘되기 때문에 연소하기 쉽다.)
- **전기전도율**(정지된 전기가 축적되어 늦게 흐를수록 순간적으로 착화되기 쉽다.) 등이 있다.

CHAPTER

02 연소이론

01 연 소

▶ 연소의 요소→인·연·발 이론→연소의 4대생성물 순

1. 연소의 정의

연소란 가연물이 공기 중에서 빛과 열을 수반하는 산화반응이다.

물질이 산소와 화합하여 빛과 열을 내는(發熱 발열) 화학변화를 연소라 한다.

① 물질이 지속적인 발열반응을 하면 고열이 발생되어 복사열이 전파되고 열분해에 의한 연쇄반응으로 연소는 지속된다. 가연물이 이러한 연소반응하기 위해서는 각 물질마다 다르지만 산소와 함께 활성화할 수 있는 에너지(예 프로판은 약 0.3mJ)가 필요하다.

② 우리 주위에 철(금속)이 녹스는 것은 산화반응이지만 열이 발생하지 않기 때문에 연소라 할수 없고 질소 등과 같이 산소를 만나서 흡열반응을 하는 것도 연소라 하지 않는다.

> 예 • N_2(질소) + O_2 = − Q kcal(흡열)

③ 가연물질이 연소하면 가연물의 주 성분인 C*(탄소), H*(수소) 등이 공기 중 O*(산소)에 의해 탄소는 CO · CO_2를 만들고 수소는 H_2O(수증기)를 만든다.

> 예 • 산소 + 수소 → 물 혹은 수증기(H_2O) • 탄소 + 산소 → 이산화탄소(CO_2)

④ 이때 공기 중에 산소공급이 충분하지 않으면 불완전 연소반응이 일어나고 산소의 공급이 충분하면 완전 연소반응이 일어나는데 – 불완전 연소 시에는 일산화탄소(CO)가, 완전 연소 시에는 이산화탄소(CO_2)가스가 발생된다.

▶ Reference

가연물은 대부분 탄소를 함유한다. 가연물이 연소하기 위해서는 항상 기체상태로 존재해야 하는데 그 기체(가스)가 공기 중 산소를 만나 연소하는 것이다.

즉, 나무는 뜨거운 열에 의해 분해되고 가연성 기체를 생성하여 그 기체가 타는 것이며, 기체가 되지못한 불완전 연소된 아주 미세한 나무가루가 연기이며, 가루가 되지 않는 덩어리를 숯이라 한다. 기름도 고열을 만나 액면에서 기체를 생성하여 그 기체(유증기)가 타게 되며, 액체는 점점 줄어들게 된다.

---

* H(수소 – 원자량: 01): 가장 가벼운 원소. 대기권 상층부, 동식물에도 존재. 하이드로겐.
* C(탄소 – 원자량: 12): 자연계 생물체 안에 널리 존재함. 산화물의 환원에 쓰임. 카본이라함.
* N(질소 – 원자량: 14): 나이트로겐.
* O(산소 – 원자량: 16): 모든 원소 중 가장 다량 존재. 옥시겐.
* P(인(燐) – 원자량: 31), 파스펄스.
* S(황 – 원자량: 32): 성냥 등의 원료. 황, 유황, 서풀이라함.

| 학습 전 예습하는 | 연소론 기초 이야기

1. 연소란 빛 + 열(발열) + 산화반응이다.
   └, 화학변화: 분자 구조가 변하는 것.(물질의 성질이 변하는 것)
   물질 성질 (예) • 나무 → 숯, • 종이 → 재)
   - 화학적변화: 황이 연소하여 이산화황이 됨. S(황) + O_2(산소) → SO_2(이산화황)
   - 물리적변화: 물질의 성질이 변하지 않는 상태변화. H_2O(물) → H_2O(수증기)

2. 연소란 에너지(활성화에너지)를 필요로 한다.
   └, • 프로판, 메탄, 부탄은 연소할 때 약 0.3[mJ] 정도의 에너지가 필요하다.
   • 처음 연소를 시작할 때 필요 열에너지로서 연소반응을 일으킬 수 있는 에너지.

3. 원자핵 반응에서 흡열반응 하는 것은 연소라 하지 않는다.
   └, • N_2(질소) + O_2 = −Q kcal(흡열)

4. 유기물이 타는 것이 연소이다.(= 유기물은 탄소를 포함하고 있다)

   ※ **원자무게:** H(수소): 1 C(탄소): 12 N(질소): 14 O(산소): 16 (*공기: 29)
   ※ **비중:** 기체는 공기하고 비교한 중량. / 액체 · 고체는 물하고 비교한 중량을 말한다.

   ① C + O = CO (무색 · 무취 · 유독성 = 50ppm)
   가연성물질로서 산화할 수 있는 불완전연소상태로써 공기보다 가볍다.(28/29 = 0.95)
   (* 인체 흡입 시 헤모글로빈과 결합하여 산소결핍으로 사망.)

   ② CO + O = CO_2 (무색 · 무취 · 무독성 = 5,000ppm)
   비가연성물질로서 최종산화물인 완전연소상태로써 공기보다 무겁다.(44/29 = 1.5)
   (* 방사 시 -83℃ 하강, 소화약제로도 사용함.)

   ③ H_2 + O = H_2O(수증기) •H_2O = 비가연성물질)
   이 외 가죽소파가 타면 S(황), 나무가 타면 P(인), N(질소) 등이 ①②③과 함께 생성된다.

5. 연소(Combustion)의 요소란?
   ① 가연물.
   ② 산소공급원(제1,5,6류 위험물인 산화제, 오존, 불소, 염소 등)
   ③ 점화원(열, 불씨, 원인이 되는 점화에너지, 활성화에너지) ↲ • 인화점(불붙는 최저온도)
   ④ 순조로운 연쇄반응(불이 지속되는 화학적인 연쇄반응) ↲ • 연소점(지속되는 최저온도)
   ※ 참고: 밀폐, 후텁지근한 공간에서 외부 열의 공급 없이 서서히 ↲ • 발화점(자연발화점)

인화점 < 연소점 < 발화점
10℃ 차이 수백도 차이

02 연소의 요소

물질이 연소하기 위해서는 가연물, 산소공급원, 점화원 및 연쇄반응이 필요하다.

① 연소의 3요소(불씨연소): 가연물, 산소공급원, 점화원(예 불씨)을 말한다.

② 연소의 4요소(불꽃연소): 가연물, 산소공급원, 점화원, (순조로운) 연쇄반응을 말한다.

(*^^ 불은 연소는 3요소로서 가능하지만, 4요소까지 갖추어야 불꽃이 꺼지지 않고 지속된다.)

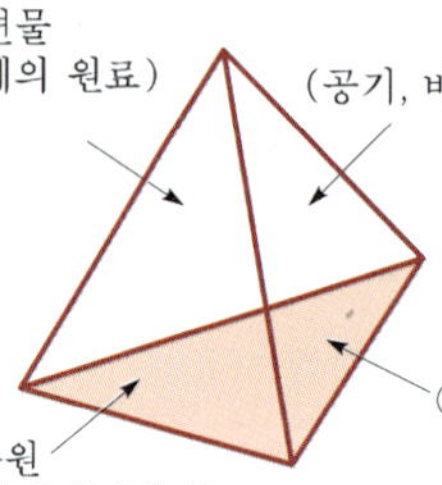

1. 가연물

가연물이란 C(탄소), H(수소), S(황) 등 연소가 가능한 물질을 말하며 산소와 화합하는 물질이라 하더라도 산화·발열반응을 해야만 가연물이라 할 수 있으며, 가연물에는 금속, 비금속을 비롯하여 탄소를 포함하는 유기화합물로 대부분의 물질은 연소가 가능하다.

(1) 연소(가연물)의 구비 조건

① 산소와 친화력이 클 것: 화학적 활성도가 클 것.(* 즉, 산소가 많아야 할 것.)

② 발열량과 비표면적*이 클 것: 발열량이 크고 공기(산소)와 접촉하는 표면적이 커야 한다.

③ 연쇄반응을 일으킬 수 있을 것: 순조로운 화학적 변화를 일으킬 수 있을 것.

④ 열전도도가 작을 것: 열전도율*이 작은 것일수록. (* 즉, 내부열의 축적이 용이해야 함.)

⑤ 활성화에너지*가 작을 것: 점화에너지가 작을수록. (* 즉, 작은 불씨로 연소가 가능할 때.)

- 표면적: 기체 > 액체 > 고체
- 열전도도: 기체(공기) < 액체(물) < 고체(금속) ▸ **단축기억**: 기소고대

④ 열전달이 물질 내에서 빨리 흘러 퍼지면 미지근하고, 늦으면 축적되어 뜨거우니 연소가 쉽다.

⑤ 어떤 물질에 대하여 작은 에너지로(작은 불씨) 연소가 가능하다면 연소의 구비조건이 된다.

---

* 비표면적: 질량 또는 부피당 전표면적으로서 비표면적이 클수록 공기 접촉이 많아 연소가 잘됨
* 열전도율: 물체에 흡수된 열이 내부를 흘러가는 정도를 나타내는 것.(※ 공기: 0.026[W/m · K])
* 활성화에너지: 첫 연소에 필요한 에너지로서 점화에너지, 점화원, 착화원의 개념이지만 화학적 활성도와는 다름.

(2) 연소(가연물)의 비구비조건

연소(가연물)의 비구비 조건이란 산소와 더 이상 화합하지 않는 것이다. 즉, 연소할 때 필요한 조건인 산소와 화합하지 않으므로 연소가 불가능한 상태를 말한다.

① 산소와 더 이상 반응하지 않는 물질	물, 이산화탄소(CO_2), 이산화규소(SiO_2), 산화알루미늄(Al_2O_3), 산화안티몬, 삼산화황, 삼산화크롬, 오산화인(P_2O_5), 프레온(Freon), 규조토 등이 있다.
② 산화 흡열 반응물질	고온 고압에서 질소 또는 질소산화물의 불연성 기체.
③ 주기율표상 18족*원소 (비활성기체)	헬륨(He), 네온(Ne), 아르곤(Ar), 크립톤(Kr), 크세논(Xe), 라돈(Rn) 등의 희가스는 화합력이 없으므로 다른 원소와는 화합하지 않는다.

(3) 연소(가연물)의 특성

가연물질의 연소를 촉진시키는 방법으로서 연소가 잘 되는 가연물의 특성은 다음과 같다.

① 온도, 열량, 압력, 폭발범위, 화학적활성도, 화염전파속도가 클수록 위험성이 크다.

② 인화점, 착화점, 점성, 비중, 비점, 융점, 열전도율, 활성화에너지가 작을수록 위험하다.
(또한 표면장력, 증발열, 전기전도율, 비열, LOI가 작을수록 위험성이 커진다.)

- 개념: 표면장력(점성), 증발열(비점), 전기전도율(열전도율), 비열(활성화에너지), LOI(산소한계)
- 가연물의 특성: ①에 비교해 어려운 ②의 내용에 있어서 그 개념은 작을수록 위험하다.
  (* ①이 클수록 위험하니 대위, ②의 전부는 작을수록 위험하니 소위로 생각하면 The 쉽다.)

제4류 위험물 중 석유류를 가연물의 특성과 비교하여 본다.

가연물의 특성을 비교한 석유류 분류("위험물안전관리법")

구분	인화점	지정품명	구분	인화점	지정품명
제1석유류	21℃ 미만	아세톤, 휘발유	제3석유류	70℃~200℃미만	중유, 클레오소트
제2석유류	21℃~70℃미만	등유, 경유	제4석유류	200℃~250℃미만	기어유, 실린더유

1·2 석유류는 물보다 가볍다. 석유류는 그 숫자가 작을수록 비중이 물보다 가볍고 점성 등이 작아서 순수한 유류이니 상기 (3)에서 ②번의 성질이 작아지며, 연소가 빨라서 위험할 수 있다.

---

* S: sulfur(기호 S) 황색·무취의 건조한 수지 광택이 있는 결정. 화약, 성냥 등의 원료. 유황, 황(黃), 서풀.
* P: phosphorus(기호 P) 질소족 원소. 공기 중 발화하기 쉽고 산화하면 흰 연기가 난다. 인(燐), 파스펄스.
* 18족 원소: 주기율표상 18족 원소로 분류되며 연소되지 않는 대체로 안정된 물질. (* 0족, 8족이라 한다.)
* LOI: 난연성 시험에서 가연물이 연소할 수 있는 공기 중의 최저 산소농도. 한계산소농도, 한계산소지수.
* 착화점: 불붙는 온도(* 점성: 끈끈한 정도 * 비점: 비등점, 끓는점 * 비중: 무게 * 융점: 녹는점
* 표면장력: 물체의 표면으로 끌어당기는 힘. 예 기름방울이나, 물방울을 유지시키는 힘. * 점성: 끈적거림
* 비열: 비교적 작은 열로 고온 형성시 위험. * 전기전도율: 전도율이 작을수록 정전기가 축적되어 위험함.

2. 산소공급원

일반적으로 연소에 필요한 산소공급원은 공기 및 조연성 가스가 있고 산소를 함유하고 있는 1류 위험물(산화성 고체), 5류 위험물(자기반응성물질), 6류 위험물(산화성 액체)에도 있다.

(1) 공 기

공기 중에는 산소가 21V% 정도 있는데 산소는 연소할 때 필요한 필수적인 주 공급원이다. 일반적으로 공기 중 산소의 양을 약 15%(14%~16%) 이하로 억제한다면 연소반응은 일어나지 않는다.

공기의 조성

성분	부피%[V%]	중량%[wt%]	성분	부피%[V%]	중량%[wt%]
질소	78.03	75.51	아르곤	0.93	1.28
산소	20.99	23.01	이산화탄소	0.03	0.04
그 외 헬륨, 수소, 네온, 크립톤, 크세논, 메탄, 오존, CO, 암모니아 등이 극미량 존재.					

(2) 조연성가스

가연물은 혼자 연소반응을 할 수 없기 때문에 **산소**(O_2), **오존**(O_3), 및 **불소**(F_2), **염소**(Cl_2)의 할로겐원소 등의 조연성(지연성*) 가스가 연소를 보조·지원해주는 기체이다.

(3) 산화성물질(산화제)

① **1류 위험물(산화성고체)**: **불연성 물질이지만 자신이** 산소를 함유하고 있어서 가열, 충격, 마찰에 분해되어 산소를 방출하는 산소공급원이다.

예 과염소산염류, 질산염류, 브로민산염류, 과망가니즈산염류, 무기과산화물 등

② **5류 위험물(자기반응성물질)**: **폭발성 물질로** 자신이 가연물이며 산소공급원 기능을 하기 때문에 **공기 중 산소와 관계없이 내부연소(자기연소)를** 한다.

예 유기과산화물, 질산에스터류, 나이트로화합물, 아조화합물, 하이드록실아민염류 등

③ **6류 위험물(산화성액체)**: **불연성 물질이지만** 분해 시 산소가 발생하기 때문에 1류 위험물처럼 산소공급원 역할을 한다.

예 과염소산, 과산화수소*(농도 36% 이상), 질산(비중 1.49 이상) 등

---

* 과산화수소(過酸化水素): 무색 액체로서 3%의 수용액(옥시풀)은 소독제로 사용.
* 지연성: 연소를 지원하는 성질. 조연성(* 2산화질소: 예외로 조연성 가스임.)
* 제1류 위험물: 무기과산화물류 외 끝 자가 '염류'자로 구성된 9가지 계열.
* 제5류 위험물: 끝 자가'물'자 5개+(히)^3+질산에스터류로 구성된 9가지 계열.(* 나이트로=질소).
* 제6류 위험물: 과염소산, 과산화수소, 질산 3가지 물질(* 끝자로 기억하여 '산' 사이에 1마리 '소'로 연상.)

(4) 산소의 반응관계

사람을 비롯한 지구의 모든 활력체는 산소가 필요한데 연소도 사람과 마찬가지로 산소가 필요하다. 공기 중에 있는 가연성 기체가 산소의 도움을 받으면 다음과 같은 현상이 일어난다.

공기 중의 산소 농도가 증가하면
① 연소속도는 빨라진다.
② 화염의 온도는 높아진다.
③ 발화온도는 낮아진다.
④ 폭발한계는 넓어진다.
⑤ 점화에너지는 작아진다.
⑥ 화염의 길이는 길어진다.

③⑤: 산소가 많으면 낮은 온도에서도 불이 붙고, 작은 에너지로도 연소가 가능하다는 뜻

▸ 공기와 산소

- 공기는 질소가 78%, 산소가 21% 가 존재하며, 연소를 위헤서는 그 중 산소만 필요하다
  그리하여 소방공학에서는 공기하고 산소를 같은 개념으로 다루고 있다.

산소공급이 없는 연소란?

- 연소란 공기 중에 있는 가연성 물질이 산소 등과 급격한 반응으로 열과 빛을 내는 발열 산화 반응에 의해 발생하는 열에너지에 의하여 자발적으로 반응이 지속되는 현상이다.
  따라서 연소는 산화반응의 한 형태로서 그 반응속도가 매우 빠르기 때문에 열과 빛을 수반하게 된다.
- 가연성 물질이란 적당한 조건하에서 산화할 수 있는 성분을 가진 물질로서 주로 C, H, S 등을 주성분으로 구성되어 있는 물질을 말한다.
- 산화가 용이하다 하더라도 반응열이 작은 것은 자발적으로 반응을 지속할 수 없기 때문에 가연성 물질이 아니다. 자발적으로 반응이 지속되기 위해서는 산화반응에 따른 발열량이 최소점화에너지보다 커야 한다.
- 또한 가연성 물질의 연소에는 산소가 어느 농도 이상 필요하며, 공기는 산소를 약 21% 함유하고 있어 산소공급원으로 알려져 있다.
- 공기 중의 산소대신 산화제 역할을 할 수 있는 질산나트륨, 과산화칼륨, 과산화나트륨(Na_2O_2), 염소산칼륨과 같은 제1류 위험물과 과염소산($HClO_4$), 과산화수소(H_2O_2)와 같은 제6류 위험물은 산소를 쉽게 방출함으로써 외부로부터 산소의 공급이 없어도 연소를 가능하게 도와주며 제5류 위험물은 자신이 산소를 내어 연소도하며 폭발을 할 수 있는 자기반응성 위험물에 해당한다. 그러므로 이러한 제5류 위험물과 같은 물질은 화재 시 질식소화가 매우 곤란하다.

3. 점화원(착화원, 활성화에너지)

점화원이란 가연물이 연소를 시작할 때 필요한 열 에너지이다. 가연물이 산소를 만나 연소반응할 수 있게 필요한 에너지를 공급해 주는 불씨 등을 말한다.

(1) 점화원의 형태

점화원의 "원"은 원인(불씨, 에너지)의 개념으로 열원, 열에너지, 발화원, 착화원, 스파크, 활성화에너지 등 동일한 의미이다. 원인이 되어 연소가 가능한 점화원의 형태는 다음과 같다.

점화원의 형태 분류

구분	종류
열적 점화원	적외선, 고열물, 복사열 등
화학적 점화원	연소열, 용해열, 자연발화에 의한 열 등
기계적 점화원	(단열)압축, 마찰*, 충격* 등
전기적 점화원	저항열, 전기불꽃, 정전기, 유도열, 유전열 등

▸ 화학적 점화원과 기계적 점화원

- 연소열: 어떠한 특징 없이 물질이 완전히 산화할 때 발생하는 열을 말한다.
- 용해열: 물질이 용해될 때(녹을 때) 발생 또는 흡수되는 열량을 말한다.
  예 농황산 등이 용해되면서 열이 발생함.(* 용융 → 열분해 → 기화 → 연소)
- 단열압축: 열을 막아 압축으로 생기는 열을 말한다.
- 마찰열: 그라인더 불꽃 등 마찰로 생기는 열을 말한다.
- 충격: 금속과 고체와 충돌 등을 말함. 스파크라고도 한다.

(2) 점화원의 개념

가연물을 활성화시키기 위해 필요에너지는~
나화, 고온표면, 충격·마찰, 전기불꽃, 정전기, 복사열, 단열압축, 자연발화, 낙뢰 등이 있다.
그러나 잠열(기화열, 융해열), 절연저항 증가 등은 점화원이 될 수 없다.

* 압축열: 압축으로 생기는 열 * 마찰열: 마찰로 생기는 열. * 충격: 금속과 고체와 충돌 등.

(3) 기타 점화원

소방학에서 일반적으로 분류하는 열적·기계적·화학적·전기적점화원 외 또 다른 내용은 다음과 같다.

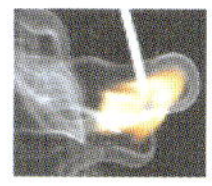

나화(裸火)	나화란 항상 화염을 가지고 있는 열 또는 화기를 말한다.
고온표면	작업장의 화기, 가열로, 건조장치, 굴뚝, 전기·기계설비 등이 있다.
원자력 점화원	원자력에 의하여 원자의 분리나 결합으로 불꽃을 가질 수 있는 점화원을 말한다.

점화원의 형태 분류

구분	종류	내용
기계열(3가지)	(단열)압축열	열을 막아서 기체를 압축시키면 발생되는 열 예 디젤엔진의 폭발 등
	마찰열	두 물체의 마찰에 의해 발생 예 그라인더에 발생되는 불꽃 등
	(마찰)스파크 -충격-	금속물체와 다른 고체물체가 충돌할 때 충돌된 금속입자가 순간적으로 높은 열을 생성시켜서 스파크가 일어나는 것. 충격
화학열(5가지)	연소열	어떠한 특징이 없이 물질이 완전 산화하는 과정에서 발생. 산화열
	용해열	고체에서 액체로 용해될 때 발생되는 열 예 농황산(진한 황산)
	분해열	어떤 화합물이 분해할 때 발생하는 열 예 셀룰로이드
	자연발화	물질 내에 자체적인 열축적만으로 온도가 증가해서 자연 연소하는 현상
	생성열	표준상태의 반응원소들이 1몰의 화합물을 만들 때 반응하는 열. 자생열
전기열(7가지)	저항열	전기에너지가 열에너지로 변하면서 나타남 예 전구, 전기장판 등
	단락열	합선의 전기적 의미의 열.
	과전류열	허용된 전류를 지나치게 초과한 전류.
	아크(Arc)열	접점이 느슨하여 전류가 단절될 때 발생, 전기불꽃, 전기스파크. 전호열
	정전기열	정지된 전기, 마찰 대전에 의해 외부로 나타나는 열 예 마찰전기
	유도열	도체 주위의 자장 변화로 전류의 흐름에 대한 저항열.
	유전열	피복 등 완벽한 절연능력을 갖추지 못해 발생 예 누설전류 등

가연물의 형태

양초나 알코올이 연소하면 H_2O와 CO_2만 발생한다. 이는 초나 알코올의 구성 물질이 수소와 탄소 성분으로만 이루어져 있어 연소 시 공기 중 산소를 만나 H_2O와 CO_2 외의 다른 물질은 생성하지 않는다.
반면에 나무나 종이를 연소하면 H_2O와 CO_2 외에 재가 남는다. 그 이유는 나무나 종이에는 수소와 탄소 외에 질소나 황 등의 다른 물질들이 포함되어 있어 연소 후 재가 남게 되는 것이다.

4. 순조로운 연쇄반응(연소의 4요소)

연쇄반응이란 연소의 4요소에 해당하며 가연물이 점화원에 착화되어 화학적 반응의 정촉매 작용하는 것으로 불꽃(화염)연소, 분해(分解)연소, 증발(蒸發)연소 등 화학적 연쇄반응 하는 것을 말한다.

(1) 불꽃연소와 불씨(작열)연소

① 불꽃연소(발염* 연소, 유염* 연소)

불꽃연소란 가연물이 탈 때 불이 움직이는 모습을 갖는 것으로 발염연소 및 유염연소라고 한다. 가연물이 연소할 때 산소와 혼합해서 확산하는 형태의 연소이다.

예 기체: 프로판, 부탄 등./ 액체: 등유, 경유 등의 기체 및 액체에서 발생된 가스(기체)가 타는 것.

- 액체 및 기체: 불꽃연소를 한다.
- 고체: 불꽃연소를 할 수 있고 불씨연소도 할 수 있다.

② 불씨연소(작열* 연소, 표면연소, 무염연소, 응축상태연소)

불씨연소란 휘발분이 없는 고체가 연소 시 불꽃 없이 생성되는 열이다.

즉, 산화반응 시 불꽃을 생성하지 못하고 느린 속도로 연소하는 그러한 연소들이다.

- 표면연소란 숯처럼 표면에서 공기(산소)와 직접 반응하는 불빛만 내는 연소를 말하며
- 응축* 상태 연소란 반응열이 작아서 기화되지 못하고 액화(응축)하는 연소를 말한다.

예 숯(목탄), 코크스*, 금속분*(금속나트륨 등), 활성탄, 향, 담뱃불 등

③ 불꽃연소와 불씨연소를 함께 가지는 혼합연소

나무, 종이, 짚, 솜뭉치 등은 불꽃연소·불씨연소를 동시에 갖는다.

불꽃연소와 불씨(작열)연소의 일반적 비교

구 분	불꽃연소 ♨	불씨연소 ≈
화재구분	표면에 불꽃이 있는 표면화재*	표면에 불꽃이 없는 심부화재(표면연소)*
방출열량	속도가 빠르고 시간당 방출열량이 많다.	속도가 느리고 시간당 방출열량이 적다.
연쇄반응	연쇄반응이 일어난다.	연쇄반응이 일어나지 않는다.

- 심부화재: 나무·종이처럼 표면의 불꽃을 제어해도 심부* 로 불씨가 타들어가는 화재. 예 A급화재
- 표면화재: 유류처럼 표면에서만의 불꽃화재로서, 불꽃이 없는 표면연소와는 다름 예 B·E화재

* 발염=發焰, 확산=擴散, 유염=有焰
* 작열=灼熱, 응축=凝縮, 무염=無焰
* 코크스(cokes): 석탄을 건류하여 만든 다공질고체. 표면연소하며 착화점이 높다.
* 금속분: 금속가루
* 표면화재: 유류 등과 같이 표면에 불꽃이 있는 화재.
* 표면연소: 숯처럼 표면에 불꽃이 없는 화재
* 응축(凝縮): 기체 → 액체(예 불꽃을 만나 뜨겁지 못하면 액화하여 흐르는 현상 등.)

(2) 불꽃연소와 불씨연소의 구체적 비교

일반적인 불꽃연소와 불씨(작열)연소의 구체적인 특성 개념을 살펴본다.

구 분	불꽃연소	불씨연소
• 불꽃유무와 전파	O	×
• 물질의 특성	고·액·기체	고체
• 화재의 구분	표면화재	심부화재
• 반응(연소)속도, 열전달	빠르다	느리다
• 연소가스	CO 낮음, CO_2 높음	CO 높음, CO_2 낮음
• 방출열량(에너지)	많다(고에너지)	적다(저에너지)
• 적응화재	A·B·C급	A급(고체)
• 열분해·생성물·휘발분	일반적 O	일반적 (화염전파) ×
• 소화대책	질식·냉각·제거·억제(물리·화학적)	질식·냉각·제거(물리적)
• CO_2 소화	질식·냉각, 1분 내 방사(표면화재)	질식·냉각, 7분 내 방사(심부화재)
• 연기형태 / 연기입자	진한 연기(타르성분) / 작다	약한 연기(회분, 액적) / 크다
• 유사명칭 연소	유염·발염·화염·자유연소.	무염·작열·불빛·표면·훈소·응축상태

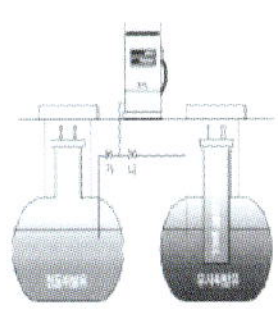

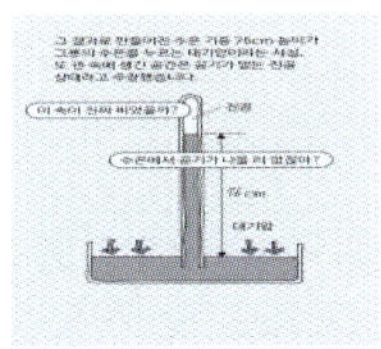

▸ 소방학에서 유염연소와 무염연소의 분류 학설

- 유염연소는 불꽃 · 발염 · 자유 · 화염연소, "표면화재" 등 같은 개념 다른 단어들이 있다.
- 무염연소는 불씨연소, 작열연소, 훈소(그을음연소), 표면(직접 · 백열)연소, 불빛연소, 불티연소, 심부화재 등 무염연소의 큰 틀 안에 유사한 개념 다른 단어들이 있다. 그러나 아래의 학설은 조금 다르게 표현된다.

  - 표면연소: 가연성 증기를 발생하지 않으며 열분해나 증발을 하지 않는다.(예 숯)
  - 훈소: 초기화재로 가연성 증기를 발생하며 분해생성물을 생성한다.(예 담배)

  (* 불꽃은 없으나, 비교하여 분해하지 않으면 표면연소, 분해 생성하면 훈소이다.)

- 표면화재 유류처럼 표면에 불꽃 있다. 연쇄반응(o) ⋯› 물리+화학적 소화. 질식 · 냉각 · 억제소화.
- 표면연소 숯처럼 표면에 불꽃이 없다. 연쇄반응(x) ⋯› 연소의 3요소 차단인 물리적 소화방법.

(* 표기는 미국: 불꽃 · 작열연소 / 일본: 유염 · 무염연소로 하고 있다 / 국내: 불꽃 · 불씨연소로 권장한다)

03 인화점, 연소점, 발화점(이론)

▶ 인화·연소·발화에 관련 내용 순으로 편집.

1. 인화점(Flash Point)

점화원(인화물질)을 접촉할 때 연소를 시작할 수 있는 최저온도이다.

액체를 기준으로 실험하여 가연성 물질(휘발성*)이 점화원과 접촉할 때 어느 순간 외부의 에너지인 직접적인 점화원에 의하여 "순간발화"를 일으킬 수 있는 최저온도이며 인화점을 위험성의 기준(척도)으로 나타내고 있다. 점화원에 유도되므로 유도발화점이라 한다.

액체 가연물의 인화점

가연물	인화점(℃)	가연물	인화점(℃)
이소프랜	−54	초산에틸(1석유류)	−4
(디에틸)에테르	−40	톨루엔(1석유류)	4~4.5
아세트알데히드*	−38	메틸알코올	11
산화프로필렌	−37	에틸알코올	13
이황화탄소	−30	등유(2석유류)	30~60
가솔린(휘발유)	−43~−20	중유(3석유류)	60~150
아세톤, 시안화수소	−18	클레오소오트(3 〃)	74
벤젠*(1석유류)	−11	글리세린(3 〃)	160

인화점: 특수인화물 < 제1석유류 < 알코올류 < 제2석유류 < 제3석유류 < 제4석유류 < 동식물유류.
* 경유(2석유): 50~70℃ / 나이트로벤젠(3석유): 88℃ / 윤활유 · 가소제 · 방청유(4석유): 200~ 250℃

이후 물질의 온도는 다음과 같다

물질의 온도

연소물질	온도(℃)	연소물질	온도(℃)
200℃ 내화구조 화재*	900~1,100	가스 불꽃	1,800
목재구조 화재	1,100~1,300	전구 필라멘트	2,100
복합화재*	1,500~1,800	전기용접 불꽃	3,000~4,000
알코올	1,700	아세틸렌 불꽃	3,300

* 휘발: 상온에서 액체가 기체로 변해 날아 흩어지는 작용. (* 경유: 인화점 50~70℃, 나이트로벤젠: 88℃)
* 메틸알코올(메탄올, 목정): 목재를 건류할 때 생기는 공업용알코올. (* 방청유: 인화점 200℃)
* 에틸알코올(에탄올, 주정): 전분(녹말) 등의 발효에 의해 얻어진 식용알코올, 알코올성음료로 씀.
* 복합화재: 실내가연물의 여러 가지 복합성의 화재를 말함.
* 내화구조: 철근콘크리트구조 등을 말함.

2. 연소점(Fire Point)

점화원을 제거해도 지속적인 연쇄작용을 하는 최저온도이다.
한번 발화 후 점화원을 제거 후 5~10초 이상 연소를 일으킬 수 있는 최저 온도로서 액체를 기준으로 그 물질의 인화점 보다 10℃ 이상 높은 온도이다.

① 연소상황을 일으킬 수 있는 최저온도이다.
② 그러나 기체는 점화원과 접촉 시 바로 불이 붙으므로 인화점과 연소점이 동일하다.
③ 인화점(액체를 기준으로 실험하여 액체가 그 표면을 가로질러 순간적으로 화염을 지속시키기에 충분할 정도로 증기를 발생시키고) 이후 조금 높은 온도이다.
④ 액체의 연소란 액면이 뜨거운 열에 의해 생성된 증기가 타는 것으로 가연성 증기가 연소범위의 하한계에 도달할 때 온도를 인화점이라 하며 그 불꽃연소는 가열된 증기의 속도가 연소속도보다 빠를 때 연소점이라 한다. (* 증기발생속도 > 연소속도)
 ▸ 즉, 불꽃연소는 가열 증기가 타는 것으로 증기가 빨리 생성되어야 연소가 지속된다는 뜻.

액체 가연물의 연소점(인화점과 10℃차이)

색 깔	온도(℃)	색 깔	온도(℃)
에테르	-30	메틸알코올	21
가솔린	-10 이하	에틸알코올	23
아세톤	-8	등 유	40 이상

물질이 연소할 때 빛을 내는 최소 온도는 500℃ 이상으로 물질의 종류에 따라 약간 차이가 있지만 스펙트럼* 시험으로 빛의 색깔과 온도는 학설마다 차이는 있지만 다음과 같다.
(* 암적색 → 진홍색 → 적색 → 휘적색 → 주황색 → 황색 → 황적색 → 백적색 → 휘백색*의 순.)

연소의 색깔과 온도

색 깔	온도(℃)	색 깔	온도(℃)
담암적색	500	(주황색)	900~1,000
암적색*	700~750	황 색	1,050
(진홍색)	750	황적색	1,100
적 색	850	백적색*	1,300(1,200)
휘적색*	950	휘백색*	1,500

* 스펙트럼: 파장에 따라 분해 배열한 가시광선, 복사선의 배열
* 휘적색: 주황색
* 암적색: 적색으로 검붉은 빛을 말하며 분홍색, 진홍색에 가깝다.
* 백적색: 백색에 가깝다.
* 휘백색: 휘날리도록 눈부신 백색을 말하며 완전연소 시 공기(산소)의 공급이 충분할 때 나타나며 높은 온도임.

1) 삼체(三體)의 연소

(1) 기체의 연소

공기 중에 확산된 가연성 가스가 혼합된 가스를 생성하여 연소하는 현상으로 일반적으로 확산연소, 예혼합연소, 폭발연소(비정상 연소) 등으로 구분한다.

① 확산(擴散)연소: 가연성 가스와 공기가 미리 혼합하지 않고 가스레인지처럼 가스의 주위에 있는 공기와 혼합시켜 연소하는 일반적인 현상으로 연소와 연소용 공기를 따로 공급한다. 예 기체가 확산되면서 타는 연소로서 아세틸렌, 수소, CO, 암모니아, 메탄 등.

② 예혼합(豫混合)연소: 가연물과 공기(산소)가 미리 혼합된 상태로 점화에너지에 의해 연소가 되거나 스스로 연소 하는 것으로 연소 반응이 빠르며 화염은 짧고 고온(청색, 백색)으로 된다. 연소 특성상 고부하 연소가 용이하고 효율이 좋아 연소실 용적이 작아도 되는 이점이 있으나 확산연소에 비해서 열 발생속도와 연소확산속도가 균형을 이루지 못하고 역화, 선화의 위험성이 크다. 예 가솔린엔진 · 분젠버너 등의 연소.

③ 폭발연소: 가연성 기체와 공기의 혼합가스가 밀폐용기 중에 점화되어 폭발하듯 타는 현상. 예 에틸 · 메틸 · 아세틸렌 용기 내의 연소, 내연기관의 폭발, 가솔린엔진의 압력 증가현상.

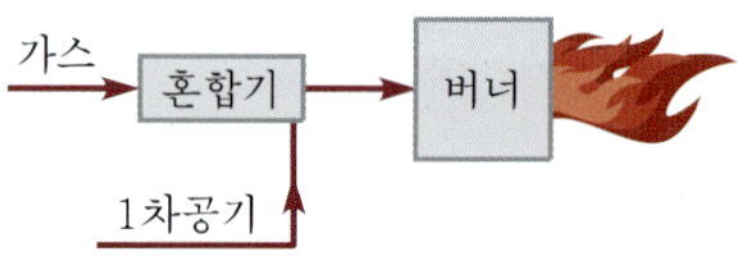

예혼합연소

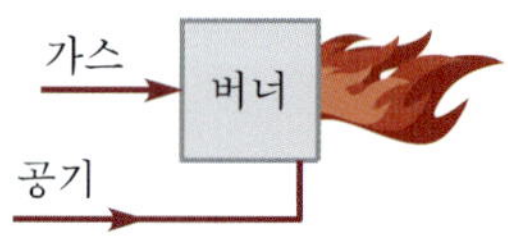

확산연소

(2) 액체의 연소

액체의 연소는 액체 자체가 연소하는 것이 아니라 가열된 액체의 증발된 기체, 즉 증기가 연소하는 현상으로 증발(액면)연소, 분해연소, 분무(액적)연소 등으로 나눈다.

① 증발(蒸發)연소: 일반적인 연소형태이며 고열에 가열된 액체가 증발해서 생긴 증기가 액면에서 연소하는 것으로 액면(液面)연소 라고도 한다. (액체 → 기체)

예 아세톤, 휘발유, 알코올, 등유, 경유 등 주로 물보다 가볍고 휘발성이 많은 순수한 유류.

② 분해연소: 휘발성이 작고 점성이 큰 액체의 가연물이 증발이 어려워 열분해로 발생된 그 분해가스가 연소하는 현상. 예 중유, 글리세린 등, 점성이 큰 3 · 4석유류 등.

③ 분무(噴霧)연소: 액체 연료를 분사하면 안개처럼 미립화되어 증발표면을 넓혀 연소하는 방법이다. 다른 말로 액적(液滴)연소라고도 한다. 예 석유스토브, 가스터빈 사용시.

그 밖에 액체의 연소는 석유스토브나 램프처럼 연료를 심지로 빨아올려서 심지표면에서 증발하여 연소하는 등심연소 등이 있다. (예 호롱불, 램프)

(3) 고체의 연소

고체의 연소는 열분해를 하는 분해·자기연소, 열분해를 하지 않는 증발·표면연소가 있다. 또한 증발·분해연소는 액체와 고체연소에서 동시에 분류하고 있다.

① 증발연소(고체 → 〈액체〉 → 기체)

열 분해없이 열에 녹은 액체에서 발생한 가연성 증기가 공기와 혼합하는 연소현상.

예 파라핀, 나프탈렌, 유황(황), 요오드, 고체알코올, 왁스, 장뇌 등.

② 분해연소

가연성 고체가 뜨거운 열에 의해 으스러지면서 생성된 분해물이 공기와 혼합해서 생성된 기체가 불꽃연소하는 현상. 예 종이, 석탄, 목재, 플라스틱, 고무, 섬유, 합성수지 등.

③ 표면연소(직접연소, 불빛연소)

휘발성 없는 고체 가연물이 산소와 접촉하는 표면에서 불꽃 없이 연소하는 현상이다. 즉 이 가연물은 열분해나 증발을 하지 않기 때문에 불꽃을 발생시키지 않고 고체표면에서 공기 중에 있는 산소와 부딪치면서 CO를 형성하는 현상이다.

예 숯(목탄), 코크스, 금속분

- 나무가 뜨거운 열로 분해 ⋯▸ 분해 후 가연성 기체는 타고 ⋯▸ 불완전 연소된 미립자는 연기로 날아가고 ⋯▸ 불완전 연소된 덩어리 숯이 ⋯▸ 표면에서 산소와 접촉 ⋯▸ CO를 형성하면 불빛을 냄

④ 자기연소(내부연소)

가연물의 분자 내 산소가 있어 외부의 산소공급이 없어도 자기(내부)연소하는 현상.

예 제5류 위험물: • 질산에스터류 – 나이트로셀룰로오스, 나이트로글리세린 등

• 나이트로화합물 – 트리나이트로톨루엔(TNT), 트리나이트로페놀(피크린산) 등의 과산화물.

기체의 폭발연소

액체의 증발연소

고체의 분해연소

고체의 증발연소

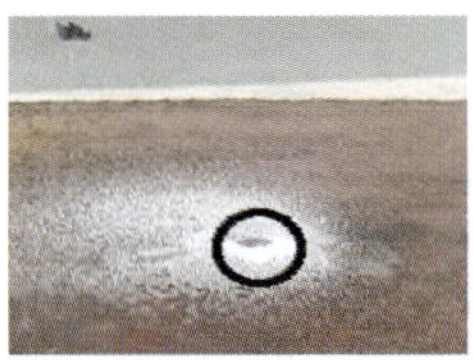

고체금속의 표면연소

고체의 자기연소

| Reference | 연소의 형태

■ 기체의 연소

• **정상연소**: 기체와 공기가 혼합하여 유염(有炎)연소하는 것을 말하며 공기와 가연물의 혼합형태에 따라서 예혼합연소(혼합연소)와 확산연소(비혼합연소 예 버너의 연소형태)로 구분한다.

예혼합연소는 가연성 기체가 공기 중에 분출 전, 공기(산소)와 미리 혼합하여 연소하는 것이며,
확산연소는 가연성 기체가 공기 중에 분출하여 공기 중 산소와 혼합하면서 연소하는 형태이다.

화염형태에 따른 연소현상
- **정제화염**: 촛불과 같이 불꽃이 붙어있는 것.
- **층류화염**: 연소하는 동안 화염의 위치와 모양이 변하지 않는 것.
- **난류화염**: 화염의 위치 · 모양이 변하는 것.

• **비정상연소**: 가연성 기체와 공기와의 혼합가스가 밀폐 공간 중에 점화되면 많은 가스의 생성 · 팽창에 의하여 압력 증가를 일으켜 연소속도가 급격히 빨라지면서 폭발적으로 연소하는 것. 예 폭발연소.

■ 액체의 연소

• **증발연소**: 알코올, 에테르, 등유 등의 가연성 액체에 열을 가하면 액 표면에서 증발하는 가연성 가스와 공기가 혼합하면서 연소하는 형태이다. 즉 휘발유 자체가 타는 것이 아니고 점화(활성화)에너지를 받은 휘발유의 증기가 증발하여 기체가 탄다. (예 물보다 가벼운 1·2석유류 등.)

• **분해연소**: 중유, 지방유, (유동)파라핀 등 비휘발성 액체나 끓는점이 높은 가연성 액체를 가열하면 액표면에서 열분해하면서 생성된 가스가 공기와 혼합하면서 연소하는 현상을 말한다.

• 그 외 분무연소 및 등심(심지)연소 등이 있다.

■ 고체의 연소

• **증발연소**(Evaporation): 가연성 고체를 가열할 경우 열분해 없이 상변화로 증발된 가연성 가스가 발생하며 이것이 연소하는 형태를 말한다. 즉, 고체가 액체를 거쳐 기체상태에서 연소하는 것이다. 증발연소하는 물질은 많지 않으며 파라핀(양초 원료), 나프탈렌, 유황, 고체알코올 등이 있다.

• **분해연소**(Decomposition): 가연성 고체가 가열되면 열분해에 의해 발생하는 가스가 산소와 반응하여 연소하는 형태를 말한다. 대부분의 고체는 열을 받으면 열로 인하여 그 고체가 분해하면서(즉, 고체 크기가 작아지면서) 그 고체의 물질 자체에서 열에 의해 생성된 기체가 타들어 가는 것이다. 종이, 석탄, 목재, 플라스틱, 고무가루 등이 있다.

• **표면연소**(Surface combustion): 가연성 고체가 그 표면에서 열분해 또는 증발하지 않고 공기 중 산소와 반응하여 **연쇄반응 없**이 표면에서만 직접연소를 한다. 즉, 고체 표면에서 물질의 C(탄소)가 공기 중 O_2(산소)와 부딪치는 불씨연소이다. 숯(목탄), 코크스, 금속분, 활성탄 등이 있다. 직접연소.

• **자기연소**(Self combustion): 물질 자체에 산소를 함유하고 가열 시 분해되어 생성되는 가연성 가스와 산소에 의해 연소하는 형태이다. 자기연소를 하는 것으로는 화약, 질산에스터류에 속한 나이트로셀룰로오스(질화면, 면화약), 나이트로글리세린(다이나마이트 주성분) 및 나이트로화합물에 속한 트리나이트로톨루엔(TNT), 트리나이트로페놀(피크린산) 등 제5류 위험물이 해당된다.

2) 삼체의 비교 등

(1) 삼체(三體)의 비교

가연물은 그 형태(기체, 액체, 고체)에 따라 그 특징이 각각 다르다.

구 분	필요 에너지	가연성 가스 공급	연소의 종류
기 체	소	일반적으로 확산연소를 한다.	예혼합·확산·폭발연소
액 체	중	대부분은 증발연소를 한다.	증발·분해·분무·등심연소
고 체	대	대부분 표면·분해연소를 한다.	증발·분해·표면·자기연소

▸ 기체와 액체의 비교

- **기체**: 연소범위를 기준으로 하며 가연성·조연성·불연성가스로 구분한다.
- **액체**: 인화점 기준으로 하며 가벼울수록 점성이 작고 순수하니 위험한 물질이다.
  즉, 액체는 가벼울수록 위험하지만 기체는 비중으로 구분하지 않는 별개의 이론이다.
  (* 기체는 법에서 명시가 없지만 분무(안개)형태가 아닌, 눈에 보이지 않는 수증기 형태이다.
  액체란 위험물안전관리법에서 3cm를 90초 이내에 흘러가는 것이며. 흘러가지 못하면 고체이다.)

(2) 연소의 반응

가연물이 화학적 연쇄반응을 하는 것을 유리기(자유래디컬, 자유활성기, 활성기, 활성종)라 하며 이를 제거하면 연소가 지속될 수 없다.

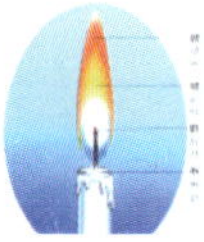

연소할 때 화학반응으로 방출되는 열과 흡수되는 열량을 반응열이라 한다.
원자핵 반응에서 반응계의 질량이 생성계 질량의 총합보다 증가하면 발열반응이라 한다.
반응열을 방출할 때는 발열반응, 반응열이 흡수될 때 는 흡열반응이라 한다.
그러므로 연소열은 항상 발열반응을 하게 된다.

▸ 흡열반응과 발열반응 비교

- **흡열반응**: 반응물질 에너지 < 생성물질 에너지
- **발열반응**: 반응물질 에너지 > 생성물질 에너지

▸ 연기와 숯의 The 쉬운 이야기

- 사람 몸에 철분, 칼슘, 아연, 마그네슘 외 기체도 존재하는데 그 기체 중 산소(65%), 탄소(18%), 수소(10%), 질소(3%) 등이 있듯이 나무 속에도 산소, 탄소, 수소, 질소 등이 함유되어 있다.
  나무가 뜨거운 열을 만나면 그 물질이 분해되면서 여러 가지 가연성 기체를 생성하게 되는데
  역시 탄소(C) 수소(H), 황(S) 등의 만남에서 생성된 그 기체가 여러 조합을 이루며 타는 것이며
  기체가 되지못한 불완전 연소된 황사보다 더 작은 고체인 나무가루는 "연기"가 되어 흩어지고
  연기 가루가 되어 날아가지 못한 나무의 분해물인 덩어리를 우리는 "목탄 또는 숯"이라고 한다.

3) 연소의 특성

연소의 특성에 대하여 알아보도록 한다.

(1) 연소와 공기

가연물질이 연소할 때 필요한 공기 양은 실제·이론·과잉공기량, 이론산소량, 공기비가 있다. 그 이론을 다음과 같이 정리한다.

① 실제공기량 (* 실제공기량 > 이론공기량)
가연물질이 실제로 연소하기 위해서 사용되는 공기량으로 이론공기량보다 크다.

② 이론공기량: 가연물질이 연소하기 위해서 이론으로 계산해서 산출한 공기량이다.

③ 과잉공기량: 실제공기량에서 이론공기량을 차감해서 산출한 공기량이다.(※ 실제-이론)

④ 이론산소량: 가연물질이 연소하기 위해서 필요한 최소의 산소량이다.

$$\text{이론산소량} = \text{이론공기량} \times \frac{21}{100}$$

⑤ 공기비(m): 실제공기량을 이론공기량으로 나눈 값. 일반적인 공기비는

$$\text{공기비} = \frac{\text{실제공기량}}{\text{이론공기량}} = \frac{(\text{실제공기량})}{(\text{실제공기량} - \text{과잉공기량})}$$

(*^^ 기체 가연물질 1.1~1.3 < 액체 가연물질 1.2~1.4 < 고체 가연물질 1.4~2.0 이 된다.)

(2) 연소에너지

물질이 연소할 때 발열반응이 지속되면 연소는 계속 진행된다. 가연물질이 공기 중의 산소와 반응하여 화학반응하기 위해서 활성화에너지(최소 점화에너지)가 필요하다.
이 에너지를 점화에너지·점화원·발화원 또는 최소착화에너지라 하며 연소하기 위해서 약 0.001~1[mJ]이다.

가연성 가스와 공기의 혼합가스 최소점화 에너지

물 질	최소점화에너지(mj)	물 질	최소점화에너지(mj)
이황화탄소(CS_2)	0.019	부탄(C_4H_{10})	0.25
수소(H_2)	0.019	프로판(C_3H_8)	0.26(0.3)
에탄(C_2H_6)	0.25	메탄(CH_4)	0.28

이황화탄소(CS_2) 와 수소(H_2) 외에 다른 물질의 최소점화에너지는 거의 동일한 수치로 볼 수 있다.

(3) 연소방정식

탄소(C)와 수소(H)로 구성된 탄화수소계 가연성 가스의 처음 연소는 일반적으로 공기의 양이 부족할 때 불완전연소를 해서 일산화탄소(CO)가 발생하지만 완전연소를 하면 CO는 산소를 만나서 이산화탄소(CO_2) 및 수증기(H_2O)가 발생된다.

탄화수소계 가연성 가스의 $1m^3$에서 완전연소식은 다음과 같다.

① 메탄(CH_4): $CH_4 + 2O_2 \rightarrow CO_2 + 2H_2O$
② 에탄(C_2H_6): $C_2H_6 + 3.5O_2 \rightarrow 2CO_2 + 3H_2O$
③ 프로판(C_3H_8): $C_3H_8 + 5O_2 \rightarrow 3CO_2 + 4H_2O$
④ 부탄(C_4H_{10}): $C_4H_{10} + 6.5O_2 \rightarrow 4CO_2 + 5H_2O$

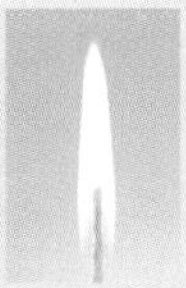

탄화수소(탄소와 화합된 수소)계 이론공기량을 구해보면
• 이론산소량 = 이론공기량 × 0.21이므로 • 이론공기량 = 이론산소량 ÷ 0.21
메탄은 9.5(예 2 ÷ 0.21), 에탄은 17, 프로판은 24(예 5 ÷ 0.21), 부탄은 31배의 공기가 필요하다.
결국 메탄은 9.5, 에탄은 17, 프로판은 24, 부탄은 31로서 공기량은 9.5~31까지 약 7씩 증가한다.

(4) 최소산소농도(MOC: Minimum Oxygen for Concentration, 임계산소농도)

MOC는 연소할 때 화염이 전파되기 위해 필요한 정해진 임계 산소농도를 말한다.
예를 들어 프로판이 완전연소하기 위해서는 5몰(mole)의 산소가 필요하고 불이 붙기 위해서는 공기 중 2.1%~9.5% 가 혼합되어야 한다. MOC는 산소 몰수와 연소하한계에 의해 결정된다.
연소범위 하한계는 그 물질의 인화점에 해당한다.

• MOC = 산소의 몰수 × 연소하한계

예 프로판(C_3H_8) 완전연소식: $C_3H_8 + 5O_2 \rightarrow 3CO_2 + 4H_2O$

위 식에서 프로판이 완전연소하기 위해서는 5몰의 산소가 필요한 것을 알 수 있다.
따라서 프로판의 폭발하한계값이 2.1% 이므로 최소산소농도는 다음과 같이 계산한다.

• MOC = 산소의 몰수 × 연소하한계 = 5 × 2.1 = 10.5%

산소의 몰수와 연소범위

물 질	연소범위(%)	산소의 몰수	최소산소농도(MOC)
① 메탄(CH_4)	5~15	$2O_2$	10%
② 에탄(C_2H_6)	3~12.5	$3.5O_2$	10.5%
③ 프로판(C_3H_8)☆	2.1~9.5	$5O_2$	10.5%
④ 부탄(C_4H_{10})	1.8~8.4	$6.5O_2$	11.7%

①~④까지 화학식의 탄소량(C)이 하나씩 증가할 때 산소량(O_2)은 2~6.5까지 1.5씩 증가한다.
①~④까지 액체로 '산소몰수' 질문 시 각각 기체 몰수에서 0.5씩 감소한다. 예 메틸알콜(CH_3OH)= 1.5

(5) 연소의 속도 등

가연성 가스가 공기 중에서 연소할 때 산소농도에 따라 불완전연소의 원인이 되기도 하는데 이는 연소속도에 영향을 미친다. 이러한 연소와 관련된 원인 및 특성을 살펴본다.

① 불완전연소의 원인

㉠ 공기(산소) 공급량이 부족할 때
㉡ 가스의 조성이 균일하지 못할 때
㉢ 주위의 온도가 너무 낮을 때
㉣ 환기 또는 배기가 잘되지 않을 때
㉤ 노즐의 분무상태가 나쁠 때
㉥ 공급연료가 많아 상태가 불안정할 때

(*^^ ㉥ 공급연료가 너무 많으면 공기유통이 작고, 연소가 활발하지 못해 불완전연소가 된다.)

▸ 완전연소의 조건

- 충분한 연료 및 산소
- 가연물과 산소의 충분한 혼합
- 연소반응을 위한 충분한 온도
- 연소반응이 완결되기 위한 충분한 시간

② 연소속도에 영향을 미치는 요인

연소속도는 가연물에 산소가 공급되어 연소반응 하면서 화염이 전파되는 속도로서 즉, 연소생성물이 생성되는 반응속도이다. 그 요인은 산소, 촉매의 존재 유무와 농도, 가연성 물질과 산화제의 당량비 등이 있으며 그 외 영향을 미치는 요인은 다음과 같다.

㉠ 가연물의 종류, 온도, 압력
㉡ 미연소 가연성 가스의 밀도·비열·열전도율 등
㉢ 촉매*와 부촉매, 화염의 온도 및 생성된 불연성 물질.
㉣ 산소의 영향(가연물과 산화성 물질의 혼합비율)
㉤ 산소의 영향(산화제의 종류와 산화반응을 일으키는 속도)
㉥ 산소의 영향(산소의 농도에 따라 가연물과 접촉하는 속도)

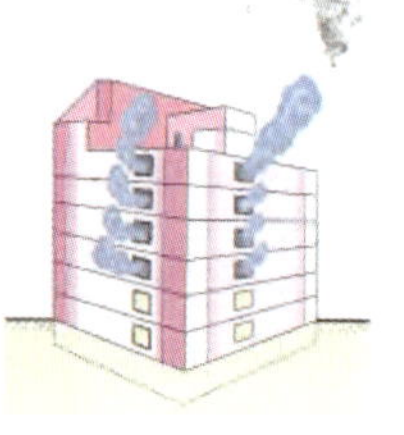

▸ MOC의 The 쉬운 이해

- 최소산소농도는 어떤 물질이 연소할 때 불꽃이 전파되기 위해 필요한 산소의 값이다.

∴ 최소산소농도 이하로 낮추면 불이 꺼진다. 우리는 액체를 기준으로 학습하지만
액체는 15% 전후, / 기체는 약 10%,(예 메탄 10%, 프로판 10.5%, 부탄, 11.7%)
가연성 분진은 약 8%. / 고체의 표면화재는 약 5%, / 심부화재는 약 2% 이하이다.

---

* 촉매: 반응속도를 변화시키는 물질로서 속도를 빠르게 하는 정촉매와 느리게 하는 부촉매가 있다.
* 연소속도에 영향을 미치는 요인 및 발화점에 영향을 주는 요소 : 온도(t)·산소(o)·압력(p) 등 = Top

(6) 산화와 환원

산화(酸化 – oxidizer)와 환원(還元 – reduction)에 대하여 알아본다.

① 산화(산화반응)는 물질이 산소와 화합하거나 수소를 잃는 반응을 말한다.
원자, 분자, 이온이 전자를 빼앗기는 일. 불에 타거나 녹스는 반응 등이다.
(* 즉, 산화반응은 산소와 화합하지만 수소를 잃는 반응이며 원자가 전자를 잃는 것이다.)

② 환원(환원반응)은 산화된 물질이 본래의 상태로 돌아가는 과정을 말한다.
환원이란 어떤 물질이 산소의 일부 또는 전부를 잃거나 외부에서 수소를 흡수하는 변화로 산화물의 산소가 빠져나가거나 산화물이 수소와 화합 또는 그러한 변화. 원자, 분자, 이온이 전자를 받아들이는 변화를 뜻하기도 한다.
(* 환원반응은 산소가 빠지거나 수소와 화합하는 반응이며 원자가 전자를 얻는 것이다.)

③ 산화반응과 환원반응에서 전자를 서로 교환하는 두 물질은 특별한 이름을 붙이는데 전자를 받아들이는 물질(분자 혹은 이온)을 산화제라 하고 전자를 제공하는 물질을 환원제(산화반응이 일어날 때 다른 물질을 환원시킴)라 한다. 산화반응 하는 화학종을 환원제라 하는데 이것은 다른 물질을 환원시키기 때문이다.
(* 하나의 화학반응에서 산화와 환원은 동시에 일어난다. 둘 중의 어느 하나만 일어날 수는 없다.)

산화반응과 환원반응 비교(* 서로 반대의 현상)

구 분	산화수	산소(O)	수소(H)	전자(e)
산화(oxidation)반응	증가	결합할 때	잃을 때	잃을 때
환원(reduction)반응	감소	잃을 때	결합할 때	얻을 때

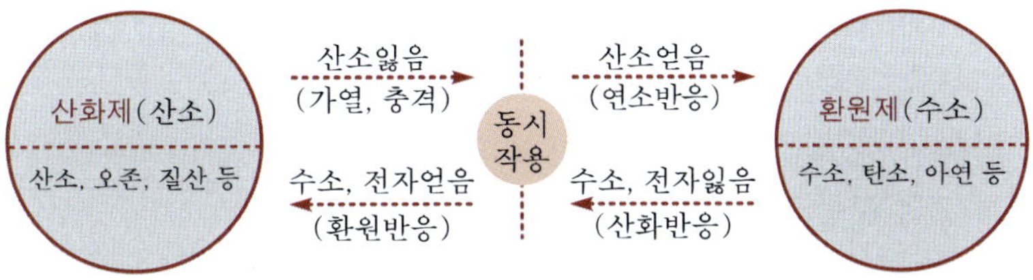

산화와 환원

▸ **산화제(oxidizing agent)**

산소를 가지고 있지만 산소를 빼앗겨 다른 물질을 산화반응 시키는 물질로서 산소·오존(O_3)·질산·과산화수소·크롬산·염소산·진한황산 등 주로 "산"자가 있는 물질. (예 1류위험물 등)

▸ **환원제(reducing agent)**

산소는 없지만 (연소에 필요한) 산소를 얻어서 자신은 산화반응 하고 다른 물질을 환원반응 시키는 물질로 수소·탄소·아연 등을 말한다. (예 2류위험물 등)

| 연소의 식 | 주요문제

기출

01 프로판가스가 완전 연소할 때 화학식이 변화되는 과정으로 $C_3H_8 + xO_2 \rightarrow 3CO_2 + 4H_2O$ 이다. 여기서 X의 값은 얼마인가?

① 1 ② 3
③ 4 ④ 5

해설 프로판가스의 완전연소식으로서 그 산소의 필요량은 5몰의 산소가 필요하다.
$C_3H_8 + xO_2 \rightarrow 3(CO_2) + 4(H_2O) \rightarrow$
$C_3H_8 + xO_2 \rightarrow C_3O_6 + H_8O_4$ ∴ X = 5

답 ④

기출

02 프로판 1몰이 완전연소 하기 위해서 필요한 최소산소농도(MOC)는 몇 %?

① 4.5% ② 10.5%
③ 12.5% ④ 46.5%

해설 프로판 연소범위: 2.1~9.5, 프로판은 하한계 2.1이 인화점이 되므로 산소의 몰수와 곱한다.
2.1 X 5 = 10.5%

답 ②

기출

03 물질이 연소할 때 발생하는 산화반응과 환원반응을 바르게 설명한 것은?

① 전자를 얻는 것을 산화, 전자를 잃은 것을 환원이라 한다.
② 산화수가 감소하는 변화를 산화라고 한다.
③ 산화제는 자신은 산화되고 다른 물질을 환원시킨다.
④ 수소를 잃는 변화도 산화반응이다.

해설 산화(酸化): 순물질(純物質)이 산소와 화합하거나 수소를 잃는 반응을 말한다. 즉, 어떤 원자, 분자, 이온 따위가 전자를 잃는 일. 불에 타거나 녹이 슬거나 하는 반응 등이다.

답 ④

산화와 환원 이야기

- 어떤 물질이 산소와 반응하여 산소 함유량이 많아지는 반응을 산화(산소와 화합)라 하며, 이와 반대로 다시 되돌려서 산소를 잃는 것을 환원(還元)이라 한다.
  (* 산화반응이 일어날 때 다른 물질을 환원시킨다. 하나의 화학반응에서 산화와 환원은 동시에 일어난다. 둘 중의 어느 하나만 일어날 수는 없다.)
- 다른 물질을 산화시키면서 자신은 환원(산소 잃음)되는 성질을 산화성이라 하며, 이러한 물질을 산화성물질(예 제1류 위험물)이라 한다.
  즉, 산화반응은 산소와 화합하지만 수소를 잃는 반응이며 원자가 전자를 잃는 것이다.
  환원반응은 산소가 빠지거나 수소와 화합하는 반응이며 원자가 전자를 얻는 것이다.

(7) 연소 반응식

연소반응식에 따른 용어를 알아본다.

▸ 연소의 반응식 이론

① 화학식: 원소기호를 사용해서 물질을 나타내는 식을 말한다.
② 실험식: 화합물을 이루는 원자 종류와 원자수의 비를 간단한 정수비로 나타내는 식
③ 분자식: 분자 1개에 들어있는 원자의 종류와 원자의 수를 모두 나타내는 식을 말한다.
④ 시성식(示性式): 화합물 특성을 밝히기 위해 분자 중 작용기의 존재를 나타내는 화학식
⑤ 구조식: 분자에서 홑원소물질·화합물의 각 원자의 결합상태를 도표로 나타내는 식

(8) 화학결합

화학반응으로 나타나는 이론과 분자의 결합형태에 따른 특성을 알아본다.

① 이온결합(ion結合) – (금속과 비금속의 이극결합)
양이온과 음이온이 **정전기 인력**(引力)으로 이루어진 화학 결합으로 주로 금속과 비금속의 결합이다. 할로겐족 원소와 알칼리 원소가 만나면 각각 양이온, 음이온이 되어 두 이온사이에는 정전기적 인력에 의해 안정된 결합을 한다. 예로 나트륨(금속)의 양이온과 염소(비금속)의 음이온이 결합되어 있다.

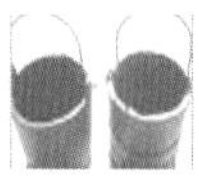

② 공유결합(共有結合) – (비금속과 비금속의 무극성결합)
분자를 구성하는 원자들이 서로 상대편 원자의 전자들을 공유함으로써 발생하는 **결합력**에 의한 결합이다. 즉, 한 쌍의 전자를 두 개의 원자가 서로 함께 공동으로 내어 공유하면서 결합되어 있는 상태. 주로 물, 휘발유 등의 액체처럼 비금속과 비금속의 결합이 된다.

| Reference | 정전기 방지는 이온(ion)결합, 물이나 유류는 공유(共有)결합으로 생각한다.

01 예제 **다음 내용을 읽고 괄호 안에 들어갈 알맞은 단어로 올바른 것은?**

제1석유류인 가솔린은 인화점이 섭씨 –43도~–20도로써 전기 (　　)이며 (　　)결합으로 인해서 500ml 비커에 20ml의 가솔린을 넣은 후 담뱃불을 던져도 (　　　).

① 도체, 공유, 연소한다.　　② 도체, 이온, 연소한다.
③ 부도체, 공유, 연소하지 않는다.　　④ 부도체, 이온, 연소하지 않는다.

해설 제1석유류인 가솔린은 인화점이 섭씨 -43도 ~ -20도로 전기가 통하지 않는 전기부도체이며 공유결합상태다. 그리고 유류 속에는 산소가 없어 담뱃불을 던져도 연소하지 않는다. **답 ③**
참고로 담뱃불은 불씨가 붙어있는 면적이 작어서 프로판가스에도 연소가 되지 않는다.

3. 발화점(Ignition Point)

(1) 정 의

가연물이 외부 점화원의 접촉이 없어도 연소를 시작할 수 있는 최저온도이다.
즉, 주위로부터 가열된 열 등의 에너지에 의해 공기(산소) 중 혼합기체가 충분한 에너지를 받아 스스로 발화되는 온도이다. 착화점, 자동발화점, 자연발화점이라고도 하며 인화점(= 유도 발화점)과의 차이는 점화에너지의 유무이다.
일반적으로 발화점(= 착화점)은 인화점과 연소점보다 수백도 이상 높다.

온도의 크기순: 인화점 < 연소점 < (자연)발화점

(2) 발화점이 낮아지는 조건

발화점이 낮아지는 조건이란 가연물의 구비조건과 유사한데 인화물질 등이 없어도 낮은 온도에서 발화되며 연소가 빨라지는 것을 의미한다.

① 직쇄탄화수소*계열의 분자량이 늘려질 때, 탄소쇄*의 길이가 늘여질 때
② 분자구조가 복잡할수록
③ 압력·발열량·화학적 활성도(산소와 친화력)가 클수록
④ 증기(가스)압 및 습도(물질 내)가 낮을수록
⑤ 접촉금속(열이 금속으로)의 열전도율이 좋을수록 등이다.

| Reference |

③ 압력(밀폐 압력)은 눌러서 물체의 안쪽으로 작용하는 힘이라면
④ 증기압이란 증기가 밖으로 밀치고 나가려는 힘이다. ∴ 압력과 증기압은 반대현상이다.
④ 발화는 주위에 습기가 있어야 열을 전달하여 잘 되지만, 물질 내에 수분은 적어야 잘 된다.
⑤ 열전도란 물질 내부의 열전달이지만, 접촉금속은 외부에서 금속들이 부딪쳐 열이 잘 전달된다.

가연물의 발화온도

가연물	발화점(℃)	가연물	발화점(℃)
황린(3류위험물)	30℃(~34)	휘발유(4류)	257(~300)℃
황화인(2류〃)	100℃	석 탄	350℃
이황화탄소(4류)	100℃	목 재	420℃
셀룰로이드(5류)	180℃	산화에틸렌	430℃
아세트알데히드(4류)	185℃	산화프로필렌(4류)	450℃
적 린(2류〃)	260℃	코크스	500℃

발화점 = 등유: 245℃ < 경유: 255℃ < 휘발유: 약 300℃ < 중유: 410℃ < 톨루엔: 480℃

(3) 발화점에 영향을 주는 요소

발화의 발생원인은 형태와 크기에서 온도, 압력, 산소조성(보조하는 성질) 등이 있으며 고체는 가열된 공기의 유량, 가열시간과 속도, 가연물의 시료나 크기(모양) 등에 따라 달라질 수 있다. 발화점(원인)이 변하는 조건은 다음과 같다.

① 발화공간의 형태와 크기, 가열시간과 속도
② 가연성 가스와 공기혼합비(온도·산소·압력)
③ 반응열·속도의 크기, 점화원의 종류와 에너지(온도) 투여방법 등
④ (용)기벽의 재질과 촉매효과.

자연발화현상

(4) 최소 발화에너지(MIE, Minimum Ignition Energy)에 영향을 주는 인자

가연물이 화학반응할 때 작은 에너지로 연소하는 것을 최소 발화에너지라고 하는데 가연성 혼합가스의 농도가 짙고 연소범위 내에 가까울수록 작은 에너지로 연소할 수 있다.
즉 작은 에너지로 연소할수록 가연성이며 연소가 잘 되는 물질이다.

① 온도가 상승하면 분자운동이 활발해서 최소 발화에너지는 작아진다.
② 압력이 상승하면 분자간의 거리가 가까워져서 최소 발화에너지는 작아진다.
③ 농도가 짙고 발열량이 크면 최소 발화에너지는 작아진다.
④ 산소분압이 높아질 때 최소 발화에너지는 작아진다.
⑤ 열전도율이 낮아질 때 최소 발화에너지는 작아진다.

▸ 최소발화에너지 반응관계

①②가 상승하면 분자운동이 활발하므로 비교하여 최소 발화에너지는 더 작게 필요하다는 뜻이며, 즉, ①②③의 조건은 더 작은 에너지로 연소가 가능하다는 뜻에 해당한다.

▸ 최소발화에너지(MIE, Minimum Ignition Energy)의 조건

① 온도·압력·산소분압·농도·발열량이 높아질 때
② 열전도율이 낮아질 때
➲ 발화점, MIE는 완전연소에 필요한 농도비율인 화학양론조성비에서 최소이다.(연료/연료+공기)

화학양론조성비

상온, 상압의 가연성 가스 · 공기계에서 완전연소에 필요한 농도비율을 말하며 Cst%로 나타낸다.

$C_{st} = \frac{\text{연료몰수}}{\text{연료몰수+공기몰수}} \times 100$으로 표현한다.

예 프로판연소식을 보면 프로판 1 mole이 완전연소하기 위해서는 산소 5 mole이 필요함을 알 수 있다

(5) 자연발화에 의한 열

가연물이 밀폐되어 고온다습한 공간에서 서서히 산화 축적되어, 발화하는 현상이다.

① **분해열**: 물질에 열이 축적되어 서서히 분해할 때 생기는 열.

예 나이트로셀룰로오스, 셀룰로이드, 나이트로글리세린, 아세틸렌, 산화에틸렌, 에틸렌

② **산화열**: 가연물이 산화반응으로 발열 축적된 것으로 발화하는 현상.

예 석탄, 기름종류(건성유, 기름걸레), 황린, 금속분, 원면(면), 고무분말

③ **중합열**: 작은 다량의 분자가 큰 분자량의 화합물로 결합할 때의 중합(重合)반응열.

예 시안화수소, 산화에틸렌 등.

④ **미생물열**: 미생물 발효현상으로 발생되는 열. 발효열.

예 퇴비(퇴적물), 먼지, 곡물분 등.

⑤ **흡착열**: 가연물이 고온의 물질에서 방출하는 (복사)열을 흡수하는 것.

예 다공성 물질*의 활성탄, 목탄(숯)분말 등.

다소 약한 미생물열, 흡착열과 다르게, 분해열, 산화열, 중합열은 폭발로 이어질 수 있다.

(6) 자연발화원인과 대표물질

자연발화의 원인은 공기 중에서 산화, 수분과의 반응, 혼합·접촉에 의한 발열, 분해열에 의한 것 등이 있으며 **황린***은 자연발화의 대표적인 물질로 주위 온도가 약 30℃ 이상이 되면 자연발화되므로 용기에 넣어 물속에 저장한다.

황린은 본디 백색인데 뚜껑을 열면 산소와 접촉하여 황색이 되므로 황린이라 한다. 황린은 ① 습한 공기 중 30℃ ② 미분인 가루는 34℃ ③ 고체는 60℃에서 자연발화 된다. 물속 저장 시 온도나 물의 수소이온농도 ph9가 맞지 않으면 독성가스인 인화수소(=포스핀)를 발생한다.

자연발화-1

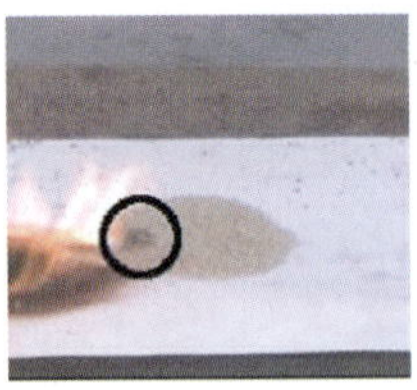

자연발화-2

칼륨 + 물 = 자연발화

* 셀룰로이드, 나이트로셀룰로오스, 나이트로글리세린: 제5류 위험물. * 다공성물질: (미세한)구멍이 많은 물질
* 흡착: 물질이 두 상의 경계면에서 그 상을 구성하고 있는 성질의 물질이 농축되는 현상. (* 흡수와 유사하다)
* 황린(백린, 인): 발화점 30℃이상으로 물속에 저장.(* 사람 품속에서 자연발화하는 고체.) * 진공: 공기가 없음

(7) 자연발화 영향 등

자연발화는 밀폐된 공간 등에서 가연물이 외부로부터 점화원 등 인위적인 열원의 공급을 받지 않고 주위 온도와 물질 자체적으로 열을 축적하여 온도가 서서히 상승하는 현상이다. 즉 유기물질이 대기에 노출되어 발화점 이상의 온도가 되면 산화해서 자연발화를 한다.

예 기름걸레를 빨랫줄에 널어놓으면 열이 증발되지만 밀폐(진공* 아님)된 공간에 뭉쳐놓으면 대기 중으로 열이 증발하지 못하고 산화 축적되어 자연발화 한다.

① 자연발화에 영향을 주는 요인

공기유통이 원활하지 않고 수분이 적당히 있는 주위 공간에 열이 축적되어야 한다.

② 자연발화의 조건(물질)

물질의 열전도율은 작아야 하고 주위의 온도, 발열량, 비표면적은 커야하며 열을 전달하는 주위의 수분은 적당해야 한다.

③ 자연발화 방지법

㉠ 실내에 창문 등을 열어서 공기유통이 잘 되게 한다.(즉 열을 분산시킨다)

㉡ 저장실의 온도를 낮게 하고 실내에 가연물을 수납할 때 열이 축적되지 않게 한다.

㉢ 적당한 습기는 물질에 촉매작용을 하여 자연발화하므로 습도가 높은 곳을 피한다.

(*^^ 즉, 약간의 수분은 열의 전달을 촉진시키므로 저장실의 습기를 제거한다.)

▸ 실내의 자연발화 방지법

밀폐되어 고온·다습하며 즉, 실내가 후텁지근하여 온도가 상승할수록 자연발화가 잘된다. ∴

① 저장실의 비표면적을 낮출 것.(비교한 면적이 작을수록) A

② 저장실의 발열량을 낮출 것.(발열량이 작으면 방지가 된다.) Q

③ 퇴적·수납시 통풍으로 열을 분산시킬 것.(밀폐실의 물질내 온도를 낮출수록) T

④ 습도 등 발열반응에 정촉매 작용을 하는 물질을 피할 것.(습기를 낮추면 방지된다) m

(* 자연발화: 서서히 일어난다. / 플래시오버 및 백드래프트: 어느 순간 갑자기 일어난다.)

요오드(옥소) 값이란?

일반적으로 요오드값이 클수록 건조 및 산화되기 쉽고 자연발화의 위험이 있다.

요오드값(iodine number)이란 유지 100g이 흡수할 수 있는 요오드의 g 수이며 유지의 불포화도를 나타내는 지수로 이 요오드값, 불포화도가 크기에 따라 건성유 〉반건성유 〉불건성유로 나뉜다.

① 건성유(요오드값 130 이상): 아마인유, 들기름, 오동유, 정어리유, 해바라기유 등

② 반건성유(요오드값 100~130): 참기름, 콩기름, 옥수수유, 채종유, 목화씨(면실)유, 청어유 등

③ 불건성유(요오드값 100 이하): 땅콩유, 올리브유, 피마자유, 야자유, 동백유, 돼지기름, 쇠기름 등

식물 중 아마인유 등을 그릇에 칠한 후, 공기 중에 놓아두면 산 산화·건조되며 얇은 막을 형성하는데, 건성유란 빨리 건조되며, / 불건성유란 잘 건조하지 않는 기름, / 이 중간 성질을 반건성유라 한다.

| 연소 | OX 개념

01 산화반응이지만 발열반응이 아닌 것은 가연물이 될 수 없다. (   )

☺ 산화반응이지만 발열반응이 아닌 것은 가연물이 될 수 없다.

02 가연물(연소)의 구비 조건은 열전도도가 작고 화학적 활성도가 작아야 한다. (   )

☺ 열전도도가 작고 화학적 활성도가 커야한다.(* 활성화 에너지는 작아야 한다)

03 공기 중 산소가 없으면 연소는 불가능하며 연소란 반드시 화염이 수반된다. (   )

☺ 산소가 없더라도 산화제 및 염소, 불소, 오존 등 조연성 물질이 있으면 연소는 가능하며 무염연소는 화염(불꽃)이 수반되지는 않는다.

04 산소는 조연성 물질이며 구성이 산소로 되어 있는 것은 가연물이 될 수 없다. (   )

☺ 산소는 조연성 물질이며, 구성 원소가 산소이면 가연물이 될 수 있다. 예 일산화탄소(CO)

05 기체의 인화점과 연소점은 10℃ 차이이다. (   )

☺ 연소점은 인화점 이후의 온도를 말하며 액체는 일반적으로 인화점보다 10℃ 이상 높으며 연소상태가 5초 이상 지속할 수 있는 상태이다. 그러나 기체의 경우에는 인화점과 연소점은 동일하다.

06 불꽃의 색상 중 적색을 띠는 가장 높은 색은 휘백색이다. (   )

☺ 휘백색은 휘날리는 백색상으로 적색이 아니므로 백적색에 해당한다.

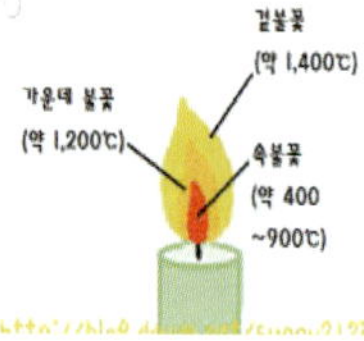

07 가연성 가스가 공기 중 연소 시 산소농도를 증가하면 발화온도가 상승한다. (   )

☺ 산소농도를 증가하면 발화온도가 낮아진다. 즉, 빨리 불이 붙는다.

08 기계적 점화원은 단열팽창, 마찰, 충격 등이 있으며 스파크는 전기적 점화원이다. (   )

☺ 단열팽창이 아니라 단열압축, 마찰, 충격에 해당한다. (마찰)스파크는 기계적 점화원이다.

Ans. 01. (O) 02. (X) 03. (X) 04. (X) 05. (X) 06. (X) 07. (X) 08. (X)

09 산화반응은 산소와 화합하면서 수소를 잃는 반응이며 원자가 전자를 잃는 것이다, 환원반응은 산소를 잃고 수소와 화합하는 반응이며 원자가 전자를 얻는 것이다. ( )

☻ 설문(설명문)은 옳은 설명이다.

10 표면에 불꽃이 있는 표면화재를 불꽃연소라 하며, 표면에 불꽃이 없는 심부화재를 작열연소라 한다. ( )

☻ 표면에 불꽃이 있는 표면화재를 불꽃연소라 하며, 표면에 불꽃이 없는 심부화재를 불씨연소(작열연소)라 한다.

11 기체의 연소는 확산연소, 예혼합연소, 폭발연소 등으로 나눈다. ( )

☻ 기체의 연소는 확산연소, 예혼합연소, 폭발연소 등으로 나눈다.

12 표면연소는 가연성 고체가 그 표면에서 열분해 또는 증발하지 않고 공기 중 산소와 반응하여 표면에서 지접 연쇄반웅하는 연소형테를 말힌다. ( )

☻ 표면연소는 가연성 고체가 그 표면에서 열분해 또는 증발하지 않고 공기 중 산소와 반응하여 연쇄반응 없이 표면에서 직접연소하는 형태를 말한다.

13 고체의 연소는 증발(Evaporation)·분해(Decomposition)·표면(Surface)·자기(Self)연소로 나뉜다. 또한 증발·분해연소는 액체와 고체연소에서 함께 분류하고 있다. ( )

☻ 설문(설명문)은 옳은 내용이다.

14 양초 및 파라핀은 분해연소를 하고 숯, 코크스, 금속분은 표면연소를 한다. ( )

☻ 양초 및 파라핀은 증발연소를 한다. (* 아래는 고체의 연소 첫 자로서 연상기억법을 예시한다.)
* 증발연소: 파나유 요고 왕창! / 분해연소: 종석이 (노래방)목 풀고서 / 표면연소: 포스코 금속

15 발화점에 영향을 주는 일반적인 요소에는 발화를 일으키는 공간의 형태와 크기, 가열속도와 가열시간, 가열공간의 위치가 있다. ( )

☻ 발화점에 영향을 주는 일반적인 요소에 가열공간의 위치(예: 동쪽, 남쪽)는 해당되지 않는다.

Ans. 09. (O) 10. (O) 11 (O) 12. (X) 13. (O) 14. (X) 15. (X)

| 연소 | 주요문제

기출

01 다음 중 연소의 3요소가 아닌 것은?

① 고체　　② 조연성 물질(공기)
③ 촉매　　④ 활성화에너지

해설 연소가 일어나는 3요소는 가연물(고체), 산소공급원(공기, 조연성물질), 점화원(활성화에너지)이다. 답 ③

기출 소방위 승진시험

02 다음의 지문을 읽고 빈칸에 들어갈 알맞은 단어를 고르시오.

> 연소란 열과 빛을 발생하는 급격한(　)을 말한다. 일반적으로 연소가 지속되기 위해 연소의 4요소를 적용하지만 (　)는 연소의 3요소만으로 연소가 진행된다.

① 연소현상 - 유염연소　　② 산화반응현상 - 자기연소
③ 분해연소현상 - 표면연소　　④ 산화반응현상 - 무염연소

해설 연소란 열과 빛을 발하는 급속한(산화반응현상)을 말한다. 일반적인 연소는 연소의 4요소가 적용되지만 (무염연소)는 순조로운 연쇄반응을 일으키지 않아 연소의 3요소만으로 연소가 진행된다. 답 ④

기출

03 다음 중 연소의 구성 요소라고 보기 어려운 것은?

① 마그네슘(Mg)　　② 차가운 바람
③ 정전기　　④ 헬륨

해설 ①은 가연물 ②는 산소공급원 ③은 점화원에 해당된다. 그러나 헬륨은 주기율표상 18족(0족, 8족)의 불활성 기체 원소로서 연소의 구성요소라 할 수 없다. 답 ④

주기율표

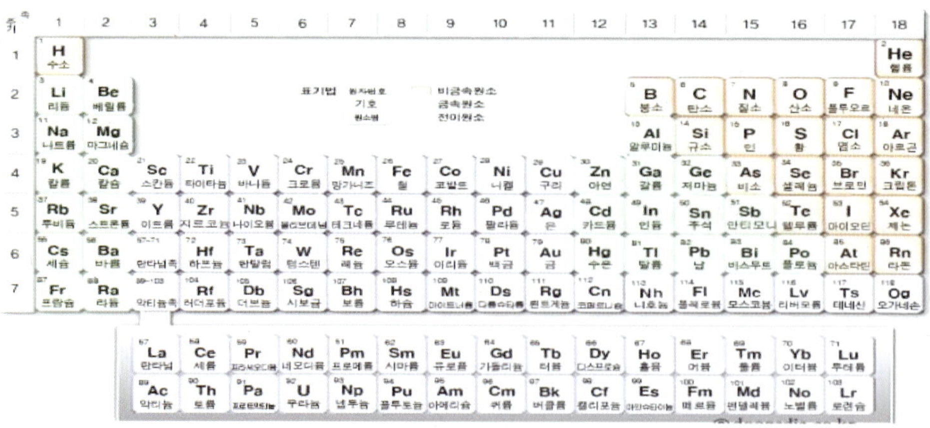

기출
04 연소의 구비조건에 대한 설명으로 옳지 않은 것은?

① 발생하는 열량이 클 것 ② 비표면적이 작을 것
③ 활성화 에너지가 작을 것 ④ 열전도율이 작을 것

해설 가연물의 구비조건에는 비교한 표면적이 커서 공기(산소)접촉이 많아야 한다. 답 ②

기출
05 고체 물질이 연소할 때 특징으로 옳지 않게 연결된 것은?

① 분해연소 – 종이, 석탄 ② 자기연소 – 마그네슘
③ 증발연소 – 파라핀 ④ 표면연소 – 목탄, 코크스

해설 마그네슘은 금속분으로 표면연소에 해당한다. (*자기연소: 산소를 가지고 있는 제5류 위험물 등의 고체의 연소) 답 ②

기출
06 최소발화에너지에 영향을 주는 인자에 대한 설명으로 틀린 것은?

① 온도가 높으면 발화에너지가 적어진다.
② 압력이 높아지면 발화에너지가 적어진다.
③ 물질 내 열전도율이 적으면 발화에너지가 적어진다.
④ 가연성 가스의 농도가 연소범위보다 낮아지면 발화에너지가 적어진다.

해설 연소범위 내에서 가연성 가스의 농도가 높아지면 발화에너지가 적어진다. 답 ④

기출
07 자연발화를 방지하는 방법에 대한 설명으로 옳지 않은 것은?

① 저장실의 비표면적을 작게한다.
② 발열 반응을 일으키는 정촉매 물질을 피한다.
③ 습도가 높은 곳에 물질을 저장해야 한다.
④ 열이 있는 실내에 공기유통을 잘 되게 해서 열을 분산시킨다.

해설 습기 등은 물질에 따라 촉매(觸媒)작용을 하므로, 습도가 높은 곳을 피한다. 즉, 적당한 수분이 열을 전달하는 촉진역할을 하므로 습도가 높은 곳에는 저장하지 않아야 한다. 답 ③

파리와 자연발화 이야기

- 파리는 "몽마르뜨 언덕"이 유명하다. 이유는 부산 용두산공원과 유사하지만 파리엔 산이 없어서이다.
- 파리는 "세느강"이 유명하다. 이유는 산이 없는 곳은 하천이 없는데 알프스에서부터 흐르기 때문이다.
- 파리는 "에펠탑"이 유명하다. 이유는 남들이 갖지 못한 기술로 에펠이 아주 큰 탑을 세웠기 때문이다.
- 파리는 입학 · 졸업식이 없다. 이유는 식이 중요하지 않고 고교 때 교수님이라 칭하고 대학을 준비한다.
- 파리는 곰팡이와 자연발화가 잘 일어나지 않는다. 이유는 여름엔 고온 저습하고, 겨울엔 저온 다습하다.
- 자연발화란 주위가 고온+다습해야 하는데 그렇지 못해서이고, 겨울 구름은 하늘에서 매우 낮게 떠있다.

Paris

04 연소생성물

▶ 연소가스, 불꽃, 열, 연기 순으로 편집됨.

화재 시 발생하는 연소생성물을 일반적으로 4가지로 분류하며 그 종류는 다음과 같다.

1. 연소가스 2. 불꽃(화염) 3. 열 4. 연기

1. 연소가스

(1) 독성가스

연소가스는 연소생성물 중에서 인체에 미치는 영향이 큰 물질이다.
거의 모든 가연물은 분자 내 탄소를 포함하고 있는데 연소할 때 공기의 공급이 불충분하면 인체(혈액, 폐, 심장)에 해를 주는 CO가 발생하고 공기 공급이 충분하면 더 이상 연소하지 않는 최종산화물인 CO_2가 생성된다. 실내가연물이 연소할 때 발생하는 CO 및 CO_2, 그 외 독성이 큰 가스의 특성을 알아본다.

① 일산화탄소(CO)

가연물이 **불완전연소**할 때 발생하고 공기보다 가벼운 무색, 무취, 무미의 유독성 기체이며 연소가 가능한 **가연성 물질**이다. 화재 발생 시 생성된 일산화탄소를 흡입하면 피 속의 **헤모글로빈***(Hb)과 결합해서 산소운반을 방해하여 사람을 질식사 시킨다. 일반적으로 화재현장에서 "일산화탄소 중독사"라는 것은 헤모글로빈이 산소운반을 하지 않았기 때문이다. CO는 Hb과 결합력이 산소보다 매우(약 200배 이상) 강하다.

일산화탄소와 인체의 반응 [허용농도: 50ppm]

공기 중 농도(%)	경과시간(분)	중독 증상	인체의 반응
200ppm	120~180	가벼운 두통.	·
400ppm	60~120	두통, 구토	2~3시간 내 두통.
800ppm	40분	구토증상, 현기증, 경련	2시간 내 실신.
1,600ppm	20분	구토증상, 현기증, 두통	1~2시간 사망.
3,200ppm	5~10	두통, 현기증	30분 사망
6,400ppm	1~2	두통, 현기증이 심함	15분~30분 사망
12,800ppm	·	·	1분~2분 내 사망.

(*^^ CO의 공기 중 농도가 12,800ppm이란 1.28%로서 1~2분 내 사망할 수 있다는 뜻.)

---

* 헤모글로빈: 피 속의 붉은 성분으로 인체 내 산소를 운반함. 혈홍소, 혈색소
* 허용농도: (성인이 1일 8시간씩 5일을 근무해도) 인체에 해를 끼치지 않는 용도.(* 단위: ppm)
* ppm: 1%(백분의1)와 1ppm(백만분의1)은 10,000배의 차이가 있다. 그러므로 1%란 10,000ppm이 된다.

② 이산화탄소(CO_2)

가연물이 완전연소할 때 발생하고 공기보다 약 1.5배 무거우며 무색, 무취의 기체이다. 비가연성 물질로 연소가스 중 화재 시 가장 많은 양을 발생하며 기체 자체는 독성이 거의 없으나 다량의 이산화탄소를 흡입하면 호흡속도가 빨라지다가 질식해서 사망한다.

이산화탄소와 인체의 반응 [허용농도: 5,000ppm]

공기 중 농도(%)	인체의 반응
1%	공중 위생상 허용농도 (* 1%는 10,000ppm에 해당됨.)
2%	호흡심도가 1.5배 증가 (불쾌감을 가짐)
3%	호흡심도가 2배 증가, 무의식 중 (현기증)
4%	두부의 압박감, 국소적 지각현상 (귀울림, 어지러움, 혈압상승)
6%	호흡수 현저히 증가를 스스로 느낌.(5%부터)
8%	호흡 곤란이 상승하다.
9%	10분 이내에 의식상실 (질식성)
10%	1~3분 이내에 의식상실, 시력장애, 사망
20%	중추신경* 마비로 사망

(*^^ CO2의 허용농도가 5,000ppm이란 0.5%로서 이는 곧 인체에 무해하게 허용할 수 있는 뜻.)

③ 아크로레인(CH_2CHCHO)

석유제품과 유지류(기름성분) 등이 탈 때 발생되는 맹독성 가스이다. [0.1ppm]
일반화재에서 발생하는 경우는 드물고 약 10ppm이면 사람이 즉사한다. 아크릴알데이드

④ 포스겐($COCL_2$)

PVC(폴리염화비닐), 수지류 등이 탈 때 미량* 만 발생되는 맹독성 가스이다. [0.1ppm]
염소(CL)계 화합물이 탈 때도 미량이 생성되며, 2차대전 당시 독일군이 유태인의 학살 용도로도 사용되었다. [0.1ppm]

⑤ 이산화질소(NO_2)

질산셀룰로오즈, 폴리우레탄 등이 불완전 연소할 때 발생되는 적갈색 유독성가스.

⑥ 불화수소(HF)

불소계 수지가 탈 때 생성되는 무색의 기체로서 모래, 유리를 부식시킨다. [3ppm]

⑦ 염화수소(HCL)

PVC 등 염소가 함유된 물질, 수지류, **전선의 절연재**(피복), 배관 재료 등이 탈 때 생성되는 무색 기체로 인체에 흡입되면 **폐수종**으로 사망할 수 있다. 염소와 수소의 화합물로 구성된 염화수소는 금속에 대한 강한 **부식성**이 있다. [5ppm]

---

* 중추신경: 뇌와 척수. * 미량: 극히 작은 양 * 폐수종: 폐포(肺胞) 속에 물이 고여 붓는 병.

⑧ 아황산가스(SO_2)

털, 고무, 나무, 중질유, 고무, 가죽, 석탄 등 황(S)이 함유된 물질이 완전연소 할 때 발생되는 무색의 악취가스로 눈, 호흡기(점막) 계통에 자극을 주며 대기오염과 산성비의 원인이다. 이산화황의 기체로서 과거 "런던스모그 사건"의 주범이었다. [5ppm]

⑨ 황화수소(H_2S)

털, 고무, 나무, 가죽소파 등 황(S)이 함유된 물질의 **불완전연소 시 발생하**는 무색가스로 **달걀 썩는** 냄새가 난다. 다른 말로 유화수소라고도 한다. [10ppm]

⑩ 시안화수소(HCN)

기체는 **청산가스**라고도 하며 동물 털의 불완전연소, 인조견 등의 직물류, 목재, 종이, 폴리우레탄 등이 탈 때 극미량 발생하며 인체에 대량 흡입되면 헤모글로빈과 결합하지 않고도 정신경련, 호흡·심박동정지로 질식사 한다. 공기 중 농도 0.3%에서 사람이 즉사한다.

⑪ 암모니아(NH_3)

질소함유물인 열경화성 수지류, 나일론, 나무 등이 탈 때 생성되는 무색의 기체로 악취가 심하다. 물에 잘 용해되며 냉동시설의 온도 낮추는 **냉매***로 쓰이는데 인체에 노출되면 눈, 코, 폐에 자극이 크다.[25ppm]

이 외 독성가스는 폴리스티렌(스티로폼)이 탈 때 발생하는 벤젠(1석유류 기체)을 비롯하여 제1차대전 때 사용했던 강산성으로 부식성이 강하고 수소와 혼합하여 폭발이 가능한 염소(CL_2)*를 비롯하여 취화(브롬화)수소, 알데히드, 일산화질소 등이 있다.

독성가스 허용농도

가스의 종류	ppm*	가스의 종류	ppm
아크로레인(CH_2CHCHO)	0.1	황화수소(H_2S)	10
포스겐($COCl_2$)	0.1	시안화수소(HCN)	10
불화수소	3	암모니아(NH_3)	25
염화수소(HCl)	5	일산화탄소(CO)	50
아황산가스(SO_2)	5	이산화탄소(CO_2)	5,000

▸ | Reference | 가스의 특징

①⑨⑩⑪은 독성가스 및 가연성 가스이다.
①⑤⑨⑩은 독성가스 중 통증이 없는 마취성 가스이다.
③④⑥⑦⑧⑪번은 독성가스 중 통증이 있는 자극성 가스이다.

* 냉매: 열을 낮추기 위해 사용되는 매개체 가스
* 염소(CL_2): 독성가스로서 수소와 혼합 시 폭발 가능.

독성가스와 비교한 산소농도와 인체반응

공기 중 산소농도	인체의 반응
18%	숨이 가빠진다.
17%	산소부족을 보충하기 위해 호흡이 증가, 근육운동에 장애를 받는 경우도 있다.
12%	어자러움, 두통, 급격한 피로를 느낀다. (※ 9%: 의식불명.)
6%	호흡부전과 이에 동반하는 심정지로 몇 분 이내에 사망한다

02 예제 다음 중 독성가스이면서 연소가 가능한 가스는? 소방시설관리사

① 질소, 메탄, 에틸렌　② 불소, 벤젠
③ 이황화탄소, 염소　④ 황화수소, 암모니아

해설 독성가스 및 가연성 가스: CO, 이황화탄소, 황화수소, 시안화수소, 암모니아, 벤젠 · 아크릴로니트릴, 아크릴알데히드, 염화메탄, 브롬화메탄, 모노메틸아민, 디메틸아민 등이다. 답 ④

03 예제 다음 중 독성 연소가스에 대한 설명이다. 틀린 것은?

① 아황산가스 – 털, 고무, 일부 나무가 탈 때 발생하는 무색의 가스다.
② 암모니아 – 질소함유 수지류 등이 탈 때 발생하며 인체에 자극이 크며 물에 용해된다.
③ 황화수소 – 건축물내의 전선 절연재 및 배관재료 등이 탈 때 생성되는 무색 기체이다.
④ 시안화수소 – 동물 털의 불완전연소시, 직물류, 목재, 종이 등이 탈 때 발생된다.

해설 염화수소 – 건축물 내의 전선의 절연재 및 배관재료 등이 탈 때 생성되는 무색 기체이다. 답 ③

※ **참고**: 모든 기체는 무색이다.(단, 불소, 염소는 연한 녹색상을 갖는다.)

런던 스모그 사건(아황산가스)

1952년 영국은 가정이나 산업체에서 석탄을 주로 연료로 사용하였다. 12월 4일 석탄 연소에 따른 연기가 정제되지 않은 채 대기 중으로 배출되고, 때마침 무풍현상 등과 습도가 80%인 그 날 가스는 땅에 깔리게 된다. 배출된 연기와 짙은 안개가 스모그를 형성하였고, 연기 속에 있던 아황산가스가 황산 안개로 변하고 이 현상은 12월 10일까지 지속되어 런던 시민은 치명적인 호흡 장애와 질식으로 사건 발생 후 첫 3주 동안 4천여 명이 사망, 그 뒤 만성 폐질환으로 8천여 명의 사망자가 늘어나 총 1만 2천여 명이 사망했다. 이를 계기로 영국은 1956년에 "대기오염 청정법"을 제정하게 되었다.

(2) 연소범위(가연범위, 폭발범위)

공기 중에 가연성 기체가 산소와 혼합하면 일정농도에서 연소할 수 있다. 연소범위는 분자의 충돌 횟수 증가에 따른 혼합비율 범위이다.
즉, 연소범위란 "**공기 중 연소에 필요한 혼합가스의 농도**"의 범위를 말한다.
일반적으로 가스압력이 높아지면 **상한계 값이 커지며** 하한계 값은 크게 변하지 않는다.
연소범위는 압력의 변화에 따라 차이가 있지만 압력이 낮아지면 연소(폭발)범위는 좁아지고 압력을 대기압(1기압, 상압) 이상으로 증가시키면 일반적으로 연소범위는 넓어진다.

> 예외: CO는 압력이 증가하면 연소범위는 좁아진다.
> (H_2의 연소범위는 압력이 낮거나 높을 때 일시적으로 좁아진다.)

① 연소범위 상·하한계

연소범위*란 가연성 가스가 화재를 일으킬 수 있는 위험성의 기준(척도)이다.
연소범위의 하한계는 물질의 인화점과 같다.
예를 들어 연소의 범위가 2.5~81%인 아세틸렌은 일반적으로 공기 중에 연소의 범위가 2.5% 이상~81% 이하로 유지되어야 연소하고 폭발할 수 있는 위험이 있다는 뜻이다.
이 경우 낮은 쪽의 한계치를 하한계(L), 높은 쪽의 한계치를 상한계(U)라 한다.

> 예 1 - 아세틸렌: $\frac{\text{연소범위}}{\text{하한계}} = \frac{81-2.5}{2.5} = 31.4$(위험도)
>
> 예 2 이황화탄소: $\frac{\text{연소범위}}{\text{하한계}} = \frac{44-1.2}{1.2} = 35.7$(위험도)
>
> 81 = U: Upper limit(상한계)　　2.5 = L: Lower limit(하한계)

(*^^ 탄소수가 증가하면 연소범위 하한계는 작아지기도 하며 산소수가 증가하면 상한계가 커진다.)

② 연소범위(Flammable Range)의 특성

가연성 가스의 연소범위에 관한 그 특성은 다음과 같다.

㉠ 연소범위의 상한계값이 높을수록 위험성은 증가한다.
㉡ 연소범위의 하한계값이 낮을수록 위험성은 증가한다.
㉢ 연소범위의 폭이 넓을수록 위험성은 증가한다.
㉣ 불활성가스*를 첨가할수록 연소범위는 좁아진다.

---

* 연소범위: 가연성 혼합기에 점화했을 때 화염이 전파하는 가스의 농도한계이다. 연소한계, 가연한계, 폭발한계.
* 불활성가스: 질소, 이산화탄소 , 사염화탄소 등 가연성을 불연성으로 바꾸는 기체,
* 비활성가스: 주기율표 18족 원소인 헬륨, 아르곤 등 원자나 분자의 화학반응을 활발히 하지 않는 기체

③ 공기 중 가연물의 연소범위 순서

연소범위는 물질적 조건(농도, 압력)과 에너지 조건(점화원, 온도)의 영향을 받는다.

가연물	연소범위(%)	상 · 하한 폭	가연물	연소범위(%)	상 · 하한 폭
아세틸렌	2.5~81	78.5	에틸알코올	3.5~20	16.5
산화에틸렌	3~80	77	시안화수소	13~27	14.2
수소	4(4.1)~75	71	암모니아	15~28	13
일산화탄소	12.5~75	61.5	아세톤	2~13	11
아세트알데히드	4~57	53	메탄	5~15	10
(에틸)에테르	1.9~48	46.1	에탄	3~12.5	9.4
이황화탄소	1.2~44	42.8	프로판	2.1~9.5	7.4
황화수소	4.3~45	40.7	부탄	1.8~8.4	6.6
에틸렌	3~36	33	노말-헥산	1.2~7.5	6.3
메틸알코올	7~37	30	가솔린	1.4~7.6	6.2
산화프로필렌	2~22	20	벤젠	1.4~7.1	5.7

▸ 연소범위 주요숫자

① 아세틸렌(2.5~81)
② 수소(4~75)
③ (에틸)에테르(1.9~48)
④ 암모니아(15~28)
⑤ 일산화탄소(12.5~75)
⑥ 메탄(5~15)
⑦ 프로판(2.1~9.5)
⑧ 부탄(1.8~8.4)

가연성 물질의 위험도 기준

물 질	기 준
가연성 기체	연소범위를 기준.
가연성 액체	인화점을 기준.

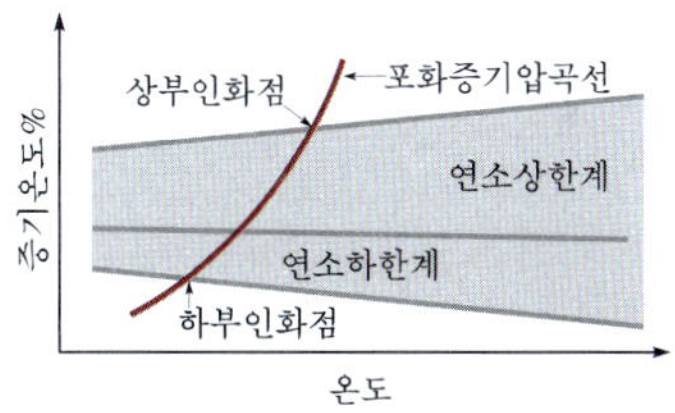

04 예제 다음 중 가연성 가스의 화염이 전파하는 연소범위에 관하여 옳지 않은 것은?

① 연소범위의 상한계와 하한계는 클수록 위험하다.

② 연소범위란 가연성 혼합기에 점화했을 때 화염이 지속되는 범위를 말한다.

③ 연소범위란 가연성 가스가 화재를 일으킬 수 있는 위험성의 기준으로 상 · 하한계 차이가 클수록, 연소범위는 농도범위가 커진다.

④ 연소범위는 분자의 충돌 횟수 증가에 따른 혼합비율 범위로서 하한계가 낮을수록 위험도 증가한다.

해설 연소범위의 상한계는 클수록, 하한계는 작을수록 위험하다.

답 ①

(3) 위험도

일반적으로 위험도 측정은 연소범위의 하한계를 이용하며 위험성의 척도로 사용한다. 위험도를 구하는 방법은 다음과 같다.

$$\text{위험도}(H) = \frac{U-L}{L} = \frac{\text{상한계}-\text{하한계}}{\text{하한계}} = \frac{\text{연소범위}}{\text{하한계}}$$

U: Upper limit(상한계), L: Lower limit(하한계)

05 예제

이황화탄소	아세틸렌	산화에틸렌
$\frac{44-1.2}{1.2}=35.7$	$\frac{81-2.5}{2.5}=31.4$	$\frac{80-3}{3}=25.6$
$=\frac{42.8\%}{1.2\%}=35.7\%$	$=\frac{78.5\%}{2.5\%}=31.4\%$	$\frac{77\%}{3\%}=25.6\%$

위험도 이야기

① 이황화탄소가 아세틸렌보다 위험도가 큰 것은 하한계(1.2)가 아세틸렌(2.5)보다 낮기 때문이다. 다른 해석으로 이황화탄소는 분자(42.8)에 비해서 분모(1.2)의 수치가 작으니 즉, 작은 숫자로 연소범위(상한계 - 하한계)의 분자를 나누게 되니 그 수치가 크게 나온다.

② 이황화탄소는 하한계가 아세틸렌보다 낮다. 그 하한계가 곧 물질의 인화점이 되니 이황화탄소는 공기 중 1.2%만 혼합되어있어도 연소와 폭발이 가능하다. 그렇지만 아세틸렌은 이황화탄소보다 하한계가 높아 공기 중 2.5%가 혼합되어 있어야 연소와 폭발이 가능하다는 뜻이다.

③ 연소범위의 상한계와 하한계의 폭이 이황화탄소는 42.8%이고 아세틸렌이 78.5%이다.
아세틸렌은 100이라는 범위에서 78.5% 즉, 약 3/4 어느 부분에서도 연소가 가능하지만, 이황화탄소는 100 이라는 범위에서 42.8% 즉, 1/2도 안되는 좁은 범위에 한정되어 그 안에서만 연소가 가능하다는 말로 해석할 수 있다. 이는 곧 이황화탄소는 위험도는 높지만 연소범위는 훨씬 낮다는 이야기이다. 따라서 위험도가 높아지면 위험성은 높아진다.

④ 그리고 표에서 살펴보면 자연발화와 분해폭발을 하는 "틸렌족" 중에서 아세틸렌과 산화틸렌은 항상 가까이 하지만(*참고: 예외적으로 아세틸렌, 산화에틸렌은 100% 에서 폭발하는 경우도 있다.)
반면 에틸렌은 조금 떨어져 존재한다는 것도 알아둘 필요가 있다.
[참고] 시안화수소의 연소범위가 나라마다 달라서 6~41%이라는 시험치가 있다.

연소범위는 어떠한 물질의 "공기 중 연소에 필요한 혼합기체의 농도"이며 그 값은 일반적으로 아세틸렌이 가장 크지만 위험도는 연소범위를 구한 식으로서, 하한계가 가장 낮은 이황화탄소가 제일 크다. 공식에 의한 위험도 순은 아래와 같다.

공기 중 가연물의 위험도 순

가연물	연소범위(%)	위험도	가연물	연소범위(%)	위험도
이황화탄소	1.2~44	35.7	일산화탄소	12.5~75	4.9
아세틸렌	2.5~81	31.4	휘발유	1.4~7.6	4.4
산화에틸렌	3~80	25.6	벤젠	1.4~7.1	4.07
(에틸)에테르	1.9~48	24.3	부탄	1.8~8.4	3.7
수소	4~75	17.6	프로판	2.1~9.5	3.5
에틸렌	2.7(3)~36	12.3	에탄	3~12.4	3.1
산화프로필렌	2~22	10	메탄	5~15	2
시안화수소	12.8~27	1.1	암모니아	15~28	0.87

▸ 참고: 탄화수소계 물질의 연소범위와 위험도 순서

연소범위 순서	연소범위	한계폭
① 메탄	5~15%	10
② 에탄	3~12.4	9.4
③ 프로판	2.1~9.5	7.4
④ 부탄	1.8~8.4	6.6

위험도 순서	연소범위	위험도
① 부탄	1.8~8.4	3.7
② 프로판	2.1~9.5	3.5
③ 에탄	3~12.4	3.1
④ 메탄	5~15	2

예제 06 다음의 표는 주요 가연성 가스가 공기 중에서 연소하는 범위를 수치로 나타낸 것이다. 이 중에서 계산식으로 나타난 위험도가 가장 큰 것은 무엇인가?

종 류	연소범위
휘발유	1.4 ~ 7.6
에탄올	3 ~ 12.4
이황화탄소	1.2 ~ 44
일산화탄소	12.5 ~ 74

① 휘발유　② 에탄올　③ 이황화탄소　④ 일산화탄소

해설 보기에서 위험도순은 이황화탄소(위험도 35.7), 일산화탄소(위험도 4.9), 휘발유(위험도 4.4), 에탄올(위험도 3.1)에 해당한다.

답 ③

(4) 기체관계식

① 압력과 수두

우리가 숨 쉬고 있는 공기가 지구를 감싸고 있는 압력을 1atm(표준대기압)이라 한다. 수은을 기본으로 760mmHg가 되며 표준대기압(1atm)에서 압력을 1.0332kgf/cm²(=10332kgf/m²)이라 한다면 그 압력의 10배가 되는 10.332mH₂O가 물로 환산한 수두가 된다.

> 표준대기압(1기압): 760mmHg = 1.0332kgf/cm²(10332kgf/m²) = 10.332mH₂O

② 증기밀도

증기밀도는 동일한 온도와 압력에서 공기의 무게를 1로 해서 비교한 값으로 증기밀도가 1보다 크면 공기보다 무겁고 1보다 작으면 공기보다 가볍다고 한다.

$$\text{증기밀도(비중)} = \frac{\text{분자량}}{29} = \frac{\text{증기(기체) 분자량}}{\text{공기분자량}}$$

07 예제 이산화탄소의 분자량은 44이다. 다음 중 이산화탄소의 비중은 얼마인가?

① 1 ② 1.5 ③ 2 ④ 2.5

해설 기체비중 = 44(기체분자량)/29(공기분자량) = 1.52, 즉 공기보다 1.5배 무겁다. 답 ②

③ 증기-공기밀도*

증기-공기밀도는 증기와 공기의 혼합기체 밀도이며 계산식은 다음과 같다

$$\text{증기-공기밀도(비중)} = \frac{P_v \times d}{P} + \frac{P - P_v}{P} = \frac{\text{증기압} \times \text{증기밀도}}{\text{전압(대기압)}} + \frac{\text{전압} - \text{증기압}}{\text{전압(대기압)}}$$

08 예제 25℃(상온)에서 증기압*이 76mmHg이고 증기밀도가 2인 인화성 액체가 있다. 증기-공기밀도는 얼마인가? (단, 대기압은 760mmHg이다)

① 0.5 ② 1 ③ 1.1 ④ 1.2

해설 증기-공기밀도(비중) $= \frac{P_v \times d}{P} + \frac{P - P_v}{P} = \frac{76 \times 2}{760} + \frac{760 - 76}{760} = 1.1$ 답 ③

---

* 수두: 물의 높이(= 길이)를 나타낸 값.→(* 물줄기의 머리로 생각한다.)
* 분자: 몇 개의 원자가 모여서 본성을 잃지 않는 물질로서 다시 더 분석할 수 없는 최소입자.
* 증기-공기밀도: 어떤 온도와 압력에서 액체와 평형상태에 있는 공기와 증기의 혼합기체의 밀도.
* 증기압: 증기가 액체와 평형상태에 있을 때 증기가 새어나가려는 압력. * 상온: 평상시 온도
* 대기압: 우리가 숨 쉬고 있는 공기가 지구를 감싸고 있는 압력. 1atm(760 mmHg)을 표준대기압이라 함.

④ 기체의 법칙

각 기체의 법칙을 비교하여 정리하면 다음과 같다.

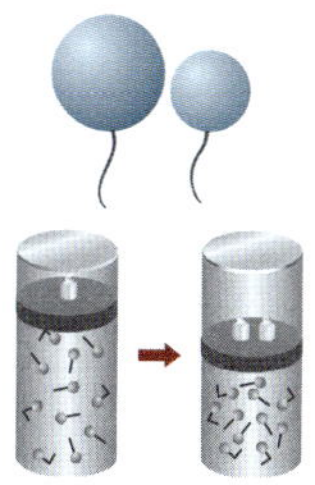

㉠ 보일의 법칙: 온도가 일정할 때 기체의 부피는 압력에 반비례한다.

$P_1V_1 = P_2V_2$ (P: 압력, V: 부피)

㉡ 샤를의 법칙: 압력이 일정할 때 기체의 부피는 절대온도*에 비례한다.

$V_1/T_1 = V_2/T_2$ (T: 절대온도)

㉢ 보일·샤를 법칙: 기체의 부피는 절대온도에 비례하고 압력에 반비례한다.

$P_1V_1/T_1 = P_2V_2/T_2$

기체의 법칙 비교

보일의 법칙*	일정한 온도에서 기체의 부피는 압력에 반비례한다.
샤를의 법칙	일정한 압력에서 기체의 부피는 절대온도*에 비례한다.
보일·샤를의 법칙	일정량의 기체 부피는 절대온도에 비례하고 압력에 반비례한다.
이상기체상태방정식*	보일·샤를 이후 가상적인 기체를 후세의 사람들이 사용하고 있다.

⑤ 이상기체 상태방정식*

이상유체란 실제유체는 비압축성이며 점성이 없다고 가정하며 다음과 같이 표시한다.

$$PV = nRT\left(PV = \frac{W}{M}RT \rightarrow PVM = WRT\right)$$

W: 기체의 양(g), M: 기체분자량, T: 절대온도(273+℃)°K

R: 기체상수(0.082), P: 대기압(1atm), V: 부피(l), n: 몰수(양)

09 예제 다음 중 1kg의 탄산가스를 15℃에서 대기 중에 방출하면 몇 [l]의 가스체로 되는가?

① 537 ② 619 ③ 639 ④ 719

해설 탄산가스 분자량은 CO_2로 (12 + 16 + 16) = 44이다.

• $PV = nRT\ (PV = \frac{W}{M}RT \Rightarrow PVM = WRT)$

$PVM = WRT$ $\quad V = \frac{WRT}{PM} = \frac{1000 \times 0.082 \times (273+15)}{1 \times 44} = 537[l]$

* 보일의 법칙: 1662년 영국 물리학자 로버트 보일이 발표하였으나 실제는 이 법칙과 완전일치하지 않는다.
* 이상기체상태방정식: 실체 기체를 기본으로 이상(가상)기체를 세운 공식으로 현재 이 식을 사용하고 있다.
* 절대온도: −273℃에서 기체 부피는 0이 된다. 이 온도를 가장 낮은 온도라 생각하고 절대온도라 함(즉, 일정 압력에서 기체 부피는 온도가 1℃ 증가할 때마다 0℃ 부피의 1/273씩 변한다).

연소의 기본적인 용어를 비교하여 정리하면 다음과 같다.

연소 기본용어

인화점(Flash Point)	연소범위에서 외부의 직접적인 점화원에 의해 인화될 수 있는 최저 온도 즉, 인화물질을 사용하여 불을 붙일 수 있는 최저 온도. 또는 점화원을 제거하면 연소가 즉시 중지되는 온도. 유도발화점이라 한다.
연소점(Fire Point)	연소가 중단되지 않고 계속 유지 될 수 있는 최저 온도. 즉, 인화점 이후 지속적인 연소현상을 일으킬 수 있는 최저 온도.
발화점(Ignition Point)	외부의 직접적인 점화원 공급 없이 물질에 가열된 열의 축적에 의하여 발화되어 연소하는 최저 온도, 자연발화점. 자동발화점.
(착화온도)	(물질이 가열되면 공기 중 스스로 타기 시작하는 온도. 발화점)
연소범위	가연성가스와 공기가 혼합되어 연소를 일으킬 수 있는 적정 농도범위.
연소속도	산소가 공급되어 연소반응으로 연소생성물을 생성할 때의 반응속도.
증기밀도(기체의 무게)	같은 온도, 같은 압력에서 같은 부피의 공기의 무게와 비교한 밀도.
증기압(가스압)	증기가 액체와 평형상태에 있을 때 증기가 새어나가려는 압력.
비점(沸點 Boiling Point)	액체가 끓으면서 증발이 일어날 때의 온도. 비등점. (* 증기압이 대기압과 같아질 때의 온도.) 끓는점. 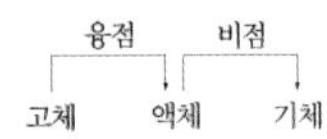
비열(比熱 Specific heat)	1g의 물체를 1℃만큼 온도를 상승시키는데 필요한 열량(cal).
비중(比重)	비교한 중량(기체는 흔한 공기하고. 액체·고체는 물 4℃하고 비교한 중량)
비표면적(比表面積)	비교한 표면적 (* 표면적이 넓을수록 공기와 접촉부분이 커서 연소가 잘됨)
1[cal] (*4.187 줄)	0℃ 순수한 물 1[g]의 온도를 100℃까지 높이는데 필요한 열량의 1/100.
융점(融點 Melting Point)	대기압(1atm) 하에서 고체가 용융하여 액체가 되는 온도.
융해(용해)열	고체 1g이 같은 온도에서 액체 1g으로 액화될 때 필요한 열량.
점도(粘度 Viscosity)	점착과 응집력의 흐름에 대한 저항의 측정 수단. 즉, 끈끈한 정도.
잠열(숨은열)	고체에서 액체로 혹은 액체에서 기체로 변할 때에 흡수 또는 방출하는 열.
현열(감열)	물질이 가해진 열이 상(相)의 변화가 없는 경우 보유하고 있는 열량.

압력과 수두 이야기

대기가 단위면적에 미치는 힘을 대기압이라 한다.

갈릴레오의 제자 토리첼리의 실험으로 수은통에 1m 되는 비커를 눕혔다가 세웠을 때 76cm 따라서 올라오는 수은의 현상은 곧 대기압에서 진공의 힘이라 할 수 있으며, 이러한 이론을 비교해서 소방차 진공펌프의 물이 따라 올라오는 흡수의 수두 힘은 10.332m가 된다. 여기에 실제의 기계적 실험과 호스 등의 마찰손실을 고려하면 6~7m 가 되며 호스가 굽어지는 현상과 소방차의 높이 약 1.5m 등을 고려하면서 화재 시 신속한 속도를 위해 소방기본법에서는 저수조의 깊이를 지면으로부터 낙차를 4.5m 이하로 정하고 있다.

2. 불꽃(화염)

연소생성물로서 불꽃을 화염이라 하며 화염은 산화반응 중 하나로서 최종상태인 열염으로 발광·발열한다. 이러한 화염은 가연물, 산소공급에 따라 달라질 수 있다.

(1) 화재확대 주요원인

연소확대는 전도, 대류, 복사, 접염, 비화이다. 도시 건물 화재 확대의 주요원인은 다음과 같다.

① 접촉: 화염의 접촉, 접염(接炎)이라고 하며 불꽃의 직접 접촉이다.
② 복사열: 열이 중간 매질없이 **전자파**형태의 공간이동 복사현상이다.
③ 비화(飛火): 불티가 되어 날아가 인접건물 등에 발화하는 것을 말한다.

- 복사: 열이나 전자기파가 물체로부터 주위에 방출됨. 또는 그 현상. 방사.
- 복사열: 열복사로서 방출된 전자기파가 물체에 흡수되어 덥게 하는 경우의 그 에너지.

도시건축물의 화재 원인

접 염	화염의 직접 접촉에 의한 것으로 다른 화재 유발 요인이 된다.
복사열	화염과 접촉하지 않는다. 고온이며 화염이 클수록 전자파 거리가 길다.(* 80m까지 가능)
비 화	화재로 인해 불티, 불꽃 등이 먼 거리까지 날아가 발화하는 현상이다. (* 800m까지 가능)

(2) 화염의 전파속도(화염속도)

화염의 전파속도란 가연물이 불꽃을 발생시켜 이를 중심으로 그 주변에 화염이 확대될 때의 이동속도를 말한다.
즉, 가연성 기체가 발화하면서 미연소 가스면을 전파하며 함께 퍼지는 속도이다.
반면 연소속도는 가연물에 산소가 공급되어 연소반응 하면서 불꽃이 전파되는 속도로서 연소생성물이 생성되는 반응속도이다. 화염의 속도는 가연성 혼합기체가 발화하면 화염이 주위로 퍼지는 속도로서 음속보다 느린 폭발형태인 폭연* 의 속도 약 0.1~10 m/sec와 같다.
화염속도는 연소속도에서 **미연소가스**의 이동속도를 더한 값으로 가속 시 폭굉*이 될 수 있다.

▸ **화염의 속도, 연소속도**

- 화염속도 = 연소속도 + 미연소가스의 이동속도 (예 3 = 2 + 1)
- 연소속도 = 화염속도 − 미연소가스의 이동속도 (예 2 = 3 − 1)

---

* 전자파: 전기장·자기장의 파장.
* 폭굉: 음속보다 빠른 폭발(1,000~3,500m/sec)
* 음속: 사람의 목소리 340m/sec
* 폭연: 음속보다 느린 폭발형태(0.1~10m/sec)

3. 열

(1) 열의 정의

열의 정의 이론을 정리하면 다음과 같다. 예 cal: 열량의 단위

① 열전도율(열전도도): 열이 물질 내부에 흘러가는 정도이다.

- 기체는 열전도율이 작아서 열이 잠시 짧게 흐르다가 순간적으로 불이 붙으며, 약 1300℃의 촛불을 잠시 손끝으로 잡을 수 있는 이유도 기체는 열전도율이 작아서이다. (* 기체<액체<고체 순)

② 비열(比熱 Specific heat): 어떤 물질 1g의 온도를 1℃ 올리는 데 필요한 열량.

③ 1[cal]*: 열량의 단위로 1[g]의 물의 온도를 섭씨 1℃까지 높이는 데 필요한 열의 양.
(*^^ 물 1g을 1℃ 높이는데 1cal가 소요되며 기화하여 수증기로 흡수할 때 539cal가 필요하다.)

④ 1[Btu]*: 1[Lb]*의 물을 1[°F] 높이는 데 필요한 열량.
1[Btu] = 252[cal] 1[cal] = 0.004[Btu] 예 50[Btu] = 12,600[cal]

⑤ 절대온도[K]: −273.15를 말하고 물의 비점을 373.15로 하는 섭씨온도. 영국의 캘빈이 주장.
─────*

⑥ 현열: 물질에 열이 가해졌을 때 상(相)의 변화가 없고 보유하고 있는 열량. 감열

⑦ 잠열(潛熱 Latent Heat): 열이 기화나 액화처럼 상(相)이 변하면서 열을 흡수(액체→기체) 또는 방출(기체→ 액체)하는 열로서 온도를 수반하지 않기 때문에 숨은열이라고도 한다.

- 현열: 온도만을 가지는 열
- 잠열: 상태만을 가지는 열(숨은열)

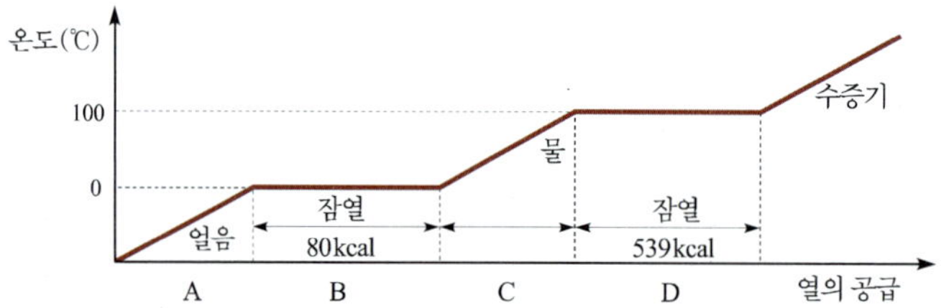

① A → 0℃ 얼음
② B → 80cal/g 융해잠열
③ C → 0℃~100℃ 물의 현열
④ D → 539cal/g 기화잠열
※B(융해열) + D(기화열)= 619cal/g

- 얼음의 융해열: 얼음 0℃에서 물 0℃로 변화되는 데 필요한 잠열(80kcal/kg)
- 물의 증발열: 물 100℃에서 수증기 100℃로 변화되는 데 필요한 잠열(539kcal/kg)

– 0℃는 고체와 액체가 공존하는 온도이며, 100℃는 액체와 기체가 공존하는 온도이다. –
(*^^ 잠열은 얼음을 물로 녹이는 열 또는 물을 수증기로 증발시키는 열 등이다.)

---

* cal: 열량의 단위
* Btu(British thermal units): 영국의 열량단위(1Btu = 1.055 줄)
* Lb: 열량, 파운드 단위

(2) 열용량

열용량이란 해당 물질의 온도를 1도 높이는데 필요한 열량이다.

- 얼음 0℃에서 물 0℃로 상태만 변화되는데 필요한 잠열은 80cal/g(80kcal/kg)이 필요하다. 또한 물 100℃에서 수증기로 변화하는 잠열값은 539cal/g(539kcal/kg)에 해당한다. 그렇다면 같은 온도에서, 얼음에서 수증기로 변화하는 잠열값은 619cal/g(80+539)가 된다.
- 여기서 냄비에 얼음이나 물을 넣고 불을 피워 얼음이 물이 된다든지, 물이 수증기가 될 때에는 상태를 변화하기 위한 잠열값과 온도 변화로 열을 흡수하는 현열값이 동시에 필요하다.
- 그러나 20℃에서 100℃ 수증기가 될 때의 현열값과 0℃에서 100℃의 수증기가 될 때의 현열값은 그 온도차에 따라 필요한 열의 흡수량(열용량)이 다르다.
- 그러므로 필자의 식으로 '열용량은 잠열 + 현열의 온도차'라 할 수 있다.
  공식은 다음과 같으나 필자의 식과 암산으로 계산하면 학습이 더 쉬워진다.

열용량 = 비열 × 질량 × 온도차 ($Q=c \cdot m \cdot \Delta t$)　　*$\Delta$: 차이

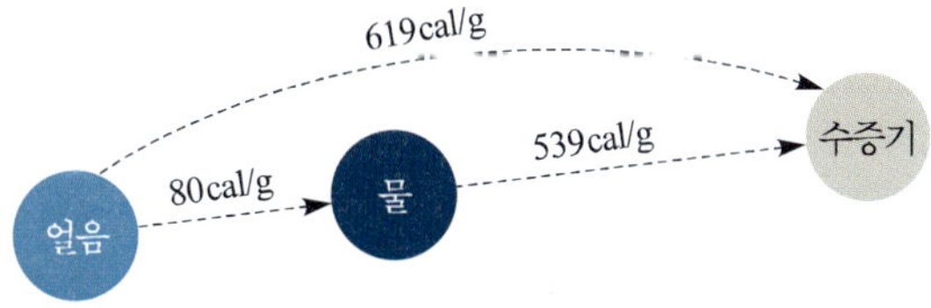

10 예제 **다음 중 20℃의 물 1g이 수증기로 100℃로 변하는데 몇 [cal]가 필요한가?**

해설 $Q=c \cdot m \cdot \Delta t$, 물의 비열은 1[cal/g℃]로 계산한다.
물 → 수증기: 539[cal/g]　　1cal × 1g × (100 − 20) + (1g × 539) = 619 ∴ 619[cal]
※ 약식: 539(액상이 기상이 되는 잠열값) + 80(현열의 온도차 100 − 20) = 619[cal/g]

11 예제 **다음 중 0℃ 물 1g이 수증기 100℃가 되려면 몇 [cal]가 필요한가?**

해설 $Q=c \cdot m \cdot \Delta t$, 물의 비열은 1[cal/g℃]로 계산한다.
물 → 수증기: 539[cal/g]　　1cal × 1g × (100 − 0) + (1g × 539) = 639 ∴ 639[cal]
※ 약식: 539(액상이 기상이 되는 잠열값) + 100(현열의 온도차) = 639[cal/g]

12 예제 **다음 중 0℃ 얼음 1kg이 수증기 100℃가 되려면 몇 [kcal]가 필요한가?**

해설 $Q=c \cdot m \cdot \Delta t$, 열용량 = 비열 × 질량 × 온도차
얼음 → 물: 80[kcal/kg]　[1kcal × 1kg × (100 − 0) + 1kg × 80] + (1kg × 539) = 719[kcal]
※ 약식: 619(고상에서 기상의 잠열값 80 + 539) + 100(현열의 온도차 100 − 0) = 719[cal/g]

(3) 열의 전달(이동)

열의 전달 형태는 3가지로 분류한다. 열의 전달은 단독 혹은 복합적으로도 나타난다.

① 전도(Conduction)

각각의 물체가 직접 접촉하여 열이 전달되는 분자(물질)충돌 현상으로 고체가 기체보다 열전도율이 높다. 예 뜨거운 커피가 든 잔에 스푼을 넣고 저으면 열이 스푼으로 전달된다.

② 대류(Convection)

물질(공기, 물, 가스 등)을 매개하여 열이 이동하는 것을 말한다. 즉, 기체나 액체의 온도가 다를 때 물질 순환운동에 따라 유체가 이동하는 현상으로 공기가 뜨거워지면 가벼운 공기(밀도가 작은 공기)는 상부로 올라가고 천장 등에 체류하는 무거운 공기(밀도가 큰 공기)는 아래로 내려오는 열교환 현상 등이다.

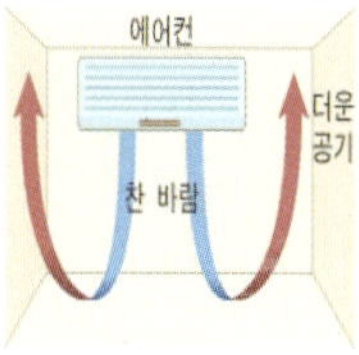

에어컨의 원리

예 실내 난로를 피우면 따뜻한 공기는 상승하고 찬 공기는 밀려서 밑으로 내려오는 순환현상

예 주전자 물이 끓을 때, 연기가 위로 향하는 것, 화로(火爐)에 의해 방안 공기가 더워지는 것.

③ 복사(Radiation)

떨어져 있는 두 물체 사이에 열에너지가 물질을 매개하지 않고(광파, 전파, 엑스레이 등) 공간(공기사이)을 이용하여 전자파형태로 다른 물질에 전파되어 흡수되면 (반사도 통과도 되지만) 열로 변하는 현상이다. 즉, 뜨거워진 물체가 열에너지를 계속 방사하는 것을 말하며 복사는 전도나 대류현상에 비해 화염의 전파에 가장 큰 영향을 끼치고 진공에서는 공기 등 방해물질이 없어서 더 잘된다. 그러나 단원자분자 He(헬륨), Ne(네온) 등은 복사열을 흡수하지 않는다.

예 태양열이 물체를 따뜻하게 해주는 현상, 인접 건물이나 유류탱크 화재 시 연소가 확산되는 현상.

▸ 공식: 스테판-볼츠만의 법칙(복사열에 관한법칙)

복사에너지는 열전달면적에 비례하고 절대온도 4승에 비례한다.

$$\alpha AF(T_1^4 - T_2^4)$$

α: 상수, A: 면적, F: 시각인자, T_1: 높은 온도, T_2: 낮은 온도

▸ 열의 전달(이동)

- 전도: 분자 충돌 • 대류: 액·기체의 순환운동 • 복사: 전자파*형태, 가장 멀리 전파됨.
- 대류는 공기 등 매질로의 열 흐름이고 / 복사는 매질없이 전자파형태로 공간의 흐름이다.
- 관련 공식은 전도: 푸리에의 열전도법칙 / 대류: 뉴튼의 냉각법칙 / 복사: 스테판볼츠만의 법칙.

※ 공기온도(열)에 대한 인체의 생존한계시간

• 65℃에서 60분 이하 / • 100℃에서 25분 / • 120℃에서 15분 / • 145℃에서 5분 이하가 된다.

(4) 열의 전도

열의 전도와 관계있는 것은 **열전도율, 밀도, 비열, 온도** 등이다.
또한 금속과 비금속을 비교하면 금속이 비금속에 비해 열전도율이 큰 이유는 금속의 도체 안에 자유전자가 자유롭게 움직이며 전기나 열의 전도역할을 하는 **자유전자의 흐름** 때문이라 할 수 있다.

(5) 열과 인체

고체는 대부분 300℃에서 점화된다. 약 430℃가 되면 철근콘크리트 벽과 주철기둥이 무너지고 강철은 550~600℃에서 무너진다. 생활가구 공간의 최대 화재온도는 750℃~1,000℃선이다. 고열 가스가 인체에 흡입되면 기도화상을 입을 수 있는데 공기 중에 수분이 많을수록 기도화상의 위험이 높다.

(6) 열과 에너지 등의 법칙

열과 에너지의 등의 법칙에 대해 알아본다.

① **질량 에너지 보존의 법칙**: 질량과 에너지는 한 상태에서 다른 상태로 변화할 수 있으나 그 총량에 있어서는 어떠한 손실도 발생하지 않는다. 즉 질량과 에너지는 생성되지도 파괴되지도 않는다. 이 법칙은 소방과학에 있어서 근본이 된다.
예로서 어떤 가연물이 연소할 때 질량이 감소하게 되면 에너지는 빛과 열의 형태로 발전하게 된다. 질량 보존의 법칙.

② **열량보존의 법칙**: 외부와의 열의 출입이 없을 때 고온의 물체가 잃은 열량과 저온의 물체가 얻은 열량은 서로 같다는 법칙이다. 예 37℃와 35℃가 만나서 36℃가 되었을 때.

③ **에너지보존법칙**: 에너지는 그 형태가 바뀌거나 한 물체에서 다른 물체로 에너지가 옮겨갈 때에도 항상 전체의 **에너지 총량은 변하지 않는다는 법칙**. 독일의 의사·물리학자 **마이어**에 의해서 확립되었다. **에너지불멸의 법칙**.

④ **열역학 제 1법칙**: 열을 일로 바꾸었을 때 그 열은 소멸된 것이 아니라 이동하였거나 에너지로 바뀌었을 뿐이다. 에너지는 생성되거나 소멸될 수 없고 다른 형태로 변환될 뿐이다.

⑤ **열역학 제 2법칙**: 열은 **스스로** 저온에서 고온으로 이동하지 않으며 열은 **비가역(非可逆)현상**이며 열을 완전히 일로 바꿀 수 있는 열기관을 만들 수 없다는 법칙을 말한다.

⑥ **일정성분비의 법칙**: 화합물을 이루고 있는 각 성분 원소의 질량비는 일정하다는 법칙 즉, 순수한 화합물에 있어서 성분원소의 중량비는 항상 일정불변하다. **정비례의 법칙**.

⑦ **배수비례의 법칙**: 두 가지 원소를 화합하여 두 가지 이상의 화합물을 만들 때, 한쪽 원소의 일정량에 대한 다른 원소의 양은 간단한 **정수비**를 이룬다는 법칙을 말한다. 이 법칙은 영국의 돌턴이 제창하였다.

4. 연 기*

연기는 가연물에서 방출되는 열분해 생성물 및 미반응 분해물을 말한다.
연기는 광선*을 흡수하며, 연기는 천장부근 상층에서부터 축적되어 하층까지 이루어진다.
연기는 다량의 유독가스를 함유하며, 화재 시 연기는 고열이며 유동 확산이 빠르다.

(1) 연기의 정의

가연물이 연소할 때 발생하는 대부분 고체·액체 상태 미립자*의 모임이다

① 탄소함유량이 많은 가연물이 불완전연소를 할 때, 탄소입자가 많이 생성되는 것이다.
② 눈에 보이는 연소생성물로서 고체입자(탄소 및 타르입자)와 농축습기로 구성되어 있다.

(2) 연기농도표시법

중량농도법, 입자농도법*, 투과율법(감광계수법, 광학적) 등이 있다.

(3) 연기의 유동속도

연기의 유동속도는 다음과 같다.

> ① **수평방향:** 0.5~1 [m/sec]
> ② **수직방향:** 2~3 [m/sec]
> ③ **계단실내:** 3~5 [m/sec] (* 계단은 문이 있고 공기흐름이 많기 때문이다.)

(4) 연기의 입자와 색깔

연기의 입자와 색깔은 다음과 같다.

① 연기의 입자는 보통 0.01~10[μm] 정도로 아주 작다.(* 황사: 약 10μm)
② 화재 시 연기는 처음엔 백색, 나중에는 흑색으로 변한다.
③ 수소가 많으면 백색연기, 탄소수가 많으면 흑색연기로 변한다.
④ 화재초기 발연량은 화재성숙기의 발연량*보다 많다고 할 수 있다.

> • **발열량:** 처음에 작다 → 나중에 크다
> • **발연량:** 처음에 크다 → 나중에 작다
> • 연기는 연소 시 불완전한 고체가루로서 산소가 적게 되면 탄소분이 분출되어 흑색으로 보인다.
> (➲ 연기는 처음에 불완전연소로 많은 양이 나오나 이후 완전연소시 그 양은 적어진다.(예) 장작)
> 그러나 연소물 주위에 미연소물이 순차적으로 탈때는 실내 연기의 양은 지속적으로 많아진다.

---

* 연기: 주로 고체 미립자로서 초기부터 감쇠기까지 발연색상은 백색 → 흑색 → 백색의 과정을 거친다.
* 입자농도법: 연기 입자의 개수를 재는 방법　　* 광선: 빛줄기　　* 미립자: 아주 작은 입자

⑸ **굴뚝효과**(연돌* 효과, stack effect 또는 chimney effect)

건축물의 내부와 외부온도 차이로 굴뚝과 같이 공기가 수직으로 올라가는 현상을 말한다. 건축물 상·하층의 내부와 외부의 온도, 기압차 때문에 건축물 하부에서 외부의 찬 공기가 유입되고 건물 내부의 더운 공기가 천장 위쪽으로 올라가 빠져 나가는 현상이다.

즉, 실내에서 더워진 공기가 밀도가 감소되어 굴뚝처럼 긴 통로를 따라 강한 통풍을 일으키며 올라가는 현상으로 고층 빌딩 비상계단이나 엘리베이터 등 긴 수직통로가 있는 곳에서 주로 발생한다. 굴뚝효과가 일어나기 위한 조건은 **화재실의 온도, 건축물 내·외의 온도차, 건축물의 높이, 외벽의 기밀도***(각 층간의 공기누설) 등이며 방지방법은 방풍이다.

(*^^ 굴뚝효과는 실제 굴뚝이 아니고 실내로 유입된 하부 바람이 수직으로 올라가는 효과이다.)

⑹ **중성대**(Neutral Zone=Neutral plane)

중성대는 실내·외의 압력이 같다는 이론이다.

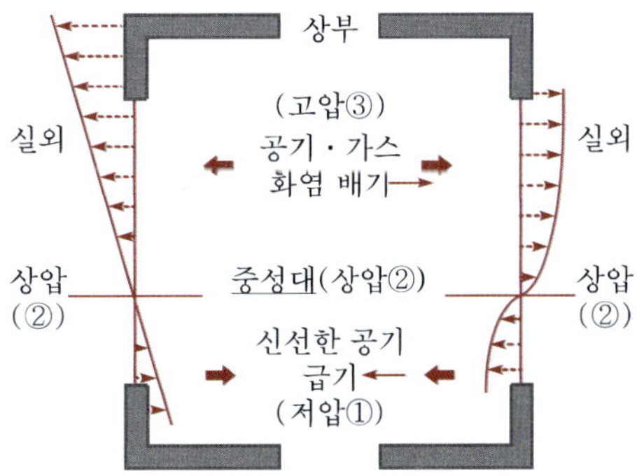

급·배기와 중성대

① 실내에 화재가 발생하면 내부 온도가 상승하면서 공기의 부피는 커지고 밀도와 무게는 감소된다. 공기의 밀도가 감소되면 부력*이 생겨 공기가 상승하게 되고(상부의 압력이 커진다) 가벼워진 실내의 기체(공기, 연소가스)는 압력이 낮은 실외로 빠져 나간다.

② 한 공간에서 실내 상부 압력은 높아지고 하부 압력은 낮아져 압력차가 발생하는데 실내의 중간지점에 실내와 실외의 압력이 같아지는 면을 "**중성대**" 라고 한다.

③ 압력은 항상 높은 곳에서 낮은 곳으로 이동하여 평행을 이루려고 한다. 그 결과 중성대 위쪽은 실외의 압력보다 높아서 기체가 외부로 유출되고(* 배기라고 한다.)
중성대 아래쪽은 실외의 압력보다 낮아서 외부의 공기가 들어오게 된다.(* 급기라고 한다.)

④ 중성대 아래로 신선한 공기(산소)가 유입되면 화세가 강해져서 실내의 온도와 압력이 높아지게 되고 높아진 상부압력 때문에 곧 중성대의 위치는 밀려서 낮아진다.

■ 중성대의 위치가 낮아지면 실내 하부 공간이 작아져 외부에서 유입되는 공기(산소)의 양이 줄어들기 때문에 실내 온도가 낮아서 연소가 활발하게 이루어지지 못하고 중성대는 올라간다. 중성대는 올라가면 다시 하부 공간이 커지고 신선한 바람(공기, 산소)이 유입, 상기 ④의 현상이 생기면서 중성대가 낮아지는 과정이 반복된다.
※ 실내 천장쪽의 고온가스와 바닥쪽의 찬 공기의 경계선은 불연속선으로서 중성대가 아니다.

---

* 연돌: 굴뚝　* 부력: 뜨게 하는 힘　* 기밀도: 공기밀도　* 상압(常壓): 평상시 압력

(7) 역(逆)굴뚝효과

고층건물 화재 시에는 내부 온도가 외부보다 높아지기 때문에 건물 내부가 거의 굴뚝과 같아지면서 굴뚝효과에 의해 연기는 위로 상승한다. 그러나 외부 공기가 건축물 내부의 공기보다 따뜻할 때는 건축물 내부의 위쪽에서 아래쪽으로 공기가 내려오는데 이러한 하향의 공기 흐름을 역굴뚝효과라고 한다.

① 굴뚝효과: 건물 내부온도 > 건물 외부온도: 공기는 위쪽으로 이동
② 역굴뚝효과: 건물 내부온도 < 건물 외부온도: 공기는 아래로 이동

(8) 연기의 영향

연기가 인체에 미치는 영향으로 시각적 영향, 생리적 영향, 심리적 영향으로 구분할 수 있다. 이 중에서 인체에 미치는 영향이 가장 큰 것은 독성가스를 포함한 **생리적 영향**이다.
연기는 피난 시 가장 장애가 되며 그 영향은 패닉현상, 인지능력 감소, 2차적 재해 등이다.
① 시각적 영향: 연기 발생으로 가시도가 낮아져 피난이 어려울 때 등.
② 생리적 영향: 산소감소, 가스중독, 연기의 고체입자 흡입으로 인한 호흡장애, 심신장애 등.
③ 심리적 영향: 생리적, 시각적 영향으로 인한 극도의 공포감 등.

(9) 연기를 이동시키는 요인

화재 시 건축물 내의 연기를 유동시키는 요인으로 저층 건물은 열, 대류, 화재압력이지만~ 고층 건물에서 주요요소는
① 굴뚝효과(실내·외 온도차에 의한 부력)
② 비중차(중성대, 가스팽창)
③ 건물 내·외 온도차(외부 바람과 공기조화 시스템) 등이다.

▸ 연기를 유동시키는 요인 세부적 비교

- 저층건물: ① 열 ② 대류 ③ 화재(연소)압력이다.
- 고층건물: ① 온도상승에 의한 가스팽창 ② 부력
  ③ 굴뚝*효과 ④ 강제적인 냉난방 공기조화설비
  ⑤ 바람의 영향(외부 풍력차) ⑥ 피스톤효과* 효과 등이다.
  ► 팽창(e), 부력(b), 굴뚝(s), 공기조화(h), 바람(w), 피스톤(p) ► EBS hwp

---

* 공조(air conditioning): 공기조화(HVAC, air handing)　* 부력(buryeok): 뜨는 힘　* 중성대(neutral)
* 굴뚝(stack): 연돌　* 기밀도: 공기밀도　* 상압(常壓): 평상시 압력　* hwp(= 한글워드프로세스)
* 피스톤효과: 승강기의 수직 이동에 의한 공기유동.(엘베 뒤쪽에 피스톤 운동으로 진공의 부압이 생김.)
* 굴뚝효과: 고층건물의 내외부에서 발생하는 온도와 기압의 차이로 발생하는 자연적 수직 대류현상.

⑽ 감광계수

감광계수*란 빛이 감소되는 계수로서 연기농도를 나타내는 척도이다.
감광계수(減光係數)가 커지면 빛이 감소되고 시야가 좁아져 가시거리*는 짧아진다.
그러므로 감광계수(연기농도)와 가시거리는 반비례 관계이다.
즉, 감광계수가 커지면 연기농도도 커지고, 연기가 많아지면 가시거리는 짧아진다.

감광계수와 가시거리

감광계수(Cs, m^{-1})	가시거리(m)	상 황
0.1	20~30	연기감지기가 작동할 정도
0.3	5	건물 내부에 익숙한 사람이 피난할 때 약간 지장을 느낄 정도
0.5	3	어둠침침한 것을 느낄 정도의 농도
1.0	1~2	앞이 거의 보이지 않는 정도
10	0.2~0.5	화재 최성기 때의 농도로 유도등이 보이지 않을 경우
30	–	출화실에서 연기가 분출될 때의 농도

연기 이야기

- 연기(煙氣, smoke)는 가연성 물질이 연소할 때 발생하는 고체(약간의 액체, 기체)의 미립자이다.
- 연기는 황찌꺼기, 기타 불순물들의 고체이며 수분과 수증기도 약간 섞여있지만 주성분이 고체이다.
- 유기물이 완전연소하면 일반적으로 연기는 발생하지 않지만 불완전연소 할 때 연기가 발생한다.
- 연기는 폭넓게는 0.01~10㎛, 황사는 10㎛, 안개는 약 200㎛(2mm)로서 (*머리카락 100㎛) 연기 〈 황사 〈 안개 크기 순이다. ∴ 연기, 황사는 안개보다 가벼워 공기 중 더 오래 머무를 수 있다.
- 기체는 눈에 보이지 않는다.(불소, 염소 제외) 기체가 눈에 안 보이는 이유는 빛의 입자보다 작아서 빛을 반사시킬 수 없기 때문이다. 그렇다면 불꽃은? 현대과학은 제4의 물질 '플라즈마'로 분류한다.

* 감광계수: 연기의 농도에 따른 투과량으로 빛이 감소되는 농도.
* 가시거리: 시야가 가능한 거리.

5. 제 연

(1) 제연*의 목적

제연이란 연기를 제어하는 설비이며 일반 복합건축물 등에 급기댐퍼로 공기를 불어 넣어주고 배기댐퍼로 연기를 배출하는 설비를 포함하여 제연이라고 한다.
실내 화재 시 연기는 공기보다 고온으로서 위로 상승하여 천장면의 하면으로 붙어 바람따라 순방향(⇒)으로 이동하지만, **굴뚝효과로 인한** 공기 유동은 건물 내·외 압력에 영향을 받으며 실외의 신선한 공기는 **실내의** 연기 유동방향과 **역(반대)방향**(급기와 배기 ⇄)으로 이동한다.

• 실외 공기 → 밖에서 실내 하부로 급기 / • 실내 공기 → 안에서 천창 하면으로 밖으로 배기.

(2) 연기제어의 기본방법

연기를 제어하는 기본방법은 다음과 같다.
① 배기: 연기를 밖으로 배출시키는 것
② 차단: 방화문, 방화셔터, 방연수직벽, 방화댐퍼 등으로 연기유입을 막는 것
③ 희석: 다량의 신선한 공기를 유입시켜 위험수준 이하로 섞는 것

(3) 제연방식

제연방식은 자연·밀폐·기계·스모그타워 제연방식 외 가압제연방식 등이 있다.
① 자연 제연방식
건물에 설치된 창문이나 전용의 배연구를 통하여 옥외로 연기를 배출되는 방식이다.
② 밀폐 제연방식
화재가 발생하였을 때 밀폐가 잘 되는 문 등으로 공간을 밀폐시켜서 일시적으로 연기의 유출 및 공기 등의 유입을 차단시켜 제연하는 방식이다.
③ 가압 제연방식
계단실 등 피난 경로가 되는 부분을 기계로 급기, 가압하여 연기 유입을 방지하는 방식
④ 스모크타워 제연방식
굴뚝 또는 환기통을 설치하여 화재 시 온도상승으로 공기가 부력이 생긴 경우 지붕 위에 설치된 **루프모니터*** 등이 외부 바람에 의해 작동하면서 생긴 흡입력을 이용하여 제연하는 방식이다. 즉, 굴뚝, 환기통 및 루프모니터의 흡인력을 이용하여 연기를 배출하는 방법으로 **고층빌딩, 특별피난계단실**에 적합하다.

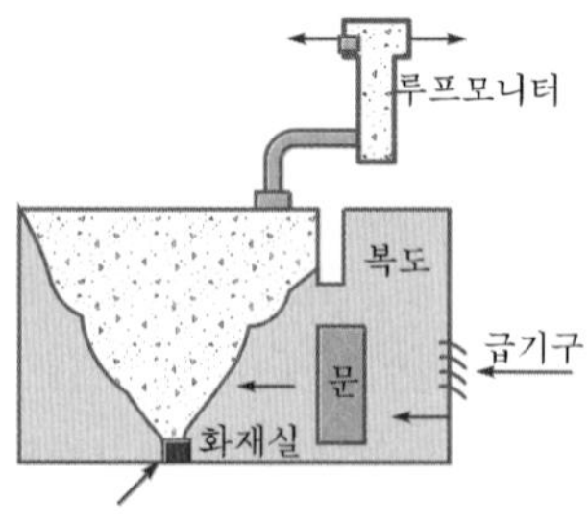

스모크타워제연방식

* 제연: 연기제어 * 루프모니터(roof monitor): 스모크 타워 상부에 설치하여 옥외로 연기를 배출시키는 장치

⑤ 기계(강제) 제연방식

제1종 · 2종 · 3종 기계제연 방식이 있다.

기계제연은 각 제연구역까지 풍도를 설치해야 하며 송풍기, 배연기* 등을 이용하지만 필요에 따라서 옥내의 특정부분을 가압 · 감압하는 방법 등이 있다.

참고로 APT 옥상은 송풍할 수 있는 기계설비를 갖추고 있지만 배연하는 방법은 자연제연방식을 택하고 있다.

송풍기

㉠ 제1종 제연방식

기계급기, 기계배기로서 급배기균형에 주의하여 복합건축물에 주로 사용한다.

㉡ 제2종 제연방식

기계급기* 자연배기로서 불의 확대로 복도로의 역류에 주의하며 피난계단 등 아파트에 주로 사용한다.

㉢ 제3종 제연방식

자연급기, 기계배기*로서 작은 공장 등에서 주로 사용되는 제연방식으로 흔한 방식이다.

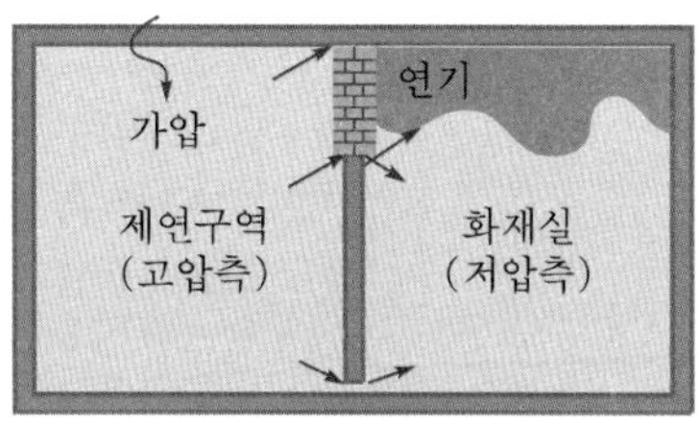

차압의 원리

제연방식의 분류

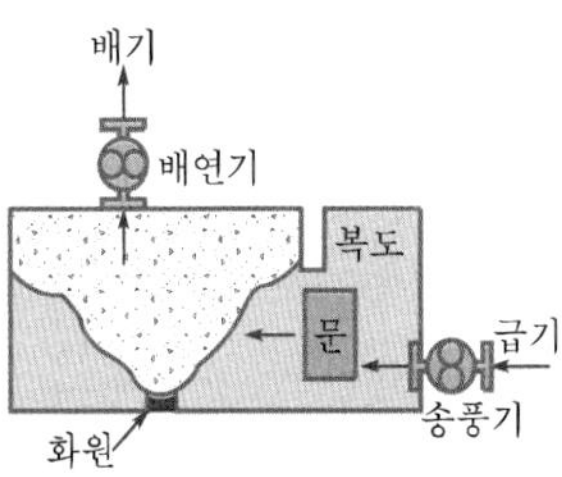

1종 제연방식

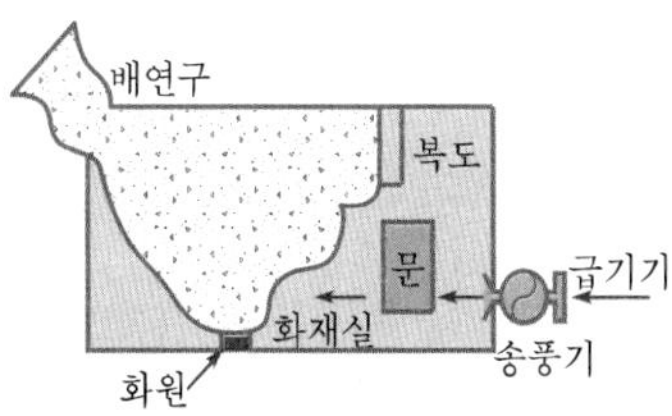

2종 제연방식

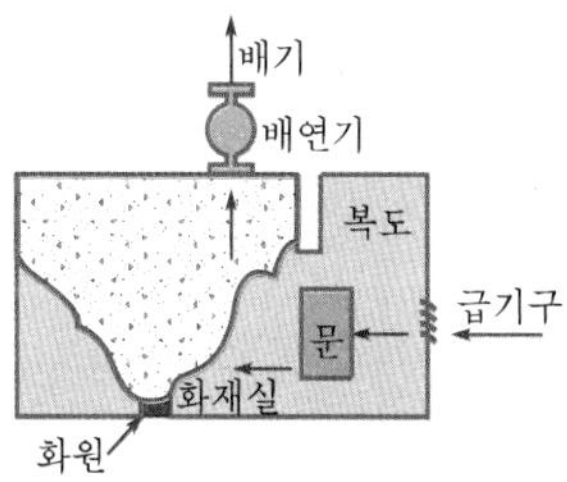

3종 제연방식

기계(강제) 제연방식

구 분	급기	배기	용도
1종 제연방식	기계급기	기계배기	대형 건물
2종 제연방식	기계급기	자연배기	아파트, 피난계단
3종 제연방식	자연급기	기계배기	작은 공장

* 기계급기: 송풍기를 말한다.
* 기계배기: 배연기, 배풍기 제연기를 말한다.
* 배연기: 연기를 배출하는 방식의 기계로서 배풍기, 제연기라고도 시험에 나옴.

| 참고 | 기계(강제) 제연방식

1. 제1종 제연방식
   (1) 원리: 실내 천장 등에 기계배연과 동시에 복도나 계단실을 통해서 기계로 공기를 유입한다.
   (2) 특 징: 피난자에게 산소를 공급할 수 있도록 피난계단쪽에 설치한다.
   급기량을 배기량보다 적게하여 화재장소를 낮은 압력을 유지한다. 평형방연방식.

2. 제2종 제연방식
   (1) 원리:
   복도, 부속실, 계단실, 승강장 등 피난통로로서 중요한 부분에 신선한 공기를 송풍기로 급기해서, 그 부분의 압력을 화재실보다 상대적으로 높여서 연기의 침입을 방지하는 방식으로서, 압입방연방식(가압방연방식, 가압차연방식) 이라고 부르기도 한다.
   (2) 특징:
   ① 공동주택 및 아파트에 가장 적합한 방식이다.
   ② 이 방식의 문제점은 과잉급기가 되면 화재를 조장할 우려가 있고 공기의 배출구가 확보되어 있지 않는 상태에서 가압하면 화재실의 화세를 조장하고 열기나 연기류가 복도로 역류하여 위험한 상태를 일으킬 수 있다.
   ③ 국내에서는 피난계단의 계단실 및 부속실, 비상용승강기의 승강장에 적용하고 있다.

3. 제3종 제연방식
   (1) 원리:
   화재로 인하여 발생한 연기를 화재실의 상부에 설치되어 있는 배연기가 흡입하여 옥외로 배출 하는 방식이다. 흡입방연방식 이라고 부르기도 한다.
   (2) 특징:
   ① 간단하여 많이 사용하는 방연방식이다. 연기확산을 방지하여 흡인효과를 증대하기 위해 방연수직벽이나 접어올림 천장 등을 병용한다.
   ② 화재 초기에 실의 내압을 낮추고, 연기를 다른 구획으로 누출시키지 않는 장점이 있다.
   ③ 화재가 진행하여 연기의 양이 많아지면 흡인을 다할 수 없는 우려가 있고, 연기의 온도가 상승하면 기기의 내열성에 한계가 있으므로 퓨즈댐퍼를 설치하여 제연을 중지할 필요가 있다.
   ④ 큰 거실을 대상으로 한다면 제연범위가 넓고 설비비, 유지관리비가 많아지는 단점이 있다.

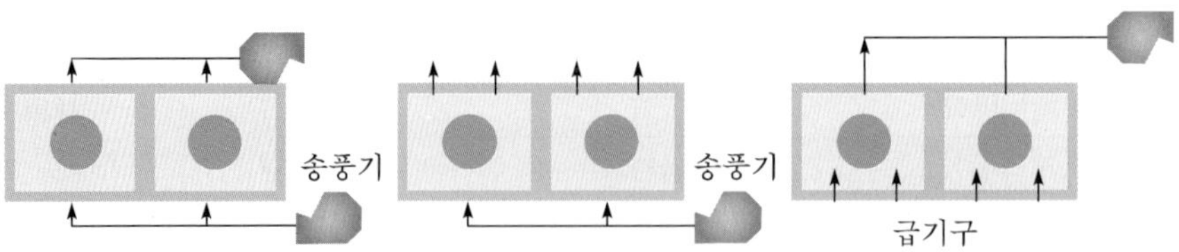

1종 제연방식 2종 제연방식 3종 제연방식

REFERENCE

– 소방(전문)영어 –

• A급화재에서 일어날 수 있는 비정상 현상들.(R/O, F/O, B/D)

① Roll over	화재 시 연소생성물인 연소가스, 불꽃, 열, 연기가 생기고 실내에 압력이 차이는 상태에서 '가스'가 천장을 타고 압력이 낮은 복도 등으로 롤롤롤~ 빠져나가는 현상.
② Flash over	화재 시 천장에서 반사된 복사열이 바닥의 가연물을 뜨겁게 분해시키면 그 분해된 가스가 불이 붙어 카메라 플래시 빛처럼 불길이 실내 전체를 순식간에 덮는 현상.
③ Back draft	주로 말기(말기 혹은 중기 상태에서도 가능)에 산소부족으로 아직 불씨연소를 하는 밀폐된 공간에 CO 가스가 차있을 때 갑자기 산소가 유입될 때의 CO의 가스폭발.

• 제트파이어(jet fire): 고압의 LPG 누출 시 주위의 점화원에 의해 불기둥을 형성하는 것.
• 에멀션(emulsion): 유화상태, 어떤 물질이 섞이지 않고 함께하는 상태. 혼합. 예 물과 기름
• LNG(=액화 천연가스): 메탄 주성분 / • LPG(=액화 석유가스) : 프로판, 부탄이 주성분
• Arc(아크)열 : 접촉 접점이 느슨하여 전류가 끊길 때 발생. 전기불꽃(= 전기스파크), 전호열
• 리프팅(lifting, 선화): 연소속도 〈 가스분출속도가 클 때(예 라이터 불이 위로 솟구칠 때)
• 백파이어(back fire, 역화): 연소속도 〉 가스 분출속도가 적을 때.(* 리프팅의 반대 현상)
• 블로우 오프(blow off): 선화상태에서 바람이 불어 불꽃이 노즐에서 떨어져 꺼지는 현상.

• LOI(limiting oxygen index): 연소를 지속할 수 있는 공기 중 "한계산소지수"
• MOC(Minimum Oxygen Concentration): 불꽃이 퍼지기 위한 "최소산소농도"
• MIE(Minimum Ignition Energy): 물질을 연소시킬 수 있는 "최소발화(활성화)에너지"

• 몰(mole): 물질의 양(물질 분자량에 g을 붙인 양) / • PVC(폴리염화비닐) / • 폼(Foam): 거품
• Radical(래디칼): 기, 유리기, 화학종의 하나(* 화학반응 중 일시적으로 생성 후 없어짐)
• 강화액(loaded stream): 탄산칼륨첨가(-20℃) / • 노즐(nozzle): 관창, 뿜는 기구.
• 헤모글로빈: 피 속의 붉은 성분으로 인체 내에서 우리가 마시는 공기 중 산소를 운반한다.
• ppm: 독성의 허용농도단위, 1%(백분의1)와 1ppm(백만분의1)은 1만배. (∴1%= 1만ppm)
• 1cal(칼로리): 1g의 물의 온도를 1℃ 까지 높이는데 필요한 열량의 단위. (예 80cal, 539cal)
• BLEVE(Boiling Liquid Expanding Vapor Explosion): 끓는 액체 팽창 증기 폭발.(예 LPG)
• Fire ball(파이어볼) : 폭발 후 불기둥이 위로 화구(火口)를 형성하는 화염 덩어리.
• Detonation(폭굉): 충격파(압력파)의 전파속도가 초음속이다. 데토네이션.
• Deflagration(폭연): 충격파(압력파)의 전파속도가 아음속이다. 데플러그레이션
• Viscous Agent(증점제, 점도보강제) / • Wetting Agent(침투제, 계면활성제)
• LOAEL: 농도를 감소시킬 때 심장에 악영향을 미칠 수 있는 최소농도. ► L감있소!
• 라인프로퍼셔너: 배관혼합장치 / • 프레져프로퍼셔너: 압력혼합장치 / • R형수신기: Record형

| 연소 | OX 개념

01 일산화탄소는 인체에 해가 없는 무독성 가스이다. (　　)

☻ 일산화탄소는 유독성 가스이다.(* 이산화탄소가 독성이 거의 없는 무독성 가스로 부른다.)

02 연소가스 허용농도 단위의 숫자 ppm은 작을수록 위험하다. (　　)

☻ 허용농도 단위의 ppm은 숫자가 작을수록 위험하다.
예 일산화탄소 50ppm, 이산화탄소 5000ppm에 해당된다. 그래서 허용농도 단위의 숫자 ppm은 작을수록 위험하다. 일산화탄소와 이산화탄소의 허용농도 범위는 100배 차이가 난다.

03 연소범위는 상한계와 하한계가 높을수록, 연소범위가 넓을수록 위험하다. (　　)

☻ 연소범위는 상한계가 높을수록, 하한계가 낮을수록, 연소범위가 넓을수록 위험하다.

04 아황산가스는 이황화탄소의 기체로 털, 고무, 나무, 가죽소파 등 황(S)이 함유된 물질의 불완전연소 시 발생하는 무색 가스이다. (　　)

☻ 아황산가스는 이산화황(SO_2)의 기체로 털, 고무, 나무, 가죽소파 등 황(S)이 함유된 물질의 완전연소 시 발생하는 무색 가스이다. 눈, 호흡기 계통에 자극과 점막을 해친다. 5ppm(* 참고로 유사명칭인 이황화탄소는 특수인화물에 속한다.)

05 불꽃(화염)의 속도는 폭연(음속보다 느린 폭발)의 속도로서 약 0.1~10 m/sec 와 같다. (　　)

☻ 휘백색은 휘날리는 백색상으로 적색 계열이 아니므로 백적색에 해당한다.

06 현열은 고상·액상·기상의 상태를 나타내는 응고, 응축(액화), 융해, 기화(승화)의 열, 잠열은 온도를 나타내는 열이다. (　　)

☻ 잠열은 고상, 액상, 기상의 상태만을 따지는 응고, 응축(액화), 융해, 기화(승화)되는 열이며 현열은 온도만을 따지는 열이다.

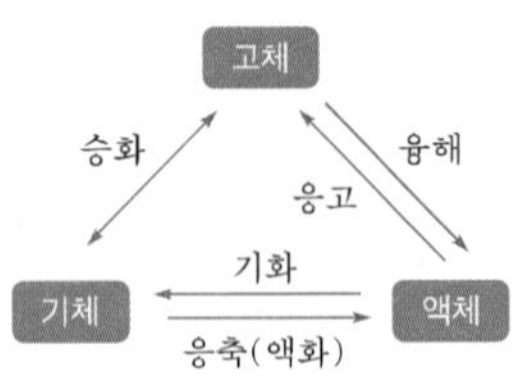

삼체의 구성

Ans. 01. (X) 02. (O) 03. (X) 04. (X) 05. (O) 06. (X)

07 전도란 각각의 물질이 접촉하여 고열에서 저열로 열을 전달하지만, 진공상태에서 전도, 대류, 복사 모두 공기가 없어서 열 전달이 잘 이루어지지 않는다. (　)

전도와 대류는 물질을 매개하므로 공기가 없어서 열 전달이 잘 이루어지지 않지만 복사는 물질을 매개치 않으므로 공기라는 물질이 없으면 열전달이 더 잘 이루어진다.

08 대류란 어떤 매질(가스, 물, 공기 등)로서 열이 전달되며 복사란 매질없이(전자파형태) 열이 전달한다. (　)

대류란 실내가 공기 순환에 의해 따뜻해지거나 물이 끓는 것 등이고 난로 가까이에서 열이 전달되거나 태양열로 머리가 따뜻한 것 등은 복사이다. (* 참고로 관련 공식은 전도: 푸리에의 열전도법칙 / 대류: 뉴턴의 냉각법칙 / 복사: 스테판볼츠만의 법칙이 있다.)

09 굴뚝효과는 화재에만 나타나는 현상이며 건축물의 내부와 외부 온도차이로 인해 공기가 유동하는 것을 말한다. (　)

굴뚝효과는 평상시에도 나타난다.

10 중성대는 실내의 상·하 기압이 일치하는 위치에 있다. (　)

중성대는 실내·외 기압이 일치하는 위치에 있다. (* 실내의 상·하 기압이 일치하는 위치를 불연속선이라 한다.)

11 고층건물에서 연기를 이동시키는 원인은 ① 온도상승에 의한 가스팽창 ② 부력 ③ 굴뚝(연돌)효과 ④ 강제적인 냉난방 공기조화설비 ⑤ 바람의 영향(외부 풍력차) ⑥ 피스톤효과 등이다. (　)

팽창(expand), 부력(buryeok), 굴뚝(stack), 공기조화(hvac), 바람(w), 피스톤(p) ▸ ebs hwp

12 빛이 감소되는 감광계수가 크면 가시거리는 짧아진다. (　)

빛이 감소되는 감광계수와 시야가 가능함을 볼 수 있는 가시거리는 반비례 관계에 있다.

13 제연방식은 자연, 밀폐, 강제, 스모그타워 방식 등이 있다. (　)

제연방식은 자연, 밀폐, 강제(기계), 스모그타워 방식 등이 있다.

Ans. 07. (X) 08. (O) 09. (X) 10. (X) 11.(O) 12. (O) 13. (O)

CHAPTER 02 연소이론

| 공학 | 주요문제

기출

01 생성되는 결과에 따라 분류되는 열원이 다른 하나는?

① 연소열 ② 분해열
③ 융해열 ④ 압축열

해설 압축열은 기계적 점화원에 해당하며 그 외는 화학적 점화원에 해당한다.
답 ④

기출

02 체육관과 같이 천장이 높은 건물은 화재초기에 연기가 천정까지 상승하지 못하여 천장에 연기감지기를 설치하여도 화재감지가 어렵다. 이처럼 연기가 잘 상승하지 않는 현상의 이유와 관련이 있는 현상은?

① 열전도 ② 열대류
③ 열복사 ④ 열비화

해설 초기화재시 연기가 공기와 함께 상승하지 못하여 연기감지기가 작동되지 않는 원인의 열전달 방식은 열대류가 활발하지 못해서이다. 답 ②
[참고] 매질(연기라는 매개체 물질)로 전달된다면 열대류이며 만일 매질없이 전달된다면 열복사가 된다.

기출

03 다음 중 가연성 기체 중에서 연소의 범위가 가장 넓은 것은?

① 메탄 ② 에탄
③ 프로판 ④ 아세틸렌

해설 ① 메탄: 5~15% ② 에탄: 3~12.4% ③ 프로판: 2.1~9.5% ④ 아세틸렌: 2.5~81% 답 ④

기출

04 공기 중 가연물의 상한계와 하한계 범위가 큰 순서로 옳은 것은?

① 아세틸렌 > 수소 > 이황화탄소 > 에틸렌
② 아세틸렌 > 이황화탄소 > 수소 > 에틸렌
③ 아세틸렌 > 이황화탄소 > 에틸렌 > 수소
④ 아세틸렌 > 에틸렌 > 이황화탄소 > 수소

해설 아세틸렌(2.5~81%) > 수소(4~75%) > 이황화탄소(1.2~44%) > 에틸렌(2.7~36%) 답 ①

기출

05 다음 중 가스의 연소범위에 대한 설명으로 옳지 않은 것은?

① 가연성 기체의 혼합비율의 범위이다.
② 공기 중 연소할 때 필요한 혼합가스의 농도이다.
③ 모든 기체는 항상 압력이 높을 때 연소의 범위가 넓어진다.
④ 연소범위는 압력의 변화에 따라 차이가 있다.

해설 CO의 연소범위는 압력이 증가하면 반대로 좁아진다. 답 ③

기출

06 **다음 중 가스의 연소범위에 따라 위험성을 설명한 것으로 옳지 않은 것은?**

① 연소범위의 상한계값이 높을수록 위험성은 증가한다.
② 연소범위의 하한계값이 낮을수록 위험성은 증가한다.
③ 연소의 범위가 넓을수록 화재 위험성은 증가한다.
④ 연소의 범위에 따른 위험도가 높아지면 화재의 위험성은 낮아진다.

해설 연소범위에 따른 위험도가 높아지면 위험성은 높아진다. 답 ④

[참고] 가연성 가스의 연소범위는 주위온도 등에 영향을 받지만 일반적인 그 특성의 위험성은 다음과 같다.
㉠ 연소범위 상한계값이 높을수록
㉡ 연소범위 하한계값이 낮을수록
㉢ 상한계가 높고, 하한계가 낮아져, 연소범위가 넓을수록 위험성은 증가한다. 그러나 불활성 가스를 첨가할수록 연소범위는 좁게 된다.

기출

07 **일반적으로 수직방향으로 이동하는 연기의 유동 및 확산속도로 옳은 것은?**

① 0.5~1 m/sec ② 1~2m/sec
③ 2~3m/sec ④ 3~4m/sec

해설 연기의 유동속도는
① 수평방향: 0.5~1[m/sec]
② 수직방향: 2~3[m/sec]
③ 계단실내: 3~5[m/sec]에 해당한다.
답 ③

기출

08 **다음 중 연기의 이동에 대한 설명으로 옳지 않은 것은?**

① 연기는 공기보다 고온이기 때문에 보통은 천장면의 하면을 따라 순방향으로 이동한다.
② 외기가 건물 내부의 공기보다 따뜻할 때는 건물 내부에서 하향으로 공기가 이동하는 흐름을 역굴뚝효과라고 한다.
③ 저층건물에서는 굴뚝효과에 의하여 연기는 상승하고 고층건물에서는 열, 대류이동, 화재압력과 같은 영향 및 바람의 영향으로 통로 등에 따라 연기 이동을 일으키는 원인이 된다.
④ 연기의 유동속도는 수평일 때 0.5~1m/sec, 수직일 때 2~3m/sec 이다.

해설 고층건물에서는 굴뚝효과에 의하여 연기는 상승하고 저층건물에서는 열, 대류이동, 화재(연소)압력과 같은 영향 및 바람의 영향으로 통로 등에 따라 연기 이동을 일으키는 원인이 된다. 답 ③

• 실외 공기 → 밖에서 실내 하부로 급기 / • 실내 공기 → 안에서 천창 하면으로 밖으로 배기.

우리는 진학, 시험, 취업 등 경쟁시대에 살고 있다.
강한 자가 이기는 것이 아니고, 이기는 자가 강한 자이다.

CHAPTER

03 폭발이론

01 폭 발

1. 폭발의 개념 및 분류

폭발이란 압력파가 전달되어 폭음과 충격파를 발생시키는 이상팽창을 말한다.
즉, 폭발은 "밀폐된 공간에서 발생한 급격한 압력 상승으로 에너지가 외부로 전환되는 과정에서 폭음, 파열, 후폭풍 등을 동반하는 현상"이며 물리적·화학적 변화로 발생된다.

폭발은 일반적으로 다음과 같이 구분한다.

① 화학적 폭발
② 물리적 폭발
③ 물리적·화학적 병립에 의한 혼합폭발
④ 핵폭발(예 원자폭탄·수소폭탄의 폭발)

위험물 탱크폭발

(1) 폭발의 분류

압력을 필수로 하는 화학적 폭발 · 물리적 폭발의 개념은 다음과 같다.

폭발 = 압력 +
- 화학적
  - 화염을 동반하는 폭발
  - (예 분해·산화·중합폭발 등)
- 물리적
  - 화염을 동반하지 않는 폭발
  - (예 증기·수증기 등)

① 화학적 폭발

화염 등을 접촉하여 분자구조(물질의 성질)가 변하는 폭발이다.

② 물리적 폭발

화염 등을 접촉하지 않고 물질의 상태(고체·액체·기체)가 변하거나 온도, 압력 등의 조건이 변하는 폭발이다.

(2) 폭발의 성립조건

물리적·화학적 에너지가 기계적 에너지(열, 압력파 등)로 변화하는 과정이다.

폭발의 일반적(= 화학적 폭발)인 3대 조건이란 다음과 같다.

① 밀폐된 공간

② 점화원(점화에너지)

③ 폭발범위(= 연소범위: 공기 중 발화할 수 있는 혼합가스 농도)의 조건을 가진다.

여기서 가스의 폭발조건이란 일반적으로 정해진 밀폐된 공간(배관, 용기)에서 발화할 수 있는 ② 에너지조건 ③ 농도조건을 만족할 때 폭발한다.

> 폭발의 3대 조건: ① 밀폐된 공간, ② 점화원, ③ 폭발범위. (※ 가스폭발: ②③번)

(3) 폭발의 원인 구분 개념

폭발의 원인은 일반적으로 상변화와 발열 화학반응이라고 할 수 있다.

① 화학반응으로 다량의 가스가 발생하면 급격히 압력이 상승하여 발열하여 폭발할 수 있다. 가스폭발(폭발 혼합기체의 연소)도 일종의 발열 화학반응이다.

② 액체가 기체로 갑자기 상태변화가 일어날 때 압력이 증가하여 폭발이 발생할 수 있다. 또한 산소가 많고 압력이 높이지면 반응속도가 빨라져서 연소(폭발)범위 상한계는 높아진다.

③ 일반적으로 폭발반응이란 빛, 소리, 압력, 충격 등을 수반한 순간적인 변화이지만 폭발반응의 가장 큰 원인은 기체상태의 열량(엔탈피)변화이다.

01 예제

다음 보기 중 2가지 조건이 동시에 만족될 때 가스폭발이 일어나는 것은?

① 에너지조건 - 압력조건　　② 에너지조건 - 농도조건

③ 농도조건 - 압력조건　　④ 농도조건 - 산소조건

해설 가스는 배관에 차있던지 병(통)에 들어있던지 하여 첫 번째 밀폐된 공간이 성립하며, 두 번째의 점화원의 유무가 에너지조건이며 세 번째 폭발범위가 그 가스의 농도조건에 해당한다. **답** ②

02 예제

다음 중 블래비현상의 예방법에 대한 내용으로 옳지 않은 것은?

① 감압시스템에 의하여 탱크내의 압력을 내려준다.

② 화염으로부터 탱크로의 입열을 억제한다.

③ 탱크를 지상에 설치하고, 물에 의한 탱크표면의 냉각장치를 설치한다.

④ 탱크 내벽에 열전도도가 좋은 알루미늄 합금박판으로 폭발방지 장치를 설치한다.

해설 탱크를 지하에 설치, 물에 의한 탱크표면의 냉각장치를 설치한다. **답** ③

2. 가스저장탱크 화재

먼저 액화가스 저장탱크에서의 화재에 대하여 알아본다.

(1) BLEVE 현상

블래비 현상은 "끓는 액체 팽창증기 폭발"(Boiling Liquid Expanding Vapor Explosion)이라고 하며 화재 시 외부 탱크벽에 뜨거운 열이 가해졌을 때 "**과열된 탱크의 내부 액화가스가 분출되어 착화할 때 폭발하는 현상이다.**" 탱크 내부는 화염을 동반하지 않는다.

일반적으로 **옥외탱크폭발현상**으로 정리하면 다음과 같다.

① 화재 시 탱크의 내부 액화가스가 뜨거운 열로 인하여 급격 팽창과 비등으로 내부압력이 증가된다. 탱크의 **안전장치 압력 완화율을 초과하면 용기 벽면 등이 균열·파괴·분해돼서** 물리적 폭발이 일어나고 그 폭발물이 화염에 착화되어 순간적으로 화학적 폭발로 이어지는 현상이다. (• 물리적⋯→ 화학적 / * 원인: 물리적 폭발 / * 결과: 화학적 폭발)

② 폭발 후 불기둥이 상부에 화구(火口)를 형성하며 버섯 구름처럼 화염의 덩어리를 만드는데 이를 **화이어 볼**(Fire ball, 약 1500℃)이라고 한다. 이 폭발은 수 km까지 영향을 미친다.

③ BLEVE(블래비) 현상은 그 원인에 따라 물리적 폭발로 분류한다.

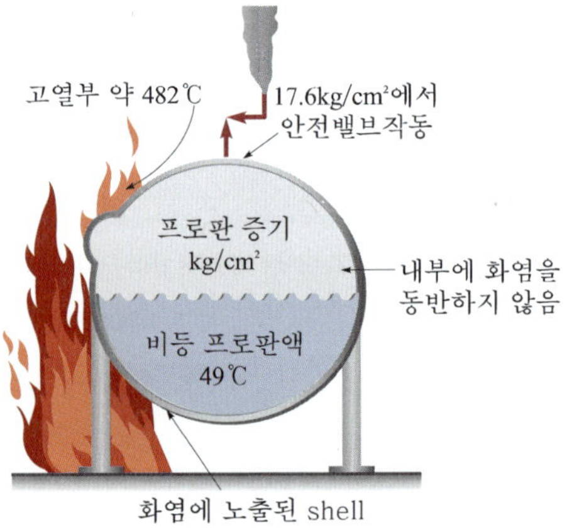

화염을 동반하지 않고 노출되어있는 탱크

(* 프로판액 드럼통이 눕혀진 상태이나 화재 시 내부에 화염이 수반되지 않고도 폭발이 가능하다.)

▸ BLEVE(Boiling Liquid Expanding Vapor Explosion)

옥외 가스 저장탱크에 화재발생 시 저장탱크 외부가 가열되어 탱크 내 액체부분이 급격히 증발하며 가스는 온도 상승과 비례하여 탱크 내 압력이 급격한 상승을 초래하게 된다.
탱크가 계속 가열되면 용기 강도는 저하되고 내부압력은 상승하여 어느 시점이 되면 저장탱크의 설계압력을 초과하게 되고 탱크가 파괴되어 급격한 폭발(물리 → 화학)현상을 일으킨다.

(2) 블래비현상 발생 메커니즘

블래비 현상의 메커니즘(작용 원리 · 구조)은 다음에 의한다.

① 액체가 들어있는 탱크 주위에 화재발생
② 탱크벽 가열
③ 액체의 온도 및 압력상승
④ 화염과 접촉부위 탱크 강도 약화
⑤ 탱크파열
⑥ 증기의 폭발적 분출 증가 순이다.

이러한 과정에서 가연성 액체인 경우 탱크 파열 시 점화되어 파이어볼(Fire Ball)을 형성하게 되나, 블래비현상이 화재에 기인한 것이 아닌 경우 탱크 파열 시 증기운폭발을 일으킨다.

▸ 메커니즘(mechanism = 작용, 원리 · 구조)

액온상승(液溫上昇) 후(탱크 내 액체의 온도가 상승한다) → 연성파괴(延性破壞)되며(연한 성질이 파괴된다) → 액격현상(液擊現狀)(액체의 격렬한 현상이 나타나며)과 → 취성파괴(脆性破壞)(뜨거운 열에 취해서 용기성질이 완전 파괴)를 거치는 폭발현상으로 빠르면 화재발생 10여분 후 발생할 수도 있다.

(3) 블래비 현상에 영향을 주는 인자

블래비현상에 영향을 주는 인자는 다음에 의한다.

① 저장된 물질의 종류와 형태
② 주위의 온도와 압력상태
③ 저장(내용)물질의 물질적 역학상태
④ 저장용기의 재질, 저장(내용)물질의 인화성 등의 여부

(4) 블래비현상 방지대책

블레비 규모는 파열 시 액체의 기화량에는 차이가 없으나 탱크 용량에 따른 차이는 있다. 블래비현상 방지에 대한 이론은 다음과 같다.

① 탱크를 지하에 설치하거나 탱크 상부에 분무냉각하며, 입열을 억제한다.
② 고정식 살수설비를 설치하거나 물분무등을 설치한다.(용기 외부를 단열 시공)
③ 안전밸브 및 용기 내압강도 유지한다.(부식을 고려해서 탱크벽을 두껍게 한다.)
④ 내부바닥 기초를 경사지게 해서 액체를 흘린다.(탱크에 화염이 접하지 않게 한다.)
⑤ 탱크 내벽에 알루미늄 합금박판을 설치하여 열전도도를 좋게 한다.(폭발방지 장치.)
⑥ 화재 시 탱크 내용물 긴급 이송조치, 가연물 누출 시 유도구 설치, 가스 감지기 설치.

상기 외 감압시스템을 설치하여 압력을 낮추거나 탱크 크기와 개수를 최소화 등이 있다.

3. 폭발의 원인에 따른 분류

폭발의 선행조건은 "급격한 압력발생"이며 압력이 발생한 원인에 따라서 화염을 동반하면 화학적 폭발, 화염을 동반하지 않으면 물리적 폭발이라 할 수 있다.

(1) 화학적 폭발의 분류

화학적 폭발은 급격한 화학적 변화에 의한 폭발이다.
즉, ① 분해 ② 산화 ③ 중합폭발 등 분자구조가 변하는 폭발을 말한다.

① 분해(分解)폭발
분해 생성된 가스가 열팽창에 의해 산소와 관계없이 단독으로 반응하는 폭발이다.
예 아세틸렌, 산화에틸렌, 에틸렌, 하이드라진, 다이너마이트, 제5류 위험물의 과산화물 등

② 산화(酸化)*폭발
가연성 기체, 액체, 고체가 공기 중 산소와 화합하여 비정상연소에 의한 연소폭발이다.
산화폭발은 구체적으로 가스, 분무, 분진으로 분류한다. 연소폭발.

㉠ 가스폭발(기체): 공기나 조연성 가스 중에 가연성 가스가 폭발범위 내의 농도로 존재할 때 점화원에 의해 폭발하는 현상으로 가장 일반적인 폭발이다.
㉡ 분무폭발(액체): 무상으로 부유한 가연성 액적(윤활유 등)이 주체가 되는 폭발이다.
㉢ 분진폭발(고체): 공기 중에 부유하고 있는 가연성 티끌이 주체가 되는 폭발이다.

③ 중합(重合)폭발
모노머(단량체)*의 중축합반응에 따른 발열량에 의한 폭발이다. 염화비닐, 시안화수소, 산화에틸렌 등은 중합에 의한 폭발로, 한 장소에 장시간 저장하지 않는다.

• 분해폭발(나눔폭발)= AB··· A+B / • 중합폭발(합침폭발)= A+B··· AB

이 외 화학반응기 내에서 반응속도가 증대함으로서 반응이 과격화되는 현상인 반응폭주와 수소와 산소, 수소와 염소 등에 빛이 쪼일 때 반응하는 촉매폭발 등이 있다.

산소 없이 이루어지는 분해폭발

트리나이트로톨루엔(제5류 위험물) 등 과산화물은 자체에 산소가 있어 산소 없이도 연소 · 폭발이 가능하다. 또한 금속 용접 · 용단에 사용하고 있는 아세틸렌이나 석유화학공업에서 다량으로 취급하고 있는 에틸렌, 산화에틸렌 등이 어떠한 조건에서 분해하는 경우 상당히 큰 발열을 동반하기 때문에 분해에 의해 생성된 가스가 열팽창되고 이때 생성되는 압력상승과 이 압력방출에 의해 산소가 없이도 폭발이 가능하다.

---

* 모노머(단량체, 단위체): 작고 많은 분자가 큰 분자량으로 중합을 이루는 단위물질. * 분: 가루, 분말
* 산화: 순수물질이 산소와 화합하거나 수소를 잃는 반응. 넓은 뜻으로 순물질에서 전자를 잃는 변화 ↔ 환원.

(2) 물리적 폭발(기계적 폭발)의 분류

물리적 폭발은 화학적 변화 없이 상변화 등에 의한 폭발이다.
화학적 변화는 물질의 성질인 분자구조가 변하는 것이지만 물리적 변화는 물질의 상태 (기체·액체·고체)가 변하거나 온도, 압력 등의 조건이 변하는 단순한 내압상승이라 할 수 있다.

① 증기폭발

증기폭발이란 액화가스(LPG, LNG)등이 분출되었을 때 급격한 기화에 동반하는 비등현상 등을 나타낸다. 즉, 밀폐 공간 속의 액체 물질이 급속히 기화하면서 많은 양의 증기가 발생함과 동시에 증기압이 높아져 용기 등의 내압을 초과하여 파열되는 폭발이다.

② 수증기폭발

용융금속, 슬러그(Slug) 등 고온 물질이 물속에 투입되었을 때 물은 순간적으로 급격하게 비등하게 된다. 이러한 상변화에 따른 폭발현상 등을 말한다.

③ 그 외 물리적 폭발의 종류

진공용기의 증기, 수증기폭발을 비롯하여 기체 물질의 열팽창에 의한 폭발, 가스탱크폭발의 일종으로 고압용기의 파열, 탱크의 감압파열, 보일러 폭발, 폭발적 증발(보일러 배관 등에 구멍이 생기면서 발생),* 폭발성 화합물의 폭발, 혼합위험성 물질에 의한 폭발, 화산 폭발, 은하수 충돌에 의한 폭발 등 다양한 폭발로서 여러 종류가 있다.

4. 원인물질의 상태에 따른 분류

폭발발생 시 원인물질의 물리적 상태에 따라 기상폭발과 응상폭발로 분류하기로 한다.

① 기상폭발

가연성 기체와 공기와의 혼합기의 폭발인 가스폭발, 공기 중에 분출된 미세한 기름방울 등 액적이 무상으로 되어 착화원이 주어지면 폭발하는 가연성 액체의 분무폭발, 부유한 가연성 고체 미분의 분진폭발, 분해연소성 기체폭발인 분해폭발 등을 들 수 있다.

② 응상폭발(액상과 고상폭발)

액체 및 고체의 불안정한 물질의 접촉 등 연쇄 폭발현상으로서 극저온 액화가스의 수면유출인 증기폭발*과 액체의 급속 가열인 수증기폭발이 있다.

▸ 기상과 응상폭발의 일반적 비교

- **기상 폭발:** (대기 중 폭발)
  가스폭발, 분무폭발, 분진폭발, 분해폭발 및 개방된 공간에서 구름을 형성하는 증기운폭발이 있으며 그 외 박막폭굉* 등이 있다. 예 Uvce(증기운)·분해·분진·분무·가스(LPG, LNG)폭발.
- **응상 폭발:** (액상과 고상의 접촉폭발)
  증기폭발, 수증기폭발. 그 외 전선이 용해되어 갑작스러운 기체 팽창이 짧은 시간 내에 발생되는 전선(電線)폭발,* 고상(고체상태)간의 전이에 의한 폭발* 등 밀도가 큰 팽창·폭발이다.

5. 분진폭발(티끌폭발)

분진폭발은 화학적 폭발로 가연성 고체의 미분이나 액체의 미스트(mist)*가 티끌이 되어 공기 중에 부유하고 있을 때 어떤 착화원의 에너지를 받으면 폭발하는 현상이다.

(1) 폭발의 진행과정

분진입자 표면에 열 전달 → 열분해로 입자 주위에 가연성 가스발생 → 공기(산소)와 혼합하여 폭발성 혼합기체 생성 후 발화 → (다시 열분해로 건류*작용촉진) → 폭발.

(2) 분진(粉塵)의 제반사항

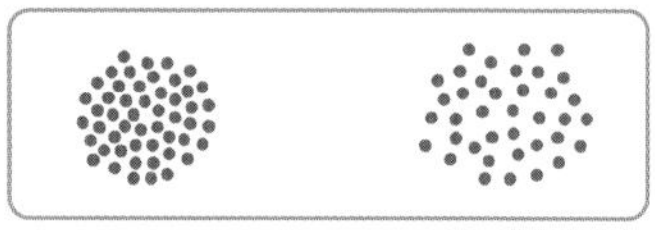

뭉침(밀도 큼) / 퍼짐(밀도 작음)

① 입자의 크기는 약 100μm (1~100μm) 이하이다.
(* 76μm =200mesh* 이하가 적합하다.)

② 분진의 입자와 밀도(빽빽함, 密度)*가 작을수록 표면적이 커져서 폭발이 잘 된다.

③ 분진 내 수분(불활성 가스)이 작아야 한다.

- 분진폭발 촉진조건: 밀도 · 수분 · 입자가 작을수록...

- 폭발성 탄진: 탄진(=석탄·목탄·활성탄·코크스가루)은 휘발성분이 11% 이상이면 가능하다.

④ 분진이 발화 · 폭발하기위한 조건:
가연성 미분상태, 점화원의 존재, 공기 중 교반(攪拌)*과 운동, 폭발범위 이내.

⑤ 분진폭발 영향인자: 산소농도, 수분, 화학적 성질과 조성, 가연성가스, 입도와 입도분포.

⑥ 분진폭발의 종류
금속분(알루미늄, 마그네슘, 아연 등), 황*, 쌀·보리, 석탄, 솜, 담배, 비누, 생선분·혈분의 비료, 종이분, 경질고무 등 가연물이다. 그러나 분진폭발이 이루어지지 않는 물질에는 석회*종류, 탄산칼슘, 생석회, 가성소다*, 시멘트 가루, 대리석 가루, 유리 등이 있다.

▸ 탄산칼슘과 탄화칼슘 비교

- 탄산칼슘(석회석)*: 분진폭발이 불가능하다.
- 탄화칼슘*: 물과 혼합 시 "아세틸렌 가스"가 발생한다.

(* 여기서 '탄산칼슘'과 '탄화칼슘'의 유사 구별은 탄산칼슘은 주로 산에서 나오는 석회석을 말하며 탄화칼슘은 제3류 위험물로서 물과 혼합 시 '아세틸렌가스'를 발생시키는 회색의 고체이다.)

---

* 건류: 고체를 가열하여 휘발성 물질을 모으는 일. 건조작용 * 밀도: 빽빽한 정도.
* 미스트: 작은 알갱이. * mesh(메쉬): 그물망 * 황: 유황 * 가성소다: 수산화나트륨, 양잿물.
* 석회(탄산칼슘): 생석회, 소석회의 총칭 (* 생석회: 산화칼슘, * 소석회: 수산화칼슘) * 교반: 휘저어 섞임
* 생석회(산화칼슘, Cao): 화재 시 가연성가스를 발생시키지 않고 많은 열을 발생. 탄산칼슘을 가열하여 만듦. 회, 백회.
* 탄산칼슘: 석회석(분필 원료), 칼슘의 탄산염. 제3류 위험물 알칼리토금속의 무기물의 "칼슘"을 말함
* 탄화칼슘: 산화칼슘과 탄소를 가열하여 만듦. 카바이트. 제3류 위험물의 "칼슘 또는 알루미늄탄화물"에 속함.

| REFERENCE |

▸ 분진(티끌)폭발의 특성

1. 분진폭발의 조건
   ① 가연성 미분상태 ② 점화원 존재 ③ 공기 중 교반운동 ④ 폭발범위 이내일 것.
2. 분진폭발에 미치는 영향
   산소농도, 수분, 화학적 성분과 반응성, 가스, 입도와 입도분포, 입자의 표면상태와 형상 등.
3. 분진폭발이 불가능 물질
   석회종류(소석회 등), 가성소다, 탄산칼슘, 생석회, 시멘트분, 대리석분, 유리 등

▸ 참고: 분진 폭발성에 영향을 주는 인자의 해설

- 분진의 화학적 성질과 조성
  ① 산화반응으로 생성하는 가연성 기체의 반응이 큰 것.
  ② 난류(亂流)는 화염의 전파속도를 증가시켜 폭발위력이 커진다.
  ③ 분체(粉體) 중에 휘발성이 크고 발화온도가 낮을수록 폭발이 잘 된다.
- **산소관계**: 바로 폭발되지 않고 산소와 반응성이 큰 분진은 산소로 인해, 분체에 곧 산화성 피막을 형성하게 되며 그러하면 공기 중 노출시간이 길어지고, 점화가 늦어지며 폭발성이 약해진다.
- 분진의 입도(입자)
  분진의 표면적이 입자와 비교하여 더 커지면 열의 발생속도가 빨라져서 폭발성이 커진다.
  (즉, 평균 입자직경이 작을수록 표면적이 커져 표면에너지도 크게 되어 폭발이 쉽다.)

▸ 입자와 속도 숫자 비교

- 연기: 0.01~10μm • 화염 전파속도(폭연 속도): 0.1~10m/s • 분진: 1~100μm

폭발 전문용어

- **박막폭굉**: 배관에 윤활유 등이 얇은 박막상으로 붙고 충격파로 공기 중으로 안개처럼 무상되어 흩어지며 폭굉으로 되는 현상으로 분무폭발과 유사하다.
- **극저온 액화가스의 수면 유출인 증기폭발**: LNG는 −162℃에서 액화되는 극저온 액화가스로서, 만약 수면유출 시 약 15℃ 상온의 물 위에서 현열의 온도차로 급격한 기화에 의한 비등현상이 나타나는 물리적 폭발.
- **전선폭발**: 알루미늄제 전선에 대전류가 흘러, 순간 전선이 가열, 용융과 기화가 진행되어 폭발하는 경우 등.
- **고상간 전이 폭발**: **무정형** 안티몬이 녹아서 동일한 고상 안티몬으로 상전이(相轉移)할 때 폭발 등.

폭발적 증발(보일러폭발) : 과열된 고압의 수증기가 존재할 때 배관 등이 오래되어 구멍이 생겨 분출되면 배관 내 압력이 급격히 떨어지면서 돌비*상태의 이상현상이 생겨 폭발적인 증발이 일어나는 것이다.
이 폭발현상은 화염을 동반하지 않기 때문에 물리적 폭발이다. (* 돌비: 액체가 격렬히 끓음)

6. 분진폭발과 가스폭발

분진폭발은 발화에너지가 커서 폭발하기 어렵지만 일단 폭발하면 2~3차 폭발을 발생하고 발생에너지가 크다. 분진폭발과 가스폭발을 비교하였을 때 그 특성은 다음과 같다.

① 가스폭발보다 분진폭발은 최소발화에너지(MIE)가 크다.
② 분진폭발은 불완전연소가 심하므로 일산화탄소(CO)가 발생한다.
③ 1차 분진폭발의 영향으로 주위의 분진을 날리게 하여 2차·3차 폭발이 발생할 수 있다.
④ 분진폭발은 연소속도, 폭발압력은 작으나 연소시간이 길고 발생에너지가 크기 때문에 연소 시 그 물질의 결합 파괴력과 그을음이 크다.
⑤ 입자가 비산하므로 접촉되는 가연물은 국부적으로 심한 탄화 또는 화상도 유발한다.

분진폭발과 가스폭발 대소의 비교

구 분	가스폭발(기체)	분진폭발(고체)
• 발화(발생, 점화)에너지, 파괴력	작다	크다
• CO 발생률	작다	크다
• 2차, 3차 연쇄폭발현상	없다	있다
• 최초폭발, 연소속도, 폭발압력	크다	작다

※ 입자가 같다면, 구상(둥금) ⟶ 침상(뾰쪽함) ⟶ 편상(넓음) 순으로 폭발성이 증가한다.

학습(단축):
- 가스 – 1차 최연소폭발(* 해설: 1차 폭발에 한하며 최초폭발, 연소속도, 폭발압력이 크다)
- 분진 – 2~3차 발파시(* 해설: 2~3차 폭발이 가능하며 발화에너지, 파괴력, CO발생률이 크다)

▸ 가스폭발과 분진폭발 개념

- 가스폭발: 1차 폭발에 한하며 최초폭발·연소속도·폭발압력이 크다.(*가스 폭발압력이 큼)
- 분진폭발: 분진이 여러 곳에 흩어져 부유하는 경우에 2·3차 폭발이 가능하며, 발화에너지·CO발생률·파괴력이 크다.(*물질의 결합 파괴력이 큼)
  (* 방출에너지를 최고치에서 비교하면 분진폭발은 가스폭발의 약 2배가 필요하다.)
- 또한 분진폭발의 발생에너지는 가스폭발의 수백배이고 온도는 탄화수소양이 많아 2천~3천℃ 올라간다.

분진폭발

7. 폭굉과 폭연

폭굉과 폭연은 화염의 전파속도에 따라 음속(340m/sec)을 기준으로 그 미만이면 폭연이고 그 이상이면 폭굉이 된다. 이는 다음과 같이 분류한다.

① 폭굉(폭효): 데토네이션(Detonation)이라 하며 반응의 전파속도가 초음속*이다.

② 폭연: 데플러그레이션(Deflagration)이라 하며 반응의 전파속도가 아음속*이다.

폭연과 폭굉의 비교

분 류	폭연(Deflagration) →	폭굉(Detonation) ↯
속 도	• 음속보다 느리다(아음속). • 약 0.1 이상~10 m/sec 이하	• 음속보다 빠르다(초음속). • 약 1,000 이상~3,500 m/sec 이하
충 격	• 충격파가 없다.	• 충격파가 있다.
압 력	• 압력은 수기압(kgf/cm^2)정도이며 폭굉으로 변화될 수 있다. 정압이다.	• 압력은 약 1,000 kgf/cm^2 압력상승이 폭연의 경우보다 10배 이상이다. 동압이다.
에너지	• 에너지 방출속도가 물질 전달속도에 영향을 받는다.(픽~!)	• 에너지 방출 속도가 물질전달속도에 기인하지 않고 아주 짧다.(펑~!)
온 도	• 열(전도, 대류, 복사)에 의한 전파에 기인한다.	• 온도의 상승은 충격파의 압력에 기인한다.
파 면	• 반응 또는 화염면의 전파가 분자량이나 공기 등의 난류확산에 영향을 받는다.	• 파면(화염면)에서 온도, 압력, 밀도가 불연속적(꽈광쾅!)으로 나타난다.

(*^^ 폭연은 터지듯 폭발 같지 않으며, 폭굉으로 전이될 수 있는 약한 연소파의 전파 현상이다.)

▸ 폭연과 폭굉

- 폭연에서 폭굉으로 전이되기 쉬운 조건은 정상 연소속도가 큰 가스일수록, 압력이 클수록, 가는 관경에 거친 돌출물이 있을수록 폭굉으로 전환되기 쉽다. (* 폭연: 완전연소 소요시간 1/300초)
- 폭굉파가 통과한 곳은 화학적 조성이 변하므로 폭굉은 되돌릴 수 없는 비가역적 탄성파로 취급한다.

|Reference| 연소, 폭연, 폭굉의 비교

구분	연 소	폭 연	폭 굉
① 환경	개방계	밀폐계	밀폐계
② 연소형태	확산연소	예혼합연소	예혼합연소
③ 전달에너지	연소열	연소열(전도·대류·복사)	충격파
④ 압력증가	·	수기압	초기압 10배 이상
⑤ 상태(온도)	압력평형, 밀도하강	압력상승, 밀도하강	압력상승, 밀도상승
⑥ 전이과정	착화 ⇢ 연소파(화염전파) ⇢ 압축파 ⇢ 충격파 ⇢ 폭굉파 순		

* 초음속(超音速): 음속(340m/sec) 보다 빠른 속도(* 超: 빠를초)
* 아음속(亞音速): 음속보다 느린 속도. (* 亞: 버금아)

8. 폭굉 유도거리(DID)

폭발성 혼합가스가 있는 관(pipe) 한 쪽 끝에 점화되면 처음에는 천천히 연소반응 하다가 점차 가속되어 어느 지점에 이를 때 갑자기 폭굉으로 전이하게 된다.
"처음 완만한 연소에서 격렬한 폭굉으로 전이되는 거리를 폭굉유도거리"라고 한다.
이러한 폭굉(초음속)의 유도거리가 짧아질 수 있는 요인은 다음과 같다.

① 높은 압력
② 강한 점화에너지
③ 연소속도가 빠른 가스
④ 좁은 관경에 이물질이 들어있는 경우

9. 자유공간 증기운 폭발(UVCE = Unconfined Vapor Cloud Explosion)

인근 저장탱크 등에 화재가 발생하면 유출된 가스가 구름을 형성하여 떠다니다가 점화원(점화스파크, 고온표면)과 접촉하는 순간 폭발하는 현상으로 이를 화학적 폭발로 분류한다.

즉 개방된 대기 중에 다량의 가연성 액체나 가스가 유출되어 발생된 증기가 공기와 혼합하여 발화원에 의해 폭발하는 현상이다. – 원인 물질은 가연성 기체(저장탱크에서 유출된 수소, 아세틸렌 등) 및 가연성 액체(가솔린, LNG, LPG, 액화부탄, 벤젠, 헥산 등) 가 증발되어 대기(공기) 중 구름처럼 형성해서 점화원과 접촉하면 폭발하게 된다. 1995년 102명이 사망한 대구 가스폭발 등의 예가 있다.
(*^^ Unconfined(자유로운) Vapor(증기) Cloud(구름) Explosion(폭발) : 자유공간 증기운 폭발.)

|Reference| 기체 외 저장된 액체의 유출 상태에 따라 압력·온도가 달라지므로 다음과 같다.

원인물질의 예	유출된 물질의 특성	증발형태
① 가솔린(휘발유)	상온, 상압하에서 인화점이 상온보다 낮은 물질	연속적으로 증기발생
② LNG	대기압에서 저온으로 액화	열전달이 증발을 제한
③ LPG, 액화부탄	상온, 가압하에서 액화된 물질	순간증발(flashing)
④ 벤젠, 헥산	물질이 비점 이상의 온도지만 가압하여 액화	〃

10. 르샤트리에의 법칙

르샤트리에의 법칙은 2종류 이상의 가연성가스가 혼합했을 때 폭발한계값을 구하는 방법이다. 여기서 폭발하한계를 구하는 값은 다음과 같다. (* 위험도는 하나의 가스를 구하고 있는데 이 식은 2종류 이상의 가스가 혼합되었을 때 평균 하한계치를 구하고 있다.)

$$\frac{100}{L} = \frac{V_1}{L_1} + \frac{V_2}{L_2} + \frac{V_3}{L_3} + \cdots T + \frac{V_n}{L_n} \Rightarrow L = \frac{100}{\frac{V_1}{L_1} + \frac{V_2}{L_2} + \cdot \cdot \cdot \frac{V_n}{L_n}}$$

- L: 혼합가스의 연소한계[%]
- $L_1\, L_2\, L_3 \cdots L_n$: 각 가연성가스의 폭발한계[%]
- $V_1\, V_2\, V_3 \cdots V_n$: 각 가연성가스의 용량한계[%]

11. 폭발한계에 대한 영향을 주는 요소

폭발한계에 영향을 주는 일반적인 요소는 다음과 같다.

① 압력과 온도의 영향 ② 산소의 영향 ③ 산화제이다.

이 외 질소산화물의 영향, 폭발성 물질의 조성 및 물리적 성질, 착화원의 성질(형태, 에너지, 지속시간), 주위의 기하학적 조건(개방 또는 밀폐), 가연성 물질의 양과 유동상태(난류) 및 방출속도 등이 있다.

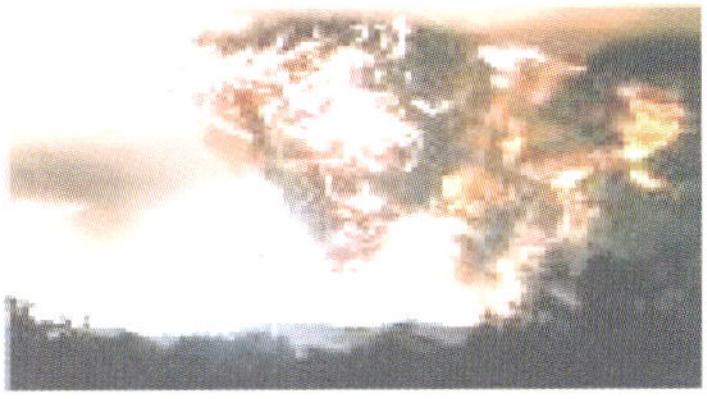

화염을 동반하는 초음속 폭발(폭굉)

12. 폭발 제어

폭발 제어에 대한 이론은 다음과 같다.

① 차단: 타 장소로 전파되기 전에 자동 고속감지 및 연료공급계통 밸브 등을 차단한다.

② 봉쇄: 폭발에 견디는 강도를 갖추고 밀폐용기, 방폭벽, 큐비클(칸막이)로 봉쇄한다.

③ 억제(진압): 폭발이 형성되기 직전에 신속히 소화약제를 분사하도록 한다.

④ 배출(방출): 발생한 압력을 안전한 장소로 유도하며, 배출한다.

⑤ 불꽃방지기(Flume Arrestor): 불꽃이 세분화되고 열전도에 의해 소멸하도록 가스나 증기가 통과할 수 있는 좁은 틈새를 갖는 망을 설치한다.

⑥ 안전거리: 폭발대상물과 방호대상물 사이의 물리적 수평거리인 안전거리를 확보한다.

13. 폭발의 등급 분류

화염일주 한계에서 말하는 틈을 안전간격이라 하며 안전간격이 작은 가스일수록 폭발하기 쉬운 위험한 가스로 분류된다. 폭발의 등급은 다음과 같다.

등급 분류	기체(가스)	안전 간격
3등급(C)	수소, 아세틸렌, 이황화탄소	0.5mm 이하
2등급(B)	에틸렌, 석탄가스, 시안화수소	0.5mm 초과 0.9mm 미만
1등급(A)	암모니아, 아세톤, 메탄, 프로판, 부탄, 일산화탄소 등	0.9mm 이상

(*^^ 표의 안전간격은 미국의 실험과 학설이며, 영국의 학설은 0.6mm, 0.4mm의 수치이다.)

14. 전기설비의 방폭구조

전기설비 방폭구조란 점화원의 방폭적 격리, 전기설비의 안전도 증가, 점화능력의 본질적 억제가 있으며 폭발성 가스를 저장·취급하는 장소에 설치하는 전기설비에서 발생될 수 있는 전기불꽃은 다음과 같은 방폭구조로 구분된다.

(1) 전기기기의 점화원이 될 우려가 있는 부분은 주위의 위험분위기에서 격리

① 압력(壓力) 방폭구조(Pressurized): 내압(內壓) 방폭구조라고도 하며 용기 내에 질소 등 불활성기체인 보호용가스를 압입, 압력을 높여 외부폭발이 내부로 전해지지 않도록 차단하는 구조를 말한다.

> 용기 내부에 보호가스(신선한 공기 또는 불연성 가스)를 봉입하여 내부압력을 유지함으로써 외부의 폭발성 가스 또는 증기가 용기 내부로 유입되지 않게 된 구조를 말한다.
> (* 외부에서 폭발하면 ⋯→ 내부에 영향을 주지 않도록.)

② 내압(耐壓) 방폭구조(Explosion Proof): 전폐(全閉)구조의 전동기, 변압기, 전열기구 등의 용기 내부에서 이상현상으로 폭발성가스나 증기가 폭발했을 때를 가정하여 용기가 발생한 압력을 견디는 구조이다.

> 용기 내에 외부의 폭발성 가스가 침입하여 내부에서 점화, 폭발해도 외부에 영향을 주지 않도록 용기를 특수한 구조로 하여 점화원을 용기 내부와 격리하는 구조를 말한다.
> (* 내부에서 폭발하면 ⋯→ 외부에 영향을 주지 않도록.)

③ 유입(油入) 방폭구조: 밀폐시킨 케이싱(용기) 내에 절연유를 삽입하여 외부가스 침입방지. 즉 전기불꽃, 아크 또는 고온이 발생하는 부분을 기름 속에 넣고 기름면 위에 존재하는 폭발성 가스 또는 증기에 인화되지 않도록 한 구조를 말한다.

> 전기불꽃(아크) 또는 고온이 발생하는 부분을 기름 속에 넣고 기름면 위에 존재하는 폭발성가스 또는 증기에 인화되지 않도록 한 구조를 말한다.
> (* 기름 속은 산소와 기체가 존재할 수 없기 때문에 불이 붙지 않는 원리를 이용한 구조이다.)

전기설비의 주요 방폭구조의 비교

구분	내용
압력방폭구조(p)	용기 내에 불활성 기체를 봉입시키는 구조. (구) 內壓방폭구조.
내압(耐壓)방폭구조(d)	만일 폭발을 해도 압력에 견디는 특수한 구조이다. 가연성 가스의 전파를 차단하기 위해 용기 내부를 압력에 견디도록 전폐구조로 한 것이다.
안전증 방폭구조(e)	정상상태에서 착화될 부분에 안전도를 증가시켜 위험을 방지하는 구조.
본질안전 방폭구조(i)	정상 혹은 이상상태의 단락, 단선, 지락 등에서 발생하는 전기불꽃, 아크(arc) 등에 의한 점화를 방지한 착화시험으로 성능이 확인된 구조이다.

⑵ **스파크를 일으키지 않는 전기기기의 안전도 증가**

① 안전증 방폭구조(Increased Safety): 정상상태에서 아크(Arc, 전기불꽃) 등 과열이 발생하면 착화될 우려가 있는 부분에 구조상 또는 온도상승에 대해 안전성을 높이는 구조이다.

> 정상운전 중에 폭발성 가스 또는 증기에 점화원이 될 전기불꽃 등의 발생을 방지하기 위하여 기계적, 전기적 구조상 또는 온도상승에 대해서 안전도를 증가시킨 구조이다.

⑶ **점화능력의 본질적 억제**

① 본질안전 방폭구조: 정상 또는 이상상태에서 폭발성 가스가 단선, 단락 및 지락 등에 의해 발생하는 전기불꽃(아크)과열 등에 의해 가연성 가스의 착화를 방지하는 구조로서 착화시험으로 성능이 확인된 구조이다.

> 정상 시 및 단선, 단락, 지락 등에 발생하는 전기불꽃 등에 의하여 폭발성 가스 또는 증기에 점화되지 않도록 점화시험, 기타에 의하여 확인된 구조를 말한다. 신뢰성이 높다.

② 특수방폭구조: 밀폐시킨 케이싱(용기) 내에 모래 등을 채워 외부가스의 침입을 방지하는 구조를 말한다.

> 폭발성 가스나 증기에 점화 또는 인화를 방지할 수 있는 시험 및 기타의 시험에 의하여 확인된 구조로서 그 대상 기기로는 주로 단락 물질이 폭발성 가스에 점화하지 않는 회로의 기기, 계측제어, 통신관계 등의 미소전력회로의 기기 등이 있다.

그 외 충전(充塡)방폭구조, 몰드방폭구조, 비점화방폭구조, 특수방진방폭구조, 보통방진방폭구조, 방진특수방폭구조 등이 있다.

03 예제 용기 내에 불활성가스를 압입하여 외부 폭발성 가스의 침입을 방지하고 점화원과 폭발성 가스를 격리하는 전기설비의 구조를 무엇이라 하는가?

① 압력방폭구조 ② 유입방폭구조
③ 안전증방폭구조 ④ 특수방폭구조

해설 설문 중 용기내부, 질소 등 불활성 가스를 압입 등이라는 단어는 '압력방폭구조'의 제시이다. **답** ①

15. 백 드래프트(逆火 / 후폭풍 / back burn / Back draft)

(1) 백드래프트(역화)의 개요

백드래프트란 화재 발생 시 산소공급이 원활하지 않아 **불완전 연소인 훈소상태**가 지속될 때 점점 실내 온도가 높아지고 공기는 밀도 감소로 부피가 팽창하게 된다.
이때 실내 상부 쪽으로 고온의 기체가 축적되고 외부에서 **갑자기 유입된 신선한 공기** 때문에 급격히 연소가 활발해져 그 결과 강한 폭풍과 함께 화염이 실외로 분출되며 이후 폭발까지 이어질 수 있는 **화학적 고열가스**의 폭발 현상이다.

밀폐된 공간에서 산소 부족으로 불씨연소 → 가스가 꽉 차있음 → 갑자기 산소유입 → 가스폭발.

① 백드래프트 현상은 주로 **감퇴기**(혹은 예외적으로 성장기) 때 발생한다.
환기가 잘 되지 않는 **환기지배형 화재**가 진행되는 산소가 부족한 밀폐된 공간에 열이 집적되어 실내가 고온일 때 소방관이 소방활동 중 문을 개방하여 불완전 연소를 하는 가연성 가스에 갑자기 다량의 산소가 공급되면서 발생하는 역류성 폭발현상이다.

② 이 현상은 연기폭발 또는 열기폭발이라고도 하며 주로 화재말기로 갈수록 위험성이 크며 실내가 CO 폭발범위(12%~74.2%), 온도 600℃ 이상일 때 발생한다.

③ 백드래프트가 발생하기 전 징후는 화재로 발생한 가스와 연기가 건물 내부로 빨려 들어갔다가 외부로 빠져 나오는 현상으로 문손잡이는 뜨겁고 휘파람 소리가 나기도 한다.

④ 미국에서는 이 현상을 "소방관의 살인현상"이라고 하며 방지대책은 압력이 높은 상부 쪽 천장 등을 개방, 폭발력 억제, 격리, 소화, 환기 등이다.

⑤ 화재 현장에서 소방관의 대응전술로서는 지붕 등 상부를 개방하는 ㉠ **배연(지붕환기)**, 출입구 개방 즉시 방수함으로써 폭발 직전에 기류를 급히 냉각시키는 ㉡ **급냉(담금질)**, 화재가 발생한 밀폐된 공간의 출입구 등 인근 벽 등에 숨어 있다가 출입구가 개방되면 먼저 입구를 측면 공격하고, 화재 공간에 집중 방수하는 ㉢ **측면 공격**이 있다.

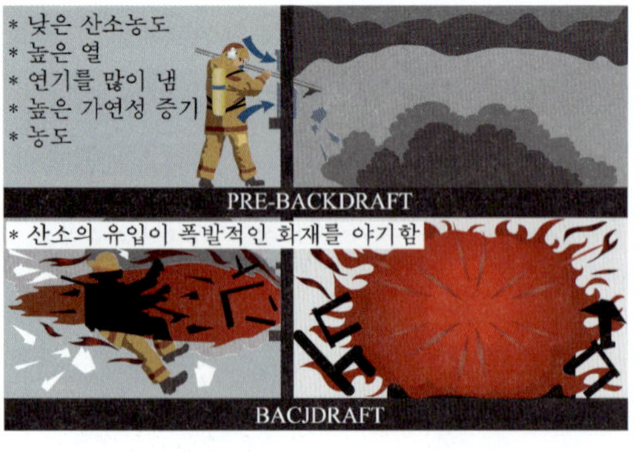

백드래프트의 진행단계

(2) 백드래프트(역화)의 징후

백드래프트가 발생하기 전, 외부에서 관찰할 수 있는 잠재적인 징후는 다음과 같다.

① 가장 쉽게 확인할 수 있는 전조 증상은 문 주위에서 짙고 검은 연기가 나온다.
② 연기가 건물 내 개구부 틈새로 빨려 들어가거나 외부로 빠져나오면서 맴돈다.
③ 창문에 농연으로 얼룩진 자국이나 검은색 응축물(액체)이 흘러내리는 모습이 관찰된다.
④ 화재로 건물 내부와 외부의 압력차가 발생하여 외부 공기가 안으로 빨려 들어오면서 휘파람 소리나 작은 진동이 발생되기도 한다.

▸ 백드래프트의 잠재적인 징후

① 과도한 열의 축적(훈소상태의 고열이다.)
② 연기로 얼룩진 창문
③ 약간의 화염이 조금 보이거나, 보이지 않을 수 있다.
④ 짙은 황회색으로 변하는 검은 연기
⑤ 산소공급이 원활하지 않아서 불꽃이 노란색으로 보일 때도 있다.
⑥ 문 밑 틈새로 나오는 압축된 연기(농연), 일정한 간격을 두고 실내에서 뻐끔대며 나오는 연기

역화의 징후(徵候)는 건축물의 내부 및 외부에서도 다음과 같이 관찰할 수 있다.

① 건물의 실 내부에서 관찰할 수 있는 역화의 징후
  ㉠ 압력차이로 외부 공기가 내부로 빨려 들어가면서 휘파람(호루라기)소리를 내는 경우.
  ㉡ 연기가 건물 내에서 빠르게 소용돌이치거나 건물 내로 되돌아가면서 주변을 맴도는 연기.
  ㉢ 불완전한 연소상태의 훈소가 진행되고, 고열이 축적되거나 산소가 부족해서 불꽃이 약화된 상태(황색 불꽃)
② 건물의 실 외부에서 관찰할 수 있는 역화의 징후
  ㉠ 거의 폐쇄된 건물일 것.(연기가 균열된 틈이나 문 밑 등 작은 구멍을 통하여 빠져 나오고 건물 안으로 연기가 빨려 들어가는 현상이 발생한 경우.)
  ㉡ 복도 등에서 보면 화염은 보이지 않지만 창문과 문손잡이가 뜨겁다.
  ㉢ 유리창의 안쪽으로 타르와 유사한 기름성분(흑색 액체)의 물질이 흘러내린다.
  ㉣ 창문을 통해 보았을 때 건물 내 연기가 소용돌이친다.

실 내	실 외
• 압력 차이로 공기가 빨려들어 올 때 호각(號角) 같은 특이한 소리가 들리고 진동이 발생. • 건물 안으로 연기가 되돌아가거나 맴돈다. • 훈소가 진행되고 높은 열이 집적된 상태. • 산소부족으로 불꽃이 약화.(노란색의 불꽃).	• 문틈 외 건물이 완전히 폐쇄될 것. • 화염은 보이지 않지만 창문, 문이 뜨겁다. • 유리창이 깨지거나 녹지 않지만 창 안쪽에서 타르와 같은 흑색물질이 흐른다. • 건물 내에 연기가 소용돌이친다.

(3) 백드래프트와 플래시오버의 차이점

백드래프트와 플래시오버는 동시에 일어나지 않으며 다음과 같은 차이점이 있다.

■ 플래시오버와 백드래프트의 비교

구분	플래시오버(F/O)	백드래프트(B/D)
발생시기	• 성장기 (주로 1단계)	• 성장기 또는 감퇴기 (주로 화재 3단계)
발생빈도	• 빈번하다.	• 거의 발생하지 않는다(간혹).
주요인	• 복사열 (* 결과: 가스불 확대)	• 산소 (* 결과: CO 가스폭발)
폭발유무	• 비정상 연소(폭발 아님.)	• 비정상 연소 혹은 연소를 동반한 폭발현상.
영 향	• 폭풍 또는 충격파 없다. ⟶ 퍽!(♒)	• 폭풍 또는 충격파를 수반한다. ⟶ 펑!(💣)
전단계 연소	• 자유연소상태–실 개방 등	• 불완전연소상태(훈소상태)–실 밀폐
산소량	• 상대적으로 산소공급원활	• 산소부족(갑자기 유입)
발생단계	• 성장기 마지막 • 최성기 시작점 경계.	• 일반적: 감퇴기 • 예외적: 성장기
방지대책	• 개구부의 제한 • 가연물 양의 제한 • 화원의 억제 • 내장재(천장 등) 불연화	• 폭발력 억제: 문을 적게 열어 공기 공급을 적게 • 격리: 개구부를 파괴한 후 후퇴한 뒤 재 진입 • 소화: 불씨를 없애고 가연성 가스의 생성 차단. • 환기: 개구부 개방 전 환기대책 강구, 천장 개방.

▸ 백드래프트의 이야기

■ Back Draft 는 후폭풍(나중에 통풍) 이라는 뜻이며 밀폐된 공간(진공 아님)에서 훈소상태가 지속되다가 소방대원 등이 출입문 등을 개방할 때 실내에 연소되지 못하고 축적되어 있던 가연성 가스(주로 CO)가 갑자기 다량의 산소(바람) 공급으로 착화되고 순간적인 폭발을 일으키며 그 위력은 아주 강하다.

1. 백드래프트(Back Draft) 현상

주로 지하실이나 밀폐된 내부 공간에서 화재 발생 시 산소 부족으로 불꽃이 보이지 않는 훈소상태가 지속되면서 일산화탄소, 탄화된 입자, 연기, 부유물을 포함한 가스가 건물 내부에 축적하게 된다.
이때 소방대원이 건물 내부로 진입하기 위해 창문을 부수거나 문을 열면 갑자기 산소가 공급되어서 백드래프트 현상이 발생한다. 이 현상 때문에 실외로 뜨거운 열이 홍수처럼 밀려 나온다.
즉 화염이 폭풍을 동반하여 산소가 유입된 곳으로 분출(역류현상, 역화현상)되며 폭발력도 크다.

2. 백드래프트의 징후를 관찰할 수 있는 특징은

① 균열된 틈이나 작은 구멍을 통하여 건물 안으로 연기가 빨려 들어가는 경우
② 화염은 보이지 않지만 창문과 문손잡이가 뜨거운 경우
③ 연기로 얼룩진 유리창의 안쪽에 타르와 유사한 물질(기름성분)이 흘러내려 얼룩진 경우
④ 창문을 통해 보았을 때 건물 내에서 연기가 소용돌이 치고 있는 경우
⑤ 연기의 특징은 짙은 황회색(흑갈색 등)으로 변하는 검은 연기, 작은 틈새로 나오는 압축된 연기 건물 내에서 일정한 간격을 두고 뻐끔대며 나오는 연기
⑥ 산소가 원활하지 못하여 불꽃이 노란색(황색)으로 보일 때(훈소상태의 고열이다.)

| 참고 | 실내화재 시 도해 이론

■ 연소를 동반한 각종 이상현상(예습)

- 전실화재, 순간적인 착화현상
- 중기(최성기 직전)의 비정상 연소.
- 복사열이 주원인, 약 500도
- 진한연기 밑으로 깔림
- 가연 → 난연 → 준불연재료 순.
  확대된다.
- 화원의 크기, 내장재, 개구부 영향
- 불꽃을 가짐(산소 원활) ⇒ 자유연소
- 화염의 가스가 천장을 구름 ⇒ 롤오버
- 불씨연소로서 불완전연소상태 ⇒ 훈소
  (초기의 밀폐된 공간에 산소 부족)

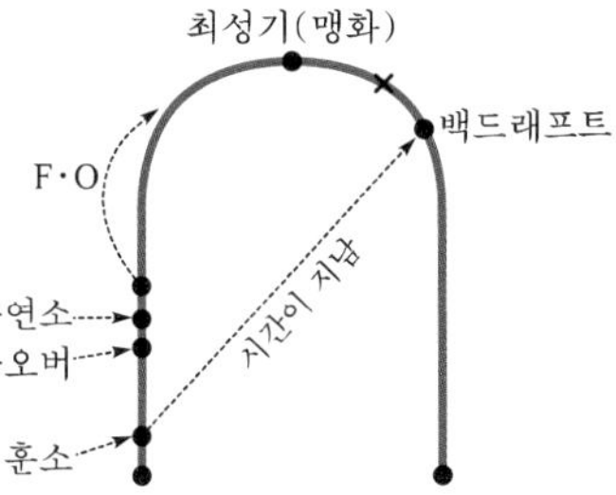

FO와 BD의 비교

- 불씨연소인 불완전 훈소상태에서 시간이 경과함.
- 불씨를 가지면서 가스(CO) 가 차있는 상태임.
- 갑자기 개구부 개방으로 산소유입.
- 산소가 주 원인~고열가스의 폭발 현상임.
- 폭발 직전 특징은 문 손잡이는 뜨겁고
- 문밑으로 휘파람 소리를 내며 바람이 입·출입
- 미국에서는 소방관의 살인 현상이라고도 함.
- 징후: 과도한열, 황회색으로 변하는 검은 연기, 작은 틈새로 나오는 압축된 연기, 건물 내에서 일정한 간격을 두고 뻐끔대며 나오는 연기, 화염이 조금 보이거나 보이지 않을 수 있으며, 연기로 얼룩진 창문 등의 현상을 보인다.

플래시오버와 백드래프트의 비교

구 분	플래시오버(Flash Over)	백드래프트(Back Draft)
개 념	구획 내 가연물질의 전 표면이 불로 덮이는 전이현상, 즉, 화재발생 시 화원 근처에 한정된 연소영역이 조금씩 확대된다. 이 단계에서 발생한 가연성 가스는 천장 근처에 체류한다. 이 가스농도가 증가하여 연소범위 내에 도달하면 착화되어 화염에 덮이게 되고 천장면으로부터의 복사열에 의하여 바닥면 위의 가연물이 분해하여 가연성 증기를 생성하고 그 증기가 급속히 가열·착화되는 순간적인 연소 확대현상으로 실 전체가 화염이 덮이게 되는 현상이다.	화재 성장기나 말기에 불완전한 훈소상태이고 gas가 25% 이상 차 있는 상태에서 소화활동 등을 위하여 실내 문을 개방하면 신선한 산소가 유입되어 실내에 축적된 CO 등의 가연성 가스가 순식간에 폭발적으로 연소함으로써 화재가 폭풍을 동반하여 실외로 분출하는 현상이다. (* 실내 가열, 가연성 가스 축적)
조 건	평균온도: 약 500~650℃전후, 산소: 10%	gas가 25% 이상 차 있는 상태
핵 심	중기상태 복사열의 바운스로 인한 전실 화재확대.	산소유입, 화학적 CO가스폭발.

---

* 훈소: 밀폐된 공간에 산소가 부족하여 불꽃연소를 가지지 못하며 작은 불씨연소만 가지는 상태의 연소로서 분해 생성물을 발생시키며 주로 고체 물질 화재 초기에 일어난다.
* 롤오버: 화재 성장기(중기)에 발생되는 화염의 가연성 가스가 실내와 실외의 공기압 차이로 실내에서 압력이 약한 실외로 빠져나가는 과정에서 실내의 천장을 빠른 속도로 산발적으로 구르는 현상이다.
* 플래시오버(F · O): 화재 중기상태에서 천장에서 열이 복사되고 곧 바닥의 가연물로 반사되어, 바닥의 가연물이 더욱 분해되면서 가연성 가스를 발생하는데 이 가스가 카메라 섬광의 플래시처럼 실내 전체에 갑작스러운 연소 착화현상으로 비정상 연소현상이다. 결과는 가스이지만 주원인은 복사열이 된다.
* 백드래프트(B · D): 산소가 부족한 밀폐된 공간에 불씨연소로 인한 가스가 가득 차 있는 상태에서 갑자기 개구부 개방으로 새로운 산소가 유입될 때 불씨가 화염으로 변하면서 폭풍을 동반하여 실외로 분출되는 가스폭발을 말하며 화학적 폭발 중 가스폭발로 분류한다.

- 밀폐: 문틈으로 약간의 산소공급을 받을 수 있다, 불씨연소 가능.
- 진공: 공기가 존재하지 않아 불씨연소도 할 수 없다.

| 폭발 | OX 개념

01 물리적 폭발의 종류는 밀폐된 공간의 증기폭발, 수증기폭발을 비롯하여 고압용기의 파열, 탱크의 감압파열, 보일러 폭발, 기체물질의 열팽창에 의한 폭발, 폭발적 증발, 폭발성 화합물의 폭발, 혼합위험성 물질에 의한 폭발 등이 있다. (   )

물리적 폭발의 종류는 밀폐 공간의 증기폭발, 수증기폭발을 비롯하여 고압용기의 파열, 탱크의 감압파열, 보일러 폭발, 기 체물질의 열팽창에 의한 폭발, 폭발적 증발, 폭발성 화합물의 폭발, 혼합위험성 물질에 의한 폭발 등이 있다.

02 BLEVE 현상 발생과정은 ① 액체가 들어있는 탱크 주위에 화재발생 → ② 탱크벽 가열 → ③ 액체의 온도 상승 및 압력상승 → ④ 화염과 접촉부위 탱크 강도 약화 → ⑤ 탱크파열 → ⑥ 내용물(증기)의 폭발적 분출 증가이다. (   )

옳은 설명이다.

03 분해폭발은 산소가 있어야만 가능하다. (   )

아세틸렌, 산화에틸렌, 에틸렌, 하이드라진, 제5류 위험물 질산에스터류 등은 산소가 없어도 가능하다.

04 분진은 수분이 작고, 입자와 밀도가 작을수록 표면적이 커서 폭발성이 강하다. (   )

분진은 수분이 작고, 입자와 밀도가 작을수록 표면적이 커서 폭발성이 강하다.

05 분진의 크기는 20~25um이다. (   )

분진의 크기는 100um 이하이다. (* 분말소화약제의 적당한 입자의 크기는 20~25um이다.)

06 산소와의 반응성이 있는 분진은 공기 중의 노출시간이 긴 것일수록 산화성 피막을 형성하여 폭발성이 약해진다. (   )

산소와의 반응성이 있는 분진은 바로 폭발되지 않고 공기 중의 노출시간이 긴 것일수록 산화성 피막을 형성하여 폭발성이 약해진다.

Ans. 01. (O) 02. (O) 03. (X) 04. (O) 05. (X) 06. (O)

07 증기폭발은 물리적 폭발, 증기운 폭발은 화학적 폭발이다. ( )

☻ 증기폭발은 물리적 폭발, 증기운 폭발은 화학적 폭발이다.

08 폭발의 선행조건은 "급격한 압력발생"이며, 압력이 발생한 원인에 따라서 화학적 폭발과 물리적 폭발로 분류할 수 있다. ( )

☻ 설문은 옳은 내용이다.

09 폭굉은 연소파괴 속도가 음속보다 빠르며 일반적으로 1,000 이상~3,500 m/sec 이하이다. ( )

☻ 폭굉은 연소파괴 속도가 음속보다 빠르며 일반적으로 1,000 이상~3,500 m/sec 이하이다.

10 LPG는 프로판 70V%, 부탄 20V% 및 에탄 10V%로 구성되었으며 프로판, 부탄, 에탄의 폭발하한계값은 2.1V%, 1.8V%, 3.0V% 이다. 이들의 (평균)폭발하한계값은? ( )

☻ $L = \frac{100}{70/2.1 + 20/1.8 + 10/3} = 2.093[\%]$ $\therefore\ 2.1\ [\%]$

11 최초의 완만한 연소에서 격렬한 폭굉으로 발전할 때까지의 거리를 "폭발유도거리" 라 한다. ( )

☻ 폭굉유도거리라 한다.

12 자연발화, 정전기, 분진폭발은 습기가 있으면 잘 생기지 않는다. ( )

☻ 자연발화는 주위에 습기가 있으면 잘된다. 적당한 수분이 열을 전달하는 촉매역할을 하기 때문이다. 그러나 정전기와 분진폭발은 습기가 없고 건조해야 불이 붙기도 하고 폭발도 잘된다.

13 백드래프트의 잠재적 징후는 연기로 얼룩진 창문 등이 녹아 떨어지는 것이 있다. ( )

☻ 백드래프트의 잠재적 징후는 연기로 얼룩진 창문 등의 조짐을 보인다. (* 만일 창문이 녹아 떨어진다면 밀폐가 되지 않고 환기가 되므로 백드래프트는 일어날 수 없다.)

Ans. 07. (O) 08. (O) 09. (O) 10. (O) 11. (X) 12. (X) 13. (X)

| 폭발 | 주요문제

기출

01 다음 중 응상폭발 하는 가연성 물질을 분류한 것으로 옳지 않은 것은?

① 증기폭발　　② 혼합가스폭발
③ 폭발성 화합물의 폭발　　④ 혼합위험성 물질에 의한 폭발

해설 혼합가스폭발은 기상폭발로 분류한다.
답 ②

기출

02 다음 중 화학적 폭발과 물리적 폭발로 분류하였을 때 분류가 다른 하나는?

① 가스폭발　　② 분무폭발
③ 분진폭발　　④ 수증기폭발

해설 ①②③은 화학적 폭발 중 산화폭발로 분류되며 수증기폭발은 물리적 폭발로 분류한다.
답 ④

기출

03 폭연(Deflagration)이 진행될 때 특징으로 옳은 것은?

① 온도 상승은 열에 의한 전파보다 충격파의 압력에 기인한다.
② 반응 또는 화염면의 전파가 분자량이나 난류확산에 영향을 받는다.
③ 충격파를 형성하기 위해서 아주 짧은 시간 내에 에너지가 방출되어야 한다.
④ 파면에서 온도, 압력, 밀도가 불연속적으로 나타난다.

해설 폭연은 반응 또는 화염면의 전파가 분자량이나 공기의 난류확산에 영향을 받는다.
답 ②

기출

04 과열상태 탱크 내부의 액화가스가 분출 착화되었을 때 폭발하는 현상은?

① 블래비현상　　② 플래시오버
③ 백드래프트　　④ 슬롭오버

해설 블래비현상은 "끓는 액체팽창증기폭발"이라 하며 과열탱크에서 내부의 액화가스가 분출 착화 시 폭발하는 현상이다.
답 ①

기출

05 백드래프트의 정의와 징후에 대하여 가장 옳지 않은 것은?

① 연기는 문틈으로 내부에서 밖으로 향했다가 안으로 빨아 들어가기도 한다.
② 실내 상부쪽으로 고온의 기체가 축적되고 온도가 높아져 기체가 팽창한다.
③ 산소가 부족한 건물 내에 산소가 새로 유입될 때 고열가스의 폭발현상이다.
④ 불완전한 연소상태인 화재 중기에만 일어나는 연소확대현상이다.

해설 화재 중기에 일어나는 연소확대현상은 플래시오버에 해당한다. 백드래프트는 주로 중기 이후 말기에 일어나는 역화현상이다.

답 ④

기출

06 다음 중 백드래프트가 발생하기 전 잠재적 징후로 틀린 것은?

① 짙은 황회색으로 변하는 검은 연기
② 연기로 얼룩진 창문
③ 과도한 열의 축적
④ 개구부를 통하여 분출되는 화염

해설 백드래프트는 밀폐된 공간이기 때문에 개구부에서 화염이 분출되지 않는다.

답 ④

기출

07 다음 중 백드래프트 발생에 대한 설명으로 옳지 않은 것은?

① 화재로 인하여 실내 상부쪽으로 고온의 기체가 축적되고 온도가 높아짐에 따라 기체가 팽창하고 연소에 필요한 산소가 불충분한 상태이어야 한다.
② 열의 집적과 적절하게 배연되지 않는 상태에서 불완전 연소된 가연성 가스가 인화점 미만의 상태이어야 한다.
③ 갑자기 산소가 새로 유입될 때 화염이 폭풍을 동반하며 충격파의 생성으로 구조물을 파괴할 수 있다.
④ 산소가 결핍된 실내에 소방관이 소화활동이나 구조활동 중에 문을 갑자기 개방함으로써 외부의 신선한 공기 유입으로 발생한다.

해설 백드래프트에 대한 설명으로는 ①③④가 해당된다.

답 ②

기출

08 다음 중 블래비현상을 방지할 수 있는 방법이 아닌 것은?

① 방액제 내부 기초를 경사지게 하여 화염이 직접 탱크에 접하지 않게 한다.
② 저장용기가 폭발에 상관없이 설계압력 초과하도록 한다.
③ 가연성 액화가스 용기에 외부단열 시공 및 탱크를 지하에 설치하여 입열을 억제한다.
④ 탱크가 화염에 접하지 않도록 고정식 살수설비를 설치한다.

해설 블래비현상을 방지할 수 있는 방법은 저장용기가 폭발압력에 견딜 수 있도록 항상 설계압력을 초과하지 않도록 한다. 그 외 방지방법은 열전도도가 큰 알루미늄이나 합금박판을 내벽에 설치 등 아래 암기법 순서대로 난해한 내용의 키워드가 있다.

답 ②

블래비현상 방지 대책

① 지하에 탱크를 설치	② 상부에 냉각장치	③ 열을 억제한다.	④ 고정식 살수설비 설치
⑤ 물분무를 설치	⑥ 안전밸브(과압배출)	⑦ 경사지게(내부바닥)	⑧ 알루미늄박판(내벽)
⑨ 이송조치 긴급하게	⑩ 유도구 설치	⑪ 가스감지기 설치.	▸ 지상열 고물 안경알 이유가?

기출

09 다음 중 BLEVE 현상의 발생하기 전으로 옳지 않은 것은?

① 가스 저장탱크 화재가 발생 시 저장탱크가 가열되어 탱크 내 액체부분은 급격히 증발하고 가스부분은 온도상승과 비례하여 탱크 내 압력의 급격한 상승을 초래하게 된다.
② 탱크가 계속 가열되면 용기 강도는 저하되고 내부압력은 상승하여 어느 시점이 되면 저장탱크의 설계압력을 초과하게 되고 탱크가 파괴되어 급격한 폭발현상을 일으킨다.
③ 저장탱크 내에서 LNG, LPG, 액화부탄 벤젠, 헥산 등 유출된 가연성 유류가스가 대기 중에 공기와 혼합하여 구름을 형성하는데 거기에 점화원이 다가가면 폭발되는 현상이다.
④ 인화성 액체탱크가 가열되어 폭발하기 전에 또한 10분 경과하기 전에 냉각조치를 하지 않으면 폭발이 발생할 수 있다.

해설 ③번은 증기운 폭발에 관한 내용이다.

답 ③

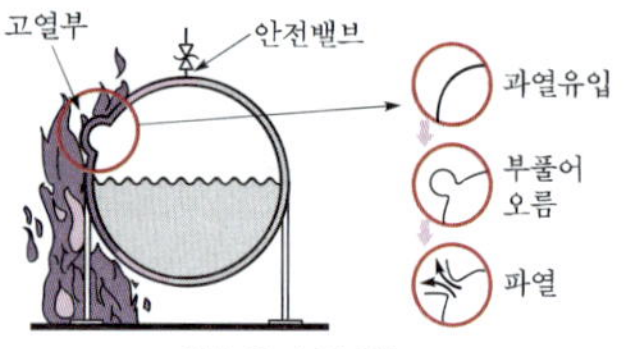

[블래비현상]

|Reference| 블래비와 증기운폭발의 비교

구 분	폭발종류	공 간	재해형태	폭발효율
① 블래비	물리적폭발	밀폐계	과압+복사열(F/b)	높다(20~50%)
② 증기운	화학적폭발	개방계	과압(過壓)	낮다(10~20%)

• 소방학에서 F/O, B/D 등 이상현상은 결과가 아닌 '원인'을 묻고 있으며, F/b란 파이어볼을 말한다.

나를 넘어서야 이곳을 떠나고 나를 이겨내야 그곳에 이른다.
갈 만큼 갔다고 생각하는 곳에서 얼마나 더 갈 수 있는지는 누구도 모르고,
할 만큼 했다고 생각하는 곳에서 얼마나 더 해낼 수 있는지는 아무도 모른다.

| 참고 | 기타 심화이론

|Reference| 원인 물질의 물리적 상태에 따라 기상폭발 vs 응상폭발

구 분	기상폭발	응상폭발
① 과정	기체 상태인 공중(공기 중) 폭발	고상과 액상의 접촉 등에 의한 폭발
② 밀도	작다	크다
③ 종류	• UVCE • 분해폭발 • 분진폭발 • 분무폭발 • 가스폭발 • 박막폭굉 등 	• 수증기폭발(액상→ 기상) • 과열액체 증기폭발(예 보일러) • 액화가스의 증기폭발(예 LNG) • 고상간의 전이 폭발(무정형 안티몬) • 전선폭발(전선가열), 감압폭발(용기파손) • 폭발성 화합물의 폭발(화합폭발) • 혼합 위험물에 의한 폭발(1류~6류 접촉)

• 소방학에서 F/O, B/D 등 이상현상은 결과가 아닌 '원인'

|Reference| 가스폭발 방지

용기 내의 초기 산소농도를 MOC 이하로 감소시키도록 하며 가스폭발 방지를 위하여 특정 공간을 비가연성 환경으로 전환하는 불활성화 방법은 일반적으로
① 스위프퍼지 ② 진공퍼지 ③ 압력퍼지 ④ 사이펀퍼지로 분류한다.

구분	내 용
① 진공퍼지	• 용기를 감압(진공)으로 한 후 inert gas를 주입하여 대기압상태로 만들고 원하는 산소농도가 될 때까지 반복하여 퍼지한다. (큰 용기는 보통 진공에 견디도록 설계되지 않으므로, 반응기에 주로 쓰인다.)
② 압력퍼지	• 용기의 가압상태에서 불활성가스를 주입하여 충분히 확산한 후 압력을 방출한다. (압력공정이기 때문에 진공퍼지보다 퍼지시간이 짧지만 많은 이너가스량이 필요.)
③ 스위프 (Sweep)퍼지	• 용기의 한 개구부로 이너가스를 주입, 다른 개구부로 공기(혼합가스)를 배출한다. (진공·압력퍼지를 할 수 없을 때 사용, 많은 가스를 필요로 하여 큰 경비가 소요.)
④ 사이펀 (siphon)퍼지	• 용기에 액체(물 등)를 채운 후 액체가 용기로부터 배출될 때 동시에 inert gas를 주입하는 방법으로 대형 저장용기에 사용한다. (③에서 많은 양의 이너가스는 많은 경비가 소요되는 단점으로 사이펀 퍼지는 경비를 최소화하는데 이용되는 방법.)

* Purge: 제거 * inert gas: 불활성가스. * ③ sweep: 쓸다

CHAPTER

04 소화이론

01 소화방법 및 소화약제

1. 소화방법

소화작용은 연소의 4요소 중 한 가지 이상을 제거하는 것이다.
가연물(=제거소화), 산소공급원(=질식소화), 점화원(=냉각소화), 연쇄반응(=억제소화)의 원인·결과의 상대적인 원리이다. 즉, 물적조건(농도·압력)와 에너지조건(온도), 화학적조건의 제어이다.

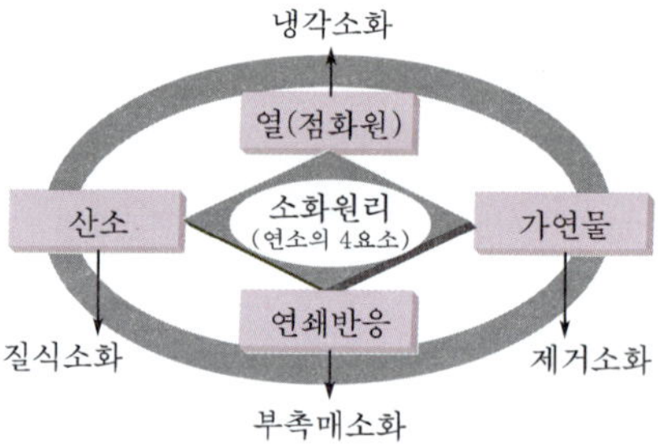

소화 방법의 분류는 일반적으로 질식·냉각·부촉매·제거소화 등으로 나누고 그 외 유화·희석·방진·피복소화로 나눈다. (*^^ 물을 봉상이나 적상으로 주수하면 타격 및 파괴 효과도 있다.)

① 질식효과(smothering effect): 일반적으로 산소 농도를 15% 이하로 낮추는 방법
② 냉각효과(cooling effect): 열에 대해서는 가연물을 발화점 이하로 낮추는 방법
③ 제거효과: 가연물에 대해서는 연소흐름을 차단(격리·파괴·이동·소멸·감량)하는 방법
④ 부촉매효과(억제효과): 화학적 연쇄반응의 지속을 저지시키는 원리를 가지고 있다.

(4대) 소화의 원리와 내용

물리적 소화	질식	일반적으로 산소 농도를 15% 이하로	산소 차단
	냉각	열을 흡수, 연소상태를 발화점 이하로	점화에너지 차단
	제거	원인과 상태를 격리, 차단 등으로	가연물 차단
화학적 소화	억제(부촉매)	자유래디컬을 흡착하여 연소상태를 저지	연쇄반응 차단

(1) 질식소화(窒息消火)

가연물이 연소하기 위해서 반드시 산소가 필요하므로 공기 중 산소공급을 차단하여 연소를 중지시키는 것을 질식소화라고 한다.
물질마다 차이는 있지만 액체의 경우 산소농도가 15% 이하일 때 불이 꺼진다.
① 수건, 담요, 이불 등의 고체를 덮어 소화하는 방법
② 거품(포), 무상(霧狀)주수, 분말·할론·CO_2 소화설비로 연소물을 질식시키는 방법

▸ 질식효과(Smothering effect)의 개념

공기 중 산소 양을 감소하거나 일반적으로 산소 농도를 15% 이하로 낮추어서 소화하는 것.
대부분의 소화약제는 모두 질식성이 있다. 다만 물질에 따라 상대적으로 그 효과가 다를 뿐이다.
(*^^ 액체15% 이하, 섬유·종이 10%, 수소 8%, 아세틸렌 4% 이하이면 소화가 가능하다.)

(2) 냉각소화(冷却消火)

물은 비열, 증발잠열(액체→ 기체)의 값이 다른 물질에 비해 커서 주로 냉각소화에 사용된다.
가연물을 주수해시 소화하는 경우 1[g]의 물이 증발할 때 열 539[cal]를 흡수하여 발화점 이하로 낮추는 냉각효과(= 열 흡수)를 갖게 된다.
또한 물이 기화하면 약 1,700배 부피팽창과 함께 수증기가 되어 가연물 주위로 넓게 둘러 쌓여 산소(O_2)농도를 낮추므로 부차적으로 질식효과도 있다.
즉 열의 공급은 점화에너지를 의미하는데 가연물에 물 등을 뿌려서 타고 있는 가연성 물질을 발화점 이하로 냉각시켜 점화에너지를 차단하는 방법을 말하며 소화약제로는 물·강화액·CO_2·할론·포 등이 있다.
① 물 등의 액체를 사용하는 방법
② CO_2 등 기체에 의한 방법 및 채소 등 고체를 사용하는 방법 등이 있다.

▸ 냉각효과(Cooling effect)의 개념

불에 타고 있는 연소물의 뜨거운 열을 소화제(예 물)로 뿌려서 그 열을 흡수하여 온도를 발화점 이하로 낮추어 불씨가 될 수 있는 점화에너지를 차단하여 소화하는 것.
※ 비열은 물을 기준으로 하므로, 물 : 1 / 파라핀: 0.7 / 공기: 0.24 / 할론1301: 0.22 / CO_2 : 0.2

소화약제로 사용되는 물질 및 질소의 기화열 [cal/g]

물(액체)	이산화탄소	할론 1040	할론 1301	할론 2402	할론 1211	질소
539.6	56.1	46.4	28	25	32	※(47.8)

물은 상온이 20℃이지만 액체로서, CO_2 방사 시 약 -80℃의 기체보다, 열 흡수가 크다.
※ 열전도도(열전도율): 기체(이산화탄소 -80℃) < 액체(물 20℃)
(*^^ 액체는 젖어서 열을 흡수하지만, 기체는 깊이 젖지못하고 열전달이 약해서 열흡수가 훨씬 적다)

(3) 부촉매(억제)소화

가연물의 연쇄반응은 가연물을 구성하는 수소분자로부터 생성되고 활성화된 수소기(H+)와 수산기(OH−)의 작용에 의해 진행되며, 할론약제 등을 방사해서 산소와 접촉되는 가연물의 이러한 진행을 먼저 억제·차단하는 방법을 부촉매(억제, 抑制) 소화라고 한다.

① 부촉매소화는 가연물 내 활성화된 수소기와 수산기에 부촉매 소화제를 반응시켜 더 이상 연소생성물(CO·CO_2·H_2O 등)의 생성을 억제시키는 방법이다

② 표면(무염)연소에서는 일반적으로 연쇄반응을 하지 않는다. 따라서 억제소화 효과가 없다.

③ 화학적 소화(부촉매 소화)에 이용되는 소화약제의 종류는 **할론 소화약제·분말 소화약제**, 강화액 소화약제, 산·알칼리 소화약제를 사용한다.

▸ 부촉매(억제) 소화효과의 개념

부촉매 소화는 연소의 4요소 중 연쇄반응의 속도를 빠르게 하는 정촉매를 억제하는 것으로 **화학적 소화방법**이다. 연쇄반응(수소기와 수산기의 발생)에서 핵심적인 역할을 하는 래디컬(Radical, 유리기)을 흡수하여 더 이상 래디컬을 만들지 못하게 한다. 할론, 분말 및 무상의 강화액 소화약제가 있다.

※ 새싹이 돋아나는데 제초제를 뿌려, 돋아나지 못하게 하는 원리로 생각하면 The 쉽다.
(*^^새싹: 수소기와 수산기 / 제초제: 소화약제 물질인 Na, K, F, Cl, Br 등이 된다.)

(4) 제거소화(除去消火)

연소반응을 하는 연소물이나 화원을 제거하여 연소반응을 중지시키는 소화방법이다.
즉 가연물을 차단(격리, 파괴, 이동, 소멸, 감소)시키는 것으로 다음과 같다.

① 산불화재 시 방화선을 구축하여 맞불 등 풍하* 쪽으로 주위산림을 벌채하는 것
② 전기화재 시 전기 스위치를 내려서 전기의 흐름을 차단하는 것
③ 가스화재 시 가스 밸브를 잠궈서 가스의 흐름을 차단하는 것
④ 입으로 촛불을 불어서 끈다든지 등 화원으로부터 격리시키는 것
⑤ 유전화재 시 질소폭탄을 투하해서 순간적으로 유전 표면의 증기를 날리는 것
⑥ 유류탱크 화재 시 탱크 밑으로 기름을 빼내는(감량, 배유, Drain) 방법
⑦ 화재 시 창고 등에서 물건을 빼내어 신속히 분리해서 옮기는 것
⑧ 대형 화재시 방어선을 만들어 가연성 물질을 제거하는 것
⑨ 화재현장의 복도 등을 파괴하는 것 또는 도시계획에서 소방도로를 이용하는 것

▸ 제거소화 효과의 개념

가연물이나 화원을 차단 등(격리, 파괴, 이동, 소멸, 용량의 감소*) 제거시키는 것을 말한다.

---

* 풍하: 바람이 흘러나가는 쪽.(* 풍상: 바람이 불어오는 쪽.)　* 무상(霧狀): 분무상(噴霧狀)
* 용량의 감소: 감량.　* Na, K, F, Cl, Br: 나트륨·칼륨 이온, 플루오린(불소), 클로린(염소), 브롬(취소).

(5) 유화소화(乳化消火)

물보다 비중이 큰 중유 등 비수용성의 유류화재 시 포 소화약제를 방사하거나 무상주수로 유류표면을 두드려서(덮음) 증기발생을 억제하는 소화이다.

물을 분무상으로 주수하면 유탁액(emulsion)이 생성되어 유화효과가 있다.

유화소화 효과를 높이려면 유면에 속도에너지(타격력)를 부가시키기 위하여 물분무를 할 때 무상의 물방울 입경을 조금 더 크고 강하게 분무하여야 한다.

① 유화소화 조건: 물보다 무거운 비수용성의 유류화재.

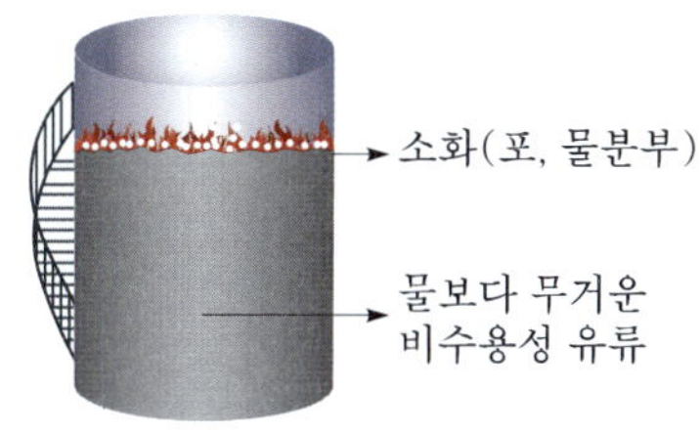

유화소화

▸ 유화소화(Emulsion effect)

물보다 무거운 비수용성 유류에 포나 물을 뿌려 층을 형성함으로써, 유류표면에 유화층의 물과 기름의 엷은 막(에멀션 효과)을 만들며 곧 산소차단 효과를 일으키는 소화이다.
(※ 우유막과 같은 비교로서 물과 기름의 중간 성질의 수막을 빨리 만들어 주어야 한다.)
(*^^ 결과는 질식이지만 원인이 유화효과를 갖음으로서 유화소화이다).

(6) 희석소화(稀釋消火)

가연물의 조성(연소가스)과 산소농도를 연소범위 이하로 희석시키는 것이다.
가연물(고체·액체·기체)의 분해가스나 증기의 농도를 엷게(희박하게) 낮추어 점화원에 착화되지 않게 하는 소화방법이다.

▸ 희석소화효과(Dilution effect)의 개념

연소물질에 불활성 기체 등의 희석에 의해 농도를 엷게 하여 연소농도 이하가 되게 소화하는 작용.
(※ 희석소화: 분해가스나 증기의 농도를 낮춤. / 질식소화: 산소 농도를 낮춤 또는 차단하는 것.)
① 고체의 경우는 산에서 벌목 후 나무부스러기에 화재 시 모래 등을 가연물 위나 사이로 흩트려서
② 액체는 물 등을 섞어서
③ 기체는 불활성기체 소화약제 등을 방사·희석하여 소화하는 것을 말한다.
예 액체의 경우 60% 이상의 알코올 화재에 물을 희석하여 20% 이하로 함유량을 낮추면 가연물이 연소농도 이하로 되므로 소화가 가능하다.(* 소주는 20% 이하이니 불이 붙지 않아 연소가 불가능하다.)

실제 현장에서의 소화약제 작용

소화약제	주소화작용	부차적작용	소화약제	주소화작용	부차적작용
물(봉상, 적상)	냉각	질식, 희석 등	포	질식	냉각, 유화 등
물(무상)	질식	냉각·유화·희석	이산화탄소	질식	냉각·피복 등

※ 용어 : 봉상은 몽둥이 棒자, / 적상은 물방울 滴자, / 무상은 안개 霧자를 사용한다. / 狀 = 형상 상.

(7) 기타 소화

학설에 따라 기타 소화원리를 정리하면 다음과 같다.

피복소화	CO_2 등은 공기보다 1.5배 무겁기 때문에 가연물을 덮는 피복(被覆)효과의 소화작용.
방진소화	제3종 분말소화약제(인산염)에서 생성된 메타인산(HPO_3)이 가연물질(숯, 코크스 등)의 무염연소인 잔진현상까지 덮어서 차단·소화하는 작용.
탈수소화	가연물로부터 수분을 빼앗아 연소반응이 일어나지 않게 하는 제3종 분말소화약제 작용 등

피복소화는 CO_2, 방진소화와 탈수소화는 제3종 분말소화약제 등을 두고 정립된 이론이다.

▶ 냉각효과(Cooling effect)와 열전도율

냉각소화는 불에 타고 있는 연소물의 뜨거운 열에 소화제(예 물)를 뿌려서 열을 흡수하여 연소물의 온도를 발화점 이하로 낮추어 점화에너지를 차단하여 소화하는 원리이다.
물은 상온이 20℃이지만 액체이므로 이산화탄소 방사 시 약 −80℃의 기체보다 열 흡수가 훨씬 크다.
즉, 물은 액체이기 때문에 화재 시 어떤 뜨거운 물질에 닿아 1g이 약 539cal의 열을 흡수하지만, CO_2(이산화탄소)는 기체이기 때문에 방사 시 −80℃로서 물질에 닿아도 열 흡수력이 56cal/1g 로서 액체인 물보다 약 10배 정도 떨어진다.

쉬운 예로 액체인 물 100℃가 우리 살갗에 잠시 닿았을 때는 열전달이 커서 금방 화상을 입을 수 있지만, 1,300℃ 이상 되는 촛불이나 1,700℃ 이상 되는 라이터 등 가스불이 우리 살갗에 잠시 닿았을 때는 잠깐의 몇 초는 견딜 수 있으며 물보다 화상이 더 심하지 않다.
유사 개념의 이론으로 다음과 같은 학습을 연관지을 수 있다.
열전도율(열전도도)은 물체에 흡수된 열이 그 물질의 내부를 흘러가는 정도를 나타내는 것으로 고체→ 액체→ 기체 순으로 열이 내부에 축적되어 전달되고 흡수된다고 생각하도록 한다.

※ 열전도도: 기체 〈 액체 〈 고체 순으로 기억하도록 한다. (열전도도가 작을수록 위험하다.)

질문의 예

피복소화와 질식소화의 차이는 무엇인가요? 또한 물이 증발 시 부피가 1,700배로 팽창해 소화된다면 질식소화만이 아닌가요?

▌1 답변: 소화의 '원인'을 두고 소화약제가 공기보다 무거워서 연소물을 덮느냐 혹은 산소를 낮추느냐 차이입니다. (* 피복 또는 질식소화는 소화의 원인을 두고 생각하면 쉽습니다.)

▌2 답변: 물이 연소물을 덮어 증발 후 1,700배 수증기가 되어 연소물 주위의 산소를 낮추고 많은 기화열을 흡수하므로 질식작용이 생기지만 그 이전에는 냉각작용이 발생합니다.
(* 증발잠열의 예로 액체인 알코올을 살에 묻히면 시원한 것은 기화되면서 알코올이 살갗의 열을 흡수합니다.)

| Reference | 소화의 분류

■ **질식소화(농도 한계에 바탕을 둔 소화)**

액체와 탄화수소의 기체는 산소농도가 15% 이하에서는 연소하기 어렵다. 그 방법은 다음과 같다.

- **불연성 기체:** 무거운 불연성의 기체로 연소물 위를 덮으면 산소가 희석 또는 차단되어 소화할 수 있다. 현재 이산화탄소(CO_2), 할론, 할로젠화합물 및 불활성기체 소화약제 등이 사용되고 있다.
- **불연성 포(泡):** 포(Foam)는 유류화재에 가장 많이 사용된다. 포로 연소물을 덮을 경우 포의 수분은 열에 의하여 증발되고 파괴되지 않은 포는 공기를 차단하며 질식 및 냉각소화의 작용을 하게 된다.
- **불연성 고체:** 화면이 작은 경우 연소물을 고체로 덮어 질식소화하는 방법으로 초기소화에 유효하다. 분말소화약제로는 탄산수소나트륨($NaHCO_3$), 인산암모늄($NH_4H_2PO_4$) 등이 있다.

■ **냉각소화(연소에너지 한계에 바탕을 둔 소화)**

물 등의 소화약제로서 열을 흡수하는 효과를 이용하여 연소물의 온도를 발화점 또는 인화점 이하로 내리거나, 가연성 가스의 발생온도 이하로 낮춤으로서 소화하는 방법을 말한다. 그 목적과 방법은

- **점화원의 열을 점화원 유지상태 이하로 가연물질을 냉각하고 유지하기 위한 것.**
- 물 등을 뿌려서 가연성 연소분해물질의 생성을 억제하기 위한 것
- 물 등을 뿌려서 연소반응의 속도를 지연시키기 위한 것 등이다.

  즉, 증발잠열을 이용하여 열을 흡수하는 것이 냉각소화 원리이다.

  (* 참고 : 냉각작용은 화학반응 속도와 온도와의 관계를 나타내는 "아레니우스식"에서도 근거를 찾을 수 있다.)

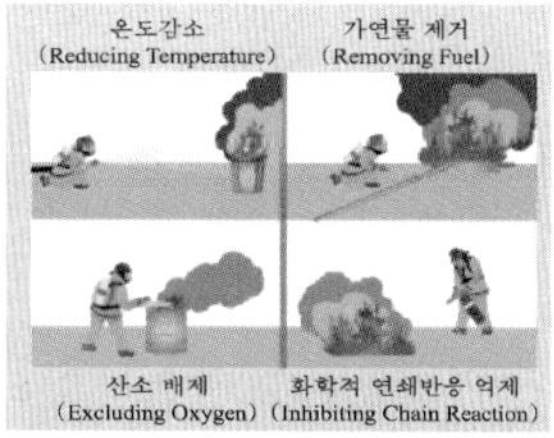

■ **제거소화**

제거소화는 연소의 3요소 중 하나인 가연물을 제거, 파괴, 이동하여 연소를 저지시키는 소화방법이다. 가스화재 시 밸브를 차단하여 가스의 공급을 중지시키거나 산림화재 시 나무를 미리 절단하여 방화선을 구축하는 방법 등이 제거소화의 한 예에 해당한다. 즉, 원리를 가지고 있는 질식 · 냉각 · 억제(부촉매)소화 외에 특징을 가지는 유화 · 희석소화를 제외한 특징이 없는 화재라고 생각할 수 있다.

■ **부촉매소화(연쇄반응 중단에 의한 소화)**

연속적인 연쇄반응은 가연물을 구성하는 수소분자로부터 생성되는 활성화된 수소기와 수산기의 작용에 의해서 진행된다. 즉, 화재 시 가연물을 구성하는 원소 중에서 "수소"는 공기 중 산소와 결합하여 연소를 하는데 이 과정에서 활성화된 OH기와 산소원자를 생성하게 된다.

이 연소과정에서 생성된 OH기는 가연물질의 수소분자와 결합하여 H_2O를 생성하며 활성화된 수소원자(자유기, 유리기, 활성기)가 발생한다. 활성화된 수소원자는 다시 공기 중 산소분자와 결합하는 연쇄반응을 하게 되는데 이 연쇄반응을 억제하는 화학적 소화효과를 말한다.

■ **희석소화(농도 한계에 바탕을 둔 소화)**

기체, 액체, 고체에서 나오는 분해가스의 농도를 엷게 하여 연소를 중지시키는 것을 말한다.

- **가연성 액체의 농도 희석:** 연소 중인 액체를 불연성의 다른 액으로 엷게 하면 액면상의 증발하는 가연성 증기량이 감소하고 결국 연소 하한계 이하로 떨어지게 되어 연소하지 않게 된다.
- **가스의 농도 희석:** 연소물에 바람을 불면 가연성의 증기가 바람에 날려 농도가 엷어지면서 소화하는 방법도 희석소화에 해당한다 .(* 희석소화를 제거소화 일부로 보는 학설도 있다)

2. 소화약제

1) 개 요

소화약제(extinguishing agent)는 화재가 발생했을 때 소화대상물의 연소를 효율적으로 저지시키는 것으로 다음의 조건을 갖추어야 한다.

① 연소의 4요소 중 한 가지 이상을 제거할 수 있을 것
② 저장 시 안정성이 있고 가격이 쌀 것
③ 인체에 독성이 없어야 하며 방사 시 환경오염이 적을 것

2) 분류 및 특성

소화약제는 다음과 같은 분류와 특성을 갖는다.

① 소화약제: 수계(水系)와 가스계(Gas系).
② 방출수단: 가스압력, 동력, 사람의 손 등.
③ 가스계 약제는 사람의 질식우려 등으로 방사개시 후 1분 이상 경보를 할 수 있어야 한다.
④ 일반적으로 모든 소화약제는 질식효과가 있다. 우리 주변에서 잘 사용하지 않는 Gas계 등의 소화약제는 주로 B급(유류화재) · C급(전기화재)에 사용되고 있다.
⑤ 일반적으로 소화약제는 비중이 작을수록(가벼울수록) 소화효과가 크다.
⑥ 수계: 강화액 소화약제, 산·알칼리 소화약제, 물 소화약제, 포 소화약제.
⑦ 가스계: 이산화탄소 소화약제, 할론 소화약제, 분말 소화약제, 할로젠화합물 및 불활성기체 소화약제.

소화약제
- 수계
  - 강화액, 산 · 알칼리
  - 물, 포소화약제
- 가스계
  - 이산화탄소, 할론, 분말
  - 할로젠화합물 및 불활성기체소화약제

이동식 소화기

▸ 수계와 가스계 소화 적응관계

수계와 가스계 소화 적응관계는 일반적으로 다음과 같다.

- 수계(전기가 통한다): 강화액, 산 · 알칼리, 물, 포소화약제 (* A·B급 소화에 적응)
- 가스계(전기부도체): CO_2, 할론, 분말, 할로젠화합물 및 불활성기체 소화약제(* B·C급 적응)
- 소화요구 기능: 소화성능, 독성, 환경영향성, 물성, 안정성, 경제성을 고려한다.

(1) **강화액 소화약제**(Reinforced fire extinguishing agent)

강화액(loaded stream) 소화약제는 소화성능을 높이기 위해 물에 **탄산칼륨** 혹은 인산암모늄이나 황산암모늄 등을 첨가한다.

법적인 응고점은 –20℃ 이하이지만 –30℃에서도 얼지 않아서 한랭지역 화재 시 사용하고 주로 A급화재 시 봉상주수, B·C급 화재 시 무상주수를 이용한다.

혼합은 물이 60% + 탄산칼륨 36% + 유기안정제 2% + 방청제 2%이다

구리 등에 부식성이 있으며, 비중은 약 1.3, 강알칼리성(Ph12), 응고점 17~30℃ 이다.

① **소화효과**: 냉각·부촉매·질식효과.

② **적응화재**: A급·B급화재 등(무상주수는 C급에 적응.)

강화액 소화약제는 수계이며 소화효과는 **냉각 또는 부촉매 효과가 있다.** 미세 물방울로 화염에 분무하여 냉각작용과 또한 미세한 물방울 속에 함유되어 있던 탄산칼륨, 인산암모늄 등의 일부가 화염에 의해 분말이 되어 **부촉매작용**으로 연쇄반응을 억제한다. = 소량의 칼륨(k+) 등이 생성.
(*^^ 강화액 등 이동식 의 소화약제는 질소 또는 압축공기 등의 압력원이 들어 있다.)

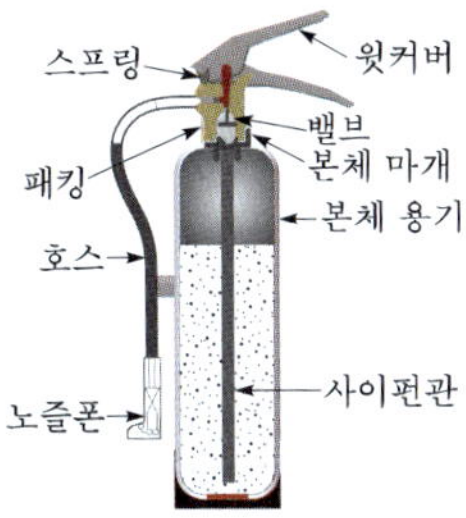

▸ "탄"자 유사용어의 비교

- **탄산칼슘**: 석회석으로 분진폭발을 일으키지 않는다.
- **탄화칼슘**: 제3류위험물로서 물과 혼합 시 아세틸렌가스를 발생시킨다.
- **탄산칼륨**: 물과 혼합하면 열을 발생시키므로 강화액 소화약제에 첨가한다.

(2) **산 · 알칼리**(산 · 염기) **소화약제**

외통 약제는 알칼리(탄산수소나트륨, $NaHCO_3$, = 중탄산나트륨) 수용액과 내통 약제는 산(황산, H_2SO_4)이 들어있어 용기를 뒤집거나 흔들어서 황산이 들어있는 작은 유리병이 파괴되면 혼합 생성된 CO_2 자체압력으로 약제가 방사된다. 종류는 전도식과 파병식이 있으며 약 5℃~40℃에서 사용된다. 현재 생산하지 않는다.

외통은 탄산수소나트륨 7%+물, 내통은 황산 70%+물로 혼합한다.

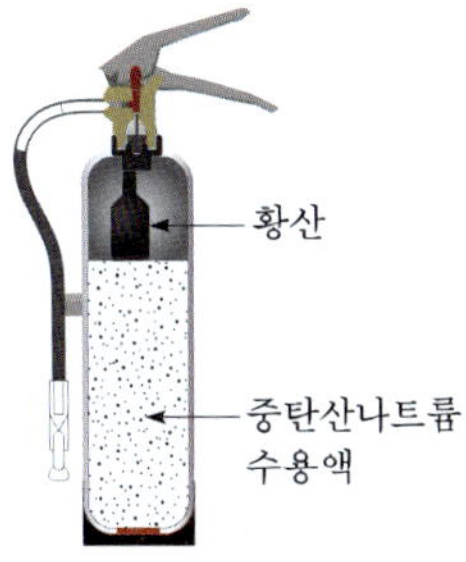

① **소화효과**: 냉각·질식효과 등

② **적응화재**: 일반화재(무상주수는 A·B·C급)에 사용한다.

③ **화학식**: $H_2SO_4 + 2NaHCO_3 = NA_2SO_4 + 2H_2O + 2CO_2$

* 중탄산나트륨: 중조, 탄산수소나트륨, 소다, 베이킹소다 베이킹파우더(* 흰색의 제1종 분말 소화약제이기도 하다)
* 탄화칼슘: 산화칼슘과 탄소를 가열하여 만듦. 카바이트 (* 참고: 산화칼슘: 탄산칼슘을 가열하여 만듦. 회, 백회)

(3) 물·물분무 소화약제

① 개요

물은 가연물에 침투성이 있고 적외선을 흡수하며 우리 생활 주변에서 쉽게 구할 수 있어서 주로 A급화재에 사용된다.

물은 비열이 가장 크며(수소: 3.14, 헬륨: 1.25 등 제외) 연소하고 있는 발화열을 발화점 이하로 흡수하는 냉각효과가 있으며, 무상으로 분무 시 질식 및 냉각효과가 있다.

그러나 봉·적·무상은 물리적 소화로서, 화학적 소화인 유리기를 억제하는 효과는 없다.

물은 주수형태에 따라 봉상(棒狀), 적상(滴狀), 무상(霧狀)의 3가지로 구분할 수 있다.

▸ 물분무(물噴霧) 소화설비

① 물분무 소화설비의 분무헤드는 약 0.35mm 정도 물의 입자를 균일하고 미세하게 분무한다.
물분무는 열로 인해 수증기가 되어 약 1,700(1,600~1,750)배 부피가 팽창하며 수증기가 되어 공기가 통하지 않는 상태에서 주위의 산소를 낮추고 다량의 기화열을 흡수하므로 질식작용과 냉각작용이 발생한다.

물분무 소화설비

② 물분무 형태로 기름표면 등에 분무하면 유화층을 형성하여 유면을 덮는 유화(에멀션)소화효과가 있고 수용성 액체에 분무하면 희석소화효과를 갖게 된다.

③ "물분무 소화설비"는 A급화재에도 사용하지만 표면적을 넓게 할수록 공기 및 전기가 통하지 않아 B·C급화재 등에도 적합하며 가스화재 시 탱크폭발제어로도 사용된다.

② 특징

㉠ 적응화재: 일반화재.(무상주수 시 B급·C급화재 사용.)

㉡ 소화효과: 냉각·질식·유화·희석효과.

물 소화약제의 주수

구분	내용
봉상주수 (막대주수)	① 옥내소화전, 옥외소화전 등에 사용된다. ② 전기가 통해서 전기화재는 부적합하다. ③ 주소화는 냉각소화, 부차적은 질식·유화·희석·타격·파괴 소화 등.
적상주수 (우상주수)	① 봉상주수보다 물이 절약된다. ② 냉각효과(스프링클러설비, 연결살수설비, 연소방지설비 등 사용.) ③ 주소화는 냉각소화, 부차적 소화는 질식·유화·희석·타격 소화 등.
무상주수 (분무주수)	① 물분무소화설비에 사용된다. ② 공기나 전기가 통하지 않기 때문에 A·B·C급화재에 사용할 수 있다. ③ 봉상, 적상보다 표면적이 커서 질식소화 및 냉각소화가 더 좋다. ④ 주소화는 질식소화, 부차적 소화는 냉각·유화·희석 소화 등.
참고	적상은 물방울의 직경 : 약 0.5~6mm, 무상은 물방울의 직경 : 약 0.1~1.0mm이다

③ 물 소화약제의 장·단점

물 소화약제의 장·단점은 아래와 같다.

장 점	① 값이 싸고, 구하기 쉽다. ② 냉각·질식·유화·희석 소화효과가 있다. ③ 비열, 증발잠열, 기화팽창률이 커서 냉각효과가 크다. ④ 표면장력이 크고 공기나 CO_2 등 기체 흡수성이 크다. ⑤ 비압축성 유체로 펌핑(Pumping)이 가능하다 ⑥ 변질 우려가 없어 장기보관이 가능하고 이송이 쉽다. 
단 점	① 봉상, 적상주수 시 타격, 파괴효과가 있어 유용할 때도 있지만 수손피해를 주고 B·C·D급 및 방사능 물질 화재보다 주로 일반화재에만 쓰인다.

④ 물(H_2O)의 화학적 성질

㉠ 물은 수소 2원자, 산소 1원자로 구성되어 있으며 화학적 결합은 극성 공유결합이다.

㉡ 물은 극성 분자이기 때문에 수소결합에 의해 이루어진다.

⑤ 물의 물리적 성질

㉠ 물의 빙점(어는점)은 0℃, 비점(끓는점)은 100℃이다. 이들 값은 압력에 따라 변한다.

㉡ 물은 4℃일 때 가장 무겁고 온도가 상승하면 점성과 표면장력은 작아진다.

㉢ 물은 압력을 받으면 조금 압축되지만 기체에 비하면 너무 작기 때문에 비압축성 유체로 분류하며 온도에 따라 차이가 있지만 압력이 증가하면 부피가 조금씩 감소한다.

▸ 물의 물리적 특성

- 무상의 물입자는 전기전도성이 없다.
- 분무되는 물의 입자크기에 따라 냉각효과 및 질식효과가 크며 증발되는 증기화속도는 다르다.
  (* 입자가 작을수록 표면적이 커서 열을 흡수하여 증발이 쉬우므로 냉각효과도 크다)
- 물은 가열이나 냉각 시 부피가 증가한다. 물은 4℃에서 밀도가 가장 높고 무겁다.
- 물은 예외적으로 온도가 높거나 낮을 때 팽창한다.
  (∴ 4℃의 물은 밀도가 커서 내려가고 윗물은 0℃ 이하가 되어 얼음이 되어 물 위에서 언다.)

▸ 높은 산에서 밥을 하면 설익는 이유?

높은 산에 올라가면 산 아래보다 기압이 낮다.
기압이 낮은 곳에서는 물이 100℃보다 낮은 온도에서 끓게 된다. 따라서 높은 산에서 밥을 하면 쌀이 잘 익지 않아 설익은 밥이 된다. 반대로 가정에서 사용하는 압력 밥솥 내부의 압력은 대기압 보다 높다. 따라서 물이 약 120℃ 정도의 온도에서 끓는다. 따라서 쌀이 잘 익어 밥이 잘 된다.
즉, 상기 ⑤ ㉠에서 물의 비점(끓는 점)은 약 100℃이지만, 이들 값은 압력에 따라 변한다.
기압이 낮을수록 물의 비점이 낮아지고(예 산) / 기압이 높을수록 물의 비점이 높아진다.(예 압력밥솥)
(* 실내는 높을수록 압력이 높지만 실외는 높을수록 압력이 낮다. 그러므로 하늘의 비행기 안에는 압력이 낮게 된다. 그 이유는 위에서 공기가 중력으로 땅으로 낙하하여 밑으로 모인다고 생각하면 쉽다.)

⑥ 물 소화약제의 첨가제

물에 소화약제를 첨가하면 침투·분산·유화효과, 동결방지 등 소화효과가 커진다.

㉠ 동결방지제

ⓐ 자동차: 부식성이 없는 녹색의 에틸렌글리콜(3석유류)을 동결방지제로 사용한다.

ⓑ 스프링클러설비: 글리세린, 프로필렌글리콜, 디에틸렌글리콜 등.

이 외 동결방지제로는 염화나트륨(소금), 염화칼슘이 있다.

㉡ Viscous Agent(증점제, 점도보강제)

주로 산림화재 진압용으로 사용되는 점성의 약제이다.

물은 유동성이 커서 소화대상물에 장시간 접착할 수 없기 때문에 물의 점도를 높이기 위해 약제를 첨가한다. 약제를 첨가하면 공중에 물을 방사해도 물이 분산되지 않고 연소물에 명중할 수 있으며 물도 절약된다. 종류는 CMC(Sodium Carboxy Methyl Cellulose) 등이 있다.

㉢ Wetting Agent(침투제, 계면활성제)

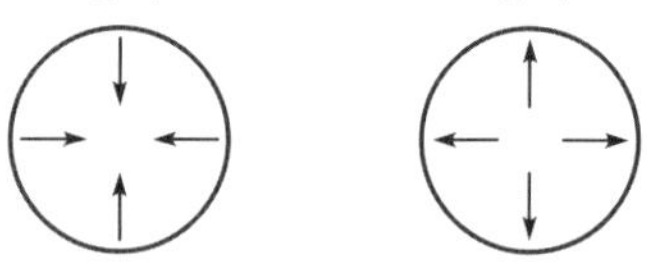

물의 침투성을 높여주기 위해 사용한다.

물은 표면장력*이 커서 다른 소화약제에 비해 가연물에 침투가 잘 안되기 때문에 침투제를 첨가하면 물의 표면장력을 작게 만들고 가연물에 침투가 잘 된다. 침투제가 첨가된 물을 "Wet water"라고 하며 주로 목재, 고무, 플라스틱, 원면, 짚 등의 심부화재에 사용된다. 계면활성제 모두를 이르는 말로 침투제라고 하는데 종류는 글리세린, 프로필렌글리콜, 소리비톨 등이 있다. 이를 침윤제, 습윤제라고도 한다. (첨가하는 침투제의 양은 약 1% 이하이다.)

- 표면장력(表面張力): 액체의 표면이 스스로 수축하여 가능한 한 작은 면적을 취하려는 힘. 즉, 물이 점성을 가지고 표면으로 끌어당기는, 물방울을 유지시키는 힘이라 할 수 있다.
- 계면이란 표면을 의미하며 계면활성제란 표면장력을 현저하게 감소시키는 물질로서 이로 인하여 액체의 응집력이 낮아져서 침투성 및 기포성의 특징을 갖게 된다.
  이 계면활성제는 비누, 합성세제, 유화제, 응집제, 기포제, 침투제 등 널리 이용되고 있다.

▸ 물 소화약제 첨가제(keywords)

① 부동제: 동결 방지를 위한 첨가제. 부동액. (* 강화액: 탄산칼륨 등을 사용)
② 증점제: 물의 점도(점성, 끈끈함)를 높여주기 위한 첨가제. = Viscous Agent
③ 침투제: 표면장력을 낮추어 침투효과를 높이기 위한 첨가제. (*^^증점제의 반대 개념)
④ 유화제: 고비점 유류에 유화층 형성을 돕기 위하여 사용하는 약제.
⑤ Rapid water(유동제): 펌프 등 물의 속도를 높이기 위한 액체.(물의 점성을 약 70% 감소)

* Viscous: 점성이 있는, * Wetting: 젖어서, * Agent: 약제.

(4) **포 소화약제**(포말, Foam, 거품소화약제)

포(Foam, 폼, 포말)는 발포기구에 따라 화학포와 기계포로 구분한다.

① 화학포(Chemical foam)

외통제인 중조*와 내통제인 황산알루미늄을 주원료로 이용한 것이다. 산·알칼리 소화약제처럼 산($Al_2(SO_4)_3$)과 알칼리($NaHCO_3$) 수용액이 혼합했을 때 CO_2가 생성되어 이 압력으로 거품이 방사된다.

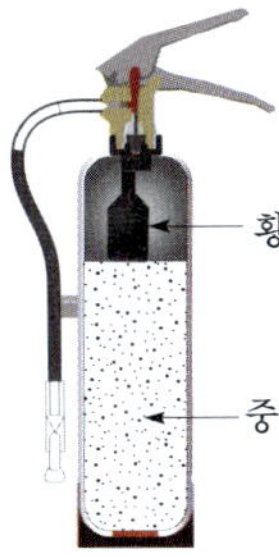

소화의 형식은 제3종 분말소화기처럼 고정설비식이 아닌 이동식 소화기이며, 응고점은 -5℃로서 현재 유통 되지 않는다.

- 저장방식에 따라 종류는 1약제 건식설비, 2약제 건식설비, 2약제 습식설비가 있다.
- 화학식: $6NaHCO_3 + Al_2(SO_4)_3 \cdot 18H_2O \rightarrow 3Na_2SO_4 + 2Al(OH)_3 + 6CO_2 + 18H_2O$

② 기계포

현재 일반적으로 사용하는 포는 기계포 소화설비이다. 기계포 소화설비는 약 90% 이상의 물(바닷물 포함)과 무독성 계면활성제(세제) 등을 혼합하여 그믈망의 노즐을 거쳐서 거품을 일으켜 발포된다. 화원에 다량의 포(거품)를 방사해서 그 표면을 덮으면 공기(산소) 공급이 차단되기 때문에 주 소화효과는 질식효과이며 부차적으로 포의 수분이 증발하면서 열을 흡수하는 냉각효과도 있다.

기계포는 팽창비가 커서 가연성(인화성) 액체의 화재인 옥외 등 대규모 유류탱크 화재에 적합하며 재 착화 위험성이 작다. 그러나 포는 주로 물로 구성되어 있기 때문에 변전실, 금수성 물질, 인화성 액화가스 등에는 사용이 제한된다.

예 유류(B급)화재

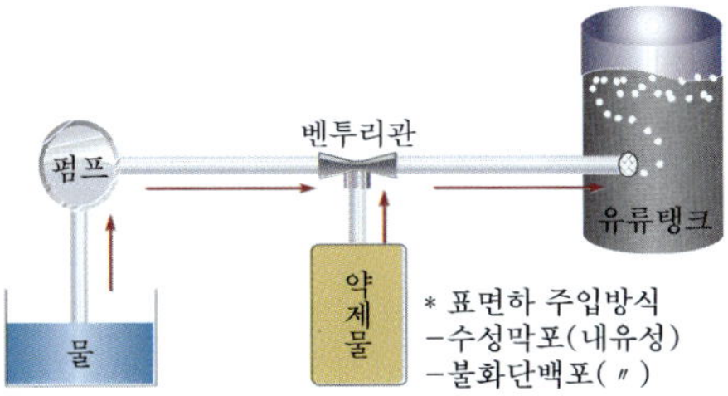

유류저장탱크의 표면하주입방식

예 일반(A급)화재

비행기격납고의 수성막포 소화설비

---

* 변전실: 아파트 등의 전기실. * 중조($NaHCO_3$): 탄산수소나트륨 = 중탄산나트륨 = 중탄산소다.

③ 기계포의 종류

공기를 흡인하여 만든 기계포(공기포)를 종류별로 그 내용을 살펴보면 다음과 같다.

㉠ 수성막포(AFFF)

주성분은 무독성의 불소계 계면활성제이며 여기에 안정제를 첨가한 갈색약제이다. 약한 필름형태의 피막(코팅)의 포로 만들어 연소물을 덮어서 소화를 한다.

ⓐ "라이트워터(Light Water)"라 한다.

ⓑ 장점: • 단백포보다 약 3배~5배 소화효과가 높다.
• 탱크 하부에서 발포하는 표면하주입방식이 가능하다.
• 드라이케미컬(분말소화약제)과 함께 사용 시 소화능력 매우 강화된다.

ⓒ 단점: 1,000℃ 이상의 탱크벽에는 약하다(비내열성!). 비싸다.

▸ 수성막포 소화약제(Aqueous Film Forming Foam)

- 불소계 계면활성제를 주성분으로 안정제를 첨가한 갈색이다
- "라이트워터"라고도 불린다(물보다 가벼운 유류표면에도 뜬다.) O··· ◎
- 안정성이 좋아 장기보존이 가능. 내약품성이 좋아 분말소화약제와 함께 사용가능.
- 드라이케미컬(Dry Chemical)과 함께 사용 시 그 성능이 7~8배 상승한다.
- 발포형은 3%와 6%이다.(* 3%는 물 97%, 6%는 물 94%와의 혼합이다.)
- 표면하주입방식(SIS)을 사용하며 유류탱크, 비행기격납고, 주차장 등에 사용한다.
(* 특징: 비내열성=소포성, 부식성 / 내유성, 내유염성, 내약품성, 안정성=보존성, 유동성)
– 1964년 미국 해군기술연구소가 특허를 취득, "미국 3M사"로 특허가 양도되었다. –
※ 불화단백포는 비싸서 사용하지 않아서 현재 사용 중인 포 중에서는 가장 효과가 좋다.

㉡ 내(耐)알코올포(AR, 알코올포)

알코올, 아세톤 등 수용성 액체에 사용하는 특수포이다.

ⓐ 일반포는 90% 이상이 물이므로 수용성 위험물에 사용하면 포가 물과 섞인다. 그래서 단백질 가수분해물이나 합성계면활성제 중에 금속비누를 혼합해서 유화시키면 지방산 염의 피막(코팅)을 생성하기에 수용성 유류에 잘 소포되지 않는다.

ⓑ 단점: • 장시간 저장하면 침전 우려로 바로 사용한다.
• 그 특성 저하로 다른 포와 병행이 불가능하다. 유동성이 적다.

▸ 내알코올포 소화약제

- 알코올이 원료가 아니며 알코올류(수용성) 유류화재에 사용하는 특수포이다.
- 종류는 금속비누형, 고분자겔형, 불화단백형, 내알코올 수성막포가 있다.
- 금속(아연)비누를 첨가하여 피막으로 유화(乳化) 분산시킨 비누화현상을 나타냄.
- 수용성 유류: 알코올류(표젤유 등), 케톤류, 에테르류, 에스터류, 알데히드류, 아민류, 니트릴류, 유기산.
(* 그 외 피리딘, 의산(포름산), 아세톤, 아세트산(초산), 키르복실산 등.)

㉢ 단백포(P)

동물의 단백질 가수분해생성물(소의 뿔, 발톱, 동물의 피 등)에 제1철염($FeCl_2$)의 포 안정제, 부동액을 첨가시킨 흑갈색의 끈끈한 단백계의 약제로서 3%, 6%형이 있다.

ⓐ 장점: • 내열성과 점착성이 우수하다.
• 약 3년 보관이 가능하며 안정성이 있다.
• 박테리아균을 분해할 수 있어 친환경적이다.

ⓑ 단점: • 기름을 오염시키는 유염성이 있고 부식성이 있다.
• 한랭지역에서의 유동성과, 내유성이 작아 소화효과가 작다.

▸ 단백포 소화약제

- 친환경적이다. 유류유출 화재 및 (유류)**저장탱크화재**에도 사용하며 3%형, 6%형이 있다
- 내열성과 점착성이 우수하며 방부제 및 내화성을 높이기 위해 제일철염을 사용한다.
- 분말과 혼합을 피하며 옥외저장 시 보온조치 필요하다.
(* 특징: 유염, 부식, 비유동, 비내유성 / 내열=점착, 안정=분해=환경성이 있다.)

㉣ 불화단백포(FP, 불소단백포)

수성막포와 단백포의 단점을 개선한 포이다.

ⓐ 수성막포의 내열성과 단백포의 유동성 등을 증대시키기 위하여 단백포에 불소계 합성계면활성제를 첨가하였다. 발포형은 3%, 6%가 있다.

ⓑ 장점: 표면하주입방식(SIS 방식)에 적당하며 장기 보관이 가능하다.

▸ 불화단백포 소화약제

- 수성막포와 단백포의 단점을 개선한 것으로 장기 보관이 가능하다.
- 표면(액면)하주입방식 가능함. – 이런 방식은 하부에서 발포되므로 결국 유염성이 없다.

㉤ 합성계면활성제포(SF, 합성포)

합성계면활성제(고급알코올, 황산에스테르, 알킬벤젠, 술폰산염 등)에 물을 혼합한 뒤 안정제, 부동제, 방청제 등을 첨가해서 사용된다.)

ⓐ 발포배율에 따라서 고발포형(1%, 1.5%, 2%)과 저발포형(3%, 6%)이 있다.

ⓑ 장점: 점착성과 유동성이 있으며 단백포보다 추위에 저장하는 안정성이 있다.

ⓒ 단점: 약제가 쉽게 분해되지 않아서 환경문제도 있다.

▸ 합성계면활성제포

- 고발포형 사용이 가능하다.
(* 특징: 비환경성, 비내유성·소포성, 부식성 / 안정성, 점착성, 유동성이 있다.)

④ 기계포(Mechanical foam = 공기포) 소화약제 제반사항

㉠ 기계(펌프)를 사용하여 그물망처럼 생긴 발포기가 공기를 혼합시켜 거품을 형성한다. 기계적 방법을 사용하기 때문에 기계포라고 하는데 포 속에 비누방울처럼 공기가 들어 있어 공기포라 한다. 기계포 종류는 다음과 같이 구분된다.

ⓐ **계면활성제계:** 수성막포, 알코올포, 합성계면활성제포 등이 있다.

ⓑ **단백계:** 동물의 단백질을 주원료로 하는 단백포, 불화단백포가 있다.

㉡ 포(25% 환원시간)

25% 환원시간이란 발포된 포 시료 중 25%(1/4) 가 다시 포수용액 상태로 환원되는데 소요되는 시간으로 포의 유지능력정도 및 유동성을 나타낸 것이다.

종 류	25% 환원시간
수성막포 및 단백포	60초

※ 포 25% 환원시간이란 세제물 → 거품 → 다시 세제물로 되는 시간을 말한다.

㉢ 포 소화약제의 구비조건

모든 포는 내열성(耐熱性) · 내유성 및 **안정성**이 있고 유류와 부착하는 **응집**의 점착성과 거품이 부착하는데 필요한 **유동성**이 좋아야 하며 비중이 작고(가벼움) 균질하며 유류표면에 잘 분산되어야 한다. 또한 열이나 바람 등에 포가 소멸되는 **소포성**이 없어야 한다. 소화에 소요되는 시간은 5분 이내이어야 한다.

▸ **포소화약제 구비조건**

① 내열성 ② 발포성 ③ 안정성 ④ 점착성 ⑤ 내유성 ⑥ 유동성 ⑦ 비소포성

⑤ 포의 소화효과

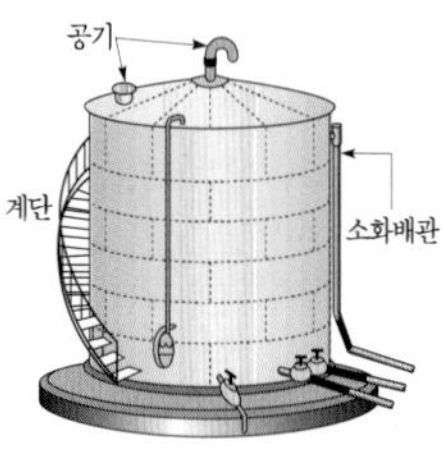

일반적으로 A급·B급화재, 특히 **포는 유류화재**에 사용되는데 주 소화효과는 **질식효과**이며, 그 다음이 냉각효과이다.

㉠ 소화효과: 질식·냉각효과

㉡ 적응화재: 일반화재, 유류화재

• **기타 포소화 효과:** 열의 이동차단, 주변공기 배출, 가연성 증기생성 억제.

* 내열성: 열에
* 소포성: 포가 소멸되는 성질
* 점착성: 포가 유류에 붙는 성질
* 안정성: 약제가 분해되어 안정되는 성질.
* 내유성: 기름에 소포되지 않고 견딤
* 유염성: 포가 오염되는 성질.
* 발포성: 발포가 잘됨
* 유동성: 가볍게 움직여 공기가 통하지 않게 밀착됨.

포의 팽창비(발포 후 포수용액의 체적 / 발포 전 포수용액의 체적)

구분		팽창비
• 저 발 포		6 이상~20 이하
• 고 발 포	제1종 기계포	80 이상~250 미만
	제2종 기계포☆	250 이상~500 미만
	제3종 기계포	500 이상~1,000 미만

⑥ 기계포 소화약제의 장단점

포의 장단점을 비교하여 정리해본다.

종 류	주성분과 농도	장 점	단 점
수성막포 (Aqueous Film Forming Foam)	불소계 계면활성제 +안정제를 첨가함. * 초내한용 사용 (-20℃~30℃사용가능) (* 농도: 3%, 6%형)	① 소화력이 가장 우수함. ② 화학적으로 안정하다. ③ 분말, CO_2 등과 함께 사용시 7~8배 효과증대, 반영구적. ④ 내유성과 유동성이 좋다. ⑤ 표면하주입방식에 적당함	① 비싸다. ② 부식성이 있다. ③ 얇은 막으로 내열성이 약해 결국 소포성 및 탱크 내벽에 링파이어가 생김
알코올포 (alcohol-residant foam)	단백포+기포안정제(지방산 복염 등) (* 농도: 3%, 6%형)	① 수용성 위험물에 적합하다. (* 단, 부탄올, 알데히드류는 그 특성상 소화가 곤란하다.) ② 포 외측에 염의 피막을 형성	① 유동성이 적다. ② 침전우려로 바로 사용함. ③ 특성저하로 다른 포와 병행이 불가능하다.
단백포 (protein foam)	동·식물 가수분해물 단백질+기포안정제 (제1철염 첨가) * 일반용으로 사용 (*3%, 6%형)	① 내열성과 점착성이 우수, ② 안정성이 높아 분해성 우수. ③ 재연소방지에 효과와 유면봉쇄성(밀봉성), 내화성이 우수하다.	① 유동성과 내유성이 작아 소화속도가 늦다. ② 흑갈색의 독한 냄새가 나고 변질이 잘됨. ③ 금속을 부식시킨다.
불화단백포 (fluoro-protein foam)	단백포+불소계계면활성제를 소량첨가 (* 3%, 6%형)	① 단백포의 결점인 유동성과 내유성, 유염성을 보완함. ② 수성막포 결점 내열성 보완 ③ 표면하주입방식에 적당 ④ 경년기간이 길다.(8~12년)	① 고가로서 유통이 잘 안되고 있다. ② 내한용, 초내한용 사용이 어렵다.(최저 -5℃)
합성계면 활성제포 (synthetic foam)	탄화수소계 계면 활성제 + 기포안정제. * 내한용으로 사용됨. (* 1%, 1.5%, 2%와 3%, 6%형)	① 유동성과 저장성이 우수 ② 저팽창~고팽창까지 팽창범위가 넓어 고체 및 기체에 사용이 가능하다. ③ 반영구적이며 점착성이 커서 입체적화재에 적응된다.	① 내유성이 작다. ② 소포성 있고 분해성 없다. ③ 구리, 아연 등 부식시킴 ④ 고팽창의 경우 사정거리가 짧다. ⑤ 환경오염이 있다.
기타 참고	* 포는 내유성과 내열성이 모두 있어야 소포성이 없다. 하나만 만족하면 소포성이 있다.		

(5) 이산화탄소 소화약제

① 개요

이산화탄소 화학식은 CO_2이며 기체를 탄산가스, 액체를 액화탄산가스, 고체를 드라이아이스라 한다. CO_2는 공기 중에도 존재하며 가격이 싼 저가로서 소화제, 청량음료, 냉동제 등을 만드는데 사용된다.

㉠ 이산화탄소는 액화하기 용이하여 **심부화재***와 표면화재의 소화약제로 사용되며 CO_2 등 가스는 전기부도체로서 전기화재에 적합하다.
(*^^ 국소*방출 시 A급화재의 심부화재에도 사용된다.)

㉡ CO_2 는 타 약제에 비하여 소화효과가 작기 때문에 여러 개를 모아서 집합관으로 사용된다.

㉢ 용기에 액체 상태로 저장하고 화재 시 수동이나 자동으로 조작되면 기체로 방사되어 소화된다. (*^^ 본디 기체를 가압·액화 시켰기 때문에 나올 때 다시 기체로 나온다.)

㉣ 방사 시 운무*현상 때문에 피난 시 가시거리*가 짧아질 수 있다.

㉤ CO_2는 방사 시 약 -80℃까지 하강하기 때문에 동상우려도 있다.

㉥ 고압설비여서 약제 방사 시 연약한 여성의 고막이 터질 정도로 소음이 크다.

㉦ 이산화탄소 소화약제는 할론 소화약제처럼 비점*이 낮다.

▸ 이산화탄소 소화약제와 타 소화약제의 일반적인 비교

이산화탄소(1을 기준) < 분말(2배) < 할론 1301(3배)

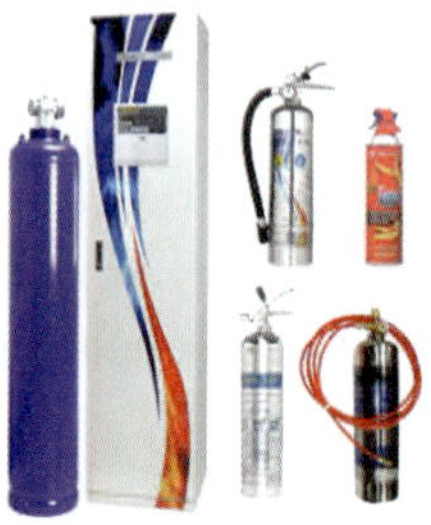

CO_2 소화기

CO_2 소화설비 집합관

* 심부화재: 나무, 섬유류와 같은 고체화재 형태로서 표면의 불꽃을 제거해도 가연물 내부에서 연소하는 화재.
* 표면화재: 유류 등과 같이 표면에 불꽃이 있는 화재.
* 심부: 중심부
* 국소: 어느 한 부분
* 운무(雲霧): 구름과 안개를 말함.
* 가시거리: 시야가 가능한 거리.
* 비점: 승화점, 기화점

② 소화약제의 소화효과

소화약제의 소화효과는 다음과 같다.

㉠ 소화 원리는 CO_2의 분압을 높여서 실내 가연물의 연소범위를 좁게 하는 것이다. 배관 내에서는 액상으로 흐르지만 헤드에서 방출될 때는 기화되어 분사된다.

㉡ 분사헤드에서 액화탄산가스가 기화하는 경우 줄톰슨*(Joule-Thomson) 효과에 의하여 온도가 급강하 하면서 드라이아이스(고체 CO_2)가 생성되어 냉각효과도 갖게 된다.

㉢ 소화효과는 전기실 등에 방사하여 산소 농도를 일시에 낮추는 질식소화가 주소화이며 방사할 때 기화열 흡수에 의한 냉각효과, 공기보다 1.5배 무거워 연소물을 덮는 피복(被覆)효과도 있다.

ⓐ 소화효과: 질식 · 냉각 · 피복효과 등

ⓑ 적응화재: 전기실화재, 통신실 화재, 유류화재 등

▸ 이산화탄소 3대 소화효과

① **질식효과**: 산소농도 21%를 약 15% 이하의 저농도로 낮추어 소화하는 효과
② **냉각효과**: 이산화탄소 소화기를 방사할 때 기화열에 의한 열흡수 효과
③ **피복효과**: 이산화탄소 분자량이 공기보다 약 1.5배 무거워 연소물을 덮는 효과

③ 이산화탄소 소화약제의 장 · 단점

소화 후 소화약제에 의한 오손이 없고 전기가 통하지 않으며 장시간 저장해도 변화가 없다. 한랭지역에서 동결하지 않고 자체적인 압력으로 방출되기 때문에 외부의 방출용 동력이 필요하지 않는 등의 장점이 있어 오래 전부터 사용되었다.

그 장단점을 살펴보면 다음과 같다.

장 점	단 점
소화 후 깨끗하여 피연소물에 피해가 적고 증거보존이 용이하여 화재원인조사가 쉽다.	고압으로 고압가스안전관리법의 적용을 받는다. 고압으로 방사 시 소음이 크며 질식우려가 있다.
침투성이 좋고 심부화재와 표면화재에 적합하며 비전도성으로 전기화재에도 좋다.	방사거리가 짧고 분말소화약제나 할론 소화약제에 비해 소화력이 떨어진다.
장시간 저장해도 변화가 적고 한랭지역에서도 동결우려가 없고 CO_2 자체압으로 방사가 가능해 외부의 가압 방출용 동력이 필요없다.	CO_2 소화기는 방사할 때 기화열 흡수로 인한 소화기 본체와 호스가 냉각되므로 인체에 동상 우려가 있다.

* 분압(分壓): 혼합기체에서 한 성분만이 전체 부피를 차지하였다고 가정할 때의 압력, 부분압력
* Joule - Thomson效果: 압축한 기체를 가는 구멍으로 내뿜어 갑자기 팽창시킬 때 그 온도가 오르거나 내리는 현상

④ 이산화탄소의 특성

이산화탄소(CO_2)의 특성에 대해 알아본다.

㉠ CO_2는 대기압 하에서 기체나 고체상태로 존재한다.

㉡ CO_2의 **삼중점**(三重點): −56.3도(5.11atm)이상일 때 액체상태로 존재할 수 있다. 이 온도에서 고체, 액체, 기체가 공존(4.2kg/cm^2)할 수 있다.

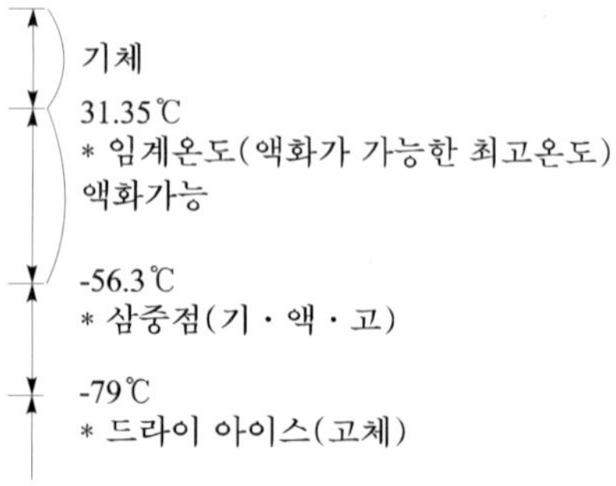

CO_2의 특성

㉢ 압력에 의해 기체인 탄산가스가 액화될 수 있는 최고온도를 **임계온도**(臨界溫度)*라고 하며 31(31.35)℃로 정해져 있다.

㉣ 액체상태 CO_2는 약 −57℃(삼중점)~31℃(임계온도)일 때 압력용기 내 저장한다.

▸ 이산화탄소의 특성

- 고체 CO_2인 드라이아이스는 −79(−78)℃ 이하에서 존재한다. 이것은 얼음처럼 녹아서 액화되지 않고 기화하는데 그 기화점(승화점, 비점)이 −79도이며, 상온에서 CO_2는 기체이다.
- 임계온도는 액상을 유지하는 한계로 31도 이상이 되면 큰 압력을 가해도 액상되지 않고 기상이 된다. 이 상태에서 액상을 유지하기 위해서는 72.8 kg/cm^{2}의 임계압력이 필요하다.
- 액화된 CO_2를 급히 기화시키면 많은 양의 기화열을 흡수하면서 주위의 온도가 강화 되어 눈모양의 고체탄산이 되는데 이를 드라이아이스라 하며 주로 냉각제로 사용하고 있다.

⑤ 이산화탄소 소화약제의 사용 제한

CO_2 **사용제한**(제3류 · 5류 위험물 등)은 다음과 같다.

㉠ 방출 시 인명피해가 우려되는 밀폐된 지역

㉡ 자체적으로 산소를 함유하는 물질(예 제5류 위험물)

㉢ 금속의 수소화물(수소화리튬, 수소화나트륨 등)

㉣ 칼륨, 나트륨, 마그네슘, 티타늄, 지르코늄 등 CO_2를 분해시키는 반응성이 큰 금속물질

CO_2는 "인화성 위험물"을 제외한 ②번의 자기반응성물질인 제5류 위험물과 ③④번의 제3류 위험물 등 또한 전시장 등 다수인이 출입 · 통행하는 통로 및 전시실에 대해 사용을 제한하고 있다.

⑥ 소화약제로 사용되는 이산화탄소 순도와 수분

이산화탄소의 순도와 수분(제1종은 순도가 99% 이상)

종 별	CO_2 (vol %)	수분 (wt %)	종 별	CO_2 (vol %)	수분 (wt %)
제 2 종	99.5 이상	0.05 이하	제 3 종	99.5 이상	0.005 이하

⑦ 이산화탄소 체적농도

이산화탄소 방출 시 산소와의 이론적인 체적농도는 다음과 같다.

$$CO_2[\%] = \frac{21 - O_2}{21} \times 100$$

21: 공기 중 산소농도, O_2: 산소농도(CO_2 방출로 인한 산소농도)

01 예제 **이산화탄소를 방사해서 공기 중 산소농도가 10%로 변했다면, 이때 외부로 방출된 이산화탄소(CO_2)의 농도는 얼마인가?**

① 약 21%　② 약 34%　③ 약 42%　④ 약 52.4%

해설 이산화탄소 체적농도(%) $= \frac{21-10}{21} \times 100 = 52.38(\%)$ 　**답** ④

위 식에서 산소가 소화에 적합한 14%가 될 때 이산화탄소 농도는 "최소설계농도"인 34%가 된다.
(*^^ 우리나라는 일반적으로 34%로 설계하여 방출 시 14%로 산소를 낮추어 질식소화를 한다.)

⑧ 이산화탄소의 물성

이산화탄소의 물성에 대하여 알아본다.

이산화탄소의 물성(物性, **물질의 성질**)

명 칭	물성치	명 칭	물성치
분자량	44	비점	낮다(-78℃)
삼중점	$(5.1kg/cm^2)$ -56.3℃	임계온도(Tc)	31.35℃
허용농도	5,000ppm	임계압력(Pc)	$72.9kg/cm^2$

⑨ 이산화탄소와 타 소화약제와의 비교

이산화탄소와 할론을 사람에 비교하여 그 특징을 이해한다.

이산화탄소와 할론을 사람으로 비교한 학습(* 20代: 80代)

이산화탄소(= 20대)	특 징	할론(= 80대)	특 징
• 힘이 좋다	자체 힘으로 방사한다	• 힘이 없다	압력이 약하다
• 지혜가 약하다	소화력이 부족하다	• 지혜가 있다	소화력이 우수하다
• 목소리가 크다	고압가스법을 적용	• 치매현상이 있다	비환경성, 독성이 있다
• 추위에 강하다	한랭지역에 우수하다	• 고려장을 하다	사라져가는 소화기이다.
• 소화는 질식으로	산소를 차단작용	• 소화는 억제로	연결을 막는 작용

(6) 할론 소화약제

① 개요

화재 시 할론 소화약제(할로젠, 하론)를 방사하면 할로겐 원자의 억제작용으로 **연쇄반응**을 하고 있는 가연물을 억제하며 또한 질식작용과 냉각작용도 할 수 있는 일반적으로 가장 우수한 화학적 소화약제이다.

㉠ CO_2 소화약제와 비교하면 약 2~3배 정도 더 많은 소화효과를 갖지만 종류에 따라서 약간의 독성들이 있다.

㉡ 이 약제는 방사 시 프레온가스 발생된다. 이로 인하여 **오존층 파괴물질**로 거론되어 현재 지구상에서 환경문제로 생산이 중단되었다.

㉢ 할로젠은 증발성 액체라고도 하며 1301, 1211, 2402, 1011, 1040 등 여러 종류가 있으며 **탄소(C), 불소(F), 염소(Cl), 취소(Br), 옥소(I)** 순서대로 원자수를 나타내며 숫자로 불린다.

할론 1211

할로젠족 원소 중 불소는 플루오린, 염소는 클로린, 취소는 브로민, 옥소는 요오드로 불린다.

각 종류별 특성

원자명	탄소	불소	염소	취소	
(분자식)	C(카본)	F(플루오린)	CL(클로린)	BR(브로민)	(특징)
① 104(CCl_4)	1	0	4	·	포스겐, 독성강함
② 1011(CH_2ClBr)	1	0	1	1	원자가 변화 "H_2"
③ 1211(CF_2ClBr)	1	2	1	1	A·B·C급, 압력약함
④ 1301(CF_3Br)	1	3	0	1	지하·무창층, 독성약함
⑤ 2402($C_2F_4Br_2$)	2	4	0	2	무거움, 독성이 있음

② 종류

할론 소화약제의 구체적인 내용은 다음과 같다.

㉠ 1040(CCl_4):

최초로 사용된 소화약제로 "**4염화탄소**"라고도 하며 열분해 및 공기, 수분, 이산화탄소 등과 반응하면 포스겐($COCl_2$)이라는 독가스가 발생된다. 약제 중 독성이 가장 크며 오래전부터 법으로 사용을 규제해서 현재는 사용하지 않는다.

할론104(1040, CCl4): 사염화탄소라고 불린다. 포스겐이 발생되어 현재는 사용하지 않는다.

㉡ 1011(CH_2ClBr):

상온에서 액체이며 무색으로 투명하며 특유한 냄새와 부식성이 있다.

> 할론1011(CH2ClBr): 안정성이 낮고 저장이 어렵고 열분해 시 독성이 있어 현재 사용하지 않는다.
> 독성이 강하다.

㉢ 1211(CF_2ClBr):

일반화재의 이동식 소화기로 사용되었다. 비점이 -4℃ 가까이 있어서 0℃로 방출시 분무의 액체로도 방출된다. 안정성이 가장 높으며 소화력이 좋고 독성도 약하다.

> 할론1211(CF2ClBr): A·B·C급 화재에 사용된다.
> 자체 압력이 낮아 가압용가스(질소)를 이용한다.

㉣ 1301(CF_3Br):

소화효과가 가장 좋다. 무색·무취이며 상온에서 기체로 존재하나 저장시는 액체로 저장한다. 약제량이 소량이고 자체 독성은 없으나 고온(화재)에서 열분해 시 독성의 분해생성물이 발생하고 방출 시 운무현상이 발생한다. 고압으로 액화되어 질소 등 충전가스가 불필요하다

> 할론1301(CF3Br): 독성이 거의 없어 지하층, 무창층에도 사용되며 공기보다 5배 무겁다.
> 소화효과가 가장 좋으며 가장 널리 쓰이지만 오존층의 파괴지수가 가장 크다.

㉤ 2402($C_2F_4Br_2$):

유일하게 에탄(C_2H_6)에서 치환된 것이다. 비교적 독성이 강하며 압력이 낮은 편이며 비중이 약 9배로서 무겁다. 금속에 대한 부식성은 없다

> 할론2402(C2F4Br2): 비중이 약 9배로서 가장 무겁다.
> 독성이 강하여 거의 사용하지 않는다.

③ 할론 소화설비의 소화효과

표면화재 및 심부화재에 사용하는 할론소화약제 효과는 다음과 같다.

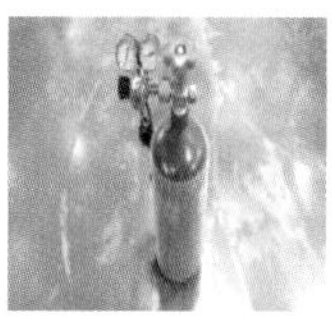

㉠ 소화효과: 억제효과·냉각효과 및 질식효과 등

㉡ 적응화재: 전기·통신실·유류화재 등(* 1211은 A·B·C급)

㉢ 오존층 파괴지수(O.D.P): 1301 > 2402 > 1211

> 할론 및 이산화탄소 소화약제는 둘 다 기체로서 전기가 통하지 않아 전기실 · 통신실에는 소화의 적응효과가 있지만 위험물에는 효과가 없다. 그러나 "인화성" 위험물에는 적응성이 있다.
> 즉, 위험물은 제4류 위험물 "인화성액체"와, 제2류 위험물 중 "인화성고체"에는 적응성이 있다.
> 그러나 제1류 · 제2류(인화성고체 제외) · 제3류 · 제5류 · 제6류 위험물은 소화의 적응성이 없다.

④ 할론 소화설비의 특징

할론은 할로젠화탄화수소로서 이는 메탄(CH_4), 에탄(C_2H_6) 등의 수소의 일부 또는 전부가 주기율표상의 제 17족(할로겐족)원소인 불소(F),* 염소(Cl), 취소(Br)*, 옥소(I) 등으로 치환된 화합물을 말한다.

화학적으로 C(탄소) - F(불소)의 결합은 안정성이 있고 독성이 낮으며, Br(브롬)과 I(옥소)의 결합체보다 소화효과가 좋아 불소치환제가 소화약제로 가장 많이 사용되었다.

> 할론은 메탄, 에탄에 할로겐족 원소를 치환 반응하여 얻으며, 불소는 산화력이 크다.

할론 소화약제의 비교

원자 사이에 서로 결합해서 화학적으로 반응을 하는 친화력이란 원자번호가 작을수록 산화력 (음이온이 되려는 경향)이 크므로 산소와의 결합력의 반응을 말한다.

소화효과 크기	1301 > 1211 > 2402 > 1011 > 1040
전기음성도(친화력,* 화학적 반응, 안정성)	불소 > 염소 > 취소> 옥소
부촉매(억제)효과 크기	옥소> 취소> 염소> 불소

할론 소화약제의 특성

학설에서 일반적인 특성은 다음과 같이 분류한다.　　할론1301 ☞

구분	할론104	할론1011	할론 1211	할론1301	할론 2402
상 온	액체	액체	기체	기체	액체
비점(℃)	77℃	68℃	-4℃	-58℃	48℃
기체비중	5.3배	4.4배	5.7배	5.14배	9배
독성크기	1위	2위	4위	5위	3위

오존층파괴지수(O.D.P)

오존층(ozone層)이란 지상 20~30km 상공에 오존을 많이 함유하고 있는 공기층으로 인체나 생물에 해로운 태양의 짧은 파장의 자외선을 잘 흡수하며 긴 파장의 자외선을 우리에게 보내주어 이롭다. 오존(O_3)은 주로 염소나 브롬이 성층권으로 올라가 파괴하는데 할론 1301이 다른 원소에 비해 취소(브롬)의 결합력이 약해 쉽게 분해되어 부촉매 작용 또는 오존층을 파괴한다. 그 파괴지수는 다음과 같다.

할론1301	할론 2402	할론 1211	이산화탄소
14	6.6	2.4	0.05

⑤ 할론 소화설비의 장·단점

지구 온난화를 일으키는 물질에는 CO_2 외에 메탄·아산화질소·염화불화탄소[CFC: chlorofluorocarbon]을 말하며 상품명은 플론 또는 프레온이다)등이 있다. 이 중 CO_2에 의한 영향이 55%이며, 염화불화탄소 24%, 그 외 메탄, 아산화질소 순으로 영향을 미친다. 할론설비의 장·단점을 비교하여 살펴보면 다음과 같다.

할론 소화약제의 장단점

장 점	단 점
부촉매작용으로 연소 억제작용이 매우 크다.	가격이 비싸며, 대부분 독성이 있다.
약제 종류에 따라서 금속에 대하여 부식성이 적으며 소화약제의 변질 및 분해가 없다.	대기오염이 크다. (* 프레온 가스 발생으로 오존층을 파괴한다.)
비전도성으로 전기화재에도 유효하다.	효과는 좋으나 생산이 중단된 소화기이다.

▸ 프레온

• 프레온은 자외선을 받으면 분해되면서 큰 염소분자를 방출하게 된다. 이 방출된 염소원자가 결합력이 약한 오존분자를 최고 100년을 파괴한다. 그러나 불소는 오존을 해치지 않는다.

⑥ 할론 소화약제의 구비조건

할론 소화약제의 구비조건은 다음과 같다.

㉠ 증발 후 잔유물이 없어야 한다.

㉡ 공기보다 무겁고 불연성이어야 한다.

㉢ 기화되기 쉬운 저비점 물질이어야 한다.

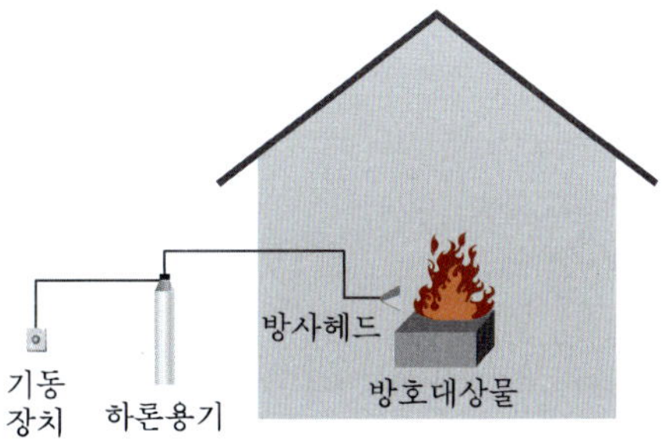

▸ 할론소화약제

• 할론은 "Halogenated Hydrocarbon"의 어원으로 "할로젠" 또는 "하론"이라고도 한다. 방사되면 활성유리기인 수소기, 수산기와 화학적인 반응을 하여 연쇄반응을 차단시키므로 이를 "화학적 소화방법"이라 한다. 현재 국내에서는 1211, 1301, 2402를 사용하고 있다.

(7) 할로젠화합물 및 불활성기체 소화약제

① 개요

"할로젠화합물 및 불활성기체 소화약제"란 할로젠화합물(화재안전기준에서의 현, 국내 사용 소화약제 할론1301, 할론2402, 할론1211 제외) 및 불활성기체로서 비전도성이며 휘발성이 있거나 증발 후 잔여물이 없는 소화약제이다. 할론 소화약제를 대신하여 만든 오존층을 보호하기 위한 친환경 소화약제이다.

② 할로젠화합물 및 불활성기체 소화약제 종류

불활성기체 소화약제 및 할로젠화합물 소화약제로 구분한다.

㉠ 불활성기체 소화약제: 헬륨, 네온, 아르곤, 질소 중 하나 이상의 원소를 기본성분으로 하는 소화약제.

㉡ 할로젠화합물 소화약제: 불소, 염소, 취소(브롬), 옥소(요오드) 중 하나 이상의 원소를 포함하고 있는 유기화합물을 기본성분인 소화약제.

불활성가스 소화약제(화학식과 최대허용설계농도%)

소화약제	화학식	최대%
① IG-01	Ar(아르곤)	43
② IG-100	N_2(질소)	43
③ IG-55	N_2: 50%, Ar: 50%	43
④ IG-541	N_2: 52%, Ar: 40%, CO_2: 8%	43

소화약제명명법

N_2	Ar	CO_2
0	1	
1	0	0
5	5	
52	40	8

할로젠화합물 소화약제

소화약제	화학식	%
① 퍼플루오로 부탄(이하 "FC-3-1-10")	C_4F_{10}	40
② 도데카플루오로-2-메틸펜탄-3-원("FK-5-1-12")	$CF_3CF_2C(O)CF(CF_3)_2$	10
③ 하이드로클로로플루오로카본혼화제 (이하 "HCFC BLEND A"라 한다)	• $C_{10}H_{16}$: 3.75% • HCFC-22($CHClF_2$): 82%. • HCFC-123($CHCl_2CF_3$): 4.75%. • HCFC-124($CHClFCF_3$): 9.5%.	10
④ 트리플루오로메탄(이하 "HFC-23"라 한다)	CHF_3	50
⑤ 클로로테트라플루오르에탄(이하 "HCFC-124")	$CHClFCF_3$	1
⑥ 펜타플루오로에탄(이하 "HFC-125"라 한다)	CHF_2CF_3	11.5
⑦ 헵타플루오로프로판(이하 "HFC-227ea")	CF_3CHFCF_3	10.5
⑧ 헥사플루오로프로판(이하 "HFC-236fa")	$CF_3CH_2CF_3$	12.5
⑨ 트리플루오로이오다이드(이하 "FIC-13I1")	CF_3I	0.3

③ 소화 특징

지하층, 무창층 사용 가능하며 비전도성이며 휘발성이 있는 소화약제이다.

㉠ **적응화재:** B급·C급(전역방출방식: A급 화재 가능)

㉡ **소화효과:** 질식·냉각·부촉매효과

- 불활성기체 소화약제: 질식·냉각효과
- 할로젠화합물 소화약제: 질식·냉각·부촉매효과

㉢ 할로겐화합물 및 불활성기체 **소화약제의 사용 제외장소** (* CO_2, 할론 동일)

ⓐ 최대허용설계농도를 초과하는 사람이 상주하는 장소

ⓑ 제3류 위험물과 제5류 위험물을 사용하는 장소

④ 할로젠화합물 및 불활성기체 **소화약제의 보유성능**

㉠ 오존층파괴지수(ODP)가 낮을 것.

㉡ 지구온난화지수(GWP)가 낮을 것.

㉢ 독성이 없으며 대기 잔존기간이 짧을 것.

비글

▸ **할로젠화합물 및 불활성기체 소화약제의 구비조건**

① ODP가 0일 것.
② GWP가 낮을 것.
③ 가격이 싸고, 소화능력이 우수할 것.
④ 독성이 낮고, 장기간 저장이 가능할 것.
⑤ 피연소물에 대해 물리적 · 화학적 변화를 주지 않을 것.
⑥ 소화 후 잔여물이 없고 열분해 생성가스의 발생이 적을 것.
즉, 증발 후 대기 중 잔여물을 남기지 않는 깨끗한 소화약제일 것.

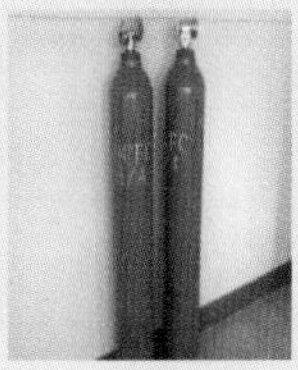

▸ **참고: 독성의 기준**

비글이라는 수컷 사냥개에게 아드레날린을 5분간 투약 후 소화약제에 노출시킨 후 측정한다.
① LOAEL: 농도를 감소시킬 때 심장에 악영향을 줄 수 있는 최소 허용농도.
② NOAEL: 농도를 증가시킬 때 심장에 아무런 악영향도 감지할 수 없는 최대허용농도.

▸ **참고: 관련용어**

① 100yr GWP: 100년 동안 지구 온난화지수(* GWP: 지구온난화지수 * ODP: 오존층파괴지수)
② GWP: 물질 1kg이 기여하는 온난화 정도 / CO_2(CFC)-11 1kg이 기여하는 온난화 정도
③ ODP: 어떤 물질 1kg이 파괴하는 오존량 / CFC-11 1kg이 파괴하는 오존량
④ ALC: 실험용 쥐의 1/2이 15분 내에 사망하는 농도.(* ALC값이 클수록 독성이 낮다)
⑤ ALT: (대기잔존년수): 어떤 물질이 방사되어 분해되지 않은채로 존재하는 기간
⑥ LC0, LC50, LC100: 쥐 집단을 4시간동안 노출상태에서 0%, 50%, 100%가 죽는 농도

(8) 분말 소화약제

① 개요

분말소화약제는 제1종·2종·3종·4종이 있고 모두 부촉매효과·질식효과가 있으며 약제는 무독성이며 분말은 비전도성으로 전기화재에 사용할 수 있다.

분말소화약제를 연소물에 뿌리면 열분해 반응으로 CO_2, H_2O, HPO_3 등이 생성되어 표면화재에 속효성*이 있다. 현재 사무실이나 복도에서 볼 수 있는 제3종 소화기는 A·B·C급 화재에 적응성이 있고 나머지 1종·2종·4종은 주로 배관으로 된 설비식 등이다.

▸ **분말소화약제 구비조건**

- 무독성·유동성·비고화성*·내부식성·내습성·미세도·작은 비중 등

② 종류

분말 소화약제를 각 종별로 분류하여 구체적으로 살펴보면 다음과 같다.

분말 소화약제의 특징

종별	소화약제	착색	소화	열분해 반응식
제1종	중탄산나트륨	백색	B·C급	$2NaHCO_3 \rightarrow Na_2CO_3 + CO_2 + H_2O$
제2종	중탄산칼륨	담회	B·C급	$2KHCO_3 \rightarrow K_2CO_3 + CO_2 + H_2O$
제3종	제1인산암모늄*	담홍	A·B·C급	$NH_4H_2PO_4 \rightarrow HPO_3$* + NH_3* + H_2O*(* P_2O_5)
제4종	중탄산칼륨+요소	회색	B·C급	$2KHCO_3 + (NH_2)2CO \rightarrow K_2CO_3 + 2NH_3 + 2CO_2$

(*^^ 화재 시 분말이 열을 만나 열분해반응에서 1·2·3종은 H_2O가, 1·2·4종은 CO_2가 생성된다.)

㉠ 제1종 분말(탄산수소나트륨, 중탄산나트륨, $NaHCO_3$)

B·C급 화재에 사용하며 가루 색상은 백색이다.

식용유화재에 중탄산나트륨을 가하면 지방을 가수분해하는 비누화*현상으로 거품을 생성하여 질식소화를 한다.

▸ **제1종 분말(중탄산나트륨)**

- 중조, 베이킹파우더, 베이킹소다라고도 한다.
- 백색으로 착색, B·C급 화재에 적합하다. 나트륨 이온(Na^+)의 부촉매, 질식, 냉각효과.
- 비누화현상: 식용유화재···› 1종약제 방출···› 금속비누···› 이 비누가 거품형성···› 질식소화.

  (* 주성분이 90% 이상이어야 하며 약 60℃에서 분해되어 CO_2를 발생한다. 비중 2.2)

---

* 비전도성: 전기가 안통함.
* 속효성: 효과가 속성이 있음.
* 비고화성: 굳지 않음
* HPO_3: 메타인산을 말함.
* NH_3: 암모니아를 말한다.
* P_2O_5: 오산화인
* 비누화: 에스테르가 알칼리에 의해 지방을 가수 분해하여 글리세린과 비누를 만드는 화학변화. 감화(鹼化)

ⓛ 제2종 분말(탄산수소칼륨, 중탄산칼륨, $KHCO_3$)

B·C급 화재에 사용되며, 제1종 분말보다 약 1.67배 소화효과가 있으며 가격이 더 비싸다. 분말 색상은 담회(담자, 보라)색이다.

▶ 제2종 분말(중탄산칼륨)

- 담회색으로 착색되어 있으며 B·C급 화재에 적합하다.
- 제1종 분말약제보다 흡습성이 강하여 소화효과가 1.67배 정도 크다.
- 칼륨이온(K^+)이 나트륨이온(Na^+)보다 부촉매 등 화학적 소화효과가 크다.
- 주성분 92% 이상, 비중 2.1, 함유수분 0.05% 이하. 제2·3종은 비누화현상이 없다.

ⓒ 제3종 분말(인산염, 제1인산암모늄,* $NH_4H_2PO_4$)

A·B·C급 화재에 유효하다.

- 열분해 시 메타인산(HPO_3)이 생성되어 가연물의 표면에서 산소를 차단한다.
- 메타인산이 무염형태의 잔진연소까지 저지시키는 것을 방진작용*이라 한다.
- 비누화현상이 일어나지 않아 식용유화재에는 효과가 작다.

- 190℃에서 $NH_4H_2PO_4 \rightarrow H_3PO_4$ (오르쏘인산) + NH_3
- 215℃에서 $2H_3PO_4 \rightarrow H_4P_2O_7$ (피로인산) + H_2O
- 250℃ 이상에서 $2HPO_3 \rightarrow P_2O_5$ (오산화인) + H_2O
- 300℃ 이상에서 $H_4P_2O_7 \rightarrow 2HPO_3$ (메타인산) + H_2O

▶ 제3종 분말(인산염, 제1인산암모늄, 인산암모늄, 인산이수소암모늄)

- A·B·C급 화재에 적합. 담홍색의 가루임.(* 미국은 황색)
- 실리콘오일, 스테아린산 수지 등으로 방습처리함.
- CO_2대신 메타인산이 생성되어 산소 접촉을 차단하여 A급화재에서 방진작용을 가진다.
- 열분해되면서 생성된 오르쏘인산(H_3PO_4)이 연소물의 섬유소를 난연성의 탄소와 물로 분해시키는 탈수·탄화작용을 한다.(주성분 75 % 이상, 비중 1.82.)

ⓔ 제4종 분말(중탄산칼륨+요소, $KHCO_3$ + $(NH_2)_2CO$)

B·C급 화재에 사용되며 분말 색상은 회색이다. 분말소화약제 중 소화성능이 가장 좋으나 A급화재에 적응이 없고 비싸서 거의 유통되지 않는다.

▶ 제4종 분말(탄산수소칼륨+요소)

- 회색으로 착색되며 B급, C급 화재에 적합하다.
- 효과는 1종보다 2.5(2·3종에 비해 1.5) 배이나 가격이 비싸 잘 유통되지 않고 있다.

* 인산암모늄: 암모늄과 인산의 염.
* 방진작용: 숯불형태인 무염착화의 잔진(잔신)연소까지 진행을 막는 작용.

③ 분말 소화약제의 특징

분말소화약제의 특징은 다음과 같다.

① 가장 좋은 분말입도 크기는 20~25μm (micron)이다. 그 이유는 분말입도가 너무 크거나 작으면 소화효과가 떨어지기 때문이다. (* 보통 사용되는 분말은 10~70μm.)

② 분말은 털면 떨어져서 오염은 적지만 정밀기기류나 통신기기류는 부적합하다.

③ 분말을 수면에 고르게 살포했을 때 1시간 이내에 가라앉지 않아야 한다. 소화약제는 각각 정해진 색깔로 착색되어야 하며 약제를 혼합하면 안 된다.

④ 비중은 1종(2.18), 2종(2.14), 3·4종(1.82)으로 가벼울수록 효과를 더 나타낸다.

⑤ 제2종은 불꽃을 만나면 자주색의 빛을 내기 때문에 "퍼플K" 라고도 한다.

⑥ 제3종은 방사 후 흡습하여 약알칼리와 약산성을 나타내어 금속을 부식시킬 수 있다.

⑦ E급(가스)화재에 사용은 가능하며 각각의 분말소화약제를 서로 혼합하면 안 된다.

⑧ 방습제로서는 실리콘 수지(樹脂), 스테아린산 아연, 스테아린산 마그네슘 등이 있다.

분말의 방습제와 소화효과 순

분말 방습제	실리콘 오일, 스테아린산 아연, 스테아린산 마그네슘 등
소화효과	제1종분말 < 제2종 혹은 제3종분말 < 제4종분말 (* 2·3종 소화대상 다름)

④ 분말소화약제의 사용제한

분말소화약제는 제3종을 제외 B.C급 화재에 사용되며 방출 시 미세한 가루로서 정밀기기 등은 재사용이 불가능하며 제5류 위험물 자기반응성물질에도 질식효과를 갖지 못한다.

㉠ 정밀한 전기·전자장비가 설치된 컴퓨터실, 전화교환실 등

㉡ 나트륨, 칼륨, 마그네슘, 알루미늄, 티타늄, 지루코늄 등 반응성이 큰 가연성 금속

㉢ 일반 가연물의 심부화재(제3종 제외) 및 물질 자체에 산소를 함유하고 있는 자기반응성물질

⑤ 분말 소화설비의 장·단점

분말소화설비의 장·단점은 다음과 같다.

장 점	단 점
부촉매효과 및 질식효과가 있다.	유류화재 소화 후 재 착화 위험성이 있다.
무독성, 비전도성이며, 진화시간이 짧다. 법적인 약제 수명은 10년이다.	가시도가 악화되어 피난에 방해, 배관으로 방출할 때 고압을 필요로 하여 질소 또는 CO_2 사용.
화재 확대가 빠른 가연성 액체의 표면화재 효과가 빠른 속효성이 있다.	금속류에 효과가 없다. 침투성이 나쁘며, 물과 함께 소화 후 방사된 잔유물이 피연소물에 피해를 준다.

⑥ 기타 분말소화약제

㉠ 금속화재용 분말소화약제

금속화재는 물 등의 주수 시 가연성가스의 발생으로 수계소화약제를 사용할 수 없다.

ⓐ 소화약제 조건은 열흡수량이 크고 유동성이 있으며 비중·융점·부식성이 낮아야 한다.

ⓑ CO_2로 소화 후 재 착화 방지를 위해 CO_2 소화약제 금지 장소에서도 사용된다.

ⓒ 금속표면을 덮어서 산소의 공급을 차단하거나 온도를 낮추는 것이 주된 소화원리이다.

- 고온에서 견딜 수 있을 것이며 냉각효과(열 흡수력)가 있을 것
- 요철 있는(평행하지 못한) 금속 표면도 피복할 수 있을 것
- 금속이 용융된 경우(나트륨, 칼륨 등)에는 용융 액면상에 뜰 것

▸ 금속분말소화약제의 종류

- G-1: 흑연화된 주조용 코크스를 주성분으로 유기인산염을 첨가한 다수 금속화재용.
- Met-L-X: 염화나트륨을 주성분으로 고체 금속조각화재에 특히 유효하다.
- Na-X: 나트륨 화재용으로 개발, 탄산나트륨을 주성분으로 비흡습성과 유동성을 향상.
- Lith-X: 리튬 화재용으로 개발했으나 다른 금속화재용으로도 사용된다.

㉡ CDC(Compatible Dry Chemical) 분말소화약제

CDC는 포와 함께 사용되며 주로 비행장 항공기 화재에 사용된다.

ⓐ 제3종 분말소화약제의 속효성과 수성막포의 재착화 위험이 없는 장점을 조합하였다.

ⓑ 약제 성분은 나트륨, 칼륨, 제1인산암모늄, 수성막포 소화약제 등으로 되어 있다.

⑦ 분말 소화효과와 적응화재

분말소화약제는 연소 중 불꽃을 입체적으로 포위하여 주로 부촉매작용에 의해 순식간(10~20초)에 불꽃이 사그라지게 하는 "녹다운효과" 도 갖는다.

㉠ 소화효과: 부촉매·질식·(약간의) 냉각소화효과

㉡ 적응화재: 유류(B급)·전기화재(C급) (제3종 분말은 A·B·C급 화재에 적합)

▸ "제3종 분말소화약제"의 구체적 소화효과

① 열분해 시 유리된 NH_4^+ 반응과 분말 표면의 흡착에 의한 부촉매효과
② 열분해 시 발생되는 불연성 기체(H_2O 등)에 의한 질식효과
③ 열분해 시 (H_2O 등)흡열 반응에 의한 냉각효과
④ 분사 시 발생된 분말의 운무가 화염으로부터 방사열을 차단하는 효과
⑤ 반응과정에서 생성된 메타인산(HPO_3)의 방진효과
⑥ 오르쏘인산에 의한 섬유소, NH_3, H_3PO_4 등의 탈수·탄화작용(제3종) 등이다.

※ **참고-고체에어로졸 소화약제:** 직경 10μm 이하 고체입자와 기체상태 물질로 구성된 압축방식이다. A·B·C급 등의 화재에 사용되며, A급 화재는 60초 이내, B급화재는 30초 이내에 소화되어야 한다.

| 소화 | OX 개념

01 식용유 소화방법은 야채, 소금, 얼음, 상온의 식용유 등을 넣어서 끄는 냉각소화와 뚜껑, 담요(모포) 마요네즈를 기름 위로 뿌리는 질식소화가 있다. ( )

☺ 설문의 내용은 옳은 내용이다.

02 부촉매소화는 연쇄반응인 수소기와 수산기의 발생에서 핵심적인 역할을 하는 라디칼을 흡수하여 더 이상의 라디칼을 만들지 못하도록 하는 물리적 소화방법이다. ( )

☺ 부촉매(억제)소화는 화학적 소화효과를 말한다.

03 강화액 소화약제는 미세한 물방울로 화염에 분무하여 냉각작용과 물방울 속에 함유된 탄산칼륨 등의 일부가 화염에 의해 분말이 되어 부촉매(억제)작용을 갖게 된다. ( )

☺ 옳은 내용이다.

04 물은 4℃일 때 가장 무겁고 점성이 있기 때문에 물은 비교적 큰 표면장력을 가지고 있다. ( )

☺ 물은 점성을 가지고 있다. 그래서 비교적 큰 표면장력으로 그 물방울을 유지시킬 수 있다.

표면장력이란 응집력과 부착력의 차이로 발생하는 표면적을 최소화하는 힘이다.
물 위에 떠다니는 소금쟁이, 거미줄에 매달려 있는 물방울, 풀잎 위의 빗방울이 굴러가는 모습을 보면 액체의 표면이 팽팽히 잡아당겨진 막의 특성이 신기하다.

물 위에 떨어뜨린 기름방울이 금방 퍼지는 것은 물의 표면장력이 기름보다 크기 때문이다.
(* 응집력: 동일분자끼리 모든 방향에서 끌어당기는 힘 / * 부착력: 다른 분자와 끌어당기는 힘)

05 물(봉상주수)은 일반적으로 냉각작용 및 약간의 질식작용을 한다. ( )

☺ 봉상의 물은 비열, 증발잠열의 값이 커서 주로 냉각소화에 사용되며 539[cal/g]의 열을 흡수하여 가연물을 발화점 이하로 냉각시키는 효과가 있다.

- 봉상주수는 냉각작용을 한다. 그러나 화염과 접촉하여 발생되는 수증기가 불 주위의 산소농도를 저하시킴으로써 다소간의 질식효과도 있다. 물은 증발될 때 방대한 양의 증기로 바뀌면 그 체적은 약 1,700배 커진다. 이것은 1리터의 액체상태의 물이 기화된 후 약 1.7㎥의 공간을 차지할 수 있는 양이 됨을 의미한다. (* 1,000리터= 1㎥, 1리터= 0.001㎥, 1리터 x1700배= 1.7㎥)

Ans. 01. (O) 02. (X) 03. (O) 04. (O) 05. (O)

06 일반적으로 소화약제는 비중이 클수록(무거울수록) 소화효과가 증대된다. (   )

일반적으로 소화약제는 비중이 작을수록(가벼울수록) 소화효과가 증대된다.

07 소화약제는 모두 무독성이며 물은 4가지 주수형태와 3가지 소화작용이 있다. (   )

소화약제는 모두 무독성이 아니다. 대표적으로 할론 소화약제는 종류에 따라서 독성의 차이가 약간씩 있다. 물은 주수형태에 따라 봉상(棒狀), 적상(滴狀), 무상(霧狀)의 3가지로 구분할 수 있으며 소화작용은 냉각·질식·유화·희석 소화효과 4가지가 있다.

08 기계포는 포의 팽창비가 커서 유류화재에 부적합하며 재착화 위험성이 크다. (   )

포는 유류화재에 최고이며, 포는 질식작용으로 재착화 위험성이 거의 없다. ▸ 포유류

09 수성막포는 내유성이 있으나, 내열성이 약해 소포성이 있다. (   )

수성막포는 내유성은 강하나 내열성이 없어 뜨거운 유류 표면에서 포가 소멸되는 소포성이 있다.
즉, 수성막포는 내유성이 강하여 표면하 주입방식에 효과적이며, 내약품성으로 분말소화약제와 Twin Agent System이 가능하고, 내열성이 약해 탱크 내벽을 따라 잔불이 남게 되는 윤화(링파이어)현상이 일어날 수 있으며, 대형화재, 고온화재 시 수성막 생성이 곤란한 단점이 있다.

10 이산화탄소는 가격이 저렴하고 액화하기 용이하여 심부화재와 표면화재의 소화약제로 사용되며 가스는 전기가 통하지 않아 전기화재 등에 적합하다. (   )

이산화탄소는 가격이 저렴하고 액화하기 용이하여 심부(A급)화재와 표면(B·E급)화재의 소화약제로 사용되며 가스는 전기가 통하지 않아 전기화재 등에 적합하다.

11 이산화탄소(CO_2) 소화설비의 주 소화 효과는 질식효과이며 전시장 등의 관람을 위하여 다수인이 출입·통행하는 통로 및 전시실 등 밀폐된 지역에도 효과적이다. (   )

이산화탄소는 질식효과가 주 소화 효과이지만 인명피해가 우려되는 밀폐된 지역에는 사람의 질식우려와, 또한 제5류 위험물, 제3류 위험물 등에는 효과가 없어서 사용을 금지하고 있다.

12 불활성기체 소화약제 중 IG－541은 질소 52%, 아르곤 40%, CO_2 8%이다. (   )

할로젠화합물 및 불활성기체 소화약제에서 불활성기체 소화약제에 속하는 IG－541은 질소 52%, 아르곤 40%, CO_2 8%의 성분으로 이루어져 있다. ▸ 질오이 아사공 씨~

Ans. 06. (X) 07. (X) 08. (X) 9. (O) 10. (O) 11. (X) 12. (O)

| 소화 | 주요문제

기출

01 물소화약제에 첨가할 수 있는 동결방지제로서 틀린 것은?

① 염화나트륨 ② 프로필렌글리콜
③ 중탄산나트륨 ④ 염화칼슘

해설 중탄산나트륨은 제1종 분말소화약제 즉 베이킹소다이다. 답 ③

기출 소방간부후보 기출(5지선택)

02 스프링클러와 물분무 소화를 비교했을 때 물분무의 장점이 아닌 것은?

① 질식효과뿐만 아니라 산소 희박효과, 복사·차단효과가 있다.
② 소화작업 시 물에 의한 피해를 줄일 수 있다.
③ 고압 통전기기의 전기화재에도 사용할 수 있다.
④ 매연을 제거하고 방어하는 데에도 효과가 있다.
⑤ 심부화재에 사용하면 매우 효과적이다.

해설 ①②③④는 물분무 소화설비의 장점에 해당된다. 침투제 등 약제가 첨가되지 않았다는 조건에서 스프링클러설비와 비교할 때 물분무 소화설비는 심부화재에 매우 효과적이지 못하다. 답 ⑤

기출

03 가솔린, 등유, 경유 등 유류화재 발생 시 가장 적합한 소화방식은?

① 냉각소화 ② 질식소화
③ 희석소화 ④ 부촉매소화

해설 유류화재에 가장 적합한 소화방식은 공기 차단인 질식소화에 해당한다. 답 ②

기출

04 다음 중 분말소화기의 원료로 사용되지 않는 약제는?

① 탄산수소나트륨 ② 탄산수소칼륨
③ 제1인산암모늄 ④ 인산나트륨

해설 인산나트륨은 분말소화기의 소화약제로 사용되지 않는다. (* ① 1종분말 ② 2종분말 ③ 3종분말) 답 ④

기출

05 분말소화약제 중에서 질식소화효과, 냉각소화효과, 비누화현상이 나타나는 약제는?

① 1종분말소화약제 ② 2종분말소화약제
③ 3종분말소화약제 ④ 4종분말소화약제

해설 질식소화효과, (약간의)냉각소화효과, 비누화현상이 나타나는 것은 1종분말소화약제(탄산수소나트륨)에 해당한다. 답 ①

기출

05 분말 소화약제 중에서 제1종 분말소화약제와 제2종 분말소화약제가 방사되었을 때 함께 생성되는 물질은?

① N_2, O ② N_2, CO_2

③ H_2O, CO_2 ④ O_2, CO_2

해설 제1종 분말소화약제와 제2종 분말소화약제가 방사되었을 때 H_2O, CO_2가 생성된다. 답 ③

[참고] 화재 시 분말이 열을 만나 열분해반응에서 1·2·3종은 H_2O가 1·2·4종은 CO_2가 생성된다.

즉, 1·2종은 H_2O, CO_2가 생성된다.

∴ 3종은 CO_2가 생성되지 않는다.

※ 참고: 제3종 분말소화약제

- 제1인산암모늄이 열분해 될 때 생성되는 오르쏘-인산이 목재, 섬유, 종이 등을 구성하고 있는 섬유소를 탈수 탄화시켜 난연성의 탄소와 물로 변화시키기 때문에 연소반응이 중단된다.
- 섬유소를 탈수·탄화시킨 오르쏘-인산은 다시 고온에서 열분해 되어 최종적으로 가장 안정된 유리상의 메타인산이 되며 가연물 표면에 유리상의 피막을 형성하여 산소의 유입을 차단한다.
- 인산은 물과의 결합 정도에 따라 메타인산, 피로(파이로)인산, 오르쏘인산의 3가지로 나누며 오르쏘인산(H_3PO_4)은 상온에서, 메타인산(HPO_3)은 고온에서 안정된 물질이다.
- 세 개의 수소원자와 결합하는 암모니아의 수에 따라 제1·2·3 인산암모늄이 생성된다.
- 제1인산암모늄의 열 분해물인 메타인산(점성의 액체상태), 암모니아, 수증기를 생성하는데, 생성된 암모니아는 약간의 독성이 있어 사람의 호흡기, 피부 에 미세한 영향을 미칠 수 있다.

기출

08 다음은 포 소화약제에 관한 설명이다 잘못 설명한 것은?

① 기계포와 화학포로 나누는데 화학포는 유통되지 않는다.

② 수성막포와 단백포의 단점을 개선한 것이 불화단백포이다.

③ 수성막포는 무독성 불소계계면활성제를 주성분으로 한다.

④ 단백포는 동물의 뿔, 발톱, 피 등으로서 만들며 내열성은 우수하나 점착성이 우수하지 못하다.

해설 단백포는 동물의 뿔, 발톱, 동물의 피 등으로서 만들며 내열성이 우수하면 열에 견딜 수 있는 성질이 우수하니 곧 유류에 붙는 점착성도 우수하다. 답 ④

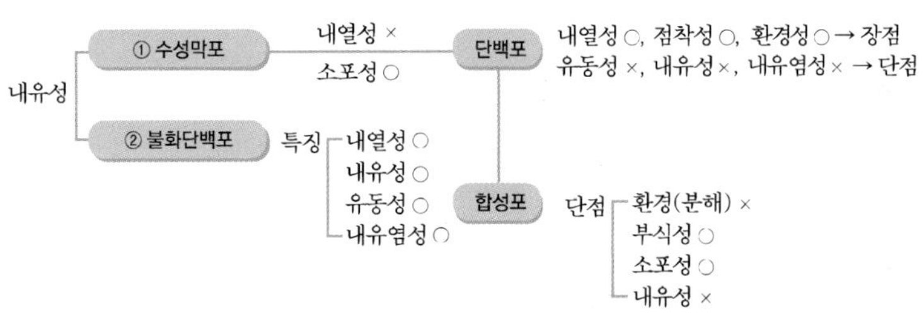

| 한눈 목차 | 주요 내용

- ⓿ 공학론 기초용어 및 개념
- 1 화재이론
  - 1 화재의 정의
  - 2 급수의 화재
    - (1) 일반화재 (A급, 백색) → F·O / 연료·환기지배형 / 목조· 내화조
    - (2) 유류화재 (B급, 황색) → 보일·슬롭·후로스·오일오버, 링파이어
    - (3) 전기화재 (C급, 청색)→ 단락·누전·과전류·정전기·저항·유도·유전열
    - (4) 금속화재 (D급, 무색) → 물+= 수소 등 가연성 가스 발생
    - (5) 가스화재 (E급, 황색) → LNG(메탄), LPG(프로+부탄), 선화·역화
    - (6) 주방화재 (K급 무색) → 식용유화재
    - (7) 화재용어 등 → 화재화중, 화재강도, 화재가혹도, 임야화재, 훈소.
- 2 연소이론
  - 1 연소의 정의
  - 2 연소의 (4)요소
    - (1) 가연물
    - (2) 산소공급원
    - (3) 점화원
    - (4) 연쇄반응
      - ① 불꽃연소 → 발염연소→ 표면화재
      - ② 작열연소 → 무염연소→ 심부화재
  - 3 인화점
  - 4 연소점
    - ①기체의 연소 → 확산·예혼합·폭발
    - ② 액체의 연소→ 증발·분해·분무·등심
    - ③ 고체의 연소 → 증발·분해·표면·자기
    - ④ 연소와 공기, 탄화수소계(메·에·프로판)
    - ⑤ 연소속도, 산화·환원이야기, 화학결합
  - 5 발화점 — 자연발화
    - ① 분해열 → 니·셀·리 3틸렌
    - ② 산화열 → 석·기·황·금·원·고
    - ③ 발효열 → 퇴비, 먼지, 곡물
    - ④ 흡착열 → 목탄, 활성탄
    - ⑤ 중합열 → HCN, 산화에틸렌
  - 6 연소의 (4대)생성물
    - (1) 연소가스 → CO, CO_2 등, 연소범위, 위험도, 기체식
    - (2) 불꽃 → 화재확대원인, 화염의 전파속도
    - (3) 열 → 열용량계산식, 열의 전달(전도·대류·복사)
    - (4) 연기 → 연기이동, 굴뚝효과, 중성대, 감광계수, 제연
- 3 폭발이론
  - 1 폭발의 개념·정의
    - (1) 화학적폭발 → 분해·산화·중합·반응폭주·촉매폭발
    - (2) 물리적폭발 → 증기·수증기·폭발성화합물 폭발·폭발적증발
  - 2 블래비 현상 — • 액적화증가발스폭발,(10분 후) → 파이어볼 형성(1,500 ℃)
  - 3 폭발의 제반사항 — • 분진폭발(밀수입 감소) / 폭굉과 폭연
  - 4 백드래프트 — • 구획실에 산소유입으로 CO 폭발(25%)
- 4 소화이론
  - 1 소화방법
    - (1) 화학적소화 – 억제(부촉매)
    - (2) 물리적소화 – 질식·냉각·제거 / 유화·희석(그 외 피복·방진·탈수)
  - 2 소화약제
    - 수계
      - (1) 강화액 → 물+탄산칼륨 첨가함 / 냉각·억제·질식
      - (2) 산·알칼리 → 황산+중조=CO_2 힘으로 방사 / 냉각·질식
      - (3) 물, 물분무 → 봉상·적상·무상 / 냉각·질식·유화·희석효과
      - (4) 포 → 수성막포 등 / 질식·냉각·유화효과
    - 가스계
      - (5) 이산화탄소 → 질식·냉각·피복효과
      - (6) 할론 → 1301 등 / 억제·질식·냉각효과
      - (7) 할로젠화합물 및 불활성기체 → 질식·냉각 등
      - (8) 분말 → 제3종분말 등 / 억제·질식·냉각효과 등
- ❶ 유체이론

소방공학의 분석

제1장 화재이론은 연소이론 이후의 이론이지만 화재이론부터 학습하면 개념이 The 쉬워진다.
본 이론은 단순이론으로서 A급화재~K급화재까지 학습하면 연소의 개념을 만날 수 있다.

- A급: 플래시오버(F/O), 목재구조화재 및 내화구조화재를 중심으로 구성되어 있다.
- B급: 유류탱크 이상현상에서 각 4가지 "오버"의 용어해설을 충분히 이해하도록 한다.
- C급: 전기화재발생원인, 정전기방지방법, 전기는 보이지 않는 학문이지만 어렵지 않다.
- D급: 금속(가루) 화재 시 만약 물과 혼합되었을 때의 이론과 소화의 이해가 요구된다.
- E급: LNG, LPG 특성과 리프팅, 백파이어 이상 현상을 중심으로 펼쳐진 이론이다.
  (백파이어현상이 어렵다면 리프팅이 아닌 다양한 역화의 이상현상으로 정리한다.)
- K급: 주방화재로서 식용유화재에 대한 원인과 소화효과의 이론 정도를 요구한다.

그 외 화재용어인 화재하중, 화재강도, 화재가혹도의 용어해석이 필요하다.

제2장 연소이론은 어려운 이론이다. ① 연소의 기본적인 용어와 ② 연소의 4요소 관련 이론과 ③ 인화점, 연소점, 발화점의 관련 이론, 그리고 ④ 연소의 4대 생성물의 심화 이론이다.
먼저 넓게 단어를 익히고 그 단어를 중심으로 개념을 조금씩 조금씩 잡아가야 한다.
(* 수업 당시는 이해한 것 같지만, 어떤 문제에서 단어가 변경되면 확신을 갖지 못한 사람은 아직 단어 개념을 위주로 그 관련 학습이 조금 더 필요하다. - 단어는 곧 사람이 만든다! 그러므로 그 단어를 직역하고 혹은 거꾸로 하면 어느 정도 단어 해설을 짐작하게 된다.)
연소론은 소방학에서 가장 원론적인 개념을 잡고 특성과 그 개념적 소방을 알리는 이론이다.

제3장 폭발이론은 연소이론 정도의 난도인데 화재이론 학습 때 어느 정도의 연소이론을 가미했고 또한 연소이론을 거쳐서 폭발이론까지 왔으므로 폭발이론은 어렵지 않게 학습하게 된다.
폭발이론은 ① 블래비현상 ② 폭발의 종류 ③ 분진폭발 ④ 백드래프트 이 4가지의 구성이다.
여기서 다소 어려운 개념은 분진폭발인데 이는 "분진폭발 촉진조건" 을 먼저 이해하면 쉽다.

제4장 소화이론은 연소이론이나 폭발이론에 비하여 훨씬 쉽다,
화학기호가 있는 듯 한데 이는 약제의 명칭으로 어렵지 않는 꽤 흥미있는 차터이다
① 소화의 원리를 먼저 이해하고 그 원리에 ② 소화약제 8가지를 접목시켜야 곧 쉬워진다.
결과는 원인이 있기 때문이다, 원인은 연소의 4요소를 연결시켜 이해하면 쉽게 된다.
(가연물= 제거소화, 산소공급원= 질식소화, 점화원= 냉각소화, 연쇄반응= 억제소화.)
또한 소화약제는 수계와 가스계를 구분하여 물성(물리적 성질)과 대상물을 고려하여 A급 · B급 · C급화재 등의 소화에 적용시키도록 한다.

결국 소방공학이란? 보편적인 진리나 법칙의 발견을 목적으로 한 체계적인 지식의 파트이다.

소 · 방 · 학 · 개 · 론

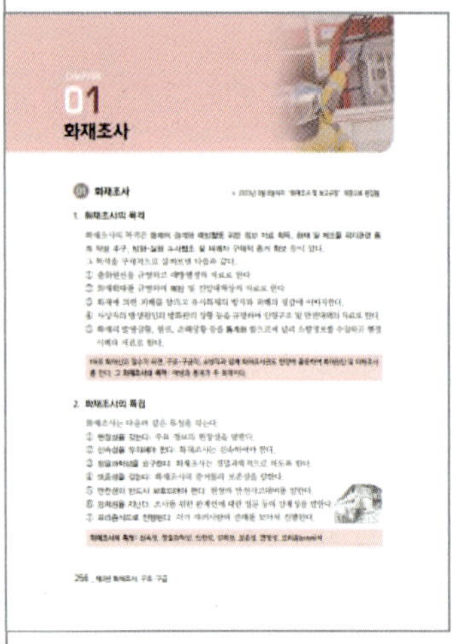

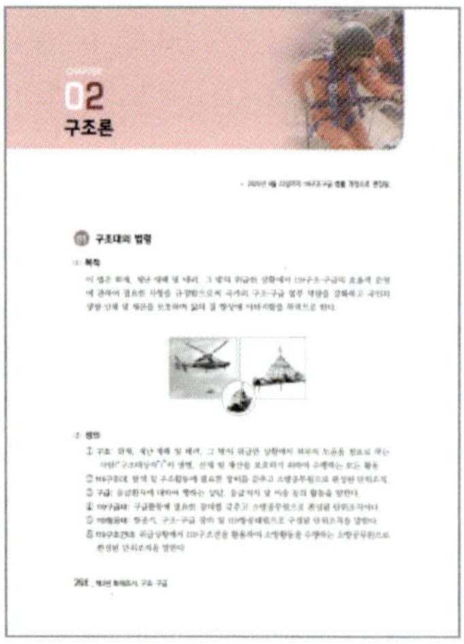

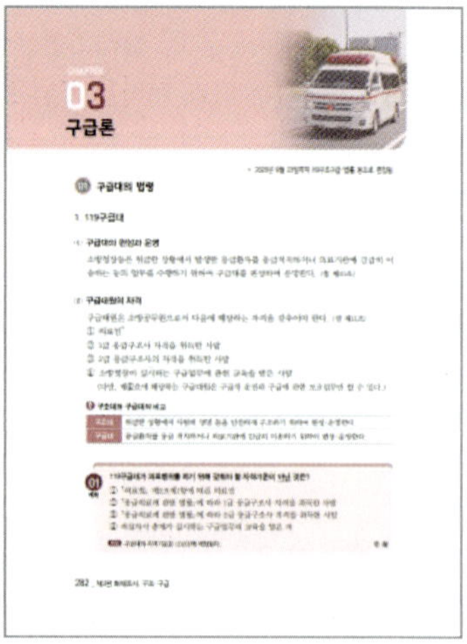

P/A/R/T

03

화재조사, 구조·구급

CHAPTER

01 화재조사

01 화재조사

▶ 2023년 3월 8일까지 "화재조사 및 보고규정" 개정으로 편집됨.

1. 화재조사의 목적

화재조사의 목적은 화재의 경계와 예방활동 위한 정보 자료 획득, 화재 및 제조물 위치관련 통계 작성 추구, 방화·실화 수사협조 및 피해자 구체적 증거 확보 등이 있다.

그 목적을 구체적으로 살펴보면 다음과 같다.

① 출화원인을 규명하고 예방행정의 자료로 한다.
② 화재확대를 규명하여 **예방** 및 진압대책상의 자료로 한다.
③ 화재에 의한 피해를 알리고 유사화재의 방지와 피해의 경감에 이바지한다.
④ 사상자의 발생원인과 방화관리 상황 등을 규명하여 인명구조 및 안전대책의 자료로 한다.
⑤ 화재의 발생상황, 원인, 손해상황 등을 **통계화** 함으로써 널리 소방정보를 수집하고 행정시책의 자료로 한다.

119로 화재신고 접수가 되면, 구조·구급직, 소방직과 함께 화재조사관도 현장에 출동하여 화재원인 및 피해조사를 한다. 그 **화재조사의 목적**: 예방과 통계가 주 목적이다.

2. 화재조사의 특징

화재조사는 다음과 같은 특징을 갖는다.

① **현장성을 갖는다**: 주요 정보의 현장성을 말한다.
② **신속성을 유지해야 한다**: 화재조사는 신속하여야 한다.
③ **정밀과학성을 요구한다**: 화재조사는 정밀과학적으로 하도록 한다.
④ **보존성을 갖는다**: 화재조사의 증거물의 보존성을 말한다.
⑤ **안전성이 반드시 보호되어야 한다**: 현장의 안전사고대비를 말한다.
⑥ **강제성을 지닌다**: 조사를 위한 관계인에 대한 질문 등의 강제성을 말한다.
⑦ **프리즘식으로 진행된다**: 각기 여러사람의 견해를 모아서 진행한다.

화재조사의 특징: 신속성, 정밀과학성, 안전성, 강제성, 보존성, 현장성, 프리즘(prism)식

3. 용어의 정의

이 규정에서 사용하는 용어의 정의는 다음과 같다.

① 감식: 화재 원인의 판정을 위하여 전문적인 지식, 기술 및 경험을 활용하여 주로 시각에 의한 종합적인 판단으로 구체적인 사실관계를 명확하게 규명하는 것을 말한다.

② 감정: 화재와 관계되는 물건의 형상, 구조, 재질, 성분, 성질 등 이와 관련된 모든 현상에 대하여 과학적 방법에 의한 필요한 실험을 행하고 그 결과를 근거로 화재원인을 밝히는 자료를 얻는 것을 말한다.

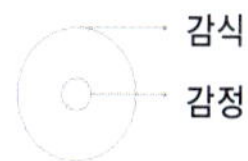

> **감정**(鑑定)은 세밀한 과학적 실험이지만, **감식**(鑑識)은 눈으로 식별하는 종합적인 판단이다.
> (*^^ 소방서에는 감식기구만 있으며, 소방본부에는 감식과 감정기구가 있다.)

③ 발화: 열원에 의하여 가연물질에 지속적으로 불이 붙는 현상을 말한다.

④ 발화열원: 발화의 최초 원인이 된 불꽃 또는 열을 말한다.

⑤ 최초착화물: 발화열원에 의해 불이 붙은 최초의 가연물을 말한다.

⑥ 발하요인: 발화로 이어진 연소현상에 영향을 준 인적·물적·자연적인 요인을 말한다.

⑦ 동력원: 발화관련 기기나 제품을 작동 또는 연소시킬 때 사용되어진 연료 또는 에너지를 말한다.

⑧ 연소확대물: 연소가 확대되는데 있어 결정적 영향을 미친 가연물을 말한다.

⑨ 재구입비: 화재 당시 피해물과 같거나 비슷한 것을 재건축(설계·감리비 포함) 또는 재취득하는데 필요한 금액을 말한다.

⑩ 내용년수: 고정자산을 경제적으로 사용할 수 있는 연수를 말한다.

⑪ 손해율: 피해물의 종류, 손상상태 및 정도에 따라 피해액을 적정화시키는 일정한 비율.

⑫ 잔가율: 화재 당시 피해물의 재구입비에 대한 현재가의 비율.

⑬ 최종잔가율: 피해물의 경제적 내용연수가 다한 경우 잔존하는 가치의 재구입비에 대한 비율을 말한다. (예 불에 그을린 냉장고를 팔았을 때의 중고값 또는 고철값)

⑭ 접수: 119종합상황실에서 유무선 전화 또는 다매체를 통하여 화재 등의 신고를 받는 것.

⑮ 출동: 119상황실의 출동지령으로 소방대가 소방서 차고 등에서 출발하는 것을 말한다.

⑯ 선착대: 화재현장에 가장 먼저 도착한 소방대를 말한다.

⑰ 초진: 소방대의 소화활동으로 화재확대의 위험이 현저하게 줄어들거나 없어진 상태이다.

⑱ 잔불정리: 화재 초진 후, 잔불을 점검하고 처리하는 것을 말한다. 이 단계에서는 열에 의한 수증기나 화염 없이 연기만 발생하는 연소현상이 포함될 수 있다.

⑲ 완진: 소방대에 의한 소화활동의 필요성이 사라진 것을 말한다.

⑳ 재발화감시: 화재를 진화한 후 화재가 재발되지 않도록 감시조를 편성하여 일정 시간 동안 감시하는 것을 말한다.

(*^^ 이 하, 이 규정에서 사용하는 용어의 뜻은 「소방기본법」, 「소방의 화재조사에 관한 법률」 등 소방관계법령에 따른다.)

4. 화재조사 개시 및 원칙

① 「소방의 화재조사에 관한 법률」 (이하 "법") 제5조에 따라 화재조사관(이하 "조사관")은 화재발생사실을 인지하는 즉시 화재조사(이하 "조사")를 시작해야 한다. (제3조)

② 소방관서장은 조사관을 근무 교대조별로 2인 이상 배치하고 조사업무를 수행한다.

5. 화재의 유형

화재는 다음과 같이 그 유형을 구분한다.(제9조)

① **건축·구조물화재:** 건축물, 구조물 또는 그 수용물이 소손된 것

② **자동차·철도차량화재:** 자동차·철도차량 및 피견인차, 그 적재물이 소손된 것

③ 선박·항공기화재

④ 임야화재

⑤ 위험물·가스제조소 등 화재

⑥ 기타화재

> ①~⑥ 화재가 복합되어 발생한 경우에는 화재피해액이 큰 것으로 한다.
> 피해 금액으로 구분하는 것이 사회관념상 적당치 않을 경우에는 발화장소로 화재를 구분한다.

6. 화재건수의 결정

1건의 화재란 1개의 발화점으로부터 불이 확대된 것으로 **발화부터 진화까지**를 말한다.
다만, 다음의 경우에는 각 호에 따른다. (제10조)

① 동일범이 아닌 각기 다른 사람에 의한 방화, 불장난은 동일 대상물에서 발화했더라도 각각 별건의 화재로 한다.

② 동일 소방대상물의 발화점이 2개소 이상 있는 다음의 화재는 1건의 화재로 한다.
- 누전점이 동일한 누전에 의한 화재
- 지진, 낙뢰(벼락) 등 자연현상에 의한 다발화재

③ 발화지점이 한 곳인 화재현장이 2이상의 관할구역에 걸친 화재는 발화지점이 속한 소방서에서 1건의 화재로 산정한다. 다만, 발화지점 확인이 어려운 경우에는 화재피해금액이 큰 관할구역 소방서의 화재 건수로 산정한다.

> 동일범이 아니면 별건, 자연적인 것은 1건, ③은 먼저 불난쪽 소방서에서 책임을 가진다.

7. 발화일시 결정

발화일시의 결정은 관계인등의 화재발견 상황통보(인지)시간 및 화재발생 건물의 구조, 재질 상태와 화기취급 등의 상황을 종합적으로 검토하여 결정한다. 다만, 자체진화 등 사후인지 화재로 그 결정이 곤란한 경우에는 **발화시간**을 추정할 수 있다. (제11조)

8. 사상자 및 부상자 분류

① 사상자는 화재현장에서 사망한 사람과 부상당한 사람을 말한다. (제13조)
다만, 화재현장에서 부상을 당한 후 72시간 이내에 사망한 경우에는 사망으로 본다.
② 부상정도는 의사의 진단을 기초로 하여 다음과 같이 구분한다.(제14조)

사망자		부상을 당한 후 72시간 이내에 사망한 경우
부상	중상	3주 이상의 입원치료를 필요로 하는 부상.
	경상	중상 이 외의 부상(입원치료를 필요로 하지 않는 것도 포함)을 말한다.(* 병원치료가 필요로 하지 않는 단순 연기흡입자 제외)

9. 건물의 동수 산정

건물의 동수 산정은 다음과 같다. (제15조 관련 별표1)

① 주요구조부가 하나로 연결되어 있는 것은 1동으로 한다. 다만 건널복도* 등으로 2 이상의 동에 연결되어 있는 것은 그 부분을 절반으로 분리하여 각 동으로 본다.

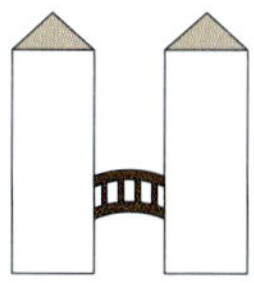

② 건물의 외벽을 이용하여 실을 만들어 헛간, 목욕탕, 작업실, 사무실 및 기타 건물 용도로 사용하고 있는 것은 주 건물과 같은 동으로 본다.

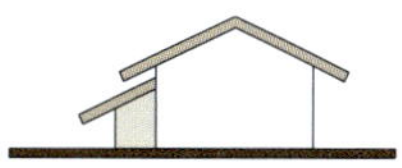

③ 구조에 관계없이 지붕 및 실이 하나로 연결되어 있는 것은 같은 동으로 본다.

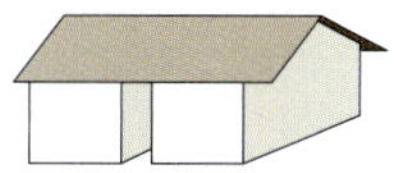

④ 목조 또는 내화조 건물의 경우 격벽으로 방화구획이 되어 있는 경우도 같은 동으로 한다.

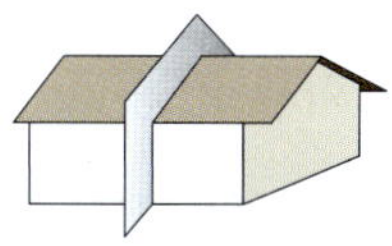

⑤ 독립된 건물과 건물 사이에 차광막, 비막이 등의 덮개(예 천막)를 설치하고 그 밑을 통로 등으로 사용하는 경우는 다른 동으로 한다.

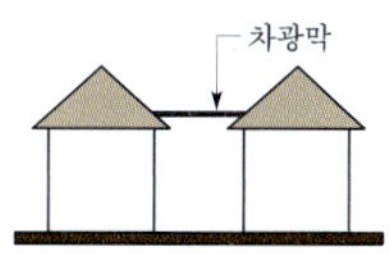

⑥ 내화조 건물 옥상에 목조 또는 방화구조 건물이 별도 설치된 경우는 다른 동으로 한다. 다만, 이들 건물의 기능상 하나인 경우(옥내 계단이 있는 경우)는 같은 동으로 한다.

⑦ 내화조 건물의 외벽을 이용하여 목조 또는 방화구조건물이 별도 설치되어 있고 건물 내부와 구획되어 있는 경우 다른 동으로 한다.
다만, 주된 건물에 부착된 건물이 옥내로 출입구가 연결되어 있는 경우와 기계설비 등이 쌍방에 연결되어 있는 경우 등 건물 기능상 하나인 경우는 같은 동으로 본다.

(*^^ 키워드로 정리: 같은동: 연결, 이용, 기능이 하나, 방화구획. / 다른동: 분리, 별도, 독립)

10. 화재의 소실정도

건축·구조물의 소실정도는 다음과 같다.(자동차·철도차량·선박·항공기 등 포함) (제16조)

전소	• 건물의 70% 이상 소실된 것.(* 입체면적에 대한 비율을 말함) • 건물의 70% 미만이더라도 잔존부분을 보수하여도 재사용이 불가능한 것.
반소	건물의 30% 이상 70% 미만의 소실된 것.
부분소	전소 및 반소에 해당하지 아니하는 것.

11. 소실면적 산정

건물의 소실면적산정은 소실바닥면적으로 산정한다.(제17조)

▸ **소실정도를 구분하는 방법과 소실면적 산정의 비교**

• 소실정도를 구분하는 방법은 **입체면적**으로 한다.
• 건물의 소실면적산정은 소실바닥면적으로 한다.

※ 화재피해액의 산정 - 건물 등 자산에 대한 최종잔가율은 건물·부대설비·구축물·가재도구는 20%로 하며, 그 이외의 자산은 10%로 정한다.(제18조)

12. 세대수 산정

거주와 생계를 함께하는 사람들의 집단이나 하나의 가구에서 살고 있는 독신자로서 자신의 주거에 사용되는 건물에 대하여 재산권을 행사할 수 있는 사람을 1세대로 한다. (제19조)

13. 화재 합동 조사단 운영 및 종료

① 소방관서장은 대형화재 발생 시 화재합동조사단을 구성·운영하는 것을 원칙으로 한다.

소방청장	사상자가 30명 이상이거나 2개 시도 이상에 발생한 화재(임야화재 제외)
소방본부장	사상자가 20명 이상이거나 2개 시군구 이상에 발생한 화재
소방서장	사망자가 5명 이상이거나 사상자가 10명 이상 또는 재산피해액이 100억 원 이상 발생한 화재

② 소방관서장은 단장 1명과 단원 4명 이상을 화재합동조사단원으로 임명·위촉할 수 있다.
③ 화재화재합동조사단원은 화재현장 지휘자 및 조사관, 출동 소방대원과 협력하여 조사와 관련된 정보를 수집할 수 있다.

---

* 소실면적: 불에 탄 면적　　* 소방관서장: 소방청장, 소방본부장, 소방서장
* 건널복도: 일반적으로 "스카이 브릿지(Sky bridge)" 혹은 "구름다리"라고 부름.

14. 조사 보고

조사관이 조사를 시작한 때에는 소방관서장에게 지체 없이 화재 · 구조 · 구급상황보고서를 작성 · 보고해야 한다. 조사의 최종 결과보고는 다음 각 호에 따른다.(제22조)

긴급상황보고에 해당하는 화재	• 화재 인지로부터 30일 이내,
일반화재	• 화재 인지로부터 15일 이내,
조사보고를 연장할 수 있는 경우	• 수사기관의 범죄수사가 진행 중인 경우 • 화재감정기관 등에 감정을 의뢰한 경우 • 추가 화재현장조사 등이 필요한 경우

※ 조사 보고일을 연장한 경우 그 사유가 해소된 날부터 10일 이내에 소방관서장에게 결과를 보고한다.

15. 화재조사관의 교육훈련

교육과목별 시간과 방법은 소방본부장, 소방서장 또는 교육과정을 운영하는 교육훈련기관의 장이 정한다. (제25조) -「소방공무원 교육훈련규정」제13조 관련 -

– 다만, 규칙 제5조제2항에 따른 의무 보수교육 시간은 4시간 이상으로 한다.

16. 화재피해액 산정기준

대상별 화재피해액의 산정기준은 다음과 같다.(제18조 관련 별표2)

산정대상	산정기준(내용 요약)
건물	「신축단가(m^2당)×소실면적×[1-(0.8×경과연수/내용연수)]×손해율」의 공식에 의함
부대설비	「건물신축단가×소실면적×설비종류별 재설비 비율×[1-(0.8×경과연수/내용연수)]×손해율」의 공식에 의한다.
구축물	「소실단위의 회계장부상 구축물가액×손해율」의 공식에 의하거나「소실단위의 원시건축비×물가상승율×[1-(0.8×경과연수/내용연수)]×손해율」의 공식에 의함
가재도구	실질적, 구체적 방법:「재구입비× [1-(0.8×경과연수/내용연수)]×손해율」
영업시설	「m^2당 표준단가×소실면적×[1-(0.9×경과연수/내용연수)]×손해율」의 공식에 의하되, 업종별 m^2당 표준단가는 매뉴얼이 정하는 바에 의한다.
기계장치 및 선박 · 항공기	「감정평가서 또는 회계장부상 현재가액×손해율」의 공식에 의함. 단, 현재가액이 확인되지 않을 경우「재구입비×[1-(0.9×경과연수/내용연수)]×손해율」로 함.
공구 및 가구	「재구입비×[1-(0.9×경과연수/내용연수)]×손해율」
집기비품	「m^2당 표준단가×소실면적×[1-(0.9×경과연수/내용연수)]×손해율」
잔존물제거	「화재피해액×10%」의 공식에 의한다.

(*^^ 대상별 화재피해액의 산정기준은 주요기준으로 요약 되었음.)

17. 화재조사의 법적근거

"소방의 화재조사에 관한 법률"에서 법적 근거를 찾아보면 다음과 같다.

▸ 화재조사의 실시 (법제5조)

① 소방청장, 소방본부장 또는 소방서장(이하 소방관서장)은 화재발생 사실을 알게 된 때에는 지체 없이 화재조사를 하여야 한다.(이 경우 수사기관의 범죄수사에 지장을 주어서는 아니 된다.)
② 화재의 원인에 관한 사항과 화재로 인한 인명·재산피해상황,대응활동에 관한 사항, 소방시설 등의 설치 · 관리 및 작동 여부에 관한 사항, 화재발생건축물과 구조물, 화재유형별 화재위험성 등에 관한 사항 등의 조사를 하여야 한다.

▸ 화재조사관의 권리

① 화재의 원인조사 또는 피해조사권 등(제5조)
② 관계인에게 보고 또는 자료제출 명령권 및 질문권(제 9조)
③ 관계인에게 출석권 및 질문권(제 10조)
④ 수사기관에 체포된 사람과 압수증거물에 대한 조사권(제11조)

▸ 화재조사관의 의무 등

① 출입 시 관계인에게 증표제시 의무(제9조)
② 관계인의 업무 방해금지 또는 비밀 누설금지 의무(제9조)
③ **방화·실화의 혐의범**을 필요한 경우, 증거를 수집(검사·시험·분석)(제11조)
④ 소방공무원은 경찰공무원 및 보험회사 등과 협력의무(제12조~13조)

※ 미란다원칙 적용하여 질문권을 거부하여 묵비권을 행사할 때에는 묵비권은 기본인권으로 헌법에 보장되어 있고 사법적으로도 고문방지를 위하여 광범위하게 인정되므로 강제할 수는 없다.

18. 관계인등 진술 등(제6~7조)

화재현장 등에 출입할 때에는 관계인등의 입회 하에 실시하는 것을 원칙으로 한다.

① 관계인등에게 질문을 할 때에는 시기, 장소 등을 고려하여 진술하는 사람으로부터 임의진술을 얻도록 해야 하며 진술의 자유 또는 신체의 자유를 침해하여 임의성을 의심할 만한 방법을 취해서는 아니 된다.
- 법(=소방의 화재조사에 관한 법률) 제9조제1항 관련-

② 관계인등에게 질문을 할 때에는 희망하는 진술내용을 얻기 위하여 상대방에게 암시하는 등의 방법으로 유도해서는 아니 된다.
- 획득한 진술이 소문 등에 의한 사항인 경우 그 사실을 직접 경험한 관계인등의 진술을 얻도록 해야 한다.-

| 화재조사 | OX 개념

01 화재조사의 목적은 화재의 경계와 예방활동 위한 정보 자료 획득, 화재 및 제조물 위치관련 통계 작성 추구, 방화·실화 수사협조 및 피해자 구체적 증거 확보 등이 있다. ( )

화재조사의 목적은 화재의 경계와 예방활동 위한 정보 자료 획득, 화재 및 제조물 위치관련 통계 작성 추구, 방화·실화 수사협조 및 피해자 구체적 증거 확보 등이 있다.

02 화재조사의 특징은 신속성, 정밀과학성, 안전성, 임의성, 보존성, 현장성, 프리즘식이 있다. ( )

화재조사의 특징은 신속성, 정밀과학성, 안전성, 강제성, 보존성, 현장성, 프리즘(prism)식이 있다.
(* 연상: 신정안은 강보현과 프리즘을 하고 있다.)

03 감정이란 화재 원인의 판정을 위하여 전문적인 지식, 기술 및 경험을 활용하여 주로 시각에 의한 종합적인 판단으로 구체적인 사실관계를 명확하게 규명하는 것이다. ( )

감식이란 화재 원인의 판정을 위하여 전문적인 지식, 기술 및 경험을 활용하여 주로 시각에 의한 종합적인 판단으로 구체적인 사실관계를 명확하게 규명하는 것을 말한다.

04 "잔불정리" 란 화재 완진후, 잔불을 점검하고 처리하는 것을 말한다. ( )

잔불정리란 화재를 진압한 후, 잔불을 점검하고 처리하는 것을 말한다. (* "완진" 이란 소방대에 의한 소화활동의 필요성이 사라진 것을 말한다.) (* 23년 소방공무원 승진시험 소방장 기출)

05 조사관은 화재사실을 인지하는 즉시 조사활동을 시작한다. 소방관서장은 조사관을 근무 교대조별로 2인 이상 배치하고 조사업무를 수행한다 ( )

조사관은 화재사실을 인지하는 즉시 조사활동을 시작한다. 소방관서장은 조사관을 근무 교대조별로 2인 이상 배치하고 조사업무를 수행한다.

Ans. 01. (O) 02. (X) 03. (X) 04. (X) 05. (O)

06 화재의 유형은 건축·구조물화재, 자동차·철도차량화재, 선박·항공기화재, 임야화재, 위험물·가스제조소 등 화재, 기타화재로 구분한다. ( )

화재의 유형은 ① 건축·구조물화재 ② 자동차·철도차량화재 ③ 위험물·가스제조소등 화재 ④ 선박·항공기화재 ⑤ 임야화재 ⑥ 기타화재로 구분한다. (* 암기: 건자의 위선으로 임기가 끝남)

07 상기 문제 6번에서 화재가 복합되어 발생한 경우에는 화재피해액이 많은 것으로 한다. 피해액이 같은 경우나 피해액이 큰 것으로 구분하는 것이 사회관념상 적당치 않을 경우에는 발화시간으로 화재를 구분한다. ( )

화재가 복합되어 발생한 경우에는 화재피해액이 큰 것으로 한다. 피해금액으로 구분하는 것이 사회관념상 적당치 않을 경우에는 발화장소로 화재를 구분한다. 발화시간(x) (제9조)

08 자동차·철도차량, 선박 및 항공기 등이 70% 소실된 것은 전소로 한다. ( )

자동차·철도차량, 선박 및 항공기 등이 70% 소실된 것은 전소로 한다.

09 동일 소방대상물의 발화점이 2개소 이상 있는 누전점이 동일한 누전에 의한 화재 또는 지진, 낙뢰(벼락) 등 자연현상에 의한 다발화재는 2건의 화재로 한다. ( )

자연현상에 의한 다발화재는 1건의 화재로 한다.

10 발화일시의 결정에서, 자체진화 등 사후인지 화재로 그 결정이 곤란한 경우에는 발화장소로 추정할 수 있다. ( )

사후인지 화재로 그 결정이 곤란한 경우에는 발화시간을 추정할 수 있다.(제11조)

11 소실면적산정은 입체면적으로 소실정도를 구분하는 방법은 바닥면적 비율이다. ( )

소실정도 구분방법은 입체면적이며, 소실면적산정은 소실바닥면적으로 한다.
(* 암기: 정입면바(ㅈㅇㅁㅂ= 연상: 장어먹보)

12 화재피해액의 산정기준에서 건물, 부대설비, 구축물, 가재도구의 산정기준은 0.9로 계산하고 영업시설, 기계장치, 공구, 집기비품은 0.8로 계산한다. ( )

설문(설명문)은 숫자가 반대로 되어 있다. - (*^^ 0.8: 건대 구(옛날)가구 / 0.9: 영기공집(* 영기 고집) -

Ans. 06. (O) 07. (X) 08. (O) 09. (X) 10. (X) 11. (X) 12. (X)

| 폭발 | 주요문제

기출

01 다음 중 화재조사의 목적이 아닌 것은?

① 소방정보의 수집과 통계를 통한 행정시책자료로 활용
② 화재피해를 알리고 유사 화재방지 활용
③ 방화·실화자의 색출과 처벌근거로 활용
④ 출화원인을 규명하여 예방행정의 자료로 활용

해설 방화 · 실화자의 색출과 처벌근거로 활용은 화재조사 목적으로 해당하지 않는다. 답 ③

기출

02 다음 중 화재조사에 관한 용어설명 중 잘못된 것은?

① 발화: 열원에 의하여 가연물질에 지속적으로 불이 붙는 현상을 말한다.
② 잔가율: 피해물의 경제적 내용연수가 다한 경우 잔존하는 가치의 재구입비에 대한 비율
③ 감식: 화재 원인의 판정을 위하여 전문적인 지식, 기술 및 경험을 활용하여 주로 시각에 의한 종합적인 판단으로 구체적인 사실관계를 명확하게 규명하는 것
④ 재구입비: 화재 당시 피해물과 같은 것 등을 재건축 또는 재취득하는데 필요한 금액

해설 잔가율: 화재 당시 피해물의 재구입비에 대한 현재가의 비율을 말한다. ②번은 최종잔가율의 정의이다. 답 ②

기출

03 화재현장에서 사상자 및 부상자의 분류가 아닌 것은?

① 사상자 – 화재현장에서 사망한 사람과 부상당한 사람.
② 사망자 – 부상을 당한 후 72시간 이내에 사망한 경우.
③ 중상 – 3주 이상의 입원치료를 필요로 하는 부상.
④ 경상– 중상 이 외의 부상으로서 입원치료를 필요로 하는 것만을 포함한다.(단, 병원치료가 필요로 하지 않는 단순 연기흡입한 사람은 제외한다.)

해설 경상– 중상 이 외의 부상.(입원치료를 필요로 하지 않는 것도 포함한다)을 말한다.(* 병원치료가 필요로 하지 않는 단순 연기흡입한 사람은 제외) 답 ④

기출

04 화재건수 결정에 관하여 옳은 것은?

① 동일 소방대상물의 발화점이 2개소 이상 있는 누전점이 동일한 누전에 의한 화재는 별건의 화재로 한다.
② 동일 소방대상물의 발화점이 2개소 이상 있는 지진, 낙뢰 등 자연현상에 의한 다발화재는 별건의 화재로 한다.
③ 동일범이 아닌 각기 다른 사람에 의한 방화, 불장난은 동일 대상물에서 발화했더라도 1건의 화재로 한다.
④ 1건의 화재란 1개의 발화점으로부터 확대된 것으로 발화부터 진화까지를 말한다.

해설 1건의 화재란 1개의 발화점으로부터 확대된 것으로 발화부터 진화까지를 말한다.
답 ④
(* ① 1건의 화재로 한다. ② 1건의 화재로 한다. ③ 별건의 화재로 한다.)

기출

05 화재의 소실정도에서 옳지 않는 것은?

① 전소 – 건물의 70% 이상 소실된 것.
② 전소 – 건물의 70% 미만이더라도 재사용이 불가능한 것.
③ 반소 – 건물의 30% 이상 70% 미만의 소실된 것.
④ 부분소 – 건물의 30% 미만으로서 재사용이 불가능한 것.

해설 건물의 30%미만으로서 잔존부분을 보수하여도 재사용이 불가능한 것은 전소이다.(*건물의 30%미만으로서 잔존부분을 보수하여 재사용이 가능한 것이 부분소에 해당한다).

답 ④

기출

06 화재조사 및 보고규정에서 그 내용이 옳지 않은 것은?

① 건물의 소실면적산정은 소실바닥면적으로 산정한다.
② 소실정도를 구분하는 방법은 입체면적에 대한 비율이다.
③ 건물 등 자산에 대한 최종잔가율은 건물·부대설비·구축물·가재도구는 20%로 하며, 그 이외의 자산은 10%로 정한다.
④ 하나의 가구에서 살고 있는 독신자로서 자신의 주거 건물에 대하여 재산권을 행사할 수 있는 사람은 2세대로 한다.

해설 거주와 생계를 함께하는 사람들의 집단이나 하나의 가구에서 살고 있는 독신자로서 자신의 주거에 사용되는 건물에 대하여 재산권을 행사할 수 있는 사람을 1세대로 한다

답 ④

예상

07 다음 중 화재합동조사단의 운영에 대한 설명이 아닌 것은?

① 소방청장 – 사상자가 30명 이상, 2개 시도 이상 발생화재
② 소방본부장 – 사상자 20명 이상, 2개 시군구 이상 화재
③ 소방서장 –사망자가 5명 이상이거나 사상자가 10명 이상 또는 재산피해액이 50억 원 이상 발생한 화재
④ 소방관서장 – 단장 1명과 단원 4명 이상을 임명할 수 있다.

해설 소방서장 – 사망자가 5명 이상이거나 사상자가 10명 이상 또는 재산피해액이 100억 원 이상 발생한 화재

답 ③

기출 소방간부후보 기출

08 다음 중 화재조사에 대한 설명으로 옳지 않은 것은?

① 화재조사는 화재사실을 인지하는 즉시 시작한다.
② 화재조사에는 범죄조사를 포함한다.
③ 화재로 인한 소실정도에 따라 전소, 반소, 부분소가 있다.
④ 화재로 인하여 72시간 이내에 사망한 경우 사망으로 본다.
⑤ 발화장소는 화재발생 장소를 말한다.

해설 소방관서장은 대형화재 발생 시 화재합동조사단을 구성·운영하는 것을 원칙으로 한다. 화재조사에는 범죄조사(수사)를 포함하지 않는다.

답 ②

기타 화재조사 및 소방활동용어

- **화재조사**: 소방청장, 소방본부장 또는 소방서장이 화재원인, 피해상황, 대응활동 등을 파악하기 위하여 자료의 수집, 관계인등에 대한 질문, 현장 확인, 감식, 감정 및 실험 등을 하는 일련의 행위를 말한다.
- **관계인등**: 소유자, 관리자, 점유자 / 화재현장을 발견하고 신고한 사람 / 화재 현장을 목격한 사람, / 소화활동을 행하거나 인명구조활동에 관계된 사람 / 화재를 발생시키거나 화재발생과 관계된 사람.
- **상황실**: 화재·구조·구급 등 소방상황을 접수·전파 처리 등의 업무를 행하는 곳.
- **발화지점**: 열원과 가연물이 상호작용하여 화재가 시작된 지점
- **발화장소**: 화재가 발생한 장소
- **발화관련기기**: 발화에 관련된 불꽃 또는 열을 발생시킨 기기 또는 장치나 제품을 말한다.
- **도착**: 출동지령을 받고 출동한 소방대가 현장에 도착하는 것을 말한다.
- **철수**: 진화가 끝난 후, 소방대가 화재현장에서 복귀하는 것을 말한다.
- **진화(鎭火)**: 현장 지휘본부장이 소방대에 의한 소화활동의 필요가 없다고 인정한 상태를 말한다.
- **화재현장**: 화재가 발생, 소방대 및 관계인 등에 의해 소화활동이 행하여지고 있거나 행하여진 장소.
- **소방용수**: 소화를 위한 물(소화전, 급수탑, 저수조, 소방용으로 사용되는 연못, 하천 등 수리의 총칭)
- **실화(失火)**: 과실(過失)에 의하여 화재를 발생시키고 물질을 훼손시키는 것.
- **방화(放火)**: 고의로 불을 지르거나 그로 인한 것이라고 의심되는 화재. 소방안전관리자가 불이 난 것을 보았으나 소실되도록 방치했다면 방화로 본다. 放: 놓을 방.
- **천재발화**: 지진, 낙뢰(벼락), 분화(噴火 예 화산분출) 등에 의하여 발생된 것을 말한다.
- **재연(再燃)**: 화재진압 후 같은 장소에서 꺼졌던 불이 다시 타는 것을 말한다.
- **불명(不明)**: 명확하지 않은 원인으로 화재가 발생된 것을 말한다.
- **재구입비**: 2015년에 냉장고를 100만원에 샀고 2025년 화재로 소손되었을 때 재구입비는 100만원
- **내용년수**: 2015년 구입한 냉장고를 최대한으로 사용할 수 있는 연수.(화재조사관들은 이를 정확히 알려면 사실 복잡하여 약 20년 정도 사용할 것으로 예측한다)
- **손해율**: 냉장고가 화재로 소손된 상태를 보면서 화재조사관이 부여하는 비율.(완전히 못쓰게 되면 100%, 수리하면 쓸 수 있으면 50% 정도로 임의로 부여한다)
- **잔가율**: 예 15년에 냉장고를 100만 원에 샀지만. 약 10년간 사용해서 중고품으로 거래했을 때 20만 원에 팔린다고 하면 80만 원이 감가수정액. 이 경우 잔가율은 100만 원–80만 원 / 100만 원= 20%
- **최종잔가율**: 건물 등 자산에 대한 건물·부대설비·가재도구는 20%, 그 외의 자산은 10%로 정한다.

CHAPTER

02 구조론

▸ 2025년 9월 23일까지 119구조구급 법률 개정으로 편집됨.

01 구조대의 법령

(1) 목적

이 법은 화재, 재난·재해 및 테러, 그 밖의 위급한 상황에서 119구조·구급의 효율적 운영에 관하여 필요한 사항을 규정함으로써 국가의 구조·구급 업무 역량을 강화하고 국민의 생명·신체 및 재산을 보호하며 삶의 질 향상에 이바지함을 목적으로 한다.

(2) 정의

① **구조**: 화재, 재난·재해 및 테러, 그 밖의 위급한 상황에서 외부의 도움을 필요로 하는 사람("구조대상자")*의 생명, 신체 및 재산을 보호하기 위하여 수행하는 모든 활동.

② **119구조대**: 탐색 및 구조활동에 필요한 장비를 갖추고 소방공무원으로 편성된 단위조직.

③ **구급**: 응급환자에 대하여 행하는 상담, 응급처치 및 이송 등의 활동을 말한다.

④ **119구급대**: 구급활동에 필요한 장비를 갖추고 소방공무원으로 편성된 단위조직이다.

⑤ **119항공대**: 항공기, 구조·구급 장비 및 119항공대원으로 구성된 단위조직을 말한다.

⑥ **119구조견대**: 위급상황에서 119구조견을 활용하여 소방활동을 수행하는 소방공무원으로 편성된 단위조직을 말한다.

(3) 구조대의 종류

구조대의 요약은 다음과 같다. (영 제5조)

구조대 종류	설치 단위	내용
① 일반구조대	소방서 단위	소방서가 미설치된 지역은 119안전센터에 설치함.
② 특수구조대	소방서 단위	화학·수난·고속국도·산악·지하철구조대를 편성함
③ 직할구조대	소방청, 소방본부	소방본부의 경우 시·도 규칙에 의함.
④ 테러대응구조대	소방청, 소방본부	〃
⑤ 국제구조대	소방청에 설치	인명탐색 및 구조, 안전평가, 상담, 응급처치·이송 등
※ 119항공대	소방청·소방본부의 직할구조대에 설치함.(* 비행시간: 1일 8시간 초과 불가.)	

(*^^ 구조대 및 구급대는 청·본·서에 설치된다. 구급대종류는 일반구급대 및 고속국도구급대가 있다)

④, ⑤ 구조대는 상시 설치되지 않고, 필요시에만 설치하는 비상설 구조대이다.

(4) 구조대원의 자격

소방공무원으로서 다음 어느 하나에 해당하는 자격을 갖추어야 한다. (영 제6조)

① 소방청장이 실시하는 인명구조사 교육을 받았거나 인명구조사 시험에 합격한 자

② 국가·지방자치단체·공공기관에서 구조관련 분야의 근무경력이 2년 이상인 자

③ 응급의료에 관한 법률* 따른 응급구조사의 자격을 가진 사람으로서 소방청장이 실시하는 구조업무에 관한 교육을 받은 사람 (*^^ ①③해설: 구조·구급대에서 Chief는 항상 소방청장이다.)

(5) 구조요청의 거절

구조대원은 다음의 경우에는 119전화 등의 구조요청을 거절할 수 있다.(영 제20조)

① 단순 문* 개방의 요청을 받은 경우

② 시설물에 대한 단순 안전조치 및 장애물의 단순 제거의 요청을 받은 경우

③ 동물의 단순 처리·포획 및 구조 요청을 받은 경우

④ 주민생활 불편해소 차원의 단순 민원 등 구조활동의 필요성이 없다고 인정되는 경우에 다만, 다른 수단에 의한 조치가 불가능한 경우에는 그러하지 아니하다.

①~④까지 "단순"이라는 단어가 들어간다. 단순상황은 모두 거절할 수 있다.

---

* 소방청장등: 소방청·소방본부장 또는 소방서장을 말한다.
* 119항공대: 초고층건물, 도서·벽지에서 발생한 응급환자 후송을 위하여 편성·운영함.
* 직할구조대: 대형·특수 재난사고의 구조, 현장 지휘 및 지원 등을 위하여 편성·운영함.
* 단순 문: 아파트 등의 문을 말하며 그 내용은 신고 접수 후 무조건 거절이 아니고 "거절할 수 있다"는 뜻이다.
* 국제구조대(KOSAR): 재외국민의 보호나 국제협력이 필요하다고 인정되는 경우에 설치함. 대한민국 구조대
* 응급의료에 관한 법률: 보건복지부 법령을 말한다. * 고속국도: 고속도로

(6) 구조대원의 교육 및 훈련

① 교육훈련은 일상교육훈련, 특별구조훈련으로 구분한다. (칙 제24조)
② 일상교육훈련은 구조대원의 일일근무 중 실시한다.
③ 특별구조훈련: 구조대원은 연간 40시간 이상 받아야 한다.
　㉠ 방사능 누출, 생화학테러 등 유해화학물질 사고에 대비한 화학구조훈련
　㉡ 하천[호소: 호수와 늪 포함] 해상에서 익수·조난·실종 등에 대비한 수난구조훈련
　㉢ 산악·암벽 등에서의 조난·실종·추락 등에 대비한 산악구조훈련
　㉣ 그 밖의 재난에 대비한 특별한 교육훈련

▸ 구조대원의 훈련

일상교육훈련(일일 근무 중), 특별구조훈련(연 40시간) 외 항공구조훈련(연 40시간)이 있다.
※ 상기 항공구조훈련은 구조대원 및 구급대원도 연 40시간 이상 받아야 한다. (칙 제25조)

(7) 국제구조대 · 국제구급대의 편성과 운영

소방청장이 구성하는 국제구조·구급대원의 편성과 운영은 다음과 같다. (영 제7조)
① 국제구조대: 인명탐색 및 구조, 안전평가, 상담, 응급처치, 응급이송, 시설관리, 공보연락 등 임무
② 국제구급대: 안전평가, 상담, 응급처치, 응급이송, 시설관리, 공보연락 등의 임무
③ 설치: 소방청장은 필요한 경우 소방청에 설치하는 직할구조대에 설치할 수 있다.
④ 파견 규모 및 기간: 외교부장관과 협의하여 소방청장이 정한다.

(8) 국제구조대 · 국제구급대의 교육훈련 (영 제8조)

국제구조·구급대원은 다음의 교육을 하며 청장은 필요 시 국외 교육훈련을 실시할 수 있다.
① 국제구조대원의 전문 교육훈련: 붕괴건물 탐색 및 인명구조, 방사능 및 유해화학물질 사고 대응, 유엔재난평가조정요원 교육 등
② 국제구조대원의 일반교육훈련: 응급처치, 기초통신, 구조 관련 영어, 국제구조대 윤리 등
③ 국제구급대원의 전문 교육훈련: 국제 항공이송 관련 교육, 해외 응급의료체계 등의 내용
④ 국제구급대원의 일반교육훈련: 기초통신, 구급 관련 영어, 국제구급대 윤리 등의 내용

(9) 119항공대의 업무 (영 제16조)

① 인명구조 및 응급환자의 이송　② 화재 진압
③ 장기이식환자 및 장기의 이송　④ 항공 수색 및 구조 활동
⑤ 공중 소방 지휘통제 및 소방에 필요한 인력·장비 등의 운반
⑥ 방역 또는 방재 업무의 지원, 그 밖에 재난관리를 위하여 필요한 업무

02 구조활동절차

구조란 곤경에 처한 사람을 건진다는 뜻으로 선진국에서는 수색구조라는 용어가 학술적으로, 일반적으로 쓰여지고 있으며, 구조대원의 구조개시점은 화재조사와 마찬가지로 119상황실에 신고접수시점부터 이루어진다.

(1) 구조활동의 결정 등

구조활동의 우선적인 고려사항은 인명의 안전, 사고의 안정화, 재산의 보존 순서에 해당되며, 초기대응의 절차는 상황파악, 접근, 상황의 안정화, 후송의 단계로 이루어진다.

① 구조방법의 결정원칙은 가장 안전하고 신속한 방법, 상태의 긴급성에 맞는 방법, 현장의 상황 및 특성을 고려한 방법, 실패의 가능성이 가장 적은 방법, 재산 피해가 적은 방법이다.

② 구출방법의 결정시 피해야 할 요인은 일반인에게 피해가 예측되는 방법, 2차 재해의 발생이 예측되는 방법, 개인적인 추측에 의한 현장 판단, 전체를 파악하지 않고 일면의 확인에 의해 결정한 방법이다.

(2) 구조활동의 절차

구조활동의 절차는 다음 순서에 의하여 이루어진다.

① 신고접수와 출동지령 ② 상태파악 ③ 현장보고
④ 구조활동 ⑤ 응원요청 ⑥ 군중통제
⑦ 응급처치 ⑧ 구조현장의 안전관리 각 절차의 내용과 주의사항

(3) 수난사고

익수자는 물에 빠진 사람을 말한다.

익수자에게는 생사의 기로에서 초인적인 힘이 생겨 구조자를 붙잡고 구조활동을 방해할 수 있으니 우선 구명환이나 로프를 던져야 하며 사람이 직접 수영하여 구하는 것은 최후의 수단이다. 구조자는 긴급 시 물에서 환자를 구출하면서 수면 위에서도 인공호흡을 하여야 하며 잠수물리에서 알아두어야 할 일반상식은 다음과 같다.

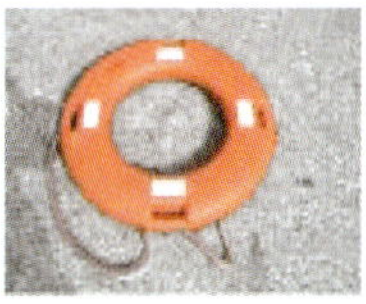
구명환

① 소리: 4배 정도 빨리 들리며 소리의 방향을 파악하기 힘들다.
② 물체: 물 속에서는 물체가 25% 정도 크게 보인다.
③ 열: 물은 공기보다 열을 약 25배 빨리 전달하므로 빨리 추워진다.
④ 압력: 수심 10m마다 1기압씩 증가된다.
⑤ 작은 보트: 좌우 측면으로 끌어올리면 보트의 전복 우려로 전면이나 후면으로 구조한다. 모터보트인 경우 뒷면의 스크류에 다칠 수 있으므로 보트의 전면이나 측면으로 구조한다.

(4) 구조활동의 우선순위

먼저 현장에 도착하면 상황을 침착히 한다. 구조 절차는 위험평가 → 수색 → 구조 → 응급의료 순서로 진행되고 사고발생 장소 및 사고규모와 요구조자의 인원 및 위치·부상부위·상태 등 요구조자*에게 가해지는 위험요인의 파악을 한다.

일반적인 **구조활동의 우선순위는 구명 → (신체)구출 → (정신적·육체적) 고통경감 → 재산 보전** 순으로 하며 다음과 같다.

① 대원진입 시 자신의 안전확보에 장애가 되는 요인을 제거한다.
② 2차 재해발생 요인을 제거한다.(전기, 가스, 낙하, 붕괴, 전락*등)
③ 요구조자의 구명에 필요한 조치를 한다. (* 구명)
④ 안전구역으로 신체구출 활동을 침착히 개시한다. (* 구출)
⑤ 요구조자의 상태 악화 방지에 필요한 조치를 한다. (* 고통경감)
⑥ 위험현장에서 격리하여 재산을 보전한다. (* 재산보전)

그 뒤 관계기관의 사고처리 대응내용, 사고 발생원인, 구조대 도착 전에 취한 조치 등의 구조에 필요한 제반 상황을 참고한다.

- **구조활동 우선순위:** ① 구명 → ② 구출 → ③ 고통경감 → ④ 재산 보전
- **구조활동 절차:** 위험평가 → 수색 → 구조 → 응급의료 순.

(5) 구조활동의 결정

① 가장 안전하고 신속한 방법, 상태의 긴급성에 맞는 방법, 현장의 상황 및 특성을 고려한 방법, 실패의 가능성이 가장 적은 방법, 재산 피해가 적은 방법이다.
② 구조대장은 특별한 경우가 아니면 직접 구조작업에 뛰어 들지 말고 전체를 감독한다.

(6) 장애물 제거 시 주의사항

현장 진입 시 장애물이 있을 경우를 대비해서 다음과 같은 사항을 주의한다.

① 필요한 기자재를 준비하며 대원의 안전을 취한다.
② 구조대상자의 생명, 신체에 영향이 있는 장애를 먼저 제거한다.
③ 위험이 큰 장애부터 제거한다.
④ 장애는 주위에서 중심부로 제거한다.
⑤ 위에서 아래로 순차적으로 제거한다.

활동의 방향

* 구명(救命): 목숨을 구함　* 구출(救出): 위험한 상태에서 구해냄(신체구출)　* 전락: 굴러 떨어짐.

03 구조장비

1. 구조장비의 종류

소방장비의 분류는 "소방장비관리법"시행령 별표1에서 기동장비·화재진압·구조·구급·정보통신·측정·보호·보조장비로 나뉜다. 여기서는 구조장비를 기준으로 살펴보기로 한다.

(1) 구조장비의 분류

구조장비의 8가지 세부적 분류로서 용도와 특성은 다음과 같다.

① **일반구조장비:** 개방장비, 조명기구, 총포류(로프총 등) 등이 있다.
  (예) 총포류 중 로프총(고층건물, 계곡 등에서 사용), 마취총(멧돼지 등에 사용)

② **산악구조장비:** 등하강 및 확보장비, 산악용 안전벨트, 고리 등이 있다
  (예) 등강기, 하강기류, 로프와 슬링, 카라비너, 도르레, 퀵도르레세트, 안전벨트 등)

③ **수난구조장비:** 급류 구조장비, 잠수장비 등이 있다.

④ **화생방 및 대테러 구조장비:** 경계구역 설정라인, 세독 · 소독장비, 누출물 수거장비 등

⑤ **절단구조장비:** 절단기, 톱, 드릴 등이 있다.
  ㉠ 동력절단기: 절단날(디스크)을 회전시켜 철, 콘크리트, 목재 등을 절단한다.
  ㉡ 체인톱: 동력에 의해 구동되는 톱날로 목재를 절단하는 장비
  ㉢ 공기톱: 압축공기를 동력원으로 절단톱날을 작동시켜 철재 등을 절단하는 기구
  ㉣ 드릴: 맨 끝에 송곳날을 단, 나무나 금속에 구멍을 뚫는 기구. 보르반(Bohr盤)

⑥ **중량물작업장비:** 중량물 유압장비, 휴대용 윈치(winch: 밧줄이나 쇠사슬로 무거운 물건을 들어 올리거나 내리는 장비를 말한다), 다목적 구조 삼각대 등이 있다.
  ㉠ 다목적구조 삼각대: 맨홀 속에 추락한 요구조자를 올리는데 사용하는 삼각형의 장비
  ㉡ 에어백: "잭"등으로 올리기 어려운 화물자동차 등을 압축공기를 넣어 부풀리는 기구
  ㉢ 유압엔진펌프: 유압전개기, 유압절단기, 유압램 등 유압장비 압력을 발생시키는 펌프

⑦ **탐색구조장비:** 적외선 야간 투시경, 매몰자 탐지기, 영상송수신장비 세트 등이 있다.

⑧ **파괴장비:** 도끼, 방화문 파괴기, 해머드릴 등이 있다.

▸ 유압장비

- **유압스프레더**(유압전개기): 틈새를 벌리거나 압착할 수 있는 장비(수중에서 사용가능)
- **유압절단기:** 자동차 문짝 등 물체를 절단하는 장비(수중에서 사용가능)

---

* 유압장비: 기름에 가해지는 압력으로 동력을 전달, 기계를 작동시키는 장비
* 카라비너: 각종 기구와 로프 또는 기구와 기구를 연결시키는 산악장비

04 로 프

1. 로프(Rope)

로프는 밧줄이라고도 하며 일반적인 구조활동 중에 가장 많이 사용된다.

① 로프매듭법

좋은 매듭의 3가지 조건은 아래와 같다.

① 묶기 쉬울 것.

② 자연적으로 풀리지 않을 것.

③ 사용 후 쉽게 해체할 수 있을 것이다.

▸ 매듭 활용시 주의사항은 아래와 같다

㉠ 로프를 매듭지으면 매듭 부분의 강도가 저하된다.

㉡ 매듭법을 많이 아는 것보다는 잘 쓰이는 매듭을 정확히 숙지하는 것이 중요하다.

㉢ 매듭부분으로 기구, 장비 등을 통과시킬 수 있으므로 매듭 크기가 작은 방법을 선택한다.

㉣ 매듭의 끝 부분이 빠지지 않도록 주매듭을 묶은 후 옭매듭 등으로 다시 마감해 준다.

② 기본매듭의 종류

로프의 기본매듭의 종류는 다음과 같이 분류한다.

이어매기(연결, 결합, 결속)	마디짓기(결절)	움켜매기(결착)
① 한겹매듭, 두겹매듭 ② 8자연결매듭 ③ 피셔맨매듭(장구매듭, 데그스매듭) ④ 바른매듭(맞매듭)	① 옭매듭(엄지매듭), 두겹옭매듭 ② 8자매듭, 두겹8자매듭, 이중8자매듭 ③ 줄사다리매듭 ④ 고정매듭(2겹, 3겹매듭 포함) ⑤ 나비매듭	① 말뚝매기(까베스탕매듭, Ciove hitch) ② 잡아매기 ③ 절반매듭 등 ④ 감아매기(비상매듭) ⑤ 클램하이스트매듭

③ 로프에 의한 신호요령

구조활동 중 로프에 의한 신호요령은 다음과 같이 분류한다.

㉠ 구조개시: 크게 한 번 당긴다. ㉡ 발견: 두 번 당긴다.

㉢ 대기: 세 번 당긴다. ㉣ 퇴거: 연속하여 당긴다.

④ 로프의 교체주기

로프의 교체주기는 일반적으로 다음과 같이 분류한다.

㉠ 매일 사용하는 로프 – 1년 ㉡ 매주 사용하는 로프 – 2년

㉢ 가끔 사용하는 로프 – 4년 ㉣ 스포츠 클라이밍 로프 – 6개월

㉤ 충격이나 손상 및 납작하게 눌린 로프 – 즉시

| Reference | 로프 기본매듭의 특징

1. 로프(Rope) – 이어매기

이어매기는 로프 2개를 사용하여 서로 연결하는 방법이다.
즉, 한 로프에 다른 로프를 서로 연결하므로 2개의 로프가 필요하다.

① 바른매듭(맞매듭)

㉠ 정의: 굵기가 같은 로프를 연결할 때 사용하는 기본 매듭으로 매듭부분은 완전히 조이고 끝부분은 엄지매듭으로 마감한다.

㉡ 장점: 묶고 풀기가 쉽다.

㉢ 단점: 굵기나 재질이 서로 다를 때에는 미끄러져 빠질 수 있으며 힘을 많이 받는 곳에 사용하면 안 된다.

② 한겹매듭, 두겹매듭

㉠ 정의: 매듭의 굵기가 서로 다르거나 젖은 로프를 결합할 때 사용한다.

㉡ 장점: 한겹매듭에서 로프를 한번 더 돌려 감으면 두겹매듭이 되는데 한겹매듭보다 더 튼튼하다.

㉢ 단점: 로프 줄을 너무 짧게 묶으면 쉽게 빠지므로 주의 한다.

한겹매듭

두겹매듭

| Reference | 로프 기본매듭의 특징

2. 로프(Rope) – 마디짓기

1개의 로프를 사용하여 로프의 끝이나 중간에 마디 또는 매듭·고리를 만든 방법이다.

① 옭매듭(엄지매듭)

㉠ 정의: 도르래나 구멍으로부터 로프가 빠져나가는 것을 방지하거나 절단한 로프 끝부분의 꼬임이 풀어지는 것을 방지하기 위해 로프에 마디를 짓는 방법으로 가장 흔히 사용되는 단순한 형태의 매듭이다. 엄지매듭이라고도 한다.

엄지매듭 8자매듭

② 8자매듭

옭매듭보다 매듭부분이 커서 다루기 편하고 풀기도 쉽다.

※ 세겹고정매듭

로프에 3개의 고리를 만드는 방법이다.

작업공간이 협소하여 바스켓 들것 등 구조기구를 사용하기 곤란할 경우 로프에 3개의 고리를 만들어 의식을 잃은 요구조자를 끌어올리거나 매달아 내리는 구조활동을 할 때 적합하다.

그러나 경추, 척추손상, 다발성골절환자는 2차 손상을 입힐 수 있으므로 사용하면 안 된다.

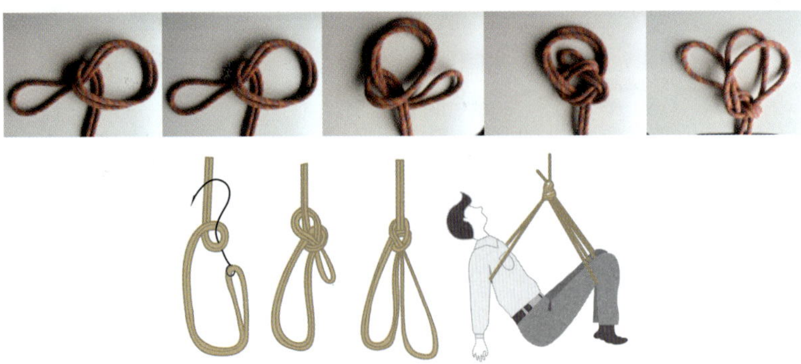

세겹고정매듭

| Reference | 로프 기본매듭의 특징

3. 로프(Rope) – 움켜매기

움켜매기는 지지물이나 특정 물건에 로프를 묶는 방법이다.

① 말뚝매기(까베스땅 매듭, Clove hitch)

㉠ 정의: 구조활동을 할 때 지지점을 설정하기 위해서 로프의 한 쪽 끝을 지지점에 묶는 방법.

㉡ 장점: 묶고 풀기는 쉽다.

㉢ 단점: 반복적인 충격을 받으면 매듭이 자연적으로 풀릴 수 있다.

- 보완: 풀리지 않도록 주로 엄지매듭으로 마감한다.
- 보완: 말뚝매듭 되어 있는 주 로프에 2회 이상의 절반매듭을 하는 방법도 사용한다.

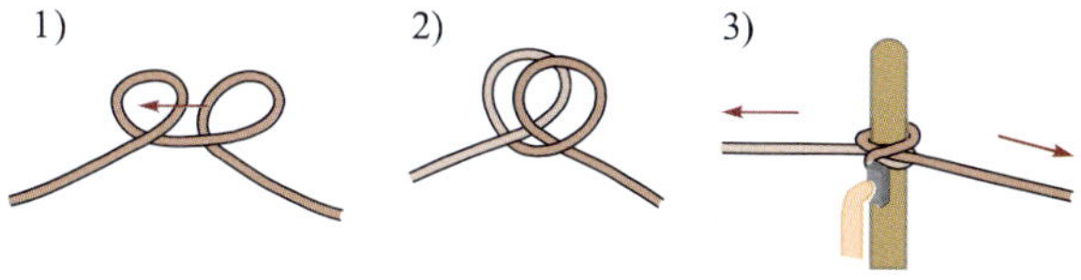

말뚝매기

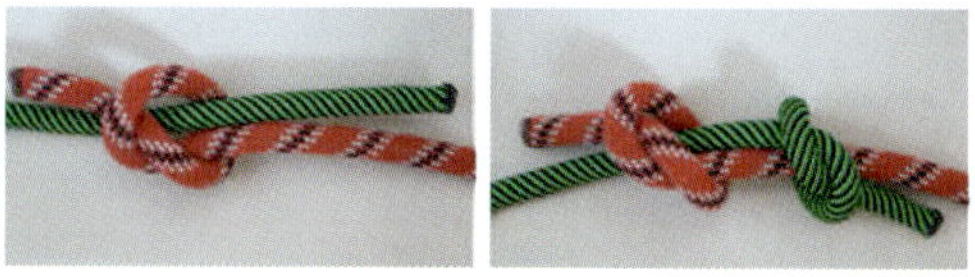

말뚝매기의 로프 끝 처리

② 감아매기(Prussik knot, 비상매듭)

굵은 로프에 가는 로프를 감아 매어 당기는 방법으로 감는 로프가 주 로프의 절반정도 굵기일 때 가장 효과적이며 3회 이상 돌려 감아야 한다.고리부분을 당기면 매듭이 고정되고 매듭 부분을 잡고 움직이면 주 로프의 상하로 이동시킬 수 있으므로 로프등반, 고정에 많이 사용된다.

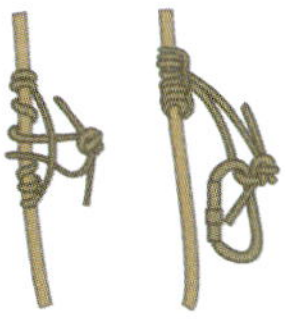

감아매기

③ 클램하이스트매듭

감아매기와 같이 자기 제동이 되는 매듭으로 주 로프에 보조로프를 3-5회 감고 로프 끝을 고리 안으로 통과시켜 완성한다. 하중이 걸리면 매듭이 고정되고 하중이 걸리지 않으면 매듭을 위 아래로 움직일 수 있다.

클램하이스트매듭

CHAPTER 02 구조론

| 참고 | 구조장비

너트

후랜드

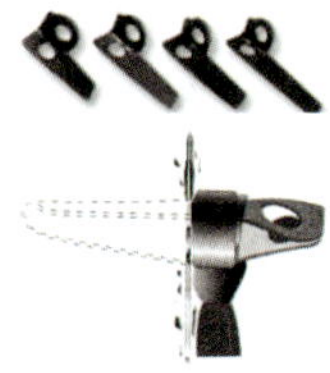
피톤

카라비너

크롤

베이직

로봇하강기

스톱

랙 하강기

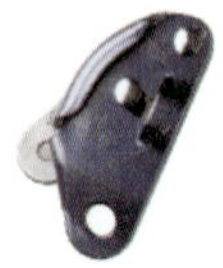
그리그리

유압전개기

유압절단기

동력 절단기

로프총

맨홀 보조기구

| 구조 | OX 개념

01 특수구조대는 화학·일반·고속국도·산악·지하철 구조대를 편성한다. ( )

특수구조대는 화학·수난·고속국도·산악·지하철 구조대를 편성한다.
(* 특수구조대 연상: 화요일, 수요일 고속국도타고 산악에 오르며, 집에 갈 때 지하철로 간다)

02 구조대원의 자격은 응급의료에 관한 법률에 따른 응급구조사의 자격을 가진 사람으로서 중앙119구조본부장이 실시하는 구조업무에 관한 교육을 받은 사람에 해당한다. ( )

소방청장이 실시하는 구조업무에 관한 교육을 받은 사람에 해당한다.

03 구조대원은 시설물에 대한 단순 안전조치 및 장애물의 단순 제거, 동물의 단순 처리·포획 및 구조에 해당하는 경우에는 구조요청을 거절할 수 있다. ( )

옳은 내용이다.

04 구조대원의 교육훈련은 일상교육훈련, 종합구조훈련으로 구분한다. ( )

구조대원의 교육훈련은 일상교육훈련, 특별구조훈련이 있으며 그 외 항공구조훈련이 있다.

05 국제구조대는 소방청과 소방본부에 설치하며 공보연락·위험평가·시설관리·응급의료·인명탐색·구조 등의 임무를 수행한다. ( )

국제구조대는 소방청에 설치하며 공보연락, 안전평가, 시설관리, 상담, 응급처치, 응급이송, 인명탐색 및 구조 등의 임무를 수행한다. (* 연상: 공안시상 응급인구)

06 구조활동의 우선순위는 ① 구출 → ② 구명 → ③ 고통경감 → ④ 재산 보전 순이다. ( )

① 구명 → ② 구출 → ③ 고통경감 → ④ 재산 보전 (* 구출통재)

07 이어매기에는 한겹(두겹)매듭, 8자연결매듭, 피셔맨매듭, 바른매듭 등이 있다. ( )

이어매기에는 한겹매듭, 두겹매듭, 8자연결매듭, 피셔맨매듭), 바른매듭)이 있다. (* 이어매기: 한팔피바)
/ [기타 암기 ※ 마디짓기: 옭팔자 사고나. / 움켜매기: 말잡아 절반 감아 하이)]

Ans. 01. (X) 02. (X) 03. (O) 04. (X) 05. (X) 06. (X) 07. (O)

| 구조 | 주요문제

기출

01 다음 중 구조활동 시 가장 우선이 되는 것은?

① 구명　　② 신체구출
③ 재산보호　　④ 통증경감

해설 구조활동 우선순위 ① 구명 → ② 구출 → ③ 고통경감 → ④ 재산 보전
(* 구명: 생명을 구함 / 구출: 신체 구출)

답 ①

기출

02 다음 중 구조 활동의 우선순위가 맞게 배열한 것은?

> (ㄱ) 요구조자의 구명에 필요한 조치를 한다.
> (ㄴ) 안전구역으로 구출 활동을 침착히 개시한다.
> (ㄷ) 위험현장에서 격리하여 재산을 보전한다.
> (ㄹ) 요구조자의 상태 악화 방지에 필요한 조치를 한다.

① (ㄴ)-(ㄱ)-(ㄷ)-(ㄹ)　　② (ㄴ)-(ㄱ)-(ㄹ)-(ㄷ)
③ (ㄱ)-(ㄴ)-(ㄷ)-(ㄹ)　　④ (ㄱ)-(ㄴ)-(ㄹ)-(ㄷ)

해설 구명 → (신체)구출 → (정신적·육체적)고통경감 → 재산 보전 순

답 ④

기출

03 다음 중 화재 시 현장에서 구조 활동 순서로 바른 것은?

① 진입 장애요인 제거－인명검색－구출－병원 이송
② 인명검색－구출－진입 장애요인 제거－병원이송
③ 구출－병원 이송－인명검색－진입 장애요인 제거
④ 인명검색－구출－병원 이송－진입 장애요인 제거

해설 현장에서 구조 활동 순서로 바른 것은 먼저 진입 장애요인 제거 → 인명검색 → 구출 → 병원 이송 순이다.

답 ①

기출 소방간부후보 기출

04 소방장비의 분류 중 구조장비에 속하는 것은?

① 공기호흡기　　② 중량물유압장비
③ 안전화　　④ 마스크류
⑤ 공기공급기

해설 중량물유압장비는 구조장비 중 중량물작업용이다. 참고로 ①, ③, ④, ⑤번은 "소방장비관리법 시행령" 별표1에서 보호장비에 속한다.

답 ②

| 구급 예습 | 인체 심장의 혈액순환도

인체에서 심장의 혈액순환도 순환경로는 먼저 좌심실에서 대동맥을 통하여 체순환(전신순환)이 된다, 이후 대정맥을 통해 우심방을 거쳐 들어간 혈액은 우심실을 통해 폐순환(허파순환)을 이루며 다시 좌심방으로 순환하게 된다. 결국 혈액은 체순환과 폐순환을 하는 데~

* 체순환: 좌심실에서부터(출발해!) 피가 온몸을 돌면서(돌겠네!) 모든 조직세포에 산소와 영양소를 주고(나눠 줘!) 이산화탄소와 노폐물을 받아(수거해!) 우심방까지 돌아오는(컴백!) 과정(쿵쿵!). 우심실에서 산소 가지러(출발!) / * 폐순환: 우심실에서 나온 혈액이 폐를 지나면서 이산화탄소를 내보내고 산소를 받아 좌심방으로 돌아오는 과정. (* 혈관은 1십만 km로서 지구 2바퀴 반이다.)

혈압(수은주 mm) (호흡: 12~20회, 맥박: 60~100회, 체온: 36.5~37.5℃)

혈압이란 동맥 혈관벽에 대항한 혈액의 압력을 말한다. 심장이 수축하여 동맥혈관으로 혈액을 보낼 때의 압력이 가장 높은데 이때의 혈압을 수축기 혈압이라 하고, 심장이 늘어나서 혈액을 받아들일 때의 혈압이 가장 낮은데 이때의 혈압을 이완기(확장기) 혈압이라고 한다.

① 수축기 혈압: 좌심실이 수축되고 동맥으로 혈액을 보낼 때 압력(약 120mmHg)

② 이완기 혈압: 좌심실이 이완되고 다시 채워질 때 동맥벽에 남아 있는 압력(약 80mmHg)

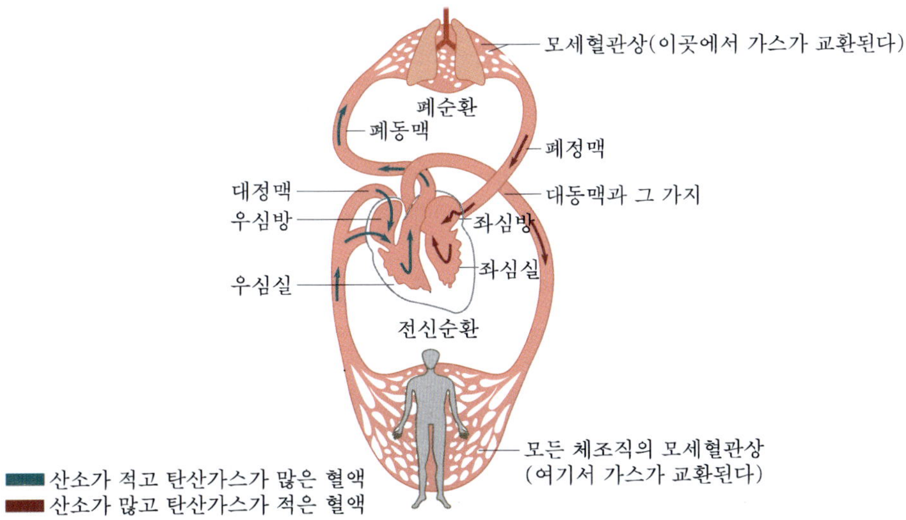

✪ 혈액순환 상세도 정리 : 왼심실 → 대동맥 → 소동맥 → 세동맥 → 모세혈관으로 / ➡ 소정맥 → 대정맥(상·하대정맥) → 오른심방으로 유입 → 오른심실 → / 허파동맥(정맥혈) → 폐 모세혈관(가스교환) → 허파정맥(산소가 풍부한 동맥혈) → 왼심방 → 왼심실에서 ➡ 다시 동맥을 통해 나간다.
(※ 머리카락 1/10 크기의 50억 개의 모세혈관 중 사람의 발쪽에 30억 개, 손쪽에 10억 개가 존재한다.)
발쪽으로 2/3가 존재하는 혈관을 움직여 자주 걸으면 좋다. 혈액량은 사람 체중 7%(1kg당 약 70㎖)이다. 허파(폐)로부터 공기 중 21% 산소를 마시면서 허파정맥을 통해 왼심실로부터 시작하여 혈액은 모세혈관의 이 얇은 벽을 통해 산소, 영양분, 그리고 폐기물(CO_2)이 교환된다. 세포는 산소를 소비하고 이산화탄소CO_2)를 생산한다. 결국 혈액이 하는 일은 약 1분 이내에서 온 몸을 한 바퀴 돌면서 주로 산소공급을 하는 역할이며 보조역활로 폐기물(CO_2) 수거이다.

CHAPTER

03 구급론

▸ 2025년 9월 23일까지 119구조구급 법률 등으로 편집됨.

01 구급대의 법령

1. 119구급대

(1) 구급대의 편성과 운영

소방청장등은 위급한 상황에서 발생한 응급환자를 응급처치하거나 의료기관에 긴급히 이송하는 등의 업무를 수행하기 위하여 구급대를 편성하여 운영한다. (법 제10조)

(2) 구급대원의 자격

구급대원은 소방공무원으로서 다음에 해당하는 자격을 갖추어야 한다. (영 제11조)

① 의료인*

② 1급 응급구조사 자격을 취득한 사람

③ 2급 응급구조사의 자격을 취득한 사람

④ 소방청장이 실시하는 구급업무에 관한 교육을 받은 사람

(다만, 제④호에 해당하는 구급대원은 구급차 운전과 구급에 관한 보조업무만 할 수 있다.)

구조대와 구급대의 비교

구분	내용
구조대	위급한 상황에서 사람의 생명 등을 안전하게 구조하기 위하여 편성·운영한다.
구급대	응급환자를 응급 처치하거나 의료기관에 긴급히 이송하기 위하여 편성·운영한다.

예제 01 119구급대가 의료행위를 하기 위해 갖춰야 할 자격기준이 아닌 것은?

① 「의료법」 제2조제1항에 따른 의료인

② 「응급의료에 관한 법률」에 따라 1급 응급구조사 자격을 취득한 사람

③ 「응급의료에 관한 법률」에 따라 2급 응급구조사 자격을 취득한 사람

④ 적십자사 총재가 실시하는 구급업무의 교육을 받은 자

해설 구급대의 자격기준은 ①②③에 해당된다.

답 ④

(3) 119 구급대의 편성과 운영

119 구급대는 일반구급대와 고속국도구급대로 구분한다. (영 제10조)

① 일반구급대: 시·도의 규칙으로 정하는 바에 따라 소방서마다 1개 대 이상 설치하되, 소방서가 설치되지 아니한 시·군·구의 경우에는 119안전센터*에 설치할 수 있다.

② 고속국도구급대: 교통사고 발생빈도 등을 고려하여 소방청, 소방본부 또는 고속국도를 관할하는 소방서에 설치하되, 소방본부 또는 소방서에 설치하는 경우에는 시·도의 규칙으로 정하는 바에 따른다.

(4) 구급요청의 거절

구급대원은 구급대상자가 다음 각 호의 어느 하나에 해당하는 비응급환자인 경우에는 구급출동 요청을 거절할 수 있다. 이 경우 구급대원은 구급대상자의 병력·증상 및 주변 상황을 종합적으로 평가하여 구급대상자의 응급 여부를 판단하여야 한다. (영 제20조)

① 단순 치통환자(단, 단순골절 등 제외)

② 단순 감기환자.(다만 38도 이상의 고열이 있거나 호흡곤란이 동반되는 경우는 제외.)

③ 혈압 등 생체징후가 안정된 타박상 환자

④ 술에 취한 자 (다만, 강한 자극에도 의식의 회복이 없거나 외상이 있는 경우는 제외.)

⑤ 만성질환자로서 검진 또는 입원 목적의 이송 요청자

⑥ 단순 열상(裂傷) 또는 찰과상(擦過傷)으로 지속적인 출혈이 없는 외상환자

⑦ 병원간 이송 또는 자택으로의 이송 요청자(단, 의사가 동승한 응급환자의 병원 간 이송 제외)

⑧ 구조·구급대원은 요구조자 또는 응급환자가 구조·구급대원에게 폭력을 행사하는 등 구조·구급활동을 방해하는 경우에는 구조·구급활동을 거절할 수 있다.

(*^^ ①~⑦까지 단순골절 외 단순환자는 모두 거절할 수 있다.)

(5) 환자 등의 이송거부

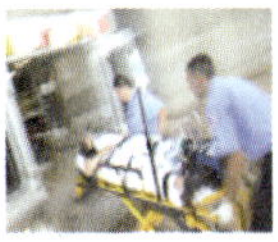

- 환자는 탑승거부권과 치료거부권이 있다. -

구급대원은 환자 또는 응급환자의 의사(意思)를 확인할 수 없는 경우에는 그 보호자가 의료기관으로의 이송을 거부하는 경우에는 이송하지 아니할 수 있다. (영 제21조)

다만, 환자의 병력·증상 및 주변상황을 종합적으로 평가하여 즉시 필요한 응급처치를 받지 아니하면 생명을 보존할 수 없거나 심신상의 중대한 위해를 입을 가능성이 있다고 인정할 만한 상당한 이유가 있는 경우에는 환자의 이송을 위하여 최대한 노력하여야 한다.

* 의료인: 의사, 간호사, 조산사 * 119안전센터: 과거의 소방파출소. (* 119지역대: 과거의 소방출장소)

(6) 구급대원의 교육훈련

① 구급대원의 교육훈련은 일상교육훈련, 특별교육훈련이 있다.(칙 제26조)

② 구급대원은 연간 40시간 이상 다음의 특별교육훈련을 받아야 한다.

㉠ 임상실습 교육훈련

㉡ 전문 분야별 응급처치교육

㉢ 그 밖에 구급활동과 관련된 교육훈련

※ 그 외 구조대원처럼 항공구조훈련을 연간 40시간 받아야 한다. (칙 제25조)

(7) 건강관리대책 등

① 소속 구급대원에 대하여 연 2회 이상 정기 건강검진을 실시해야 한다. (영 제27조)

② 구급대원은 구급활동상황을 상세히 기록하고, 소속 소방관서에 3년간 보관해야 한다.

③ 구조 · 구급대원은 근무 중 위험물 · 유독물 및 방사성물질에 노출되거나 감염성 질병에 걸린 구조대상자 또는 응급환자와 접촉한 경우에는 그 사실을 안 때부터 48시간 이내에 소방청장등에게 보고해야 한다.(영 제26조) / (②: 칙 제18조)

4. 구급차에 대한 기준

소방청장등은 주 1회 이상 구급차 및 응급처치기구 등을 소독해야 한다. (칙 제23조)

(1) 구급차의 다른 용도에의 사용금지

구급차 등은 다음의 용도 외의 다른 용도에는 사용할 수 없다. (응급의료-법률 제45조)

① 응급환자 이송

② 응급의료를 위한 혈액, 진단용 검사대상물 및 진료용 장비 등의 운반

③ 응급의료를 위한 응급의료종사자*의 운송*

④ 사고 등으로 현장에서 사망하거나 진료를 받다가 사망한 자의 의료기관 등에 이송 및 그 밖에 보건복지부령이 정하는 용도

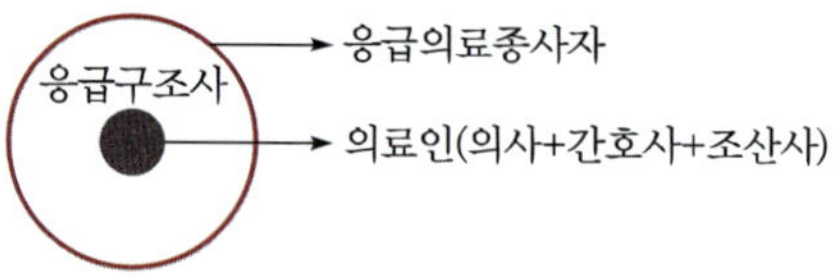

구급차의 장비 및 약품의 일반적 비교 (* 응급의료~법률 칙 별표16)

1. **일반구급차: 환자평가용** 의료장비, 응급처치용 의료장비, 구급의약품
2. **특수구급차: 환자평가용** 의료장비, 응급처치용 의료장비, 구급의약품, 통신장비

※ 구급차의 연료는 최대주입량의 1/4 이상인 상태로 유지되어야 한다. (* 응급의료~법률 별표17)

---

* 응급의료종사자: 의료인(의사, 간호사, 조산사) + 응급구조사를 말한다.

02 응급활동의 개요

1. 용어의 뜻

"응급의료에 관한 법률"등에서 사용되는 용어의 뜻은 다음과 같다.

① **응급환자**: 질병, 분만*, 각종 사고 및 재해로 인한 부상이거나 그 밖의 위급한 상태로 인하여 즉시 필요한 응급처치를 받지 아니하면 생명을 보존할 수 없거나 심신상의 중대한 위해가 발생할 가능성이 있는 환자 또는 이에 준하는 자로서 보건복지부령이 정하는 사람.

② **응급의료**: 응급환자의 발생한 때 생명의 위험에서 회복되거나 심신상의 중대한 위해가 제거되기까지 응급환자를 위하여 하는 상담·구조(救助)·이송·응급처치 및 진료 등의 조치.

③ **응급처치**: 응급의료행위의 하나로서 응급환자의 기도를 확보하고, 심장박동의 회복 그 밖에 생명의 위험이나 증상의 현저한 악화를 방지하기 위하여 긴급히 필요로 하는 처치를 말한다.

④ **응급의료종사자**: 응급환자에게 응급의료를 제공하는 의료인과 응급구조사를 말한다.

⑤ **응급의료기관**: 권역응급의료센터, 전문응급의료센터, 지역응급의료센터 및 지역응급의료기관을 말한다.

⑥ **구급차 등**: 응급의료의 목적에 이용되는 자동차, 선박, 항공기 등의 이송수단을 말한다.

⑦ **응급의료기관등**: 응급의료기관, 구급차등의 운용자 및 응급의료지원센터를 말한다.

⑧ **응급환자이송업**: 구급차등을 이용하여 응급환자 등을 이송하는 업을 말한다.

⑨ **의료인**: 의사, 치과의사, 한의사, 조산사, 간호사 등(응급구조사를 제외)을 말한다.

⑩ **조산사**: 간호사 면허를 가지고 1년간 조산 수습과정 후 시험에 합격자를 말한다.

⑪ **의료기관**: 종합병원·병원·치과병원·한방병원·요양병원·의원·치과의원·한의원 및 조산원을 말한다. (*^^ 의료기관: 보건소·진료소·치료소는 제외한다.)

⑫ **병원**: 병원·치과병원·한방병원 및 요양병원(이하 병원 등)은 30개 이상의 병상(병원·한방병원만 해당) 또는 요양병상(요양병원만 해당하며, 장기입원 병상을 말함)을 갖추어야 한다.

⑬ **종합병원**: 100개 이상의 병상을 갖추고 전문의사가 배치된 곳을 말한다.

⑭ **지도의사**: 응급환자를 이송하기 위하여 구급차등을 사용하는 경우 상담·구조·이송 및 응급처치를 지도받기 위한 의사를 말한다. (* 상기 용어:"응급의료에 관한 법률"제2조 등)

- **의료기사**: 물리치료사, 방사선사, 임상병리사를 말함.
- **묵시적 동의**: 즉시 응급처치가 절실하게 필요한 사람이라면, 응급처치에 동의했을 것이라고 추정.
  (* 응급처치는 사전에 본인의 동의를 얻는 것이 원칙이다.)

---

* 분만: 아이를 낳음.

2. 응급처치 실시의 일반원칙

응급구조사는 다음과 같은 일반원칙을 준수한다.

① 긴박한 상황에서도 구조자 자신의 안전을 우선으로 한다.

② 사전에 보호자 또는 당사자의 이해와 동의를 얻어 실시하는 것을 원칙으로 한다. 환자가 의식불명, 망상에 빠져 있거나 신체적으로 동의가 없을 때 주변사람에게 알린 후 (묵시적 동의*로 인정) 도움을 받아 실시한다.

③ 부상상태에 따라 긴급한 경우 응급처치와 함께 관계기관인 119구조대, 119구급대, 경찰, 병원 등에 응급구조를 요청한다. (* 소방대의 119 구급차는 무료로 이용된다.)

④ 의식이 없거나, **심한출혈·복부부상** 환자의 경구*를 통하여는 어떤 것도 **투여하지 않는다.**

⑤ 응급구조사는 **환자의 생사 판정은 하지 않는다.**

⑥ 응급구조사는 **원칙적으로 의약품의 사용을 피한다.**(단, 긴급할 때 의사 지시는 예외)

⑦ 오직 응급처치로만 그치고 의사에게 인계 후 의사의 지시를 따른다.

3. 응급처치의 기본사항

응급처치의 기본 단계는(무호흡시)~ ① 주변상황정리 ⇨ ② 의식확인 ⇨ ③ 구조요청 ⇨ (무호흡시= 심장은 뛰지만 폐가 정지 시) 이후 기도유지 ⇢ 호흡 ⇢ 순환 (⇢ 약물) ⇢ 병원 순이다.
또한 응급처치 일반적 순서에서 4단계는 다음과 같다.

① **기도유지:** 질식 예방을 위해 환자의 머리를 옆으로 하여 구강내 이물질을 제거한다.

② **지혈처리:** 직접 압박법이 우선이며 지혈점(간접) 압박법, 마지막이 지혈대 순이다.

③ **쇼크방지:** 환자는 약하고 빠른 호흡의 청색증을 가질 수 있다.

④ **상처보호:** 1차 사용한 거즈로 상처를 닦거나 물집을 터트리면 세균감염이 될 수 있다.

4. 선한사마리아인법(Good Samritan Law)

본 뜻은 타인이 응급사항이나 위험에 처한 것을 인지했을 때 본인이 크게 위험하지 않을 경우 타인을 위험으로부터 구조해 줄 의무를 부여한 법률 조항이다.
본 뜻과 다르게 우리나라에서는 2008년 6월에 법안을 마련하여 간접시행하고 있다.
불특정 국민이 응급 상황에 있는 사람을 응급에서 벗어나기 위해 돕다가 해당 환자가 더 악화되거나 사망하는 등 의도하지 않은 결과가 발생해도 도와준 사람이 고의나 중대한 과실이 없는한 **면책**이나 **감면**을 받을 수 있게 한 제도이다. (응급의료~법률 제5조의2 참고)

---

* 묵시적 동의: 만약 환자가 의식이 있었다면 나에 대하여 응급처치에 동의했을 것이라는 추정하는 것.
* 면책: 책임을 면함. * 경구: 입을 통하여 먹는 일 * 상해: 부상
* 감면(減免): 경감(輕減)하거나 면제(免除) * 연부조직: 뼈와 연골 외의 근육과 살 등의 조직

5. 구급환자의 중증도 분류

중증(重症)이란 병원 등에서 **응급처치를 위한 환자이송 순위**를 구분하기 위해 분류반의 구급팀장이 환자를 분류하는 것으로 **긴급환자 → 응급환자 → 비응급환자 → 지연환자**의 4단계로 나누고 있다. **중증도 분류**라 함은 사건현장에서 환자의 응급처치에 관여하지 않고 부상 등의 정도에 따라 오직 이송반이 빨리 이송할 수 있도록 **환자의 이송을 위한 분류**를 말한다.

(1) 환자의 분류

병원으로 이송을 위한 환자의 중증도 분류는 다음과 같다.

① **긴급환자**(적색: 토끼 심볼)
수분, 수시간 이내의 응급처치를 요구하는 기도폐쇄, 심장 이상, **대량의 출혈** 등

▸ 긴급환자의 구체적 분류

심한 호흡곤란(30회/분 초과), 긴장성기흉, 연가양 분절·대량의 출혈 혹은 수축기 혈압이 80mmHg 이하의 쇼크·혼수상태의 중증 두부손상, 개방성 흉부·복부열상, 개방성흉부 손상, 개방성 복부손상, 골반골 골절을 동반한 복부손상, 기도화상을 동반한 중증의 화상, 원위부 맥박이 촉지되지 않는 골절, 경추손상이 의심되는 경우, 지속적인 천식, 경수손상, 약물중독, 내분비계 중환, 중증의 심질환, 심장병, 요골동맥(노뼈동맥, 손목동맥) 촉진 불가능, 저체온증, 경련 등

② **응급환자**(황색: 거북이 심볼)
수시간 이내의 응급처치를 요하는 중증의 출혈, **기도화상을 제외한 화상**, **목뼈**(경추)를 제외한 척추 골절, 다발성 골절 중증·**척추손상** 환자, 45~60분을 견딜 수 있는 상태 등

③ **비응급환자**(녹색: X 심볼)
수시간, 수일 후 치료해도 생명에 지장이 없는 환자로서 소량의 출혈, 단순 열상·골절, 경미한 열상·찰과상, 타박상 등 **연부조직 손상**

④ **지연환자**(흑색: + 심볼)
사망 또는 생존의 가능성이 없는 환자, 호흡·맥박이 없는 환자(약 20분 이상), 두부나 몸체가 절단된 경우, 심폐소생술도 효과가 없다고 판단되는 경우.

1. 긴급(적색)	I 토끼 I
2. 응급(황색)	II 거북이 II
3. 비응급(녹색)	III X III
0 사망(흑색)	0 + 0

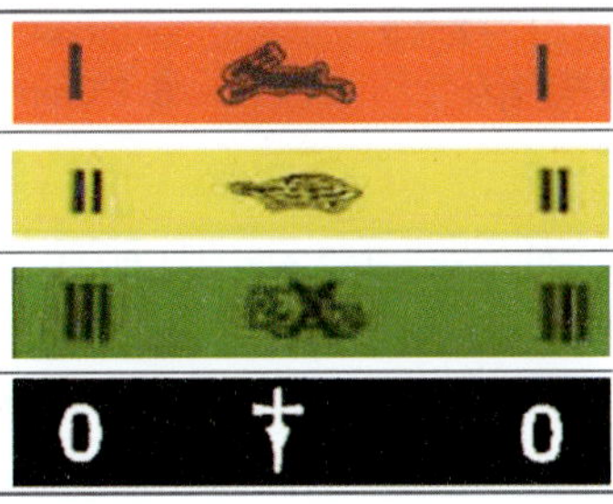

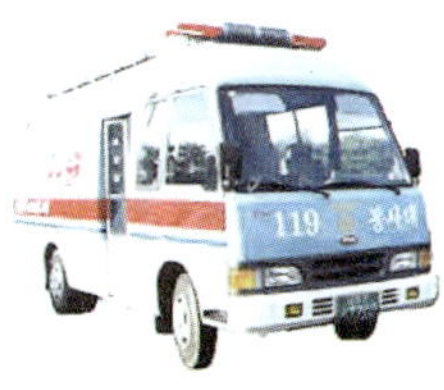

※ 이송순위: 긴급환자→ 응급환자→ (사망자 및 비응급환자) 순이다

03 응급처치 기술

1. 환자의 평가

(1) 1차평가(ABC)

1차평가란 생명에 위협을 5~10분 이내 찾아내어 처치하기 위한 단계의 환자평가를 말한다.

① Airway(기도의 개방)

② Breathing(호흡)

③ Circulation(순환)

▸ 의식상태평가에서의 분류

① A(Alert): 의식명료(정상)
② V(Verbal stimuli): 언어지시반응(신음소리도)
③ P(Pain stimuli): 통증자극에만 반응
④ U(Unresponse): 무반응(어떠한 자극에도)

(2) 2차평가

2차평가란 생명에 위협이 없는 상태에서 시행되는 환자평가를 말하며 4가지로 분류한다. 전신적인 평가로 시진, 촉진, 타진, 청진의 방법으로 평가한다.

① 신체검진: 사람의 두부, 경부, 흉부, 복부, 골반, 생식기, 사지, 신경학적 검진을 말한다.

② 생체징후(Vital Sign): 맥박, 호흡, 혈압, 의식수준평가하며, 동공과 피부도 포함한다.

③ 환자의 병력(History): ㉠ 주호소 ㉡ 현병력 또는 외상기전 파악(OPQRST) ㉢ 과거병력(AMPLE)으로 분류한다.

④ 이송중 평가: 이송 중에는 중증질환, 외상자는 5분 간격으로, 경상은 10~15분 간격으로 파악하도록 한다. 참고로 응급의료종사자는 필요시 의료기관(응급실)안에서도 응급처치를 할 수 있으며 환자는 응급의료종사자 치료행위에 치료거부권을 행사할 수 있다.

▸ 2차평가 중 "환자의 병력"에서 과거 병력의 분류

① Signs / Symptoms: 증상 및 징후
② A(Allergies): 알레르기
③ M(Medications): (투약 중인) 약물복용
④ P(Past history): 과거력(질병)
⑤ L(Last oral intake): 마지막 식사
⑥ E(Events): 질병, 손상을 일으킨 사건

▸ 2차평가 중 "환자의 병력"에서 현병력 또는 외상기전 파악의 분류

① O(Onset): 발병상황(통증의 시작)
② P(Provoke): 주호소 유발요인(무엇 때문에)
③ Q(Quality): 통증의 특성
④ R(Radiation): 통증의 전이
⑤ S(Severity): 통증의 강도
⑥ T(Time): 통증의 발현시간(통증의 지속)

⑶ 의식확인의 제반사항

환자의 상태와 의식확인의 제반사항에 대하여 알아본다.

구 분	내 용
증상(환자)	환자가 배가 아프다, 현기증이 난다 등 환자가 느끼고 호소하는 주관적인 느낌
징후(의사)	의사나 구급대원, 간호사가 판단. (맥박, 호흡, 혈압 등 의료인이 환자를 관찰·검사하므로 얻어지는 객관적인 정보)
호흡	성인: 분당 12~20회 정도임. / 신생아: 30~50회
맥박	성인: 분당 60~100회, 심장이 박동.(신생아: 120~160회) 맥박 확인: 피가 지나가는 길목을 확인함,
혈압	성인: 120/80mmHg, 심장박동에 의해 분출된 혈액이 동맥벽에 가하는 압력
체온	성인: 36.5℃~37.5℃(혀, 직장 등) (※ 35℃ 이하: 저체온증 / 38℃ 이상: 고열환자)
얼굴·피부색	① 붉은색: 심장쪽, 고혈압, 고열, 일산화탄소 중독이나 열사병환자(일사병) ② 흰색: 충분하지 못한 혈액순환, 공포, 추위에 노출된 환자(저체온증)에게 나타남. ③ 노란색: 간질환(황달) ④ 청색: 순환되는 혈액에 산소 공급이 부족한 경우 혈액은 검게 되고 혈관을 덮고 있는 조직은 푸른빛을 띠고 약하고 빠른 맥박의 청색증을 나타냄.
동공	① 동공 양쪽이 다를 경우: 뇌손상 의심. ② 동공 축소: 약물중독, 중추신경계 질환 의심
모세혈관과 재충혈	혈액순환이 정상적으로 이루어지는지 판단하는 방법. (*손톱 끝의 분홍색 부위를 가볍게 누른 후 2~3초 이내에 회복되면 정상)

2. 응급환자

⑴ 응급구조사의 분류

응급구조사의 분류를 요약하면 다음과 같다. (응급의료~ 칙 별표14)

1급 응급구조사의 업무범위	2급 응급구조사의 업무범위	비 교
① 심폐소생술 시행을 위한 기도유지(기도기삽입, 기도삽관, 후두마스크삽관) ② 정맥로의 확보 ③ 인공호흡기를 이용한 호흡의 유지 ④ 약물(포도당 및 수액) 투여 ⑤ 흉통 시 설하(혀밑)에 니트로글리세린 투여(녹임) ⑥ 2급 응급구조사의 업무범위	① 기도기를 이용한 기도유지 ② 기본심폐소생술 ③ 산소투여 및 창상의 응급처치 ④ 쇼크방지용 하의 이용 ⑤ 자동제세동기를 이용한 규칙적 심박동의 유도 ⑥ 약물투여(흉통 시 설하에 니트로글리세린 투여 및 천식발작시 기관지확장제 흡입 - 환자가 휴대하는 경우에 한함)	① 1급: 심폐소생술을 위한 기도유지(기도기 삽입·삽관 등) 2급: 기도기를 이용한 (단순) 기도유지. ② 1급: 인공호흡기를 이용 2급: 단순 산소마스크 이용 ③ 1급: 약물 투여(구급차에 가지고 다니며 투여) 2급: 약물투여(환자가 휴대하는 경우에 한해서 투여)

(2) 기도폐쇄환자의 응급처치 및 기도유지법

① 배 밀어내기(=단순 이물질 배출방법)

배 밀어내기는 목에 가시가 걸린 경우나, 어린아이들이 휴대하던 동전 및 장난감 부속품 등이 걸려있을 경우에 있어서 환자의 기도 폐쇄를 해소하기 위하여 사용하는 응급처치법으로서 기도 내의 이물질을 배출하는 방법이다. 일반적으로 사용하는 방법으로는 환자의 상 복부 중 흉곽 쪽으로 주먹을 감싸 쥐고 빠른 동작으로 밀쳐 올리며 압박하여 흉곽 내의 압력을 높여 기도 내 이물질을 배출한다. 즉, 복부밀기를 매 5회 실시한다. 또한 1세미만 영아의 경우는 머리를 거꾸로 하여 등을 두드린다. 하임리히법이라고도 한다.

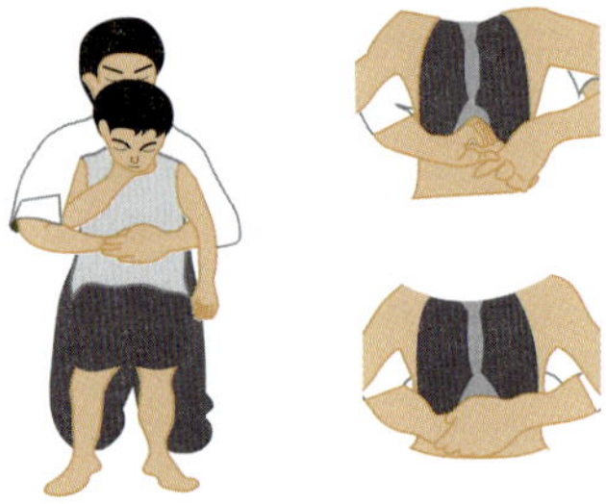

하임리히법

② 머리기울임-턱들기법(=인공호흡을 위한 기도유지법)

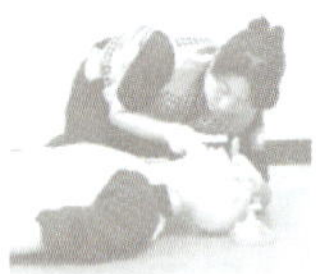

일반적으로 가장 많이 사용하는 인공호흡을 위한 기도유지방법이다. 대부분의 기도 폐쇄 원인은 혀로 인한 것이 많다. 이 방법은 혀로 인한 폐쇄를 예방하는데 좋다. 그러나 척추손상 환자에게 사용해서는 안 된다. 두부후굴-하악거상법이라고도 한다.

③ 턱밀어올리기법(=인공호흡을 위한 기도유지법)

머리, 목, 척추 손상환자의 경우에는 두부(머리) 후굴을 하지 못해서 사용하는 인공호흡을 위한 기도유지방법이다. 하악견인법이라고도 한다.

㉠ 조심스럽게 환자의 머리, 목, 척추가 일직선을 유지하도록 취해준다.
㉡ 환자 머리맡에 무릎을 꿇고 바닥에 팔꿈치를 댄다.
㉢ 귀 아래 하악각 양 옆을 네 손가락으로 부드럽게 잡는다.
㉣ 구급대원의 아래팔을 이용해서 환자 머리를 고정시킨다.
㉤ 검지로 하악각을 구급대원 쪽으로 잡아당긴다.
㉥ 입이 닫히지 않도록 엄지손가락을 이용해 아랫입술을 구급대원 반대쪽으로 밀어낸다.
㉦ 환자의 머리를 신전·굴곡·회전 시켜서는 안 된다.

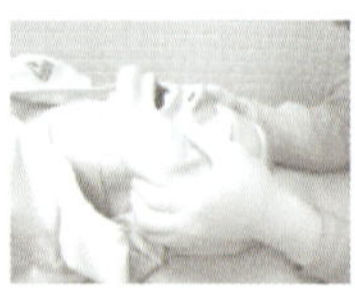

⑶ 현장에서 인공(구조)호흡 실시

인공호흡과 심폐소생술은 같은 내용과 이론이 아니다.
인공호흡은 호흡이 없는 사람에게 구조자의 산소를 상대방에게 불어 넣어 줌으로써 환자의 폐(허파)를 회복시키는 방법이지만 심폐소생술은 맥박(심장과 연결)이 뛰지 않는 사람에게 심장쪽의 자극을 위해 흉부를 압박을 하여 정지된 심장의 소생과 폐의 회복을 동시에 하는 방법이다. 그 이론을 다음과 같다.

첫째 ① **현장확인**(주변상황정리): 우선 현장이 위험하지 않고 안전한가를 확인한다.
둘째 ② **의식확인**(생사확인): 어깨를 가볍게 두드리며 “여보세요?” 등의 말을 건넨다.
셋째 ③ **구조요청**(119 신고): 의식이 없을 시 주위사람들에게 119 신고를 요청한다.

> 환자가 의식·호흡이 없을 때 구조자는 10초 이내 목동맥을 촉지하여 맥박의 유무를 확인한다.
> 유아는 위팔(상완)동맥으로 할 수 있다, 맥박 미확인 시, 심폐소생술을 먼저 시행한다.
> 심폐소생술은 C(흉부압박 30회) – A(기도유지) – B(인공호흡 2회) 순으로 시행한다.
> ※ 인공호흡을 하기 위해서는 항상 기도유지를 해야 하니 C – A – B의 반복으로 생각한다.
> 즉, 급하니 C(흉부압박 30회)부터 – 그 다음 인공호흡을 위해 A(기도유지)한 다음– B(인공호흡 2회)

– 환자가 맥박은 뛰나 호흡은 없으면, 즉시 인공호흡을 실시한다.
구강 대 구강의 구조호흡은 환자에게 산소를 제공하기 위한 빠르고 효과적인 방법이다.

① 이마를 누르면서 아래 턱을 들어 기도를 유지한 다음 환자의 입을 벌린다.
② 이마에 놓인 손가락으로 공기가 빠져나가지 않도록 환자의 코를 막고 구조자는 깊이 숨을 들이켜서 자신의 입을 환자의 입에 밀착시키고 서서히 불어넣는다.
③ 먼저 구조자는 기본적인 숨을 천천히 2회 불어넣기를 시행하며 각 호흡 시에 환자의 흉곽이 올라오는지 확인한다.
   - 잡았던 코를 놓고 입을 떼어 불어넣은 공기가 밖으로 나올 수 있도록 한다.
   - 입주위의 상처로 구강 대 구강을 할 수 없을 때는 입을 막고 코로 구강 대 비강으로 한다.
④ 즉, 2회 불어넣기를 시행 후 환자의 맥박(목동맥)을 확인 후 맥박은 있고 호흡이 없으면 1분에 약 10회의 인공호흡을 시행한다.

현장에서의 구조(인공)호흡 순위

1순위	10초 이내 환자의 의식확인을 한다.
2순위	폐쇄된 기도를 개방하고 호흡을 약 10초 이내 확인한다.
3순위	호흡이 없을 시 구조자는 숨을 천천히 2회 불어 넣으며 환자의 흉곽을 확인한다.
4순위	그 후 환자의 맥박(약 10초)확인 후 맥박이 뛰면 인공호흡을 실시한다.(약 10회/분)
5순위	그러나 맥박(심장박동)이 없으면 즉시 심폐소생술(100~120회/분)을 30: 2로 나누어 실시한다.

(4) 심폐소생술(CPR)시 흉부압박의 방법

심폐소생술은 심정지가 의심되는 긴급환자에게 인공으로 산소를 공급시켜 혈액순환과 호흡을 유지함으로써 환자의 심장과 폐를 소생시키는 방법이다.

심폐정지 후 약 4~6분이면 뇌의 무산소증이 발생되어 뇌 손상이 원상 회복되지 않으므로, 즉 비가역*적인 뇌의 무산소증(뇌사)을 방지하기 위하여 신속하고 침착하게 흉부를 압박하여 심장으로부터 뇌로 혈액을 보내주어야 한다.

————————**

우리나라 심폐소생술 이론은 미국 심장협회 지침에 따르며 그 내용은 다음과 같다.

① 가슴의 중앙부위인 흉부압박점을 정한 뒤 한 손의 바닥을 압박할 부위에 대고 손을 포갠 뒤 손끝은 위로 든다. 또한 체중을 실어 압박할 수 있도록 팔의 주관절은 편다.

② 압박의 깊이는 성인은 5~6cm(유아*, 아동*: 흉부 전후 직경의 최소 1/3)로 하며 압박횟수는 1분에 100~120회를 속도를 유지하며 압박과 이완의 비율은 50 : 50을 유지한다.

(*^^ 흉부 전후 직경의 최소 1/3 이란, 유아는 4cm, 아동은 5cm 깊이에 해당한다)

③ 흉부압박과 인공호흡의 비는 성인, 아동, 유아는 30 : 2로 한다.

▸ 긴급 시 응급처치 심폐소생술(Cardio pulmonary resuscitation)

현장안전 – 의식확인(감염방지) – 구조요청 – 맥박확인(맥박이 없을 때) – 흉부압박 30회(C) – 기도유지(A) – 인공호흡 2회(B) – 5cycle – 재 맥박확인(맥박이 없을시 C·A·B 반복...).

※ 환자가 의식·호흡이 없을 때 의료진은 10초 이내 목동맥을 촉지하여 맥박의 유무를 확인한다. 맥박이 없거나, 맥박이 뛰는가 안뛰는가 미확인 시, 흉부압박을 30회 먼저 시행한다.

(*^^ 미국에서 신생아는 병원퇴원 전 갓난아기로서 심폐소생술을 하지 않으나, 국내에서는 신생아를 28일까지 규정함으로서 흉부압박과 인공호흡의 비는 30:2로 시행할 수 있도록 권장하고 있다.)

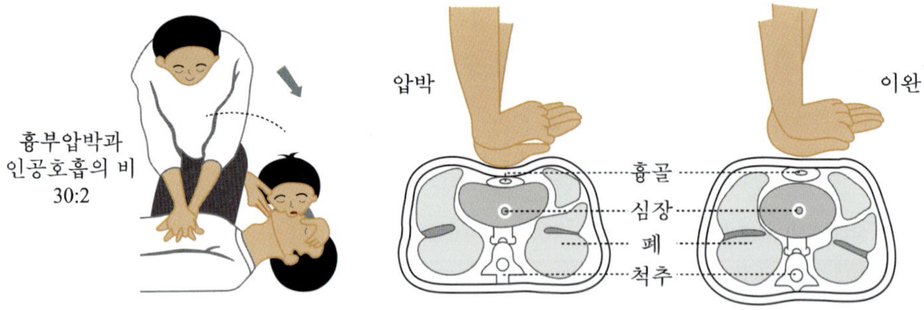

(※ 현장에서 맥박 미확인 환자를 발견 시에 119에 신고하거나 자동제세동기를 가지러가기 전에 흉부압박 30회를 먼저 시행한다.)

---

* 비가역(非可逆): 변화를 일으킨 후 본상태로 돌아갈 수 없는 일. 逆이 가능하지 않음. 불가역(不可逆)

* 신생아: 분만 후 첫 수시간.. 병원퇴원 전 (국내: 28일까지) * 영아: 1세미만 * 유아: 5세까지

* Cardiopulmonary resuscitation: 카디오 플모네리 리셔시티온 * 아동: 유아~약 16세 정도 2차성장기 이전까지

| 참고 | 심폐소생술 이야기

1. **현장확인**(주변상황정리)
   주변이 안전한가?

2. **의식확인**(생사확인)
   10초 이내에 확인한다.

3. **구조요청**(119 신고)
   옆 사람 혹은 본인이 신고한다.

   맥박촉지(약 10초): 일반인이 아닌 구조자일 경우

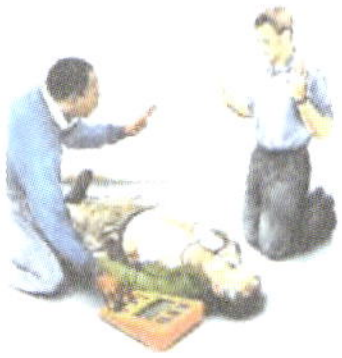

4. C(흉부압박)
   환자가 의식이 없고 맥박이 안뛴다고 판단되면, 즉시 흉부압박 30회를 실시한다.

5. A(기도유지)
   일반적으로 두부후굴 하악거상법을 실시한다 (* 경추수상환자: 하악견인법)

6. B(인공호흡)
   인공호흡 2회 실시한다.

※ 위 맥박이 없는 환자의 심폐소생술 C, A, B의 학습방법은 C(30) : B(2)를 하는데 있어서 C(30)를 우선적으로 한 다음 B(2)를 하기위해서는 꼭 A가 필요하니, 곧 C, A, B 순이 된다. 심폐소생은 1분에 100~120회 압박을 나누어서 하는데 심장압박을 30회, 폐(허파) 호흡을 2회를 5번씩 한다는 뜻이다. 그 뒤 맥박을 또 촉지하여 의식이 있을 때까지 계속 반복한다.

➲ 심정지환자는 ① 깨우고(여보세요!) ② 부르고(119) ③ 누르고(심장압박), 3고를 순차적으로 한다.

인공호흡과 심폐소생의 차이점

① **인공호흡**: 맥박은 뛰고 호흡이 없는 사람에게만 실시한다.(약 10회/분)
② **심폐소생**: 맥박이 안뛰는 사람에게 실시한다.(맥박이 안뛰면 심장도 뛰지 않고 호흡도 없다.) 그러면 즉시 심장쪽 흉부를 압박(30회)하고 폐에 호흡(2회)을 준다.

응급처치와 심폐소생술의 비교

① **응급처치**: 응급의료행위의 하나로서 응급환자에게 행하여지는 기도의 확보, 심장박동의 회복 기타 생명의 위험이나 증상의 현저한 악화를 방지하기 위하여 긴급히 필요로 하는 처치.
② **심폐소생술**: 긴급환자에게 인공으로 산소를 공급시켜 호흡과 혈액순환을 유지함으로써 심정지가 의심되는 환자를 소생시키는 방법.

04 환자의 구급활동

1. 화상(Burn)

화상은 원인에 따라 화염이나 뜨거운 물체에 의해 일어나는 **열화상**, 화학약품의 화학적 성질 때문에 나타나는 **화학화상**, 열화상과 동반되기도 하고 단독으로 발생하기도 하는 연기나 열기의 흡인으로 인한 **흡입화상**(Inhalation Burn)으로 나눌 수 있다. 또한 화상은 그 정도에 따라 중증(Major), 중등증(Moderate), 경증(Minor)으로 분류한다.

1) 열화상, 화학화상 및 흡인화상

열화상은 45℃ 이상의 열을 직·간접적으로 받으면 세포 단백질이 변성하여 손상된다. 그 정도는 충혈영역 → 정체영역 → 응고영역 순으로 구분한다.
화학화상의 원인은 알칼리성 용질(양잿물)이나 소독, 탈취제로 쓰이는 페놀, 과염소산나트륨, 변기청소에 사용하는 황산 등이다. 화학화상을 입는 곳은 주로 얼굴이나 눈, 손, 발 등이다. 화상의 크기는 보통 크지 않으나 치료기간이 열화상보다 길다.
흡인화상은 연기나 열기의 흡인으로 인한 것이다. 단독 혹은 열화상과 동반되기도 한다.

[화학화상의 응급처치]
일부 화학물질의 경우 물로 씻을 때 열을 발생시키기도 하지만 해독제가 주위에 없을 때는 신속하게 물로 씻어 내야 한다. 세척 시 20~30분 정도 충분한 양을 사용하여 씻어 준다. 산에 의한 화상보다 알칼리인 경우 좀 더 오랜 시간 세척이 필요한 경우가 많다.

1. **화학화상**: 물로 씻어낸다. (30분정도)　　2. **열화상**: 물에 씻거나 담근다.(10분정도)

2) 화상의 분류

(1) 화상의 정도

화염과 열에 의한 화상은 1도 < 2도 < 3도 화상으로 분류한다.

① 1도화상(홍반성): **표피** 화상으로 피부의 손상 부위가 주로 빨간색 등이고 통증을 느끼는 상태로써 연고를 사용하여 치료가 가능하다.

② 2도화상(수포성): **진피층*** 화상으로 살속 깊이 손상을 입어 심한 통증이 있으며 부위가 주로 분홍색과 빨간색 등이고 물집이 생길 수 있다.

진피의 일부만 손상된 표재성 2도화상과 진피층 대부분 손상된 심부 2도화상으로 분류한다.
심부*의 깊은 2도화상이면 수술까지 할 수 있다. 물 100℃에도 수포성*이 생길 수 있다.

③ 3도화상(괴사* 성):

모든 전층의 피하조직화상으로 말초신경까지 심한 통증이 있거나 물집이 짓눌리는 상태가 되기도 한다. 너무 심한 손상을 입어 통증을 못 느끼기도 하는 상태이며 이식수술까지 필요로 할 수 있다. 상황에 따라 건조한 상태의 백색과 까맣게 타는 흑색 또는 통증과 무통증 등의 다양한 반응이 일어나기도 한다.

▸ 화상의 분류

- 1도(홍반성): 표피층 – 주로 적색이며 통증이 있으나 연고로서 가능하다.(예 해수욕장에서)
- 2도(수포성): 진피층 – 주로 분홍색이며 통증이 있고 산소투여.(예 물 100℃에서의 화상)
- 3도(괴사성): 전층 – 백색 · 흑색의 색상, 말초신경까지 통증 혹은 무통증.(예 다양한 반응)

(* 학설에 따라 4도(흑색화상): 고압전기 등의 화상으로 근육, 뼈까지 손상을 입은 탄화열상.)

(2) 화상의 응급처치

응급처치가 지연된 환자는 감염으로 인한 패혈증* 등으로 사망할 수 있다.

① 1도화상*: 표피열상이므로 시원한 물이나 찬 수건으로 화상부위를 식혀 준다. 대부분의 1도화상은 병원으로 이송할 필요가 없다.

② 2도화상: 화상부위가 크지 않다면 찬 수건으로 부위를 덮어 주고 물이 없다면 깨끗한 면포로 감싸고 환자의 체온을 유지시킨다.
골절 시 화상부위를 싸고 난 후 부목을 해주고 병원으로 이송한다. 이송 중 가능하다면 산소를 투여(산소마스크 씌움)해준다.

③ 3도화상: 쇼크에 빠질 우려가 있으므로 생체징후를 자주 측정하고 수액을 공급하면서 흡인여부를 점검하여 산소를 투여하면서 이송한다.

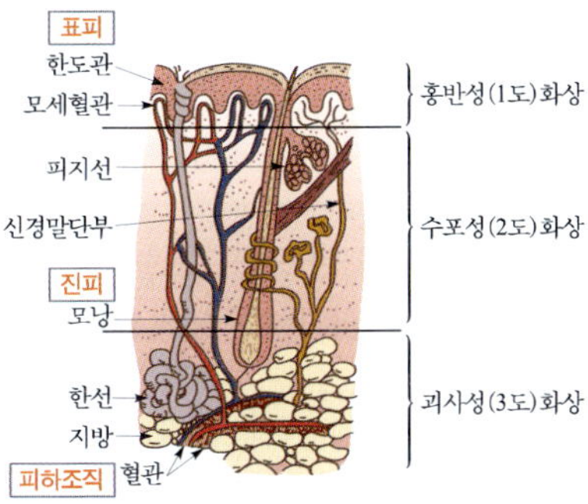

※ 조직형태: 점막 > 표피 > 진피 > 피하조직 > 근육

화상의 구분

▸ 화상의 응급처치

① 화상부위를 흐르는 찬물 속에 넣어 약 10분정도 담그도록 한다.
(저체온증을 유발할 수 있으므로 찬물에 오랜 시간 담그는 건 좋지 않다.)
② 화상 부위의 상처가 부풀어 오르기 전에 반지, 시계, 벨트 또는 꽉 끼는 옷 등을 제거한다.
③ 상처부위는 깨끗하고 가능하면 멸균 처리된 보푸라기가 없는 거즈로 덮어야 한다.
④ 물집은 터뜨리지 말고, 화상부위에 딱 붙어 있는 물질들은 떼어내지 않는다.
⑤ 일반적으로 로션을 바르거나 바세린 등 연고, 기름 같은 것도 바르지 않는다.

* 진피: 표피의 속으로 모세혈관, 신경이 들어와 있음.
* 열상(熱傷): 화상.
* 열상(裂傷): 찢어진 상처.
* 괴사: 생체 내의 조직이나 세포가 국부적으로 죽는 일. 괴저형상.
* 심부(深部): 표면에서 깊은 곳.
* 패혈증: 고름의 화농균이 혈관으로 들어가서 심한중독을 일으키는 증상.
* 수포성(水疱性): 물거품, 물집.

| 구급 | OX 개념

01 구급대원은 소방공무원으로서 의료인, 1급 또는 2급 응급구조사의 자격을 취득한 사람, 보건복지부장관이 실시하는 구급업무에 관한 교육을 받은 사람에 해당된다. ( )

구급대원은 소방공무원으로서 의료인, 1급 응급구조사 자격을 취득한 사람, 2급 응급구조사의 자격을 취득한 사람, 소방청장이 실시하는 구급업무에 관한 교육을 받은 사람에 해당된다.

02 119 구급대는 일반구급대와 고속국도구급대로 구분한다. ( )

119 구급대는 일반구급대와 고속국도구급대로 구분한다.

03 단순골절환자 혹은 단순 감기환자로서 38도 이상의 고열이 있거나 호흡곤란이 동반되는 경우는 구급요청을 거절할 수 있다. ( )

단순골절환자, 단순 감기환자이지만 별개의 상황으로 38도 이상 고열이 있으면 거절할 수 없다.

04 응급처치란 응급의료행위의 하나로서 응급환자의 기도를 확보하고, 심장박동의 회복 그 밖에 생명의 위험이나 증상의 현저한 악화를 방지하기 위하여 긴급히 필요로 하는 처치를 말한다. ( )

응급처치란 응급의료행위의 하나로서 응급환자의 기도를 확보하고, 심장박동의 회복 그 밖에 생명의 위험이나 증상의 현저한 악화를 방지하기 위하여 긴급히 필요로 하는 처치를 말한다.

05 응급의료종사자는 의료인(의사, 간호사, 조산사)과 1급응급구조사를 말한다. ( )

응급의료종사자는 의료인(의사, 간호사, 조산사) + 응급구조사(1·2급)를 말한다.
(* 응급구조사는 주로 구급차를 타거나 응급실을 담당하고, 간호사는 병실을 담당한다.)

06 응급처치에서 쇼크환자는 약하고 빠른 호흡의 청색증을 가질 수 있다. ( )

응급처치 기본사항 4단계는 기도유지, 지혈처리, 상처보호, 쇼크방지에서 쇼크환자는 약하고 빠른 호흡과 맥박 그리고 청색증을 가질 수 있다. (* 약삭 빠른 호흡과 맥박의 쇼크환자)

Ans. 01. (X) 02. (O) 03. (X) 04. (O) 05. (X) 06.(O)

07 이송 순위는 긴급(적색) → 응급(황색) → 비응급(녹색) → 사망(흑색) 순이다. ( )

사망(흑색) → 사망(혹은 사망예견)은 옮기지 않는 것을 원칙으로 한다.

08 동맥로의 확보 및 인공소생기를 이용한 호흡의 유지는 1급 응급구조사의 범위이다. ( )

정맥로의 확보 및 인공호흡기를 이용한 호흡의 유지는 1급 응급구조사의 범위이다.

09 배밀어내기는 인공호흡을 위한 기도유지법이다. ( )

배밀어내기(구어: 하임리히법)는 기도 내의 이물질을 배출하는 방법이다.

■ 개념: 응급처치 시 성인에 비교하여 영아의 차이점

① 기도 폐쇄를 해소하기 위하여 거꾸로 하여 등을 두드릴 수 있다. - 몸이 가볍기 때문이다.
② 배 밀어내기 사용 시 흉곽을 밀쳐 올리기에 부적당하다. - 신체에 비해 간이 크기 때문이다.
③ 맥박 확인 시 노뼈동맥을 촉지하지 않고 위팔(상완)동맥을 촉지한다. - 목이 두껍기 때문이다.
④ 화상의 면적 계산 시 머리가 18%(성인 2배)를 차지한다. - 자신의 신체에 비해 머리가 크다.

10 심폐소생술의 압박횟수는 1분에 100~120회이며, 흉부압박과 인공호흡의 비는 30 : 2로 한다. ( )

심폐소생술의 압박횟수는 1분에 100~120회이며, 흉부압박과 인공호흡의 비는 30 : 2로 한다.

11 화학화상은 화상부위를 흐르는 찬물 속에 넣어 약 10분 정도 담그도록 한다. ( )

화학화상은 화학약품이 살갗에 묻어 있으니 물로 씻어내야 하고, 열화상일 경우 화상부위를 흐르는 찬물 속에 넣어 약 10분 정도 담그도록 한다.

12 1도 화상은 통증이 없으니 병원에 갈 필요가 없다. ( )

1도 화상은 통증이 있다. 통증은 있으나 경미하여 연고를 사용하여 치료가 가능하다.
(* 두 사람이 같은 해수욕장 같은 시간에 선텐을 했으나 병원을 가지 않고 연고를 바르면 1도화상, 병원을 갈 정도면 2도 화상이 된다. 사람에 따라 다르지만 1도는 분홍색, 2도는 적색을 띤다.)

Ans. 07. (X) 08. (X) 09. (X) 10. (O) 11. (X) 12. (X)

| 응급 | 주요문제

기출

01 의식상태평가에서의 분류 중 옳지 않은 것은?

① A(Alert): 의식 비정상
② V(Verbal stimuli): 언어지시반응
③ P(Pain stimuli): 통증자극에만 반응
④ U(Unresponse): 무반응

해설 ① A(Alert): 의식명료(정상)에 해당한다.
답 ①

기출

02 다음 중 응급처치에 일반원칙이 아닌 것은?

① 신속, 침착, 질서 있게 대처한다.
② 환자의 쇼크를 예방한다.
③ 피가 나는 상처 부위의 지혈을 처리한다.
④ 어떠한 경우라도 본인보다 환자보호를 우선한다.

해설 아무리 긴급한 상황이더라도 구조자 자신의 안전을 최우선으로 한다.
답 ④

기출

03 구급대원이 구급요청 시 거절사유에 해당되지 않는 것은?

① 38도 이상의 고열이 있거나 호흡곤란이 동반되는 경우
② 술에 취한 사람으로서 만취자
③ 만성질환자로서 검진 또는 입원 목적의 이송요청자
④ 병원 간 이송 또는 자택으로의 이송요청자

해설 38도 이상의 고열이 있거나 호흡곤란이 동반되는 경우는 거절사유에 해당되지 않는다.
답 ①

기출 소방간부후보 기출

04 2급 응급구조사의 업무범위가 아닌 것은?

① 산소투여 ② 쇼크방지용 하의 이용
③ 자동제세동기 이용 ④ 기본 심폐소생술
⑤ 기도기를 삽입한 심폐소생술

해설 기도기를 삽입한 심폐소생술은 1급 응급구조사의 업무범위에 해당한다.
답 ⑤

■ **응급구조사, 간호사, 간호조무사의 분류 해설**
- 응급구조사는 응급환자 발생현장 업무(주로 외근)를 한다. (응급구조학과 졸업)
- 간호사는 병원에서 의사를 돕고 환자를 간호(주로 내근)한다. (간호학과를 졸업)
- 간호조무사는 간호사나 의사의 진료업무를 보조하는 사람이다. (간호학원 이수)

| 한눈 목차 | 주요 내용

- **1 화재조사**
  - ■1 화재조사목적
    - (1) 화재조사의 목적 → 예방과 통계
    - (2) 용어의 정의 → 화재·감식·감정·조사 등
    - (3) 화재조사 → 화재원인조사 및 피해조사
    - (4) 소실정도 → 전소, 반소, 부분소 / 입체면적
    - (5) 화재건수 → 동일범 아니면 별건, 자연적이면 한건
    - (6) 소실면적 → 소실면적은 바닥면적
    - (7) 건물동수 → 연결되면 하나(단, 건널복도는 각 동)
  - ■2 기타 사항
- **2 화재 예방 경계 진압**
  - ■1 소방력
    - (1) 소방력의 3요소 → 인원, 장비, 물.
    - (2) 소방장비 - 기동장비, 화재진압장비, 구조장비 등
  - ■2 소방 예방, 경계, 진압
    - 소방활동의 특수성 / 인명검색시 안전행동지침
  - ■3 화재진압전술
    - 선착대·후착대 / 소방전술 / 방수의 종류
  - ■4 하재진압활동
    - 단계별활동 / 현장대워 / 주수방법 / 화재진압 우선순위 등
- **3 구조이론**
  - ■1 119구조구급법령
    - (1) 특수구조대의 종류 - 화학·수난·고속국도·산악·지하철
    - (2) 구조대원 자격 - 인명구조사 / 2년 / 응급구조사의 소방청장교육
  - ■2 구조활동 절차
    - 구명→ 구출→ 고통경감→ 재산보전
  - ■3 구조장비
    - 절단구조장비, 중량물작업장비 등
  - ■4 구조기술
    - 로프매듭법, 구조대원의 활동요령
- **4 구급이론**
  - ■1 구급대의 법령
    - (1) 구급대원의 자격 - 의료인, 1·2급응급구조사, 소방청장의 교육
    - (2) 구급요청의 거절 - 단순골절 · 38도 고열환자는 거절 제외
  - ■2 응급활동의 개요
    - (1) 응급처치, 선한사마리아인법
    - (2) 구급환자의 중증도 분류
      - ① 긴급환자(적색) → 호흡 30회 초과
      - ② 응급환자(황색) → 45~60분 견딤
      - ③ 비응급환자(녹색)→ 경미한 환자
      - ④ 사망환자(흑색) → 사망·사망예견
  - ■3 응급처치기술
    - (1) 응급처치 정의
    - (2) 환자평가(1·2차)
    - (3) 응급환자
      - ① 응급구조사 분류 → 1·2급응급구조사
      - ② 응급의료체계의 구성 → 일반인·최초대응자·응급간호사·응급구조사 등
      - ③ 응급처치의 기본사항 → 기도유지·지혈처리·쇼크방지·상처보호
      - ④ 기도유지법 → 머리기울림 턱들기법, 턱밀어올리기법
      - ⑤ 기도폐쇄환자 → 배 밀어내기(5회)
      - ⑥ 인공호흡 → 10초 이내 의식확인→ 2회 선호흡→ 10회/분 호기
      - ⑦ 심폐소생술 → 30 : 2회(* 100~120번/분, 5cm 깊이)
      - ⑧ 쇼크 → 심장·신경·호흡·출혈·저체액·패혈·과민성 쇼크
    - (4) 외상처치
  - ■4 화상
    - ① 1도화상(표피- 홍반성) 〈 ② 2도화상(진피- 수포성) 〈 ③ 3도화상(전층- 괴사성)
  - ■5 응급의료장비

소 · 방 · 학 · 개 · 론

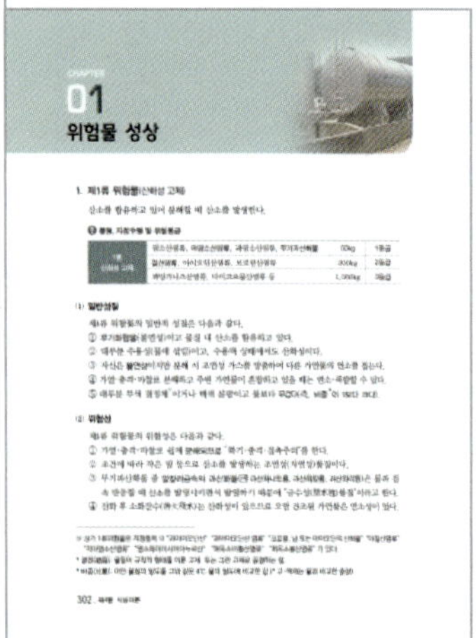

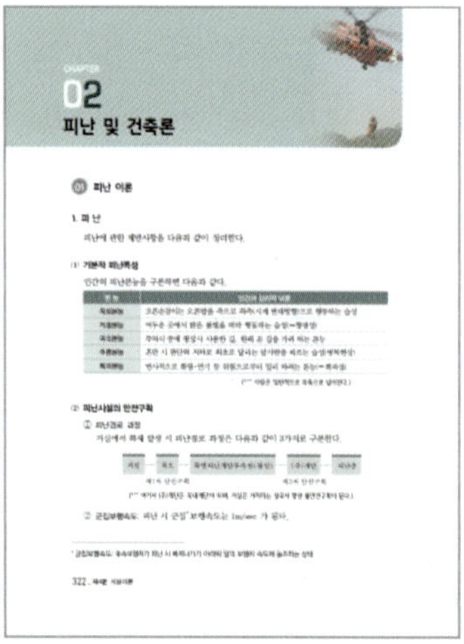

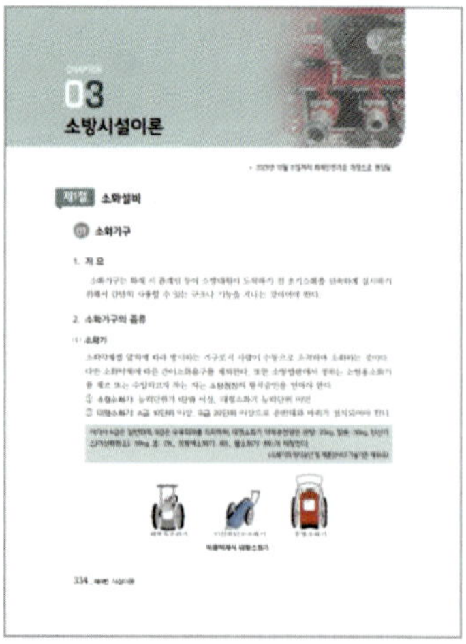

P/A/R/T

04

시설이론

CHAPTER

01 위험물 성상

1. 제1류 위험물(산화성 고체)

산소를 함유하고 있어 분해할 때 산소를 발생한다.

품명, 지정수량 및 위험등급

1류 산화성 고체	염소산염류, 아염소산염류, 과염소산염류, 무기과산화물	50kg	1등급
	질산염류, 아이오딘산염류, 브로민산염류	300kg	2등급
	과망가니즈산염류, 다이크로뮴산염류 등	1,000kg	3등급

(1) 일반성질

제1류 위험물의 일반적 성질은 다음과 같다.

① 무기화합물(불연성)이고 물질 내 산소를 함유하고 있다.

② 대부분 수용성(물에 섞임)이고, 수용액 상태에서도 산화성이다.

③ 자신은 불연성이지만 분해 시 조연성 가스를 방출하여 다른 가연물의 연소를 돕는다.

④ 가열·충격·마찰로 분해하고 주변 가연물이 혼합하고 있을 때는 연소·폭발할 수 있다.

⑤ 대부분 무색 결정체*이거나 백색 분말이고 물보다 무겁다(즉, 비중*이 1보다 크다).

(2) 위험성

제1류 위험물의 위험성은 다음과 같다.

① 가열·충격·마찰로 쉽게 분해되므로 "화기·충격·접촉주의"를 한다.

② 조건에 따라 작은 열 등으로 산소를 발생하는 조연성(지연성)물질이다.

③ 무기과산화물 중 알칼리금속의 과산화물(예 과산화나트륨, 과산화칼륨, 과산화리튬)은 물과 접속 반응할 때 산소를 발생시키면서 발열하기 때문에 "금수성(禁水性)물질"이라고 한다.

④ 진화 후 소화잔수(消火殘水)는 산화성이 있으므로 오염 건조된 가연물은 연소성이 있다.

※ 상기 1류위험물은 지정품목 외 "과아이오딘산" "과아이오딘산 염류" "크로뮴, 납 또는 아이오딘의 산화물" "아질산염류" "치아염소산염류" "염소화아이사이아누르산" "퍼옥소이황산염류" "퍼옥소붕산염류" 가 있다.

* 결정(結晶): 물질이 규칙적 형태를 이룬 고체. 또는 그런 고체로 응결하는 일.
* 비중(比重): 어떤 물질의 밀도를 그와 같은 4℃ 물의 밀도에 비교한 값.(* 고·액체는 물과 비교한 중량)

⑶ 예방대책

다른 위험물과 혼재되어 있을 때 1류 위험물이 분해하면 혼재* 되어 있는 위험물이 연소하거나 폭발할 수 있다

산화성표시

① 화기주의 (직사광선 차단, 용기의 가열·누출·파손·전도 방지.)
② 강산류, 촉매 등의 이물질과 접촉(더 많은 산소를 발생)을 금지한다.
③ 가연성 물질이 공기·습도·물과 혼합·혼재되는 것을 방지하고 충격·타격·마찰을 피한다.
④ 운반 시 다른 류별 위험물과 혼재불가(단, 제6류 위험물은 혼재가능 그러나 혼촉불가)

> 산화성인 1류·6류는 동일장소에 혼재는 가능하나 / 부딪치면 더 많은 산소를 발생하므로 혼촉은 불가.

⑤ 용기를 밀전* 해서 조해성* 물질(예 질산염류 중 질산나트륨)을 방습한다.
⑥ 위험물 게시판: 무기과산화물 중 "알칼리금속의 과산화물"은 "물기엄금"을 법적 규정한다.

> **법규**: 수납하는 위험물 – "화기·충격주의", "가연물접촉주의"
> 알칼리금속의 과산화물은 "화기·충격주의", "가연물접촉주의" 및 "물기엄금"

⑷ 소화대책

제1류 위험물은 불연성이지만 주변 가연물과 접촉·혼합되어 연소되고 있다면, 그 가연물이 어떠한 물질이냐에 따라서 소화방법이 달라진다.

1류 위험물은 화재 시 가열 등에 의하여 산소가 발생되어 주변 연소를 더욱 촉진시키므로 냉각소화인 직사· 분무방수(그 외 포말소화, 분말 중 인산염류, 건조사)가 효과적이다.

그러나 CO_2소화약제·할론소화약제·할로젠화합물 및 불활성기체소화약제 등 가스소화제의 질식소화는 효과가 적다.

① 1류 위험물과 혼재되어 있는 위험물의 성질에 맞는 소화방법을 선택한다.
② 1류 위험물과 폭발성 가연물이 혼합될 때 폭발 우려도 있으므로 가연물과 격리한다. 단 격리할 수 없고 가연물이 물과 반응하지 않는다면 다량의 물로 냉각소화를 한다.

▸ 제1류위험물의 소화방법

- 가열(加熱) 등에 의하여 산소를 발생한다. 그를 억제하기 위하여 열을 흡수하는 냉각소화
- 무기과산화물 중 알칼리금속의 과산화물 → 산소를 차단하는 질식소화

---

* 혼재: 부딪치지 않고 창고 등에 적재 하는 것. * 혼촉: 부딪치는 것.
* 조해성: 공기 중 수분을 흡수하여 자신이 녹는 성질. * 밀전(密栓): 마개로 꽉 막음. 밀봉보존.
* 액체: 1기압 및 섭씨 20도에서 액상인 것 또는 섭씨 20℃ 초과 섭씨 40℃ 이하에서 액상(액체상태)인 것을 말한다.
* 액상: 수직시험관(안지름 30mm, 높이 120mm의 원통형유리관)에 시료를 55mm 까지 채운 다음 해당 시험관을 수평으로 하였을 때 시료액면의 선단이 30mm를 이동하는데 소요시간이 90초 이내에 있는 것을 액체로 함.

2. 제2류 위험물(가연성 고체)

산소와 반응하여 인화되며 평상시 수소를 가까이하는 환원성 고체이다.

품명, 지정수량 및 위험등급

2류 가연성 고체	황화인, 황, 적린	100kg	2등급(위험등급)
	마그네슘, 금속분, 철분	500kg	3등급
	인화성 고체	1,000kg	

(1) 일반성질

제2류 위험물의 일반적 성질은 다음과 같다.

① 수소를 가까이하는 **환원성 물질**로 저온에서도 발화·발열·발광한다.

② 모두 산소를 함유하고 있지 않은 물질로서 산소와 결합력이 쉽다.

③ 낮은 농도의 산소에서도 연소속도가 빠른 **속연성*** 또는 이연성* 물질이다.

④ 연소 시 다량의 유독성 가스를 발생한다.(위험물이기 때문에)

⑤ 적린, 황린(제3류 위험물)은 **동소체**로 연소 시 오산화인(P_2O_5)을 발생한다.

※ 황린(제3류 위험물)을 비롯한 상기 물질은 CO_2를 발생하지 않고도 연소한다.

⑥ 일반적으로 **비수용성** 물질로 물보다 무거우며 연소할 때 발생되는 열이 크다.

- 1·2류 비교: 1류: 산소(o), 수소(x), 수용성, 산화성 / • 2류: 산소(x), 수소(o), 비수용성, 환원성

⑦ 금속분·철분·마그네슘은 물(또는 뜨거운 물)이나 묽은 산과 접촉하면 수소를 발생한다.

(2) 위험성

제2류 위험물의 위험성은 다음과 같다.

① 인(P)은 연소 시 다량의 연기를 낸다.

② 강산화성(제1류 위험물 등) 물질과 혼합한 것은 발화 또는 폭발의 위험이 있다.

③ 마그네슘은 CO_2와 결합하여 연소하며 탄소를 생성하기 때문에 CO_2로 소화하면 안 된다.

④ 금속분은 산이나 할로젠원소와 접촉되면 발화하며, 금수성 물질로 습기와 접촉하면 발열하여 자연발화의 위험이 있다.

⑤ 금속분·황분·철분은 밀폐된 공간에서 부유할 때 점화원이 있으면 분진폭발이 가능하다.

---

* 금수성(禁水性): 물을 금하는 성질

* 속연성(速燃性): 연소속도가 빠른 성질

* 이연성(易燃性): 연소가 쉬운 물질

* 금속분(金屬粉): 금속가루

* 황: 순도가 60중량% 이상인 것을 말한다. 순도측정에 있어서 불순물은 활석 등 불연성물질과 수분에 한함.

* 철분: 철의 분말로서 53μm의 표준체를 통과하는 것이 50중량% 미만인 것은 제외한다.

* 마그네슘: 2mm의 체를 통과하지 아니하는 덩어리 상태의 것과 직경 2mm 이상의 막대 모양의 것은 제외한다.

(3) 예방대책

제2류 위험물의 예방대책은 다음과 같다.

① 화기주의, 가열엄금(고온체와 접촉 방지)

② 금속분은 물이나 묽은 산(산소물질)과 접촉을 피한다.

③ 강산화성 물질(예 제1류·제6류 위험물)과 혼합을 피한다.

④ 위험물 누출을 방지하기 위해 저장용기를 밀폐하고 열이 축적되지 않도록 통풍이 잘 되는 냉암소에 저장한다.

⑤ 위험물 게시판: "화기주의(인화성 고체는 화기엄금)"를 법으로 규정한다.

법규: 수납하는 위험물은 철분·금속분·마그네슘은 "화기주의" 및 "물기엄금" / 인화성고체*에 있어서는 "화기엄금" / 그 밖의 것에 있어서는 "화기주의".

(4) 소화대책

제2류 위험물의 소화대책은 다음과 같다.

① 철분, 금속분, 마그네슘을 물로 소화하면 분해에 의해 발생한 수소가스에 의하여 화재를 확대시키고 폭발할 수 있기 때문에 건조사(마른모래), 건조분말(팽창질석, 팽창진주암)등을 이용하여 질식소화 한다.

② 황화인에 물을 주수하면 독성가스인 황화수소(H_2S)*가 발생된다. – 질식소화

③ CO_2·할론·할로젠화합물 및 불활성기체 등의 가스소화약제는 적응되지 않는다.

④ 적린·인화성고체*·황(유황) 등은 물 등에 의한 냉각소화가 적당하다.

⑤ 화재 시 많은 열과 유독성의 연기를 발생하므로 방호복과 공기호흡기를 반드시 착용한다.
(* 황화인+물 = 독성가스인 황화수소(유황도 아황산가스) 발생, ∴ 방독마스크 필요.)

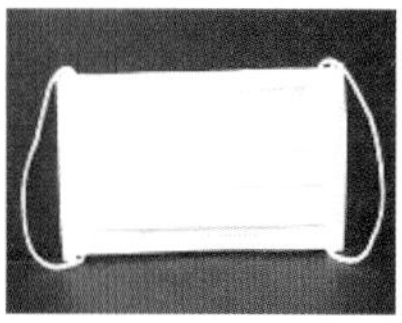
마스크

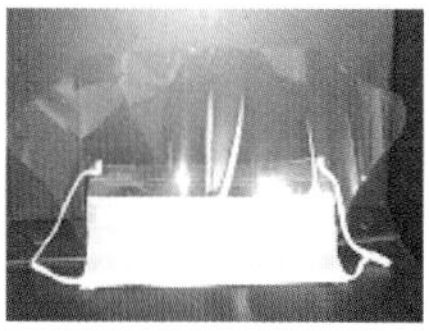
마스크-보호안경

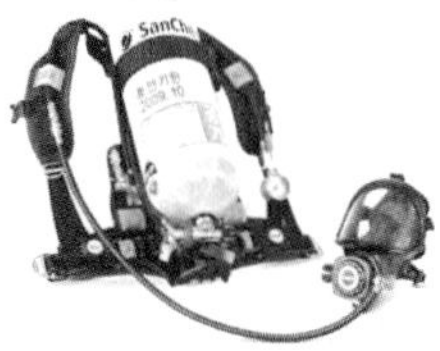
공기호흡기

* 황화수소(H_2S): 고무, 나무 등 황이 함유된 물질의 불완전연소 시 달걀썩는 냄새가 나는 기체로서 10ppm
* 금속분: 알칼리금속·알칼리토류금속·철 및 마그네슘 외의 금속의 분말을 말하고, 구리분·니켈분 및 150μm의 체를 통과하는 것이 50중량% 미만인 것은 제외한다.
* 인화성고체: 고형(고체형태)알코올 그 밖에 1기압에서 인화점이 40℃ 미만인 고체.(예 고무풀, 라카퍼티)

3. 제3류 위험물(자연발화성 물질 및 금수성 물질)

공기 또는 물과 반응하여 발화되고 가연성 가스를 발생한다. 자연발화성 및 금수성 물질은 주로 제3류 위험물에 모여있다는 뜻이며 제3류 위험물에만 해당되는 것은 아니다.

품명, 지정수량 및 위험등급

3류 금수성 및 자연발화성 물질	품명	지정수량	위험등급
	칼륨, 나트륨, 알킬알루미늄, 알킬리튬	10kg	1등급
	황린	20kg	
	알칼리금속, 알칼리토금속, 유기금속화합물	50kg	2등급
	금속의 수소화물, 금속의 인화물, 칼슘 또는 알루미늄의 탄화물	300kg	3등급

※ 상기 외 염소화규소화합물이 있다.

(1) 일반성질

① 유기화합물 및 무기화합물로 구성되어 있다.
② 주로 고체 분말 및 결정으로서 무기화합물로 구성되어 있다.(단 황린 등: 가연성)
③ 모두 물보다 무겁다.(단 칼륨, 나트륨, 알킬알루미늄, 알킬리튬을 제외)
④ 물과 반응할 때 가연성 가스(주로 수소)를 발생한다. 그러나 탄화칼슘은 물과 혼합할 때 아세틸렌, 탄화알루미늄은 메탄가스, 알킬알루미늄은 에탄가스를 발생한다.
⑤ 금속의 인화물 중 인화칼슘(인화석회)는 유독한 포스핀(인화수소)가스를 발생한다.
⑥ 칼슘(석회, Ca)은 물과 반응하여 발열하며, 접촉된 가연물이 연소·폭발이 가능하다.
⑦ 디에틸알루미늄클로라이드: 연소 시 자극성, 유독성의 염화수소를 발생한다.

(2) 위험성

① 금수성 물질은 물과 접촉하면 발화한다. 예 칼륨, 나트륨, 알킬알루미늄 등
② 자연발화성 물질은 공기 중에서 자연발화한다. 예 황린, 알킬알루미늄(트리에틸알루미늄 등)

> 알킬알루미늄은 주로 액체로서 물이나 공기 중에서 자연발화하고, 운송 시 운송감독지원을 받는다.

③ 금속의 인화물 중 인화칼슘 등은 물과 반응하면 부식성 가스를 발생한다.
④ 강산화성 물질과 접촉하거나 가열될 경우 위험성이 커진다.

(3) 예방대책

① 용기는 완전히 밀전(밀봉 보존)하고 공기나 물에 접촉하지 않게 한다.
② 알킬알루미늄(주로 액체, 일부는 고체), 알킬리튬 등의 유기금속화합물류는 공기 중에서 급격히 산화하므로 취급·주의하고 용기 내 압력이 상승하지 않도록 한다.

③ 황린은 공기 중에서는 자연발화 위험이 커서 물속에 저장하며 용기파손에 의한 저장보호액(물)의 누출을 방지하여야 한다.

④ 칼륨, 나트륨은 수분의 접촉을 피하여 기름 속에 저장한다.(등유, 경유, 파라핀유 등)
↳ 알칼리금속(예 리튬), 알칼리토금속도 기름 속에 저장한다.(어떠한 기름도 무관)

⑤ 위험물게시판: 물기엄금을 법으로 규정한다.(단 자연발화성물질은 화기엄금)

법규: 수납하는 위험물에 있어서 자연발화성물질은 "화기엄금" 및 "공기접촉엄금"이며, 금수성 물질에 있어서는 "물기엄금" 이다.

(4) 소화대책

초기에 건조사, 건조석회, 분말소화기 중 탄산수소염류소화기나 금속화재용 분말소화약제로 질식소화한다. 만약 진화되지 않으면 주변연소를 방지하고 자연 진화되도록 한다.

① 물로 소화해서는 안 된다.(황린 제외)

② 포·이산화탄소·할론·할로젠화합물 및 불활성기체 소화약제는 소화효과가 없다.

③ K(칼륨, 포타슘), Na(나트륨)은 물에 격렬히 연소하며 연소확대 방지에 주력해야 한다. 초기에 건조사, 팽창질석, 팽창진주암, 건조석회 등의 석분으로 질식 및 피복소화 한다.

④ 알킬알루미늄은 초기에는 건조사, 팽창질석, 팽창진주암 등을 사용 후 만약 진화되지 않으면 주변연소를 방지하고 자연 진화되도록 한다.
이는 저장·취급 시 벤젠이나 핵산 등 탄화수소제의 희석제를 사용할 수 있다.

⑤ 보호액인 석유류가 연소할 경우 CO_2나 분말을 사용해도 좋다.
(* 제3류·제5류 위험물의 본격화재시 지구상에 아직까지 특별한 소화약제가 없다.)

보호안경

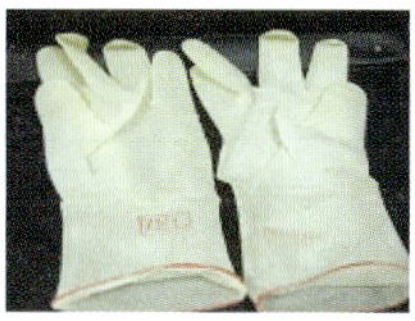
장갑

▶ 칼륨, 칼슘, 칼슘 또는 알루미늄의 탄화물 용어 해설

- "칼륨"은 물보다 가벼우며 주기율표상의 1족원소 "알칼리금속"에 속하며 금속이다
- "칼슘"은 석회로서 주기율표상의 2족원소 "알칼리토금속"에 속하며 금속원소이다.
- "칼슘 또는 알루미늄의 탄화물"이란 "칼슘 탄화물" 또는 "알루미늄의 탄화물"이라는 뜻으로 "탄화칼슘", "탄화알루미늄" 등이 있다.

4. 제4류 위험물(인화성 액체)

공기 중에서 쉽게 인화되는 액체로 발생된 증기가 공기와 부딪치면서 탄다.

품명, 지정수량 및 위험등급

<table>
<tr><td rowspan="11">4류
인화성액체</td><td colspan="2">특수인화물(이황화탄소, 디에틸에테르 등)</td><td>50l</td><td>1등급</td></tr>
<tr><td rowspan="2">제1석유류(아세톤, 휘발유 등)</td><td>비수용성</td><td>200l(1드럼)</td><td rowspan="3">2등급</td></tr>
<tr><td>수용성</td><td>400l</td></tr>
<tr><td colspan="2">알코올류</td><td>400l</td></tr>
<tr><td rowspan="2">제2석유류(등유, 경유 등)</td><td>비수용성</td><td>1,000l(5드럼)</td><td rowspan="7">3등급</td></tr>
<tr><td>수용성</td><td>2,000l</td></tr>
<tr><td rowspan="2">제3석유류(중유, 클레오소트유 등)</td><td>비수용성</td><td>2,000l(10드럼)</td></tr>
<tr><td>수용성</td><td>4,000l</td></tr>
<tr><td colspan="2">제4석유류(기어유, 실린더유 등)</td><td>6,000l(30드럼)</td></tr>
<tr><td colspan="2">동·식물유류</td><td>10,000l(50드럼)</td></tr>
</table>

※ **상기 외 특수인화물**: 아세트알데히드, 산화프로필렌 등이 있다.
(• 1석유류: 벤젠, 톨루엔 등 • 2석유류: 클로로벤젠 등 • 3석유류: 나이트로벤젠, 아닐린 등이 있다.)

(1) 일반성질

① 유기화합물로 구성된 인화성 액체로 전기가 통하지 않는다.(전기부도체)
② 대부분 물보다 가볍고(특수인화물~2석유류, 동식물유류) 물에 녹지 않는 비수용성이 많다.
③ 대부분 증기 비중은 **공기보다 무겁다.** 단 시안화수소(HCN)는 제외한다.

| Reference | 대부분 물보다 가볍고 비수용성이다, 전기 부도체이다. 증기는 공기보다 무겁다.

(2) 위험성

① 연소범위의 하한계가 낮아 적은 양으로도 화재 위험성이 있다.
② 화재 시 발생된 증기는 공기보다 무거워서 체류하기 쉽다.
③ 자연발화점이 낮은 것은 위험하다. (예 이황화탄소: 100℃, 휘발유: 300℃)
④ 고온체와 접촉·가열되면 낮은 온도에서 발화한다.
(* 휘발유의 자연발화점: 약 300℃, 등유의 자연발화점: 245℃, 경유의 자연발화점: 255℃)
⑤ 대부분 물보다 가볍고 비수용성으로 물에 잘 녹지 않아서 석유류 화재 중 물을 방수하면 물 위에 불이 붙은 기름이 떠다니며 오히려 화재 면적을 확대시키는 결과를 가져온다.

인화성표시

⑥ BTX(벤젠, 톨루엔, 크실렌) 중 2석유류 크실렌은 1석유류 벤젠, 톨루엔보다 독성이 낮다.
⑦ 석유류는 전기가 통하지 않는 전기 부도체(不導體, 불량도체)로서 공유결합을 하지만 때에 따라 정전기의 축적이 용이하고 이것이 점화원이 되는 경우가 많다.

(3) 예방대책

① 화기나 가열을 피하고 인화성 액체가 연소할 경우 증기를 배출시킨다.
② 낮은 온도를 유지하고 통풍이 잘되는 냉암소에 저장한다.
③ 정전기 발생·축적이나 스파크의 발생을 억제하여야 한다.
④ 인화점이 낮은 석유류에는 불연성 가스를 봉입하여 혼합기체의 형성을 억제한다.
⑤ 수용성과 비수용성, 비중이 큰 것 작은 것을 구분하여 소화에 용이한 방법과 연계한다.
⑥ 특수인화물 중 이황화탄소(CS_2)는 황린처럼 용기와 함께 물속(수조)에 저장한다.
⑦ 아세트알데히드, 산화프로필렌은 동(구리)·은·마그네슘·수은을 피하며 알루미늄이나 철의 용기에 저장한다.
⑧ 위험물게시판: "화기엄금"을 법으로 규정하고 있다. (* 수납 시 "화기엄금")

(4) 소화대책

이동탱크저장소

일반적으로 비수용성 석유류 화재 발생 시 탱크 위쪽(액면)에 물을 주수하면 물이 유류와 동반하면서 급격하게 비등(슬롭오버)하고 가벼운 유류가 액면으로 뜨면서 화재 면적을 확대시킬 수 있다.
소화는 포·분말·이산화탄소·할론·강화액·물분무 등으로 질식소화를 하여야 한다.
수용성 위험물(아세톤, 알코올류, 에스터류 등)은 내알코올포를 사용하거나 다량의 물로 희석시켜 가연성 증기 발생을 억제시켜 소화한다.
다음은 분류별로 세부적인 소화대책을 살펴본다.

① 소화약제 등
㉠ 초기·소규모 화재: 포·물분무·분말·이산화탄소·할론소화약제 등
㉡ 수용성 유류화재: 알코올포에 의한 질식소화, 다량의 물로 희석소화
㉢ 물보다 무거운 비수용성 유류 화재: 포나 분무상의 물로서 유면을 덮어서 에멀션(유화)효과를 이용한 유화소화.
㉣ 대규모 유류화재: 주로 포에 의한 질식소화. ▸ 포유류
↳ 무인방수포 등을 이용할 수 있으며 보일오버나 슬롭오버 등의 주의가 필요하다.

참고: 1석유류 휘발유를 가솔린으로 부르며, 2석유류 등유를 케로신, 또한 경유를 디젤유로 부르며, 3석유류 중유를 벙커유(벙커-C유)로 부르며, 또한 클레오소오트유를 타르유라고 부른다.

5. 제5류 위험물(자기반응성 물질)

충격 등 작은 에너지를 가해도 연소 및 폭발을 한다. (* 제5류 위험물이 주로 폭발성을 가지고 있지만 폭발은 제1류~6류의 모든 위험물이 조건만 갖추면 폭발할 수 있다.)

품명, 지정수량 및 위험등급

5류 자기반응성물질	유기과산화물, 질산에스터류*	10kg	1등급
	하이드록실아민, 하이드록실아민염류	100kg	2등급
	하이드라진유도체, 나이트로화합물*, 나이트로소화합물, 아조화합물, 디아조화합물	200kg	

※ 상기 외 금속의 아지화합물, 질산구아니딘이 있다.

(1) 일반성질

① 물질 내 산소가 있고 연소·폭발을 일으킬 수 있는 **폭발성 물질**이다.
② 모두 가연성의 고체(결정이나 분말) 및 액체로서 연소할 때는 많은 가스를 발생한다.
③ 대부분 물에 잘 녹지 않는 비수용성이며, 모두 **물과 반응하는 물질**이 아니다.

(2) 위험성

① 물질 자체에 산소를 함유하고 있어 외부의 산소공급 없이도 빠르게 연소·폭발(자기연소, 내부연소)하는 질화면*, TNT* 등이다.
② 공기 중에 장기간 저장하면 분해하면서 축적된 열로 자연발화("분해열")를 할 수 있다.
③ 가열·충격·마찰에 민감하며 강산화제나 강산류와 접촉할 때 위험성은 더 증가한다.
④ 유기과산화물류는 구조가 특이하며 매우 불안정한 물질로서 온도 및 농도가 높은 물질은 가열, 직사광선, 충격, 타격, 마찰에 의해 쉽게 폭발하므로 냉암소에 저장한다.
⑤ 대부분 질소를 함유하고 있는 **유기질소화합물**이다.(유기과산화물 제외)

(3) 예방대책

① 가급적 소분(적게 나눔)하여 저장하고 용기파손으로 인한 위험물의 누출을 방지한다.
② 안정제(용제)*가 함유되어 있는 경우 안정제의 증발을 주의하고 증발 시 즉시 보충한다.
③ 위험물게시판: "화기엄금"을 법으로 규정하고 있다.
(* 법규: 수납하는 위험물에 있어서는 "화기엄금" 및 "충격주의")

---

* 질산에스터류: 나이트로셀룰로오스, 나이트로글리세린 등이 있음
* 나이트로화합물: 트리나이트로톨루엔(TNT= 폭약), 트리나이트로페놀(피크린산) 등이 있다.
* 질화면: 질산에스터류에 속한 5류 위험물로 나이트로셀룰로오스, 질산셀룰로오스, 면약이라고도 함.
* 용제(溶劑): 물질을 녹이는 데 쓰는 액체. 알코올·벤젠·에테르·아세톤 등을 말함.

(4) 소화대책

주변으로의 연소 및 복사열 등에 의한 **분해열 및 분해폭발**에 주의한다.

① 물질 내 산소를 함유하고 있기 때문에 이산화탄소·분말·할론·포 소화약제 등에 의한 **질식소화는 효과가 없으며**, 초기에는 **다량의 물로 냉각소화** 하는 것이 효과적이다.

② 초기화재나 소형화재 시에는 분말약제로 일시에 화염을 제거할 수 있으나, 재발화가 염려되므로 최종적으로는 물로 냉각소화 하는 것이 좋다.

③ 화재진압을 할 때에는 무인방수포 등을 이용하며 화재가 확대되면 소화가 어려워 주변 연소를 방지하며 자연진화를 기다리는 방법도 있다.

④ 항상 안전거리를 유지하고 접근할 때에는 엄폐물을 이용한다.

⑤ 밀폐된 공간 내에서 화재발생 시 공기호흡기를 착용하여 유독가스에 주의한다.

⑥ 액체인 질산에스터류 중 나이트로글리세린, 하이드라진 등을 소화할 때 주변 유출에 주의한다. – 하이드라진 유도체를 제외하고는 모두 유기화합물이다.

폭발성표시

물에 반응하는 금수성 위험물과 물에 반응하지 않는 제5류 위험물

① 제1류 위험물: 무기과산화물 중 알칼리금속의 과산화물은 산소발생으로 물기엄금.

② 제2류 위험물: 철분, 금속분, 마그네슘은 가연성 수소가스를 발생시키므로 물기엄금.

③ 제3류 위험물: 황린을 제외한 위험물은 가연성 수소가스 등을 발생시키므로 물기엄금.

④ 제4류 위험물: 대부분 물보다 가벼워 물위로 떠서 화재 시 연소면 확대 우려로 주수금지.

⑤ 제5류 위험물: 모두 물에 반응하지 않고 적당한 소화제가 개발되지 않아 물로 소화를 한다.

⑥ 제6류 위험물: 과산화수소를 제외한 과염소산과 질산은 물과 접촉 시 발열반응으로 주수금지.

※ 1류 ~ 6류 특성은 주로 물보다 무겁고(* 3·4류 일부제외) / 주로 비수용성 (* 1·6류 제외)이다.

▸ 화학차

일반적인 화재는 대개 물이나 간단한 화학약제로 진화가 가능하다. 그러나 제3류 위험물의 금수성 물질, 기름 종류, 화학약품 등 특별한 경우에는 물을 뿌리면 오히려 위험할 경우도 있다. 이 때 필요한 것이 화학차로서 포(泡)분말 소화약제 등이 다량 탑재되어 있다. 이는 주유소나 유조선, 비행기 화재 시 사용하게 되는데 소화작업에 비용이 많이 들고 소화 후 환경오염 등을 유발하는 단점이 있는 것이나, 이런 문제를 해결할 새로운 약제가 개발될 때까지는 이 약제를 사용하고 있다.

6. 제6류 위험물(산화성 액체)

액체가 분해할 때 많은 산소를 발생한다.

품명, 지정수량 및 위험등급

6류 산화성액체	과염소산, 과산화수소(농도 36중량% 이상) 질산(비중 1.49 이상)	300kg	1등급

※ 상기 외 할로젠간화합물이 있다. (*^^ 약국에서 판매하는 옥시풀인 과산화수소는 3% 수용액이다.)

(1) 일반성질

① 산화성 액체는 불연성이지만 분해할 때 다량의 산소를 발생한다.
② 모두 물보다 무거운 강산의 액체(단 과산화수소: 알칼리성)로 자체 내 산소가 있다.
③ 과산화수소는 수용성(물, 알코올 등)에 녹으나 비수용성(벤젠, 석유 등)에는 녹지 않는다. 또한 다량의 경우 청색을 띄며 강산화제이지만 환원제로도 작용을 한다.
④ 피부에 닿으면 화상 등을 입으며, 증기는 유독해서 피부와 접촉 시 점막을 부식시킨다.
⑤ 질산은 자극적인 냄새가 나는 무색의 발연성 액체로서 나무, 종이 등과 접촉하여 발화한다.

(2) 위험성

① 물 또는 염기와 접촉하면 발열한다.(과산화수소 제외)
② 강산화성으로 다른 물질의 연소를 도와주는 조연성 물질이다.
③ 강산성 물질과 접촉 시 발열·폭발하며 가연성 물질과 혼재 시 혼촉발화 위험이 있다.
④ 질산은 무색의 부식성이 있는 액체로서 열에 의해 분해되어 이산화질소, 산소가 생성되고, 강한 산화성으로 인해 황화수소, 아세틸렌, 이황화탄소 등과 발화·폭발한다.
⑤ 과산화수소는 소독 살균제, 표백제로 사용되고 있으나 고농도인 것은 하이드라진 등의 물질들과 접촉하면 폭발의 위험이 있다.

독성

(3) 예방대책

① 용기의 파손 및 변형, 전도방지, 용기 내 물 또는 습기 침투방지.
② 질산(초산)은 햇빛에 분해되어 자극성의 과산화질소를 만들기 때문에 갈색병에 보관한다.
③ 과산화수소는 금속이나 유리용기 사용을 금하며 밀봉 보존 시 용기 내 산소 분해를 촉진하여 내부에 산소압력이 생기므로 구멍 뚫린 마개나 자동가스배출기를 사용한다.
④ 강산화제, 강산류, 가연성 물질의 접촉 또는 가열에 의한 유독성 가스의 발생을 방지한다.
(* 법규: 수납하는 위험물에 있어서는 "가연물 접촉주의")

(4) 소화대책

6류위험물은 불연성지만 대부분 다른 가연물질과 혼합 연소하기 때문에 냉각소화가 부적당하다 따라서 그 가연물질에 맞는 소화방법을 사용하며 가연물과 격리시킨다.

① 소규모 화재 시 다량의 물로 희석소화하는 방법이 효과적이다. 하지만 고농도의 강산류는 물과 접촉하면 비산하여 화재를 확대시키므로 원칙적으로는 주수할 수 없다.

② 상황에 따라 분무상의 물을 다량으로 사용하는 것도 효과적이다.
과산화수소는 물과 반응하지 않으므로 다량의 물로 씻어낼 수 있다.

③ • 소화적응이 있는 약제: 제3종 분말약제·포소화설비·물분무소화설비·건조사 등
• 소화적응이 없는 약제: 할론 소화설비 등 가스계 소화약제.

④ 6류위험물에서 발생하는 증기는 **유독성**이기 때문에 피부 보호와 공기호흡기를 착용하고 소화활동을 할 때는 바람을 등지고 한다.

⑤ 위험물 유출사고 시에는 건조사 등으로 유동을 방지하고 중화제(소다회, 소석회, 중탄산나트륨)로 중화한 후 다량의 물로 씻어 낸다.

• 1류·6류의 공통점 : 산소함유, 불연성, 혼재가능, 수용성, 비중이 1보다 크다(물보다 무겁다).

▸ 위험물의 특성

위험물의 유별은··▸ 품목별 성질, 예방·소화의 공통성으로 분류하고 있으며, 그 성상은 다름과 같다.
• 위험물의 일반적 성상은 화재발생 위험성이 매우 크다. (화재위험성)
• 연소속도가 빠르고 화재가 발생하면 확대될 위험성이 크다. (확대위험성)
• 화재 시 소화가 곤란하다. (소화곤란성)

▸ 위험물의 분류에 있어서

• **가연성과 인화성의 차이점**은, 가연성은 연소가 가능한 성질로서 1류·6류 위험물의 불연성과 대별되는 개념이다. / 그러나 인화성과 가연성을 비교하면 일반적으로 인화성이 연소가 더 빠르다.
• **제1류·6류 위험물**은 산소를 함유하나 불연성이며 가열·충격·마찰로 산소를 발생하여 남의 연소를 돕는다. **산화 불연성**의 개념이다. / 그러나 **제5류 위험물**은 산소를 함유하나 폭발성으로 공기 중 산소가 부족하더라도 자체산소를 가지고 연소를 자기반응을 하는 **산화·폭발성**의 개념이다.

1류위험물 연소

5류위험물 무산소 연소

6류위험물 과염소산

7. 위험물 및 지정수량(단위: kg, *l*)

※ 지정수량 기준치는 작을수록 위험하다.

위 험 물("위험물안전관리법"에 의한 고체·액체)			지정수량
유 별	성 질	품 명	
제 1 류	산화성 고체	염소산염류, 아염소산염류, 과염소산염류, 무기과산화물	50kg
		질산염류, 아이오딘드산염류, 브로민산염류	300kg
		과망가니즈산염류, 다이크로뮴산염류 등 ▸ 끝자가'염류'자+무기과산화물	1,000kg
	일반적 성질	① 자신은 불연성이지만 산소를 방출해서 다른 가연물의 연소를 돕는 조연성 물질. ② 산소를 함유한 강산화제이며 가열, 충격, 마찰 등에 분해되어 산소를 방출한다. ③ 대부분 무색 결정이거나 백색분말이다. 비중이 1보다 크다(즉, 물보다 무겁다.)	
	예방 대책	① 가열, 충격, 마찰, 타격 등을 방지.(= 화기•충격•접촉주의) ② 무기과산화물 중 알칼리금속의 과산화물은 물과 접촉시 산소발생으로"물기엄금" ③ 산화성 물질로서 가연성인 2류 및 연소·폭발성인 5류 위험물 등과의 접촉을 금지. ④ 강산류(제6류위험물)와 절대 혼촉(접촉)을 금지한다. (* 6류위험물과 혼재는 가능) ⑤ 질산염류 등 조해성 물질은 방습하고 용기를 밀전하여 통풍이 잘되는 냉암소에 저장.	
	소화 대책	① 주변 가연물과 혼합된 화재시 알칼리금속의 과산화물을 제외하고는 다량의 물을 사용. ② 알칼리금속의 과산화물은 건조사 등을 이용한 질식소화가 유효하다.	
제 2 류	가연성 고체	황화인, 황(=유황), 적린	100kg
		마그네슘, 금속분, 철분	500kg
		인화성 고체 ▸ 황화황적 마금철인	1,000kg
	일반적 성질	① 가연성 고체(이연성·속연성) 물질이다. ② 평소에 산소를 함유하지 않는 강한 환원성 물질이다. ③ 금속분은 물이나 혹은 산과 접촉하면 발열하게 된다.	
	예방 대책	① 산화제(제1, 6류)와의 혼합, 혼촉을 피하며 통풍이 잘되는 냉암소에 보관·저장한다. ② 위험물 게시판은 "화기주의" (인화성고체는 "화기엄금")이다.	
	소화 대책	① 금속분, 철분, 마그네슘, 황화인(황화수소 발생으로)은 건조사, 건조분말 등 질식소화. ② 적린과 인화성고체 등은 물에 의한 냉각소화를 한다.	
제 3 류	금수성 및 자연발화성 물질	칼륨, 나트륨, 알킬알루미늄, 알킬리튬(= 물보다 가벼운 금속들이다)	10kg
		황린 (* 자연발화점 30℃~, 물속에 저장 ∴ 금수성 아님)	20kg
		알칼리금속(칼륨, 나트륨 제외) 및 알칼리토금속, 유기금속화합물	50kg
		금속의 수소화물, 금속의 인화물, 칼슘 또는 알루미늄의 탄화물	300kg
	일반적 성질	① 주로 고체 분말 및 결정으로서 무기화합물의 불연성으로 구성.(* 황린 등= 가연성) ② 금수성이나 자연발화성 물질은 주로 3류위험물에 모여있다는 뜻이며 3류에만 해당은 아니다. ③ 모두 물과 접촉하면 위험한 반응을 초래하는 고체 및 액체물질이다.(황린 제외) ④ 탄화칼슘은 아세틸렌·탄화알루미늄은 메탄, 인화석회는 포스핀가스(인화수소)를 발생함.	
	예방 대책	① 저장용기는 밀전하여 공기와의 접촉을 방지하고 물과 수분의 침투 및 접촉을 금해야 한다. (* 위험물게시판: 물기엄금) ▸ 종류암기: 알킬 알칼 칼칼 금금 형제 + 황유나 ② 칼륨(K), 나트륨(Na) 및 알칼리금속은 석유류(등유, 경유 등)에 저장한다. ③ 황린(인, 백린)은 공기 중에 발화하고 칼륨, 나트륨은 물과 접촉시 발화하, 알킬알루미늄은 물과 공기 중 발화할 수 있다.(* 황린은 물속, 칼륨 · 나트륨은 기름속 저장, 알킬은 헥산에 저장)	
	소화 대책	① 금수성으로서 주로 가연성 수소가스 등을 발생하므로, 물의 주수를 엄금한다.(황린 제외) ② 포·이산화탄소·할론 소화약제에도 적응 안 됨. 상황에 따라 건조분말, 건조사, 팽창질석, 건조석회 등을 사용한다. (* 제3류 외에도 제2류~5류의 유기물은 자연발화가 가능함.)	

<table>
<tr><th colspan="4">위 험 물("위험물안전관리법"에 의한 고체·액체)</th><th rowspan="2">지정수량</th></tr>
<tr><th>유별</th><th>성 질</th><th colspan="2">품 명</th></tr>
<tr><td rowspan="16">제 4 류</td><td rowspan="11">인화성 액체</td><td colspan="2">특수인화물: 이황화탄소, 디에틸에테르(= 난용성) 등</td><td>50l</td></tr>
<tr><td rowspan="2">제1석유류(아세톤, 휘발유 등)</td><td>비수용성</td><td>200l</td></tr>
<tr><td>수용성</td><td>400l</td></tr>
<tr><td colspan="2">알코올류(60% 이상) - (예) 메탄올, 에탄올, 프로판올)</td><td>400l</td></tr>
<tr><td rowspan="2">제2석유류(등유, 경유 등)</td><td>비수용성</td><td>1,000l</td></tr>
<tr><td>수용성</td><td>2,000l</td></tr>
<tr><td rowspan="2">제3석유류(중유, 클레오소트유 등)</td><td>비수용성</td><td>2,000l</td></tr>
<tr><td>수용성</td><td>4,000l</td></tr>
<tr><td colspan="2">제4석유류(기어유, 실린더유 등)</td><td>6,000l</td></tr>
<tr><td colspan="2">동식물유류 (▶ 지정수량 암기: 오이사! 126만)</td><td>10,000l</td></tr>
<tr><td colspan="3" style="display:none"></td></tr>
<tr><td>일반적 성질</td><td colspan="3">① 쉽게 인화되며, (자연)발화점이 낮다. (* 위험물게시판: 물기엄금)
② 주로 물보다 가벼운 유류가 더 많다.(특수인화물, 알코올류, 1,2석유류, 동식물류)
③ 주로 비수용성이며, 전기 부도체이다.(즉, 유류는 전기가 안 통한다.)
④ 연소 시 증기 비중은 공기보다 무겁다.(시안화수소 제외) (▶ ②③④ 물가비 전부 증기무)
⑤ 인화성은 가연성보다 불이 빨리 붙는 물질이므로 가연성보다 대부분 더 위험할 수 있다.</td></tr>
<tr><td>예방 대책</td><td colspan="3">① 누출방지: 밀폐용기의 사용, 배관의 이용, 바위 속 시원한 냉암소에 저장.
② 주위에 폭발혼합기의 형성방지(환기 철저), 정전기나 스파크에 주의.</td></tr>
<tr><td>소화 대책</td><td colspan="3">① 대규모 유류화재는 포(거품)에 의한 질식소화. / 초기화재는 CO_2, 포, 물분무, 분말, 할론 가능.
② 수용성 위험물은 알코올포를 사용해서 질식소화하거나 다량의 물로 희석소화를 한다.</td></tr>
<tr><td colspan="4" style="display:none"></td></tr>
<tr><td colspan="4" style="display:none"></td></tr>
<tr><td rowspan="6">제 5 류</td><td rowspan="3">자기반응성 물질</td><td colspan="2">유기과산화물, 질산에스터류</td><td>10kg</td></tr>
<tr><td colspan="2">하이드록실아민, 하이드록실아민염류 ▶ 끝자 물5개 + 첫자 히3개</td><td>100kg</td></tr>
<tr><td colspan="2">하이드라진유도체, 아조화합물, 나이트로·나이트로소화합물, 디아조화합물</td><td>200kg</td></tr>
<tr><td>일반적 성질</td><td colspan="3">① 물질 자체에 산소가 있어 공기 중 산소의 공급 없이 충격 등으로 연소폭발이 가능한 물질.
② 가연성 고체(결정, 분말) 또는 액체의 산화제 물질이고 연소 시 다량의 가스가 발생한다.</td></tr>
<tr><td>예방 대책</td><td colspan="3">①"화기엄금"- 가열, 충격, 마찰, 타격을 피한다.
② 스스로 산소를 방출해서 자기연소(내부연소)한다. (* 위험물게시판: 물기엄금)</td></tr>
<tr><td>소화 대책</td><td colspan="3">물질 자체 내부에 산소를 함유하고 있어 질식소화가 어렵다. / 주로 비수용성이며 물에 반응하는 물질이 없어서 화재 초기에만 다량의 물로 "냉각소화"하는 것이 좋다.</td></tr>
<tr><td rowspan="4">제 6 류</td><td>산화성 액체</td><td colspan="2">과염소산, 과산화수소(농도 36중량% 이상), 질산(비중 1.49 이상)</td><td>300kg</td></tr>
<tr><td>일반적 성질</td><td colspan="3">① 무기화합물로 비중이 1보다 크다(물보다 무겁다.) 주로 수용성이다. (▶ 63빌딩/*모두300)
② 불연성 물질로 접촉 시 산소를 방출해서 다른 물질을 산화시킨다.(조연성)
③ 증기는 유독하고 피부와 접촉 시 점막을 부식시킨다.</td></tr>
<tr><td>예방 대책</td><td colspan="3">① 직사광선 차단, 강환원제·유기물질·가연성 위험물과 접촉을 피한다.
② 염기 및 물 또는 제1류 위험물과 접촉을 피한다.</td></tr>
<tr><td>소화 대책</td><td colspan="3">① 화재 시에는 가연물과 격리하도록 하며 유출사고에는 마른모래 및 중화제를 사용한다.
② 원칙적으로 주수는 금지, 초기화재 시 "상황에 따라" 다량의 물로 세척을 한다.</td></tr>
</table>

※ 비고: • 황: 순도가 60 중량퍼센트 이상인 것. • 알코올: 에탄올의 함유량 이 60% 이상인 것
• 철분: 53㎛의 표준체를 통과하는 것(50 중량% 미만은 제외) • 금속분: 150㎛의 표준체를 통과하는 것(50 중량% 미만은 제외)
• 마그네슘: 2mm의 체를 통과하는 것으로서 지름 2mm 이상의 막대 모양의 것은 제외.
(*^^ 철분·금속분: 50% 이상, 유황·알코올류는 60% 이상을 말한다.)

• 일반적인 위험물의 위험도: 3·5류 〉 4류 〉 2류 〉 1·6류 순.

|위험물| OX 개념

01 **제1류 위험물은 대부분 무색결정이거나 백색분말이다. 또한 비중이 1보다 작다. ( )**

제1류 위험물은 비중이 1보다 크다. 즉 물보다 무겁다. (* 고체, 액체= 물하고 비교한 중량)

02 **제2류 위험물은 환원성물질로서 금속분의 경우는 물 또는 묽은 산과의 접촉을 피한다. ( )**

물 또는 묽은 산과 접촉 시 수소가스 발생으로 연소를 더욱 촉진 시킬 수 있다.

03 **제3류 위험물의 수납 위험물 주의사항은 금수성으로서 모두 "물기주의" 이다. ( )**

제3류 위험물은 자연발화성 및 금수성물질로서 그 중 금수성물질은 '물기엄금'이다.
황린은 금수성 물질이 아닌 물속에 저장하는 자연발화성물질로서 '화기엄금' 등이다.

- 제3·5류 〉 4류 > 2류 〉 1·6류
  주로 "엄금!" ↲ ↳ 주로 "주의!"
- 제3류 위험물 중 자연발화성물질은 '화기엄금', '공기접촉엄금'/ 금수성물질은 '물기엄금'

※ 상기 외 수납하는 위험물에 따라 주의사항. (* 주의사항에서 '물기주의'는 없다)
① 제1류 위험물은 '화기·충격주의', '가연물 접촉주의'/ 알칼리금속의 과산화물 등은 '화기·충격주의', '물기엄금', '가연물 접촉주의'
② 제2류 위험물은 '화기주의'/ 인화성 고체는 '화기엄금'/ 철분·금속분·마그네슘 등은 '화기주의' 및 '물기엄금' (* 물기는 "엄금" 뿐이고, 충격은 "주의" 뿐이다.)
③ 제3류 위험물은 상기 박스 내용 참고
④ 제4류 위험물 '화기엄금'
⑤ 제5류 위험물 '화기엄금' 및 '충격주의'
⑥ 제6류 위험물 '가연물접촉주의'

04 **제4류 위험물은 모두 비수용성의 전기 부도체로서 물보다 가볍고 증기비중은 공기보다 무겁다. ( )**

제4류 위험물은 주로 비수용성(알코올류 등 제외)의 전기 부도체로서. 대부분(특수인화물~2석유류, 동식물유류) 물보다 가볍고, 증기비중은 공기보다 무겁다.(단, 시안화수소는 가볍다)
(* 기체= 공기하고 비교한 중량)

05 **제5류 위험물은 자기반응성 물질이기 때문에 이산화탄소·분말·할론·포 소화약제 등에 의한 질식소화는 효과가 없으며, 물을 사용하여 소화할 수도 없다. ( )**

제5류는 모두 물에 반응하지 않으므로 초기에는 다량의 물로 냉각소화 할 수 있다.

Ans. 01. (X) 02. (O) 03. (X) 04. (X) 05. (X)

06 제6류 위험물은 과산화수소(알칼리성)를 제외하고 강산이며 물보다 무겁다. (　)

제6류 위험물은 산화성 액체이다. 물질이 산소를 함유하고 있는 강산성의 물질이다.
(※ 산이란? 수소화합물로서 HNO_3 (질산), H_2 SO_4 (황산), H_2 CO_3 (탄산) 등이다.)

07 제 1류 ~ 6류 위험물은 주로 물보다 무겁고(3·4류 일부 제외), 주로 비수용성(1·6류 제외)이며, 1류와 6류 공통점은 산소함유, 불연성, 혼재가능, 수용성, 물보다 무겁다. (　)

제1류부터 ~ 6류까지 위험물은 주로 물보다 무겁고(3·4류 일부제외), 주로 비수용성(1·6류 제외)이다. 제1류와 6류의 공통점: 산소함유, 불연성, 혼재가능, 수용성, 비중이 1보다 크다.

제4류 위험물(인화성 액체) 중 제1석유류인 휘발유의 인화점은 21℃이다. (　)

제1석유류 지정된 품목은 일반적으로 많이 사용하는 휘발류(가솔린)과 아세톤이지만 실제는 다수의 품목 약 100 여가지는 21℃ 미만들이다. 그 중 휘발유의 인화점은 -43~-20℃이다.

08 제4석유류는 지정품목에서 수용성의 지정수량은 비수용성의 2배이다. (　)

제4석유류에서 수용성(예 아세톤, 400ℓ)의 지정수량은 비수용성(예 휘발유, 200ℓ)의 2배이다.
- 제4류위험물 지정수량 암기는 특수인화물 1/4드럼, 비수용성을 기준, 1석유류부터~동식물유류까지 1석유류=1드럼, 2석유류=5드럼, 3석유류=10드럼, 4석유류=30드럼, 동식물유류=50드럼이다.

(* 석유류 지정수량: 1드럼…▸ 5드럼…▸ 10드럼…▸ 30드럼…▸ 50드럼) (*1드럼= 200ℓ)
-----*
(* 제4류 외 지정수량 배열은 제1류: 50, 300, 1000(외삼촌) / 제2류: 100,500,1000(백오천) / 3류: 10, 20, 50, 300(일리오삼) / 5류: 10, 100, 200(112) (* 외삼톤 백오천은 이리오삼 112~)

09 제6류 위험물은 위험물안전관리법상 위험등급이 가장 낮은 3등급이다. (　)

제6류 위험물은 일반적으로 위험도가 가장 낮지만 독성이 커서 증기는 유독하고 피부접촉 시 점막을 부식시킨다. ∴ 법령에서의 위험등급은 모두 1등급이다.(위험물안전관리법 규칙 별표19 v)

구 분	제1류	제2류	제3류	제4류	제5류	제6류
① 가연성		○	자연발화성	○	○	
② 유독성		○	○			○
③ 물반응성	알칼리금속과산화물	마·금·철분	○			○

※ ②번 4류 특수인화물은 일부 독성(o) / ③번 3류: 황린 제외 / ③번 6류 과산화수소 제외(물로 소화)

- 일반적인 위험물의 위험도(독성 제외): 3·5류 〉 4류 〉 2류 〉 1·6류 순.

Ans. 06. (O) 07. (O) 08. (O) 09. (O)

| 위험물 | 주요문제

기출 소방간부후보

01 다음 중 물질의 보관방법 중 <u>틀린</u> 것은?

① 칼륨, 나트륨은 등유 속에 저장한다.
② 황린은 수조의 물속에 저장한다.
③ 이황화탄소는 등유 속에 저장한다.
④ 아세트알데히드·산화프로필렌은 알루미늄이나 철의 용기에 저장한다.
⑤ 아세틸렌은 다공성 용기의 용제에 넣고 아세톤, DMF에 용해시켜 저장한다.

해설 이황화탄소는 제4류 위험물의 특수인화물로서 용기에 넣어 물속에 저장한다.
답 ③

기출

02 다음 중 산화성 고체에 맞는 위험물은?

① 과염소산 ② 과염소산염류
③ 과산화염류 ④ 글리세린

해설 과염소산염류는 제1류 위험물 산화성 고체에 해당된다. 답 ②

기출

03 제1류 위험물의 특징이 <u>아닌</u> 것은?

① 모두 불연성이며, 그 자체에 산소를 가지고 있다.
② 무기과산화물 중 알칼리금속의 과산화물은 물과 반응하여 수소를 발생한다.
③ 가열·충격·마찰 등으로 분해되어 쉽게 산소를 발생한다.
④ 대부분 무색 결정이거나 백색분말이다.

해설 무기과산화물 중 알칼리금속의 과산화물(예 과산화나트륨, 과산화칼륨, 과산화리튬)은 물과 반응하여 산소를 방출하고 발열한다. 답 ②

기출 소방간부후보

04 제5류 위험물의 특징으로 옳지 <u>않은</u> 것은?

① 자기연소성 물질이기 때문에 질식소화는 효과가 없다.
② 자신이 셀프연소하며, 연소속도가 빠르고 폭발적이다.
③ 5류 위험물은 대부분 물에 녹으며 모두 물과 반응하는 물질이 있다.
④ 모두 가연성의 액체 또는 고체물질이고, 연소할 때는 유독가스를 발생한다.
⑤ 직사광선의 차단, 강산화제, 강산류와의 접촉을 방지한다.

해설 대부분 물에 잘 녹지 않으며, 모두 물과 반응하는 물질이 없다. 답 ③

기출

05 제4류 위험물의 공통성질에 대한 설명으로 틀린 것은?

① 물에 녹지 않는 것이 많다.
② 액체는 유동성이 있고 물보다 가벼운 것이 많다.
③ 증기 비중은 공기보다 작은 것이 많다.
④ 전기의 부도체(不導體)로 정전기가 축적되기 쉽다.

해설 4류위험물의 인화성 액체는 증기비중이 공기보다 무겁다. 연소 시 증기가 공기보다 무거워서 공중에 날아가지 않고 유류의 액면에 체류하면서 탄다. 답 ③

기출

06 위험물안전관리법에서 제3 석유류는?

① 휘발유 ② 알코올
③ 동식물유류 ④ 중유

해설 위험물안전관리법에서 제3석유류는 중유, 클레오소트유 등에 해당한다. 참고로 ① 제1석유류 ② 알코올류 ③ 제4석유류 답 ④

기출

07 위험물안전관리법에서 제6류 위험물 질산의 지정수량은?

① 10kg ② 50kg
③ 300kg ④ 1,000kg

해설 제6류 위험물 질산의 지정수량은 300kg에 해당된다. 답 ③

기출 소방간부후보

08 고체 또는 액체로서 공기 중에서 발화의 위험성이 있거나 물과 접촉하여 발화하거나 가연성 가스를 발생하는 위험성이 있는 것은?

① 산화성 고체
② 산화성 액체
③ 자연발화성 물질 및 금수성 물질
④ 인화성 액체
⑤ 자기반응성 물질

해설 자연발화성 물질 및 금수성 물질에 해당한다. 답 ③

기출

09 4류 위험물에 관한 설명으로 틀린 것은?

① "특수인화물"이란 발화점이 50℃ 이하인 것을 말한다.
② "제1석유류"란 인화점이 섭씨 21℃ 미만인 것을 말한다.
③ "제3석유류"란 1기압에서 인화점이 섭씨 70℃ 이상 200℃ 미만인 것을 말한다.
④ "알코올류"란 1분자를 구성하는 탄소원자의 수가 1개~3개까지인 포화 1가 알코올을 말한다.

해설 "특수인화물"이란 이황화탄소, 디에틸에테르 그 밖에 1기압에서 발화점이 섭씨 100℃ 이하인 것 또는 인화점이 섭씨 영하 20℃ 이하이고 비점이 섭씨 40℃ 이하인 것을 말한다. (위험물안전관리법 시행령 별표1 비고) 답 ①

| 참고 | 위험물의 보관 등

① **이황화탄소·황린**: 물속에 저장한다. ▸ 이황물속(* 퇴계)
② **칼륨 · 나트륨·리튬**: 등유, 경유 속에 저장한다. ▸ 칼나유속
③ 알킬알루미늄·알킬리튬은 헥산이나 벤젠과 함께 저장한다. ▸ 알킬헥산
④ **아세트알데히드 · 산화프로필렌**: 알루미늄이나 철의 용기에 저장한다. ▸ 아세트알루
⑤ **아세틸렌**: 다공성(多孔性) 용기의 용제에 넣고 아세톤, DMF에 용해시켜 저장한다. ▸ 아세아세
⑥ **나이트로셀룰로오스**: 알코올(혹은 물)속. (* 5류위험물 질산에스터류에 속함, 발화점은 180℃)

▸ 제4류 위험물 주요 용어 및 난해부분 해설

1. **"인화성액체"**란
   액체(제3석유류, 제4석유류 및 동식물유류에 있어서는 **1기압과 섭씨 20℃**에서 액상인 것에 한한다)로서 인화의 위험성이 있는 것을 말한다.
   ➲ 해설: 제3·4석유류, 동식물유류는 상압·상온에서 3cm를 90초 이내에 흐르는 묽은 것을 말한다.
2. **"특수인화물"**이란
   이황화탄소, 디에틸에테르 그 밖에 1기압에서 **발화점이 섭씨 100℃ 이하인 것 또는 인화점이 섭씨 − 20℃ 이하이고 비점이 섭씨 40℃ 이하**인 것을 말한다.

3. **"제1석유류"**란
   아세톤, 휘발유 그 밖에 1기압에서 인화점이 섭씨 21℃ 미만인 것을 말한다. (예 시안화수소)
4. **"알코올류"**란
   1분자를 구성하는 **탄소원자수가 1개부터 3개까지인 포화 1가 알코올(변성알코올을 포함)**을 말한다.
   다만 알코올의 함유량이 **60중량% 미만**인 수용액은 제외한다.(예 메탄·에탄·프로판올)
   ➲ 해설: 메탄올, 에탄올, 프로판올은 탄소원자수가 1~3까지로서 이 법 '알코올류'로서 분류하나, 라이터 속의 부탄올(C_4H_9OH)은 4개로서 '제 2석유류'로 분류, 또한 알코올의 함유량은 60%이상이어야 한다.
   (예 소주: 에탄올 함유량이 약 17%, 양주: 약 40%로서 위험물법으로 취급하지 않는다.)
5. **"제2석유류"**란
   등유, 경유 그 밖에 1기압에서 인화점이 **섭씨 21℃ 이상 70℃ 미만**인 것을 말한다.(예 하이드라진)
6. **"제3석유류"**란
   중유, 클레오소트유 그 밖에 1기압에서 인화점이 **섭씨 70℃ 이상 200℃ 미만**인 것을 말한다.
7. **"제4석유류"**란
   기어유, 실린더유 그 밖에 1기압에서 인화점이 **섭씨 200℃ 이상 250℃ 미만**의 것을 말한다.
8. **"동식물유류"**란
   동물의 지육 등 또는 식물의 종자나 과육으로부터 추출한 것으로서 1기압에서 인화점이 **섭씨 250℃ 미만**인 것을 말한다. 다만, 규정에 따라 용기기준과 수납·저장기준에 따라 수납되어 저장·보관되고 용기의 외부에 물품의 통칭명, 수량 및 화기엄금(화기엄금과 동일한 의미를 갖는 표시를 포함한다)의 표시가 있는 경우를 제외한다.
   ➲ 단서해설: 예 식용유공장에 동식물유가 지정수량 10,000리터(50드럼)이 있게 되면 위험물법 규정에 따르고 '화기엄금' 혹은 '절대화기엄금' 등의 표시를 하면 '위험물안전관리법'으로 취급하지 않고, 소방기본법 시행령 별표 2, 7번 다의 특수가연물 중 '가연성 액체류'로 취급한다는 뜻을 표기한 것이다.

| 참고 | 소방관의 현장활동

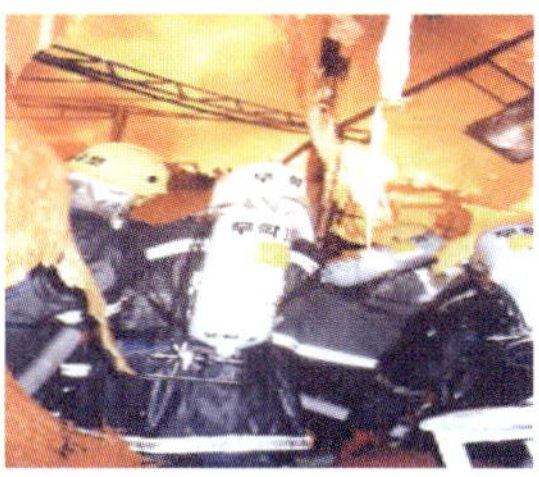
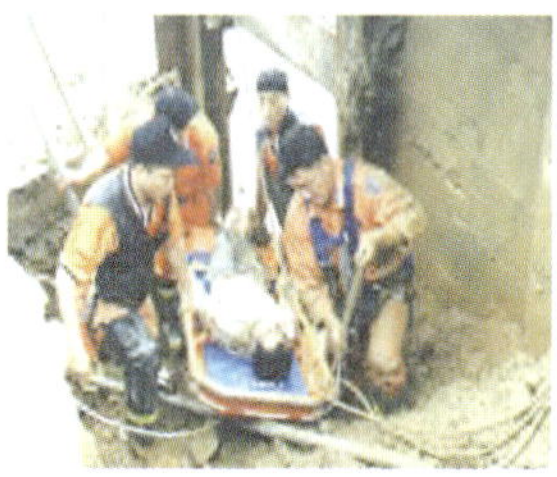

CHAPTER

02 피난 및 건축론

01 피난 이론

1. 피 난

피난에 관한 제반사항을 다음과 같이 정리한다.

(1) 기본적 피난특성

인간의 피난본능을 구분하면 다음과 같다.

본 능	인간의 심리적 내용
좌회본능	오른손잡이는 오른발을 축으로 좌측(시계 반대방향)으로 행동하는 습성
지광본능	어두운 곳에서 밝은 불빛을 따라 행동하는 습성(=향광성)
귀소본능	무의식 중에 평상시 사용한 길, 원래 온 길을 가려 하는 본능
추종본능	혼란 시 판단력 저하로 최초로 달리는 앞사람을 따르는 습성(병목현상)
퇴피본능	반사적으로 화염·연기 등 위험으로부터 멀리 하려는 본능(=회피성)

(*^^ 사람은 일반적으로 좌측으로 넘어진다.)

(2) 피난시설의 안전구획

① 피난경로 과정

거실에서 화재 발생 시 피난경로 과정은 다음과 같이 3가지로 구분한다.

거실 → 복도 → 특별피난계단부속실(전실) → (주)계단 → 피난층

제1차 안전구획 제3차 안전구획

(*^^ 여기서 (주)계단은 옥내계단이 되며, 거실은 거처하는 실로서 항상 불안전구획이 된다.)

② **군집보행속도**: 피난 시 군집* 보행속도는 1m/sec 가 된다.

---

* 군집보행속도: 후속보행자가 피난 시 빠져나가기 어려워 앞의 보행자 속도에 동조하는 상태

(3) **피난계획**

① 피난동선(避難動線)

㉠ 피난경로는 **단순·명료**하게 하고 그 수단은 원시적이며, 고정식으로 세분화한다.

㉡ 피난동선은 수직과 수평동선으로 구분되며 계단의 배치는 집중화를 피하고 분산한다.

㉢ 피난동선은 상호 반대방향으로 다수의 출입구와 연결되는 것이 좋다.

② 피난통로

㉠ 거실에서 나와 피난통로는 2개 이상 나누어져야 한다.

㉡ 피난의 마지막 종단에는 충분한 공간이 있어야 한다.

㉢ 계단은 화재 시 연도(煙道, 연기통로)로 되기 쉽기 때문에 가급적 상용의 직통계단으로 사용하지 않고 피난계단 또는 특별피난계단으로 사용하는 것이 좋다.

▸ 피난계획의 대책과 원칙

① 간단 명료	② 원시적 방법
③ 고정식 설비	④ 2방향 이상 피난통로
⑤ 완전 불연화	⑥ 간단한 그림이나 색채 이용

(4) **피난대책의 일반원칙**

① Fool-Proof:

비상사태로 피난자가 혼란을 느끼고 바보와 같은 지능 상태가 되어도, 쉽게 인지하도록 하는 것을 말한다.

② Fail-Safe:

하나의 수단이 고장 등으로 실패하여도 다음 수단에 의해 구제할 수 있도록 **안전한 장치, 병렬화** 등을 요구하는 것을 말한다. (즉, 이중 안전장치 등을 말한다.)

▸ 피난대책 Fool-Proof의 예

① 소화·경보설비의 위치, 유도표지에 판별이 쉬운 색채를 사용한다.
② 문은 피난방향으로 열 수 있도록 하며 회전식이 아닌 레버식으로 해둔다.
③ 정전 시에도 피난할 수 있도록 외광이 들어오는 위치에 문을 설치한다.

▸ 피난대책 Fail-Safe의 예

① **안전율을 높이는 설계:** 이상상태의 전체 파급방지
② **시스템의 여분 또는 병렬화:** 피난경로는 2방향 이상 피난로를 확보한다.

* 병렬(竝列): 2개 이상의 전기회로 등의 각각의 2단자가 모두 공통의 2단자로 접속되는 것. ↔ 직렬(直列).

(5) 피난방향의 설계

비상시를 대비한 구체적인 피난방향의 설계는 다음과 같다.

피난로의 방향 설계	피난방형 구별	모 양
확실한 피난통로 확보 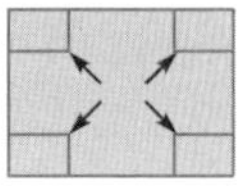		Y자형
	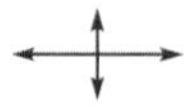	X자형
중앙 복도형 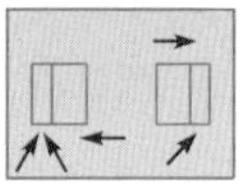 코너식 중 양호하다	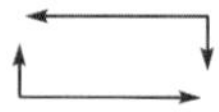	ZZ자형
	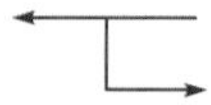	Z자형
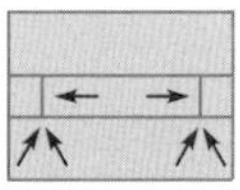 방향이 확실하다	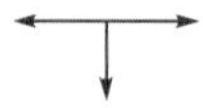	T자형
		I자형
중앙코어식 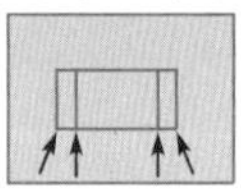 패닉현상이 우려	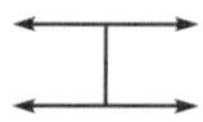	H자형
	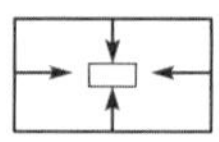	CO자형 (중앙코어식)

(*^^ H형에 비해 CO형은 한 곳으로 밖에 피난할 수 없으니 더 패닉이 된다.)

(6) 패닉(Panic)

패닉(Panic)이란 영어의 뜻은 공포, 불안 떨림, 겁먹음 등의 해석으로 "단체 행동 과정에서 어떠한 위험 요인에 의하여 집단의 목표나 규범이 붕괴되고 그 집단 구성원의 심리적 유대가 분단된 상태에서 개인이 자신의 위험을 피하기 위하여 다른 사람의 안전을 고려하지 않고 행동하는 비이성적이고 무질서한 행동현상"을 말한다.
과거 많은 재해현장에서 직접적인 재해에 의한 사망자보다 패닉(Panic)에 의하여 압사, 질식 등으로 사망한 사람이 많다는 것을 인지하여야 한다.

① 패닉으로 발전하기 쉬운 경우
　㉠ 절박한 위험이 있을 때나 구성원 상호간의 심리적 유대가 결여되어 있을 때
　㉡ 탈출 가능성이 있지만 그 탈출로가 제약을 받고 있을 때

② 패닉*(Panic) 방지 원칙

㉠ 소방대원 스스로 패닉에 말려들지 않는다.

㉡ 엄연한 태도를 유지하고 재해의 상황, 피난 방향 및 피난로 등을 명확하게 지시한다.

㉢ 집단공통의 문제는 불안과 공포이므로 이의 경감에 노력한다.

㉣ 다수인의 경우에는 통솔 가능한 인원으로 분산하여 유도한다.

㉤ 광란적인 사람은 집단에서 격리한다.

(7) 방화계획

일반적으로 방화계획은 공간적 대응방법 및 설비적 대응방법으로 나눈다.

① 공간적 대응

공간적 대응은 도피성, 대항성, 회피성으로 나누며 화재 등으로부터 다수인을 재해공간에서 신속히 피난시키고 동시에 화재진압에 필요한 사항을 말한다. 여기서는 공간적 대응의 이론을 간략하게 표를 이용하여 살펴보기로 한다.

공간적 대응의 구분

구분	내용
도피성	화재 시 안전하게 계단 등으로 피난할 수 있는 공간성을 말한다.
대항성	건물의 내화성능, 방연성능 증대와 초기소화대응 등 화재사상의 저항능력
회피성	불연화·난연화 재료사용, 화재예방조치와 발화확대 등 소방훈련을 감소시키는 조치

② 설비적 대응

공간적 대응을 지원하는 소방설비의 대응으로써 도피성(예 유도등, 비상조명등), 대항성(예 자동화재탐지설비, 자동소화설비, 제연·공조설비*, 방화문), 회피성(예 수막설비)을 말한다.

(8) 방재(防災)계획

방재계획이란 재난을 방어하는 계획으로서 일반적으로 다음과 같이 구분한다.

▸ 방재(防災)계획

① **재료계획**: 외장 또는 내장재료의 불연·난연성 중 어떠한 것을 선택할 것인가의 계획
② **부지선정 및 배치계획**: 그 지역의 소화·피난·구조활동상의 부지 및 배치계획.
③ **단면계획**: (수직선상) 상·하층간 재해 전파 방지와 방화구획 수립 등.
④ **입면계획**: (수평선상) 무창(無窓) 및 벽, 개구부, 유리, 낙하물에 대한 2차 피해방지 계획 등.
⑤ **평면계획**: 피난행동 지원 및 소화를 위한 제연계획을 수립 또한 소부분으로 방화구획 등.
⑥ **설비계획**: 소화·경보·피난설비 및 방화문, 방화셔터 댐퍼 등 소방설비의 계획.
상기 외 학설에 따라서 구조계획, 유지관리 계획 등이 있다.

| 피난 | 주요문제

기출

01 화재 시 반사적으로 발화지점 반대방향으로 이동하는 현상은?

① 귀소본능 ② 퇴피본능
③ 지광본능 ④ 추종본능

해설 퇴피본능은 재난이 발생하였을 때 인간은 자신도 모르게 반사적으로 화염·연기 등의 위험으로부터 멀리 하려는 본능이다. 답 ②

기출

02 피난행동 인간의 본능 중 옳지 않은 것은?

① 어두운 곳에서 밝은 불빛을 따라 행동하는 습성(지광본능)
② 오른손잡이는 오른발을 축으로 우측으로 행동하는 습성(우회본능)
③ 무의식 중에 평상시 사용한 길, 원래 온 길을 가려 하는 본능(귀소본능)
④ 혼란 시 판단력 저하로 최초로 달리는 앞사람을 따르는 습성(추종본능)

해설 오른손잡이는 오른발을 축으로 좌측으로 행동하는 습성(좌회본능)이라 한다. 답 ②

기출

03 피난 시설계획 등의 일반적인 원칙으로 틀린 것은?

① 고정식으로 한다.
② 원시적인 방법으로 한다.
③ fool proof, fail safe를 원칙으로 한다.
④ 피난설비는 가반식 기구나 장치 등을 주로 사용하고, 고정시설은 보조설비로 사용한다.

해설 피난의 원칙은 순간적인 재난 시 인간의 본능을 참고하고, 고정식이며 원시적인 방법을 고려하여, 피난설비는 이동식 시설보다는 고정식 시설을 주로 사용하도록 한다. 답 ④

기출

04 건축물 방재계획 중 공간적 대응에 필요한 기능이 아닌 것은?

① 대항성 ② 회피성
③ 도피성 ④ 구조성

해설 방재계획 중 공간적 대응에 필요한 기능은 도피성, 대항성, 회피성은 해당하나 구조성은 해당하지 않는다. 답 ④

02 건축 이론

1. 용어의 정의.

건축에서 사용되는 용어의 정의는 다음과 같다.(건축법·시행령 제2조 등)

① 바닥면적: 건축물의 각 층의 수평투영면적을 말한다.
② 연면적(延面積): 하나의 건축물 각 층의 바닥면적의 총 합계를 말한다.(지하층 포함)
③ 지하층: 건축물의 바닥이 지표면 아래에 있는 층으로서 바닥에서 지표면까지 평균 높이가 해당 층 높이의 2분의 1 이상인 것을 말한다.
④ 도로: 보행과 자동차 통행이 가능한 너비 4m 이상.
⑤ 주요구조부: 바닥, 지붕틀, 보,* 내력벽, 주계단,* 기둥.

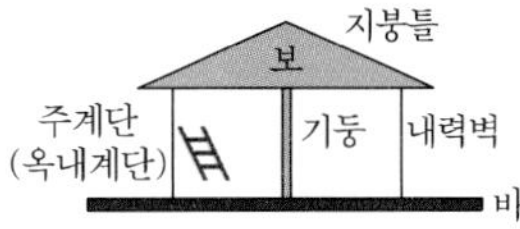

주요구조부

⑥ 내화(耐火)구조: 화재에 견딜 수 있는 성능을 가진 구조.
⑦ 방화(防火)구조: 화염의 확산을 막을 수 있는 성능을 가진 구조를 말한다
⑧ 불연재료: 불에 타지 아니하는 성질을 가진 재료로서 국토교통부령으로 정하는 기준에 적합한 것을 말한다.(예 콘크리트·석재·벽돌·기와·철강·알루미늄·시멘트모르타르·회, 유리)
⑨ 준불연재료: 불연재료에 준하는 성질에 해당되는 것.(예 석고보드, 목모·펄프시멘트판)
⑩ 난연재료*: 불에 잘 타지 아니하는 성능을 가진 재료. (예 난연합판, 난연플라스틱)
(*^^ 내화·방화는 구조이며, 불연·준불연·난연은 재료를 말한다.)
➲ 철근콘크리드조는 내화구조가 되며, 철근이 들어가지 않는 콘크리트(벽돌)는 불연재료가 된다.
⑪ 방화구획: 타 지역으로 화재 확대방지를 위해 내화성능을 가진 바닥, 벽 등을 가르는 일.
⑫ 방화벽: 화재 시 연소의 흐름을 막고 피해는 줄이기 위해 주로 목조건축물에 설치하는 벽.
⑬ 방화문: 연소차단 목적으로 방화구획선상 또는 방화벽 개구부 등에서 사용하는 문.
⑭ 직통계단:* 계단과 계단참으로 연속되어 한 곳으로 연결되는 계단을 말한다.(↔ 돌음계단)
⑮ 피난계단: 직통계단에 내화구조, 불연재료 등으로 그 기준을 보강한 계단.
⑯ 특별피난계단: 피난계단에 제연설비, 계단부속실, 노대* 등을 설치한 더 유효한 계단.
⑰ 거실: 거주·집무·작업·집회·오락, 그 밖에 이와 유사한 목적을 위해 사용되는 실.
⑱ 고층건축물: 층수가 30층 이상이거나 높이가 120m 이상인 건축물을 말한다.
⑲ 초고층건축물: 층수가 50층 이상이거나 높이가 200m 이상인 건축물을 말한다.
(*^^ 소방법령에는 "고층건축물"은 11층 또는 31m 이상이며, "초고층건축물"의 명시는 없다.)

---

* 수평투영면적: 하늘에서 바로 내려본 모양의 면적으로 경사면이 있다면 별도 계산.(예 한층의 가로×세로)
* 방화구조: 불을 차단하는 성능은 있으나 불을 제거 후 강도가 급격히 떨어지는 구조이다.
* 노대: 발코니(balcony) * 보: 들보의 준말(가로 기둥의 형태)
* 직통계단: 좁은 공간에 S자 형식의 돌아서 올라가는 돌음계단이 아닌, 한 곳으로 연결된 일반계단을 뜻함.
* 거실: 거주, 작업, 오락 등을 대상으로 오랜 시간 머무는 장소(복도, 현관, 계단실, 기계실, 변소, 욕실 제외)

2. 내화구조

건축법령에서 주요구조부라 함은 바닥, 지붕틀, 보, 내력벽, 주계단, 기둥을 말한다. 다만 사이기둥, 최하층바닥, 작은보, 차양, 옥외계단 기타(예 천장, 간벽*, 비내력벽* 등) 이와 유사한 것으로 건축물의 구조상 중요하지 아니한 부분은 제외한다. (내화구조 성능기준은 하중지지력, 차염성*, 차열성,* 차연성*으로 하며 내화성능 등이 있다.)

내화구조 기준

주요구조부	바닥, 지붕틀, 보(들보), 내력벽, 주계단(옥내계단), 기둥의 6가지.
내화구조	철근콘크리트조, 연와조(기와), 기타 이와 유사한 구조(예: 석조)로 최종적인 단계에서 내장재가 전소(全燒)되더라도 수리하여 재사용할 수 있는 구조.

(1) **벽(내화구조벽)** (건축물의 피난·방화구조 등의 기준에 관한 규칙 제3조)

① 철근콘크리트조 또는 철골철근콘크리트조로서 두께가 10cm 이상인 것
② 고온·고압 증기로 양생된 경량기포 콘크리트패널·콘크리트블록조 10cm 이상인 것
③ 벽돌조로서 두께 19cm 이상의 것
④ 골구를 철골조로 하고 그 양면을 두께 4cm 이상의 철망모르타르 또는 두께 5cm 이상의 철재콘크리트블록·콘크리트블록·벽돌 또는 석재로 덮은 것 등.

- 내화·방화는 구조이며, 불연(및 준불연)·난연은 재료를 말한다. ▸ 내방구조 불난재료
(* 내화구조는 주로 10cm이고, 방화구조는 2cm, 2.5cm에 해당된다.)

▸ **외벽 중 비내력벽(내화구조벽 중에서)**

① (철골)철근콘크리트조, 무근콘크리트조, 콘크리트블록조, 벽돌조, 석조로서 그 두께가 7cm 이상
② 철재로 보강된 콘크리트블록조·벽돌조 또는 석조로서 철재에 덮은 콘크리트블록 등 4cm 이상
③ 골구를 철골조로 하고 그 양면을 두께 3cm 이상의 철망모르타르 또는 두께 4cm 이상의 콘크리트블록·벽돌 또는 석재로 덮은 것

Check Point!

내화구조, 비내력벽!

► 내화구조 외벽은 대부분 힘에 견디는 내력벽이면서 주로 10cm 이상이지만 1·2층 저층건물의 외벽은 큰 힘을 받지 않아 비내력벽이라도 7cm 이상의 두께가 되어야 한다는 뜻이다.

* 노대: 발코니(balcony) * 차연: 연기를 차단함. * 간벽: 건물내부의 사이벽. * 주계단: 옥내 계단
* 내력벽(耐力壁): 자체하중을 받는 벽.(* 주로 외벽) * 비내력벽: 건축물 자체 하중을 받지 않는 벽.
* 차염: 화염을 막음 * 차열: 열을 막음 * 차연: 연기를 막음

3. 방화(방재)

(1) 방화구조

방화구조*란 화염의 확산을 막을 수 있는 성능을 가진 구조로서 건축법령이 정하는 구조이다. 그러나 강도가 약하여 내화구조처럼 화재에 오랫동안 견딜 수 있는 성능을 가진 재료에는 미치지 못한다.

방화구조의 기준(건축물의 피난·방화구조 등의 기준에 관한 규칙 제4조)

구조	두께
• 철망모르타르 바른 것.	2cm 이상
• 시멘트모르타르 위에 타일을 붙인 것 • 석고판 위에 시멘트모르타르 또는 회반죽 바른 것	2.5cm 이상
• 심벽*에 흙으로 맞벽치기한 것. 또는 「산업표준화법」에 따른 한국산업표준이 정하는 바에 따라 시험한 결과 방화 2급 이상에 해당하는 것	모두 인정

(2) 피난계단의 설치

피난계단 및 특별피난계단은 다음에 의하여 설치한다.(건축법 시행령 제35조 및 건축물의 피난·방화구조 등의 기준규칙 제9조)

① 피난계단

5층 이상 또는 지하 2층 이하의 층으로부터 피난층 또는 지상으로 통하는 직통계단(지하 1층인 경우 5층 이상의 층으로부터 피난층이나 지상으로 통하는 직통계단과 직접 연결된 지하 1층의 계단을 포함) 직통계단은 피난계단 또는 특별피난계단으로 설치한다.

② 특별피난계단

11층(공동주택은 16층) 이상 또는 지하 3층 이하의 층의 직통계단은 특별 피난계단으로 한다.(건축법 시행령 제35조)

(3) 옥외 피난계단

옥외 피난계단은 다음에 의하여 설치한다.(건축법 시행령 제36조)

① 건축물의 3층 이상인 층(피난층은 제외)으로서. 공연장이나 위락시설 중 주점영업의 용도로 쓰는 층으로서 그 층 거실의 바닥면적의 합계가 300제곱미터 이상인 것.

② 집회장으로서 그 층 거실의 바닥면적의 합계가 1천 제곱미터 이상인 것.

---

* 심벽: 주로 흙으로 맞벽치기한 벽 사이에 있는 벽

* 반자: 지붕 밑이나 위층 바닥 밑을 편평하게 치장한 각 방의 천장.

* 천장: 반자의 겉면.

* 골재: 자갈 등

(4) 방화구획

주요구조부가 내화구조나 불연재료의 건축물로서 연면적이 $1,000m^2$를 넘는 것은 내화구조로 된 바닥, 벽, 60분+방화문 또는 60분 방화문 및 자동방화셔터로 방화구획한다. 방화구획 종류는 층(수직)단위, 면적(수평)단위, 용도(부지)단위, 층별면적단위로 구분하며 다음과 같다.

(건축법 시행령 제46조 및 건축물의 피난·방화구조 등의 기준규칙 제14조 등)

① 매층마다 구획할 것.(단, 지하 1층~지상으로 연결된 경사부위는 제외)

② 10층 이하의 층은 바닥면적 $1,000m^2$ 이내마다 구획할 것.
(단, 스프링클러설비, 자동소화장치를 설치한 경우는 바닥면적 $3,000m^2$ 이내)

③ 11층 이상의 층은 바닥면적 $200m^2$ 이내마다 구획할 것.
(단, 스프링클러설비, 기타 유사한 자동소화장치를 설치한 경우에는 $600m^2$ 이내)
단, 벽 및 반자의 실내에 접하는 부분의 마감을 불연재료로 한 경우에는 바닥면적 $500m^2$ 이내마다 구획한다. (단, 스프링클러, 자동소화장치를 설치한 경우에는 $1,500m^2$ 이내)

▸ 방화구획 시 고려사항

① 피난유도설비와 경보설비와의 조합
② 제연설비와 소화설비의 조합
③ 거주자의 수와 특성과의 조합
④ 면적별, 층별, 용도별 방화구획
⑤ 안전구획 크기와 배치 및 내화구조의 부재(部材)는 하중지지력, 차염성, 차열성을 갖출 것.
(*^^ "방재계획"은 건물 재난에 대한 방어의 계획이며, "방화구획"은 건물 내부의 구획이다.)

(5) 방화벽

주요구조부가 내화구조 또는 불연재료가 아닌 건축물로서 연면적 $1,000m^2$ 이상인 건축물은 방화벽으로 구획하며 구조는 다음과 같다.(피난·방화구조 등의 기준규칙 제21조)

① 내화구조로서 홀로 설 수 있는(직립) 구조일 것

② 방화벽의 양쪽 끝과 위쪽 끝을 외벽면 및 지붕면으로부터 0.5m 이상 튀어 나오게 할 것

③ 방화벽에 설치하는 출입문의 너비 및 높이는 각각 2.5m 이하로 하고 60분+방화문 또는 60분 방화문을 설치할 것.

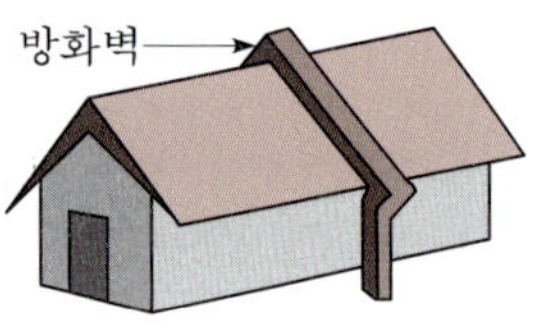

입체도

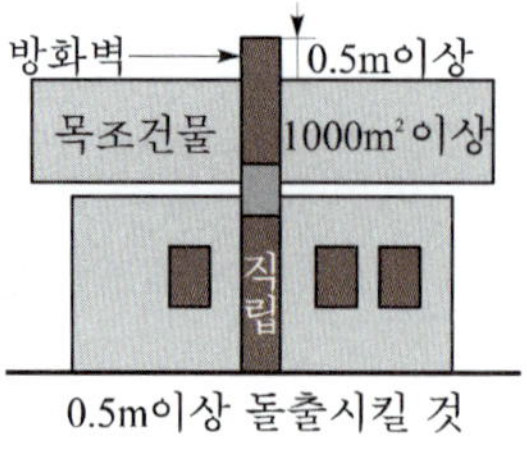

측면도

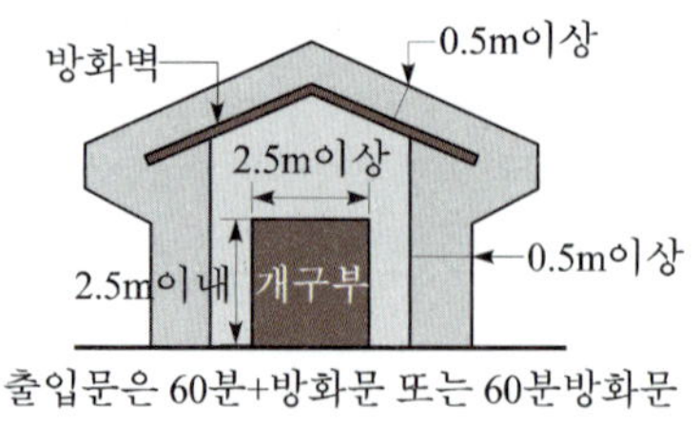

정면도

(6) 방화문

방화문은 그 성능에 따라 그 구분은 다음과 같이 3가지로 나누고 있다.(건축법 영 제64조)

① 60분+방화문: 연기 및 불꽃을 차단할 수 있는 시간이 60분 이상이고, 열을 차단할 수 있는 시간이 30분 이상인 방화문

② 60분 방화문: 연기 및 불꽃을 차단할 수 있는 시간이 60분 이상인 방화문

③ 30분 방화문: 연기 및 불꽃을 차단할 수 있는 시간이 30분 이상 60분 미만인 방화문

▸ 방화구획의 방화문

방화구획의 방화문은 평상시는 언제나 닫힌 상태이어야 하지만, 화재시는 화재감지기(연기·불꽃 등)에 의해 자동으로 닫히고, 피난 시는 사람이 피난방향으로 밀고 나가는 수동문이 되어야 한다.
시험방법은 내화·차연·문세트 시험 등이 있다.

(7) 비상용 승강기

높이 31m(11층)를 초과하는 건축물에는 승강기(엘리베이터)뿐만 아니라 화재 시 소방관이 소방활동 등을 하기 위한 비상용승강기를 추가로 설치하여야 한다.(건축법 영 제90조)

(8) 헬리포트

11층 이상으로 바닥면적 10,000m^2 이상인 옥상에는 헬리포트를 설치하여야 한다.
(건축법 영 제40조 ④항)

제연설비 수동조작함

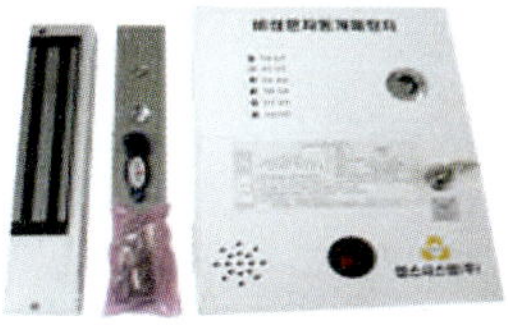

비상문 자동개폐장치

자동폐쇄장치의 방화문

| 피난 및 건축 | OX 개념

01 피난 시 무의식중에 평상시 사용한 길, 원래 온 길을 가려 하는 본능은 지광본능이다. (　)

☺ 무의식중에 평상시 사용한 길, 원래 온 길을 가려 하는 본능은 귀소본능이다.

02 인간의 피난본능에는 우회본능이 있다. (　)

☺ 인간의 피난본능에는 좌회(시계반대방향)본능이 있다.
(* 사람은 일반적으로 좌측으로 넘어지고, 개미는 우측으로 쓰러진다.)

03 피난경로는 단순·명료하게 하고 그 수단은 원시적이며, 고정식으로 세분화한다. (　)

☺ 피난경로는 단순·명료하게 하고 그 수단은 원시적이며, 고정식으로 세분화한다

04 향광성은 어두운 곳에서 밝은 불빛을 따라 행동하는 습성이다. (　)

☺ 지광본능(향광성)이라고 한다.

05 계단은 화재 시 연도로 되기 쉽기 때문에 가급적 상용의 직통계단으로 사용한다. (　)

☺ 상용의 직통계단은 피하고, 피난계단, 특별피난계단을 이용한다.

06 Fool - Proof - 피난경로는 2방향 이상 피난로를 확보를 말한다. (　)

☺ 2방향 이상 피난로를 확보는 Fail-safe에 관한 설명이다.

07 지하층이란 건축물의 바닥이 지표면 아래에 있는 층으로서 바닥에서 지표면까지 평균 높이가 해당 층 높이의 4분의 1 이상인 것을 말한다. (　)

☺ 지하층이란 건축물의 바닥이 지표면 아래에 있는 층으로서 바닥에서 지표면까지 평균 높이가 해당 층 높이의 2분의 1 이상인 것을 말한다.

Ans. 01. (X) 02. (X) 03. (O) 04. (O) 05. (X) 06. (X) 07. (X)

08 주요구조부는 바닥, 지붕, 보, 내력벽, 주계단, 천장을 말한다. ( )

주요구조부는 바닥, 지붕틀, 보, 내력벽, 주계단, 기둥을 말한다.

09 건축법에서 고층건축물: 층수가 30층 이상이거나 높이가 120미터 이상, 초고층건축물은 층수가 50층 이상이거나 높이가 200미터 이상인 건축물을 말한다. ( )

건축법에서 고층건축물: 층수가 30층 이상이거나 높이가 120미터 이상, 초고층건축물은 층수가 50층 이상이거나 높이가 200미터 이상인 건축물을 말한다.

10 주요구조부가 내화구조 또는 불연재료가 아닌 건축물로서 연면적 1,000m^2 이상인 건축물로서 내화구조로서 홀로 설 수 있는 직립 구조이며 방화벽의 양쪽 끝과 위쪽 끝을 외벽면 및 지붕면으로부터 0.5m 이상 나오게 할 것. ( )

주요구조부가 내화구조 또는 불연재료가 아닌 건축물로서 연면적 1,000m^2 이상인 건축물로서 내화구조로서 홀로 설 수 있는 직립 구조이며 방화벽의 양쪽 끝과 위쪽 끝을 외벽면 및 지붕면으로부터 0.5m 이상 니오게 할 것.

11 60분+방화문은 연기 및 불꽃을 60분 이상 차단 시간이 확보되어야 하며, 열을 30분 이상 차단 시간이 확보되어야 한다. ( )

① 60분+방화문: 연기 및 불꽃을 차단할 수 있는 시간이 60분 이상이고, 열을 차단할 수 있는 시간이 30분 이상인 방화문
② 60분 방화문: 연기 및 불꽃을 차단할 수 있는 시간이 60분 이상인 방화문
③ 30분 방화문: 연기 및 불꽃을 차단할 수 있는 시간이 30분 이상 60분 미만인 방화문

12 방화구획의 방화문은 언제나 닫힌 상태이거나 연기·불꽃 등에 의해 수동으로 닫히고 피난 시 자동으로 열려야 한다. ( )

연기·불꽃 등에 의해 자동으로 닫히고 피난 시 사람에 의해서 수동으로 열려야 한다.

■ **내가 좋아하는 사람은.**

우리는 살아가는 삶이 서로 다른 생활들을 하고 있지만, 절대로 틀린 생활을 하면 안 된다!
내가 좋아하는 사람은 넘어지는 사람이 아니라 더 큰 관대함으로 또 다시 일어나는 사람이다.

Ans. 08. (X) 09. (O) 10. (O) 11. (O) 12. (X)

CHAPTER

03 소방시설이론

▸ 2025년 12월 31일까지 화재안전기준 개정으로 편집됨.

제1절 소화설비

01 소화기구

1. 개 요

소화기구는 화재 시 관계인 등이 소방대원이 도착하기 전 초기소화를 신속하게 실시하기 위해서 간단히 사용할 수 있는 구조나 기능을 지니는 것이어야 한다.

2. 소화기구의 종류

(1) 소화기

소화약제를 압력에 따라 방사하는 기구로서 사람이 수동으로 조작하여 소화하는 것이다. 다만 소화약제에 따른 간이소화용구를 제외한다. 또한 소방법령에서 정하는 소방용소화기를 제조 또는 수입하고자 하는 자는 소방청장의 형식승인을 얻어야 한다.

① 소형소화기: 능력단위가 1단위 이상, 대형소화기 능력단위 미만

② 대형소화기: A급 10단위 이상, B급 20단위 이상으로 운반대와 바퀴가 설치되어야 한다.

> 여기서 A급은 일반화재, B급은 유류화재를 의미하며, 대형소화기 약제충전량은 분말: 20kg, 할론: 30kg, 탄산가스(이산화탄소): 50kg, 포: 20L, 강화액소화기: 60L, 물소화기: 80L에 해당한다.
>
> (소화기의 형식승인 및 제품검사의 기술기준 제10조)

화학포소화기 이산화탄소소화기 분말소화기

차륜적재식 대형소화기

(2) 자동소화장치

소화약제란 소화기구에 사용되는 소화성능이 있는 고체・액체 및 기체의 물질을 말한다. 자동소화장치란 소화약제를 자동으로 방사하는 고정된 소화장치로서 형식승인이나 성능인증을 받은 유효설치범위(설계방호체적, 최대설치높이, 방호면적 등) 이내에 설치하는 것으로서 6가지로 분류한다. (소화기구 및 자동소화장치의 화재안전기술기준 1.7.1.1, 4)

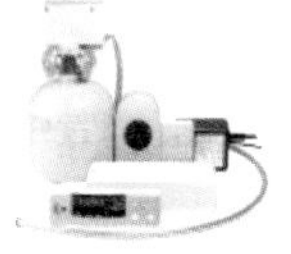
주방용
자동소화장치

캐비닛형
자동소화장치

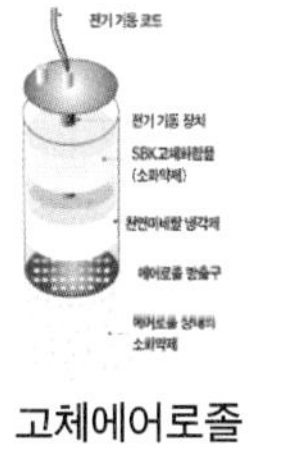
고체에어로졸
자동소화장치

자동확산
소화기

간이소화용구

① 주거용 주방자동소화장치: 주거용 주방에 설치되며 화재 시 열원(전기 또는 가스)을 자동으로 차단하며, 소화약제를 방출하는 소화장치.

② 상업용 주방자동소화장치: 상업용 주방에 설치된 열원(전기 또는 가스)을 자동으로 차단하며 소화약제를 방출하는 소화장치.

③ 캐비닛형 자동소화장치: 열, 연기 또는 불꽃 등을 감지하여 소화하는 캐비닛형태의 소화장치.

④ 가스자동소화장치: 열, 연기 또는 불꽃 등을 감지하여 가스계 소화약제를 방사하여 소화하는 소화장치.

⑤ 분말 자동소화장치: 열, 연기 또는 불꽃 등을 감지하여 분말의 소화약제를 방사하여 소화하는 소화장치.

⑥ 고체에어로졸 자동소화장치: 열, 연기 또는 불꽃 등을 감지하여 에어로졸의 소화약제를 방사하여 소화하는 소화장치.

※ 자동확산소화기: 화재를 감지하여 자동으로 소화약제를 방출 확산시켜 국소적으로 소화하는 소화기. (소화기구 및 자동소화장치의 화재안전기술기준 1.7.1.3)

(3) 간이소화용구

간이소화용구는 소화기 및 자동소화장치 이 외의 것으로 간이소화용으로 사용하는 것을 말한다. 그 종류는 소화능력이 부족한 에어로졸식 소화용구*, 투척용 소화용구, 소공간소화용구 및 소화약제 외의 것을 이용한 간이소화용구(팽창질석* 또는 팽창진주암*, 마른모래 등)가 있다.

소화약제 외의 것을 이용한 간이소화용구의 능력단위(1단위 미만인 것)

간이소화용구		능력단위
1. 마른모래	삽을 상비한 50l 이상의 것 1포	0.5단위
2. 팽창질석 또는 팽창진주암	삽을 상비한 80l 이상의 것 1포	

* 능력단위: 소화기 및 소화약제에 따른 간이소화용구에 있어서 실험을 통하여 형식승인된 소화능력의 수치.
* 에어로졸식소화용구: 능력단위가 1단위미만으로서 재사용이 불가능하다.
* 팽창질석: 질석을 1000℃~1400℃ 온도에서 가열. 10~15배 팽창시켜 만든 소화약제·소화질석
* 팽창진주암: 질석 또는 진주암을 가열하여 10배 이상 팽창시킨 것으로 진주처럼 빛이 나는 소화약제

⑷ 분말소화기 구조

분말소화기는 약제가 가루상태의 고체이기 때문에 혼자서 방출이 어렵고 기체인 질소나 이산화탄소를 이용하여 방출한다. 소화기는 가압방식에 따라 소화기 내부 등에 작은 가스병을 별도로 이용한 가압식 소화기와 용기 속에 가스를 함께 충전한 축압식 소화기로 분류된다.

① 가압식소화기

분말약제와 가압용 가스용기가 소화기 내부 등에 별도로 설치되어 있다. 본체 용기에는 규정량의 소화약제가 충전되어 있으며, 가스가 새지 않기 때문에 지시압력계가 없다. 주로 고정설비에 이용되며 가스가압식, 수동펌프식, 화학반응식이 있다. 가압식소화기는 생산공장 또는 소화기 비치장소에서 부주의로 인한 폭발사고가 빈번하여 우리나라에서는 1999년에 생산이 중단되었다.

② 축압식소화기

분말약제와 고압 기체를 함께 충전하였다가 화재 시 방출하는 방식으로 용기 내에는 규정량의 소화약제와 함께 압력원인 질소가스 등이 충전되어 있다. 시간을 두고 용기의 목부분으로 가스가 미세하게 빠질 수 있어서 용기 내 압력을 확인할 수 있도록 (지시)압력계가 부착되어 있다. (※ 정상 : 녹색, 재충전 : 황색, 과충전 : 적색)

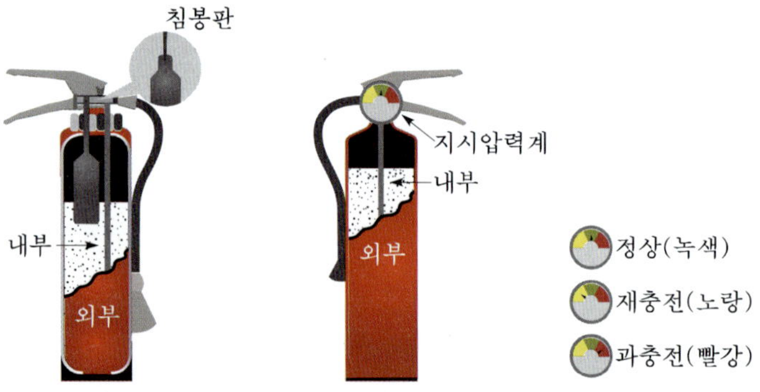

가압식소화기 축압식소화기

종류 \ 구분	내 통(가스)	지시압력계	용기 내 충전가스
가압식 소화기	있다.(○)	없다.(×)	질소 또는 이산화탄소를 충전
축압식 소화기	없다.(×)	있다.(○)	〃

* 소형소화기: 능력단위가 1단위 이상이고 대형소화기 능력단위 미만인 것
* 대형소화기: 운반대와 바퀴가 설치되어 있고 A급 10단위 이상 B급 20단위 이상인 소화기
* 보행거리: 최단거리로 걸었을 경우의 거리. (* 수평거리: 수평면 위에 있는 두점 사이의 거리로 꺾어서 잴수 없다.)

3. 소화기 제반사항

(1) 주요 점검사항

소화기 주요 점검사항은 다음과 같다.

① 설치장소와 위치 및 설치 개수가 적합하여야 한다.

② 바닥으로부터 1.5m 이내(성인 어깨높이)이어야 한다.

③ 외관상 파손되어 있지 않으며, 사용할 수 있는 상태로 관리・유지되어야 한다.

소화기 외부표시사항은 종별 및 형식, 형식승인번호, 제조년월 및 제조번호, 사용온도범위, 사용방법, 소화능력단위, 주성분 등을 표시한다.

(2) 차량용 소화기

자동차에 설치하는 소화기는 강화액소화기(안개모양으로 방사되는 것), 할로젠화물소화기, 이산화탄소소화기, 포소화기 또는 분말소화기이어야 한다.(소화기 형식승인 및 제품검사 제9조)

4. 소화기 비치 (소화기구 및 자동소화장치의 화재안전기술기준 2.1.1.4.1~2, 5)

사용하기 쉬운 장소 및 직사광선을 받지 않는 장소에 비치하며 고온, 다습한 장소를 피한다.

① 특정소방대상물의 각 층마다 설치하되 소방대상물의 각 부분으로부터 보행거리*가 소형소화기*는 20m 이내, 대형소화기*는 30m 이내가 되도록 설치할 것.

② 특정소방대상물의 각 층마다 설치하되 각층이 2 이상의 거실로 구획된 경우는 각 층마다 설치하는 것 외에 바닥면적이 $33m^2$ 이상으로 구획된 각 거실에도 배치할 것.

③ 능력단위가 2단위 이상이 되도록 소화기를 설치하여야 할 부분에 있어서는 간이소화용구의 능력단위가 전체 능력단위의 1/2을 초과하지 아니하게 할 것 (단, 노유자시설은 제외)

소화기의 온도 적응성 (소화기의 형식승인 및 제품검사의 기술기준 제36조)

구분	온도
강화액 소화기	-20℃ 이상 40℃ 이하에 사용*
분말 소화기	-20℃ 이상 40℃ 이하에 사용*
기타 소화기	0℃ 이상 40℃ 이하에 사용 (* 할로젠화합물 및 불활성기체 소화기는 55℃ 이하 가능)

(*^^ 우리나라 최저온도가 약 -20℃이며, 최고온도는 약 40℃의 특성을 고려하여 정하고 있다.)

소방에서 1.5m 또는 0.8m 이상 ~ 1.5m 숫자의 의미

1.5m의 숫자는 바닥에서 성인 남성의 어깨높이의 숫자이며 / 0.8m 이상 ~ 1.5m의 숫자는 직립자세에서 손으로 조작하기 쉬운 바닥에서 손끝까지에서 ~ 어깨높이까지의 숫자를 고려하여 정하고 있다.

| 예습용 | 옥내소화전 이야기

① **옥내소화전**은 **고정식 · 수동식 수계소화설비**로서 화재초기에 소방대가 도착하기 전 관계인 등이 20분 동안 사용할 수 있는 설비이다. 그 **법적설치 규모**는 연면적 3,000m^2 이상, 근린생활 · 숙박 · 업무시설 등은 연면적 1,500m^2 이상이며, **1개당** 방수량은 130L/min 이상, 방수압은 0.17MPa 이상 0.7MPa 이하(17m~70m까지)를 갖춰야 한다.

② 옥내소화전의 **수원(물)**에 대해 알아본다.
일반적으로 화재는 발생한 층(발화층)의 화점을 중심으로 다른 층에 불이 옮겨 붙는다.
어느 층에서 화재가 시작될지 모르기 때문에 각 층마다 옥내소화전을 설치하고 건축물 내 가장 많은 층에 설치된 옥내소화전 개수에 필요한 물의 양을 지하 수조 혹은 건축물 내부 위치에 구애 받지 않는 압력수조 등 4가지 중 조건에 따라 1가지를 선택하여 저장해야 한다.
건축물에 따라 각 층마다 설치되는 옥내소화전의 개수는 다를 수 있다.
예를 들어 1층에는 1개의 옥내소화전이 설치되어 있고 2층에는 2개가 설치되어 있다고 가정할 경우, 각 층마다 설치된 옥내소화전의 개수는 다르지만 2층에 2개의 옥내소화전이 설치되어 있기 때문에 2**개의 소화전에서 각각 20분 동안** 방사할 수 있는 수원을 수조 등에 저장해야 한다. 수원을 산정하는 공식은 1개의 옥내소화전에서 **1분당** 130L의 물을 방사할 수 있어야 하므로 (130L×20분=2,600L, 즉 2.6m^3의 수원이 필요) **2.6m^3**의 수원을 2층에 설치되어 있는 최대 2개의 옥내소화전 개수를 곱하면 (2.6m^3 × **2개**=5.2m^3) 된다. (*참고: 1m^3=1,000L)

그러나 만일 2층에 7개의 옥내소화전이 설치되어 있을 때 2층에서 화재가 났다면 7사람이 7개의 옥내소화전에서 동시에 방수할 수 있는 물을 수조에 저장해야 하지만, 법적으로 정해 놓은 규정에는 해당층(한 개의 층)을 기준으로 옥내소화전이 2개 이상일 경우 최대 2개까지만 수원을 확보하도록 되어있기 때문에 최대 설치개수인 2개의 값으로 계산하면 된다. **(2.6m^3 × 최대 설치개수 2개=5.2m^3)** 그러나 건물이 30층을 넘는다면 수원을 산정하는 방법이 달라진다.
30층 이상은 옥내소화전 1개당 40분을 방수할 수 있는 값을 저장해야 하지만, **(1개당 5.2m^3)**
50층 이상이라면 60분을 방수할 수 있는 수원을 저장해야 한다. **(1개당 7.8m^3이 된다.)**

③ 옥내소화전은 지하에 저장하는 유효수량의 1/3을 옥상에 저장해야 하는 규정이 있다.
이 규정에 해당되는 건물은 **수원(최대 수원저장량: 5.2m^3 × 1/3 = 1.73m^3)**을 옥상에 더 저장해야 하지만, 옥상에 수원을 저장하지 않아도 되는 "옥상수조 제외 건물"은 옥상이 없는 건물, 지하층만 있는 건물, 지면으로부터 건축물 상단까지 높이가 10m 이하는 건축물, 아파트 등이 있다.(* 단, 30층 이상은 고층건축물로서 옥상수조를 필수로 설치하여야 한다)

④ 옥내소화전의 구성요소와 구조 및 원리에 대해 알아본다.
옥내소화전의 구성요소는 수원, 모터펌프(전동기 및 펌프), 기동용수압개폐장치(압력챔버 및 압력스위치), 성능시험배관, 순환배관, 개폐밸브, 체크밸브, 호스(40mm), 관창(노즐 13mm), 비상전원(축전지, 자가발전설비, 전기저장장치) 등이 있다.

| 예습용 | 옥내소화전 이야기

⑤ 옥내소화전설비의 작동원리는 다음과 같다.
만약 어느 한 층에 화재가 발생하였을 경우 관계인은 해당 층의 **옥내소화전 함(두께 1.5mm 이상)**의 문짝($0.5m^2$ 이상)을 열고 개폐밸브를 돌려 분당 130L 이상 나오는 물을 20분 동안 방수할 수 있다.
물을 방수하면 배관 내에 있는 물과 공기가 같이 빠져나가므로 연결된 모든 배관 내의 압력이 떨어지게 되고 배관 내의 압력이 떨어지면 주로 지하층 배관에 연결되어 있는 기동용수압개폐장치의 압력스위치가 떨어진 압력(감압)을 감지하여 압력스위치와 붙어 있는 압력챔버를 작동시킨다.
압력챔버(100L 이상)는 펌프를 자동으로 기동 혹은 정지하기 위해 설치하며 배관 내 압력이 떨어지면 펌프를 기동시켜 펌프가 지하수조 내의 물을 흡입하여 화재 층까지 토출한다. 여기서 펌프의 몸체를 중심으로 흡입측에는 진공계 혹은 연성계를 설치하고, **토출측에는 압력계**를 설치한다.

⑥ 옥상에 수조가 있는 건물은 지하 등에 위치한 모터펌프가 기동하기 전 자연낙차압력으로 물이 내려와 불을 끌 수 있다. 하지만 옥상 바로 아래에 위치한 층은 낙차거리가 짧아서 옥내소화전 규정의 (0.17MPa이상~0.7MPa 이하, 즉 17m 이상~70m 이하) 압력으로 송수되지 못하기 때문에 배관 등 마찰로 인한 손실을 고려해서 자연압보다 0.2MPa(20m) 이상의 가압송수압력을 갖추거나 노즐선단(끝)에 0.17MPa(17m) 이상의 압력을 갖추며, 만일 압력이 0.7MPa(70m) 이상이면 감압밸브 등을 이용하여 감압장치를 해야 한다.

⑦ 소방대원이 20분 안에 화재현장에 도착하면 (소방대원은 40mm의 옥내소화전을 사용하지 않고) 저수조나 상수도 소화설비 등을 사용하여 건축물 외벽 0.5m 이상~1m 이하 높이에 설치된 구경 65mm의 연결송수관 송수구에 호스를 연결한 뒤, 실내의 방수구를 통해서 나오는 물을 이용하여(방수기구함에 적재된 65mm 호스를 연결) 물대포를 쏜다.

⑧ 다음은 평상시 성능검사를 위한 **성능시험배관** 및 **순환배관**에 대해 알아본다.
성능시험배관은 화재시가 아닌 평상시 펌프 고장 등을 고려해 펌프성능을 시험하기 위해 설치해야 하며 펌프가 물을 끌어 올리면 **펌프의 토출측**(물을 쏟아내는 측)의 **개폐밸브 이전**에서 분기해야 한다. (* 설계는 물이 흐르는 방향으로 본다. 하 → 상) 그 이유는 **성능시험배관**에 부속되어 있는 개폐밸브와 유량측정장치가 펌프의 **토출측 배관**의 **개폐밸브**를 잠궈서(잠근 뒤) 화재 층으로 송수되는 물의 흐름을 차단하고 **성능시험배관의 개폐밸브**는 열어주면 물이 성능시험배관을 통과하므로 물의 양을 **측정**할 수 있기 때문이다.
이때 성능시험배관을 통과하는 물의 양(유량)은 175% 이상 되어야 한다. (또한 **성능시험배관**의 체절운전 시 정격토출압력은 **140%를 초과하지 않고**, 정격토출량의 **150%로 운전 시** 정격토출압력은 **65% 이상**이 되어야 한다)

⑨ 펌프 체절(시험)운전 시 펌프가 물을 흡입할 때 **과부하**로 **수온이 상승하는데** 이때 **수온의 상승을 방지**하기 위해 **순환배관**을 설치하여 **릴리프밸브**를 설치한다. 순환배관 역시 펌프의 토출측 개폐밸브 이전(성능시험배관의 위치)에서 20mm 이상의 배관을 설치하며 여기에 100L 이상의 호수조(프라이밍탱크, 물올림장치)를 연결시켜 물을 채워두어야 한다.

02 옥내소화전설비

1. 개 요

화재발생 시 소방대원이 도착하기 전에 소방대상물의 관계인이 신속하게 초기 소화할 수 있도록 하는 고정된 수동식 수계 소화설비이다. 주로 4층 이상에 설치된다.

2. 구 성

수원, 펌프 및 전동기(펌프 모터), 기동용수압개폐장치(압력챔버, 압력스위치), 성능시험배관, 순환배관, 개폐밸브, 체크밸브, 소화전(호스, 관창), 비상전원, 제어반(콘트롤반) 등으로 구성한다.

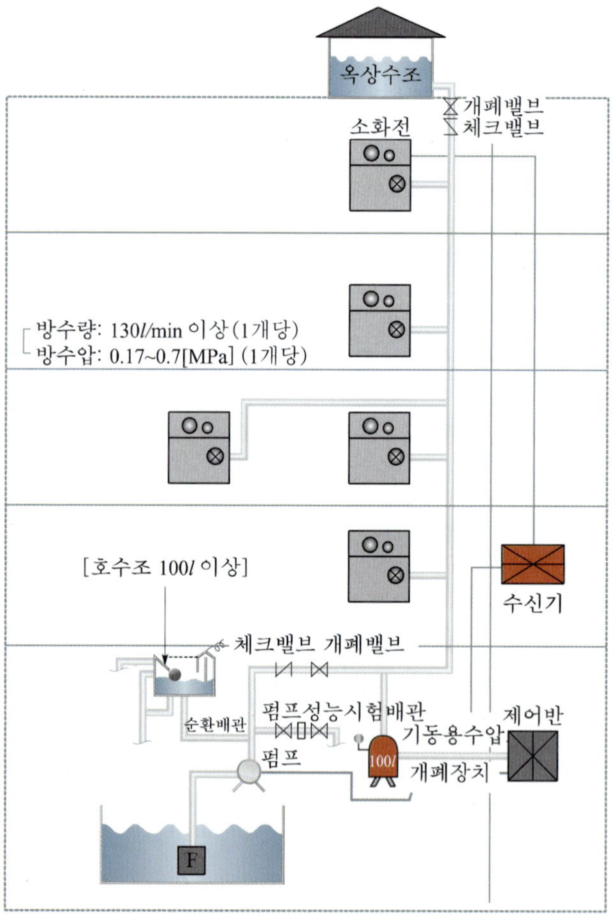

3. 옥내소화전설비의 제원

소방대상물의 어느 층이나 해당 층의 옥내소화전(2개 이상인 경우 2개)을 동시에 방수할 경우 각 소화전 노즐에서 하단 (1)의 법적 규정을 갖추어야 하며, (지하의) 유효수량 외 유효수량의 1/3 이상을 옥상에 설치하여야 한다. 다만, 다음의 경우는 예외이다. (NFTC 102)

① 지하층만 있는 건축물
② 건축물 높이가 지표면으로부터 10m 이하인 경우
③ 고가수조나 가압송수장치로 설치한 옥내소화전설비
④ 수원이 건축물 최상층에 설치된 방수구보다 높은 위치에 설치된 경우
⑤ 주펌프와 동등 이상의 성능이 있는 별도의 펌프로서 내연기관의 기동과 연동하여 작동되거나 비상전원을 연결하여 설치한 경우.
(①~⑤항은 스프링클러·물분무 소화설비 등과 준용한다)
⑥ 학교·공장·창고시설 기동스위치에 보호판을 부착하여 옥내소화전함 내에 설치한 경우
(단, ③ 고가수조 ④항을 제외한 30층 이상 고층건축물은 옥상수조를 설치해야 한다.)

(1) 법적 규정

본 페이지 3째줄에서 말하는 옥내소화전 법적 규정은 다음과 같다.

① 방수량*: 분당 $130l/min$ 이상(1개당)
② 방수압: 0.17MPa 이상 0.7MPa 이하. (* 즉, 17m~70m 까지.)
③ 저수량*: 가장 많은 층의 설치개수에 $2.6m^3$(20분값) 곱한 양 이상을 지하수조에 저장한다.
[단, 30층~50층 미만은 40분($5.2m^3$), 50층 이상은 60분($7.8m^3$) 이상의 값을 산정한다.]

▸ 수원(물)의 저수량(호스릴 포함)

옥내소화전 설치개수(최대 2개) × $2.6m^3$　　※ $2.6m^3$ = ($130l$/분 × 20분 = $2,600l$)

예제 01 1층에 2개, 2층에 3개, 3층에 5개, 4층에 7개의 옥내소화전이 있다. 이 건축물 수원의 산정은 얼마인가?

① $2.6m^3$　② $5.2m^3$　③ $13m^3$　④ $39m^3$

해설 수원의 산정수량은 옥내소화전 설치개수 중 한 층을 기준으로 최대 2개로 산정한다.
해당층 옥내소화전 설치개수 최대 2개 × $2.6m^3$ = $5.2m^3$　정답: $5.2m^3$

답 ②

(*^^ 참고: 좌측 설계도면에서 수신기가 있는 곳이 1층이 되며, 물의 흐름 방향으로 설계를 이해한다.)

* 방수량(放水量): 호스에서 쏟아내는 물의 양　* 저수량(貯水量): 지하나 옥상에 저장하는 물의 양
* 호수조: 펌프의 처음 기동을 위해서 펌프에 물을 채워 물을 올리기 위한 장치. 물올림장치. 프라이밍탱크.

(2) 가압송수장치

수원의 저장방법은 고가수조·가압수조·압력수조·지하수조(펌프)방식이 있다.

① 고가수조방식

건축물의 옥상이나 높은 곳에 물탱크를 설치하는 것으로 소화전에 규정 방수압을 얻을 수 있는 높이에 수조를 설치하여야 한다.

- 구성장치: 오버플로우관, 배수관, 급수관, 수위계, 맨홀 등을 설치한다.

② 압력수조*방식

압력수조 내에 물을 넣고 압축공기를 충전(에어콤프레서 사용)하여 일정 압력 이상으로 가압하여 송수하는 방식이다. 탱크의 설치 위치에 구애받지 않는 장점이 있다.

- 구성장치: 안전장치, 압력계, 자동식에어콤프레서, 배수관, 급수관, 급기관, 수위계, 맨홀을 설치한다.

자동식 에어콤프레서

③ 가압수조방식(동력 불필요)

가압원인 압축공기나 불연성 고압기체에 따라 소방용수를 가압시키는 수조이다.

- 구성장치: 안전장치, 압력계, 배수관·급기관, 급수관, 수위계, 맨홀.

④ 펌프(지하수조)방식

펌프방식으로서 기동용수압개폐장치를 설치하여 소화전의 개폐밸브 개방 시 배관 내 압력 저하에 의하여 압력스위치가 작동함으로써 펌프가 기동되며 지하수원을 올리는 방식으로 가장 많이 쓰이는 방식이다.

> 펌프는 일반적으로 원심펌프를 사용하며 원심펌프 중에서 물 안내 날개가 없는 볼류트 펌프와 물 안내 날개가 있는 터빈 펌프가 가압 송수펌프로 사용된다.

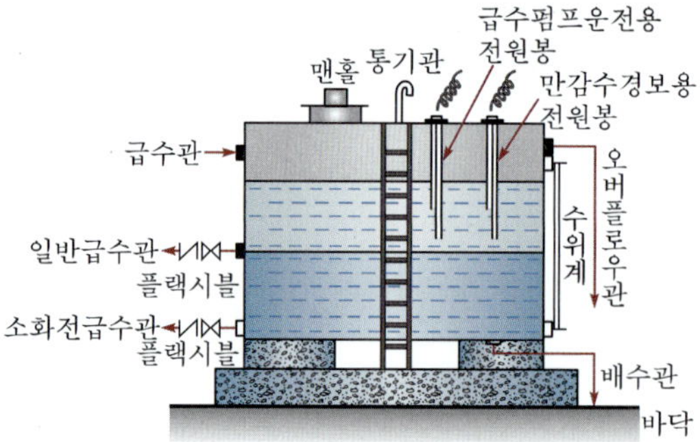

고가 수조 방식

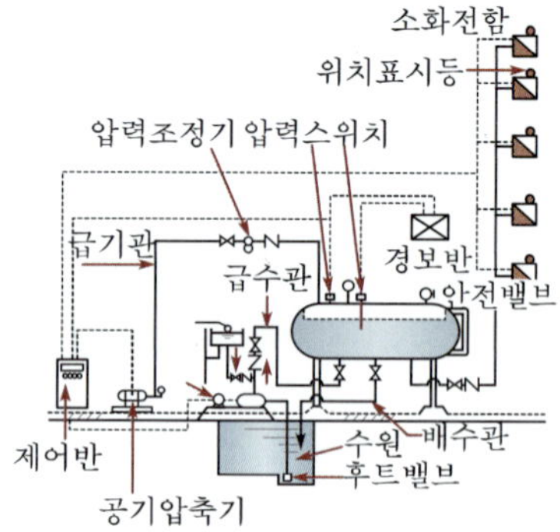

압력 수조 방식

(3) **옥내소화전설비용 수조**

옥내소화전설비용 수조는 다음의 기준에 따라 설치하여야 한다.
(옥외소화전·스프링클러·포소화설비 등과 준용한다.)

① 점검에 편리한 곳에 설치할 것
② 동결방지조치를 하거나 동결의 우려가 없는 장소에 설치할 것
③ 수조의 외측에 수위계를 설치할 것. (다만, 구조상 불가피한 경우에는 수조의 맨홀 등을 통하여 수조 안의 물의 양을 쉽게 확인할 수 있도록 하여야 한다.)
④ 수조의 상단이 바닥보다 높은 때에는 수조의 외측에 고정식 사다리를 설치할 것
⑤ 수조가 실내에 설치된 때에는 그 실내에 조명설비를 설치할 것
⑥ 수조의 외측의 보기 쉬운 곳에 "옥내소화전설비용 수조"라고 표시한 표지를 할 것.
⑦ 옥내소화전 펌프의 흡수배관 또는 옥내소화전설비의 수직배관과 수조의 접속부분에는 "옥내소화전설비용 배관"이라고 표시한 표지를 할 것.

(4) **배 관 등**

배관은 배관용탄소강관, 스테인리스강관, 이음매 없는 구리의 합금관(습식) 등, 배관 내 사용압력이 1.2MPa 이상일 경우에는 압력배관용탄소강관을 사용하며 그 기준은 다음과 같다.

① 성능시험배관

- 평상시, 정기적으로 펌프의 성능을 시험하여 펌프 성능곡선의 양부(良否) 및 방사압과 토출량을 검사하기 위하여 설치한다. 성능시험배관은 펌프 토출측 개폐밸브 이전에서 분기한다.
- 유량측정장치는 성능시험배관의 직관부에 설치하되 펌프 정격 토출량의 175% 이상 측정할 수 있는 성능이 되어야 한다.

유량측정장치

② 순환배관

펌프의 체절운전* 시 수온의 상승을 방지하기 위하여 20mm 이상의 순환배관을 설치한다.

> 순환배관상에 안전밸브의 일종인 릴리프밸브*를 통해 과압을 방출하며 수온 상승을 방지한다.

③ 기동용수압개폐장치

기동용수압개폐장치의 용적은 100 L 이상의 것으로 화재시라도 사람의 손에 의하지 않고 배관 내 물의 압력에 의하여 자동으로 펌프를 기동 혹은 정지하기 위한 설비이다.

---

* 수원: 물. * 양부: 좋고 나쁨. * 토출측: 펌프 중심높이에서 토출수면까지, 즉 물을 뿜어내는 측.
* 체절운전: 밸브가 모두 막힌상태에서 펌프를 작동시켜 최고점 압력으로 올린상태에서 펌프가 공회전하는 운전.
* 릴리프(Relief)밸브: 펌프에 무리가 발생 시 안전밸브의 일종인 릴리프밸브는 설정된 압력 이상이 되면 펌프를 작동시켜 과잉 압력을 방출하고 체절운전 시 체절압력 미만에서 공회전에 의한 수온의 상승을 방지한다.
* 2차측: 소비하는 측을 말함. 여기서는 펌프를 기준으로 물이 토출되는 토출측을 말한다.

(5) 기타 제원

① 옥내소화전 송수구

송수구는 소방관이 물탱크 소방차로부터 빈 배관을 통하여 물을 송수하는 장치이다. 옥상이나 지하수조의 물이 소진, 정전이나 펌프의 고장 등에 사용한다.

송수구(실외)

㉠ 소방차가 쉽게 접근할 수 있고 노출된 장소에 설치할 것
㉡ 송수구로부터 주배관 사이에는 개폐밸브를 설치하지 아니할 것
㉢ 지면으로부터 높이가 0.5m 이상 1m 이하의 위치에 설치할 것
㉣ 구경 65mm의 쌍구형 또는 단구형으로 할 것
㉤ 송수구 부분에 자동배수밸브(또는 5mm 배수구멍) 및 체크밸브를 설치할 것.
㉥ 송수구에는 이물질을 막기 위한 마개를 씌울 것

② 옥내소화전 방수구

방수구는 소화전함 속의 호스와 연결되며 호스는 직경 40mm (호스릴 옥내소화전설비의 경우 25mm) 이상으로 한다.

방수구(실내)

㉠ 층마다 설치하되, 각 부분으로부터 방수구까지의 수평거리는 25m 이하로 한다.
㉡ 방수구는 바닥으로부터 높이가 1.5m 이하의 위치에 설치한다.
㉢ 방수구 설치제외: 불연재료로 된 아래의 장소에는 설치하지 아니할 수 있다.
ⓐ 냉장창고 중 온도가 영하인 냉장실 또는 냉동창고의 냉동실.
ⓑ 고온의 노가 설치된 장소 또는 물과 격렬하게 반응하는 물품의 저장 또는 취급 장소
ⓒ 발전소·변전소 등으로서 전기시설이 설치된 장소
ⓓ 식물원·수족관·목욕실·수영장(관람석 부분을 제외한다) 또는 그 밖의 비슷한 장소
ⓔ 야외음악당·야외극장 또는 그 밖의 이와 비슷한 장소

(6) 수계 소화설비의 비교

수계소화설비를 비교하면 다음과 같다.

> 옥내소화전 · 옥외소화전 · 스프링클러설비의 원리는 동일하며 제반사항에서 그 수치가 각각 다르다.
> 그 원리는 각 계통도를 알수 있어야하며 계통도에서 물이 흐르는 방향으로 원리를 이해하도록 한다. 또한 옥내소화전설비와 옥외소화전 설비의 법적 규정은 3배 이상의 차이가 있다.
> ∴ 옥외소화전은 옥내소화전보다 더 큰 숫자의 법적규정을 가지는 반면 스프링클러는 적상주수이기 때문에 물이 절약된다.

구분	옥내소화전(봉상)	옥외소화전(봉상)	스프링클러설비(적상)
법적 대상	• 연면적 3천m^2 이상 • 4층, 600m^2 이상 • 근린 · 숙박 1,500m^2 이상	• 1·2층 바닥면적 합계 9천m^2 이상 • 국보, 보물로 지정된 목조건물 • 특수가연물 750배 이상	• 6층 이상(모든층) • 지하가 1천m^2 이상 • 부속된 보일러실 등

수계소화설비를 숫자 등으로 비교하면 더 쉬워진다.

수계 시설의 비교

구 분	옥내소화전	옥외소화전	스프링클러설비
주 수	봉상주수	봉상주수	적상주수
방수량	130(l/min) 이상	350(l/min) 이상	80(l/min) 이상
저수량	1개당 2.6(m^3) 이상	1개당 7(m^3) 이상	헤드 1개당 1.6(m^3) 이상
산정개수	최대 2개(5.2m^3)	최대 2개(14m^3)	예 30개(48m^3)
방수압	0.17~0.7(MPa)	0.25(MPa)이상	0.1~1.2(MPa)
기타제원	• 수평거리: 25m 이하 • 호스: 40mm 이상 • 함두께: 1.5mm 이상 • 문짝: 0.5m^2 이상	• 수평거리: 40m 이하 • 호스: 65mm의 것 • 함두께: 1.5mm 이상 • 문짝: 0.5m^2 이상 • 함과 소화전거리: 5m 이하	• 헤드거리: 위험물 = 1.7m 이하 • 가지배관: 한쪽 헤드 8개 이하 • 헤드: 폐쇄형과 개방형 • 폐쇄형 방호구역: 3,000m^3 이하 • 개방형 방수구역: 헤드 50개 이하
공통사항	① 송수: 고가수조, 압력수조, 펌프방식(지하수조), 가압수조방식이 있다. ② 계측기: 펌프의 토출측에는 압력계를, 흡입측에는 연성계 또는 진공계를 설치한다. ③ 기동용수압개폐장치: 펌프를 자동으로 기동 혹은 정지시키는 장치(* 100l 이상 챔버) ④ 펌프성능: 체절운전 시 정격토출압력의 140%를 초과하지 아니하고, 정격토출량의 150%로 운전 시 정격토출압력의 65% 이상이 되어야 한다. ⑤ 유량측정장치: 펌프 정격토출량의 175% 이상 측정할 수 있는 성능이 되어야 한다.		

(*^^ 저수량은 해당층 1개를 기준으로 하며, 산정개수는 각 층에서 가장 많은 층의 개수를 말한다.)

호스릴 옥내소화전함 내부

옥내소화전함 내부)

* 폐쇄형: 헤드(천장에 부착되어 물이 나오는 기구)가 닫힌 상태의 형
* 1m^3 = 1,000l(가로, 세로, 높이의 체적을 1m^3이라 하는데 여기에 물을 넣어서 들어가는 양을 1,000l이라고 한다.)
* 앵글밸브: 옥내소화전 함 내부에 설치하여 소화배관과 연결되어 화재 시 물을 방출시키는데 사용하는 밸브이다.
 (각으로 방향을 가지고 있어서 앵글밸브라 한다. 구경은 호스구경과 같은 40mm 이상이며 이 부분이 방수구이다.)

03 옥외소화전설비

1. 개 요

건축물의 외부에 설치하는 고정식 물 소화설비로서 화재 시 소방대상물의 외부에서 자체소화 및 인접 건축물에 대한 연소확대 방지를 위하여 관계인, 자위소방대원 및 소방대원이 화재진압 활동을 할 수 있도록 건물 내에 수원(=물)을 저장하여 설치한 수동식 소화전이다. 주로 건축물의 1·2층, 바닥면적 합계 $9,000m^2$ 이상에 사용되며 지상식, 지하식이 있다.

2. 구 성

주요 구성은 수원*, 가압송수장치, 배관, 소화전함, 호스, 노즐*, 제어반 등으로 되어 있다.

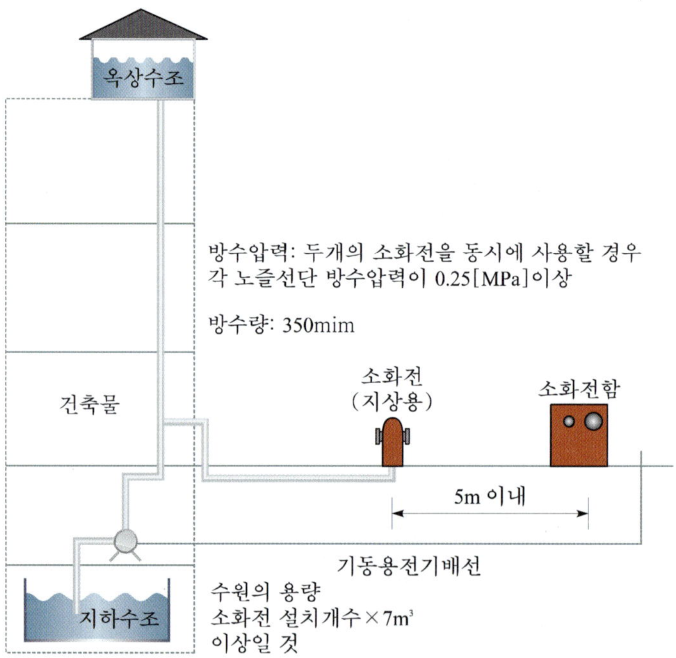

* 수원: 물. * 노즐: 호스 끝에서 물을 방수하는 관창. 뿜는 기구. * 노즐선단: 노즐(관창)의 끝부분.
* 소화펌프: 화재 시 지하수조의 물을 끌어 올리기 위한 전기장치의 모터펌프 설비. 양수기(揚水機).
* 충압펌프: 배관 내의 압력손실에 따른 주펌프의 빈번한 기동을 방지하기 위해 충압 역할을 하는 펌프. 보조펌프로서 옥상 등에 물을 공급하기도 한다.
* 제어반: 일반적으로 피난층 또는 지하 1층에 설치하여 소방시설을 제어할 수 있는 설비로서 모터펌프 등을 콘트롤(control)하는 동력제어반(MCC) 및 표시등, 음향장치 등을 제어(콘트롤)하는 감시제어반이 있다.

3. 옥외소화전설비의 가압송수장치

옥외소화전설비에서 물을 송수할 수 있는 가압송수장치의 기준은 다음과 같다.

① 방수압력: 각 노즐선단* 방수압력이 0.25MPa 이상이 되어야 한다.

② 방수량: 1개당 350l/min 이상이 되도록 설치한다.

③ 종류: 고가수조방식, 압력수조방식, 지하수조, 가압수조방식이 있다.

④ 노즐선단의 방수압력이 0.7MPa를 초과할 때, 호스 접결구 인입측에 감압장치를 설치한다. (옥내소화전설비와 준용한다.)

4. 수원의 용량

소화전 설치개수(2개 이상일 때는 2개) × 7m^3을 곱한 양 이상으로 하며 산출된 유효수량 외 유효수량의 1/3 이상을 옥상에 설치한다. (* 규정 방수량: 7m^3 = 350l/min × 20min)

수원의 양

설치개수	1개	2개 이상
수원의 양	7m^3(7,000l) 이상	14m^3(최대)

(*^^ 옥내소화전의 최대수원의 저수량은 13㎥, – 옥외소화전의 최대수원의 저수량은 14㎥ 에 해당한다.)

5. 옥외소화전 배관 등

옥외소화전설비의 배관 등의 기준은 다음과 같다.(NFpC 109 제6조)

① 특정소방대상물의 각 부분으로부터 하나의 옥외소화전까지의 수평거리가 40m 이하가 되도록 하며, 옥외소화전의 호스접결구가 지면으로부터 0.5m 이상 1m 이하의 높이에 위치하도록 설치할 것

② 호스의 구경은 65mm의 것으로 해야 한다.

6. 소화전함 등

옥외소화전설비에서 호스가 적재되어 있는 소화전함의 내용은 다음과 같다.(NFTC 109 2.4)

① 옥외소화전이 10개 이하 설치된 때에는 옥외소화전마다 5m 이내의 장소에 1개 이상의 소화전함을 설치하여야 한다. (*^^ 소화함에는 호스가 들어 있다.)

② 옥외소화전이 11개 이상 30개 이하 설치된 때에는 11개 이상의 소화전함을 각각 분산하여 설치하여야 한다.

③ 옥외소화전이 31개 이상 설치된 때에는 옥외소화전 3개마다 1개 이상의 소화전함을 설치하여야 한다. 예 소화전이 60개 설치 시, 소화전함의 최소 설치개수 = 20개

④ 가압송수장치의 조작부 또는 그 부근에는 기동을 명시하는 적색등을 설치한다.

| 참고 | 수계 소화설비 각종 밸브 및 기기 학습

감압밸브

체크밸브

개폐밸브

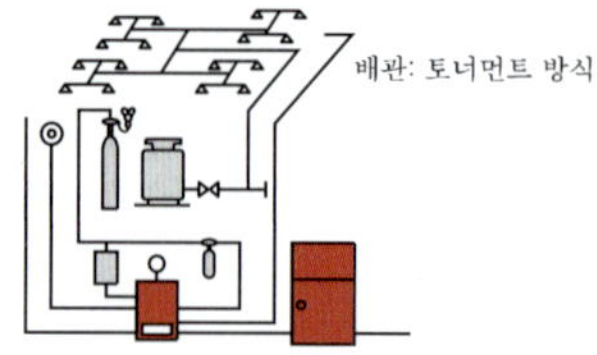

토너먼트방식= 분말소화약제

압력스위치

솔레노이드밸브

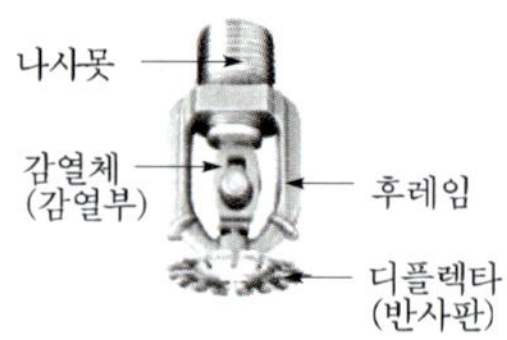

폐쇄형 헤드

개방형헤드

알람스위치

리타딩챔버

슈퍼바이조리판넬

후드밸브

습식밸브

건식밸브

준비작동식밸브

일제개방밸브

---

* 후드밸브: 물을 흡입하기위해 배관 끝에 설치하며 여과(거르기)기능과 체크밸브기능을 가진다.
* 유수검지장치: 스프링클러설비 내 유수현상을 자동으로 검지하여 신호, 경보(알람)를 하는 장치
* 체크밸브: 역류방지밸브
* 리타딩챔버: 오동작 방지목적으로 소화방수를 20초 지연시키는 작은 통(습식스프링클러설비)
* 슈퍼바이조리패널: 준비작동식 스프링클러설비의 사령탑으로 제어(경보, 폐쇄 등) 기능이 있다.

04 스프링클러설비

1. 개 요

소방대상물 실내의 천장·벽 등에 헤드 및 화재감지기(열·연기감지기 등)를 설치하고 화재를 감지하는 즉시 수신기 등에서 화재를 경보하고 지하 수원의 송수펌프를 기동시켜 배관 내에 가압되어 있던 물이 헤드로부터 적상주수되는 고정식 초기 소화설비이다.
즉, 사람이 없는 야간이라도 자동으로 화재를 감지·경보·소화하는 간편하고 안전한 신뢰적인 소화설비이다.

2. 구 성

가압송수장치, 배관, 유수검지장치, 헤드, 급수장치 등으로 구성되어 있다.

① 수원 및 가압송수장치: 옥내소화전설비를 준용한다.
② 헤드*: 개방형과 폐쇄형(나사부, 프레임, 반사판, 감열부로 구성)이 있다.
③ 헤드 개수: 마지막에 분기하는 가지배관 한쪽의 헤드개수: 8개 이하로 한다.
④ 배관의 종류: 입상배관, 수평주행배관, 교차배관, 가지배관으로 구성되어 있다.
⑤ 헤드가 부착된 가지배관의 설비배열 방식: 토너먼트(tournament)방식이 아니어야 한다.
⑥ 유수검지장치: 습식, 건식, 준비작동식, 일제살수식, 부압식 등으로 구성되어 있다.
(*^^ 수원(물) → 입상관 → 수평주행배관 → 교차배관 → 가지배관 → 헤드 → 살수)

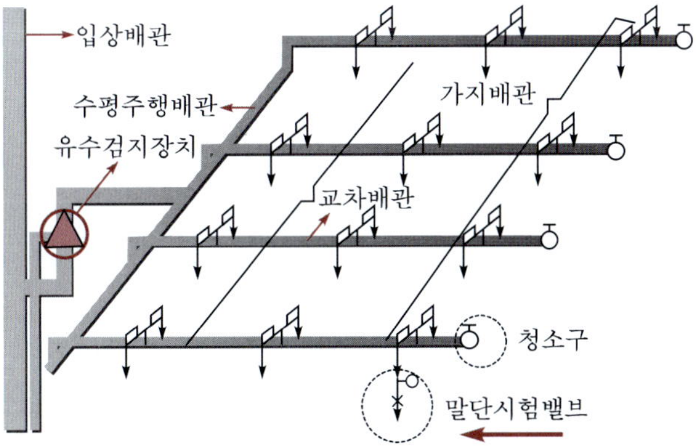

스프링클러 배관 명칭도

---

* 헤드: 살수하는 마지막 부분으로 천장 등에 부착하여 물을 뿜는 부속기구로서, 폐쇄형과 개방형이 있다.
(일반적으로 습식 · 건식 · 준비작동식 스프링클러는 폐쇄형헤드이며, 일제살수식 스프링클러는 개방형 헤드를 사용한다)

3. 스프링클러설비 종류

(1) 습 식(Wet pipe system)

"습식 스프링클러설비"란 가압송수장치에서 **폐쇄형스프링클러**(2차측) **헤드까지** 배관 내에 항상 물이 가압되어 있다가 화재로 인한 열로 폐쇄형스프링클러헤드가 개방되면 배관 내에 유수가 발생하여 습식유수검지장치가 작동하게 되는 스프링클러설비를 말한다.

▸ 습식 스프링클러설비

건축물 지하 등 송수펌프에서 천장 등에 부착되어 있는 폐쇄형 헤드까지 자동경보밸브를 중심으로 1·2차 배관에 항상 물이 차 있는 폐쇄형 헤드이다. 화재 시 열에 의해 헤드의 감열부가 개방되어 물을 살수하는 방식이며 주로 APT, 사무실 등에 사용한다. 하지만 동파 우려가 있는 장소는 사용할 수 없다.

(2) 건 식(Dry pipe system)

"건식 스프링클러설비"란 건식유수검지장치 2차 측에 압축공기 또는 질소 등의 기체로 충전된 배관에 폐쇄형스프링클러헤드가 부착된 스프링클러설비로서, 폐쇄형스프링클러헤드가 개방되어 배관 내의 압축공기 등이 방출되면 건식유수검지장치 1차측의 수압에 의하여 건식유수검지장치가 작동하게 되는 스프링클러설비를 말한다.

▸ 건식 스프링클러설비

건축물 지하 등 송수펌프에서 건식밸브를 중심으로 배관 1차측은 가압수, **2차측**은 "자동식에어콤프레서"로 압축시킨 **압축공기 혹은 질소가 차있어** 습식밸브보다 송수속도가 늦다. 그래서 배관상에 설치된 액셀레이터 또는 익저스트를 사용하여 클래퍼(수문 역할)개방 속도를 증가시킨다. 이 방식은 열에 의해 헤드가 개방되며 주로 동파우려가 있는 한랭지역이나 지하주차장 등에 사용한다.

액셀레이터

(3) 준비작동식(Pre-action system)

"준비작동식 스프링클러설비"란 가압송수장치에서 준비작동식유수검지장치 1차측까지 배관 내에 항상 물이 가압되어 있고 2차측에서 폐쇄형스프링클러헤드까지 대기압 또는 저압으로 있다가 화재발생 시 감지기의 작동으로 준비작동식유수검지장치가 작동하여 폐쇄형스프링클러헤드까지 소화용수가 송수되어 폐쇄형스프링클러헤드가 열에 따라 개방되는 방식의 스프링클러설비를 말한다.

▸ 준비작동식 스프링클러설비

프리액션 밸브를 중심으로 배관 1차 배관은 물이 가압되어 있고, 2차 배관에서 폐쇄형헤드까지는 대기압(저압) 상태이다. 화재 시 감지기가 작동 후 준비작동밸브를 개방하여 헤드까지 물을 송수시킨 뒤 열에 의하여 헤드를 개방시키는 방식으로 주로 대형건물에 사용된다.

(4) **일제살수식**(일제개방식, Deluge system)

"일제살수식 스프링클러설비"란 가압송수장치에서 일제개방밸브 1차 측까지 배관 내에 항상 물이 가압되어 있고 2차 측에서 개방형스프링클러헤드까지 대기압으로 있다가 화재발생 시 자동감지장치 또는 수동식 기동장치의 작동으로 일제개방밸브가 개방되면 스프링클러헤드까지 소화용수가 송수되는 방식의 스프링클러설비를 말한다.

(* 동작: 감지기 작동 - 전자밸브 개방 - 1차측 가압수 2차유입 - 개방형헤드 살수 - 펌프작동 순.)

▶ 일제살수식 스프링클러설비

> 델류지밸브를 중심으로 1차 배관은 물이 가압되어 있고, 2차 배관부터 개방형 헤드까지 대기압(무압) 상태이다. 화재감지기의 작동 시 담당구역의 모든 헤드에서 살수되는 방식이다.
> 감지기설치 비용이 많이 들고 수손피해의 단점이 있지만 스프링클러설비 중 화재 진압이 제일 빠르다 신속한 소화가 필요한 필름공장, 극장무대, 특수가연물의 저장·취급시설 등에 사용한다.

(※ "부압식 스프링클러설비"란? 1차측 배관은 가압수의 물이, 2차측은 부압수가 차있어, 준비작동식과 다른점은 2차측에 대기압이나 저압 대신, 부압인 진공상태의 물이 들어있다.)

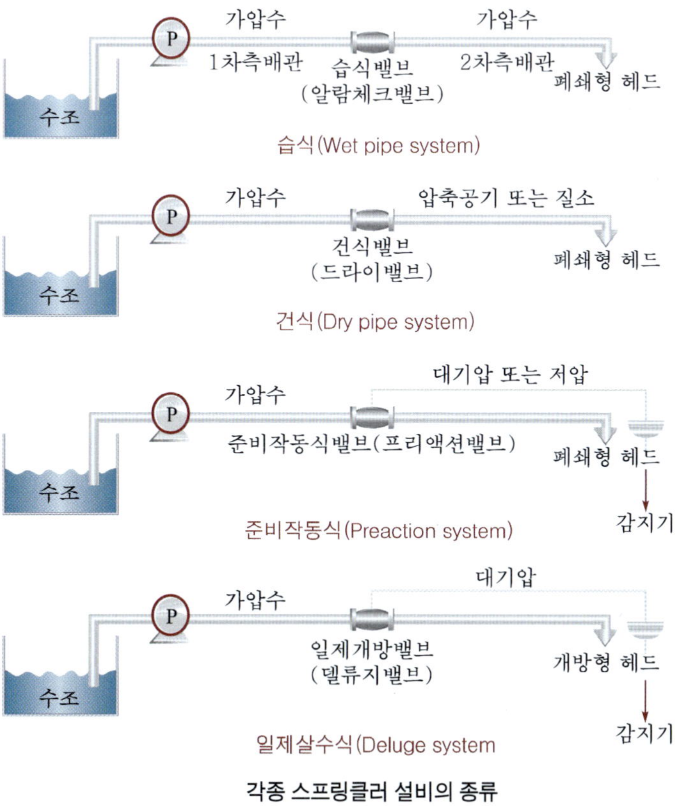

각종 스프링클러 설비의 종류

4. 스프링클러설비의 제반사항

(1) 스프링클러설비의 규정

하나의 헤드선단에서 방수량 및 방수압은 다음과 같다.

① 방수량: 분당 $80l$/min 이상(헤드 1개당)

② 방수압: 0.1MPa 이상~1.2MPa 이하

③ 수원의 저수량: $Q = N \times 1.6\text{m}^3$ 이상

산출된 유효수량 외 유효수량의 $\frac{1}{3}$ 이상을 옥상에 설치한다.

▸ 수원(물)의 저수량

$Q = N \times 1.6\text{m}^3$ 이상 (※ $1{,}600l = 80l$/min × 20분)

단, 30층~50층 미만은 40분(3.2m^3), 50층 이상은 60분(4.8m^3) 이상의 값을 산정한다.

측벽형

폐쇄하향형

글라스벌브형

화재조기진압용

후러시형

조기반응형

(2) 스프링클러설비의 장·단점

구분	내용
장 점	• 초기진화에 적합하며 소화약제가 물이므로 경제적이다. • 자동적으로 화재를 감지하여 소화 및 소화통보를 해주며 신뢰성이 있다. • 기계적이므로 오동작이나 오보가 적으며 화재진화 후 복구가 용이하다.
단 점	• 초기 설치비용이 크며 시공 시 다른 시설보다 복잡하다. • 소화 후 수손피해(물에 의한 피해)가 크다.

▸ 개선된 부압식 스프링클러설비 원리 등

- 컵에 있는 커피를 빨대로 빨아올리다가 공기 빠진 진공상태가 되면 빨대가 혀끝에 길게 붙어버리듯, 2차측 배관에 작은 균열이 생겨도 진공에서는 배관의 물이 밖으로 새지 않고 배관에 붙어 결로(이슬 맺힘) 현상을 보이는, 2차 배관에 누수를 방지하기 위해 진공펌프로 물을 흡수, 진공의 물이 차있다.
  즉, 누수되는 물도 진공의 흡착을 이용한, 타 설비의 단점 등을 개선한 가장 좋은 방식이다.
- 가압송수장치에서 프리액션밸브의 1차 측까지는 항상 정압(가압)의 물이 차있고, 2차측 폐쇄형헤드까지는 부압(진공)의 물이 차있다가 화재 시 감지기의 작동에 의해 전자밸브가 개방되며 1차측의 가압수가 2차측으로 유입되면서 2차측이 정압으로 변하며 헤드의 오픈과 함께 가압수가 분사된다.
- 각 폐쇄형헤드설비 단점은 습식은 지진으로 인한 배관 파손 시 누수와 배관 국부부식으로 Pin hole(작은구멍) 발생으로 인한 누수 위험성이 있으며, 건식은 압축공기에 의한 노즐 부속의 비산 또는 시간 지연의 위험성이 있고, 준비작동식의 경우도 시간 지연 위험성, 배관 및 헤드의 손상유무가 있다.

(3) 각 스프링클러설비 계통도

4가지 스프링클러설비 계통도는 다음과 같다.

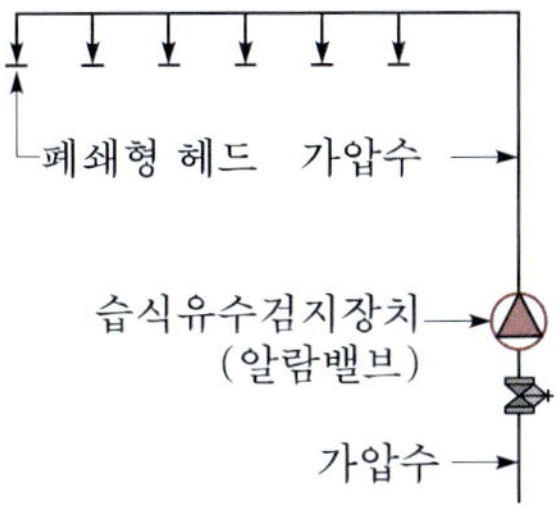

습식(Wet pipe system)

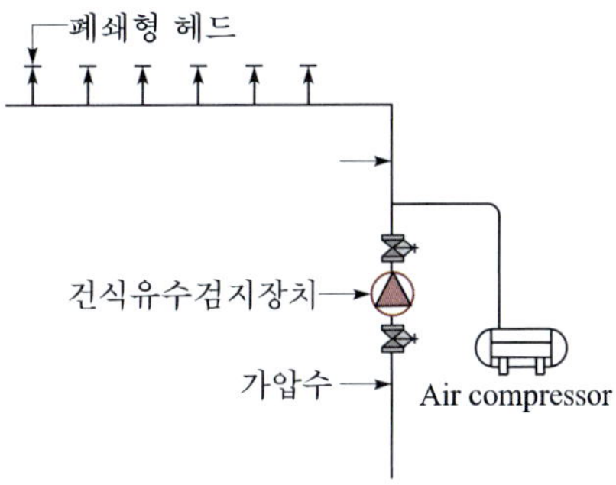

건식(Dry pipe system)

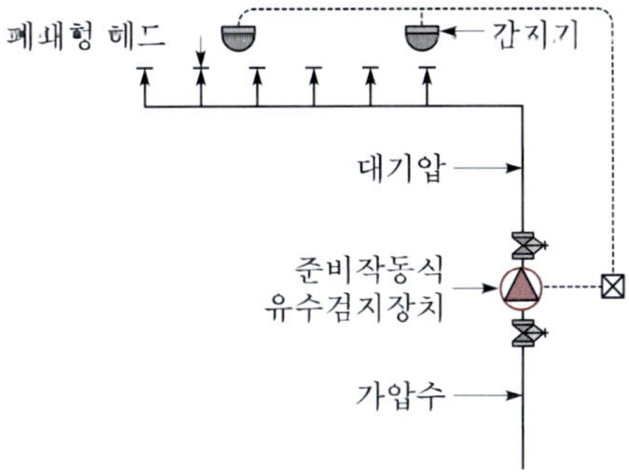

준비작동식(Preaction system)

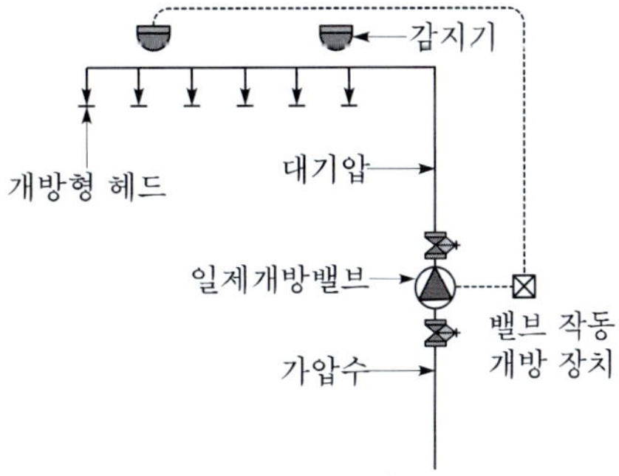

일제살수식(Deluge system)

각 스프링클러설비 비교

소화설비	습식	건식	준비작동식	일제살수식	부압식
1차측	가압수	가압수	가압수	가압수	가압수
2차측	가압수	질소, 압축공기	대기압, 저압	대기압	부압(진공)수
헤드	폐쇄형	폐쇄형	폐쇄형	개방형	폐쇄형
감지기	×	×	○	○	○
밸브	알람체크	드라이	프리액션	델류지	프리액션
주 사용처	APT, 사무실	한랭지역	대형건물	특수가연물	중요건물
특 징	부식, 무거움	느림	복잡함	대량급수, 비쌈.	타 설비 단점보완

| 시설론 | OX 개념

01 소화설비 중 물분무·포·이산화탄소·미분무·고체에어로졸·할론·분말·강화액소화설비·할로젠화합물 및 불활성기체 소화약제를 "물분무등 소화설비"라 한다. ( )

옳다. 강화액소화설비를 제외한 질식성이 좋은 약제들이다 / * (제)물포 이미 고할분 강할불

02 피난설비에는 인명구조기구(방열복, 방화복, 공기호흡기, 인공소생기)가 있다. ( )

03 소화활동설비는 화재를 진압하거나 피난활동을 위하여 사용하는 설비로서 무선통신보조설비, 제연설비, 비상콘센트설비, 연결살수설비, 연소방지설비, 연결송수관설비가 있다. ( )

소화활동설비는 화재를 진압하거나 인명구조활동을 위하여 사용하는 설비이다.

04 소형소화기 능력단위가 1단위 미만, 대형소화기는 A급 10단위 B급 20단위 이상이다. ( )

소형소화기 능력단위가 1단위 이상, 대형소화기 능력단위 미만이다.

05 소화기는 각 층마다 설치하되 소방대상물의 각 부분으로부터 수평거리가 소형소화기는 20m 이내, 대형소화기는 30m 이내의 거리마다 1개 이상 설치한다. ( )

보행거리가 소형소화기는 20m 이내, 대형소화기는 30m 이내의 거리마다 1개 이상 설치한다.

06 옥내소화전설비 구성요소에는 일반적으로 발신기, 표시등, 경종이 포함된다. ( )

자동화재탐지설비 구성요소에는 발신기, 표시등, 경종 등이 포함된다.
자동화재탐지설비 구성요소: 4기(감지기, 발신기, 중계기, 수신기)+ 표시등, 경종 등이 있다.

07 옥내소화전 수원의 저장방법은 고가수조·가압수조·지하수조방식, 고압수조가 있다. ( )

옥내소화전 수원의 저장방법은 고가수조·가압수조·지하수조방식·압력수조가 있다. * 고가지압

Ans. 01. (O) 02. (O) 03. (X) 04. (X) 05. (X) 06. (X) 07. (X)

08 옥내소화전의 저수량은 가장 많은 층의 설치 개수에 2.6m^{3}을 곱한 양 이상을 지하수조에 저장한다. 단, 건축법상 고층건축물(30층~50층 미만)은 5.2m^3 이상, 초고층건축물(50층 이상)은 7.8m^3 이상의 값을 산정한다. (   )

50층 이상 초고층건축물은 60분(7.8m^3) 이상의 값을 산정한다.

09 옥외소화전 호스접결구는 소방대상물의 각 부분에서 수평거리가 40m 이하이다. (   )

옳은 설명이다. 옥외소화전은 수평거리가 40m(* 옥내소화전 수평거리가 25m) 이하이다.

10 "습식 스프링클러설비"란 가압송수장치에서 폐쇄형스프링클러 헤드까지 배관 내에 항상 물이 가압되어 있는 것을 말한다. (   )

"습식 스프링클러설비"란 가압송수장치에서 2차 측 폐쇄형스프링클러 헤드까지 배관 내에 항상 물이 가압되어 있는 것을 말한다

11 준비작동식과 일제살수식 배관의 2차측은 대기압 또는 저압으로 되어있다. (   )

준비작동식 스프링클러의 2차측 배관은 폐쇄형헤드로서 대기압 또는 저압을 봉입할 수 있으나, 일제살수식 스프링클러의 2차측 배관은 개방형헤드로서 대기압뿐, 저압(진공)은 불가능하다.

12 "부압식스프링클러설비란"? 가압송수장치에서 준비작동식유수검지장치의 1차측까지는 항상 정압의 물이 가압되고, 2차측 폐쇄형 스프링클러헤드까지는 소화수가 부압으로 되어 있다가 화재 시 감지기의 작동에 의해 정압으로 변하여 유수가 발생하면 작동하는 설비이다. (   )

옳은 설명으로 "부압식스프링클러설비" 의 화재안전기준에 명시되어 있는 정의이다.

13 스프링클러설비에서 준비작동식밸브는 폐쇄형헤드이고, 건식밸브는 개방형헤드이다. (   )

건식·습식·준비작동식밸브는 폐쇄형헤드, 일제살수식(일제개방식)밸브가 개방형헤드이다.

설 비	유수검지장치	배관(1차 / 2차)	헤드	감지기	사용처
습 식	알람밸브	가압수/가압수	폐쇄형	×	APT, 사무실
건 식	드라이밸브	가압수/압축공기, 질소	폐쇄형	×	한랭지역
준비작동식	프리액션밸브	가압수/대기압, 저압	폐쇄형	○	대형백화점
일제살수식	델류지밸브	가압수/대기압	개방형	○	특수가연물
부 압 식	프리액션밸브	가압수/부압수	폐쇄형	○	중요건물

Ans. 08. (O) 09. (O) 10. (O) 11. (X) 12. (O) 13. (X)

| 시설 | 주요문제

기출

01 다음 중 건축물 내에 설치되는 고정식, 수동식 수계 소화설비는?

① 가스소화전설비 ② 분말소화전설비
③ 옥내소화전설비 ④ 옥외소화전설비

해설 옥내소화전설비에 해당한다.

답 ③

기출

02 옥내소화전설비 수원의 설치기준에 대하여 옳지 않은 것은?

① 고가수조, 지하수조, 압력수조, 가압수조가 있다.
② 수조의 상단이 바닥보다 높은 때에는 외측에 이동식 사다리를 설치하여야 한다.
③ 유효수량 외 유효수량의 1/3 이상을 옥상에 설치하여야 한다.
④ 옥내소화전 1개에 필요한 유효수량은 $2.6m^3$ 이다.

해설 수조의 상단이 바닥보다 높은 때에는 외측에 고정식 사다리를 설치하여야 한다.

답 ②

기출

03 가압송수장치인 소방펌프의 체절운전으로 인한 수온상승과 과압으로 배관이 파손되는 경우를 방지하기 위하여 설치하는 것은?

① 수압개폐장치(압력챔버) ② 물올림장치(호수조)
③ 순환배관 및 릴리프밸브 ④ 수격방지기

해설 펌프의 체절운전 시 수온의 상승을 방지하기 위하여 설치한다. 순환배관상에 펌프에 무리가 발생하므로 릴리프밸브를 통해 과압을 방출하며 수온상승을 방지한다.

답 ③

기출

04 화재안전기준상 최소 규정 방수량이 가장 큰 소화설비로 옳은 것은?

① 옥내소화전 ② 옥외소화전
③ 스프링클러설비 ④ 간이스프링클러설비

해설 ① 옥내소화전 - 130(l/min) 이상
② 옥외소화전 - 350(l/min) 이상
③ 스프링클러설비 - 80(l/min) 이상
④ 간이스프링클러설비 - 50(l/min) 이상

답 ②

기출

05 옥외소화전과 소화전함 이격거리는 몇 m 이내로 하여야 하는가?

① 5m ② 1m
③ 15m ④ 20m

해설 옥외소화전과 소화전함 이격거리는 5m 이내가 된다.

답 ①

기출
06 **다음은 스프링클러설비에 대한 설명이다. 가장 틀린 것은?**

① 스프링클러설비는 타 설비에 비하여 신뢰성이 매우 뛰어나다.
② 스프링클러 헤드는 자동확산 소화용구처럼 자동으로 열에 의해 소화되는 설비이다.
③ 습식과 건식은 감지기 없이 작동는 스프링클러 방식이다.
④ 초기 설치비용은 크지만 소화 후 수손피해가 적다.

해설 스프링클러는 초기 설치비용이 크며 소화 후 물에 의한 수손피해가 크다.
답 ④

기출
07 **스프링클러설비의 종류별 2차측 헤드의 연결이 옳은 것은?**

① 습식 – 알람밸브 – 대기압(무압) – 폐쇄형 헤드
② 건식 – 건식밸브 – 가압수 – 폐쇄형헤드
③ 준비작동식 – 프리액션밸드 – 대기압 – 폐쇄형 헤드
④ 일제살수식 – 델류지밸브 – 압축공기 – 개방형 헤드

해설 스프링클러 설비의 종류별 유수검지장치와 2차측 배관상태, 헤드의 연결이 옳은 것은 준비작동식 – 프리액션밸드 – 대기압(무기압 = 무압) – 폐쇄형 헤드에 해당한다.
답 ③

기출
08 **스프링클러설비를 구성하는 배관 중 헤드가 설치 된 가장 가느다란 배관은?**

① 입상배관 ② 수평주행배관
③ 교차배관 ④ 가지배관

해설 일반적으로 천장 쪽의 헤드가 부착된 가장 가느다란(25mm) 배관은 가지배관에 해당된다.
답 ④

기출
08 **스프링클러설비의 리타딩챔버(retarding chamber)의 기능으로 옳은 것은?**

① 역류방지 ② 가압송수
③ 오작동방지 ④ 동파방지

해설 리타딩챔버는 화재가 아닐 때 소화설비가 동작하면 수손피해를 입으므로 오동작(오보)방지목적으로 챔버 위에 연결된 압력스위치 동작을 일단 20**초 지연시키는** 챔버이다.
답 ③

※ **리타팅 챔버** : 습식스프링클러설비에서 오동작 방지목적으로 적은 양의 유입수는 오리피스를 통하여 배수시키고 많은 양의 유입수는 챔버(7.5ℓ 용기)를 만수시켜 상단에 설치된 압력스위치를 작동시킨다. 누수로 인한 유수검지장치의 오동작을 방지하기 위한 안전장치로 압력스위치의 작동지연(약 20초) 효과를 가지고 있다. 또한 수격작용 등 순간 압력변동으로 밸브가 잠시 열려 발생하는 압력스위치의 오보를 방지, 보호한다.(* 역할: 오동작방지목적, 안전밸브 역할, 배관 및 압력스위치 손상보호)

05 포 소화설비

(1) 개 요

기계포(공기포)는 고정된 설비식으로서 계면활성제(세제)와 물을 혼합하여 거품을 만들어 소화하기 때문에 **재착화** 위험성이 적으며 주로 **대규모 옥외유류탱크** 화재용으로 이용되고 있다. 포 혼합방식은 다음과 같다.

(2) 포소화약제 혼합방식

공기포 소화약제는 비례혼합장치와 정량혼합장치가 있으며 혼합하는 방식은 다음과 같다.

① **펌프 프로포셔너방식**(pump proportioner 펌프혼합장치)

펌프와 토출관과 흡입관 사이의 배관 도중에 설치한 **흡입기**에 펌프에서 토출된 물의 일부를 보내고 **농도조정밸브**에서 조정된 포소화약제의 필요량을 포소화약제 탱크에서 펌프흡입측으로 보내어 이를 혼합하는 방식이다.

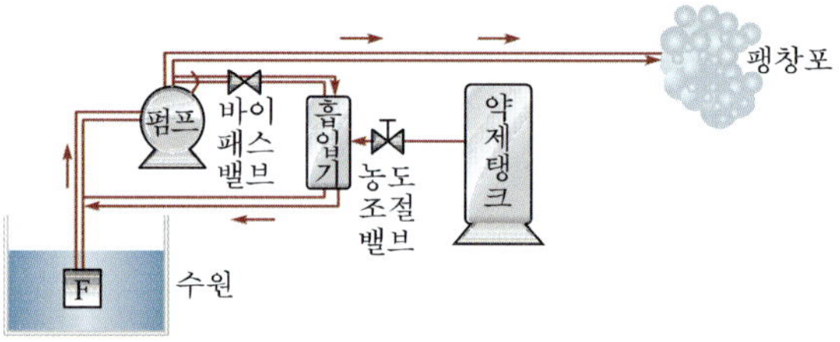

펌프 프로포셔너

② **라인 프로포셔너방식**(line proportioner 관로혼합장치)

펌프와 발포기의 중간에 설치된 벤투리관의 벤투리작용에 의하여 포소화약제를 흡입・혼합하는 방식으로 **소형**이며 경제적이다.

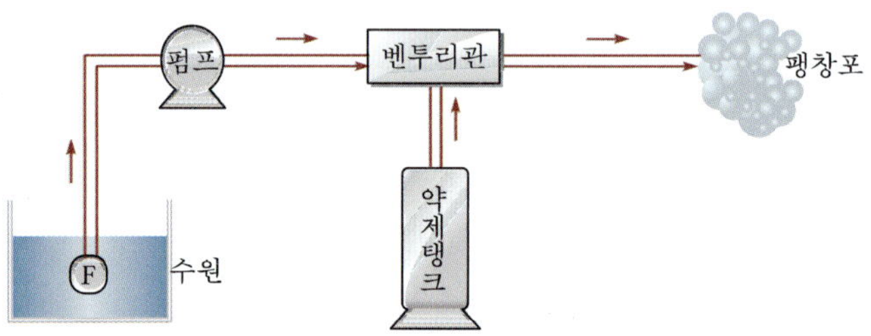

라인 프로포셔너

벤투리관

* 포: 거품을 말한다. foam(폼)　　* 계면활성제: 거품을 일으킬 수 있는 세제.(* 계면: 표면)
* 벤추리(Venturi)관: 배관 도중에 설치하는 가는 관을 뜻한다. (* 관이 가늘어 지면 압력이 낮다)
* 라인프로퍼셔너: 배관(= 라인) 안에서 포소화약제를 혼합하는 혼합장치를 말함.(* 프로퍼셔너: 장치)
* 중조: 중탄산나트륨(제1종 분말소화약제), 탄산수소나트륨, 중탄산소다, 베이킹 소다(파우더)를 말한다.

③ 프레저 프로포셔너방식(pressure proportioner 차압혼합장치)

펌프와 발포기의 중간에 설치된 벤투리관의 벤투리작용과 펌프가압수의 소화약제 저장탱크 압력에 의해서 포소화약제를 흡입·혼합하는 방식이다. 압송식과 압입식이 있다.

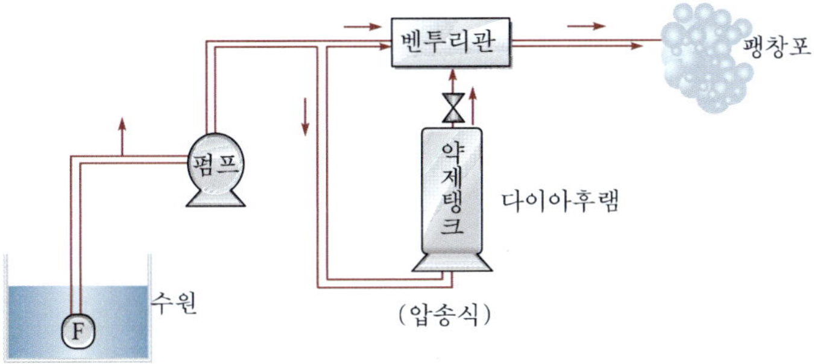

프레서 프로포셔너

④ 프레저사이드 프로포셔너방식(pressure side proportioner 압입혼합장치)

펌프의 토출관에 압입기를 설치하여 포소화약제 압입용 펌프와 포소화약제를 압입시켜 혼합하는 방식으로 수용액의 혼합비율을 가장 정밀하게 하여 수며, 대형설비에 사용한다.

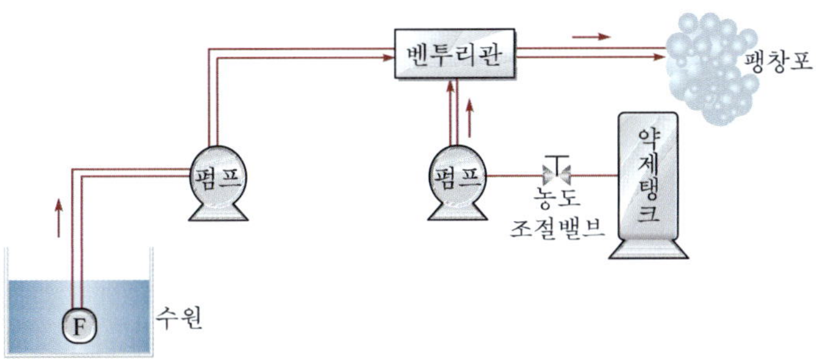

프레서사이드 프로포셔너

⑤ 압축공기포소화설비(믹싱챔버방식)

압축공기 또는 압축질소를 일정비율로 포수용액에 강제 주입 혼합하는 방식을 말한다.

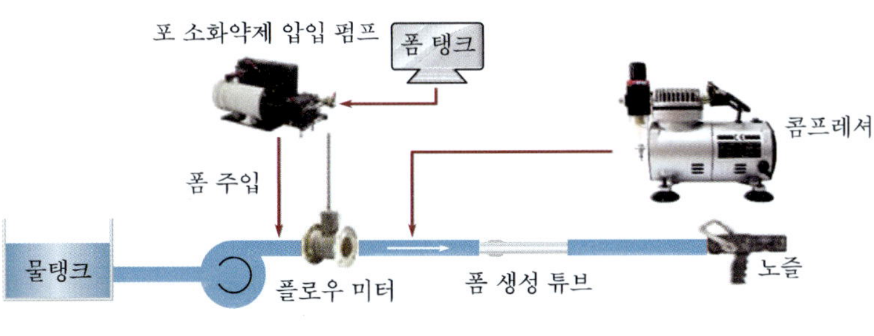

06 이산화탄소 소화설비

(1) 개 요

화재감지기, 선택밸브, 솔레노이드(전자)밸브, 방출표시등, 압력스위치, 기동장치, 헤드 등으로 구성되며, 고압으로 액화시켜 용기에 보존하며 반영구적으로 보존·사용이 가능하다.

(2) 방출방식의 분류

방출방식은 방호구역 전 지역을 방출하는 **전역방출방식**, 국부적인 부분에 방출하는 **국소방출방식**, 저장용기에 호스를 연결하는 사람이 소화하는 **이동식 방출방식**으로 구분한다.

① **전역방출방식**: 심부화재*는 7분 이내 방사, 표면화재는 1분 이내 방사한다.

② **국소방출방식**: 30초 이내 방사한다.

③ **호스릴방식**: 이동식방식.

> (2) ①에서 심부화재는 불씨화재로서 7분 이내로, 표면화재는 불꽃화재로서 1분 이내로 규정한다.

(3) 소화약제의 저장용기 등

소화약제의 저장용기는 다음 각 호의 기준에 적합해야 한다. (NFPC 106 제4조)

① 저장용기: 고압식은 25Mpa 이상, 저압식은 3.5Mpa 이상의 내압시험에 합격한 것일 것

② 저압식 저장용기에는 **안전밸브, 봉판, 액면계, 압력계, 압력경보장치, 자동냉동장치** 등의 안전장치를 설치할 것

③ 저장용기의 충전비는 고압식은 1.5 **이상** 1.9 **이하**, **저압식은** 1.1 **이상** 1.4 **이하로** 할 것

④ CO_2 소화약제 저장용기의 개방밸브는 **전기식, 가스압력식, 기계식에** 따라 자동으로 개방되고 **수동으로도** 개방되는 것으로서 안전장치가 부착된 것으로 한다.

⑤ CO_2 소화약제 저장용기와 집합관을 연결하는 연결배관에는 체크밸브(역류방지)를 설치하고, 선택밸브(또는 개폐밸브)와의 사이에는 과압방지를 위한 안전장치를 설치한다.

(4) 분사헤드 설치제외

① 방재실·제어실 등 사람이 상시 근무하는 장소 (NFTC 106 2.8.1)

② 전시장 등의 관람을 위하여 다수인이 출입·통행하는 통로 및 전시실 등

③ 나트륨·칼륨·칼슘 등 활성금속물질을 저장·취급하는 장소

④ 나이트로셀룰로오스·셀룰로이드제품 등 자기연소성 물질을 저장·취급장소

> (4) 분사헤드 설치 제외장소는 즉, 사람이 있는 장소 및 3류 · 5류 위험물을 뜻한다.

(5) 소화약제 작동순서

이산화탄소 소화약제 작동순서는 다음과 같다.
화재→ 감지기 작동→ 수신반 연결→ 사이렌 경보→ 자동폐쇄장치 작동→ 전자(솔레노이드)밸브 개방 → 기동용기 동작→ CO_2 저장용기와 선택밸브 개방 → 헤드→ 방사 순.

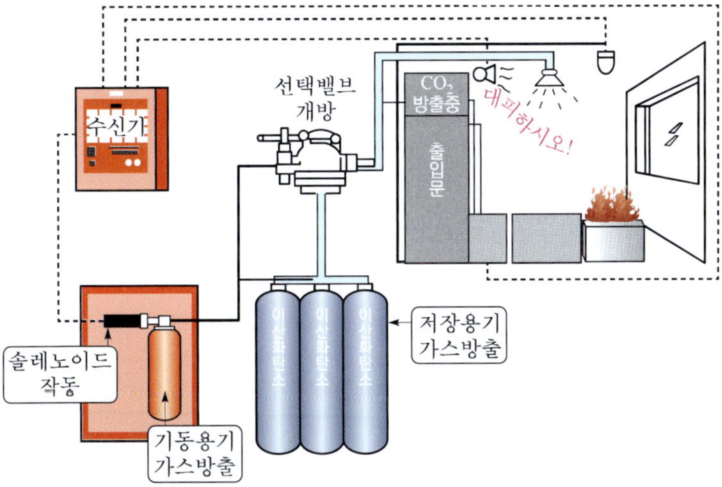

이산화탄소 소화설비 계통도

전자밸브

▸ 이산화탄소 소화설비의 소화약제 방사순서

① 천장의 감지기가 화재를 감지하면 감지기는 항상 수신기로 화재 신호를 발신시킨다
② 이후 화재를 알리는 사이렌이 울리면서 방호구역 내의 자동폐쇄장치가 작동되며
③ 전자밸브를 통해서 팔뚝만한 기동장치를 동작시키게 하고 기동장치는 CO_2 가 저장된
④ 저장용기를 개방함과 동시에 감지기가 감지한 화재실쪽의 선택밸브를 동시에 개방시킨다.
⑤ 이후 CO_2 가 저장된 용기에서 CO_2 가 선택밸브를 통해서 화재실 헤드를 통해 방사된다.
(사이렌은 화재실 내의 사람은 질식할 우려가 있으니 대피를 위해 1분 이상 사이렌이 울리고 화재실 밖에 있는 사람이 화재실로 못 들어오게끔 출입문 위에는 방출표시등이 켜진다)

※ 이를 주요부분으로 요약하면, 감지기 작동→ 수신기로→ 전자밸브(S/V) 개방 → 기동용기 동작 → CO_2 저장용기와 선택밸브 개방 → 헤드로 방사. ▸ 감수전기 저선헤방(* 감수전기 조선해방)

▸ (* 공간 이용 재해설)
①에서 일반적으로 감지기는 수신기로 바로 화재신호를 전달해주지만, 중계기를 필요로 하는 R형수신기 등은 감지기에서 중계기를 통해서 수신기로 화재의 알림이 연결된다
② 사이렌은 실내 등(방호구역)의 인원을 실외로 대피시키기 위한 목적이며
③ 전자밸브(솔레노이드밸브)는 화제수신을 기동용기로 연결시키는 밸브로서
④ 기동용기는 CO_2 저장용기를 개방시키고 CO_2 가 갈수 있도록 불이난 실의 선택밸브를 열면
⑤ CO_2 는 선택밸브가 선택된 화재실로 방사가 되며 방사개시 후 1분 이상 경보를 울려야 한다.
또한 전역방출방식에서 소화약제가 방출되기 전, 환기장치와 자동폐쇄장치는 폐쇄되어야 한다.

07 할론 소화설비

(1) 개 요

할론 소화약제는 국내에서는 할론 1301, 1211, 2402의 3가지를 사용하고 있다.

(2) 제반사항

가압방식은 가압식, 축압식이 있으며 제반사항은 다음과 같다.

① 방출방식: **전역방출방식**, **국소방출방식**, **호스릴방식**이 있다.

② 헤드 방사시간: 10초 이내에 방사하여야 한다.

③ 배관: 전용으로 한다. - 강관은 압력배관용탄소강관 중 스케줄* 80(저압식: 40) 이상.

④ 호스릴 소화설비 수평거리: 방호대상물의 각 부분으로부터 하나의 호스 접결구까지의 수평거리가 20m 이하가 되도록 한다.

(3) 저장용기 설치장소

할론·이산화탄소·분말 등 가스계소화설비의 설치장소의 기준은 동일하며 아래와 같다.

① 방호구역* 외의 장소로서 방화구획된 실에 설치할 것 (다만, 방호구역 내에 설치할 경우에는 피난 및 조작이 용이하도록 피난구 부근에 설치하여야 한다.) (NFTC 107 2.1.1)

② 온도가 40℃ 이하이고 온도 변화가 적은 곳에 설치할 것.(* NFTC 107A. 할·불소화약제: 55℃)

③ 방화문으로 구획된 실에 설치할 것

④ 직사광선 및 빗물 침투 우려가 없는 곳에 설치할 것

⑤ 해당 용기가 설치된 곳임을 표시하는 표지를 설치할 것

⑥ 용기간의 간격은 점검에 지장이 없도록 3cm 이상 유지할 것

⑦ 저장용기와 집합관을 연결하는 배관에는 **체크밸브**를 설치할 것
다만, 저장용기가 하나의 방호구역만을 담당하는 경우에는 그러하지 아니하다.

가스 체크밸브

---

* 전역: 전지역　　* 국소: 어느 한 부분　　* 스케줄: 강관의 두께·구경·내압을 말함.

* 호스릴방식: 분사헤드가 배관에 고정되어 있지 않고 소화약제 저장용기에 호스를 연결하여 사람이 직접 화점에 소화약제를 방출하는 이동식소화설비를 말한다.(할론소화설비 화재안전기준 제3조)

* 방호(防護): 화재방어, 소방계획, 화재 예방을 포함한 화재로부터 그 지역을 지키기 위한 소방활동을 말함.

* 할불소화약제: 할로젠화합물 및 불활성기체소화설비 - 할·불소화약제 화재안전기술기준(NFTC 107A)

08 분말 소화설비

(1) 개 요

분말소화약제는 물에 의하여 소화가 어려운 위험물시설이나 전기설비 등으로 전기의 절연성(전기가 통하지 아니하는 성능)이 요구되는 소방대상물에 설치하는 설비이다.

또한 분말약제 탱크에 저장된 분말약제를 가압가스용기의 질소가스 등의 압력으로 밀어내어 배관을 통하여 그 말단에 분사헤드 또는 호스릴 방식으로 방호대상물에 방사하여 소화하는 설비이다.

(2) 소화의 적응성

분말소화약제 소화효과는 질식효과 및 억제효과를 가지며 표면화재 및 연소면이 급격히 확대되는 인화성 액체화재 등의 화재에 적합하다. 분말소화설비는 물을 사용하는 스프링클러설비와는 다르게 방사압력과 방사량을 균일하게 하기 위하여 배관을 토너먼트(균등)방식* 으로 설치하여 사용된다.

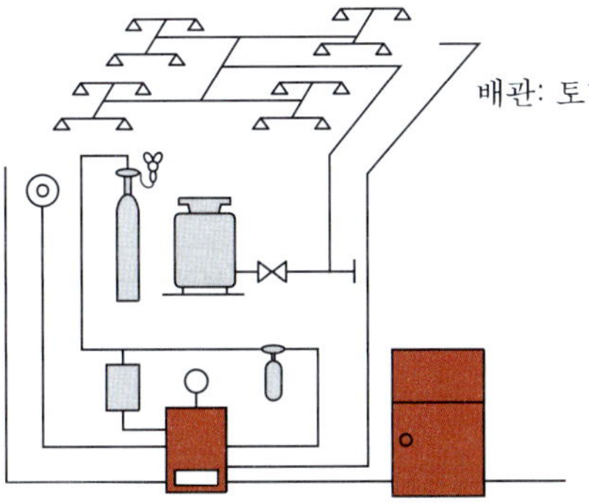

가압식 분말소화설비

(3) 충전비 등

분말소화약제의 충전비를 종별로 분류하면 다음과 같다.

소화약제의 종별	소화약제의 1kg당 저장용기의 내용적	비 중
제1종 분말 (탄산수소나트륨)	0.80l	(2.18)
제2종 분말 (탄산수소칼륨)	1.00l	(2.14)
제3종 분말 (제1인산암모늄)	1.00l	(1.82)
제4종 분말 (탄산수소칼륨+요소)	1.25l	(〃)

제3종(이동식) 분말소화기

* 선택밸브: 화재 시 소화약제를 방사할 수 있는 방호구역을 선택할 수 있는 밸브를 말한다.
* 토너먼트(tournament): 운동경기의 승자 진출전의 한 방식. 그 대전표와 모양이 유사하다는 뜻.
* 집합관: 소화설비 약제가 집합이 되어있는 관을 말한다.
* 정압작동장치: 소화설비의 저장용기에서 용기의 내부압력이 설정압력으로 되었을 때 주밸브를 개방하는 장치

| 시설론 | OX 개념

01 **포소화설비는 대규모 유류탱크 화재에 사용한다. ( )**

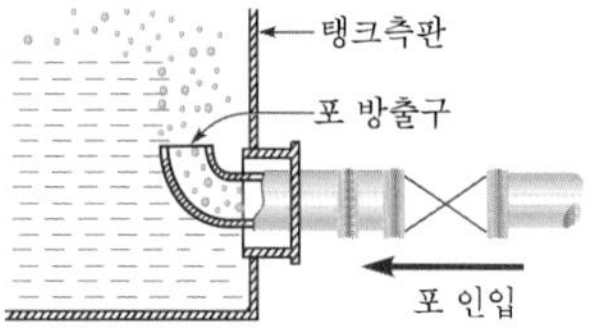

대규모 유류 저장탱크에 화재가 발생하면 물로 소화할 수 없다. 그 이유는 일반적으로 기름은 물보다 가벼워서 물을 방사하면 불붙은 유류가 물위에 떠서 주위로 화재면을 확대 할 수 있으니 포(거품)에 의한 순간적으로 질식소화를 한다.

02 **라인 프로포셔너방식(line proportioner 관로혼합장치)는 펌프와 발포기의 중간에 설치된 벤투리관의 벤투리작용에 의하여 포소화약제를 흡입·혼합하는 방식이다. ( )**

라인 프로포셔너방식(line proportioner 관로혼합장치)는 펌프와 발포기의 중간에 설치된 벤투리관의 벤투리작용에 의하여 포소화약제를 흡입・혼합하는 방식으로 소형이며 경제적이다.

03 **벤투리관의 벤투리작용과 펌프가압수의 소화약제 저장탱크 압력에 의해서 포소화약제를 흡입・혼합하는 방식은 프레저사이드 프로포서너 방식이다. ( )**

프레저 프로포서너 방식이다.

■ 포 혼합장치 주요 4가지 단축 학습법
- 라인: 벤츄리작용에 ···› "작용에" 자가 보이면 라인이 정답이 된다. (1가지 작용)
- 프레저: 벤츄리작용과 ···› "작용과" 자가 보이면 프레져가 정답이 된다. (2가지 작용)
- 펌프: 흡입기 사용 ···› "흡입" 자가 보이면 펌프가 정답이 된다. (역류 작용)
- 프레저사이드: 압입기 ···› "압입" 자가 보이면 사이드가 정답이 된다. (2대의 펌프)

▸ 에라, 과프, 흡펌, 압사(* 에라이! 과부가 포에 흠뻑 젖어서 압사 당했다)

04 **화재안전기준에서 기동용수압개폐장치가 필요하지 않는 방식은 할론소화설비이다. ( )**

기동용수압개폐장치는 수계 소방시설의 펌프를 자동으로 기동 혹은 정지시키는 장치를 말한다. 할론 소화설비는 가스계이다.

- 기동용수압개폐장치는 펌프의 2차측 개폐밸브 이후에서 분기하여 전 배관 내의 압력을 감지하고 있다가 옥내소화전 개폐밸브인 앵글밸브를 열거나 혹은 화재로 인하여 주수 시 배관 내의 압력이 떨어지면 압력스위치가 작동하여 모터펌프를 기동시킨다. 물 계통인 수계에서만 사용하는 설비이다.

Ans. 01. (O) 02. (O) 03. (X) 04. (O)

05 분말소화설비는 방사압력과 방사량을 균일하게 하기 위하여 배관은 토너먼트 방식이 아니어야 한다. ( )

분말소화설비는 방사압력과 방사량을 균일하게 하기 위하여 배관은 토너먼트 방식이어야 한다. (* 토너먼트 방식이 아닌 것은 스프링클러설비이다.)

06 "할로젠화합물 및 불활성기체 소화약제" 의 보관 온도는 섭씨 55도 이하이며 이산화탄소, 분말, 할론 소화약제의 보관 온도는 주위온도가 섭씨 40도 이하이다. ( )

할로젠화합물 및 불활성기체 소화약제의 보관 온도는 55 ℃ 이하이며 이산화탄소, 분말, 할론소화약제의 보관 온도는 주위온도가 40℃ 이하이다.

07 이산화탄소 소화설비는 방재실·제어실 등 사람이 상시 근무하는 장소에는 사용할 수 없으나 제3류 및 5류 위험물에는 사용할 수 있다. ( )

이산화탄소 소화설비는 방재실·제어실 등 사람이 상시 근무하는 장소나 제3류 및 5류 위험물에는 사용할 수 없다.
[참고] - 이산화탄소 소화설비 화재안전기순 세11조
이산화탄소 소화설비의 분사헤드는 다음의 장소에 설치하여서는 안 된다.
① 방재실·제어실 등 사람이 상시 근무하는 장소
② 전시장 등의 관람을 위하여 다수인이 출입·통행하는 통로 및 전시실 등
③ 나트륨·칼륨·칼슘 등 활성금속물질을 저장·취급하는 장소
④ 나이트로셀룰로스·셀룰로이드제품 등 자기연소성물질을 저장 · 취급장소

08 이산화탄소의 국소방출방식은 심부화재는 7분 이내 방사, 표면화재는 1분 이내 방사한다. ( )

CO_2전역방출방식은 심부화재는 7분 이내 방사(이 경우 설계농도가 2분 이내에 30 %에 도달해야 한다), 표면화재는 1분 이내 방사한다. 국소방출방식은 30초 이내 방사한다. (* 7심1표)

09 할론·이산화탄소·분말소화설비의 설치장소의 기준은 동일하며, 방호구역 외의 장소에 설치하여야 하며, 온도가 40℃ 이하이고 온도 변화가 적은 곳에 설치하며, 용기간의 간격은 점검에 지장이 없도록 3cm 이상의 간격을 유지하여야 한다. ( )

옳은 설명이다.

Ans. 05. (X) 06. (O) 07. (X) 08. (X) 09. (O)

| 시설 | 주요문제

기출

01 펌프와 발포기의 중간에 설치된 벤투리관의 벤투리작용에 의하여 포소화약제를 흡입·혼합하는 방식은?

① 펌프 프로포서너방식
② 프레저 프로포서너방식
③ 프레저사이드 프로포서너방식
④ 라인 프로포서너방식

해설 펌프와 발포기의 중간에 설치된 벤투리관의 벤투리작용에 의하여 포소화약제를 흡입 · 혼합하는 방식은 라인 프로포서너에 해당한다. 답 ④

기출

02 펌프와 발포기의 중간에 설치된 벤투리관의 벤투리작용과 펌프가압수의 소화약제 저장탱크 압력에 의해서 포소화약제를 흡입·혼합하는 방식은?

① 프레저 프로포서너 ② 라인 프로포서너
③ 펌프 프로포서너 ④ 프레저사이드 프로포서너

해설 벤투리관의 벤투리작용과 펌프가압수의 소화약제 저장탱크 압력에 의해서 포소화약제를 흡입·혼합하는 방식은 프레저 프로포서너 방식에 대한 설명이다. 답 ①

기출

03 이산화탄소 소화약제 저장용기에 관하여 옳지 않은 것은?

① 주위 온도는 55℃ 이하로 한다.
② 방화문이 구획된 곳에 설치한다.
③ 직사광선 및 빗물 침투 우려가 없는 곳에 설치한다.
④ 용기 간격은 점검에 지장이 없도록 3cm 이상의 간격을 둔다.

해설 할로젠화합물 및 불활성기체소화약제의 보관 주위온도가 55℃ 이하이며 이산화탄소나 할론, 분말 등은 주위온도가 40℃ 이하이고 온도 변화가 적은 곳에 설치한다. 답 ①

기출

04 다음 중 이산화탄소 소화설비에 관하여 가장 옳지 않은 것은?

① 이산화탄소 저장용기에는 압력계가 필요없다.
② 이산화탄소는 가격이 저렴하다.
③ 침투성이 좋고 심부화재와 표면화재에 적합하다.
④ 이산화탄소는 비전도성으로 전기화재 등에 적합하다.

해설 이산화탄소는 고압으로 저장하기 때문에 압력계가 필요하다. 답 ①

제2절 경보설비 및 피난구조설비

"경보설비"란 화재 발생 사실을 통보하는 기계·기구 또는 설비를 말하며
"피난구조설비"란 화재가 발생할 경우 피난하기 위하여 사용하는 기구 또는 설비를 말한다.

- 자동 화재 탐지 설비
  - 감지기
    - 열감지기
      - 차동식
        - 분포형
          - 공기관식
          - 열전대식
          - 열반도체식
        - 스포트형(열기전력, 공기팽창 등)
      - 정온식
        - 감지선형
        - 스포트형
      - 보상식 — 스포트형
      - (열 복합식 또는 단독경보형)
    - 연기감지기
      - 이온화식 — 스포트형
      - 광전식
        - 스포트형
        - 분리형
        - 공기흡입형
    - (열 · 연 복합식)
    - (불꽃감지기) — (적외선식(IR), 자외선식(UV), 적 · 자 겸용식, 복합식, 영상분석식)
    - (아날로그식감지기) — (열 · 연기식 감지기)
  - 수신기
    - P형 – 1급, 2급
    - R형
    - GP형
    - GR형
    - → (P형 복합식), (R형 복합식), (GP형 복합식), (GR형 복합식)
  - 발신기
    - 1급, 2급
  - 중계기
    - P형(수신기 형태에 따라)
    - R형(수신기 형태에 따라)

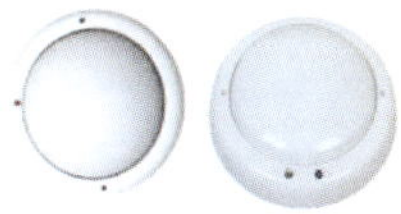
차동식 스포트형 감지기

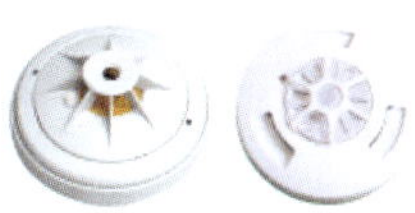
정온식 스포트형 감지기

이온화식 감지기

광전식 감지기

---

* P형: Proprietary type (소유자형)

* R형: Record type (기록형)

| 예습 | 자동화재탐지설비 계통도

- 열감지기 (주로 -8m미만)
  - 차동식 1, 2, 3종
    - 분포형 (8~15m)
      - 공기관식: (20~100m)
      - 열전대식: (4~20개)
      - 열반도체식: (2~15개)
    - 스포트형
      - 열기전력이용 • 열반도체 이용
      - 공기팽창이용: 다이어프램(막)
  - 정온식 특·1·2종
    - 감지선형: 전선을 사용.
    - 스포트형: 바이메탈을 사용.
  - 보상식 - 차동식+정온식 겸한 것(둘 중 하나로 동작가능)
- 연기감지기 (~20m미만)
  - 이온화식(스포트형): 아메리슘 241, α(알파)선
  - 광전식(스포트형, 분리형, 공기흡입형)

| 감지기 분류 |

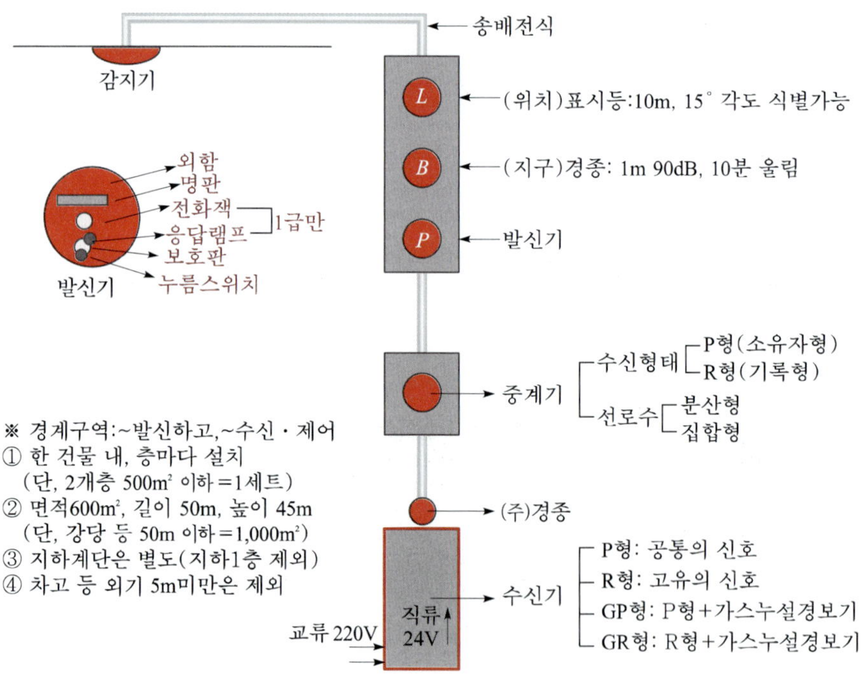

| 자동화재탐지설비 계통도 |

01 자동화재탐지설비 등

"자동화재탐지설비"란?

화재발생을 자동적으로 감지하여 해당 소방대상물의 화재발생을 소방대상물의 관계자에게 통보할 수 있는 설비로서 감지기, 발신기, 수신기, 경종 또는 중계기 등으로 구성된 것을 말한다. 또한 신호처리 방식은 유선식·무선식·유무선식이 있다.

1. 자동화재탐지설비 구성요소

감지기, 수신기, 발신기, 경종, 표시등, 전원, 배선, 중계기 등이 있다.

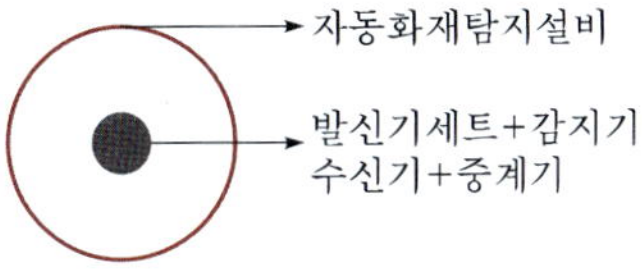

2. 경계구역

경계구역이란 특정소방대상물 중 화재신호를 발신하고 그 신호를 수신 및 유효하게 제어할 수 있는 구역을 말한다. 그 설정기준은 다음과 같다. (NFTC 203 2.1)

① 하나의 경계구역이 2 이상의 건축물에 미치지 아니하도록 한다.

② 하나의 경계구역이 2 이상의 층에 미치지 아니하도록 한다.(다만, 500m^2 이하의 범위 안에서는 2개의 층을 하나의 경계구역으로 할 수 있다.)

③ 하나의 경계구역의 면적은 600m^2 이하로 하고 한 변의 길이는 50m 이하로 한다. (다만, 해당 소방대상물의 주된 출입구에서 그 내부 전체가 보이는 것에 있어서는 한변 길이가 50m의 범위 내에서 1,000m^2 이하로 할 수 있다.)

④ 계단(직통계단 외의 것에 있어서는 떨어져 있는 상하 계단의 상호 간의 수평거리가 5 m 이하로서 서로 간에 구획되지 아니한 것에 한한다. 이하 같다.)·경사로(에스컬레이터 경사로 포함)·엘리베이터 승강로(권상기실이 있는 경우에는 권상기실)·린넨슈트·파이프 피트 및 덕트 기타 이와 유사한 부분에 대하여는 별도로 경계구역을 설정하되, 하나의 경계구역은 높이는 45m 이하(계단 및 경사로에 한한다)로 하고, 지하층의 계단 및 경사로(지하 1층은 제외)는 별도로 하나의 경계구역으로 한다.

⑤ 외기에 면하여 상시 개방된 부분이 있는 차고·주차장·창고 등에 있어서는 외기에 면하는 각 부분으로부터 5m 미만의 범위 안에 있는 부분은 경계구역의 면적에 산입하지 않는다.

⑥ 스프링클러설비·물분무등소화설비 또는 제연설비의 화재감지장치로서 화재감지기를 설치한 경우는 해당 소화설비의 방사구역 또는 제연구역과 동일하게 설정할 수 있다.

▸ **경계구역 설정기준 중요부분(②③)**

면적은 600m^2 이하, 길이는 50m 이하, 높이는 45m 이하로 하여 건축물마다, 층마다 설치한다.
다만, 500m^2 이하의 범위에서 2개층을 하나의 경계구역으로 할 수 있다.

3. 감지기

“감지기”란 화재 시 발생하는 열, 연기, 불꽃 또는 연소생성물을 자동적으로 감지하여 수신기에 화재신호 등을 발신하는 장치이다. 감지기 기능은 **센서·판단·발신기능** 등이 있다.

(1) 열감지기

열감지기는 일반적으로 차동식과 정온식, 보상식으로 나눈다.

① 차동식 스포트형 감지기(열감지기)

㉠ 열기전력을 이용한 감지기

화재 시 온도상승으로 감열실내에 고정된 반도체 열전대가 열기전력을 발생시키고 감도릴레이의 접점을 붙여 신호를 보낸다. 온접점, 냉접점, 반도체 열전대, 감열실, 고감도릴레이로 구성된다.

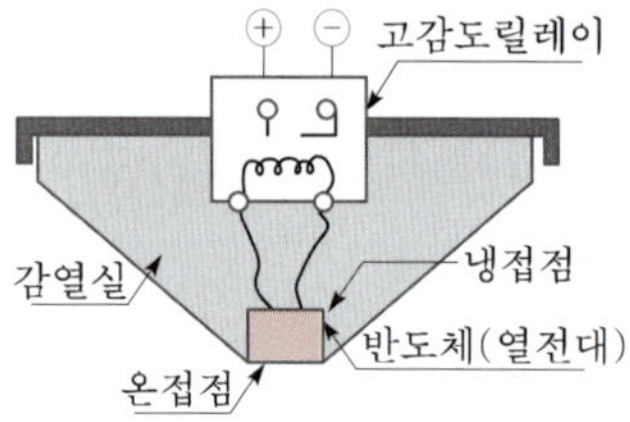

열기전력을 이용한 것

차동식스포트형

㉡ 열반도체를 이용한 감지기

서어미스트방식, 감열식 사이리스트방식이 있다. 온도변화를 센서로 감지한다.

㉢ 공기팽창을 이용한 감지기

화재 시 감지기 내 감열실이 더워지면 다이어프램*이 휘어져 접점이 접촉하게 된다. 재래식으로 감열실, 다이어프램*, 리크구멍, 접점, 작동표시장치로 구성된다.

② 차동식 분포형(열감지기)

차동식 분포형은 주위 온도가 **일정상승률** 이상 되는 경우에 작동하는 것으로서 넓은 범위 내에서의 열효과 누적에 의하여 작동된다.

차동식 분포형 감지기는 열감지기로서 성능이 우수하여 높은 천장 등 열감지기로서는 가장 높은 곳(8m 이상~15m 미만)에서 열을 감지할 수 있다.

그 종류는 구리관 등을 이용한 공기관식, 열전대를 이용한 열전대식, 비스무트, 텔루륨, 안티모니 등 열반도체를 이용한 열반도체식의 3가지로 구분하고 있다.

㉠ 공기관식: 길이는 20m 이상~100m 이하 설치한다.

㉡ 열전대식: 4개 이상~20개 이하로 설치한다.

㉢ 열반도체식: 2개 이상~15개 이하로 설치한다.

차동식 분포형

※ ㉠에서 공기관의 두께 0.3mm 이상, 바깥지름 1.9mm 이상으로 설치한다.(감지기의 형식승인 및 제품검사기술기준 제5조)

---

* 리크공: 오동작 방지 목적으로 설치된 완만한 열의 조절구멍.
* 스포트(spot): 반점, 부분점, 장소, 일국소 * 다이어프램(Diaphragm): 격막. 신축성 있는 박막. 막을 뜻함
* 제어벡효과: 다른 종류 금속에 온도차를 줄 때 열을 먼저 받아 전기적 발생을 전달해주는 효과. 씨벡효과

③ 정온식 스포트형(열감지기)

특종, 1종, 2종으로 구분하며 그 종류는 바이메탈 반전·바이메탈 활곡·액체(기체) 팽창 계수차를 이용한 방식 등이 있다.

㉠ 구성요소: 바이메탈, 감열판 및 접점 등으로 구성됨.

㉡ 동작원리: 화재로 감열판에 열이 전달되면 바이메탈이 휘어져 기동접점으로 이동하여 접점이 붙어 발신신호를 수신기에 보낸다. 정온식 스포트형 감지기는 일국소의 주위온도가 일정한 온도 이상이 되는 경우에 작동하는 것으로서 외관(外觀)이 전선으로 되어 있지 않다.* 감지소자는 일반적으로 바이메탈과 서미스터*를 이용한다.

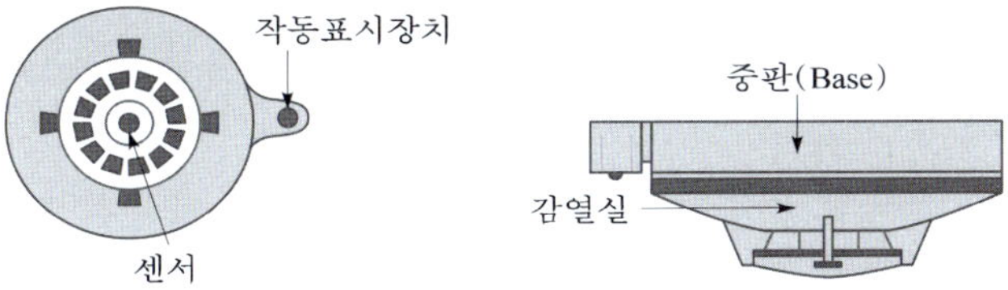

정온식 스포트형 감지기

④ 정온식 감지선형 감지기(열감지기)

정온식 감지선형 감지기란 일국소의 주위온도가 일정한 온도 이상이 되는 경우에 작동하는 것으로서 외관이 전선으로 되어 있다.* 감지소자는 가용절연물을 이용한 방식으로 절연한 2개의 전선을 이용한다. 화재가 발생하면 열에 의해 2가닥의 전선이 접촉되어 화재신호를 보내게 된다. 지하구나 터널에 주로 사용한다.

정온식 감지선형 감지기

⑤ 보상식 스포트형 감지기(열감지기)

차동식 스포트형과 정온식 스포트형의 성능을 동시에 가지고 있으며 차동식스포트형 혹은 정온식스포트형 성능의 둘 중 하나만으로도 동작된다.

보상식 스포트형 감지기

* 외관이 전선으로 되어 있지 않다: 전선이 천장 속에 있어 눈에는 보이지 않는다는 뜻.(=정온식 스포트형)
* 외관이 전선으로 되어 있다: 천장 밖에 전선이 설치되어 외관상으로 눈에 보인다는 뜻.(=정온식 감지선형)
* 서어미스트: 온도변화에 급격한 저항변화로 인해 온도제어용 센서로 많이 이용되는 온도검출용 반도체 소자

⑵ 연기감지기

연기감지기는 일반적으로 이온화식과 광전식으로 나눈다.

① 이온화식 감지기(스포트형)

이온화식 감지기는 이온실, 신호증폭회로, 스위칭회로 작동 표시장치로 구성되며 동작원리는 이온실에 들어있는 소량의 아메리슘 241에 의해 α(알파)선이 조사되면 내부공기가 이온*화되어 이온전류가 발생되며 주위 공기가 일정 농도 이상의 연기를 포함하게 될 경우 일국소 연기의 영향으로 이온전류가 변화하여 작동된다.

즉, 방사능 물질에서 방출되는 α선은 공기를 이온화시키며 이온화된 공기는 연기와 결합하는 성질이 있다. 이를 감지기에 이용한 것이 이온화식 감지기이다.

이온화식 감지기는 충전 전극사이에 방사선 물질을 삽입시켜 이온화된 공기가 전자를 운반하여 전류가 흐르도록 회로가 구성되어 있다. 화재가 발생하면 연기가 충전전극사이로 들어와 이온화된 공기와 결합하여 평상시에 흐르던 전류보다 적은 전류가 흐르게 되는데 이러한 전류의 변화량에 의해 릴레이가 작동하여 수신기에 신호를 보내도록 구성되어 있다.

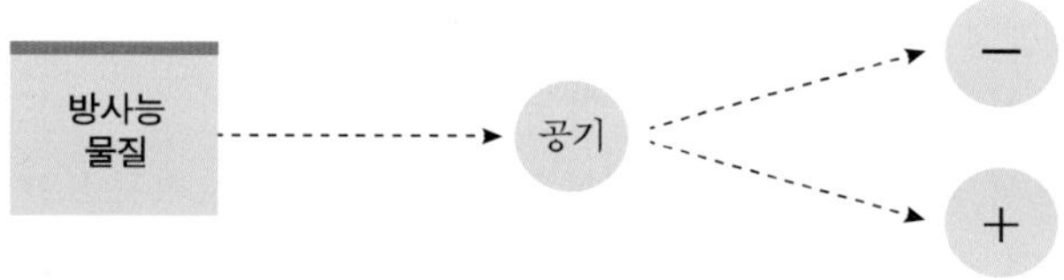

② 광전식 감지기

발광부, 수광부, 차광판, 신호증폭회로, 스위칭회로, 작동표시장치로 구성되며 연기에 포함된 미립자가 광원에서 방사되는 광속에 의해 산란반사를 일으키는 것을 이용하여 일국소 연기로 광전소자에 접하는 광량*이 변화되면 작동된다.

즉, 광전식감지기는 연기가 빛을 차단하거나 반사하는 원리를 이용한 것으로서 빛을 발산하는 발광소자와 빛을 전기로 전환시키는 광전소자를 이용한다. 광전식감지기는 일반적으로 스포트형, 분리형, 공기흡입형으로 분류한다.

▶ **열감지기와 연기감지기**

천장 높이에 따라 감지기가 달라진다. 8m 이상 되는 곳은 차동식 분포형을 제외하고는 사실상 열감지기로 감지하기는 어렵다. 그 이유는 연기는 그대로 상승하지만 열은 느리게 상승하면서 온도가 저하된다. 그리하여 연기감지기는 주로 8m~20m 미만의 높은 천장에 사용한다.

---

* 이온(ion): 양(陽) 또는 음(陰)의 전기를 갖는 원자 또는 원자단
* 광량: 빛의 양을 말함.

③ 연기감지기 설치장소(1종 · 2종 · 3종)

㉠ 복도(30m 미만의 것을 제외)
㉡ 계단 및 경사로, 에스컬레이트 경사로, 전기자동차 충전구역(지하주차장)
㉢ 천장 또는 반자의 높이가 15m 이상~20m 미만의 장소. (* 20m 이상은 특수감지기 설치)
㉣ 엘리베이터 승강로, 린넨슈트*, 파이프피트 및 덕트*, 기타 유사한 장소
㉤ 아래의 특정소방대상물의 취침·숙박·입원 등 이와 유사한 용도로 사용되는 거실 (공동주택, 오피스텔, 노유자·숙박·합숙소·수련·의료시설, 고시원 등)

천장 면적에 따라 설치해야 하는 연기감지기의 종류 (단위: m^2)

부착높이(천장)	면적에 따른 연기감지기의 종류	
	1종 및 2종	3종
4 [m] 미만	150	50
4 [m] 이상 20 [m] 미만	75	

④ 연기감지기(수직, 수평) 설치기준
㉠ 연기감지기는 복도, 통로에 있어서는 보행거리 30m(3종은 20m)마다 설치한다.
㉡ 계단, 경사로에 있어서는 수직거리 15m(3종은 10m)마다 1개 이상으로 설치한다.
㉢ 연기감지기는 벽 또는 보로부터 0.6m 이상 떨어진 곳에 설치한다.

(3) 감지기 설치 기준

① 실내 공기유입구로부터 1.5m 이상 떨어진 위치에 설치할 것(차동식 분포형 제외)
② 감지기는 천장 또는 반자의 옥내의 면하는* 부분에 설치할 것
③ 지하주차장 보의 깊이가 30cm 이상인 경우 보로 구획된 부분마다 1개 이상 설치할 것.
④ 정온식감지기, 보상식스포트형감지기는 평상시 최고 주위온도보다 20℃ 이상 높은 것으로 설치할 것이며, 스포트형 감지기는 45도 이상 경사되지 아니하도록 부착할 것.
⑤ 공기관식 차동식 분포형 감지기의 검출부는 5도 이상 경사되지 아니하도록 하여야 하며 검출부는 0.8m~1.5m에 설치하며 공기관은 도중에서 분기하지 아니할 것.

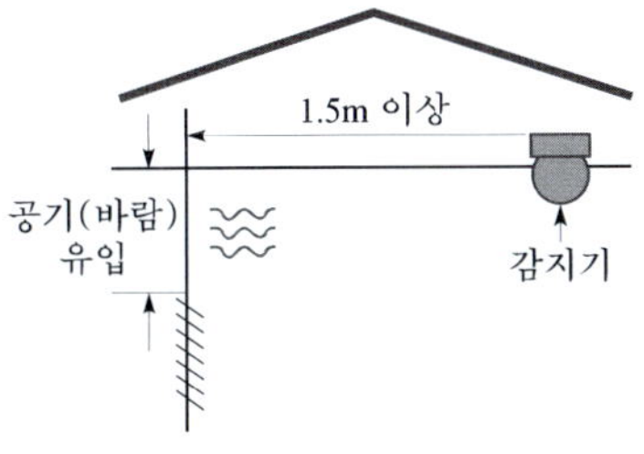

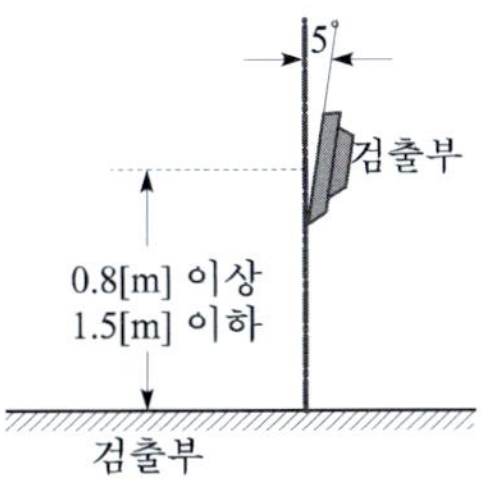

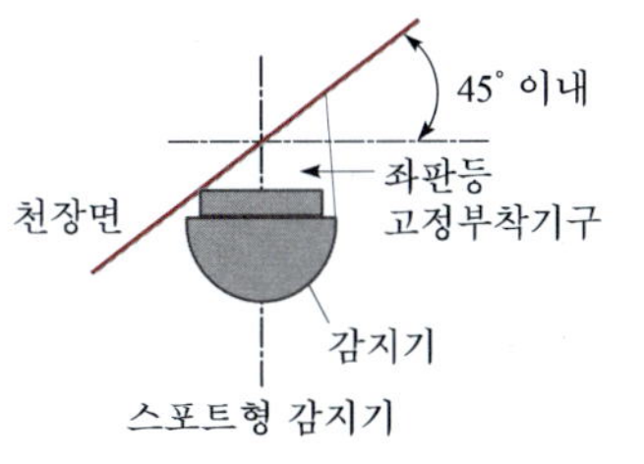

* 린넨슈트: 병원의 수술복, 호텔의 시트 등을 집합실로 보내기 위한 활강로
* 파이프덕트: 파이프를 넣는 관, 로를 말함.
* 면하는: 접하는(천장 등에 매달지 말라는 뜻)

천장 높이에 따른 감지기의 종류

부착높이	(천장)높이에 따른 감지기의 종류
20m 이상	• 불꽃감지기, 광전식(분리형, 공기흡입형) 중 아날로그방식
15m 이상 20m 미만	• 이온화식 1종, 연기복합형, 불꽃감지기 • 광전식(스포트형, 분리형, 공기흡입형) 1종
8m 이상 15m 미만	• 차동식 분포형, 이온화식 1종 또는 2종 • 연기복합형, 불꽃감지기 • 광전식(스포트형, 분리형, 공기흡입형) 1종, 2종
4m 이상 8m 미만	• 차동식(스포트형, 분포형), 보상식 스포트형 • 정온식(스포트형, 감지선형) 특종 또는 1종, 이온화식 1종 또는 2종 • 광전식(스포트형, 분리형, 공기흡입형) 1종 또는 2종 • 열복합형, 연기복합형, 열연기복합형, 불꽃감지기
4m 미만	• 차동식(스포트형, 분포형), 보상식 스포트형, 정온식(스포트형, 감지선형) • 이온화식 또는 광전식(스포트형, 분리형, 공기흡입형) • 열복합형, 연기복합형, 열연기복합형, 불꽃감지기

- **4m 미만:** 모든 감지기가 해당된다.
- **4~8m 미만:** 모든 감지기 주로 1,2종에 해당된다. – * 마지막 종은 제외.(정온식: 2종 제외)
- **8~15m 미만:** 이, 분, 연, 광 주로 1,2종에 해당된다. – * 열감지기 제외. (단, 분포형 포함)
- **15~20m:** 이, 연, 광 1종만 해당된다. – * 연기감지기 2종은 안됨

(*^^ 높이가 높을수록 1종에 가깝고, 열은 감지가 어려우니 연기감지기 쪽만 작동된다.)

(4) 감지기 설치 제외장소

① 부식성 가스가 체류하고 있는 장소

② 천장 또는 반자의 높이가 20m 이상인 장소

③ 고온도, 저온도 또는 프레스・주조공장 등 감지기 유지관리가 어려운 장소

④ 목욕실, 욕조나 샤워시설이 있는 화장실, 파이프덕트 등 2개층 마다 방화구획된 것이나 수평단면적이 $5m^2$ 이하인 것, 먼지, 가루, 수증기가 다량으로 체류하는 장소 등.

면적에 따른 스포트형 감지기 종류 (단위: m^2)

(천장)부착높이 및 소방대상물의 구분		면적에 따라 설치해야하는 스포트형 열감지기의 종류						
		차동식 스포트형		보상식 스포트형		정온식 스포트형		
		1종	2종	1종	2종	특종	1종	2종
4 [m] 미만	내화구조로 한 소방대상물	90	70	90	70	70	60	20
	기타구조 소방대상물	50	40	50	40	40	30	15
4 [m] 이상 8 [m] 미만	내화구조로 한 소방대상물	45	35	45	35	35	30	
	기타구조의 소방대상물	30	25	30	25	25	15	

(5) **교차회로방식**(가위배선)

감지기회로의 배선은 송배전식*으로 하며 그 설치는 교차회로 배선으로 한다.

① 목적: 소화설비 오작동을 방지하기 위하여 인접한 감지기배선을 서로 교차하는 방식

② 정의: 하나의 방호구역 내에 2 이상의 화재감지기회로를 설치하고 인접한 2 이상의 화재감지기가 동시에 감지되는 때에는 소화약제가 방출되는 방식을 말한다.

(*^^ 이 방식은 준비작동식·일제개방식 스프링클러, CO_2·할론·분말 소화설비에 사용한다)

③ 동작원리: 하나의 화재 감지기회로가 화재를 감지하는 때에는 음향장치만 경보되며 2 이상의 감지기가 동시에 감지되는 때에 물 등의 소화설비가 정상으로 작동된다.

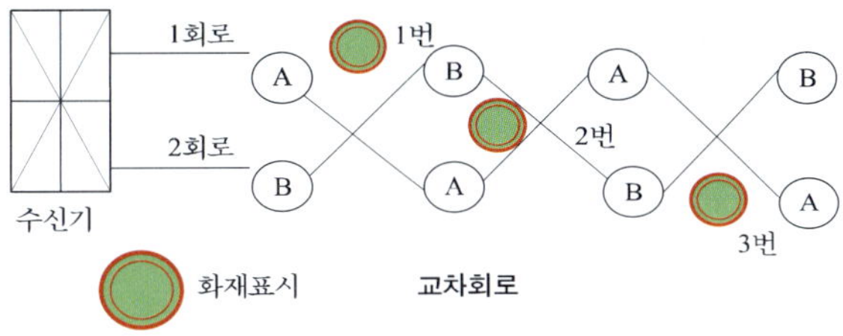

교차회로

(6) **적응성 감지기**

지하층, 무창층 등으로 환기가 아니되거나 실내면적이 40m^2 미만인 장소, 감지기 바닥면과 실내바닥과의 거리가 2.3m 이하인 곳에는 불꽃감지기, 아날로그방식의 감지기, 다신호방식의 감지기, 광전식 분리형 감지기, 복합형 감지기, 정온식 감지선형 감지기, 분포형 감지기, 축적방식의 감지기 중 적응성이 있는 감지기를 설치하여야 한다.

▸ 감지기 용도

① **열감지기: 주로** 8m 미만의 낮은 천장에 사용한다.
- 차동식 스포트형: 거실, 사무실 등에 주로 사용한다. (가장 많이 사용함)
- 정온식 스포트형: 온도가 높은 보일러실, 주방 등에 사용한다.
- 보상식 스포트형: 차동식과 정온식의 부속 2가지 성능을 함께 사용한다.

② **연기감지기:** 20m 미만의 방송국 등 높은 천장 혹은 계단, 복도 등에 사용한다.
- 이온화식(스포트형)
- 광전식(스포트형·분리형, 공기흡입형)

③ **특수감지기:** 4m 미만 혹은 20m 이상에도 천장높이에 구애받지 않고 설치가 가능하다.
- 불꽃감지기
- 광전식(분리형, 공기흡입형) 중 아날로그방식 감지기

* 송배전식: 감지기 사이 회로의 도중에 선을 분기하지 않는 배선방식이다. 보내기배선이라고도 함.

4. 발신기

발신기는 수동누름버턴 등의 작동으로 화재 신호를 수신기에 발신하는 장치를 말한다.

(1) 발신기의 설치기준

1급발신기

발신기 설치기준은 다음과 같다.

① 조작이 쉬운 장소에 설치하고, 스위치는 바닥으로부터 0.8m 이상 1.5m 이하의 높이에 설치하여야 한다.

② 특정소방대상물의 층마다 설치하되, 해당 특정소방대상물의 각 부분으로부터 하나의 발신기까지의 수평거리가 25m 이하가 되도록 할 것. 다만, 복도 또는 별도로 구획된 실로서 보행거리가 40m 이상일 경우에는 추가로 설치하여야 한다.

③ 제②호의 기준을 초과하는 경우로서 기둥 또는 벽이 설치되지 아니한 대형공간의 경우 발신기는 설치 대상 장소의 가장 가까운 장소의 벽 또는 기둥 등에 설치하여야 한다.

(2) 발신기 명칭의 용도

① 누름스위치: 손끝의 수동누름에 의하여 수신기로 화재 발생 신호를 보내는 장치.

② 응답램프: 수동으로 발신된 신호가 수신기에 전달되었는지 확인하는 LED 램프.

③ 전화잭: 사람이 전화기를 꽂아서 발신기와 수신기 간의 서로 연락하는 장치의 잭.

④ 보호판: 누룸버튼을 보호하는 투명한 판.(* 외함: 발신기의 외부 케이스)

⑤ 명판: 외함 상부에"발신기"라는 글씨가 새겨져 발신기를 표시해주는 부분.

발신기세트

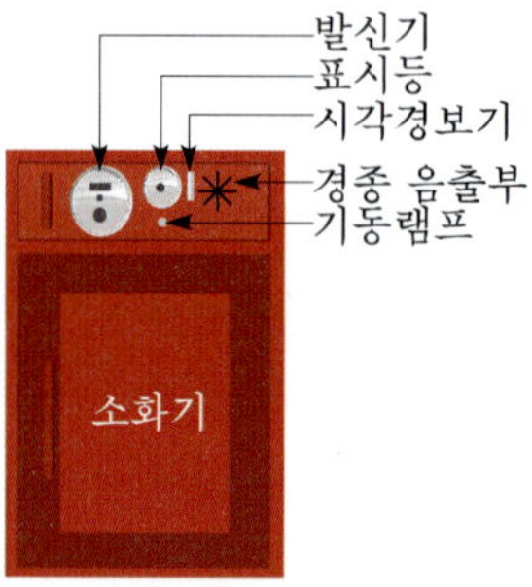

발신기세트와 옥내소화전

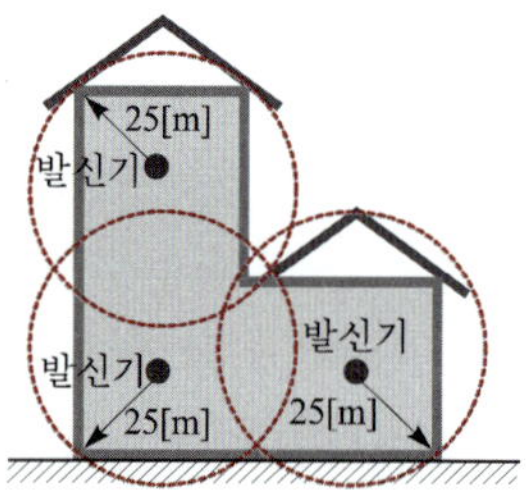

발신기의 설치거리

발신기는 수동으로 수신기나 중계기에 발신하는 것으로서 발신과 동시에는 통화가 되지 아니하나 수신기와 전화가 가능한 1급과 그러하지 아니한 2급으로 구분된다.
P형 1급 발신기는 전화잭이 있어 전화잭을 구멍에 삽입함으로써 수신기와 통화가 가능하다.
전화기는 화재 시 소방관이 4층 이상이면(송수신이 가능한 소방시설 규정) 휴대하여야 하지만 많은 필요성을 느끼지 못하여 출동상 휴대하지 않게 된다.

5. 중계기

"중계기"란 감지기·발신기 또는 전기적인 접점 등의 작동에 따른 신호를 받아 이를 수신기에 전송하는 장치를 말한다. 즉, 중계기는 자동화재탐지설비의 구성요소로서 발신기와 수신기 사이에서 화재 발생의 입력신호와 출력신호를 중계하는 역할을 한다.

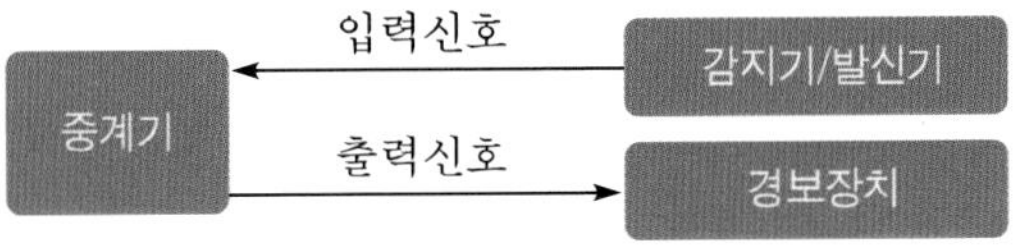

중계기의 입력과 출력신호도

▸ 중계기의 분류

① 수신기의 종류에 따라 P형과 R형으로 나눈다.
② 선로수에 따라 분산형 중계기(5회로 미만)와 집합형 중계기(30~40회로)로 분류된다.

(1) 중계기 설치기준

① 수신기에서 직접 감지기 회로의 도통시험을 행하지 아니하는 것에 있어서는 수신기와 감지기 사이에 설치할 것
② 조작 및 점검에 편리하고 화재 및 침수 등의 재해로 인한 피해를 받을 우려가 없는 장소에 설치할 것
③ 수신기에 따라 감시되지 아니하는 배선을 통하여 전력을 공급받는 것에 있어서는 전원입력측의 배선에 과전류 차단기를 설치하고 해당 전원의 정전이 즉시 수신기에 표시되는 것으로 하며, 상용전원 및 예비전원의 시험을 할 수 있도록 할 것
(* 단선유무 등을 확인할 수 있는 도통시험장치는 하나의 수신기에서 감지기까지의 외부배선의 도통시험을 행할 수 있도록 수신기 및 중계기에 설치한다.)

(2) 중계기 설치 시 주의사항

① 정격전압이 60V가 넘는 중계기 강판 외함에는 접지단자를 설치하여야 한다.
② 정격전압에서 정격전류를 흘리고 2,000회 작동을 반복하는 경우 그 구조 기능에 이상이 생기지 아니하여야 한다.
③ 수신개시로부터 발신개시까지 시간은 5초 이내이어야 한다.

※ (중계기의 형식승인 및 제품검사의 기술기준 제3조, 제10조)

6. 음향장치 및 표시등

(1) 음향장치의 설치기준

① 주(主)음향장치는 수신기 내부 또는 직근에 설치한다.
② 음향장치의 경보거리는 수평거리 25m 이하로 한다.
③ 정격전압*의 80% 전압에서 음향을 발할 수 있어야 한다.
④ 음량은 음향장치 중심 1m에서 90dB 이상으로 음색이 구분되어야 한다.
⑤ 감지기 작동과 연동(연계동작)하여 작동할 수 있는 것으로 하여야 한다.
⑥ 층수가 11층(공동주택*의 경우 16층) 이상의 특정소방대상물에 있어서 우선경보*방식(구분명동방식)은 다음에 따라 경보를 발할 수 있도록 하여야 한다.
㉠ 2층 이상에서 발화한 때에는 발화층 및 그 직상 4개층에 경보를 발할 것
㉡ 1층에서 발화한 때에는 발화층 그 직상 4개층 및 지하층에 경보를 발할 것
㉢ 지하층에서 발화한 때에는 발화층 그 직상층 및 그 밖의 지하층에 경보를 발할 것

※ 참고: 11층(공동주택*의 경우 16층) 이상의 음향장치에 있어서 (23년 2월 10일 신설 및 개정)
비상방송설비의 화재안전기술기준 / 간이스프링클러설비의 화재안전기술기준 / 미분무소화설비의 화재안전기술기준 / 스프링클러설비의 화재안전기술기준 / 화재조기진압용 스프링클러설비의 화재안전기술기준 상기 ⑥번과 같다.

▸ 음향장치 구조 및 성능

1. **정격전압**: 80% 전압에서 음향을 발할 수 있는 것.
(예 **24V**의 20% 방전 시 19.2**V에서도 90dB 이상의 정상적인 소리를 낼** 수 있어야 한다.)
2. **음량**: 음향장치로부터 **1m** 떨어진 위치에서 **90dB**(데시벨) 이상이 될 것
※ ① "주음향장치"란 일반적으로 수신기 상부의 벽에 설치되어 화재 신호를 관계인(예 경비)에게 알리는 경종(벨)을 말한다.
② 반면 "지구(地區)음향장치"란 층층 마다의 거주자에게 알림으로서 피난활동을 돕기 위한 장치로서, 하나의 경계구역마다 화재를 알리는 경종을 말하며 발신기세트 안에 발신기와 함께 있는 경종은 출입문 내·외의 옆 벽에 부착되어 있기도 하지만 주로 옥내소화전함 위에 **직사각형으로 위치**하여 있다(* 이유는 화재 시 경종을 울리면서 옥내소화전을 사용하기가 용이하며 옥내소화전도 법적인 수평거리 간격이 25m 이고 음향장치도 25m 이기 때문이다).
두 음향장치 소리의 크기는 화재 시 각각 90dB의 10분간 울릴 수 있는 성능이 있어야 한다.
(* 90dB이란 강의 중 마이크 소리의 60dB을 기준으로 약 1.5배 더 소리가 크게 울려야 한다.)

---

* 우선경보방식: 건축물 전체가 울리는 '일제명동방식'이 아닌 발화층과 그 인접 층을 선별하여 우선적 울리게 하여 피난의 혼잡을 피하며, 경종이 울리지 않는 층(비상방송으로 알림)과 구분하는 방식. 구분명동방식
* 정격전압: 최초로 사용되는 정해진 전압. * 지구(地區): 일정한 목적을 위하여 특별히 지정된 지역.
* 공동주택(共同住宅): 아파트, 연립주택, 다세대주택, 기숙사 등 독립된 세대가 공동으로 사용하는 큰 집

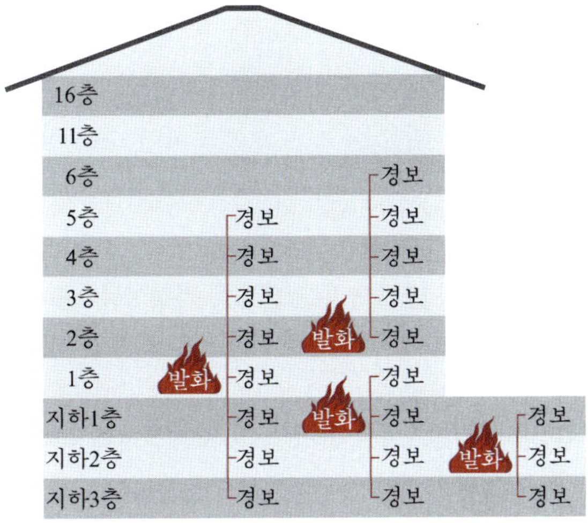

(*^^ 11층 이상 일반건축물 지상 화재 시 발화층과 직상 4개층, 총 5개층이 울리게 되며,
1층 이하에서 화재 시 지하는 1층을 통해서만 피난해야 하니 결국 지하층 전체가 울린다.)

(2) 표시등

하나의 경계구역을 기준으로 1개 이상의 표시등을 부착한다.

① 발신기의 상부에 설치되며 위치를 알려주는 적색등이다.
② 부착면 15도 되는 방향의 10m 떨어진 곳에서 쉽게 식별되어야 한다.
③ 발신기 위치에서 가장 가까운 거리에 설치하며 항상 점등되어야 한다.
④ 적색등은 사용전압의 130%를 24시간 연속하여 가하는 경우에도 이상이 없어야 한다.

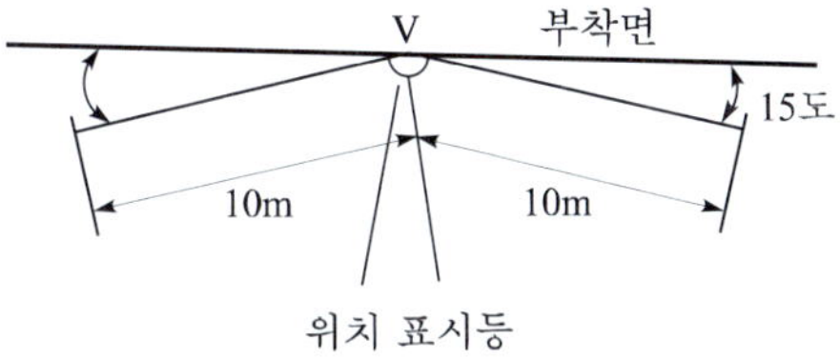

▸ (위치)표시등

적색등으로 항상 점등되어야 하며, 15도 방향의 10m 떨어진 곳에서 식별되어야 한다.

※ 발신기"표시등"이란 주로 화재 시 수동으로 누르는 발신기의 위치를 알려주는 위치 표시등이며 오직 발신기만을 누르기 위하여 그 위치에서 평생을 지키는 보디가드 같은 역할을 하고 있다.
수신기에서 교류 220v를 받아 충전된 직류 24v 전압으로 연결되어 점등(點燈, **불이 켜짐**)되기 때문에 표시등은 전기화재 시에도 (충전으로 인하여) 소등(消燈, 불이 꺼짐)되지 않는다.

※ 옥내소화전"표시등"이란 누름스위치(P= 푸시버튼스위치), 경종(B= 벨), 표시등(L= 램프)가 옥내소화전 위에 부착되어있는데 이를 PBL 세트 혹은 발신기세트라고 하며 이 발신기세트는 화재 시 편의상 발신기를 누르고 옥내소화전을 바로 사용하게끔 옥내소화전 위에 부착되어있을 뿐 옥내소화전의 구성요소의 분류라기 보다는, 자동화재탐지(자탐)설비의 구성요소에 속한다.

7. 수신기

"수신기"란 감지기나 발신기에서 발하는 화재신호를 직접 수신하거나 중계기를 통하여 수신하여 화재의 발생을 표시 및 경보하여 주는 장치이다.

R형 수신기

(1) 수신기 종류

① P형 수신기

감지기 또는 발신기로부터 발하여지는 신호를 직접 또는 중계기를 통하여 공통의 신호로 수신하여 화재의 발생을 경보하여 주는 것을 말한다.

② R형(Record형) 수신기

고유의 신호를 수신하는 것으로서 숫자 등의 기록장치에 의해 표시되며 회선수가 매우 많은 건물이나 초고층빌딩, 백화점 등에 사용된다.

> 일반적으로(아파트 경비실 등) 많이 사용하는 P형(소유자형) 수신기는 화재 발생시 경종만 울리나 초고층 빌딩 등에 사용하는 R형(기록형) 수신기는 경종 울림과 함께 화재 발생 지역이 문자로 수신된다. / 십만 원대 단위의 P형 수신기에 비해, R형 수신기는 수백만 원 이상의 고가이다.
> 최근에 R형수신기가 많이 보급되고 있으며 고유의 문자로 수신되는 수신기이다. (* 알고수신기)

③ GP형 수신기

P형 수신기 기능과 가스누설경보기의 수신부 기능을 겸한 것을 말한다.

④ GR형 수신기

R형 수신기 기능과 가스누설경보기의 수신부 기능을 겸한 것을 말한다.

그 외 P형 복합식 및 R형 복합식 등이 있다.

(2) 수신기의 설치 기준

수신기 설치 기준은 다음과 같다. (NFPC 203 제5조)

① 수위실 등 상시 사람이 근무하고 있는 장소에 설치하고, 경계구역 일람도를 비치할 것
② 수신기의 음향기구는 그 음량 및 음색이 타 기기의 소음과 구별될 수 있는 것으로 할 것
③ 수신기는 감지기, 중계기 또는 발신기가 작동하는 경계구역을 표시할 수 있을 것
④ 화재, 가스, 전기 등에 대한 종합방재반을 설치한 경우에는 해당 조작반에 수신기의 작동과 연동하여 감지기, 중계기 또는 발신기가 작동하는 경계구역을 표시할 수 있을 것
⑤ 하나의 경계구역은 하나의 표시등 또는 하나의 문자로 표시되도록 할 것
⑥ 수신기의 조작 스위치는 높이가 0.8m 이상 1.5m 이하인 장소에 설치 할 것
⑦ 하나의 소방대상물에 2 이상의 수신기를 설치하는 경우에는 수신기 상호 간 연동하여 화재발생을 각 수신기마다 확인할 수 있도록 할 것.
⑧ 화재로 인하여 하나의 층의 지구음향장치 배선이 단락되어도 다른 층의 화재통보에 지장이 없도록 각 층 배선 상에 유효한 조치를 할 것.

(3) P형과 R형 수신기 비교

P형과 R형 System 별 수신기를 비교하여 본다.

구분 \ 종류	P형(분산제어방식)	R형(집중감시방식)
신호 시스템	1: 1 접점신호방식 / 전체 공통신호 방식	다중전송신호방식 / 각 회로 고유신호 방식
화재 표시	경계구역으로 표시(램프 점등)	화재 발생 위치로표시(문자 표시)
설치 건물	주로 10층 이하 소형 또는 중형	대단위 아파트, 공장 등
시스템 관리	1면당 약 180회로를 수용하며 아파트 동별, 계단별 설치되며 지역마다 관리자가 필요하다.	1면당 1천 회로를 수용하며 관리사무소나 변전실에 설치하여 중앙집중감시방식이므로 1개소의 관리자만 필요하다.
설치 유지	간선의 배선수가 복잡하며 수신반 내부회로 접속이 복잡하여 수리가 쉽지 않다. (1천회로 기준 배선수는 대략 1,500가닥)	간선수가 적어 단순하며 내부부품이 모듈화되어 고장이 났을 때 수리가 쉽다. (1천회로 기준 배선수는 약 40가닥)
수신기의 회로	회로증설 시 별도의 배관과 배선이 필요하며 자동화재탐지설비 회로 증가 시 별도 수신반 추가가 필요할 수 있다.	회로증설시 중계기 예비회로를 사용, 별도 중계기 설치 후 기존 중계기에서 2선의 신호선을 분기하여 선택 · 수신 가능하다.
가 격	회로수만큼 설치하므로 저가(십만 원 대)	중계기 및 축전지설비 등 설치로서 고가.

(4) R(Record형)형 수신기의 장단점

R형 수신기의 장단점은 다음과 같다.

장 점	단 점
① 선로의 수가 적어 경제적이다. ② 선로의 길이를 길게 할 수 있다. ③ 증설 또는 이설이 비교적 쉽다. ④ 신호의 전달이 확실하다. ⑤ 화재발생 지구를 선명하게 숫자로 표시할 수 있다.	① 구조원리가 복잡하다. ② 제품이 고가이다. (수백만 원 대 또는 1천만 원 대)

(*^^ R형 수신기는 반드시 중계기를 필요로 하며 R형 수신기의 신호선*은 2선이다.)

▸ **현대식 R형 수신기 특징**

① 선로수가 적고 ② 길이를 길게 할 수 있으며 ③ 이설 · 증설이 쉽고 ④ 숫자로 지역이 표시되며 ⑤ 신호전달이 확실하다.

(* ②번은 전압강하가 적기 때문이고 ③번은 추가 중계기를 설치하기 때문이다.)

※ R형은 다중전송식으로 화재 시 전송방식은 시분할(디지털식 시간분할)·주파수 분할(아날로그식) 등이 있으며 그 기능은 감도조절·자기진단·집중감시·단계별출력·축적부가 기능 등이 있다.

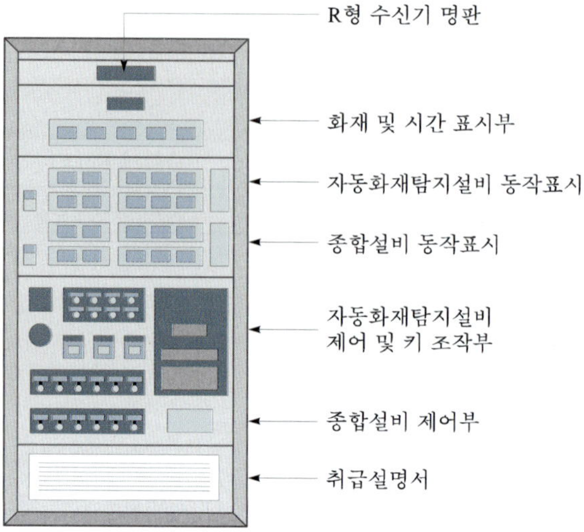

Record형 수신기

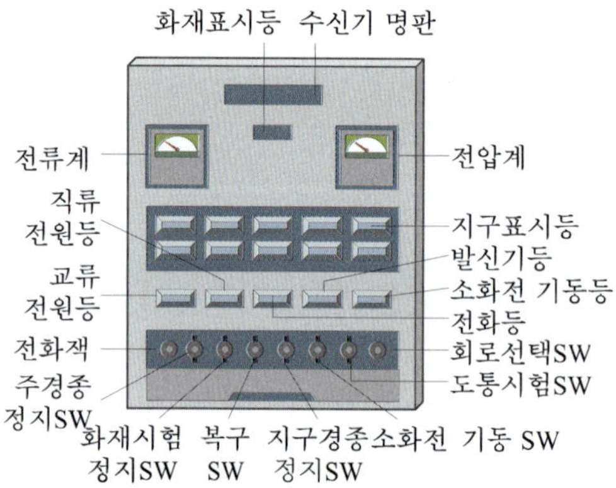

P형 1급 수신기

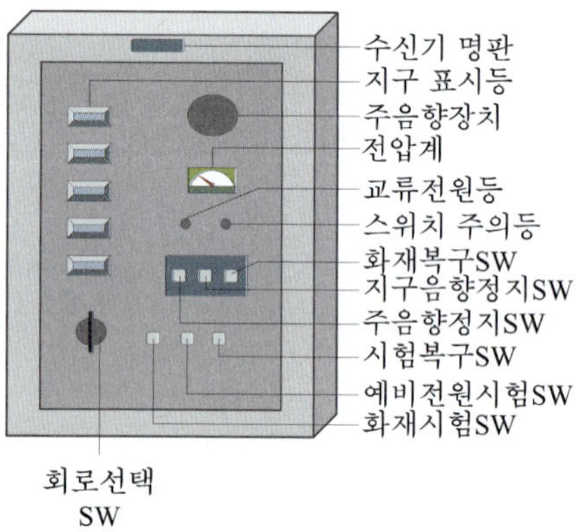

P형 2급 수신기

P형 1 · 2급 수신기 일반적인 비교

구 분	P형 1급 수신기	P형 2급 수신기
층수 적용	4층 이상	4층 미만
수신기 접속회로수	회로제한 없음	5회선 이하
접속발신기	P형 1급발신기	P형 2급발신기
전화, 화재표시등, 발신기 표시	있음	없음

(5) P형 1급 수신기의 도통시험

수신기의 도통시험스위치 기능에 대한 설명은 다음과 같다. 도통* 시험스위치를 누르고 회로선택스위치를 순차적으로 회전시켜, 단선* 유무와 기기 등의 접속상황을 확인 시 사용한다.

▸ 도통시험

도통시험은 수신기에서 감지기까지의 천장 속의 전선이 단선(斷線)되었는지 전류의 도통을 시험하며 정상이면 녹색등, 단선이면 적색등이 켜지고 수신기 상단의 전압계가 움직이지 않고 0V를 가르킨다.

(6) 도통시험을 위한 종단저항

종단저항

도통시험을 위한 종단저항의 제반사항은 다음과 같다.

① 감지기 회로의 끝부분에 설치하며, 점검 및 관리가 쉬운 장소에 설치한다.

② 전용함을 설치하는 경우 그 설치 높이는 바닥으로부터 1.5m 이내로 한다.

8. 기타 시각경보장치

"시각경보장치"란 자동화재탐지설비에서 발하는 화재신호를 시각경보기에 전달하여 청각장애인에게 점멸형태*의 시각경보를 하는 것을 말한다. 자동화재탐지설비의 보조설비이다.

(*^^ 시각경보기는 시각장애인용이 아니고 청각장애인용이다.)

(1) 설치기준

시각경보장치의 설치기준은 다음과 같다.(NFTC 203 제8조)

시각경보기

① 복도·통로·청각장애인용 객실 및 공용으로 사용하는 거실(로비, 회의실, 강의실, 식당, 휴게실 등을 말한다)에 설치하며, 각 부분으로부터 유효하게 경보를 발할 수 있는 위치에 설치한다.

② 공연장·집회장·관람장 또는 이와 유사한 장소에 설치하는 경우에는 시선이 집중되는 무대부 부분 등에 설치한다.

③ 설치높이는 바닥으로부터 2m 이상~2.5m 이하의 장소에 설치한다. (다만, 천장의 높이가 2 [m] 이하인 경우에는 천장으로부터 0.15 [m] 이내의 장소에 설치하여야 한다)

④ 하나의 소방대상물에 2 이상의 수신기가 설치된 경우 어느 수신기에서도 시각경보장치를 작동할 수 있도록 한다.

---

* 점멸형태: 점등과 소등의 반복거림.

| 참고 | 각종 소방시설 및 기구

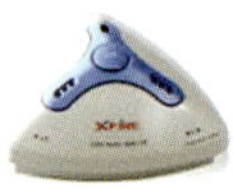
단독경보형감지기

특수형감지기

분산형 중계기

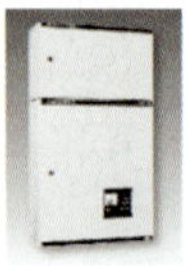
집합형 중계기

자동식사이렌

자동확산소화용구

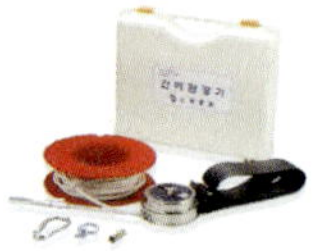
간이완강기

호스릴옥내소화전

연결송수관 송수구

투척용소화기

피난구유도등

통로유도등

화재감지기시험기

병(통)

캐비닛형

옥외소화전함

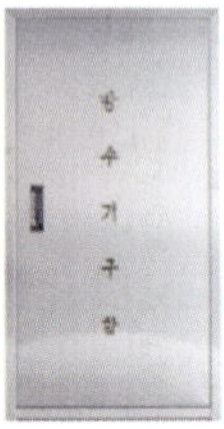
방수용기구함

전원공급장치

폐쇄력 측정

대형분말소화기

항공기격납고

02 기타 경보설비

1. 자동화재 속보설비

(1) 개 요

"속보기"란 화재신호를 통신망을 통하여 음성 등의 방법으로 소방관서에 통보하는 장치이다. 감지기에서 감지된 신호를 수신기에서 받아 소방서로 연결하여 통보한다.
이때 일반 전화가 설치된 경우에는 상용 전화선로를 차단시킨다. 음성으로 녹음될 수 있는 녹음칩으로 자동으로 연결하여 소방대상물, 발화소재지 등을 20초 이내에 3회 이상 반복하여 알리며 119상황실에서는 신고가 접수되는 각지설비*에 해당한다.
- 무인 화재 발생 시 언제든지 신속한 속보가 가능하다.

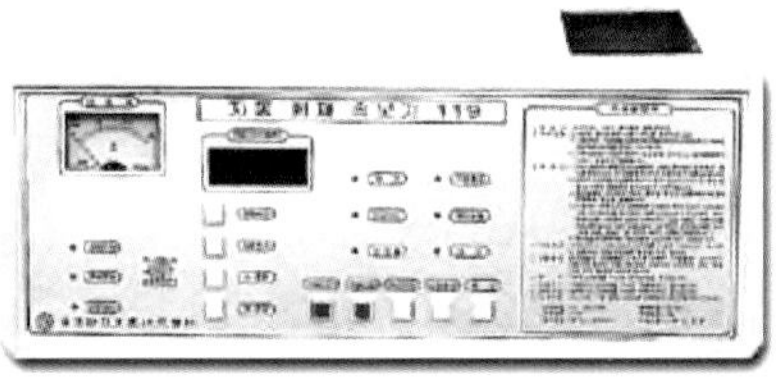

자동화재속보설비

(2) 설치기준

자동화재 속보설비의 설치기준은 다음과 같다. (NFTC 204 2.1)

① 자동화재탐지설비와 연동*으로 작동하여 자동적으로 화재발생 상황을 소방관서에 전달되는 것으로 한다. 이 경우 부가적으로 관계인에게 화재신호를 전달되도록 할 수 있다.
② 조작스위치는 바닥으로부터 0.8m 이상 1.5m 이하의 높이에 설치한다.
③ 속보기는 소방서에 통신망*으로 통보하도록 하며, (소방청장이 정하는) 데이터 또는 코드전송방식을 부가적으로 설치할 수 있다.
④ 문화재에 설치하는 자동화재속보설비는 속보기에 감지기를 직접 연결하는 방식(자동화재탐지설비 1개의 경계구역에 한한다)으로 할 수 있다.
⑤ 방재실 등 화재 수신기가 설치된 장소에 24시간 화재를 감시할 수 있는 사람이 근무하고 있는 경우에는 자동화재속보설비를 설치하지 아니할 수 있다. (소방시설법 시행령 별표4 1.사)

* 연동(聯動·連動): 연결동작　　* 각지설비: 119상황실에 직접 신고가 접수되는 소방설비를 말한다. 인지설비
* 통신망: 유·무선을 구성하여 음성 또는 데이터 등을 전송할 수 있는 집합체를 말한다.

2. 비상경보설비

(1) 개 요

비상경보설비는 자동화재탐지설비 등에 의해서 감지된 화재를 신속하게 경보하여 피난하거나 초기소화 진압을 하기 위한 설비로서 그 종류로는 비상벨설비(경종), 자동식사이렌설비가 있다. 신호처리방식은 유선식, 무선식, 유무선 겸용식이 있다.

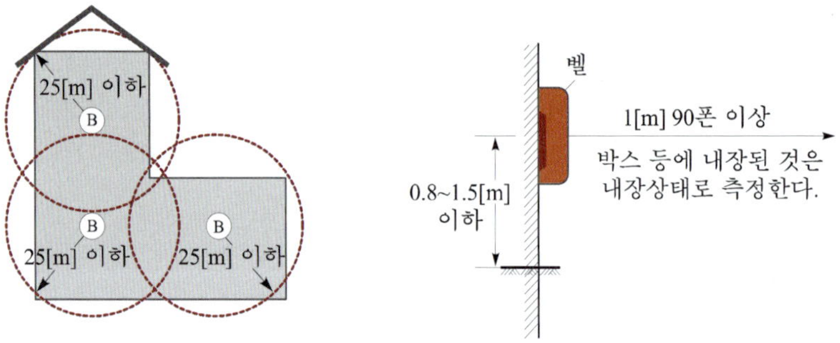

음향장치의 기능

(2) 구조 및 기능

비상경보설비는 화재 시 기동장치를 수동 및 자동으로 음향장치를 통하여 화재를 통보하는 장치이다. 비상벨설비와 자동식사이렌설비는 "전원설비"로 자동화재탐지설비의 수신기를 이용하는 방식과 비상경보용 축전지설비를 이용하는 방식이 있으나 대부분 수신기를 이용하는 방식을 사용한다.

① 음량은 음향의 중심으로부터 1m 떨어진 위치에서 90데시벨* 이상이어야 한다.
② 음향장치는 정격전압의 80% 전압에서 음향을 발할 수 있도록 하여야 한다.
③ 발신기는 각 층마다 설치하되 그 층의 각 부분으로부터 하나의 음향장치까지 수평거리는 25m 이하가 되도록 한다. (다만, 발신기는 25m 이하가 되도록 하되 복도 또는 별도로 구획된 실로서 보행거리가 40m 이상일 경우에는 추가로 설치하여야 한다.)
④ 발신기 조작스위치는 바닥으로부터 높이 0.8m 이상 1.5m 이하의 위치에 설치하고 그 상부에 적색 표시등을 부착한다.
⑤ 비상벨설비 또는 자동식 사이렌설비에는 그 설비에 대한 감시상태를 60분간 지속한 후 유효하게 10분 이상 경보할 수 있는 축전지설비를 설치하여야 한다. (자동화재탐지설비 및 비상방송설비와 준용한다.)

---

* 지구등: 지역 표시등
* 데시벨(dB): 음압을 측정하는 기준치의 단위. 폰(phone)

3. 비상방송설비

(1) 개 요

자동화재탐지설비의 감지기가 작동하거나 또는 수동으로 기동장치를 조작하여 수신기에 화재 신호를 보내면 비상경보의 긴급 상황을 천장 등의 스피커를 통해 알리게 하는 설비이다.

(2) 비상방송설비 설치기준

"비상방송설비의 화재안전기술기준"에서 정하는 음향장치는 다음과 같다.
이 경우 엘리베이터 내부에는 별도의 음향장치를 설치할 수 있다. (NFTC 202 2.1)

① 확성기의 음성입력은 3w(실내 1w) 이상일 것
② 확성기는 각 층마다 설치하되 수평거리가 25m 이하가 되도록 설치할 것
③ 음량조정기*를 설치하는 경우 음량조정기의 배선은 3선식으로 할 것
④ 화재신고를 수신한 후 방송이 개시될 때까지의 소요시간은 10초 이하로 할 것
⑤ 조작부의 조작스위치는 바닥으로부터 0.8 m 이상 1.5 m 이하의 높이에 설치할 것
⑥ 11층(공동주택은 16층)이상 특정대상물은 다음에 따라 경보를 발할 수 있도록 한다.
  ㉠ 2층 이상의 층에서 발화한 때에는 발화층 및 그 직상층에 경보를 발할 것
  ㉡ 1층에서 발화한 때에는 발화층·그 직상층 및 지하층에 경보를 발할 것
  ㉢ 지하층에서 발화한 때에는 발화층·그 직상층 및 기타의 지하층에 경보를 발할 것.
⑦ 다른 방송설비와 공용하는 것에 있어서는 화재 시 비상경보 외의 방송을 차단할 수 있는 구조로 할 것
⑧ 하나의 특정소방대상물에 2 이상의 조작부가 설치되어 있을 때 각각의 조작부 상호 간에 동시 통화가 가능해야 하고, 어느 조작부에서도 전 구역에 방송을 할 수 있도록 할 것
⑨ 정격전압의 80% 전압에서 음향을 발할 수 있는 것을 할 것
⑩ 자동화재탐지설비의 작동과 연동하여 작동할 수 있는 것으로 할 것.

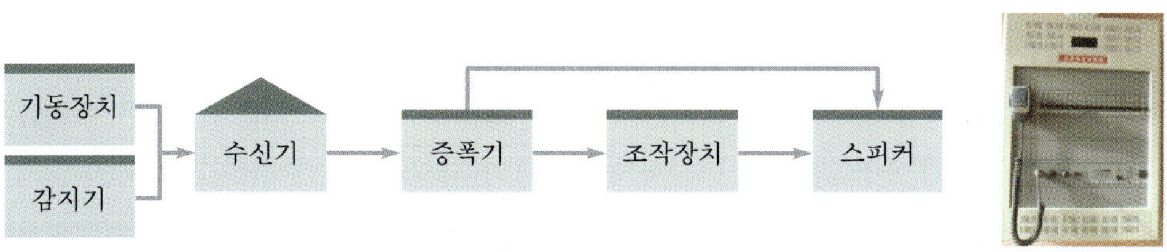

비상방송설비 계통도

---

* 확성기: 소리를 크게 하여 멀리까지 전달될 수 있도록 하는 장치로써 일명 스피커를 말한다.
* 음량조정기: 가변저항으로서 신호음의 대소를 조절하며 배선은 업무용, 긴급용, 공통선의 3선임.
* 증폭기: 전압전류 진폭을 늘려 감도를 좋게 하고 약한 음성전류를 크게 변화시켜 소리를 크게 하는 장치.

4. 누전경보기

(1) 개 요

사용전압 600[V]* 이하인 경계전로의 누설전류를 검출하여 해당 소방 대상물의 관계자에게 경보를 발하는 설비로서 변류기와 수신부로 구성된 것을 말한다.

즉 누전경보기는 누설전류*가 흐르면 자동적으로 경보를 발하도록 한 것이다.

내화구조가 아닌 목조건축물 등으로서 벽, 바닥 또는 천장의 전부나 일부를 불연재료 또는 준불연재료가 아닌 재료에 누설전류를 탐지할 수 있도록 가는 철망을 넣어 만든 건물의 전기설비로부터 전기가 누설되면 경보를 발하도록 되어있다.

(2) 구 성

누전경보기의 구성은 다음과 같다.

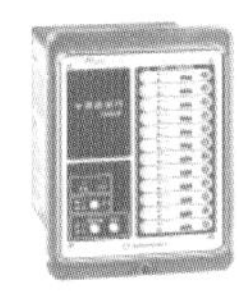

누전경보기

① (영상)변류기: 누설전류를 검출하여 수신기에 송신한다.
② 수신기: 증폭기가 내장되어 누설전류*를 증폭한다.
③ 음향장치: 경보를 발한다.(70데시벨 이상)
④ 차단릴레이: 누설전류가 흐를 때 전원을 자동 차단시켜준다.

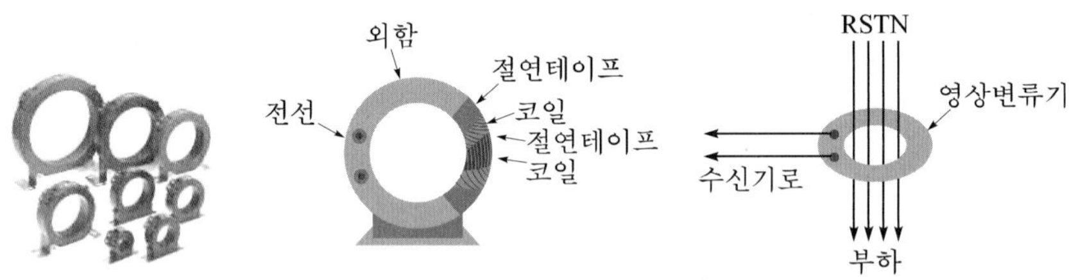

관통형 영상변류기

(3) 누전경보기 설치기준

① 전원은 분전반으로부터 전용회로로 하고, 각극에 개폐기 및 15A 이하의 과전류차단기(배선용 차단기에 있어서는 20A 이하의 것)를 설치 하야야 한다. (NFTC 205 2.3.1.1)
② 경계전로의 정격전류가 60[A]를 초과하는 전로에 있어서는 1급 누전경보기를 설치하며 60A 이하의 전로에 있어서는 1급 또는 2급 누전경보기를 설치하여야 한다.

전 류	구 분
60 [A] 초과	1급 누전경보기
60 [A] 이하	1급 또는 2급 누전경보기

* 누설전류: 전선로 이외로 흐르는 전류 　 * 저압: 600V 이하 　 * 부하측: 전력을 소비하는 전기기기

5. 단독경보형 감지기

(1) 개 요

단독경보형 감지기는 교류(일반전기)용과 직류(건전지용)이 있다.

직류 단독경보형 감지기는 감지기 자체에 **건전지와 음향장치가** 들어 있다.

화재 시 열에 의해 감지된 화재신호(삐~)를 신속하게 실내 안에서 경보하여 인명대피를 유도하거나 또는 실내 초기소화 진압을 하기 위한 설비이다. 즉, 단독경보형 감지기는 별도의 수신기를 필요로 하지 않으며 내장된 음향장치에 의하여 단독으로 화재발생 상황을 알린다.

▸ 단독경보형 감지기의 예

독거노인 방의 천장에 설치되어 화재 시 열 연기 등에 의해 삐~ 소리 혹은 "화재가 발생하였습니다" 라고 녹음으로 화재를 알리는 무선감지기로서 이는 단순하며 복잡한 수신기 등을 필요로 하지 않는다.

(2) 설치기준

단독경보형 감지기 설치기준은 다음과 같다. (NFTC 201 2.2)

① 각 실마다 설치하되 바닥면적이 150m^{2}를 초과하는 경우 150m^{2}마다 1개 이상 설치할 것.

② 이웃하는 실내의 바닥면적이 각각 30m^2 미만이고 벽체 상부의 전부 또는 일부가 개방되어 공기가 상호 유통되는 경우 1실로 본다.

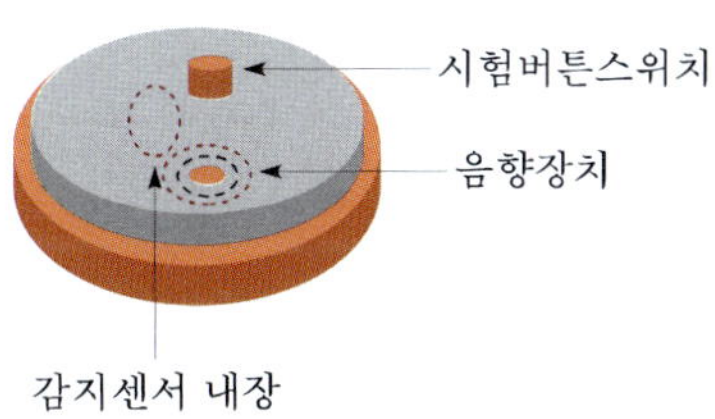

단독경보형감지기

▸ 기타 용어의 뜻

① "일산화탄소 경보기" 란 일산화탄소가 새는 것을 탐지하여 관계자나 이용자에게 경보하여 주는 것을 말한다. 다만, 탐지소자 외의 방법에 의하여 가스가 새는 것을 탐지하는 것, 점검용으로 만들어진 휴대용탐지기 또는 연동기기에 의하여 경보를 발하는 것은 제외한다. (NFPC 206 제3조)

② "화재알림형 감지기" 란 화재 시 발생하는 열, 연기, 불꽃을 자동적으로 감지하는 기능 중 두 가지 이상의 성능을 가진 열 · 연기 또는 열 · 연기 · 불꽃 복합형 감지기로서 화재알림형 수신기에 주위의 온도 또는 연기의 양의 변화에 따라 각각 다른 전류 또는 전압 등의 출력을 발하고, 불꽃을 감지하는 경우 화재신호를 발신하며, 자체 내장된 음향장치에 의하여 경보하는 것을 말한다. (NFPC 207 제3조)

03 피난설비

1. 피난기구

(1) 개 요

화재 시 사람들을 화재 현장으로부터 안전한 장소로 피난시킬 수 있는 기구를 말한다.

(2) 피난기구의 종류

피난기구의 설치는 다음과 같다. (11층 이상 건축물은 제외)

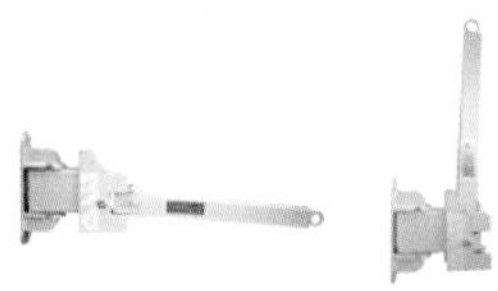

① 구조대:
포지 등을 사용하여 자루형태로 만들어. 화재 시 피난자가 그 내부에 들어가 내려오는 피난기구이다.

② 완강기:
사용자 몸무게에 따라 자동적으로 내려올 수 있는 기구 중 사용자가 교대하여 연속적으로 사용할 수 있는 것으로 조속기*, 후크(조속기의 연결부), 로프, 연결금속구*, 벨트로 구성된다. 최대사용 하중은 1,500N(약 150kg)이상 견딜 수 있어야 한다.

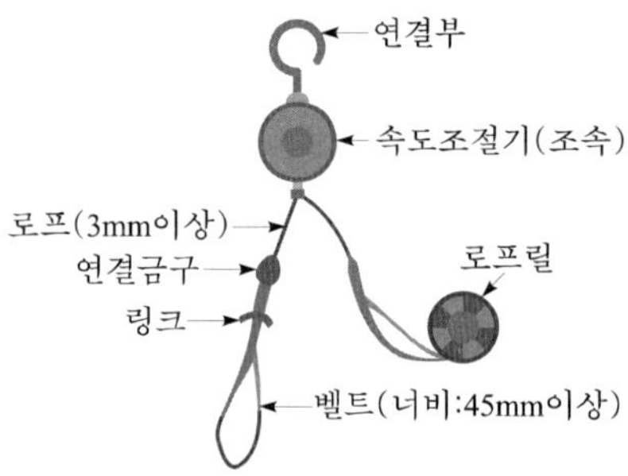

완강기

③ 피난사다리:
건축물의 개구부 등에 지지 설치하는 기구로서 그 종류는 고정식 사다리, 올림식 사다리, 내림식 사다리로 분류되며 고정 사다리는 수납식, 접어개기식, 신축식이 있다. 또한 4층 이상의 층에는 금속성 고정 사다리를 설치한다.

④ 공기안전매트(에어매트):
높은 곳에서 뛰어 내릴 때 충격을 흡수할 수 있도록 포지에 공기 등을 주입하는 구조로 되어 있는 것이다.

⑤ 승강식 피난기:
몸무게에 의하여 자동으로 하강하고 내려서면 스스로 상승하여 연속적으로 사용할 수 있는 무동력 피난기기. 즉, 서서 사각형태의 판을 딛고 자동으로 내려가는 기구이다.

⑥ 하향식 피난구용 내림식사다리:
하향식 피난구 해치에 격납하여 보관하고 사용 시에는 사다리 등이 소방대상물과 접촉되지 아니하는 내림식 사다리를 말한다.

⑦ 기타 피난기구:
미끄럼대, 피난교, 피난용트랩, 다수인피난장비, 사용자가 교대하여 연속적으로 사용할 수 없는 간이완강기 등이 있다.

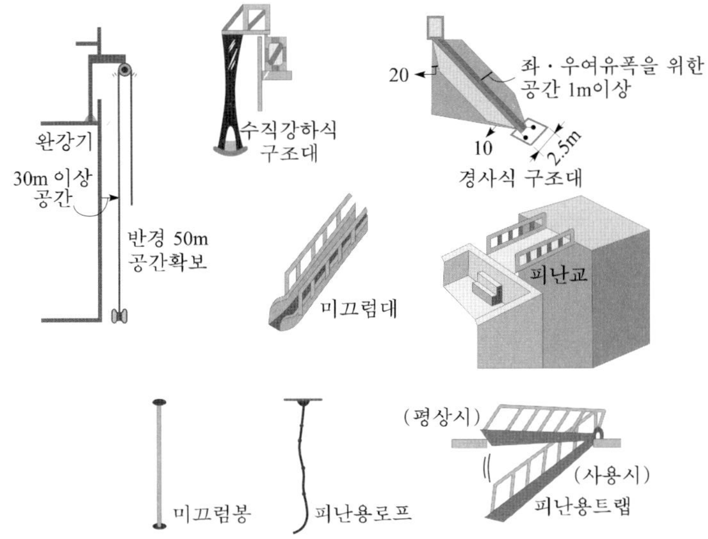

각종 피난기구

설치장소별 피난기구의 적응성 (NFTC 301 2.1.1)

층별 / 설치 장소	1층	2층	3층	4층 이상 10층 이하
노유자시설*	미끄럼대, 구조대, 피난교, 다수인 피난장비, 승강식 피난기	미끄럼대, 구조대, 피난교, 다수인 피난장비, 승강식 피난기	미끄럼대, 구조대, 피난교, 다수인 피난장비, 승강식 피난기	구조대, 피난교, 다수인 피난장비, 승강식 피난기
의료시설·근린생활시설 중 입원실이 있는 의원·접골원·조산소			미끄럼대, 구조대, 피난교, 피난용 트랩, 다수인 피난장비, 승강식 피난기	구조대, 피난교, 피난용트랩. 다수인 피난장비 승강식 피난기
4층 이하인 다중이용업소		미끄럼대·피난사다리·구조대·완강기·다수인피난장비·승강식피난기	미끄럼대·피난사다리·구조대·완강기·다수인피난장비·승강식피난기	미끄럼대·피난사다리·구조대·완강기·다수인피난장비·승강식피난기
그 밖의 것 (숙박시설·공동주택 등 일반적인 시설)			미끄럼대, 피난사다리, 구조대. 완강기, 피난교, 피난용트랩, 간이완강기, 공기안전매트, 다수인 피난장비, 승강식피난기	피난사다리, 구조대. 완강기, 피난교, 간이완강기, 공기안전매트, 다수인 피난장비, 승강식 피난기

(비고) 구조대의 적응성은 장애인 관련시설로서 스스로 피난이 불가한자가 있는 경우 추가로 설치하는 경우에 한한다. 간이완강기의 적응성은 숙박시설의 3층 이상에 있는 객실에, 공기안전매트의 적응성은 공동주택(공동주택관리법 제2조1항제2호 가목부터 라목까지 중 어느 하나에 해당하는 공동주택)에 추가로 설치하는 경우에 한한다.

2. 인명구조기구

(1) 개 요

인명구조기구는 화재 발생 시 인명의 안전을 위한 기구로서 **방열복, 방화복, 공기호흡기 및 인공소생기**가 있다. 그 종류는 구조대원이 몸에 착용 또는 휴대할 수 있는 기구로서 방열복이나 방화복을 입고, 공기호흡기를 메고, 인공소생기를 들고 불 속 건축물에 뛰어든다고 생각한다.

(2) 종 류

인명구조기구 종류는 다음과 같다. (NFPC 302 제3조)

① **방열복**: 고온의 복사열 가까이 접근하여 소방활동할 수 있는 내열피복을 말한다.
② **방화복**: 화재진압 등의 소방활동을 수행할 수 있는 피복을 말한다.
③ **공기호흡기**: 소화활동 시에 화재로 인하여 발생하는 각종 유독가스 중에서 일정시간 사용할 수 있도록 제조된 압축공기식 개인호흡장비(보조마스크를 포함)를 말한다.
④ **인공소생기**: 호흡 부전상태인 사람에 대하여 인공호흡을 시켜 환자를 보호하거나 구급하는 기구를 말한다. (*^^ 휴대용 가방속에 작은 산소통과 산소마스크가 들어 있다)

▸ **혼동용어(* 상기 내용과 함께)**

- 공기안전매트: 피난자가 활용할 수 있는 피난기구이다. 에어매트.
- 인공호흡기: 호흡 부전상태인 사람에 대하여 인공호흡을 시키는 병원 등에 설치되는 기계.

인명구조기구

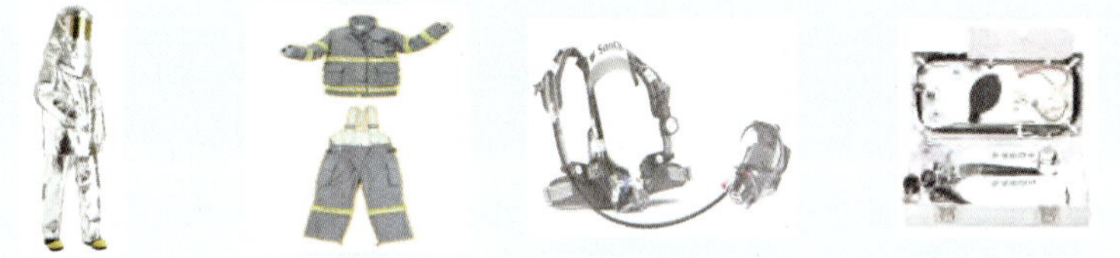

【방열복】 【방화복】 【공기호흡기】 【인공소생기】

- 방열복: 고열 근접 보호장비로서 내열섬유 표면에 알루미늄으로 특수코팅 처리한다.
- 방화복: 화재진압 중 560℃ 까지 방열이 가능해서 방열복보다 더 선호하는 약 4kg 옷이다.
- 공기호흡기: 소방대원이 1회 1시간 전후 정도 사용한다. 면체 내 압력이 대기압보다 높다.
  (* 30분용은 7kg, 45분용 9kg, 60분용 11kg, 75분용 이상은 18kg 이하이어야 한다.)
- 인공소생기: 화재 시 유독성 가스에 질식되었거나 중독성에 의하여 심폐기능이 악화되어 정상적으로 호흡을 할 수 없는 사람에게 인공호흡시켜 소생하도록 하는 구급용 기구이다.

3. 비상조명등

"비상조명등" 이란 화재발생 등에 따른 정전 시 안전하고 원활한 피난활동을 할 수 있도록 거실 및 피난통로 등에 설치되어 자동 점등되는 조명등을 말한다.
비상전원용 축전지가 내장되어 상용전원이 정전시 비상전원으로 자동전환되어 점등된다.

(1) 비상조명등의 설치

비상조명등의 제반사항은 다음과 같다.

① 조도*: 각 부분의 바닥에서 1럭스(Lx) 이상

② 유효 작동시간: 20분 이상 작동시킬 수 있는 축전지와 예비전원충전장치를 내장할 것.
(* 지하층을 제외한 11층 이상 고층건축물: 60분 이상 작동될 것)

비상조명등(예비전원 내장형)

휴대용 비상조명등

4. 휴대용 비상조명등의 설치

① 숙박시설 또는 다중이용업소에는 객실 또는 영업장 안의 구획된 실마다 잘 보이는 곳(외부에 설치시 출입문 손잡이로부터 1m 이내 부분)에 1개 이상 설치한다.

② **대규모점포***(지하상가 및 지하역사 제외)와 **영화상영관**에는 보행거리 50m 이내마다 3개 이상 설치하며 **지하상가 및 지하역사**에는 보행거리 25m 이내마다 3개 이상 설치한다.

③ 사용 시 자동으로 점등되는 구조이며, 외함은 난연성능이 있어야 하며, 건전지 및 충전식 배터리의 용량은 20분 이상 유효하게 사용할 수 있는 것으로 하여야 한다.

④ 설치높이는 바닥으로부터 0.8 m 이상 1.5 m 이하의 높이에 설치하여야 한다.

▸ 휴대용(간이) 비상조명등

• 휴대용비상조명등을 거치대에서 빼서 사용 시 건전지가 들어있어 자동으로 점등되는 구조이며, 외함(케이스)은 불에 접촉되더라도 잘 타지 않는 난연성능이 있어야 한다. / 마트와 영화관은 보행거리 50m마다 3개 이상, 지하상가 지하역사는 보행거리 **25m 이내마다 3개 이상** 설치가 되어 있다.

---

* 조도: 빛의 밝기, 기호: E, 단위: 럭스(Lx)
* 대규모점포: 백화점, 대형점, 쇼핑센터 등 1천평 이상의 규모.

5. 유도등 및 유도표지

(1) 개 요

"유도등" 이란 화재 시에 피난을 유도하기 위한 등으로서 정상상태에서는 켜지고, 상용전원이 정전되는 경우에는 비상전원으로 자동전환되어 켜지는 등으로서 20분 이상(11층 이상 고층건축물과 지하층 또는 무창층으로서 용도가 지하상가, 지하역사, 도·소매시장, 여객자동차터미널 등은 60분) 작동할 수 있는 구조를 가지고 있어야 한다.

(2) 유도등의 설치 기준

① 피난구 유도등(녹색바탕에 백색문자)

피난구 및 피난 경로로 사용되는 출입구를 표시하여 피난을 유도하는 등으로서 바닥으로부터 높이 1.5m 이상으로서 출입구에 인접하도록 설치한다.

② 통로 유도등(백색바탕에 녹색문자)

㉠ 계단통로 유도등: 계단참이나 경사로참(1개 층에 2 이상 있는 경우는 2개의 계단참마다)바닥으로부터 1m 이하에 설치한다.

㉡ 복도통로 유도등: 복도통로 유도등으로서 바닥으로부터 높이 1m 이하의 위치에 설치하며 보행거리 20m 마다 설치한다.

▸ 복도통로유도등 및 거실통로유도등의 설치개수

$$설치\ 개수 \geq \frac{구부러진\ 모퉁이\ 및\ 보행거리[m]}{20[m]} - 1$$

㉢ 거실통로 유도등

거실통로유도등은 거실, 주차장 등의 통로에 피난구의 방향을 명시하는 유도등으로서 바닥으로부터 1.5m 이상에 설치한다. (다만 기둥이 설치된 경우 그 기둥 바닥으로부터 1.5m 이하에 설치한다.)

거실통로 유도등

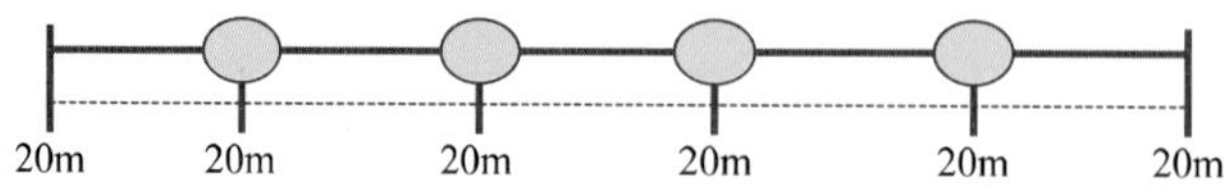

복도통로 및 거실통로 유도등 이격거리

③ 객석 유도등

㉠ 설치장소: 객석의 통로 · 바닥 또는 벽에 설치한다.

(*^^ 객석유도등은 통로유도등이 별도로 분류되어 있어도 통로에 설치할 수 있다.)

㉡ 객석 통로의 직선부분의 길이 4m 마다 설치한다.

$$\text{객석 유도등 설치개수} \geq \frac{\text{객석통로의 직선부분의 길이[m]}}{4[\text{m}]} - 1$$

(3) 유도등의 표시면과 표시사항

① 피난구 유도등: 녹색바탕에 백색문자로 표시한다.

② 통로 유도등: 백색바탕에 녹색문자로 표시한다.

피난구 유도등

계단통로 유도등

객석 유도등

참고: 거실통로 유도등이란 거실에서 재난 시 신속한 피난을 유도하는 등으로서 기둥이 있는 경우를 제외하고 바닥으로부터 높이 1.5m 이상에 설치하기 때문에 일반적으로 천장에 부착되며 "천장통로유도등"이라고도 한다. 우리는 지하상가 등의 천장에서 이러한 거실통로 유도등을 쉽게 접할 수 있다.
(* 앞서 비상조명등은 피난자에게 빛을 주는 등으로서 현장에서는 "부엉이등"이라고도 한다.)

(4) 유도등의 3선식 배선 시 자동으로 점등되는 경우

"3선식 배선" 이란 평상시 유도등을 소등 상태로 유도등의 비상전원을 충전하고, 화재 등 비상시 점등 신호를 받아 유도등을 자동으로 점등되도록 하는 방식으로 점등되는 시기는

① 비상경보설비의 발신기가 작동되는 때

② 방재업무를 통제하는 곳 또는 전기실의 배전반에서 수동으로 점등하는 때

③ 상용전원이 정전되거나 전원선이 단선되는 때

④ 자동화재탐지설비의 감지기 또는 발신기가 작동되는 때

⑤ 자동소화설비가 작동되는 때

참고: 유도등이란 재난 시를 대비하여 피난을 유도하는 등으로서 언제나 평상시에도 불이 지속적으로 켜져 있어야 한다. 이러한 점을 개선하여 3선식 배선이란 일반적인 2선의 전기선이 아니고 3선으로 배선되는 방식으로써 화재시, 정전시, 시험시에만 불이 켜지는 방법이다.

(5) 유도표지

피난할 수 있는 장소를 표시하거나, 피난장소의 신속한 유도목적으로 설치하는 표지이다. 그 종류는 피난구유도표지, 통로유도표지가 있다.

① 피난구 유도표지는 출입구 상단에 설치하고 통로 유도표지는 바닥으로부터 높이 1m 이하의 위치에 설치하여야 한다.

② 하나의 유도표지까지의 보행거리가 15m 이하가 되는 곳과 구부러진 모퉁이의 벽에 설치한다.

③ 피난 방향을 표시하는 통로유도등이 설치된 부분은 유도표지를 설치하지 아니할 수 있다.

$$\text{유도표지 설치개수} \geq \frac{\text{구부러진 모퉁이 및 보행거리[m]}}{15\text{[m]}} - 1$$

(6) 유도등 및 유도표지의 종류 (NFPC 303 제4조)

설치장소	유도등 및 유도표지의 종류
① 관람장, 공연장, 운동시설, 집회장(종교집회장 포함), 유흥주점영업시설(카바레, 나이트클럽 등)	대형피난구유도등, 통로유도등, 객석유도등
② 위락시설, 판매·운수·관광숙박·의료·방송통신시설, 장례식장, 전시장, 지하상가, 지하철역사.	대형피난구유도등, 통로유도등
③ 숙박시설(관광숙박업 제외), 상기 ① ②항 소방대상물 외의 지하층, 무창층 또는 11층 이상의 특정소방대상물	중형피난구유도등, 통로유도등
④ 근린생활 · 노유자 · 업무 · 발전 · 종교시설(집회장 용도로 사용하는 부분 제외) · 교육연구 · 수련 · 공장 · 교정 및 군사(국방 · 군사시설 제외) · 자동차정비공장 · 운전학원 및 정비학원 · 다중이용업소 · 복합건축물.	소형피난구유도등, 통로유도등
⑤ 그 밖의 것	피난구유도표지, 통로유도표지

| Reference | ① 관람장, 공연장, 운동시설, 집회장에는 객석유도등이 설치되며(② 위락시설에는 객석유도등이 설치되지 않으며), 상기 ①~④에 공통적으로 설치하는 유도등은 통로유도등에 해당한다.

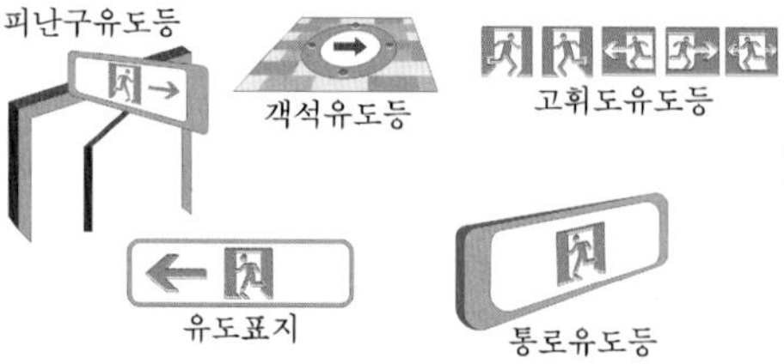

유도등 및 유도표지

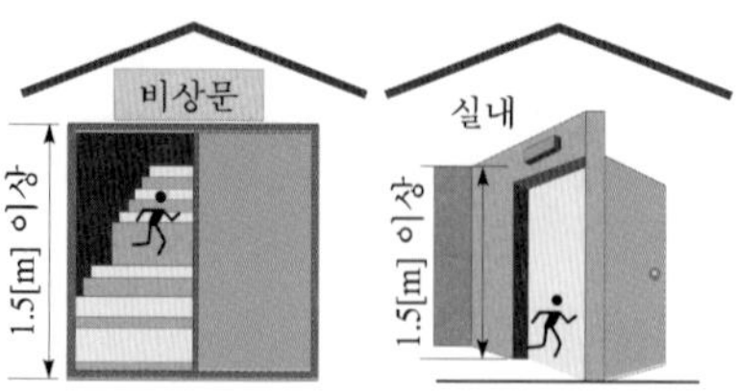

피난구 유도등(비상문)의 설치 장소

제3절 소화활동 및 소화용수설비

01 소화활동설비

1. 제연설비

(1) 개 요

문화 및 집회시설 등의 화재 시 연기가 침입하는 것을 방지하고 외부의 신선한 공기를 불어넣어서 인명을 신속히 피난시킴과 동시에 소방대원의 소화활동을 돕는 설비이다.
제연설비에서 가동식의 벽, 제연경계벽 댐퍼 및 배출기의 작동은 감지기와 연동되어야 하며, 수동이 가능하며 자동작동은 감지기 – 수신기 – 급·배기댐퍼 작동 – 팬 작동 – 제연 순이다.

(2) **설치 기준** (NFPC 501 제4조, 7조, 9조)

① 히나의 제연구역* 면적은 $1,000m^2$ 이내로 한다.
② 거실과 통로(복도 포함)는 각각 제연구획*으로 한다.
③ 통로상 제연구역은 보행중심선의 길이가 60m(직경 60m 원 내)를 초과하지 않아야 한다.
④ 하나의 제연구역은 2개 이상 층에 미치지 아니하도록 할 것.(다만, 층의 구분이 불분명한 부분은 그 부분을 다른 부분과 별도로 제연구획을 해야 한다.)
⑤ 제연구획은 보, 제연경계벽 및 벽(가동벽·셔터·방화문 포함)으로 한다.
⑥ 제연경계는 제연경계의 폭이 0.6 m 이상이고 수직거리가 2m 이내이어야 한다.
⑦ 유입풍도 안의 풍속은 20m/sec 이하이어야 한다.
⑧ 배출기 흡입측 풍도 안의 풍속은 15m/sec 이하, 배출측 풍속은 20m/sec 이하로 한다.
⑨ 예상제연구역의 각 부분으로부터 하나의 배출구까지 수평거리는 10m 이내가 되도록 한다.

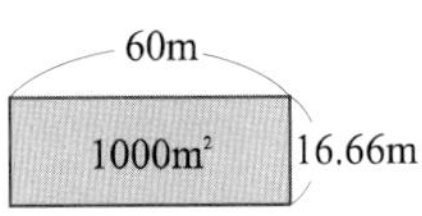

③항 설명

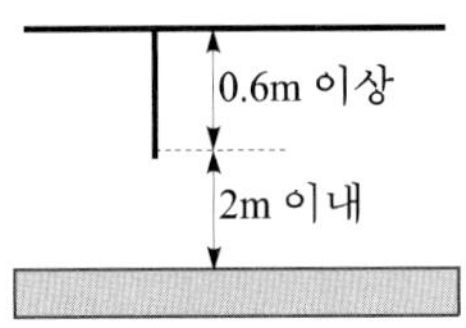

⑥항 설명

연동제어기

* 급기구: 신선한 바람을 불어 넣어주는 기구.(* 예상제연구역의 공기유입되는 순간의 풍속: 5[m/s] 이하)

2. 연결송수관 설비

(1) 개 요

"연결송수관설비" 란 건축물의 옥외에 설치된 송수구에 소방차로부터 가압수를 송수하고 소방관이 건축물 내에 설치된 방수구에 방수기구함에 비치된 호스를 연결하여 화재를 진압하는 소화활동설비이다. 즉, 소방대원이 저수조나 상수도의 물을 건축물 외부에 돌출된 송수관에 연결하여 화재층에서 방수구로 연결하여 **봉상주수***로 방수되는 소방관의 본격소화설비이다. 건물 외부에서 내부로 호스를 연장하기 곤란한 장소(주로 5층 이상)에 설치한다.

(2) 구성요소 및 특징

연결송수관설비 구성요소 및 특징은 다음과 같다.

① **구성**: 송수구*(구경은 65mm), 방수구,* 방수기구함, 배관으로 구성된다.

② **송수구 높이**: 0.5m 이상 1m 이하의 위치에 설치한다.

③ **송수 압력**: 0.35MPa 이상으로 한다. (*^^ 0.35MPa = 35m)

연결송수관설비

단구형 송수구

쌍구형 송수구

* 봉상(棒狀)주수: 막대주수를 말한다. * 송수구: 물을 보내는 구멍으로 외부에 돌출되어 있다.
* 방수구: 송수구를 통해 빈 배관에서 물이 나오는(방수되는) 구멍으로 주로 내부 복도 등에 설치된다.
* 제연구역: 제연 경계에 의해 제연하고자 하는 공간(계단실, 부속실, 비상용승강기의 승강장)을 말한다.(p397)

(3) 종 류

건식과 습식에 대한 제반사항은 다음과 같다.

① 습 식(11층 이상 건축물에 적용)

고가수조에 의해 입상관에 항상 물이 채워있는 방식으로 31m 이상 또는 11층 이상의 건축물에 적용하는 설비이다.

② 건 식(10층 이하의 건물에 적용)

건축물 입상관*에 상시 물을 채워두지 않은 방식으로 10층 이하의 건물에 적용하며 화재 시 소방펌프차로 물을 공급하는 설비이다.

(*^^ 습식은 35m 송수압력으로는 수압이 약해 11층 이상 건축물은 항상 물을 채워두고, 송수된 물로 밀어 올리는 방식이며, 건식은 10층까지는 송수가 가능하니 항상 빈 배관이라는 뜻이다.)

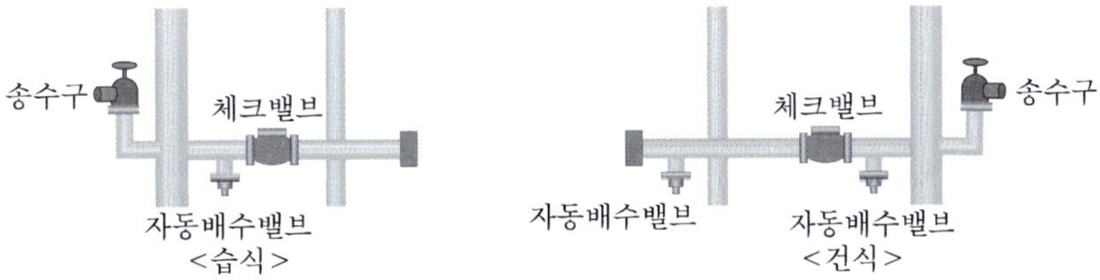

연결송수관설비 계통도

자동배수밸브 또는 체크밸브 설치 순서

습식(11층 이상)	송수구 → 자동배수밸브 → 체크밸브의 순서
건식(10층 이하)	송수구 → 자동배수밸브 → 체크밸브 → 자동배수밸브

배수밸브

연결송수관설비 습식과 건식

- 연결송수관설비의 송수압력은 0.35[MPa] 이상으로 한다.(즉 35m 이상의 압력으로 송수한다.)
- 습식이란 35m 송수압력으로는 올라가면서 배관벽 등에 부딪쳐 11층(31m) 이상 건축물에 물을 올리기 어려워 배관에 항상 물을 채워두고 송수된 물로 채워진 물을 밀어 올리는 방식이다.
- 건식이란 0.35[MPa]의 송수압력으로 10층까지는 송수가 가능하니 항상 빈 배관으로 물을 빼놓기 때문에 체크밸브를 중심으로 자동배수밸브가 2개가 된다.

---

* 입상관: 물을 송수할 수 있는 주 배관. * 송수구: 물을 송수하는 설비로서 접합부는 암나사구조로 됨.

3. 연결살수설비

(1) 개 요

연결살수용 송수구로 소방펌프차가 송수 또는 펌프 등의 가압수를 공급받아 송수하도록 되어 있으며, 소방대원이 현장에 도착하여 송수구를 통하여 물을 송수하여 화재를 진압하는 적상주수의 본격 소화활동설비이다.

따라서 이 설비는 **자동시스템이 아니며** 소방 펌프차로 인해 저수조 등을 통하여 물을 송수하기 때문에 건물 자체 수원이 없이도 소화활동이 가능하다.

법적설치 대상은 판매시설 등으로서 바닥면적 1,000m^2 이상, 학교의 지하층에 있어서는 700m^2 이상, 지하층의 바닥면적이 150m^2 이상인 곳 등에 설치한다.

(2) 헤 드

연결살수설비의 헤드는 연결살수설비전용헤드 또는 스프링클러헤드로 설치하여야 하며, 가연성 가스의 저장·취급시설에는 헤드는 전용의 **개방형헤드**를 설치하여야 한다.
건축물에 설치하는 연결살수설비의 헤드는 다음의 기준에 따라 설치하여야 한다.

하나의 배관에 부착하는 살수헤드의 개수

살수헤드의 개수	1개	2개	3개	4개 또는 5개	6개 이상 10개 이하
배관의 구경(mm)	32	40	50	65	80

(3) 설치 기준

연결살수설비의 송수구 설치기준에 관한 제반사항은 다음과 같다. (NFTC 503 2.1.1)

① 소방차가 쉽게 접근할 수 있고, **노출된 장소**에 설치한다.
② 지면으로부터 높이가 0.5m 이상 1m 이하의 위치에 설치한다.
③ 송수구는 65mm 쌍구형으로 한다. (단, 하나의 송수구역에 부착하는 살수헤드수가 10개 이하인 것에 있어서는 단구형의 것으로 할 수 있다.)
④ 개방형헤드를 사용하는 연결살수설비 하나의 송수구역에 설치하는 헤드의 최대개수는 10개 이하이다.

4. 비상콘센트설비

(1) 개 요

"비상콘센트설비" 란 화재 시 소화활동 등에 필요한 전원을 전용회선으로 공급하는 설비이다. 즉, 화재 시 소방대의 조명장치, 파괴장비 등을 접속하여 사용하는 비상전원설비로서 소방대원의 소화활동을 용이하게 하기 위한 소화활동설비이다.

(2) 설치위치

① 법적 대상은 층수가 11층 이상인 건물의 11층 이상의 층으로서 일반적으로 계단출입구 5m 이내에 설치한다. (NFTC 504 2.1)

② 바닥에서 높이 0.8m 이상~1.5m 이하마다 설치한다.

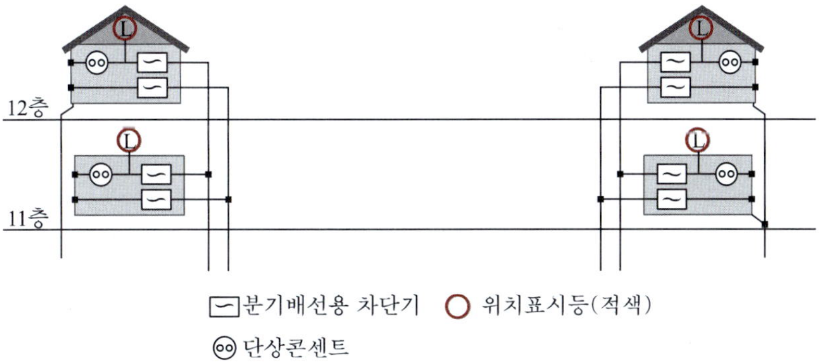

* 단상회로로 구성되어 있다.
* 11층 이상의 층과 지하 3층 이상의 층에는 설치하여야 한다.

(3) 설 치

① **거리:** 지하상가 또는 지하층 바닥면적 3,000m² 이상인 경우에는 수평거리 25m 이내에 그 외는 수평거리 50m 이하마다 설치한다.

② **전원 및 콘센트:** 하나의 전용회로에 설치하는 비상콘센트는 10개 이하로 한다.

(4) 규 격

단상교류*의 규격은 다음과 같다.

구 분	전 압	용 량	플러그 접속기 극수
단상교류	220V	1.5[KVA] 이상	접지형 2극

* 단상교류: 하나의 회로에 위상이 동일한 하나의 교류전압이 흐르는 것. 2줄의 전선으로 가정에서 주로 씀.

5. 무선통신 보조설비

(1) 개 요

지하가 또는 지하공동구 등의 화재 시 지하층에는 전파의 반송이 나빠지므로 소방대원의 소화활동을 용이하게 할 수 있도록 누설 동축케이블 등을 사용(지상과 지하 사이), 소방대 상호간에 무선연락이 가능하게 하는 소화활동상 수동설비로서 그 종류는 누설동축케이블 방식, 안테나 방식, 누설동축케이블과 안테나 혼합방식이 있으며 누설동축 케이블(또는 동축케이블, 안테나*)과 분배기, 분파기, 혼합기, 무선기, 접속단자로 구성되어 있다.

무선통신보조설비

무반사종단저항

(2) 용어의 뜻

무선통신보조설비 용어의 뜻은 다음과 같다.

① 누설동축케이블: 동축케이블의 외부도체에 가느다란 홈을 만들어 전파가 외부로 새어나갈 수 있도록 한 케이블
② 분배기: 임피던스 매칭(Matching)과 신호 균등분배를 위해 사용하는 장치
③ 분파기: 서로 다른 주파수의 합성된 신호를 분리하기 위해서 사용하는 장치
④ 혼합기: 둘 이상의 입력신호를 원하는 비율로 조합한 출력이 발생하도록 하는 장치
⑤ 증폭기: 전압·전류의 진폭을 늘려 감도 등을 개선하는 장치를 말한다.
(* 즉, 신호 전송시 신호가 약해져 수신이 불가능해지는 것을 방지하기 위한 증폭장치라는 뜻)
⑥ 무선중계기: 안테나를 통하여 무전기 상호 간에 송수신이 가능하도록 하는 장치
⑦ 옥외안테나: 무선중계기에 연결되어 송수신 신호를 원활하게 방사·수신하기 위한 장치

(3) 증폭기 설치기준

① 상용전원은 전기가 정상적으로 공급되는 축전지, 전기저장장치 또는 교류전압 옥내간선으로 하고 전원까지 배선은 전용으로 할 것
② 증폭기에는 비상전원이 부착된 것으로 하고 비상전원 용량은 무선통신 보조설비를 30분 이상 작동시킬 수 있는 것으로 할 것
③ 증폭기의 전면에는 주 회로의 전원이 정상인지의 여부를 표시할 수 있는 장치를 설치할 것

(4) 누설동축케이블 등

누설동축케이블 등은 다음의 기준에 따라 설치하여야 한다. (NFTC 505 2.2.1)

① 소방전용주파수대에서 전파의 전송 또는 복사에 적합한 것으로서 소방전용의 것으로 할 것
② 누설동축케이블과 이에 접속하는 안테나 또는 동축케이블과 이에 접속하는 안테나로 구성할 것
③ 누설동축케이블은 화재에 따라 해당 케이블의 피복이 소실된 경우에 케이블 본체가 떨어지지 아니하도록 4m 이내마다 금속제 또는 자기제 등의 지지금구로 벽·천장·기둥 등에 견고하게 고정시킬 것
④ 누설동축케이블 및 안테나는 금속판 또는 고압의 전로에 의해 그 기능에 장애가 발생되지 않는 위치에 설치할 것
⑤ 누설동축케이블의 끝부분에는 무반사 종단저항을 견고하게 설치할 것
⑥ 누설동축케이블 또는 동축케이블의 임피던스는 50옴으로 하고, 이에 접속하는 안테나·분배기 기타의 장치는 해당 임피던스에 적합한 것으로 해야 한다

▸ 무반사 종단저항

누설동축케이블로 전송되어 온 전자파는 케이블 끝부분에서 반사되어 신호 교신을 방해한다.
따라서 송신부로 되돌아오는 전자파의 반사를 방지하기 위해 설치하는 것이 종단저항기로서 기기에 장착된 커넥터 끝 접속 시, 특성 임피던스(50Ω)를 일정하게 유지시키는 커넥터라고 할 수 있다.

(5) 설치제외

지하층으로서 특정소방대상물의 바닥부분 2면 이상이 지표면과 동일하거나 지표면으로부터의 깊이가 1m 이하인 경우 해당층에 한하여 무선통신보조설비를 설치하지 아니할 수 있다.

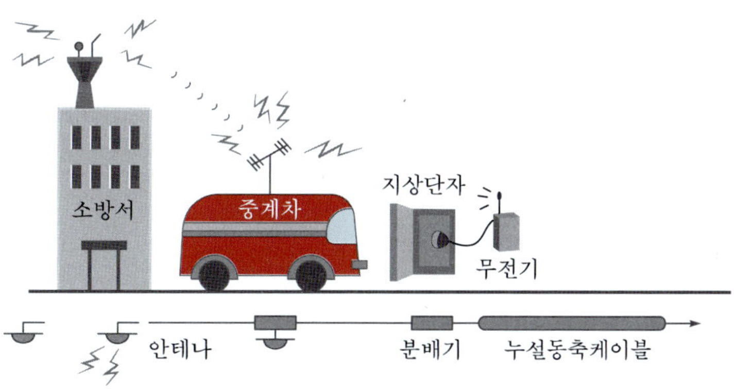

무선통신보조설비

02 소화용수설비

1. 개 요

소화용수설비는 소방대원이 사용하는 본격소화설비이다. 화재 시 물을 사용하기 위해 사전에 비축된 설비로서 대규모 건축물이나 대형 건물에 설치하여 소방대가 사용할 수 있게 지하 등에 만든 소화수조, 저수조, 상수도소화용수설비 등을 말한다. 여기서 소화수조는 소화용수의 전용 수조를 말하고, 저수조란 소화용수와 일반 생활용수의 겸용 수조를 말한다.

2. 소화수조

소화수조를 설치하여야 하는 특정소방대상물은 다음과 같다.

① 설치위치: 소화수조, 저수조의 채수구*, 흡수관 투입구는 소방차가 2m 이내까지 접근할 수 있는 위치에 설치하여야 한다.

② 소화수조 또는 저수조의 저수량은 소방대상물의 연면적을 다음 표에 따른 기준면적으로 나누어 얻은 수(소수점 이하의 수는 1)에 $20m^3$를 곱한 양 이상이 되도록 한다.

송수구와 채수구

소화수조 또는 저수조의 저수량

소방대상물의 구분	면 적
1층 및 2층의 바닥면적 합계가 $15,000m^2$ 이상인 소방대상물	$7,500m^2$
위에 해당되지 아니하는 그 밖의 소방대상물	$12,500m^2$

③ 흡수관 투입구: 지하에 설치하는 소화용수설비의 흡수관투입구는 한 변 또는 직경이 0.6m 이상인 것으로 소요수량 $80m^3$ 미만인 것에 있어서는 1개 이상, $80m^3$ 이상인 것에 있어서는 2개 이상을 설치하며, "흡수관투입구"라고 표시한 표지를 하여야 한다.

④ 채수구는 다음 표에 따라 소방용호스 또는 소방용흡수관에 사용하는 구경 65mm 이상의 나사식 결합금속구를 설치하여야 한다.

채수구의 수

소요수량	$20m^3$~$40m^3$ 미만	$40m^3$~$100m^3$ 미만	저수량 $100m^3$ 이상
채수구의 수	1개	2개	3개

* 채수구: 소방차의 소방호스와 접결되는 흡입구, 즉, 소화수조, 저수조 등에서 이 채수구를 통하여 소화용수를 확보한다. 물을 뽑아낼 수 있는 구멍으로서 2m 이내에 오토바이, 자전거 등을 세워 놓아서는 안 된다.

⑤ 채수구는 높이가 0.5m~1m 이하의 위치에 설치하고 "채수구"라고 표시한 표지를 한다.

⑥ 소화용수설비를 설치하여야 할 소방대상물에 있어서 유수의 양이 $0.8m^3$/min 이상인 유수를 사용할 수 있는 경우에는 소화수조를 설치하지 아니할 수 있다.

⑦ 소화수조 또는 저수조가 지표면으로부터의 깊이가 4.5m 이상인 지하에 있는 경우에는 다음 표에 따라 가압송수장치를 설치한다.

가압송수장치의 1분당 양수량

소요수량	$20m^3$ 이상 $40m^3$ 미만	$40m^3$ 이상 $100m^3$ 미만	$100m^3$ 이상
1분당 양수량	1,100l 이상	2,200l 이상	3,300l 이상

3. 상수도 소화용수설비 설치기준

상수도 설치기준은 다음과 같다.

① 호칭지름 75mm 이상의 수도배관에 호칭지름 100mm 이상의 소화전을 접속할 것

② 소화전은 소방자동차 등의 진입이 쉬운 도로변 또는 공지에 설치할 것

③ 소화전은 특정소방대상물의 수평투영면의 각 부분으로부터 140m 이하가 되도록 할 것

02 예제 상수도 소화용수설비의 소화전 설치간격은 특정소방대상물의 수평투영면의 각 부분으로부터 몇 m 이하가 되게 설치하여야 하는가? (단, 호칭지름 75mm 이상의 수도배관에 호칭 지름 100mm 이상의 소화전을 접속한다.)

① 100m ② 120m

③ 130m ④ 140m

해설 상수도 소화용수설비는 건축물로부터 140m 이하가 되도록 설치한다. **답** ④

| 시설론 | OX 개념

01 "자동화재탐지설비"란 화재발생을 자동적으로 감지하여 해당 소방대상물의 화재발생을 소방대상물의 관계자에게 통보할 수 있는 설비로서 감지기, 발신기, 송신기, 수신기, 표시등, 경종 등으로 구성된 것을 말한다. (　)

자동화재탐지설비: 감지기, 발신기, 중계기, 수신기(*4기), 경종, 표시등(*경표) 등으로 구성.

02 감지기는 천장 또는 반자의 높이가 20m 이상에 설치할 수 있다. (　)

감지기(= 일반감지기)는 20m 이내에, 특수감지기가 20m 이상에 설치할 수 있다.

03 열감지기는 차동식, 보상식, 정온식이 있으며 정온식스포트형은 무선이다. (　)

정온식 스포트형 감지기는 외관(밖)에서 전선이 보이지 않지만, 천장 속으로 수신기까지 회로선(지구선)이 연결되어 있다. 열감지기는 차동식, 보상식, 정온식이 있다.(* 차보정/ 차살때 보증)

04 연기감지기는 이온화식과 광전식이 있으며 광전식 감지기는 스포트형, 분리형, 공기흡입형으로 구성된다. (　)

광전식 감지기는 스포트형, 분리형, 공기흡입형으로 구성된다. 연기감지기는 이온화식과 광전식이 있다.(* 이광연: 이온화식과 광전식은 연기감지기이다.)

05 연기감지기 설치는 복도, 계단 및 경사로, 천장 등 20m 미만에 설치할 수 있다. (　)

연기감지기 설치장소는 복도(30m 미만 제외), 계단 및 경사로, 에스컬레이트 경사로, 천장·반자의 높이가 15m 이상~20m 미만의 장소. 엘리베이터 승강로(권상기실), 린넨슈트, 파이프피트 및 덕트, 기타 유사한 장소 등에 설치한다. (* 복계천에: 복도, 계단, 천장, 엘리베이터)

06 R형 수신기 특징은 선로수가 적고 길이를 길게 할 수 있으며 이설·증설이 쉽고 숫자로 지역이 표시되며 신호전달이 확실하다. (　)

R형 수신기 특징은 선로수가 적고 길이를 길게 할 수 있으며 이설 · 증설이 쉽고 숫자로 지역이 표시되며 신호전달이 확실하다. (* 적길이는 숫놈인데 신호전달이 확실하다)

Ans. 01. (X)　02. (X)　03. (X)　04. (O)　05. (O)　06. (O)

07 자동화재속보설비" 란 자동화재탐지설비 수신기의 화재신호와 연동으로 작동하여 관계인에게 화재발생을 경보함과 동시에 소방관서에 자동적으로 통신망을 통해 해당 화재발생 및 해당 소방대상물의 위치 등을 음성으로 통보하여 주는 설비이다. (　)

옳은 설명이다.(* 소방서에 자동으로 통보하되, 20초 이내에 3회 이상 속보할 수 있어야 한다.)

08 유도등은 피난구유도등, 통로유도등, 객석유도등이 있으며, 통로유도등은 복도통로유도등, 거실통로유도등, 계단통로유도등이 있으며 객석유도등은 기둥, 바닥, 벽에 설치한다. (　)

통로유도등이 별도로 있지만 객석유도등은 통로, 바닥, 벽에 설치한다.(* 통바벽)

- 유도등
  - 피난구유도등
  - 통로 유도등
    - 복도통로유도등
    - 거실통로유도등
    - 계단통로유도등
  - 객석유도등

09 피난구 유도등은 바닥면적 1.2m 이하의 위치에 설치하며, 복도 통로유도등은 바닥으로부터 높이 1m 이하의 위치에 설치하며 수평거리 20m 마다 설치하여야 한다. (　)

피난구 유도등은 바닥으로부터 높이 1.5m 이상에 설치하며, 복도 통로유도등은 바닥으로부터 높이 1m 이하의 위치에 설치하며 보행거리 20m 마다 설치하여야 한다.

10 유도표지의 종류는 피난구유도표지, 통로유도표지가 있다. (　)

유도표지의 종류는 피난구유도표지, 통로(복도, 계단)유도표지가 있다

- 유도표지
  - 피난구 유도표지
  - 통로(복도·계단)유도표지

11 '비상조명등'이란 화재 발생 등에 따른 정전 시에 안전하고 원활한 피난활동을 할 수 있도록 거실 및 피난통로 등에 설치되어 자동 점등되는 조명등을 말하며 유도등은 11층 이상의 고층건축물과 지하층·무창층의 용도가 지하상가, 지하역사, 도·소매시장, 여객자동차터미널은 60분 이상 작동할 수 있어야 한다. (　)

옳다. 유도등은 지하층·무창층의 용도가 지하상가, 지하역사, 도·소매시장, 여객자동차터미널, 11층 이상의 고층건축물은 60분 이상 작동할 수 있어야 한다. (* 지지도 여고)

12 비상콘센트의 단상교류는 전압이 200V, 용량이 1.5[KVA] 이상, 접지형 3극이다. (　)

비상콘센트의 단상교류는 220V, 1.5[KVA] 이상, 접지형 2극이다.

Ans. 07. (O) 08. (X) 09. (X) 10. (O) 11. (O) 12. (X)

| 시설 | 주요문제

기출

01 자동화재탐지설비의 감지기가 하는 기능이 아닌 것은?

① 센서기능 ② 판단기능
③ 발신기능 ④ 수신기능

해설 자동화재탐지설비의 감지기가 하는 기능은 센서기능, 판단기능, 발신기능(수신기로)을 가지고 있다. 답 ④

기출

02 다음 중 자동화재탐지설비 구성요소가 아닌 것은?

① 감지기 ② 송신기
③ 중계기 ④ 수신기

해설 자동화재탐지설비의 구성요소에는 감지기, 수신기, 발신기, 경종, 표시등, 전원, 배선, 중계기 등으로 구성된다. 답 ②

기출

03 다음 중 화재발생 시 연기를 감지하여 알려주는 감지기는?

① 이온화식 감지기 ② 차동식 스포트형 감지기
③ 정온식 감지기 ④ 보상식 스포트형 감지기

해설 화재발생 시 연기를 감지하여 알려주는 감지기는 이온화식 연기감지기에 해당한다. ②③④는 열감지기의 종류이다. 참고로 연기감지기는 이온화식 감지기와 광전식 감지기 2가지가 있다. 답 ①

기출

04 다음 중 인명구조기구에 대하여 옳지 않은 것은?

① 방열복 – 고온의 복사열 가까이 접근하여 소방활동할 수 있는 내열피복을 말한다.
② 방화복 – 화재진압 등의 소방활동을 수행할 수 있는 피복을 말한다.
③ 공기안전매트 – 소화활동 시에 화재로 인하여 발생하는 각종 유독가스 중에서 일정시간 사용할 수 있도록 제조된 압축공기식 개인호흡장비(보조마스크를 포함)를 말한다.
④ 인공소생기 – 호흡 부전상태인 사람에 대하여 인공호흡을 시켜 환자를 보호하거나 구급하는 기구를 말한다.

해설 ③번은 공기호흡기이다. 공기안전매트는 피난기구에 속한다 답 ③

① 방열복: 내열섬유 표면에 알루미늄으로 특수코팅 처리한다.
② 방화복: 화재진압 중 560℃ 까지 방열이 가능해서 방열복보다 더 선호하는 약 4kg 정도 무게의 옷이다.
③ 공기호흡기: 소방대원이 1회 1시간 전후 정도 사용한다. 얼굴에 쓰는 면체 내 압력이 대기압보다 높다.
④ 인공소생기: 화재시 유독성 가스에 질식되었거나 중독성에 의하여 심폐기능이 악화되어 정상적으로 호흡을 할 수 없는 사람에게 인공호흡시켜 소생하도록 하는 구급용 기구이다.

▸ 방열복, 방화복, 공기호흡기, 인공소생기
(* 인명구조기구는 방방호인으로)

기출

05 다음 중 객석유도등의 설치 위치가 아닌 것은?

① 통로　② 바닥
③ 벽　④ 기둥

해설 객석 유도등은 유흥주점 등의 특정 소방대상물에 객석의 통로·바닥 또는 벽에 설치한다.

답 ④

기출

05 자동화재탐지설비에서 열감지기의 종류가 아닌 것은?

① 열기전력을 이용한 것
② 이온전류가 변화하여 작동하는 것
③ 공기팽창을 이용한 것
④ 넓은 범위 내에서의 열 효과 누적에 의하여 작동되는 것

해설 이온전류가 변화하여 작동하는 것은 이온화식 연기감지기이다. (* 열기전력을 이용한 것과 공기팽창을 이용한 것 등은 차동식 열감지기의 작동원리이다.)

답 ②

기출

06 다음은 피난설비 중 유도등에 관한 설명이다 옳지 않은 것은?

① 피난구 유도등의 높이는 바닥으로부터 150cm 이상이다.
② 통로 유도등의 색상은 녹색바탕 백색글씨이다.
③ 피난구 유도등은 피난구로부터 상용전원으로 등을 켜는 경우에는 문자 및 색채를 쉽게 식별할 수 있어야 한다.
④ 복도 통로유도등은 바닥으로부터 높이 1m 이하의 위치에 설치하며 보행거리 20m 마다 설치한다.

해설 통로 유도등은 백색바탕에 녹색글씨로 한다. (* 피난구 유도등은 피난구 및 피난경로 출입구의 위치를 표시하는 녹색바탕에 백색글씨로서 바닥으로부터 높이 1.5m 이상의 위치에 설치한다.)

답 ②

기출

07 다음 중 경보설비에 대한 설명으로 맞는 것은?

① 자동화재탐지설비는 감지기, 발신기, 수신기, 음향장치 등으로 구성되어 있다.
② 비상벨설비는 항상 자동으로서 건물 내·외에 있는 사람에게 화재사실을 알린다.
③ 자동화재속보설비는 자동화재탐지설비로부터 화재신호를 받아 통신망 음성 등의 방법으로 관계인에게 자동적으로 화재발생 위치를 신속하게 통보해주는 설비이다.
④ 단독경보형 감지기는 별도의 수신기를 통해 화재발생 상황을 알린다.

해설 자동화재탐지설비-감지기, 발신기, 수신기, 음향장치 등으로 구성되어 있다.

답 ①

[참고]
② 비상벨설비는 수동 및 자동으로서 건물 내에 있는 사람에게 화재사실을 알린다.
③ 자동화재속보설비는 자동화재탐지설비로부터 화재신호를 받아 통신망 음성 등의 방법으로 소방관서 및 관계인에게 자동적으로 화재발생 위치를 신속하게 통보해주는 설비이다.
④ 단독경보형 감지기는 별도의 수신기를 필요로 하지 않으며 내장된 음향장치에 의하여 단독으로 화재발생상황을 알린다.

| 참고 | 소방시설의 분류

1. 소화설비

물 그 밖의 소화약제를 사용하여 소화하는 기계·기구 또는 설비로서 다음과 같다.

① 소화기구

㉠ 소화기

㉡ 자동확산소화기

㉢ 간이소화용구: 에어로졸식 소화용구, 투척용 소화용구, 소공간용 소화용구 및 소화약제 외의 것을 이용한 간이소화용구

물분무 소화설비

② 자동소화장치

㉠ 분말자동소화장치

㉡ 주거용 주방자동소화장치

㉢ 가스자동소화장치

㉣ 고체에어로졸자동소화장치

㉤ 상업용 주방자동소화장치

㉥ 캐비닛형자동소화장치

스프링클러헤드

③ 옥내소화전설비(호스릴 옥내소화전설비를 포함)

④ 스프링클러설비등: 스프링클러·간이스프링클러(캐비닛형 포함)·화재조기진압용 스프링클러설비

⑤ 물분무등소화설비:물분무·포·이산화탄소·미분무·고체에어로졸·할론·분말·강화액·할로젠화합물 및 불활성기체소화설비

⑥ 옥외소화전설비

2. 경보설비

화재발생 사실을 통보하는 기계·기구 또는 설비로서 다음과 같다.

① 비상경보: 비상벨설비·자동식사이렌설비

② 비상방송설비

③ 자동화재속보설비

④ 자동화재탐지설비

⑤ 시각경보기

⑥ 누전경보기

⑦ 가스누설경보기

⑧ 통합감시시설

⑨ 단독경보형감지기

⑩ 화재알림설비

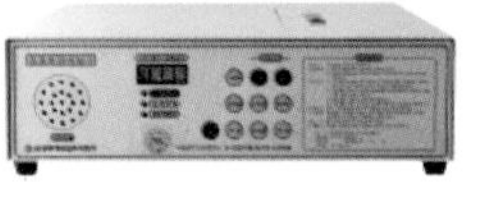

자동화재속보설비

비상방송 설비

누전 경보기

단독경보형 감지기

| 참고 | 소방시설의 분류

3. 피난구조설비

화재 시 피난하기 위하여 사용하는 기계·기구 또는 설비로서 다음과 같다.

① 인명구조기구*: 방열복, 방화복, 공기호흡기, 인공소생기)
(*^^ 방화복: 안전헬멧, 보호장갑, 안전화를 포함한다.)

② 비상조명등 및 휴대용비상조명등

③ 유도등: 피난구·통로·객석 유도등, 피난유도선, 유도표지

④ 피난사다리, 구조대, 완강기 그 밖의 소방청장이 고시하는 화재안전기준으로 정하는 것

휴대용 비상조명등

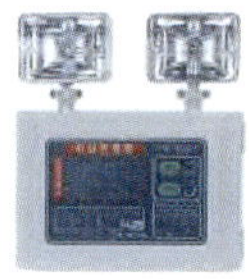
비상조명등

4. 소화용수설비

화재를 진압하는 데 필요한 물을 공급하거나 저장하는 설비로서 다음과 같다.

① 상수도소화용수설비

② 소화수조·저수조 그 밖의 소화용수설비

5. 소화활동설비

화재를 진압하거나 인명구조활동을 위하여 사용하는 설비로서 다음과 같다.

① 무선통신보조설비　② 제연설비
③ 비상콘센트설비　④ 연결살수설비
⑤ 연소방지설비　⑥ 연결송수관설비

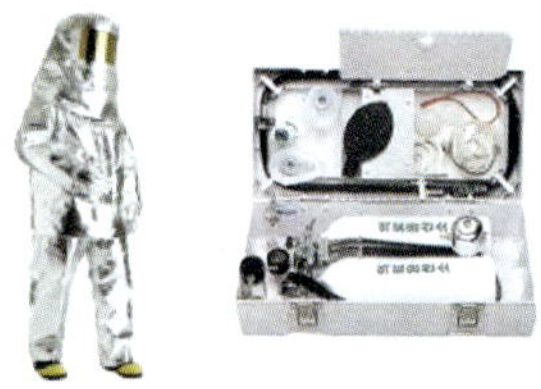
방열복과 인공소생기

1번 소화설비는 관계인이 하는 "초기소화", 4 · 5번은 소방대원이 하는 "본격소화" 설비이다.

소화설비의 종류 정리

- 소화설비의 종류
  - 소화기구(소화기, 자동확산소화기, 간이소화용구) 및 자동소화장치
  - 옥내소화전 설비
  - 스프링클러 설비 등
  - 물분무등 소화설비
    - 물분무소화설비 및 미분무소화설비
    - 포 소화설비 및 강화액 소화설비
    - 이산화탄소 소화설비
    - 고체에어로졸 소화설비
    - 할론 소화설비, 분말 소화설비
    - 할로젠화합물 및 불할성기체소화설비
  - 옥외소화전 설비

| 한눈 목차 | 주요 내용

1 위험물

- (1) 제1류(산화성 고체) → 염류+무기(9) / 불연성, 알칼리금속과산화물+물=O_2
- (2) 제2류(가연성 고체) → 황화황적 마금철인(7) / 환원·속연성 물질, 화기주의!
- (3) 제3류(자연발화+금수성) → 주로 거센발음(10) / 화기엄금+물기엄금(황린x)
- (4) 제4류(인화성 액체) → 특알석동(7) / 전기부도체, 주로 비수용성, 비중1↓
- (5) 제5류(자기반응성 물질) → 물+유기(9) / 산화성, 내부·셀프연소 폭발성물질
- (6) 제6류(산화성 액체) → 과염소산+H_2O_2+질산(3) / 접촉주의!
- * 위험도: 3·5〉4〉2〉1·6류/ *특성: 비중1이상(4류제외), 비수용성(1·6류제외)

- 4류위험물
  - 특수인화물 → CS_2+에테르/ 발화100·인화-20·비점40℃ 이하
  - 알코올류 → 60% 이상, 메탄올·에탄올·프로판올,/ (400ℓ)
    - ① 1석유류 → 아세톤+휘발유(400+200ℓ) / 21℃미만
    - ② 2석유류→ 등유+경유(1000ℓ) / 21~70℃미만
    - ③ 3석유류 → 중유+클레소오트유(2000ℓ) / ~200℃미만
    - ④ 4석유류 → 기어유+실린더유(6000ℓ) / ~250℃미만
  - 동식물유류 → 예 건성유(아마인유) / (1만ℓ) / 250℃미만

2 피난 및 건축론

- **1** 피난론
  - (1) 피난특성 → 좌회·지광·귀소·추종·퇴피본능 / 패닉: CO형, H형
  - (2) 계획/ 원칙 → 단순·명료 / 원시적·고정적 / 도피·대항·회피성
- **2** 건축론
  - 고층건물 → 30층 이상, 120m(* 초고층:50층 이상, 200m 이상)
  - 주요구조부 → 바·지·보·내·주·기 (* 내화구조 벽두께: 10cm 이상)

3 소방시설

소방시설 — • 소화설비(6) • 경보설비(10) • 피난설비(4) • 소화용수설비(4) • 소화활동설비(6)(무제비3연)

- **1** 소화기구 — • 대형소화기 → A급10단위↑ B급 20단위이상, 거리 30m↓, 높이 1.5m 이내
- **2** 옥내소화전 — • 가압송수 → 고가·가압·지하·압력수조/ 130ℓx20분= 2.6m^3 x 2개= 5.2m^3
- **3** 옥외소화전 — • 소화전과 함= 5m 이내, 거리 40m↓ / 350ℓx20분= 7m^3 x 2개= 14m^3
- **4** 스프링클러 / **5** 간이 스프링클러
  - 초기·자동·적상주수, 신뢰, 고가, 설치복잡. 80ℓ
  - ① 습식 → 알람체크, 가압수, 폐쇄형, 감지기(x);
  - ② 건식 → Dry 질소·압축공기, 폐쇄형, 감지기(x)
  - ③ 준비작동→ 프리액션,, 대기·저압, 폐쇄형, 감지기(o)
  - ④ 일제살수식→ 델류지밸브, 대기압, 개방형, 감지기(o)
  - ⑤ 부압식 → 프리액션,, 부압의 물, 감지기(o)
- **6** 물분무등소화설비
  - ① 물분무
  - ② 미분무→ 스프링〉 물분무〉 미분무
  - ③ 포 → 혼합장치 4가지
    - ① 라인 → 작용에
    - ② 프레져→작용과
    - ③ 펌프 → 흡입기
    - ④ 사이드→압입용
  - ④ 이산화탄소→ 전역·국소·이동식
  - ⑤ 할론→ 방호구역 외 설치
  - ⑥ 분말
  - ⑦ 강화액
  - ⑧ 할로젠화합물 및 불활성기체 소화설비
  - ▶ 물분무등→ (제)물포 이미 고할분 강할불

- **1** 자동화재탐지설비
  - ① 감지기→ 차동식+정온식= 보상식
  - ② 발신기→ 높이 0.8~1.5m 설치
  - ③ 음향장치→ 수신기 내부·직근, 90db
  - ④ 중계기→ 수신기에 따라 P형, R형,
  - ⑤ 수신기→ P형, R형(현대식, 고유신호)
- **2** 기타경보설비

- **3** 피난설비
- **4** 소화용수설비
- **5** 소화활동설비

| 4편 학습 | 소방시설 이야기

제1장 "위험물의 성상"은 제2편 공학론의 주요 이론에 심화로 중복 첨부되기도 하여 생소한 단어와 어려운 듯한 이론이지만, 필수 학습 과정의 한 부분으로서 반복 리딩이 필요하다. 위험물안전관리법에 속하는 제1류~제6류까지 ① 성질 ② 품명 ③ 지정수량 ④ 일반성질이 중요하다. (* 여기서 1류 · 6류는 불연성으로서 자신은 타지 않지만 주변 가연물과 접촉으로 폭발도 가능하며, 3류 · 5류는 고체 · 액체로서 본격 화재 시 지구상에 아직까지 소화약제가 없다는 개념도 필요하다.)

제2장 "피난 및 건축론"에서 피난이론은 ① 인간의 피난본능 ② 피난동선 ③ 피난계획의 대책과 원칙 위주로 짧은 시간의 상식이론이다. (* 건축이론은 건축법령의 핵심이론으로서 분석을 생략한다.)

제3장 "소방시설"이론은 대학의 소방학과에서 '기계분야'와 '전기분야'를 각 과목으로 한 학기씩 1년을 배우는 긴 시간의 이론으로서 '구조 및 원리'를 알아야 풀리는 이론으로 개념이 필요하다. '기계분야'에서는 ① 옥내소화전설비 ② 스프링클러설비가 우리 주변에서 볼 수 있어서 우리가 알아야 할, 주 이론이며 스프링클러설비에서는 5가지 종류에 대하여 충분한 이론을 요구한다. (* 또한 포소화설비의 혼합장치 5가지 역시 이해가 필요한 이론이지만 이 부분은 어렵지 않다.) '전기분야'에서는 자동화재탐지설비에서 ① 구성요소 ② 경계구역 ③ 감지기 ④ 수신기 등이 주 이론이며, 유도등도 그 특성을 간단히 살펴보도록 한다.

REFERENCE

- 예외사항으로 분석하는 소방공학 -

21세기 과학은 아직도 완성 단계가 아니며 지속적으로 연구를 거듭한다.
전자는 셀룰러폰시대로 인해 무선으로 발달을 하지만, 전기는 아직도 유선이며 원시적이다.
의학도 마찬가지로 메르스, 사스, 암, 희귀병 등의 치료제가 없어 끊임없이 노력을 거듭한다.
제3류와 5류 위험물 소화제가 지구상에 개발되지 못해서 화재 시 주변 연소를 방지하고 내버려 둔다.
우리가 배우는 유체역학에 물 속에서 공기방울이 생기는 공동현상도 펌프가 제대로 완성·제작되면 (= 동일 효율에 위치·온도·속도를 낮게) 그에 따른 이론은 이제 모든 책에서 영원히 빠지게 된다.

➡ 소방공학도 마찬가지이다.

① 연기는 황사보다 약 100배 정도 작은 불완전 연소된 고체가루인데 우리는 기체로 알고 있으며
② 김은 액체인데 수증기로 착각하며, 구름도 액체인데 기체로 착각하며 생활과학 속에서 살아왔다.
③ 눈에 보이는 것은 액체이다 김, 안개, 구름 등,(분무연소는 액체 연소, 할론1211은 액체 분사이다.)
④ 눈에 보이지 않는 것이 기체이다 공기, 수증기, 산소, 질소 등(예외: 불소·염소는 옅은 황녹색.)
⑤ 물이 제일 빨리 끓어서 물을 기준으로 물의 비열이 1이지만 헬륨, 수소 비열은 두세배 더 크다.
⑥ 할론약제는 모두 독성이 있다 하지만 1301은 원래 독성이 없다.(방사시 열과 만나 독성이 생긴다.)
⑦ 제4류 위험물 특수인화물인 (디에틸)에테르가 -40℃에서 불이 붙지만 이소프렌은 -54℃이다.
⑧ 제4류 위험물의 증기는 공기(29)보다 무겁지만 예외로 1석유류인 시안화수소(HCN, 27)는 가볍다.
⑨ 아세틸렌 연소범위가 2.5~81%를 보통은 최대로 알고 있지만, 실란(SiH_4)은 1.4~96이다.
⑩ 포스겐, 아크롤레인 독성의 허용농도가 0.1ppm이지만, 알진(AsH_3)은 0.05ppm이 된다.
⑪ 폭발도 밀폐계에서 압력으로 폭발하지만 증기운폭발은 개방계에서 화학적 폭발을 한다.
⑫ 백드래프는 주로 말기정도에 CO폭발(12.5~75%)로 일어나지만 중기에서도 폭발을 한다
⑬ 가연성 가스는 주로 L 10%↓것과 U와 L의 차가 20%↑이지만, 암모니아는 15~28%이다.
⑭ 할론·포·분말소화약제, 스프링클러의 종류도 우리는 5개 정도 배우고 있지만 더 있다.
⑮ 불은 고체도 액체도 기체도 아닌 제4의 물질 '플라즈마' 상태로 현대과학은 정리한다.

어느 필자는 소방도서를 약 30년을 썼다지만 소방의 학문은 아직이라고 말한다.
일반 과학도 사실적 단 몇 가지의 수학과 물리의 발견으로 21세기가 존재하고 있다.
"소방공학은 항상 예외사항이 존재한다~" 소방공학은 과학의 굴레에서 끝이 없다!
그 이유로는 방대한 지식보다 더 적지만 확실한 정답과 개념을 찾기 위함이고
현대 과학과 더불어 소방의 지식도 아직 여기까지~. 라고 말하고 있다.

P/A/R/T

05

참고이론(부록편)

CHAPTER

01 유체이론

1. 공동현상(Cavitation)

공동(空洞)현상은 물 속에서 공기방울이 생기는 것이라 할 수 있다.

- 진공 속에 들어온 물이 증발하여 액체가 기체가 되는 현상이다.
- 펌프 위치가 높거나 펌프의 흡입력이 낮을 때 발생하며, 물이 증발해서 물속에 용해되어 있던 공기가 물과 분리되어 기포*(= 공기 거품현상)가 발생하는 압력이 약한 현상 등이다.

(1) 공동현상 발생 원인

① 펌프의 설치 위치가 수원보다 높은 경우. (= 펌프 흡입 길이가 높을 때)

② 펌프의 흡입측 수두*가 클 경우. (= 펌프가 높을 경우)

③ 펌프가 흡입하는 압력이 유체의 증기압보다 낮을 경우. (= 흡입력이 약할 때)

④ 펌프의 흡입관경이 너무 작거나 흡입거리가 길 때. (= 배관에 부딪쳐서)

⑤ 펌프의 임펠러*속도 및 마찰 손실이 클 경우. (= 날개바퀴와 물의 마찰로)

⑥ 배관 내의 물의 온도가 높을 때(=물의 퍼짐현상으로)

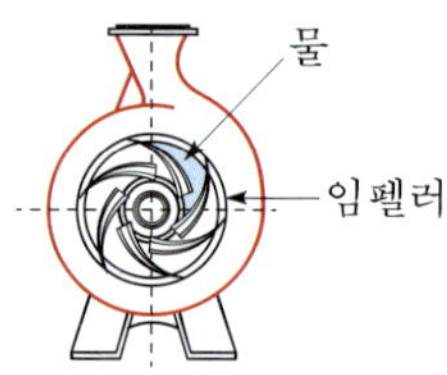

(*^^ ①②③은 수원보다 펌프가 너무 높아서 발생하는 현상이다.)

(2) 공동현상 방지대책

① 펌프의 설치 위치를 가급적 **낮춘다**. (= 펌프 위치를 낮게 할수록, 물에 가깝게)

② 펌프의 흡입측 수두 및 마찰 손실을 적게 한다. (= 펌프를 낮게, 마찰을 적게)

③ 펌프의 흡입관경을 크게 한다. (= 관경이 크면 물이 배관에 덜 부딪친다)

④ 흡입관의 배관을 간단히 한다. (= 배관이 꺾이고 복잡하면 더 부딪친다)

⑤ 펌프의 날개바퀴인 임펠러 속도를 적게 하거나 수중에 잠기게 한다. (= 마찰이 줄어든다)

⑥ 양흡입 펌프를 사용한다. (= 양쪽에서 물을 흡입하여 속도를 줄인다)

⑦ 펌프를 2대 이상 설치한다. (= 2대를 설치하여 일정량을 천천히 흡입)

▸ **핵심 개념**

① 펌프가 수원보다 높을수록　　② 물이 고온일수록

③ 배관이 가늘고 복잡할수록　　④ 속도가 빠를수록

▸ **암기** : 높고 가복빠(* 공동현상 어려워 놓고 가고파)

(*^^ 공동현상의 방지대책은 펌프의 위치, 온도, 속도 등을 낮춘다는 개념이다.)

2. 수격작용(Water hammering)

펌프에서 물이 이동할 때 정전 등으로 갑자기 펌프가 정지하거나 갑자기 밸브를 잠글 경우 배관 내 유체의 운동에너지(동압)가 → 압력에너지(정압)로 변하면서 고압이 발생하고 유속이 급변하여 압력 변화를 가져와 배관 내 벽면을 치는 현상 등이다.

방지는 수격방지기·서지탱크(조압수조)·플라이휠·에어챔버 설치이다.

(*^^ 수격작용 발생 원인은 정전 등으로 갑자기 펌프가 정지할 경우, 갑자기 밸브를 잠글 경우, 펌프의 정상 운전 시 유체의 압력이 변하는 경우 등이다.)

수격방지기

3. 맥동현상(Surging, 써징현상)

펌프 운전 시 송출 압력과 송출 유량이 주기적으로 변동하는 현상이다. 주로 공동현상 이후에 발생하며 유량이 변하여 펌프의 입구·출구에 설치된 진공계·압력계가 흔들리는 진동·소음이 발생하며 토출유량이 변한다. 즉, 펌프 운전 시 규칙적으로 발생한다.

4. 이상기체 상태방정식

이상유체란 실제유체를 비압축성이며 점성이 없는 유체로 가정하여 다음과 같이 표시한다. 즉, 실제로 존재하는 기체는 제각기 성질이 다르므로 공통적인 학문을 정립하기 위하여 학자들은 가상적인 상태의 기체 방정식을 만들어서 압력과 부피 등을 구해내고 있다.

① $PV = nRT$ $\left(PV = \frac{W}{M}RT\right)$ 즉, $PVM = WRT$

P: 압력[atm] V: 부피 n: 몰수: R: 0.082 T: 절대온도(273+℃)°k w: 무게(g) M: 분자량

5. 베르누이의 정리

베르누이는 유체의 위치에너지와 운동에너지의 합은 항상 일정하다고 규정하고, 단면적이 큰 곳은 유체의 흐름이 느리고 압력은 높으며, 단면적이 작은 곳은 유체의 흐름이 빠르고 압력은 낮다고 정리한다.

(*^^ 베르누이: 스위스 과학자)

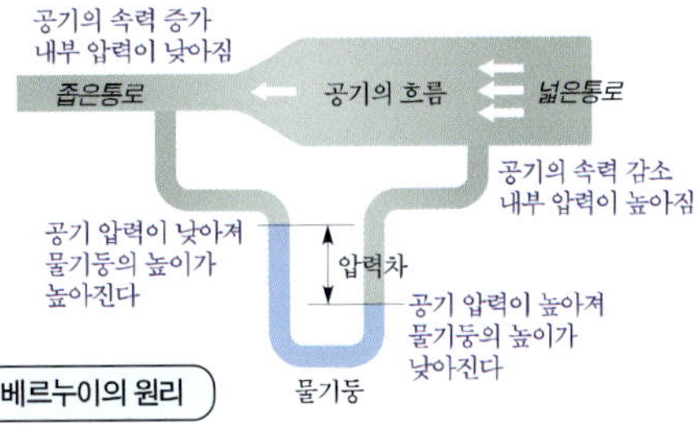

베르누이의 원리

---

* 기포: 공기 거품
* 맥동: 고동,(써지: 밀려오다)
* 임펠러: 펌프 등의 회전체.(날게 바퀴)
* 펌핑(Pumping): 펌프가 물을 끌어올리는 것
* 수두: 높은 곳에 있는 물이 가지는 기계적 에너지·압력·속도 등을 물의 높이 등으로 나타낸 값.
* 조압수조(surge tank: 압력을 조절할 수 있는 수조
* 수격방지기(=water hammering cusion)

01 예제

유체가 규칙적으로 흐르는 경우에 어떠한 단면에서도 위치, 속도, 압력과 각 수두의 합은 일정하고 배관 내 유체의 속력이 증가하면 압력은 낮아진다는 법칙은 무엇인가?

① 베르누이의 정리 ② 에너지보존법칙
③ 열량보존의 법칙 ④ 이상기체 상태 방정식

해설 베르누이의 정리에 대한 설문(설명문)이다. 답 ①

02 예제

0℃ 1atm인 완전히 밀폐된 지하공간에서 화재가 발생하였다. 외부에서 관측된 화재현장 온도는 400℃였다. 이상기체 조건에서 화재 전보다 후의 실내압력은 몇 배 증가했는가?

(* 소방공무원 임용시험)

① 2.1배 ② 2.3배 ③ 2.5배 ④ 2.7배

해설 400℃(400+273) = 673 ˚ K} 0 ˚ : 400 ˚ = 273 ˚ K : 673 ˚ K ∴ 673 ˚ k / 273 ˚ k= 2.46배 답 ③

[참고] The 쉬운 풀이
유체역학에서 이상기체상태방정식 PV = nRT에서
0℃ 1atm(1기압)의 압력으로 제시된 조건은 온도뿐이다.
섭씨 0도를 절대온도로 273 ˚ K 이다, 섭씨 400℃를 절대온도로 바꾸면 273+400= 673 ˚ K.
0 ˚ : 400 ˚ = 273 ˚ K : 673 ˚ K 그러므로 673 ˚ k / 273 ˚ k = 2.46배 ∴ 2.5배가 된다.
[* 즉, PV = nRT 에서 PV = nR(T_1 − T_2) ⟶ 제시 조건은 온도뿐이므로 P = (T_1−T_2)]
[P: 대기압(1atm) / V: 부피(ℓ) / n: 몰수 / R: 기체상수(0.082) / T: 절대온도(273 + ℃) ˚ K]

03 예제

물 1g이 100 ℃에서 1,700배 부피 팽창하는 이유를 증명하시오! (* 필자 제시문제)

$$\mathrm{PV} = \mathrm{nRT}\left(PV = \frac{W}{M}RT \rightarrow PVM = WRT\right)$$

$$V = \frac{WRT}{PM} = \frac{1 \times 1{,}000 \times 0.082 \times (273 + 100℃)}{1 \times 18(\text{물 분자량})} = 1{,}699 \quad \therefore 1{,}700\text{배}$$

[P: 압력[atm] V: 부피 n: 몰수: R: 0.082 T: 절대온도(273 + ℃) ˚ k w: 무게(g) M: 분자량]
[* 원자량 ⟶ H(수소):1, O(산소): 16에서, 물= H_2O = 18 / 액체밀도: g/ml, 1ℓ =1,000mℓ]
그런데 팽창하는 이 물질은 눈에 보이는 김일까요? 눈에 보이지 않는 수증기 일까요?

해설 수증기.(* 참고: 김은 공기가 식혀져 공기 중의 수증기가 미세한 물방울이 된 액체이다.)
연기(고체), 김(액체), 수증기(기체)로서 고체, 액체는 사람 눈에 보이나 기체는 보이지 않는다.

REFERENCE

- 연상기억법과 영상기억법(1) -

■ 문자기억

1 2 3 4 5 6 7 8 9 0 　 1. 3. 6. 8. 　 1'1 2'2 3'3 6'6

ㄱ ㄴ ㄷ ㄹ ㅁ ㅂ ㅅ ㅇ ㅈ ㅊ 　 ㅋ ㅌ ㅍ ㅎ 　 ㄲ ㄴ ㄸ ㅃ

A B C D E F G H I J

ㅏ ㅑ ㅓ ㅕ ㅗ ㅛ ㅜ ㅠ ㅡ ㅣ

■ 숫자기억

0 1 2 3 4 5 6 7 8 9 10 .

영 하 두 세 네 다 여 치 파 아 열 도

공 넘 니 산 시 고 죽 철 발 기 장 정

■ 기억법을 만드는 6공식(보생바나꺼부)

문장과 단어의 첫 자 등을 이용하여 가장 최적의 기억법을 만든다.

① 보태어 본다. 　 ② 생략하거나 빼어본다. 　 ③ 바꾸어 본다.

④ 나누어 본다. 　 ⑤ 거꾸로 해 본다. 　 ⑥ 부분적으로 변경한다.

(※ 디자인의 8공식은 ⑦ 동양과 서양을! ⑧ 고전과 현대를 접목! 을 추가한다.)

상정은 인상이 강하게 즉 새롭고 특이할수록

① 엉뚱할수록(특정할수록)
② 큰 물건일수록, 비쌀수록
③ 거리감이 없을수록(근시일수록)
④ 밀접하게 결합된 상태일수록
⑤ 좌측(시작쪽)이 가볍고, 우측(끝쪽)이 무거운 것 / 상쪽이 가벼운 것, 하쪽이 무거운 것
⑥ 비교는 좌우, 상하 / 분수는 모(기준)에 대한 자(비교)의 비로 / 원형은 시계방향 ↷
⑦ 국어사전 순, 영어사전 순, 영상기억(얼굴 등 형태기억), 연상기억(비교기억), 압축·연결법

기억법의 원리~

① 반복하던지(여러 번) 　 ② 자극을 받던가(강한)
③ 눈으로 보아두던가(어떤 현상을) 　 ④ 연결시키던가(이미 알고 있는 것과)
⑤ 상상하던가(마음의 눈으로) 　 ※ 참고: 연상(비교)기억 및 영상(이미지)기억

REFERENCE

- 연상기억법과 영상기억법(2) -

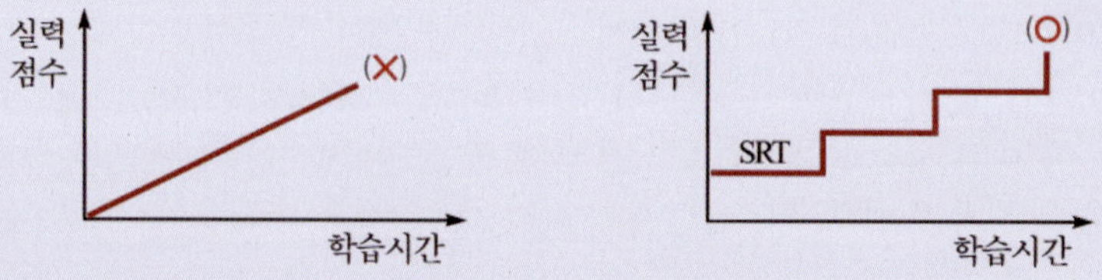

- 첫 Start(1 사이클)는 실력이 오르는게 아니고 범위와 용어 정도를 배우는 것이다.
- 실력은 시간과 비례하지 않는다. 점수는 경사식이 아니고 계단식 비례로 올라간다.
- 학습은 점보다는 면으로 이해→ 면보다는 선을 함축할 수 있어야 스킬(기술)이다.
- Why? 라고 물었을 때 답이 없으면 외운다.(Why? 1번=정보, 2번=지식, 5번=학문)

1. Why: 이 공부를 왜? 하는가?
2. 열정과 Skill: 그들보다 열정이 있는가? 또한 기술은?

3. Skill(기술)은? (* 어쩌다 수석을 하면 수석은 지키는 것이다.)
   ① 좌측(시작쪽)이 가볍고, 우측(끝쪽)이 무거운 것 / 상쪽이 가벼운 것, 하쪽이 무거운 것
   예 기체→ 액체→ 고체 / 예 하버드: 하인리히(좌초)→ 버드(최신) / 열전도율: ▸ 기소고대
   ② 단순 비교는 좌우, 상하 / 분수는 모(기준)에 대한 자(비교)의 비 / 원형은 시계방향
   ③ 숫자를 문자로(문자→ 숫자나 영어) 자연발화 방지: AQTm↓ (표면적·발열량·온도·습도)
   예 열용량: ▸ 80, 539(* 팔공산에 고3이 9명)
   ④ 이해+국어사전 순 예 연기: 백색→ 흑색,/ 무염→ 발염./ 수간화→ 수관화
   ⑤ 이해+영어사전 순 예 LNG(가볍다)→ LPG(무겁다)/ LOAEL(최소농도)→ NOAEL(최대농도)
   ⑥ 영상기억(얼굴 등 형태 기억) 예 탈렌트 기억 소지섭~ / 예 0.8~1.5m / 예 FO: 퍽! BD: 펑!
   예 전도(→||←), 대류(↻), 복사(→↓) / 예 R/O⤻, F/O⤼
   ⑦ 연상기억(비교기억)→ 예 제거소화: 차단(격파 이소룡) / 소위, 대위 예↓ ↓↓, ↑ ↑↑
   예 소화(가산점연): 가연물→ 제거 / 산소→ 질식 / 점화원→ 냉각 / 연쇄반응→ 억제
   ⑧ 첫글자로 기억(보생바나거부)= 보탠다, 생략, 바꾼다, 나눈다, 거꾸로, 부분적으로 변경한다.
   보 예 급수화재: 일류로 전근가주 / **생** 예 석유류 인화점: 21→70→200→250
   바 예 브질요300 → 질요브300(진료부산), 차보정, 최지혹 / 나 예 ▸ 염전부식, ▸ 황달싢불
   거 예 기상폭발: Uvce(증)·분해·분진·분무·가스 ▸ 유해진 무스
   부 예 특재 지원: 행정, 재정, 금융, 의료→ 하자구요 / 징계: 파면, 해임, 강등, 정직→ 포항가자
   ⑨ 압축연결법: 3경보기, 3상황, 4비(뽀비), 4밀집 / 수조: 고가→가압→압력(力)→펌프

REFERENCE (연상기억)

이해를 하고 기억해야 뇌 속의 기억저장소 측두엽 해마에 오래 저장될 수 있다.

01 소화설비 6가지를 열거하시오.

소화기구, 옥내소화전설비, 스프링클러설비, 물분무등소화설비,, 옥외소화전설비, 자동소화장치

▸ 암기: 소옥스물옥자(* 연상 소옥이가 스물에 소화설비 하면서 옥자를 낳았다)

02 간이소화용구 4가지, 자동소화장치 6가지, 물분무등소화설비 9가지를 열거하시오.

- 소화약제 외의 것을 이용한 간이소화용구, 소공간용·에어로졸식·투척용 소화용구
- 분말, 주거용주방, 가스, 고체에어로졸, 상업용주방, 캐비닛형자동소화장치
- 물분무, 포, 이산화탄소, 미분무, 고체에어로졸, 할론, 분말, 강화액, 할로젠화합물 및 불활성기체

▸ 암기: 소소에투척(* 연상 소 2마리에 1회용 간이소화용구를 투척했다)

▸ 암기: 분주가고상캐(* 연상 스토커 분주가 가고 자동으로 상쾌했나)

▸ 암기: 물포이미고할분강할불 (* 연상 제물포에서 이미 고할분은 물분무등이 강할뿐이다.)

03 경보설비 10가지를 열거하시오.

비상경보설비(벨, 사이렌), 비상방송설비, 자탐(=자동화재탐지설비), 자동화재속보설비, 시각경보기, 누전경보기 가스누설경보기, 통합감시시설, 단독경보형감지기, 화재알림설비 / *학습 시 뽀비(4비)! 즉 4비(비상경보, 비상방송, 비상조명등, 비상콘센트)가 있듯이 3경보기를 묶어 기억한다.

▸ 암기: 비비자자 시누가 통단알(* 연상 경보가 울려도 시누이가 비비고 잠을 자자, 통단할~)

04 피난구조설비 4가지와 인명구조기구 4가지를 열거하시오.

인명구조기구, 비상조명등 및 휴대용 비상조명등, 유도등, 피난기구 ▸ 암기: 인조유피(* 인조가죽)
방열복, 방화복, 공기호흡기, 인공소생기 ▸ 암기: 방방호인(* 방방호인)
시험은 공기호흡기, 대신 공기안전매트를 넣고 관찰력을 요구한다. 방방공인(×) 방방호인으로 기억한다.

05 소화활동설비 6가지를 열거하시오.

연결송수관설비, 연결살수설비, 연소방지설비, 무선통신보조설비, 제연설비, 비상콘센트설비

▸ 암기: 3연 무제비(* 연상 소방관의 소화활동으로 3년간 제비가 오지 않았다)

REFERENCE (단축기억)

p95 화재의 분류: 일반, 유류, 전기, 금속, 가스, 주방(▸ 일류로 전근가 줘!)
화재의 분류 색상: ▸ 백황청무황 (* 백가지 황금보다 청렴하게 무황이 낫다)
p101 ③ F.O 영향조건: ▸ 화내개(* 화내게) / ⑤ F.O전이의 지연대책: ▸ 배냉공(* 배냇골)
p106 ④ 목조건축물의 화재진행 과정: 무염착화 ⇢ 발염착화(* 국어사전 순)
p107 ⑦ 탄화심도 중 균열흔: 완소흔 ⇢ 강소흔 ⇢ 열소흔(* 완강한 열)
p111 유류탱크 이상현상: 오일, 슬롭, 링, 후로스, 보일오버 ▸ 오슬링 후보(* 오바마 동생)
• 보일오버 키워드: 장시간, 바닥(▸ 장바보) • 후로스오버 예: 아스팔트(▸ 아식스, 후로스펙스)
p115 • 1석유류~4석유류 지정품목: ▸ 1아가, 2등경, 3중클, 4기실 (* 휘발유=가솔린)
• 원유의 분별 증류 순: 휘발유 ⇢ 등유 ⇢ 경유 ⇢ 중유(* 자음을 따서 ▸ 호두과자)
p118 유도열과 유전열 ▸ 자도절전 (* 자장은 유도열, 절연은 유전열, 잠을 자도 절전하자.)
p119 전기적 점화원 구분 ① 단락열 ② 과전류 ③ 누전 ④ 낙뢰 ⑤ 정전기 ⑥ 유도열
⑦ 유전열 ⑧ 아크열 ⑨ 저항열 ⑩ 지락 ▸ 단과 누락 정도전 아저씨
p128, 129 화재강도: 배구발표 / 최대시간 x 지속시간= 화재가혹도 ▸ 최지혹(* 최지우 동생)
p147 색상: ▸ 홍칠, 황천, 주황구천 / ▸ 적바로(적850), 휘적구요(휘적950), 황적11, 백적13, 휘백15
p149 증발연소: ▸ 파나유 요고 왕창 / 분해연소: ▸ 종석이 목 풀고서 / 표면연소: ▸ 포스코 금속
p153 메탄, 에탄, 프로판, 부탄 순서: ㅁㅇㅍㅂ ▸ 마아포발(* 마포발) / ▸ 모옥포발(* 목포발)
p154, 159 연소속도 영향요인 및 발화점 영향요소의 단어: 온도(t)·산소(o)·압력(p)= Top
p160 분산중미흡 / 분해열: ▸ 니셀리 3틸렌 / 산화열: ▸ 산석기 황금원고 / 중합열: ▸ 희한한 사내
p161 자연발화 방지법: ▸ 스노피(습도가 높은 곳을 피한다. 습높피= 스노피가 방지한다!)
▸ 아이큐 티미 ↓ (* AQTm ↓ = 표면적·발열량·온도·수분이 낮을수록) Q: quantity
p166 연소생성물: ▸ 연불열연, 가불열연(* 연불 혹은 가불하며 열열히 연애!) * 가불(=가스, 불꽃)
p167 염화수소(Hcl): ▸ 염전부식(* 염화수소는 전선의 절연재가 탈 때, 부식성있는 가스)
p168 황화수소(H_2S): ▸ 황달식불(황화수소는 달걀썩는 냄새, 10ppm, 황 함유물질 불완전연소시)
▸ 에이치 에이치스 (* 달걀썩는 냄새로 황화수소는 "에이치 에이치" (H_2)기침 난다)
p171 연소범위 순서: ▸ 아산 수일 아에이~ 가벤 (* 충남 아산 수일에게 가짜 벤츠 선물한다)

① 아세틸렌(2.5~81): 아틸이오팔일 (▸ 아찔이오 말일날)
② 수 소(4~75): 수소사치오 (▸ 수소는 사치요)
③ (에틸)에테르(1.9~48): 1948(▸ 1948년 정부수립)
④ 암모니아(15~28): 암니십오이팔 (▸ 앞니 씹어 이빨)
⑤ 일산화탄소(12.5~75): (▸ 일이좀 오~시오)
⑥ 메 탄(5~15): 5월 15일(▸ 스승의 날, 메탄의 날)
⑦ 프로판(2.1~9.5): 이하나구오(▸ 이하나양 이구요 / 프둘하구요)
⑧ 부탄(1.8~8.4): 한팔 팔자(▸ 부탄가스를 먹고 한팔을 팔자로 벌리고 잤다) / 욕하며 빨리 사와!

p173 위험도 순서: ▸ 이아산에 수에산~ 에메암 (*이 아산에 수애에게 위험도 외우게 하기는 애매하다.)

REFERENCE (단축기억)

p178 현열과 잠열 ▸ 현온잠상(* 현열은 온도만 따지는 열, 잠열은 상태만 따지는 열

p179 80 ⇢ 539 ▸ 80,539 (* 연상: 잠열값을 구하러 팔공산에 가면 항상 고3이 9명이 있다.)

p180 열의 이동: 전대, 복사, 대류 ▸ 전대복(* 전씨 가문에 대단한 복이 생긴다)

스테판볼츠만의 법칙에서 열전달면적에 비례, 절대온도4승에 비례 ▸ 열면비, 절사비

p182 (3) 연기 유동속도: 수평: 0.5~1, 수직: 2~3, 계단: 3~5m/s ▸ 부산☎ 051-2335번

(4) ② 화재 시 연기는 처음엔 백색, 나중에는 흑색으로 변한다.(* 국어사전 순)

p184 하단 박스 저층건물 연기유동 원인: 열, 대류, 화재(연소)압력 ▸ 열대화

p185 감광계수 0.3 가시거리 5m 피난할 때 지장: ▸ 영삼오피(* 영삼이가 5피박으로)

감광계수 0.5 가시거리 3m 어둠침침: ▸ 영호새침(* 그의 동생 영호가 새침해졌다.)

p186 제연방식: 제연방식은 자연, 밀폐, 기계, 스모그타워 ▸ 제자 밀키스

p187 하단 박스 기계제연방식 3가지: ▸ 1기기, 2기자, 3자기

------* 폭발이론

p199 기상폭발: Uvce(증기운)·분해·분진·분무·가스 ▸ 뷰해신 무스

p200 분진폭발 촉진조건: 밀도 · 수분 · 입자가 작을수록.. ▸ 밀수입 감소

분진폭발 영향인자: ▸ 산수화 가입

분진 발화·폭발 조건: ▸ 가미점교폭(* 가미정 교포)

분진폭발(x): 석회가루, 탄산칼슘, 생석회, 시멘트·대리석 가루, 유리 ▸ 석가탄생 시대유

p202 분진폭발과 가스폭발의 비교

▸ ① 가스- 1차 최연소폭발(* 1차 폭발에 한하며 최초폭발, 연소속도, 폭발압력이 크다)

▸ ② 분진- 2~3차 발파시(* 2~3차 폭발이 가능하며 발화에너지, 파괴력, CO 발생률이 크다)

p205 폭발등급분류:

▸ 3등 수소아이는, 에석하고 희한하게 2등했고, 1등 프로되기 위해 아마 매일 09히 부탁!

------* 소화이론

p220 제거소화: 차단 및 격리, 파괴, 이동, 소멸, 용량의 감소(감량) ▸ (차)격파 이소룡

p224 수계 / 가스계 종류: ▸ 강산물포 / 이할분할

p226 물분무 소화효과: 냉각·질식·유화·희석 ▸ 냉질유희(* 냉이 질속에서~)

p228 물의 동결방지제:'글리'자와'염화'자 들어가는 단어 ▸ 글리족과 염화족

p230 수용성 유류: ▸ 알퓨케 에테 에스테 알아니유(* 연상: 아프게 여태 여태 앓았니유?)

p238 탄소(C), 불소(F), 염소(Cl), 취소(Br): ▸ 탄불염치(CFCB)(* 탄불에 염치없이 CF찍다 시비)

p243 LOAEL: 농도를 감소시킬 때 심장에 악영향을 줄 수 있는 최소 허용농도. ▸ 엘감있소

p244 분말소화약제 1~4종: 나트륨, 칼륨, 인산암모늄, 칼륨+요소 ▸ 나칼인요(* 나가리요)

REFERENCE (단축기억)

■ '원인을 기준'으로 하는 이론 정리

① F/O 원인은 복사열(* 결과는 가스불 확대)
② B/D 원인은 산소(* 결과는 CO 가스폭발)
③ 화재시 가스중독 원인은 CO(* 결과는 Hb)
④ 블래비 원인은 물리적폭발(* 결과는 화학적)
⑤ 유화소화 원인은 유화층(* 결과는 산소차단의 질식소화)

■ '다양한 반응의 개념' 학습 정리

① 재난법상 각 책임자에 대한 행안부장관
② 리프팅에 대한 백파이어
③ 가연물의 특성, 대위에 대한 소위(작을수록 위험)
④ 확산연소에 대한 예혼합연소
⑤ 자연발화에서 각 종류(분산중 미흡)에 대한 산화열
⑥ 저층건물 연기를 이동시키는 요인에 대한 고층건물
⑦ 화학적 폭발에 대한 물리적 폭발의 종류
⑧ "석가탄생시대유"에 대한 분진폭발의 종류
⑨ 가스폭발에 대한 분진폭발의 비교
⑩ 사망·비응급·응급환자에 대한 긴급환자
⑪ 1급 응급구조사에 대한 2급 응급구조사
⑫ 1·2도 화상에 대한 3도 화상
⑬ 위험물"지정품목 외"에서 제3류·5류·6류이 아닌 제1류 위험물 8가지

■ 소방학에서 구성의 개념

① 화재의 급수 → 물질의 종류와 성상 - A·B·C·D·E·K급 화재
② A급·B급화재 → 재가 남느냐 재가 남지 않느냐의 구분
③ 보일·슬롭오버 → 탱크 바닥에 물이 있느냐? 탱크 속에 물이 차 있느냐
④ 석유류 구분 → 인화점에 따라 - 제 1·2·3·4석유류
⑤ 유염·무염연소 → 연쇄반응의 유무(일반적) - 유염연소(있다), 무염연소(없다)
⑥ 인화점·발화점 → 점화에너지 유무 - 인화점(점화원), 발화점(무점화원)
⑦ 인화점·연소점 → 연소의 지속여부 - 인화점(시작), 연소점(시작 후 지속)
⑧ 대류와 복사 → 매질(열 전달물질)유무 - 전도·대류(매질로), 복사(매질없이 전달)
⑨ LOI와 MOC → 연소를 지속하기위한 산소의 양 - 섬유 난연성 실험이냐?, 가스불 전파냐?
⑩ 폭연과 폭굉 → 화염의 전파속도에 따라 - 아음속(폭연), 초음속(폭굉)
⑪ 위험물 유별 → 품목별 성질, 예방·소화의 공통성 - 제1류~제6류위험물
⑫ 위험물 성상 → 화재위험성, 확대위험성, 소화곤란성 - 제1류~제6류위험물

REFERENCE (단축기억)

■ 이론에 어떤 제시가 없으면?

① 물질은 액체를 기준으로
② 구조는 내화구조를 기준으로
③ 유류탱크는 100만 리터를 전제로
④ 폭발은 화학적 폭발을 기준으로 한다
⑤ 화상은 열화상 그 기준을 전제로 한다.
⑥ 유도등 배선은 2선식을 기준으로 한다.

■ 기준을 잡아야 하는 소방공학 몇가지 분석!

① 연소범위 가장 큰 것 - 아세틸렌: 2.5~81%.(→ 산화에틸렌: 3~80% → 수소: 4~75% 순)
② 위험도가 가장 큰 것 - 이황화탄소: 35.7.(→ 아세틸렌: 31.4 순)
③ 비열이 가장 큰 것 - 물의 비열은 1로서 제일 크다.(수소, 헬륨 제외)
④ 발화점이 가장 낮은 것 - 황린: 30~34℃(→ 황화인, CS_2: 100℃, 셀룰로이드: 180℃ 순)
그 외 비공학론에서 중심의 기준 - 역사파트는 조선시대, 공무원법은 임용권자, 재난법은 행정관, 위험물론은 1~6류 모두, 구조·구급론은 자격, 시설론은 스프링클러, 자탐(자동화재탐지설비).

■ A·B·C급 화재에 적응되는 소화약제

일반적으로 A·B·C급 화재에 적응되는 소화는 제3종 분말소화기, 할론1211 소화기이다.
그러나 무상으로 방사 시 (액체의 작은입자가 공중에서 격리되어 일시적 전기부도체로서) 물, 강화액, 산·알칼리 소화제도는 수계에 속하지만 C급 전기화재에 적응이 가능하게 된다.
또한 심부화재 국소방출시 CO_2, 할로젠화합물 및 불활성기체는 A급화재에도 적응이 되므로 A·B·C급 화재에 적응되는 소화약제는 그 조건에 따라 실로 여러 가지로 구분이 될 수 있다.

■ 숫자가 클수록 작용(영향)이 큰 것:

① 화상: 1도< 2도< 3도< 4도화상
② 분말소화제: 1종< 2 혹은 3종 < 4종
③ 폭발의 등급: 1등급< 2등급< 3등급
④ 판매취급소: 1종< 2종판매취급소 ▸ 화분폭발

■ 숫자가 작을수록 작용(위험성)이 큰 것:

① 지정수량(kg, L)이 작을수록 위험하다
② 허용농도(ppm)가 작을수록 위험하다.

▸ 지정허용

■ 오동작(비화재보) 방지목적을 위한 4가지 시설이론

① 리타딩챔버 (습식스프링클러설비 - 20초 지연)
② 리크구멍 (차동식분포형 공기관식 열감지기)
③ 교차회로방식 (준비작동식·일제살수식 스프링클러, 이산화탄소·할론·분말소화설비)
④ 자동화재속보설비 (5~10초간 오보인가, 화재인가를 구분한 뒤 소방서에 통보한다.)

조 동 훈(약력)

· 소방서적 출간 약 200권(네이버 통계)
· 소방신문·매거진 20년 출제위원(매주)
· 소방전문사관(뉴단기) 소방학 대표교수
· 부산 경상대학 소방안전관리학과 교수
· EBS강의 소방학개론 및 소방관계법규
· 질문: 필자 메일 jodh119@hanmail.net

(제11판) The 쉬운 **소방학개론** 정가 27,000원

저자 : 전국소방대학연구소(조동훈)

발행인 : 임정대
발행처 : 도서출판 **화수목**

발행 : 2015년 3월 06일 초판
2016년 3월 07일 제2판
2018년 1월 29일 제3판
2019년 2월 14일 제4판
2020년 1월 15일 제5판
2021년 2월 16일 제6판
2022년 2월 05일 제7판
2023년 2월 01일 제8판
2024년 2월 01일 제9판
2025년 2월 09일 제10판
2026년 1월 26일 제11판

등록 : 제2014-000166호
주소 : 서울시 마포구 신촌로 2길 5-15
전화 : 02-338-9119
팩스 : 02-335-2201

ISBN : 979-11-89933-71-5 (93530)
